U0883359

海洋战略性新兴产业全球创新资源分布全景图

王栽毅　主编

海洋出版社

图书在版编目(CIP)数据

海洋战略性新兴产业全球创新资源分布全景图 / 王栽毅主编. -- 北京 : 海洋出版社, 2020.12

ISBN 978-7-5210-0736-7

Ⅰ. ①海… Ⅱ. ①王… Ⅲ. ①海洋开发-新兴产业-产业发展-世界-图集 Ⅳ. ①P74-64

中国版本图书馆 CIP 数据核字(2021)第 017089 号

责任编辑：刘建时

责任印制：安　淼

海洋出版社 出版发行

http://www.oceanpress.com.cn

北京市海淀区大慧寺路 8 号　邮编：100081

三河市人民印务有限公司印刷　新华书店经销

2020 年 12 月第 1 版　2020 年 12 月北京第 1 次印刷

开本：787 mm×1092 mm　1/16　印张：32.25

字数：590 千字　定价：298.00 元

发行部：010-62100090　总编室：010-62100034

海洋版图书印、装错误可随时退换

编 委 会

主　编： 王栽毅

副主编： 杨　照　薛　钊　王云飞　张　珂

编　委：（以姓氏笔画为序）

王　伟　王一帆　王苗苗　王菲菲　王智进

田竹莹　巩　峰　纪　鹏　孙慧慧　李　康

李绪锦　杨　倩　杨雅涵　杨雯漪　张卫红

邵长伟　苗展展　罗　超　单秀娟　赵　翠

荣小军　俞茂学　袁世鹏　高　倩　郭京杰

崔正国　梁宪萌　韩俊梅　楚树坡

序

当今世界正经历百年未有之大变局，新一轮科技、产业革命正在重构全球创新版图，重塑全球价值链，全球蔓延的新冠肺炎疫情带来诸多不确定性，关键核心领域“卡脖子”问题日益凸显。海洋作为人类赖以生存的“第二疆土”和“蓝色粮仓”，是世界各国推动经济社会发展、参与国际竞争的战略要地。海洋在国家经济发展格局和对外开放中的作用更加重要，在维护国家主权、安全、发展利益中的地位更加突出，在国家生态文明建设中的角色更加显著，在国际政治、经济、军事、科技竞争中的战略地位也明显上升，海洋是高质量发展战略要地。

2018 年 6 月 12 日，习近平总书记视察青岛海洋科学与技术试点国家实验室（简称“海洋试点国家实验室”）时指出，发展海洋经济、海洋科研是推动我们强国战略很重要的一个方面，一定要抓好。关键的技术要靠我们自主来研发，海洋经济的发展前途无量。习近平总书记的重要讲话精神为我们大力发展海洋科研、海洋经济，服务海洋强国建设指明了前进方向，提供了根本遵循，注入了强大动力。

近年来，在党中央的坚强领导下，在全国海洋科技界和社会各界的共同努力下，我们对海洋的认识正从“点、线”的观测探测向“面、体”的系统认知发展——大平台、大交叉、大协同、大科学已成为海洋科学研究的显著特点，海洋创新链条不断延伸，创新要素和社会资金向海洋战略性新兴产业领域集聚的态势明显，海洋经济跨入以高新技术为引领的新时代。但与此同时，海洋战略性新兴产业部分领域关键核心技术尚未成熟，其发展规模、发展速度等与其“海洋经济发展加速器”的定位相比，尚有差距。

目前国内外针对海洋战略性新兴产业的公开信息较为有限，尚未有全景图式的系统分析研究。希望此书的出版，可以为企业和研发机构加强合作交流、突破关键技术、提高核心竞争力提供信息参考，为地方政府部门精准搭建、补全、强化海洋战略性新兴产业创新链条、培育壮大新的经济增长点提供决策支撑，为海洋高质量发展插上科技的翅膀，努力为海洋强国建设做出新的更大贡献。

王栽毅

2020年12月

前　言

适逢“十四五”规划开局之年，为深入贯彻落实习近平总书记海洋强国战略思想，海洋试点国家实验室联合国家知识产权局、青岛市科学技术信息研究院，组织研究团队开展了海洋战略性新兴产业全球创新资源全景图的编写工作。

本书围绕国内外海洋战略性新兴产业的重点发展方向，针对海洋新材料、深海技术装备、海洋监测探测装备技术、海洋生物医药与生物制品、海水利用、海洋渔业可持续发展、高端海洋工程与船舶装备、海洋可再生能源及海洋环保与生态灾害处置九个重点产业领域，进行了三方面研究：一是面向技术，判断海洋战略性新兴产业的关键技术和前沿技术，分析其战略布局、政策导向与市场规模；二是面向区域竞争力，多角度挖掘企业、高校、科研院所等创新载体信息，绘制创新高地，分析各创新高地的背景、聚集的主要创新机构及其研发方向、主要产品和工艺路线等；三是面向产业竞争力，围绕产业链分析创新链，对比产品性能，并给出重点企业与研发机构的关键技术、核心专利等情况。其中，产业（链）全景图是本书研究的重点。

本书从产业技术、产业集群、创新载体三个视角，挖掘了全球大量创新资源信息，形成对各海洋战略性新兴产业领域现状和未来发展趋势的初步判断；确定了以城市或区域为要素的创新高地，分析了世界海洋战略性新兴产业分布格局；融合产业技术与创新资源布局，形成海洋战略性新兴产业全景图，进一步明确了海洋战略性新兴产业领域的整体布局。

本书在编写过程中得到了国家知识产权局、青岛市科学技术信息研究院的大力支持和指导以及部分国内和驻青高校院所专家学者的鼎力支持。

本书由王栽毅担任主编，负责内容体系设计和终审。杨照、薛钊、王云飞、张珂作为副主编，负责具体研究工作的组织和审核。本书海洋新材料产业章节主要由苗展展、王苗苗执笔编写；深海技术装备产业章节由王伟、杨雅涵编写；海洋监测探测装备技术产业章节由巩峰、俞茂学编写；海洋生物医药与生物制品产业章节由高倩、李康、纪鹏、赵翠编写；海水利用产业章节由楚树坡编写；海洋渔业可持续发展产业章节由杨倩、杨雯漪、邵长伟、单秀娟编写；高端海洋工程与船舶装备产业章节由王一帆、梁宪萌、罗超编写；海洋可再生能源产业章节由王智进、李绪锦、张卫红、孙慧慧编写；海洋环保与生态灾害处置产业章节由袁世鹏、荣小军、崔正国编写。全书由田竹莹、郭京杰、韩俊梅、王菲菲统稿校对。在研究和文稿形成过程中还得到了大量专家的指导，他们提出了宝贵的意见。在此一并表示诚挚的谢意！

课题组的编写以目前公开的专利以及文献等资料为主要参考，客观分析了海洋战略新兴产业的格局以及全景图。虽然作者们付出了大量心血和努力，但由于能力水平以及资料来源有限，书中内容难免有疏漏和不足，望读者谅解，并欢迎批评指正。

编写组

2020年12月

目　录

总　论

本书围绕海洋新材料、深海技术装备、海洋监测探测装备技术、海洋生物医药与生物制品、海水利用、海洋渔业可持续发展产业、高端海洋工程与船舶装备、海洋可再生能源以及海洋环保与生态灾害处置 9 个海洋新兴产业领域，梳理了近百个创新高地，千余件产品，300 余家高校院所，近千家重点企业。形成的主要结论如下。

0.1　海洋战略性新兴产业分布格局

0.1.1　美国海洋战略性新兴产业综合实力雄厚

美国基本覆盖了海洋战略性新兴产业全领域，且在各领域均占据全球第一阵营，其中海洋新材料、深海技术装备、海洋监测与探测装备技术、高端海洋工程与船舶装备领域形成部分技术垄断。美国创新高地分布在 30 多个城市，分布广泛。创新高地主要分布在加利福尼亚州圣迭戈、马萨诸塞州波士顿、得克萨斯州休斯敦、华盛顿州西雅图等区域。创新高地中拥有众多的顶尖海洋研究机构和行业领先企业。此外，美国国家海洋与大气管理局(NOAA)、美国国家航空航天局(NASA)等国家机构也为美国海洋战略性新兴产业的发展提供了强有力的支撑。

0.1.2　传统海洋强国海洋战略性新兴产业单项竞争优势显著

传统海洋强国如挪威、德国、法国、英国、日本、俄罗斯等在海洋战略性新兴产业领域中各有侧重，其产品研发较为成熟，先进性与可靠性较好，市场占有率高。**挪威**在深海技术装备、海洋监测探测装备技术、海洋渔业、高端海洋工程与船舶装备以及海洋新能源领域占据优势，创新高地分布在奥斯陆、卑尔根、康斯博格等地；代表性企业约 30 家，如世界知名海洋仪器公司挪威安德拉仪器，在超深水技术及钻井平台、半潜平台等方面处于领先地位的挪威康斯博格公司，海上养殖平台挪威萨尔玛集团以及挪威海德拉潮汐能技术公司等。**德国**主要涉及海洋新材料、深海技术装备、海洋监测探测装备技术、高端海洋工程与船舶装备领域。创新高地分布在不来梅、慕尼黑、基尔等地；代表性企业约 20 家，如海洋涂料领域的德国汉高公司、著名军工企业德国克虏伯·阿特拉斯电子公司、声学设备领域的德国 EvoLogics 公司、海洋光学仪器德国 TriOS 公司以及全球领先的船用柴油发动机供应商曼恩(MAN)柴油机公司等；科研院所包括德国莱布尼茨新材料研究所、德国亥姆霍兹极地与海洋研究中心、德国亥姆霍兹基尔海洋研究中心等。**法国**主要集中在深海技术装备、海洋监测探测装备技术以及高端海洋工程与船舶装备领域，创新高地分布在巴黎、布雷斯特；代表性企业约 20 家，如著名军工企业泰雷兹集团，导航设备法国 SBG 系统公司、法国国有船舶制造企业(DCNS)集团等；代表性科研院所为法国海洋开发研究院。**英国**在海洋新能源方面尤为突出，其次是海洋监测探测装备技术，创新高地分布在伦敦、南安普敦以及伯明翰；代表性企业约 20 家，如英国美克·亚特兰蒂斯能源公司、英国 AWS 海洋能源公司以及英国轨道海洋动力公司等。**日本**主要涉及海洋新材料、深海技术装备、海洋生物医药与生物制品产业以及高端海洋工程与船舶装备领域，创新高地分布在东京、大阪、横须贺等地；代表性企业约 20 家，如立邦涂料、武田(Takeda)制药公司、三井海洋开发公司、三菱重工、川崎重工等；代表性科研院所为东京大学、日本国立海洋研究开发机构、日本海洋生物技术研究所等。此外，**俄罗斯**在深海装备特别是深海载人潜水器方面具有深厚的科研功底和成就。

0.1.3 我国海洋战略性新兴产业体系完整，发展迅速

我国海洋战略性新兴产业体系完整，实现了海洋战略性新兴产业领域的全覆盖，整体投入大、发展较快，但存在产品市场占有率欠佳，部分核心关键技术尚未成熟等问题。我国创新高地主要集中在环渤海地区、长江三角洲和珠江三角洲地区，代表城市包括青岛、上海、天津、广州、深圳、大连等沿海城市，同时哈尔滨、武汉等内陆城市也表现出了较强的实力。据本研究初步统计，我国相关企业及高校院所的数量与美国接近，但国内技术研发主要集中在高校及科研院所，在一定程度上限制了产品的市场化发展。在国家海洋强国建设背景下，目前有越来越多的企业把投资目光转向海洋，海洋科技企业不断涌现。

0.2 海洋战略性新兴产业创新主体特征

0.2.1 企业创新能力普遍较强

据本研究初步统计，海洋战略性新兴产业中约 70%的企业有专利布局，61%的

企业拥有专利估值，8 家企业拥有无形资产特许授权协议；我国企业中有 60%为高新技术企业，反映出海洋战略性新兴产业相关企业创新活跃，且创新成果质量较高。

0. 2. 2 “巨头”企业积极参与

由于高端海洋工程与船舶装备、海水综合利用、海洋生物医药与生物制品、海洋可再生能源等领域前期需要大规模的资本投入，进入门槛较高，这些新兴产业的发展往往依托于财力雄厚的大型公司，主要集中在船舶、油气、化工及军工等行业。

0. 2. 3 “隐形冠军”企业众多

“隐形冠军”企业人员规模较小，但拥有核心竞争力，其产品、服务难以被超越或模仿。在海洋战略性新兴产业中，特别是深海技术装备、海洋观测与探测装备技术行业中，“隐形冠军”企业较多，主要分布在欧美。

0. 2. 4 海洋科研院所技术应用能力突出

美国伍兹霍尔海洋研究所(WHOI)、英国国家海洋中心(NOC)、美国蒙特雷湾海洋研究所(MABRI)、法国海洋开发技术研究院(IFREMER)等海洋科研院所在海洋战略性新兴产业相关技术的研发及应用方面发挥了很好的作用。如：WHOI 与麻省理工合作，研发设计用于冰下海洋环境自主观测水下机器人，与华盛顿大学合作，研发低功率高精度导航系统等；MABRI 注重科学与技术的结合，取得了一系列成果，包括 MARS 海底观测网、蒙特雷海底宽带地震仪、水下激光拉曼光谱仪等；NOC 主要与南安普敦大学合作，研究无人遥控潜水器(ROV)、水下通信以及深海生物多样性等。上述科研院所在技术研发和技术转移方面的经验值得我国借鉴。

0. 3 海洋战略性新兴产业(链)全景图及要点解读

0. 3. 1 海洋新材料产业

海洋新材料产业围绕海洋防护新材料、海洋耐压材料、海洋工程材料、特种功能材料四个方向，细分了 9 项三级技术以及 4 项四级技术，梳理了近 90 家企业、15 家高校院所、30 项产品信息(图 0-1)。

在海洋防护材料方面，国内企业的市场份额较低，并以供应防腐涂料为主，高端防污涂料市场依然被跨国企业占据。未来的发展需求将集中在环保、节能、高性

图0–1　海洋新材料产业全景图

能和功能化的新型海洋防护材料。**在海洋耐压材料方面**，美国等发达国家占据市场主体地位，如美国3M公司、深水浮力公司等。我国在海洋耐压材料方面发展迅速，目前实现了深海耐压壳体材料的国产化，中国宝武钢铁集团、西北有色金属研究院等在高性能钢及合金行业处于领先地位，上海材料研究所、中国海洋大学等一批研究机构在高性能陶瓷、高性能玻璃等非金属耐压壳体材料领域也已打破国外技术封锁，实现了在深海装备中的应用。我国在深海耐压浮力材料领域同样实现了技术突破，中国科学院理化技术研究所(简称“中国科学院理化所”)研制的深海用玻璃微珠固体浮力材料，应用于“深海勇士”号载人潜水器，蚌埠玻璃工业设计研究院、中美投资兴建的北京玻璃二厂实现了自动化玻璃微珠工业化生产。**在海洋工程材料领域**，德国、美国等发达国家和地区占据更大技术与市场优势，德国EOS、美国3D Systems等公司3D打印技术成熟度较高，其产品也开始应用于海洋装备领域，我国也出现了西安铂力特、长沙华曙高科等一批增材制造行业的高新企业。**在特种功能材料领域**，国外企业如韩国LG集团、美国IBM、法国赛峰集团、日本住友大阪水泥、哈利伯顿能源服务公司等均为全球500强的大型跨国公司，资金雄厚，研发实力强，创新基础良好，国内哈尔滨工程大学、中国船舶集团第七二五研究所亦开展了相关研究。

0.3.2 深海技术装备产业

深海技术装备产业围绕深海运载技术装备、深海调查设备、支撑配套技术装备、水下作业技术装备四个方向，细分了载人潜水器等15项三级技术、万米级载人潜水器等34项四级技术，梳理了119家企业、173家科研机构、294项产品信息(图0-2)。

从产业链的角度看，上游为元件材料生产，中游为水下作业平台设计集成，下游为深海技术装备在科研、商业、军事等方面的应用。欧美海洋强国形成了完整的产业链，例如美国在自治无人潜水器平台中，洛克希德·马丁公司提供先进的动力源及水下推进器设备，Linquest公司提供综合导航系统，并可配备水下定位及通信设备，索纳达国际公司提供先进的自动控制系统；下游应用中，伍兹霍尔海洋研究所、蒙特雷湾海洋研究所等众多机构可应用自主式潜水器到海洋科考、海洋数据收集任务中，同时存在美国海德罗伊德公司股份有限公司、蓝鳍金枪鱼机器人有限公司、论坛能源有限公司等众多商业应用公司，在军事等其他应用方面，也存在洛克希德·马丁公司等众多军工企业。我国企业主要集中在海底光缆、海底光电复合缆系列、电池能源、水下机器人等领域，相关企业有中天科技海缆

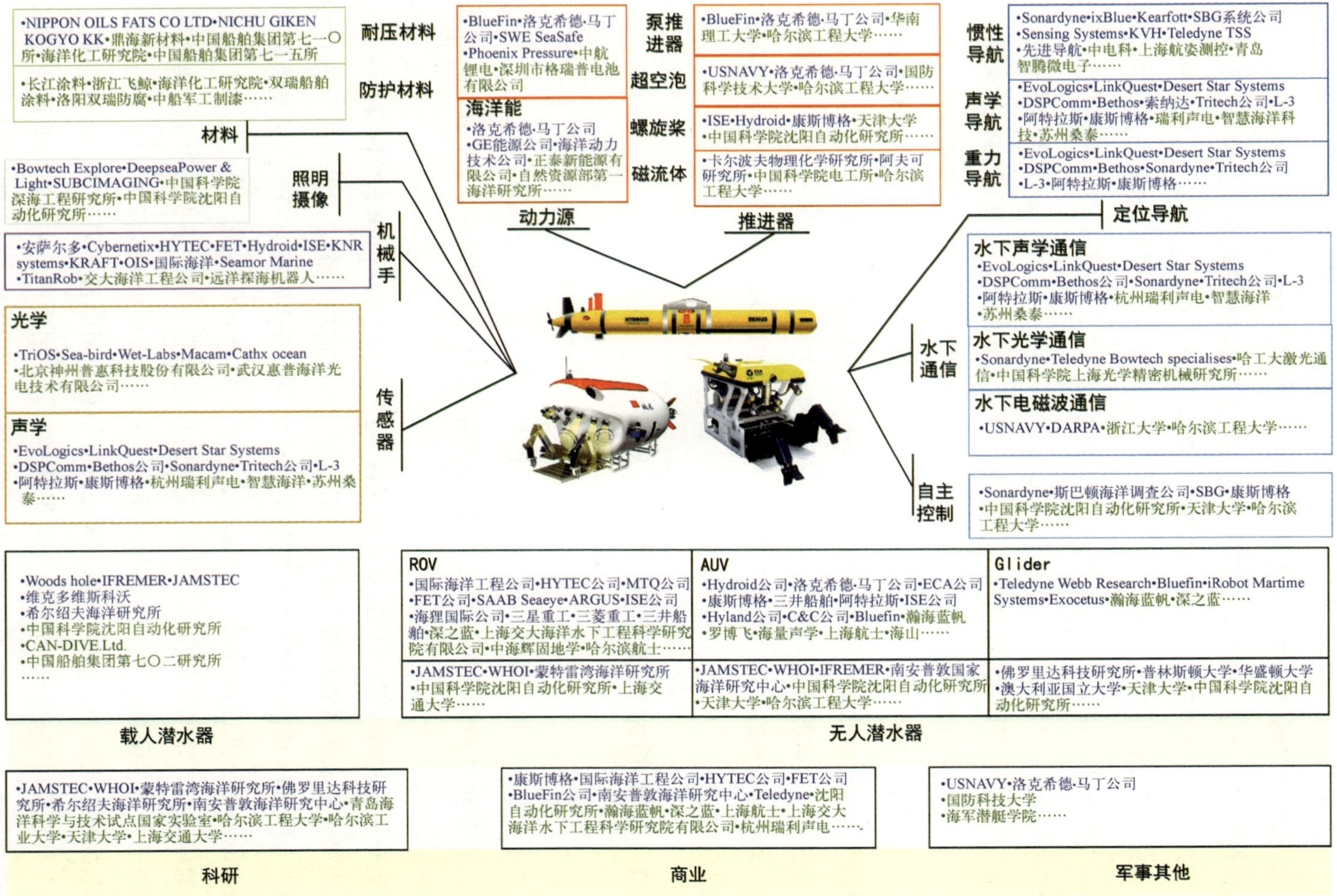

图0–2　深海技术装备产业链全景图

有限公司、青岛汉缆有限公司、河南新太行电源股份有限公司、中创新航科技集团股份有限公司、北京卫蓝新能源科技有限公司、天津深之蓝海洋设备科技有限公司等。但我国在产业链完整性上与国外强国还存在差距。例如，在上游产业中，在声学通信 Modem、综合导航系统、水下定位导航等水下作业平台关键技术上，相关的国产供给单位较少；在中游深海作业平台上的单位以科研院所为主，形成国际竞争力的企业较少；下游应用单位包含科研、商业及军事应用等，但在商业应用中未形成具有竞争力的企业。

0.3.3 海洋监测探测装备技术相关产业

海洋监测探测装备技术围绕海洋观测平台、海洋水文水质观测仪器设备、海洋地球物理勘探仪器设备、海洋遥感测绘设备、海洋通信与传输设备、海洋大数据平台六个方面，细分了海洋观测移动平台等 16 个三级技术、自持式剖面浮标等 15 个四级技术，全球范围内共梳理了 115 家企业、37 家科研机构以及 109 款相关产品信息(图 0-3)。

海洋水文水质观测仪器设备、海洋地球物理勘探仪器设备、海洋通信与传输设备、海洋遥感测绘设备是海洋监测探测的“五官”，直接对海洋信息进行感知、监测、采集以及传送。欧美国家的产品占据了市场上绝大多数份额，并主导行业标准的制定，如海鸟(Sea-bird)公司的 CTD 产品、Teledyne RD Instruments (TRDI)公司的 ADCP 产品、哈希(Hach)公司的水质传感器等。其中，部分实力雄厚的跨国公司通过不断收购或者重组，进一步扩大了市场占有率，呈现出一定的垄断趋势。比较有代表性的跨国公司有 Teledyne 集团、丹纳赫(Danaher)集团等。在传感器研发领域，国内涉海科研院所以及企业积极开展相关产品的研发，取得了一定的成果，如中国科学院声学研究所(简称“中国科学院声学所”)与无锡市海鹰加科海洋技术有限责任公司联合开发了国产化的 ADCP 产品 RIV-600。但国产传感器普遍存在精度低、稳定性差、可靠性低等问题，与国外同类产品相比没有竞争优势。我国海洋观测平台基本实现了与国外技术水平的同步，如在海洋资料浮标以及自持式剖面浮标方面，国产的各类观测平台在国内海洋科学研究、海洋开发等领域也取得了许多应用，但在国际市场上竞争力还较弱。美国 Teledyne Webb Research 公司研制的 APEX 型剖面浮标占全球 Argo 观测网中浮标总数的 57%。

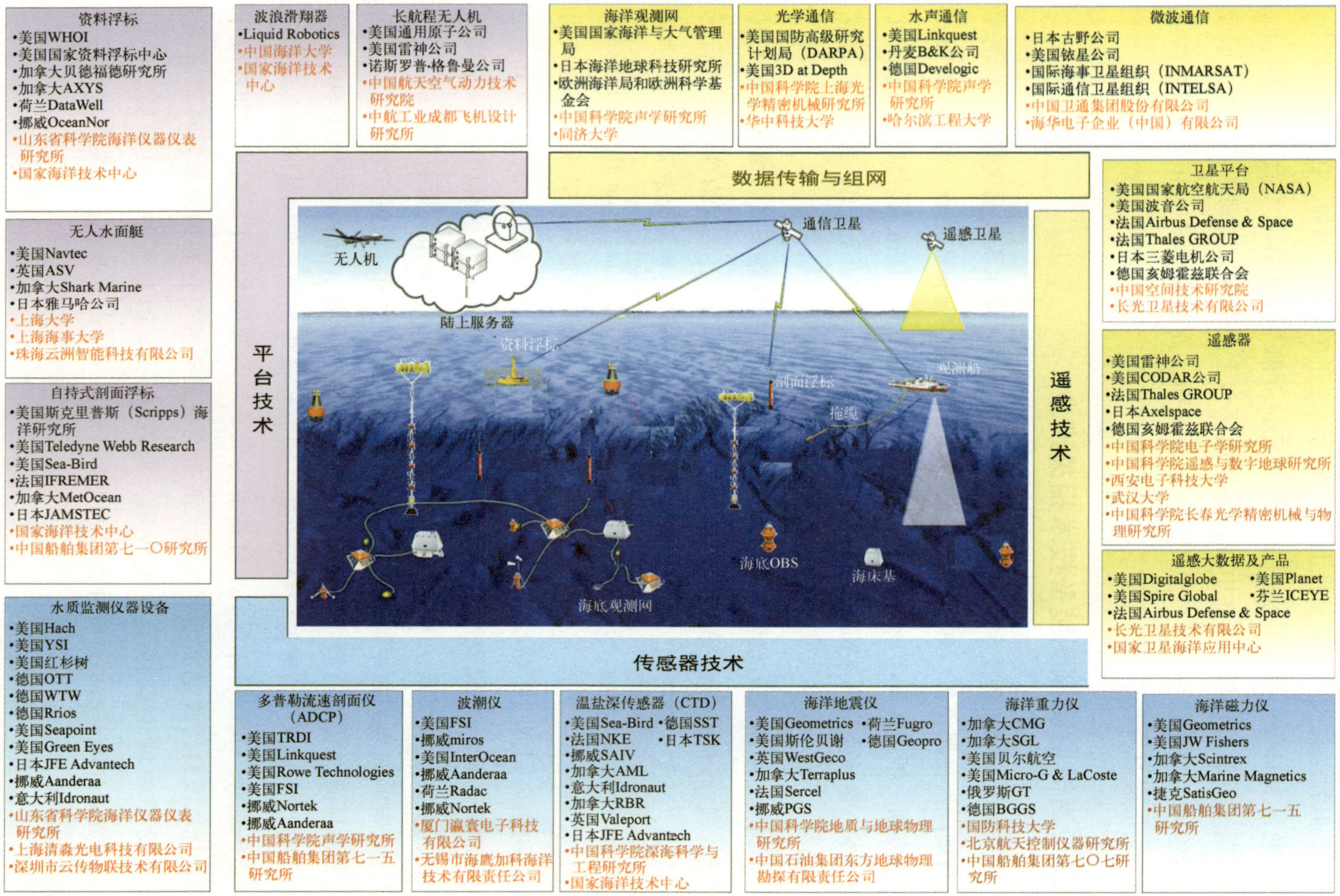

图0–3　海洋监测探测装备技术产业全景图

0.3.4 海洋生物医药与生物制品产业

海洋生物医药与生物制品产业围绕海洋生物制品、海洋生物医用材料、海洋生物药物三个方面，细分了抗肿瘤海洋药物等 13 个三级技术，梳理了 50 家企业、30 家研究机构、20 余项产品信息(图 0-4)。

在海洋生物活性物质中寻找抗病毒、抗肿瘤特效药，已成为国内外研究开发的方向，其产业发展已初具规模。近年来，国际上海洋药物的研究已取得丰硕成果，一些国际知名的生物技术公司或医药企业已投身于海洋药物的研发和生产，如美国辉瑞、瑞士罗氏、美国施贵宝、法国赛诺菲、美国金纳莱(Genaera)、美国礼来(Eli Lilly)、美国眼力健(Allergan)、日本先达(Syntex)、英国史克必成(Smith-Kline Beecham)和美国 Ligand Pharmaceuticals 等。我国拥有一批如山东达因海洋生物制药有限公司、青岛澳海生物有限公司等专门从事海洋生物医药生产且拥有核心产品的优势企业。以山东达因海洋生物制药有限公司为例，其核心产品“伊可新”是以非深海鱼类肝脏提取制造的维生素 AD 产品，并已成为我国最常用的鱼肝油产品。青岛博益特生产的手术用止血材料“术益纱”成为耗材类仅次于美国强生的第二品牌。

0.3.5 海水利用产业

海水利用产业围绕海水直接利用、海水淡化、海水化学资源利用三个方向，细分了海水冷却等 11 个三级技术、海水直流冷却等 27 个四级技术，梳理了 69 家企业、48 家高校及科研机构、21 项产品信息(图 0-5)。

国外大型海水利用企业在发展中往往依托于财力雄厚的大型集团公司，或者由重要的投资者共同组建，例如陶氏是一家以科技为主的跨国性公司，位居世界化学工业界第二名；法国苏伊士环境集团是全球最大的水务公司等。经过数十年的发展，国外海水利用产业的主要企业大都已经发展成为技术集成化、产能规模化和布局国际化的集团型海水利用研发、建设、生产和运营企业，对世界海水利用产业的发展产生着重大影响。同时，由于主导技术和市场需求都逐渐走向成熟，海水利用产业的技术研发、装备制造和设施建设环节都已经形成了具有较强竞争性的国际市场，在不同技术路线下从事设备研发制造的企业群也已经具备相当规模，国际招标、公私合作等运作模式的应用也已经相当广泛。例如在反渗透膜及组件方面，全球的龙头企业主要是陶氏、日东电工、东丽、科氏、东洋纺等。此外，法国威立雅、以色列 IDE、新加坡凯发等国际企业已经进入我国的天津、青岛等地进行有关项目的合资建设和运营。

图0–4　海洋生物医药与生物制品产业全景图

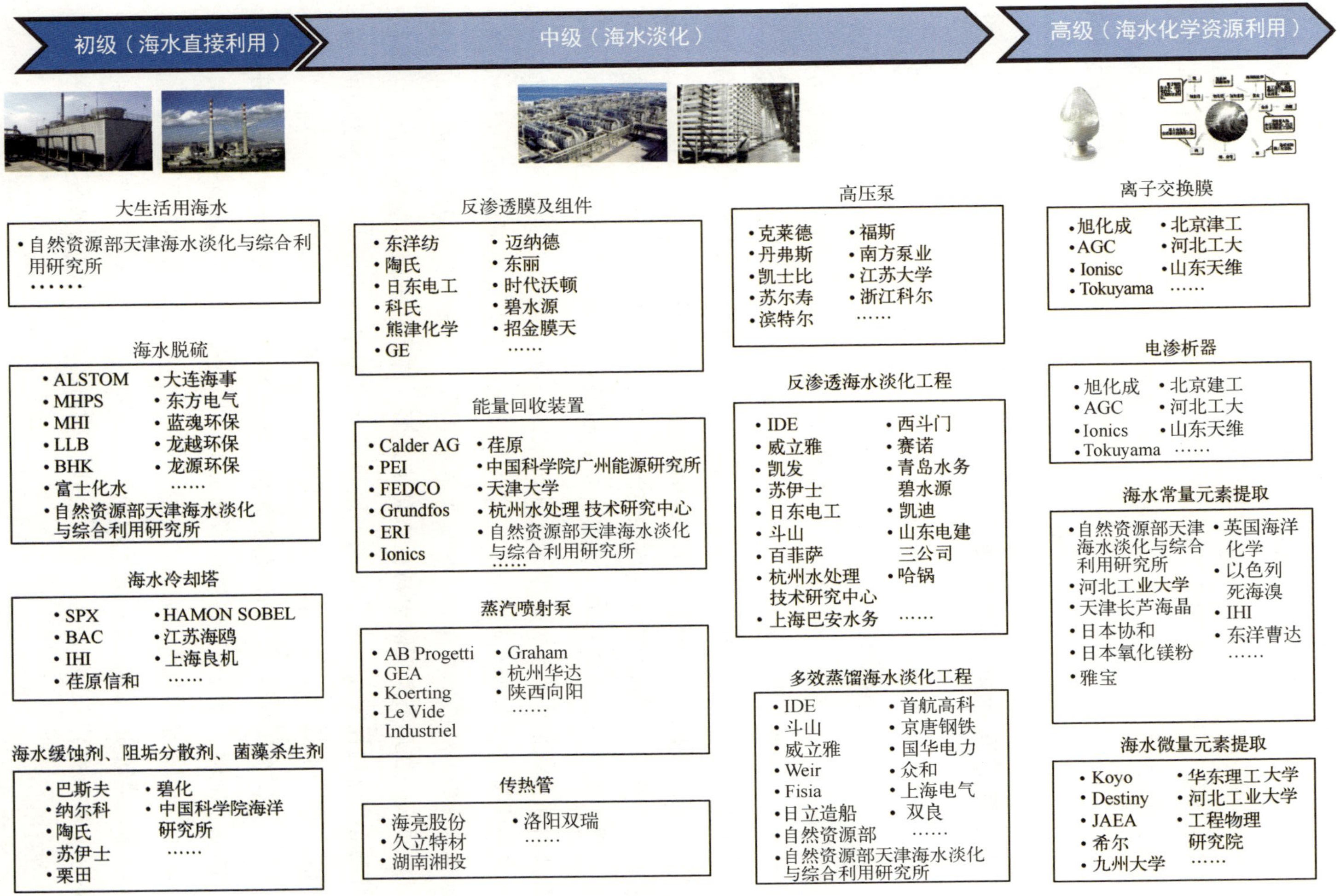

图 0–5　海水利用产业全景图

相比国际海水利用企业巨头，中国海水利用企业存在起步晚、经验不足以及缺乏品牌效应等不利因素。但经过40多年的努力，我国的海水淡化技术和产业发展均取得了巨大的进步。如杭州水处理技术研究开发中心在反渗透海水淡化工程领域市场占有率国内第一；山东电建三公司已承接5个EPC反渗透海水淡化工程；上海巴安水务中标多个海水淡化厂建设项目；众和海水淡化工程有限公司是国内首批出口热法海水淡化设备的企业等。天津大学、中国海洋大学、大连理工大学、河北工业大学、自然资源部天津海水淡化与综合利用研究所等我国较早开展海水利用技术研究的高校院所，在国际上形成了一定的影响力。

0.3.6 海洋渔业可持续发展产业

海水健康养殖及捕捞产业围绕深远海养殖工程装备、海水种业全基因组选择育种、病害免疫防治与生态防控、极地生物资源开发利用四个方向，细分了养殖工船等12项三级技术，梳理了61家企业、30家科研机构、12件产品信息(图0-6)。

在深远海养殖工程装备方面，挪威SALMAR公司设计了全球第1座半潜式海上养殖平台装备"海洋渔场1号"。目前我国多家企事业单位相继开展了深海渔场的设计、建造工作，如中国海洋大学与湖北海洋工程装备研究院联合设计，青岛武船重工有限公司建造的我国首座深海渔场"深蓝1号"，中国水产科学研究院南海水产研究所与天津德赛集团公司联合研制的"德海1号"，青岛北海船舶重工有限责任公司与国信中船(青岛)海洋科技有限公司联合建造的全球首艘10万吨级智慧渔业大型养殖工船"国信1号"等。在海水种业全基因组(选择)育种方面，各国都处于方兴未艾的状态，其中挪威和美国处于领先地位，主要聚焦于抗病性状育种研究。**在病害免疫防治与生态防控方面**，挪威、美国、加拿大和荷兰等国渔用疫苗产业化程度高、市场成熟，培育出众多从事渔用疫苗开发的跨国公司，如Alpharma、Aqua Health、Intervet和Bayotek等。我国水产养殖病害控制以药物防治为主，技术相对单一，仍处在粗放型、低水平状态。**在极地生物资源开发方面**，挪威、中国、韩国是南极磷虾捕捞大国，其中挪威拥有绝对优势，该国Aker BioMarine公司是全球规模最大的磷虾捕捞企业之一，其产业布局覆盖了从捕捞到加工完整产业链条。我国已对南极磷虾产业的基本情况、关键技术点和产业发展趋势有了基本的了解，但捕捞技术、船载冻结和精深加工能力较低，同时产品开发能力有限。

图0–6　海洋渔业可持续发展产业全景图

0.3.7 高端海洋工程与船舶装备产业

高端海洋工程和船舶装备产业围绕海洋油气资源开发装备、大型运输船、特殊功能船、船舶与海工配套设备四个方向细分了物探船等 22 项四级技术，梳理了 60 家企业、30 家科研机构、50 余件产品信息(图 0-7)。

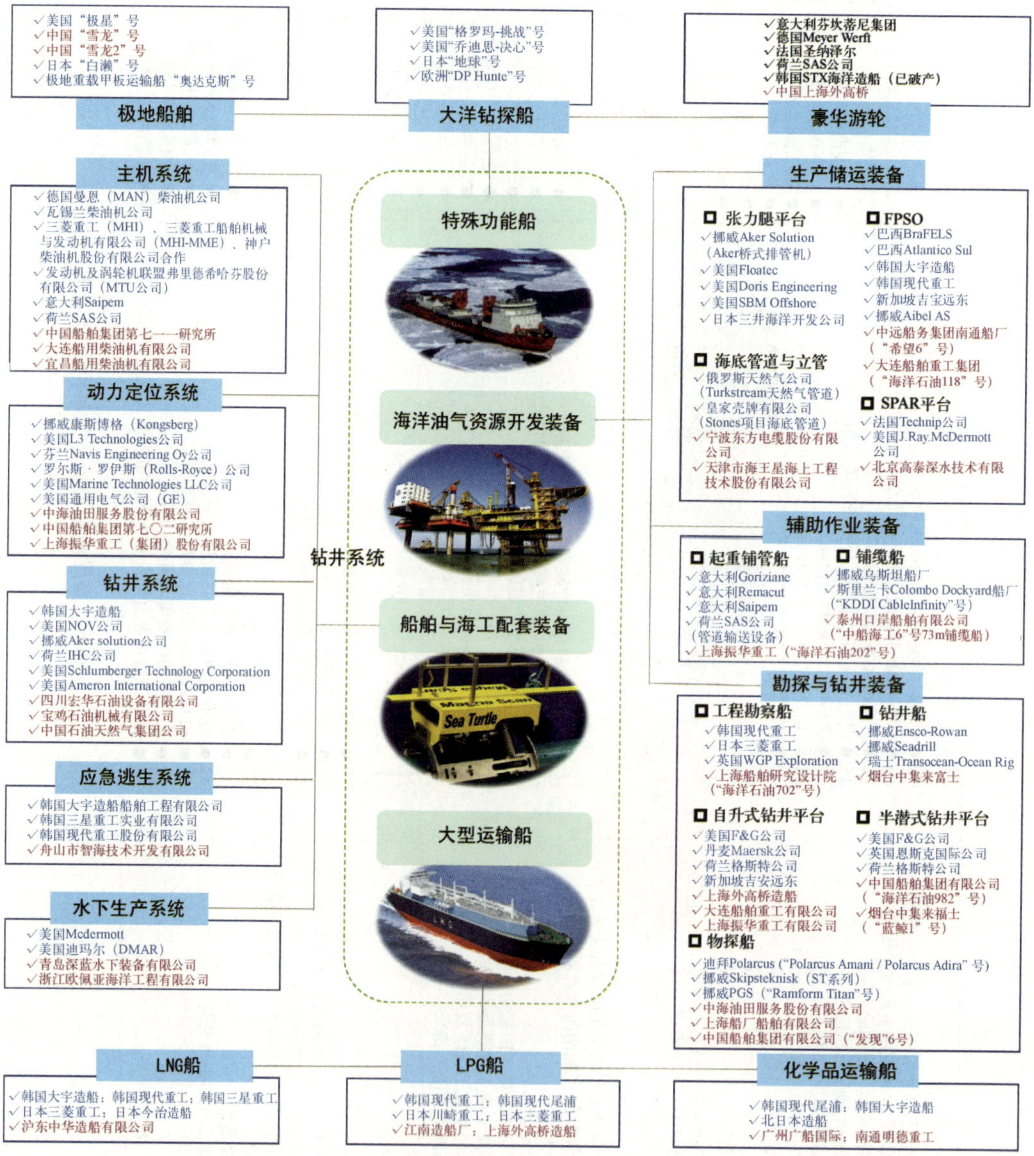

图 0-7　高端海工装备与船舶装备产业全景图

高端海洋工程与船舶装备巨头企业集中在大型运输船、特殊功能船和海洋资源开发等领域。造船业和资源开发平台的发展水平是一个企业(或国家)资源优势、总装能力、配套准备研发的综合体现。在历次造船产业转移过程中，其基本驱动力主要来自于资源和要素的比较优势，在欧洲向亚洲国家的第一次转移过程中，亚洲新兴造船国凭借劳动力、土地等资源优势，成功击败了欧洲。我国目前已与韩国、日本一起成为世界公认的三大船舶工业大国。大型跨国石油公司是海洋资源开发领域的巨头企业，在海洋工程总包和关键配套设备供货领域具备垄断性，例如美国的弗雷德和戈德曼有限公司(F&G，已被中国交建旗下子公司香港振华工程有限公司收购)、钻石离岸钻井公司(Diamond Offshore Drilling)，荷兰格斯特公司(GustoMSC)，挪威阿克克瓦纳公司(Aker Kvaerner)，意大利芬坎蒂尼集团等。高端海洋工程与船舶装备订单向少数大型企业集中。近年来，海工及船舶订单呈现出向少数大型企业集中的趋势，受市场影响，许多企业进行了并购重组等行为，使得大型企业竞争优势更加明显，在日趋激烈的竞争下，许多中小企业纷纷选择退出海工及船舶领域。预计未来几年中小企业面临的形势会更加严峻，大型海工及船舶企业将充分发挥自身优势，高端海工及船舶市场的集中度会进一步提高。高端海洋工程与船舶装备"隐形冠军"企业集中在船舶与海工配套装备领域。建造一座大船或一座海工平台需要 200 多个配套装备企业的密切合作。主要"隐形冠军"企业如德国 MAN 公司，其是全球领先的船用柴油涡轮机械供应商。康斯博格海事(Kongsberg Maritime)在全球动力定位系统市场占据最大市场份额，也是国内船东的主要供货商，其关键技术满足国际海事组织减碳战略。美国 NOV 的 HR 系列与 PRS 系列排管机研发已经达到相当发达的水平，代表型号有 HR Ⅳ 和 PRS-5，该产品已具备全自动化排管能力，控制系统采用完全远程控制，实现钻台完全无人化水平。

0.3.8 海洋可再生能源产业

海洋可再生能源围绕潮汐能、潮流能、波浪能、温差能、盐差能、海洋风能、海洋太阳能、海洋生物质能八个方向，梳理了 50 多家企业、40 多家高校院所、130 件产品信息。其中潮汐能、潮流能、波浪能、海洋风能在海洋可再生能源中占据主导地位，产业发展较为成熟；温差能、盐差能、海洋太阳能、海洋生物质能在产业化方面还处于初期阶段(图 0-8)。

潮汐能、潮流能、波浪能、海上风能四种海洋能发电均以涡轮机、风机叶片以及波能转换装置为核心技术，核心技术主要掌握在美国通用电气公司、斯美克

图0-8　海洋新能源产业全景图

亚特兰蒂斯资源公司、安德里茨水电有限公司、日本东芝公司动力系统公司、德国西门子公司等。同时新兴海洋能优势企业逐步兴起，在传统海洋能发电设备基础上设计特色海洋能发电装置，例如英国 AWS 海洋能源公司的 AWS-Ⅲ多单元波浪发电、美国海洋动力技术公司的 PowerBuoy 系列产品等。相比于其他国家，我国海洋可再生能源产业距离应用化、商业化仍有很大差距，现阶段海洋能研究以国家项目为支撑。海洋能发电方向以中国海洋大学、中国科学院广州能源研究所等高校院所为主，同时也有部分企业实现产业应用，例如杭州林东新能源科技股份有限公司、国投生物科技投资有限公司、正泰新能源有限公司等。温差能、海水盐差能、海上太阳能在产业化方面还处于初期阶段。海洋热能转换（OTEC）、热交换器等技术主要掌握在法国、美国、日本、韩国等国家，我国研究海洋温差能技术尚不成熟，以试验性研究为主。盐差能渗透技术主要掌握在挪威国家电力公司、荷兰特文特大学纳米研究所、雷德斯塔克有限公司等。国内中国科学院理化技术研究所、中国海洋大学为主的机构进行了相关的试验。日本是目前应用海上太阳能发电技术最多的国家。英国、韩国及美国也均有海上太阳能发电项目。国内正泰新能源有限公司、阳光能源、天恩能源有限公司等企业均涉及海上光伏发电项目。海洋生物质能尚处于研究阶段，技术还不成熟，国外机构主要集中在美国，例如美国索拉兹米公司、美国奥利珍奥公司等，国内主要包括国投生物科技投资有限公司、中国科学院生物能源与过程研究所等。

0.3.9 海洋环保与生态灾害处置产业

海洋环保与生态灾害处置产业围绕海洋污染物控制技术、生态灾害处置技术、海洋微塑料处置等 11 项三级技术，梳理了 30 多家企业、50 多家高校院所(图 0-9)。

在海洋环境治理方面，尤其是海洋溢油处置、船舶及港口污染处置等产业由于前期需要大规模的资本投入，进入门槛较高，这些产业的发展往往依托于财力雄厚的大型公司，因此主要集中在船企、油企及一些军工企业。美国伊莱斯特（Elastec）公司、芬兰劳模公司、挪威金融公司等在吸油机技术方面处于世界领先地位；日本杰富意工程株式会社、三菱重工等在船舶及港口污染处置技术领域处于世界领先地位。海洋环境保护与海洋生态修复领域主要涉及海洋环境监测、海洋垃圾处置、海洋赤潮处置、海洋绿潮处置等技术。由于海洋环保与生态修复领域营利性较低，大部分从业机构需要募资或者政府出资治理，如 The Clean Up 、The Seabin、中国海洋大学生物科技有限公司等公益组织或企业，通过垃圾转化、生态灾害处置等方式实现再利用。

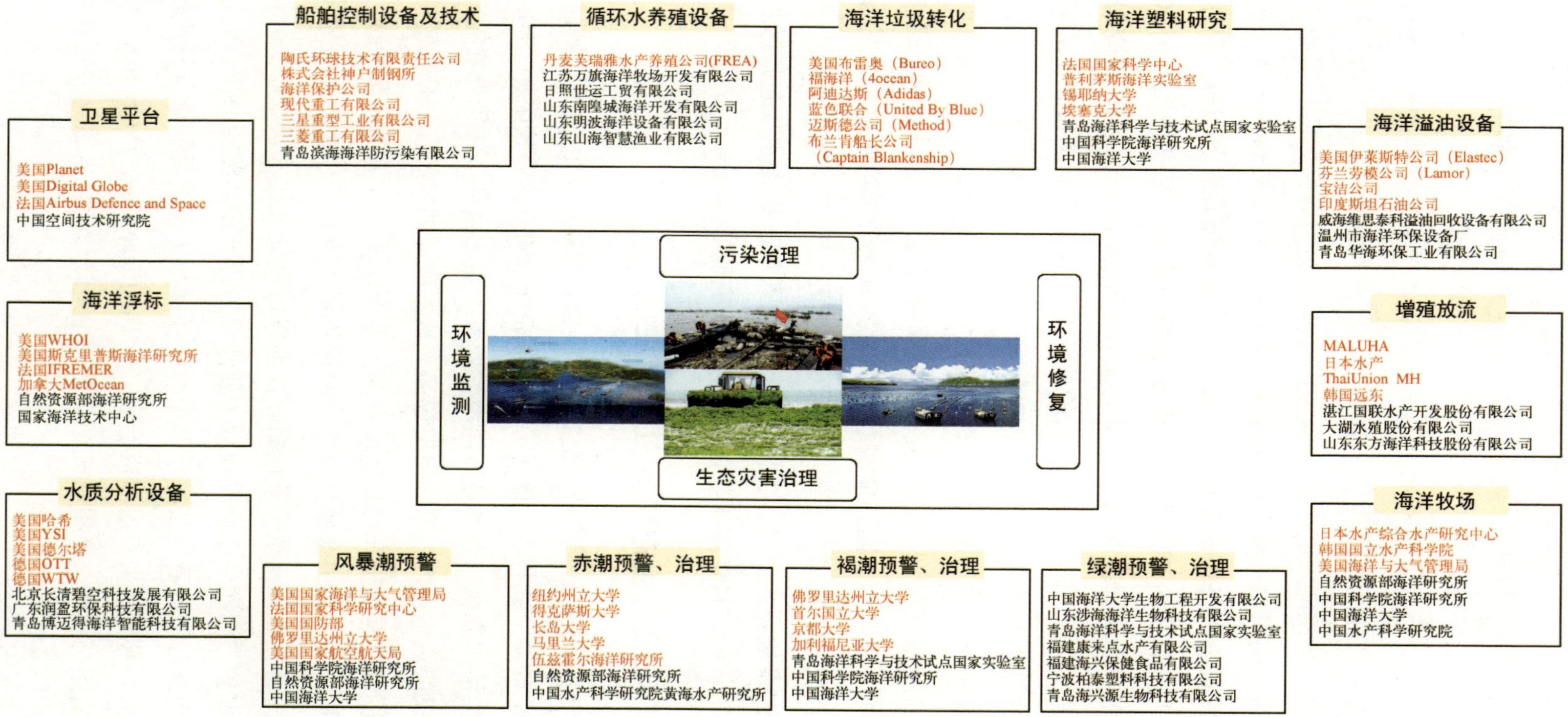

图0–9　海洋环保与生态灾害处置产业全景图

0.4 本书研究思路与方法

0.4.1 总体思路

本书基于海洋战略性新兴产业技术分类，一是通过文献综述、专家调研等方法对技术及相应的产业政策、市场、战略布局进行定性分析和概述；二是开展相关产业领域的企业、高校院所等创新载体的挖掘工作，根据创新载体的地理信息绘制创新地图，总结创新高地及特征。同时根据创新载体的技术分类信息进行产业或者产业链全景图分析工作，并进行解读。其中，产业(链)全景图研究是本书的重点(图 0-10)。

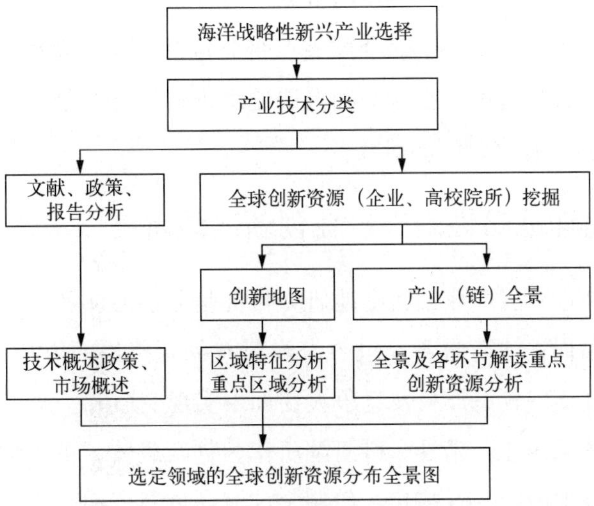

图 0-10 本书研究思路

0.4.2 海洋战略性新兴产业技术分类构建

产业技术分类是本书研究的基础，行业现状、产业重点产品、重点研发机构和企业都以此为依据进行分析。海洋战略性新兴产业各章的技术分类主要参考了《海洋及相关产业分类》(GB/T 20794—2006)、《海洋调查规范　海洋调查资料处理》(GB/T 12763.7—2007)、《海洋高技术产业分类》(HY/T 130—2010)以及相关综述性文献，并征求相关专家意见。海洋新兴产业技术分类分为三级或四级技术层次。其中，产业技术分类的第一级和第二级按照产业规范进行分类，涵盖该领域的主要技术，第三级和第四级分类重点突出关键技术以及前沿技术。

0.4.3 全球海洋战略性新兴产业创新资源挖掘

创新资源挖掘主要基于企业工商数据、专利数据、论文数据、项目数据以及产品名录。其中企业信息的挖掘一是通过梳理相关技术领域 PCT 专利申请人，分析全球企业；二是通过天眼查、中国招标投标公共服务平台等分析国内企业，其中设定的标准包括高新技术企业、上市企业、获得融资的企业、中标企业等。国外企业的信息来自 Crunch；三是通过产业化的产品反向挖掘对应的企业信息。科研院所的挖掘主要是通过 SCI 发文，维普、知网的发文情况进行分析，一般来说选择论文总被引数量排名前 30 的机构。立项数据和综述、调研、前期研究基础也是创新资源整合的来源，主要是起到补充作用。最后根据创新机构的规模、其产品的市场情况、专利数量、论文数量、获得资助的项目的量级、最新的营业情况，并征求专家意见后，最终形成该领域的重点产品目录、全球重点企业目录、重点高校、科研院所目录以及核心专利、重点文献清单。在此基础上课题组进行了全球创新资源地图以及全球海洋新兴产业(链)分布全景图的研究。

0.4.4 全球海洋战略性新兴产业创新高地研究

全球海洋战略性新兴产业创新高地研究目标是分析海洋各新兴产业领域的创新高地，掌握创新格局，认清自身在世界海洋科技创新格局的方位，校准发展坐标，补齐短板，力争在新一轮海洋科技竞争大变局中实现“换道超车”。全球海洋战略性新兴产业创新地图以企业、高校、科研院所作为创新载体，基于创新载体的地理分布信息，利用百度地图的 API 接口，绘制全球海洋创新资源分布地图，再根据创新载体所在的全球各城市或区域的聚集密度，确定以城市或区域为单位的创新高地。

0.4.5 全球海洋战略性新兴产业(链)分布全景图研究

全球海洋战略性新兴产业(链)分布全景的目标是融合产业链和创新链，为海洋战略性新兴产业的发展、产业链的补齐和加强，全球创新资源的引进和合作提供明确方向。全景图根据每个海洋战略性新兴产业的不同特点，从产业分类的角度或者从产业链的角度进行研究，基于产业技术或产品分类，给出相应的国内外的研发机构，通过可视化显示，一目了然。同时，依据各技术分支，形成分景图表，一方面对产品的性能进行对比分析，另一方面对于重点的研发机构，形成机构简表，涵盖其主要产品、关键技术、研发热点、核心专利以及主要研发人员等情况。

第 1 章　海洋新材料产业

1.1　概述

1.1.1　技术概况

海洋新材料是海洋产业的基础和支撑，与国家的政治格局、国防建设、经济发展等密切相关，也直接关系到我国的海洋安全和海洋强国建设。没有高性能材料作为基础保障，海洋科技的发展和产业化将受到很大制约。

海洋新材料包括两大类：第一类是指能从海洋中提取的新型材料；第二类是用于海洋开发的各类特殊新型工程材料。本章涉及的海洋新材料主要是指用于海洋开发的各类特殊新型材料。根据海洋环境的特点和开发利用海洋资源的实际需要，参考《海洋高技术产业分类》(HY/T 130—2010)及相关专家意见，将海洋新材料技术分为四大类：一是海洋防腐/防污材料；二是海洋耐压材料，主要有高强度钢、高强度合金材料、耐压透明光学材料及耐压浮力材料等；三是海洋工程材料，主要有大型复合金属构件增材制造技术材料、高效/智能焊接新技术材料、轻量化材料等；四是特种功能材料，包括隐身材料、自修复/感知技术材料等(见图 1-1)。

1.1.2　发展现状

1.1.2.1　海洋防腐/防污材料

海洋环境是一种复杂苛刻的腐蚀环境，材料在海洋环境中要经受各种恶劣条件的腐蚀和侵蚀，包括海浪冲刷、海水溅射、海水腐蚀以及海洋微生物、附着生物及它们的代谢产物等的污损与腐蚀。涂装防腐涂料和防污涂料是防止船舶和海洋工程材料腐蚀的主要措施[1]。

1)防腐涂料

防腐涂料一般分为常规防腐涂料和重防腐涂料。常规防腐涂料是指在一般条件下，能对金属等基材起到防腐蚀的作用，增加海洋设施使用寿命的涂料；重防腐涂料是相对常规防腐涂料而言，能在相对苛刻腐蚀环境里应用，达到比常规防腐涂料更长保护期的一类防腐涂料。[2]

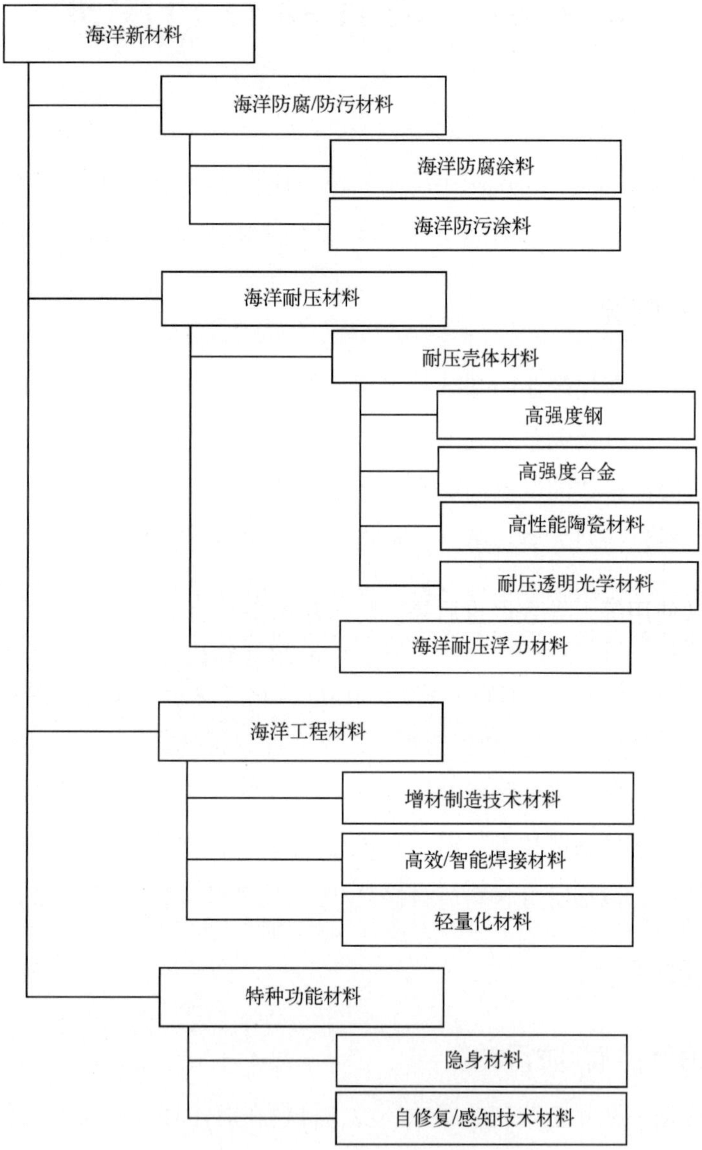

图 1-1　海洋新材料产业分类示意图

防腐涂料的市场需求极大，市场研究公司 IRL 根据 21 个国家的数据估计，2018 年防腐涂料市场的产量为 740×10^4 t，产值为 265 亿欧元，预计到 2023 年产量将增加 200×10^4 t 以上，产值将增加 70 多亿欧元；Grand View Research 公司也提出了类似的预测，估计产值为 271 亿欧元[3]。

我国重防腐涂料增长较快，2017 年产量达 389×10^4 t，居世界首位，但企业以小型企业为主，在资金、技术、品牌等各个方面都较难与世界涂料优势企业匹敌；世界知名的防腐涂料品牌凭借其技术积累、品牌效应、管理优势，在国内攻城略地，已经在我国开展了生产和战略布局，并建立了各自的工厂以及实验室，在重防腐涂料领域高端市场形成对我国的垄断局面。2018 年，国外企业在防腐涂料领域占据我国市场份额的 60%，外资企业和合资企业在集装箱和船舶涂料领域占据我国市场份额的 80%。总的来说，国外企业在防腐涂料领域约占据我国市场份额的 60%，并且这些国外企业主要占据防腐涂料的中高端市场；而国内的防腐涂料企业在低端市场又存在同质化等问题，导致我国部分企业利润空间极低，已被压缩到 10%的正常利润警戒线以下，因此我国在防腐涂料领域的发展和企业崛起还要走很长的路[4]。

2) 防污涂料

海洋污损生物附着在船舶和海洋设施等结构表面，对海洋管线、钢桩、平台等造成侵害和腐蚀，影响设备外观、增加船舶阻力、堵塞管道、加速金属腐蚀、影响海洋仪器正常使用等，导致严重后果。防污涂料能够有效地对船舶和海洋设施等进行保护，降低和避免海洋污损生物在其表面的附着和侵蚀。防污涂料主要包括无机类和有机类两种。其中无机类防污涂料主要包括氯化锌、氧化亚铜、氧化汞等；有机类防污涂料主要包括有机锡化合物、有机氧化合物等[5]。传统防污涂料中大量使用有毒物质，对海洋环境和海洋生物造成严重影响，现代海洋防污涂料主要向环境友好型发展。

在防污涂料的研发技术及应用方面，仍是国外机构和公司占据主导地位[6]。我国研究机构也开展了相关研究，并取得较好进展，包括仿生防污控制材料的研究和环境友好型自抛光防污涂料的研究等；经过研究和发展，防污涂料的防污期限已经从 3 年提高到 5 年，最高可达 7.5 年。我国南海海域因其地理环境原因，各种平台上海洋生物的附着和生长繁茂，目前还没有特效的长期防污防腐配套体系，在该方面有待国内自主开发[5]。

在全国海洋防腐/防污新材料市场，跨国企业依然占据绝大部分市场份额，包括挪威佐敦公司、丹麦赫普集团、PPG 工业集团等。我国已有包括海洋化工研究院、厦门双瑞、中国科学院海洋研究所等一批具有多年海洋防护涂料研究经验的科研机构，还发展出了浙江鱼童、天津灯塔等海洋涂料的优势企业，在海洋防护涂料领域发展较为成熟。但目前，国内企业的市场份额较低，并且国内企业以供应防腐涂料为主，高端防污涂料市场依然被跨国企业占据。未来应围绕“环保、智能”两个海洋涂料发展要求，重点开展环保、节能、高性能和功能化的新型海洋防腐/防污材料研发。

1.1.2.2 海洋耐压材料

海洋耐压材料主要分为两类：一是制造各类潜器的耐压壳使用的结构材料；二是制造深潜器所用的耐压浮力材料[7]。

1)耐压壳体材料

海洋的特殊环境对潜水器的耐压壳体材料提出了更高的特殊要求，耐压壳的制造应采用高比强度、耐腐蚀、耐疲劳、物理性能稳定、成型工艺好的高性能材料。潜水器耐压壳材料一般分为金属和非金属两大类，金属材料[8-15]主要有各种钢材料、铝合金、钛合金等，非金属材料主要有结构陶瓷、复合材料、有机玻璃等。在耐压壳体材料方面，美国 TIMET、日本 JFE 钢铁、日本三菱、德国维兰德等跨国企业走在世界前列。中国宝武钢铁、西北有色金属研究院等企业与研究机构在高性能钢及合金行业发展迅速，中国科学院上海硅酸盐研究所、上海材料研究所、中国海洋大学等一批研究机构在高性能陶瓷、高性能玻璃等非金属耐压壳体材料方面已打破国外技术封锁，突破了“卡脖子”关键技术，在我国深海装备中成功应用。

美国、俄罗斯、日本、英国等国船厂一般都使用钢材料作为耐压壳体材料，部分深潜器采用钛合金作为耐压壳体材料。其中，俄罗斯是世界上第一个将钛合金作为潜艇耐压壳材料的国家，其用钛合金潜艇的技术处于世界领先，俄罗斯有四种型号的潜艇使用了钛合金耐压壳体，其余潜艇仍使用高强度钢耐压壳体。美国的潜艇耐压壳体主要使用 Hy 系列调质钢和钛合金。日本的“深海 6500”号采用钛合金(JISTi-6Al-4A)作耐压壳体材料。英国在第二次世界大战后研制了 QT 系列潜艇用钢，后来还仿制了 Hy-100 和 Hy-130，其“机敏”级潜艇计划使用 Q2(N)作耐压壳体材料[7]。

随着材料研究的进步与制造技术难点的攻克，新型材料在潜水器耐压壳体上得到了应用，主要是非金属耐压壳体材料的发展。应用于深潜器耐压壳体的非金属材料主要有结构陶瓷材料和先进树脂基复合材料。

美国已成功制造出石墨纤维增强环氧树脂材料耐压壳体，应用于自动无人深潜器 AUSSMOD2，还计划用石墨纤维增强环氧树脂材料制造耐压壳体封头，代替钛合金封头材料。陶瓷具有很高的强度和弹性模量，还具有耐腐蚀、耐高温、耐磨损、电绝缘、非磁性和可透过辐射的优点，密度低于一般金属材料，应用于潜水器耐压壳体，是一种很有发展潜力的高比强度材料。2018 年 10 月，我国海斗深渊考察队在万米深渊综合科考任务中，对全海深陶瓷耐压舱内的高清摄像系统进行试验，最大工作水深 10 910 m，实现了国际上将陶瓷材料作为摄像机耐压舱体的最大工作水深[7]。我国的“寰岛蛟龙”号观光潜水器，采用了一段球形有机玻璃和三段圆柱形有机玻璃作为载人舱。日本计划未来新一代“深海 12000”载人潜水器采用强化玻璃制造载人球壳，海底作业的视景作业效率将被极大提升[7]。

2) 耐压浮力材料

海洋耐压浮力材料的发展是深海开发的迫切需求，是现代海洋深潜技术发展必不可少的基础材料，它的技术性能指标先进与否，直接影响到潜水器的可靠性和安全性。在深水石油等海洋资源的开发以及深海装备技术的发展中起到重要作用[16-18]。固体浮力材料大致分为三类[19]：化学泡沫材料、微球复合泡沫材料和轻质合成复合材料。

海洋浮力材料领域，美国 3M 公司、深水浮力公司等依然占据市场主体地位，但我国经过技术创新与发展，实现了全海深海洋浮力材料的研制并成功应用于深海观探测，中国科学院理化技术研究所研制的深海用高强级、海洋级玻璃微珠固体浮力材料，应用于“深海勇士”号载人潜水器，打破了我国高性能浮力材料需要进口受限制的局面；中国建筑材料集团有限公司旗下蚌埠玻璃工业设计研究院、中美投资兴建的北京玻璃二厂实现了自动化玻璃微珠工业化生产。

在深海作业系统中，高强度浮力材料起到极为关键的作用，世界工业强国如美国、苏联、日本、英国等在 20 世纪 60 年代就开始进行了相关研究，并已广泛应用在民用、商业及军事等领域，如海底埋缆机、声学多普勒流速剖面仪平台、零浮力拖体、无人遥控潜水器、载人潜水器等。目前，高强度浮力材料的制备技术主要为美国、俄罗斯、日本等海洋强国所掌握，已形成市场垄断销售，这些国家已经掌握了水下 6 000 m 用低比重浮力材料的技术方法，并已形成系列标准，美国、日本等国家生产的高强度浮力材料已可用于万米深度[20]。我国用自主研制的高性能空心玻璃微球开展国产化固体浮力材料制备，成功应用于“深海勇士”号载人潜水器和“万泉”号深渊着陆器上，打破了发达国家的技术垄断，提高了我国潜水器的自主保障能力，开启了国产深潜浮力材料规模应用的新局面。另外，玻璃浮球可以单独用来给水下设备提供浮力，放置各种海上应用水下仪器或电子设备。下一步将开展高性能浮力材料的商品化和产业化研究，保持与世界先进水平同步，更好地服务于国家深海观测探测和海洋资源的勘探开发。

1.1.2.3 海洋工程材料

1) 增材制造技术

增材制造技术也称为3D打印技术，是通过计算机辅助设计，采用材料直接逐层叠加的方式进行实体零件制造，是目前世界范围内最前沿的技术之一，被称为引起第三次工业革命的新兴制造技术。增材制造产品在汽车、能源、兵器、建筑、航空航天、生物医疗等领域得到了广泛的应用，在海洋船舶领域也有一定应用[21]。增材制造材料按照形态不同可分为粉末材料、片状材料、丝状材料和液体材料。按照材料类别不同分为高分子材料、金属材料、陶瓷材料和复合材料。增材制造已成为国内外研究热点，世界各国纷纷建立3D打印研发中心以开展3D打印材料的技术和应用研究。我国也高度重视增材制造技术和产业的发展，《中国制造2025》等发展规划将增材制造产业列为国家重点发展方向之一，明确了增材制造的战略方向。

在3D打印领域，德国EOS、美国3D System等公司技术成熟度较高，并与上下游公司开展技术合作，占有大部分市场，其产品也开始应用于海洋装备领域。目前，我国在国家政策的扶持和引导下，增材制造材料进入快速增长期，西安交通大学、清华大学等一批高校开展了相关研究，出现了西安铂力特、长沙华曙高科等一批增材制造行业的高新企业，积累了一定的技术基础研究成果。

大型复合金属构件增材制造技术已在国内外船舶工业尤其是深潜设备领域进行了应用探索[22-23]。2016年，美国橡树岭国家实验室采用3D打印制造了潜艇船体；2016年1月7日，英国劳氏船级社发布了3D打印全球认证标准；2017年9月，英国未来新概念潜艇“鹦鹉螺100”号的设计方案中，采用3D打印制造能动态改变主船体的表面形状；荷兰RAMLAB实验室与Autodesk合作，利用增减材复合加工技术制造的船舶螺旋桨[24]，在2017年的德国汉诺威工业展上向海事界进行了展示，该螺旋桨获得了法国船级社认证。另外，增材制造技术在舰载保障和岸基保障领域也具备一定潜力[25-26]，美军将小型3D打印设备配置在部分舰艇上，建立“微型制造实验室”，可根据需求在船上临时进行工具、工装、设备外壳、零部件的打印制作。我国3D打印技术在海洋船舶领域的发展尚处于早期阶段，在深潜系统的3D打印研究和应用方面与国外的差距巨大[22]。

2) 高效/智能焊接材料

高效/智能的焊接材料是保证海洋平台焊接质量的基础[27]。海洋资源的勘探与开发逐渐向深远海挺进，环境更加恶劣，对海洋平台也提出了更高要求，深水化、大型化、结构形式复杂化等，这对海洋平台的焊接质量提出更为严苛的要求。

国外企业因其雄厚的科研实力在焊接材料市场具有独特的优势。瑞典山特维克研制出特殊超级双相不锈钢焊材(Sandvik25.10.4.L)，该焊材具有优异的耐腐蚀性能，能够有效应对海水和海洋环境的腐蚀，尤其对含氯化物的严苛腐蚀工况具有良好的耐蚀性[28]。我国迫切需求高端焊材的国产化和产业化，国内焊材企业加大科研投入，高端焊材的生产制造能力和水平取得了很大进展和突破：北京金威焊材有限公司成功研制出镍基合金药芯焊丝(ENiCrMo3T1-4)，并已批量化生产，替代进口焊丝，用于重要装备的制造；天津市金桥焊材集团有限公司的管线自保护药芯焊丝(JC-30)，具有优良的低温韧性和抗裂性能，用于厚板及刚性大的重要结构焊接。

高效/智能焊接材料是满足深海资源的勘探与开发中深水化、大型化海洋平台焊接质量要求的基础。瑞典山特维克、德国奥钢联伯乐等国外焊材企业的高效/智能焊接材料除优异的焊接性能外，还具有耐腐蚀等特点。国内焊材企业在高端焊材的生产制造能力和水平方面取得了一定进展和突破。北京金威焊材有限公司、天津大桥焊材集团有限公司、四川大西洋焊接材料股份有限公司等企业研制生产的焊丝已能替代进口焊丝，用于重要装备的制造。

3)轻量化材料

伴随着社会经济发展，各行业对船速与质量提出更高要求。在海洋观探测领域，特别是在军事方面，提高船舶、水下航行器等的速度和攻击强度，获得更高的有效载荷，需要降低航行器自重，降低燃料损耗及成本，提高航速与机动灵活性。船舶与海洋工程结构轻量化设计主要表现为选用高强度合金或高性能轻质材料，如高强度钢材、铝合金、钛合金、镁合金、碳纤维材料、陶瓷材料及高分子及其复合材料等[29]。轻量化材料是海洋装备获得更高的有效载荷，降低燃料损耗及成本，提高航速与机动灵活性的重要手段，Kockums 公司、Baltic 公司、美国全地形海陆两栖气垫船公司、英国 Halmatic 公司、美国 Seeman Composites 公司较早就开始了轻量化材料在海洋船舶及航行器等应用，深圳海斯比设计、上海外高桥造船有限公司、中国船舶集团第七〇八研究所也已将复合材料成功应用于船舶、水下航行器等，取得了一定的研究进展。

铝合金、陶瓷材料等已在海洋耐压材料中做了相关介绍，其兼具耐压和轻量化功能。

石墨纤维增强环氧树脂、碳纤维等复合材料在海洋船舶与工程以及各类水下航行器上有相关应用[30]。此类复合材料具有轻量化、比强度和比刚度高、阻尼性能好、耐腐蚀等优点，可应用于制造潜艇指挥塔、导流罩、声呐罩等[31]。英国应用复合材料建造大型反水雷舰艇和高速艇，有“施培正”号凯芙拉巡逻艇、“奥伯龙”级潜艇等；复合材料的可回收性或者利用可回收材料制备的复合材料因为其较高的性价比引起了工业界的浓厚兴趣，英国利用真空袋固化工艺制造了简单的热塑性塑料底船 DUC、日本应用复合材料建造渔船和游艇等。中国自 1958 年开始试制复合材料造船，已有总长近 39 m 的扫雷艇、长度接近 20 m 的远洋捕捞渔船、各种单体高速船、高速双体气垫船、机动帆艇等。

1.1.2.4 特种功能材料

1) 隐身材料

隐身材料主要有声、光、电磁隐身等。

隐身材料是提高舰船等作战能力的有效手段，美国 ARC 公司、Fibrotex 公司、SAAB 公司、英国杜菲-狄坦宁公司都将各种隐身手段应用于舰艇。我国也进行了相关研究，海洋化工研究院、哈尔滨工程大学、中国船舶集团第七二五研究所等对隐身材料进行了研究，因其主要应用于军事领域，所报道材料并不多。

声隐身材料主要包括吸声材料、隔声材料和阻尼材料[32]。吸声材料主要用于舰艇舱室内，通过减少对外的空气声来控制噪声。使用较多的吸声材料主要有多孔型吸声材料、片膜状型材料和具有共鸣型吸声结构以及渐变式吸声结构的吸声材料。最常见的水声吸声材料为消声瓦，它能够将声转化为热能而被消耗，既可以将敌方主动声呐吸收，又可以极大降低舰艇自身噪声，将二者结合起来，整个艇体形成一个良好的无回声层，有效达到隐身的效果[33]。美国、俄罗斯、英国等国有不少核潜艇都已在壳体上安装了消声瓦[33]。阻尼材料可以将机械振动转化为热能消耗，通过减振而达到减少噪声的目的。目前研制较多的阻尼材料主要有四类：阻尼合金、减振橡胶、高聚物阻尼以及高聚物中添加各种无机填料(如硫酸钡、硫酸钙、铅盐等)的复合材料[32]。比较先进的隔声材料是聚酰亚胺泡沫材料，目前美国海军已把聚酰亚胺泡沫用作所有水面战舰和潜艇的隔热隔声材料[32]。

另外，超材料在减振、耗能、降噪和轻量化等方面具有优势，将其应用于舰船结构设计可以有效降低船体振动、水下辐射噪声和船体重量，提高舰船抗爆抗冲击能力[34]。2014 年 3 月，美国杜克大学利用声隐身超材料制造出世界上首个三维“声学斗篷”，它能引导任意方向的入射声波“绕过”物体传播，实现物体对探测声波“透明”，它的潜在应用是对抗主动声呐探测。此前，美国海军资助的“五模材料”声隐身超材料能同时对抗主动声呐和被动声呐，目前处于原理样机的研发阶段。除美国外，德国和西班牙也开展了声隐身超材料研究，并不断取得新进展。声隐身超材料技术一旦成熟，可用于潜艇、无人潜航器、水雷等水下装备，使它们在声呐下“遁形”。声隐身超材料在水下装备上大规模应用后，将使目前基于声呐构建的水下探测装备体系发生重大变革，改变未来水下战场的游戏规则[35]。上海交通大学对超材料在船舶结构中的应用理论和方法进行了相关研究[34]；深圳光启高等理工研究院研制了四个系列的超材料应用于海洋装备，使其具有更好的任务能力，体现在电磁增强、电磁干扰、抗腐蚀、抗盐雾、抗强紫外线等方面；北京理工大学研制了一种声学特性在空气-水-液体金属中宽频可调的超材料，可适用于不同环境的声学特性[36]。

雷达隐身材料是利用具有特殊电磁特性的材料，将入射的电磁波能量转化为热能，从而达到降低雷达回波强度的目的。雷达隐身材料包含多种类型，如介电型、导电纤维型、导电高聚物型、铁磁型、金属颗粒型等[37]。法国研制出了一种反雷达伪装用防弹结构材料用于潜艇甲板，其强度与7 mm钢板相当，在3~5.5 cm波段范围具有较好的吸波性，该材料是由片状塑料或合成材料加金属导线、金属网络以及层状吸收材料组成。英国生产了一种结构吸波材料(BTRP401)，材料厚度在15 mm左右，工作频率在8~18 GHz范围，反射率衰减可达20 dB以上；另外还有一种薄型材料(BTRP101)，厚度小于2 mm，工作频率范围在9~13 GHz[38]。我国对吸波结构材料进行了大量研究，取得了极大进展，包括基体树脂以及增强纤维等，开展了大量的筛选研究；对材料吸波机理也进行了探索，制作了模拟体并进行了实船推广应用；例如宁波材料所研制的聚丙烯/炭黑(PP/CB)材料密度低，力学性能好，在2~18 GHz频段的反射损耗最低可达-60 dB，在6~18 GHz吸波频段对电磁波吸收效率可达80%~97%。

光隐身材料包括可见光隐身材料、红外隐身材料和激光隐身材料等。光隐身的实现方法包括对舰体表面涂覆绝热涂层，可以有效降低舰体吸收和辐射太阳能，以降低舰体表面的温度；对武器等装置加盖隔热垫或热屏蔽层进行隔热，从而达到降低舰艇红外辐射的目的。我国也已研制出了新型隐身材料，可兼容吸收微波与红外。美国研制出一种微陶瓷球，具有在1~100 GHz频段内吸收微波与红外辐射的能力[39]。

2）自修复/感知技术材料

自修复材料是一种集感知、驱动和信息处理于一体，通过感知外界环境变化，模拟生物体损伤自修复机理，在材料本身受损时能够进行自我修复的智能材料[40]。按照材料的修复机理，可分为两大类：一类是将功能性物质分散或者复合到材料内部以实现材料的自修复功能，其功能的实现主要是将化学物质装入纤维或胶囊；另一类是通过各种方式向材料提供能量，如加热、光照等，使材料发生结晶、成膜或交联等反应来实现修复。基于以上两类机理，自修复材料技术已经应用在混凝土、高分子材料和金属等领域。

混凝土自修复材料自修复的核心就是在材料中嵌入玻璃空心纤维管，其中注入黏性很强的修复液缩醛高分子溶液。在使用过程中，如果材料出现裂纹或损伤，部分纤维管会在裂纹部位破裂，修复液就会流出，损伤的混凝土材料在一段时间后，在修复液的作用下重新黏合[41]。基于这种机理的混凝土自修复材料应用于桥梁、建筑等领域，可以极大地提升桥梁或建筑的使用寿命以及安全性能。

金属自修复材料主要是针对金属的磨损损耗而设计的。金属磨损自修复材料是由多种矿物成分、添加剂和催化剂组成的超细粉末，可以添加到各种类型的润滑油或润滑脂中，材料与油品不会发生化学反应，也不会改变油的性质和黏度，以润滑油或润滑脂作为载体，将金属磨损自修复材料的超细粉末分散到产生摩擦的金属工作面上[42]。添加了自修复材料的保护层不仅能够及时地补偿金属表面产生的磨损间隙，使零件恢复原始形状，还有利于降低摩擦振动，减少噪声，节约能源。

另外，还有一些结构一体化材料兼具自修复功能，如聚脲材料应用于某些设施表面，除了具有防护功能外，还能在外力损伤(如子弹穿透等)的情况下，快速恢复，从而达到防护效果；还有其他防污/隐身/自修复一体化材料等。

自修复/感知材料目前产业化程度整体还不高，国外企业如 LG 集团、IBM、法国赛峰集团、住友大阪水泥、哈利伯顿能源服务公司等均为全球 500 强的大型跨国公司，资金雄厚，研发实力强，创新基础良好。我国自修复材料整体上还处于探索阶段，华南理工大学、中国船舶集团第七二五研究所将自修复技术应用于海洋防污涂料及防腐涂料中，获得了较好的自修复效果；另外，北京东方雨虹、昆山密友集团、山东格物新材等企业也开展了相关研究。但我国重点企业与国外企业相比，在企业规模、专利申请数量、全球布局方面都有很大差距。

1.2 全球创新资源地图

1.2.1 总体格局

综合海洋新材料产业重点创新机构的全球布局情况，得出海洋新材料产业全球分布概况(表 1-1)。从表 1-1 可以看出，创新资源格局呈现以下特征。

表 1-1　海洋新材料产业创新高地企业、科研机构分布概况

创新高地(城市群)	所在国家	创新高地简介	主要技术与产品
克利夫兰-匹兹堡区域(克利夫兰、匹兹堡、梅迪纳)	美国	美国工业革命中心，美国钢铁公司一度垄断了全美一半以上的钢铁产量	海洋涂料和海洋金属材料
威尔明顿-费城区域(威尔明顿、米德兰、费城)	美国	美国特拉华州最大的工商业港口城市和重要的交通枢纽。世界著名的杜邦化学、帝国化学公司等总部，有世界"化工城"之称	海洋涂料、海洋生物材料、空心玻璃微珠
明尼阿波利斯区域(明尼阿波利斯、梅普尔伍德)	美国	美国最有文化城市，是著名的文化城	海洋涂料、空心玻璃微珠
比迪福德	美国	港口城市	深水耐压浮力材料，高强度 Flotec™ 复合泡沫塑料和聚氨酯弹性体制品
达拉斯	美国	重要工商业中心，世界重要的稀有金属新材料研究和开发中心	钛与钛合金
宾夕法尼亚州西部、俄亥俄州东部和弗吉尼亚州西部	美国	联合成立"增材制造研究所"，发展和推动增材制造技术的国家战略和规划	增材制造 3D 打印技术
阿姆斯特丹	荷兰	荷兰首都及最大城市	海洋涂料、海洋金属材料
哥本哈根	丹麦	丹麦王国的首都、最大城市及最大港口，政治、经济、文化和交通中心	船舶漆、集装箱漆、装饰漆和工业漆
杜塞尔多夫	德国	重要工业城市、德国工业的大动脉	海洋涂料、海洋金属材料 增材制造技术结构轻量化
慕尼黑-乌尔姆	德国	新兴的高科技工业区	增材制造技术 铜与铜合金
桑德尔福德	挪威	拥有全球著名的海洋及工业涂料生产商	装饰涂料、船舶涂料、工业保护涂料
伦敦	英国	英国首都	特种涂料、防腐蚀保护
伯明翰	英国	3D 打印方面具有世界领先水平	增材制造技术
阿伯丁	英国	苏格兰第三大城市，是北海海滨主要海港	钻探立管浮力材料、ROV/AUV 浮力材料
东京	日本	日本首都，碳纤维材料在技术水准、质量和数量上均处于世界领先地位	钛合金等耐蚀合金材料、海洋生物材料、空心玻璃微珠
大阪	日本	日本第二大都市，新材料技术发展迅速	集装箱涂料、船舶涂料、海上石油设施涂料、工业重防腐涂料、海洋金属材料

续表

创新高地(城市群)	所在国家	创新高地简介	主要技术与产品
环渤海地区(北京、天津、青岛等)	中国	北京：政治、经济、文化、科技中心；青岛：海洋科研力量雄厚	空心玻璃微珠、大型整体关键构件激光成形、海洋防腐、防污涂料、深水耐压浮力材料
哈尔滨		重工业基地	深水耐压浮力材料
长江三角洲及珠江三角洲地区(上海、蚌埠、广州等)		高校和科研院所创新资源丰富，海洋新材料产业企业众多，产业集中，在陶瓷材料等领域具有较强优势	空心玻璃微珠、陶瓷耐压材料、增材制造
中西部地区(西安、洛阳、武汉等)		中西部地区矿产与能源丰富，依托资源优势形成了一批特色功能材料产业基地	耐蚀钛合金 光固化快速成型(SLA)技术 耐蚀铜合金 耐蚀铝合金 增材制造

美国依靠其强大的经济与科技实力，在海洋防腐/防污、耐压、工程及特种功能等材料领域均处于行业发展前列。共有三个比较集中的区域：一是克利夫兰-匹兹堡沿线地区，海洋涂料产业发达；二是威尔明顿-费城沿线地区，海洋涂料、深潜材料及海洋生物材料的研发及应用实力较强；三是缅因州的比迪福德市，因其域内的美国浮选技术公司而成为全球深水浮力系统设计和制造的先导区域。

荷兰、丹麦、挪威、德国、日本等通过持续、稳定资助海洋新材料领域前沿研究和产业化，保持了较强竞争力。荷兰阿姆斯特丹、丹麦哥本哈根、挪威桑德尔福德的涂料工业发达、研发机构集中；德国在涂料及特种钢、耐蚀合金方面均有较强竞争力；日本是海洋新材料产业的主要国家，以东京、大阪为核心，在海洋涂料、海洋金属材料、空心玻璃微珠及海洋生物材料等领域已取得领先优势。

我国是全球最大的新兴经济体，海洋新材料产业处于强劲发展阶段，市场空间广阔。其中，环渤海地区是国内海洋新材料创新资源最为集中的地区，拥有多家大型企业总部和重点科研院校；长江三角洲地区是我国新材料产业基地数量最多的地区，工业基础雄厚，交通物流便利；珠江三角洲地区的新材料产业集中度高，在电子信息材料、陶瓷材料等领域具有较强优势，新材料产业主要分布于广州、深圳、佛山等地，以外向出口型为主；中西部地区矿产与能源丰富，依托资源优势形成了一批特色功能海洋新材料产业基地。

1.2.2　海外重点区域

1.2.2.1　北美

克利夫兰-匹兹堡区域，海洋涂料产业发达。宣伟(Sherwin-Williams)是全球最大的专业涂料公司之一，北美乃至整个美洲最大的建筑涂料、工业与船舶涂料供应商；RPM 国际公司是全球最大的特种涂料和密封剂生产商，其工业产品包括屋顶系统密封剂、腐蚀控制涂料、地板涂料和特种化学品；PPG 工业公司生产及经营涂料、平板玻璃、长玻璃纤维、工业和专业化学品，是世界第一的交通工具用漆制造商和专业化学产品制造商；ATI 公司是世界最大的特钢生产商之一，其生产的特种钢材、钛、钨、钛合金制品及其他合金金属产品广泛应用于海洋工程领域、海洋开发设备、深海石油勘探开采等领域；凯斯西储大学工学院设有化学工学、高分子工程等新材料学科(表 1-2)。

表 1-2　北美海洋新材料产业科研机构及企业信息

创新高地(城市群)	所在国家	重点企业及产品	重点科研机构及技术
克利夫兰-匹兹堡区域(克利夫兰、匹兹堡、梅迪纳)	美国	PPG 工业集团(PPG Industries)(海洋防腐材料) 宣伟(Sherwin-Williams)(海洋涂料) RPM 国际公司(RPM International Inc. 以下简称 RPM)(海洋涂料) 阿勒格尼技术公司(Allegheny Technologies Inc.，以下简称 ATI)(高强度钢及各种合金材料)	凯斯西储大学工学院(新材料)
威尔明顿-费城区域(威尔明顿、米德兰、费城)		美国纳幕尔杜邦公司(DU PONT DE NEMOURS)(高性能树脂) 美国 PQ 公司 (PQ Corporation)(Potters© 品牌玻璃微球)	宾夕法尼亚大学(生物材料、陶瓷材料)
明尼阿波利斯区域(明尼阿波利斯、梅普尔伍德)		美国威士伯公司(Valspar)(防腐材料) 美国 3M 公司(Minnesota Miningand Manufacturing Company，以下简称 3M 公司)(新型 Glass Bubbles S32HS 空心玻璃微珠产品)	—
比迪福德		美国浮选技术公司(FLOTATION TECHNOLOGIES)(深水耐压浮力材料，高强度 Flotec™ 复合泡沫塑料和聚氨酯弹性体制品)	—
达拉斯		美国钛金属公司(TIMET)(钛与钛合金)	—
宾夕法尼亚州西部、俄亥俄州东部和弗吉尼亚州西部		—	美国增材制造研究所(增材制造 3D 打印技术)

威尔明顿-费城区域，海洋涂料、深潜材料及海洋生物材料的研发及应用实力较强。杜邦公司曾是全球最大的化学工业公司，世界涂料企业巨头之一；美国 PQ 公司是世界上最大的硅酸盐生产供应商，最大子公司波特工业公司(Potters Industries LLc)是世界著名的空心玻璃微珠制造商，生产多种类型的空心玻璃微珠；宾夕法尼亚大学的材料科学与工程系设有生物材料、燃料电池与新材料、纳米材料、计算材料科学和设计等研究方向。

缅因州的比迪福德市，因美国浮选技术公司而成为全球深水浮力系统设计和制造的先导区域。美国另有两个新材料产业发达的区域：一是明尼苏达州的明尼阿波利斯-圣保罗区域，3M 公司制备的空心玻璃微珠已有多种规格、品种，也有专门用于制备深潜用浮力材料的漂浮系列微珠；二是得克萨斯州的达拉斯市，因其所在的美国钛金属公司提供世界钛需求的近 1/5 产品而成为世界重要的稀有金属新材料研究和开发中心。美国西部成立增材制造创新研究所，联合了宾夕法尼亚州西部、俄亥俄州东部和弗吉尼亚州西部的 14 所大学、40 余家企业、11 家非营利机构和专业协会。

1.2.2.2 欧洲

荷兰阿姆斯特丹区域的阿克苏诺贝尔是世界上最大的涂料制造商，其大部分业务处于领先地位，产品包括装饰涂料、工业涂料、海洋保护和航空航天涂料及涂料相关产品。其生产的船舶用油漆、抗污材料以及桥梁建筑防护涂料在市场上处于领先地位。式玛卡龙集团是世界领先的涂料及油漆供应商之一，主要生产建筑、防护、船舶和工业用涂料；荷兰海洋研究院为政府、海洋和海洋产业及海军提供前沿研究，同时为商业船舶制造商、船主、船舶推进器制造商、造船工程师及海洋产业提供最先进的行业预测、设计咨询、测试服务及模拟与培训咨询；荷兰聚合物研究院坐落在埃因霍温，是由产业、大学和政府为了进行聚合物材料探索研究而共同资助的基金会，由大学和产业共同运作；荷兰金属研究院坐落在代尔夫特，从事金属科学、金属生产和金属工程领域的战略研究，旨在提高荷兰金属工业的竞争地位。

表 1-3 欧洲海洋新材料产业科研机构及企业信息

创新高地	所在国家	重点企业及产品	重点科研机构及技术
阿姆斯特丹	荷兰	阿克苏诺贝尔(AKZONOBEL)(海洋涂料) 式玛卡龙集团(SigmaKalon)(现属美国PPG工业集团)(海洋涂料)	荷兰海洋研究院(MARIN)(海洋产业) 荷兰聚合物研究院(DPI)(海洋材料) 荷兰金属研究院(NIMR)(海洋金属材料)

续表

创新高地	所在国家	重点企业及产品	重点科研机构及技术
哥本哈根	丹麦	丹麦赫普集团(Hempel)(船舶漆、集装箱漆、装饰漆和工业漆)	丹麦技术科学院(海洋新材料) 里瑟国家研究室(海洋新材料)
杜塞尔多夫	德国	汉高(Henkel)(海洋涂料) 蒂森克虏伯股份公司(ThyssenKrupp AG)(特种钢)	杜塞尔多夫大学(海洋材料) 莱布尼茨新材料研究所(海洋新材料) 直接制造研究中心(增材制造技术结构轻量化)
慕尼黑-乌尔姆	德国	德国 EOS 公司(增材制造技术) 德国维兰德公司(Wieland)(铜与铜合金)	—
桑德尔福德	挪威	挪威佐敦公司(Jotun)(装饰涂料、船舶涂料、工业保护涂料)	—
伦敦	英国	帝国化学工业公司(Imperial Chemical Industries p. l. c, ICI)(特种涂料、防腐蚀保护)	—
伦敦、伯明翰	英国	—	增材制造研究中心 拉夫堡大学 伯明翰大学 英国国家物理实验室(增材制造技术)
阿伯丁	英国	英国巴尔莫勒尔近海工程公司(Balmoral Offshore Engineering)(钻探立管浮力材料、ROV/AUV 浮力材料)	—

丹麦哥本哈根区域的 Hempel 集团是全球最大的独资涂料生产及供应商之一，在涂料领域始终处于市场领先地位，是全球最大的集装箱涂料制造商、中国最大的船舶涂料供应商、中国市场工业防护漆领导者之一、中国建筑装饰涂料市场上的主要力量之一；丹麦技术科学院下设 33 个研究所和协会，主要包括生物技术、水利、应用电子、新材料(包含海洋应用领域)、医学等领域；里瑟国家研究室研究领域包括供能与基础技术、环境与安全、新材料、信息与计算机科学、生物技术与辐射、能源技术(固体燃料燃烧、石油与天然气技术、风能、工业生产技术以及技术经济系统分析)。

德国杜塞尔多夫区域，汉高公司涉足化工原料、涂料、染料、油墨、树脂、香料及调味料等十几个化工相关行业，目前在全球 30 多个国家和地区设立了 140 多个相关分支与研究机构；蒂森克虏伯股份公司产品范围涉及钢铁(不锈钢等高端合成钢占有重要地位)、汽车技术、机器制造、工程设计及贸易等领域；杜塞尔多夫大学化学系设有无机化学、有机化学、分子化学、物理化学、理论化学、化学教育、生物化学等细分学科，其在化学材料研究方面具有良好基础；莱布尼茨新材料研究所研究领域涵盖自然科学、工程科学、环境科学、经济科学、社会科学、地球科学和人文科学，基础科学研究与应用相结合，与高等院校、工业界及其他国内外研究机构合作紧密。

德国慕尼黑-乌尔姆区域，德国 EOS 公司是全球最大同时也是技术最领先的激光粉末烧结快速成型系统的制造商，同时也为增材制造提供端到端的解决方案，其产品适于应用在 3C 产品开发、航天产品、精密模具、样品打样、生物医疗材料上；德国维兰德公司专注于铜与铜合金的制造，涉及冷轧产品、挤压产品、管件、滑动轴承与组件，产品主要用于海洋工程领域热交换管与管道用管。

挪威桑德尔福德区域，佐敦公司是全球著名的三大海洋及工业涂料生产商，是制漆领域中全球的卓越品牌。在欧洲、中东、亚洲、太平洋和非洲拥有 40 多家工厂，分支机构更是遍布世界各个角落，并在挪威、美国、韩国、马来西亚、阿拉伯联合酋长国设立了 5 个研究开发中心，以此保证佐敦的涂料技术在世界上始终处于领先地位。

英国伦敦地区，ICI 公司主营油漆、材料、炸药及工业化学品，在 30 多个国家的 200 多个地点设有生产厂，制造或提供逾 8 000 种产品。

英国伯明翰区域，英国工程与物理科学研究委员会中设有增材制造研究中心，参与机构包括拉夫堡大学、伯明翰大学、英国国家物理实验室、波音公司以及德国 EOS 公司等 15 家知名大学、研究机构及企业。

英国阿伯丁区域，英国巴尔莫勒尔近海工程公司是一家专业生产深水及水下环境用浮力材料、弹性体及提供水下绝缘解决方案的公司，产品包括刚性和动态立管浮力、隔热、ROV/AUV 和地下浮力、弹性体电缆保护器、弯曲加劲件和限流器、夹具、VIV 板和立管保护罩。

1.2.2.3 日本

日本东京，JFE 公司是世界大型钢铁企业集团之一，是世界上第二大钢铁集团，多项技术代表世界钢铁行业的最高水平；尤尼吉可公司研究开发具有独特纤维构造的纤维以及复合材料等产品，如薄膜、树脂、无纺布等高分子材料，合成纤维、玻璃纤维等功能材料及可降解性生物材料“TERRAMAC”等；旭硝子株式会社是日本一家玻璃制品公司，为全球第二大玻璃制品公司，是国际上除美国 3M 公司和 PQ 公司外重要的空心玻璃微珠生产厂家之一；东京大学科学研究力量强大，其所属物理研究所进行材料特性实验研究及有关理论的研究，如物质极限特性、浓缩性、放射性、新材料开发等，所属海洋研究所是日本海洋领域唯一的研究所，承担海洋方面的综合基础研究任务，包括海洋生物及海洋微生物研究等；东京工业大学具有材料领域的优势专业，包括金属材料工程、无机非金属材料工程、高分子材料与工程、材料科学与工程、材料成型及控制工程等。

表 1-4　日本海洋新材料产业科研机构及企业信息

创新高地	所在国家	重点企业及产品	重点科研机构及技术
东京	日本	日本钢铁工程控股公司(以下简称 JFE 公司)(钛合金等耐蚀合金材料) 日本三菱重工有限公司(镍合金、锌合金) 日本日立金属有限公司(高强度合金) 旭硝子株式会社(耐压材料) 日本尤尼吉可公司(空心玻璃微珠) 日本三菱丽阳株式会社(碳纤维)	东京大学(University of Tokyo)(海洋新材料) 东京工业大学((Tokyo Institute of Technology))(海洋新材料)
大阪		日本关西涂料株式会社(Kansai)(集装箱涂料、船舶涂料等) 立邦涂料(Nippon Paint)(集装箱涂料、船舶涂料、海上石油设施涂料、工业重防腐涂料等) 神户制钢公司(Kobe Steel)(高强度钢、钛合金等)	日本国家材料研究所(NIMS)(海洋金属材料等)

日本大阪，关西涂料是日本最大的涂料供应商，主要提供汽车、工业、海运、装饰等涂料；立邦涂料主要生产装饰涂料、汽车涂料、工业涂料和船舶涂料；神户制钢公司是日本顶尖的铝产品、铜产品、钛加工材及特钢供应商，神户制钢的金属业务领域，主要包括钢铁材料(包括高抗拉强度钢板)、焊接材料、铝及铜、钛制品等；日本国家材料研究所(NIMS)是一家致力于材料科学研究的国立研究机构，其在材料学方面的研究领域有功能材料、燃料电池材料、金属材料、陶瓷材料、有机材料、半导体材料及复合材料等(表 1-4)。

1.2.3　我国重点区域

1.2.3.1　环渤海地区

北京市拥有众多海洋新材料生产、研发单位，具有全国领先的创新能力以及强大的科研能力，北京煜鼎增材制造研究院有限公司是一家聚焦重大装备“高性能材料”和“先进制造”两大核心领域的创新型综合性高科技企业，致力于增材制造(3D 打印)、高性能新材料等研发；北京航空航天大学粉体技术研究所北京市重点实验室与深圳空微特种材料有限公司合作开发的多功能空心微珠材料，呈现出粒度细小、中空球形、抗压强度高、耐火度高、电阻率高、耐腐蚀、热传导系数低、收缩率小的特性；天津市的国家海洋技术中心在高强度轻质浮力材料的配方、工艺、成型技术等核心关键技术方面取得了突破，研究开发的浮力材料已在航天、海洋、国防等诸多领域中得到了广泛应用；河北钢铁是国内最大的钢铁上市公司之一，逐步建设了国家重点技术改造项目1 700热轧超薄带钢生产线、冷轧薄板深加工项目及带钢表面涂镀层工程、氧化钒生产线技术改造和钒钛资源综合开发利用技改项目等一系列产品深加工工程(表1–5)。

表1–5　中国海洋新材料产业科研机构及企业信息

创新高地	所在国家	重点企业及产品	重点科研机构及技术
环渤海地区（北京、天津、石家庄、烟台、青岛）	中国	中国铝业集团有限公司(铝合金) 北京煜鼎增材制造研究院有限公司(增材制造) 中国钢研科技集团有限公司(高强度钢) 河北钢铁(高强度钢) 海洋化工研究院有限公司(海洋涂料、阻尼减振等特种材料) 青岛海洋新材料科技有限公司(高强度浮力材料) 万华化学(海洋密封材料)	中国科学院理化技术研究所(空心玻璃微珠) 北京航空航天大学(增材制造) 中国科学院大学(浮力材料) 北京有色金属研究院(高强度合金) 清华大学(增材制造) 北京科技大学(高强度合金) 北京工业大学(高强度钢) 天津大学(高性能陶瓷、耐压浮力材料) 国家海洋技术中心(耐压浮力材料) 中国海洋大学(防污防腐材料、耐压浮力材料) 中国科学院海洋研究所(防腐防污材料)
长江三角洲及珠江三角洲地区（上海、潮州、深圳、广州、杭州、南京等）	中国	中海油常州涂料化工研究院(防腐材料) 潮州三环集团(氧化锆陶瓷、氧化铝陶瓷) 杭州瑞利科技有限公司(耐压浮力材料) 中国电建集团华东勘测设计研究院有限公司(耐压浮力材料) 江苏兰陵化工集团有限公司(海洋涂料) 江苏(南京)长江涂料有限公司(海洋涂料) 中天上材增材制造有限公司(增材制造) 宁波飞轮造漆有限责任公司(海洋涂料) 厦门双瑞船舶涂料有限公司(海洋涂料) 广东东方锆业科技股份有限公司(氧化锆陶瓷、氧化铝陶瓷) 上海华谊精细化工有限公司(海洋涂料) 宝山钢铁股份有限公司(高强度钢) 中国宝武钢铁集团有限公司(高强度钢) 中国南玻集团股份有限公司(中空玻璃微珠) 深圳市鼎海新材料技术有限公司(耐压浮力材料) 蚌埠玻璃工业设计研究院(空心玻璃微珠)	华南理工大学(防污防腐材料、增材制造) 浙江大学(防污防腐材料) 河海大学(耐压浮力材料) 厦门大学(防污材料) 上海交通大学(高强度合金) 中国科学院上海硅酸盐研究所(高性能耐压陶瓷，耐压浮力材料) 上海材料研究所(耐压陶瓷、耐压浮力材料)

续表

创新高地	所在国家	重点企业及产品	重点科研机构及技术
东北地区（哈尔滨、鞍山、秦皇岛、沈阳、大连等）	中国	鞍钢集团（高强度钢） 秦皇岛耀华玻璃钢股份有限公司（Low-E 玻璃，中空玻璃） 沈阳中船军工制漆有限公司（海洋涂料）	哈尔滨工程大学（深水耐压浮力材料、特种材料） 哈尔滨工业大学（高性能陶瓷） 大连海事大学（防污材料） 大连理工大学（耐压浮力材料） 燕山大学（高强度钢） 东北大学（高强度钢） 中国科学院金属研究所（高强度钢） 中国科学院沈阳自动化研究所机器人学国家重点实验室（耐压浮力材料）
中西部地区（西安、武汉、洛阳等）		西安铂力特增材技术股份有限公司（增材制造技术） 中铝洛阳铜业有限公司（耐蚀铜合金） 西南铝业（集团）有限责任公司（耐蚀铝合金）	中国船舶集团第七二五研究所（防污防腐材料、阻尼减振等特种材料） 西安增材制造国家研究院（增材制造技术） 西北工业大学（增材制造技术） 西安交通大学（增材制造技术） 西北有色金属研究院钛合金研究所（钛合金） 中国船舶集团第七一〇研究所（耐压浮力材料） 中南大学（高强度合金、耐压浮力材料） 武汉理工大学（耐压透明陶瓷、高性能陶瓷）

山东的海洋新材料产业发展迅速。青岛海洋化工研究院有限公司系原化工部直属的从事海洋化工新材料及新工艺开发的研究机构，是从事海洋涂料开发研究的专业研究机构，主要为海洋开发、海洋运输和建设服务；研制的可加工轻质复合材料已经在潜艇救生浮标、水下采矿机、潜艇拖曳天线、潜艇救生舱、潜艇信号浮标、水下机器人、海洋潜标、海底释放浮球等领域得到广泛应用。中国海洋大学材料科学与工程研究院在国内率先提出“海洋材料”这一学科交叉融合的特色研究领域，学院下设无机材料系和高分子材料系，拥有“海洋材料与防护技术”教育部工程研究中心和“特种海洋材料”山东省高校重点实验室。中国科学院海洋研究所成立中国科学院海洋研究所海洋腐蚀与防护中心，在海洋腐蚀机理研究、海洋生物污损机制研究以及海洋防腐防污新材料研究方面积累了大量成果（表 1-5）。

1.2.3.2 长江三角洲及珠江三角洲地区

上海市的高校和科研院所创新资源丰富，海洋新材料产业企业众多。宝武钢铁致力于开发合金及有色金属、不锈钢原料、废钢铁等优质产品；中国科学院上海硅酸盐研究所建立有高性能陶瓷和超微结构国家重点实验室，发展了碳化硅陶瓷材料的常压烧结、热压烧结、反应烧结、热等静压烧结等制备关键技术，在国内首次实现了空间遥感光学系统大口径空间轻量化 FSJ 研制。上海材料研究所研究特种金属材料、高分子及其复合材料、工程陶瓷材料、硬质合金及粉末冶金材料以及消能减振材料及技术等，开发了大量的工程新材料及应用的关键技术，为产业竞争力的提升和重大工程建设提供了重要的技术支撑(表 1-5)。

蚌埠玻璃工业设计研究院是我国浮法工艺技术和装备的主要研究者和提供者，设有中国玻璃发展中心、国家建筑材料工业平板玻璃热工测试中心等 7 个行业性机构，自主开发了数百项专有技术成果。

潮州三环集团是全国领先的电子元件、先进材料产业基地，主要产品有智能穿戴陶瓷部件、光纤陶瓷插芯、陶瓷封装基座(PKG)、氧化铝陶瓷基板、多层片式陶瓷电容器(MLCC)等，其中光纤陶瓷插芯更被工业和信息化部评为制造业单项冠军。华南理工大学针对有机硅防污材料破损后不易修复、静态防污效果差等问题，制备了一种可重涂、自修复的有机硅聚脲材料，在海水或空气中均表现出优异的室温自修复能力(表 1-5)。

1.2.3.3 东北地区

哈尔滨工程大学材料科学与化学工程学院海洋先进材料研究所专门从事海洋工程、船舶制造与建设所需的功能聚合物材料，其历时 10 年研究的“深水浮力材料”已正式投入自动化生产，使我国第一次实现了海洋用深水浮力材料全面自动化生产，打破了国际产品垄断市场的局面。鞍钢集团主要经营范围为钢、铁、钒、钛、不锈钢、特钢生产及制造，有色金属生产及制造，钢压延加工，铁、钒、钛及其他有色金属、非金属矿采选与综合利用。秦皇岛耀华玻璃钢股份有限公司(原中国耀华玻璃集团)是一家现代化玻璃生产企业，长期专注于复合材料、玻璃钢制品、船舶及配套设施、塑料制品、碳纤维及其制品等领域(表 1-5)。

1.2.3.4 中西部地区

中国船舶集团第七二五研究所是我国专门从事船舶材料及其工艺研究和新产品研制的大型综合研究所，是海军舰船金属材料及工艺、非金属材料及工艺、腐蚀与防护技术归口单位，主要专业方向有有色金属研制与应用研究、船用铝合金材料及制品、船舶及海洋工程用铜合金的材料、高性能弥散铜、SIC 陶瓷制品以及轻型陶瓷复合装甲等。西安增材制造国家研究院由 5 所大学发起、13 家重点企业共同组建，瞄准重大设备、重要材料、关键工艺、核心软件、核心元器件等共性关键技术，进行自主研发与技术集成，突破行业技术瓶颈，打造完整的创新链。

西北有色金属研究院钛合金研究所专业从事钛及钛合金的研究与开发40余年，研制出近60种钛合金，其中独立创新研制的合金近30种，形成了高温、低温、高强、高韧、损伤容限、耐蚀、船用、低成本和医用等钛合金系列。武汉理工大学原位复合技术与结构/功能一体化新材料研究室，长期从事高强高硬结构陶瓷材料、透明结构陶瓷材料及陶瓷材料过程仿生研究，面向深海服役环境，发展了AlON、MgAlON、MgO、nAl_2O_3等一系列尖晶石型耐高压透明结构陶瓷材料，可应用于深海探测及深海潜航器光学窗口材料(表1-5)。

1.3 全球产业(链)创新全景图

1.3.1 分布特征

海洋新材料产业围绕海洋防腐/防污新材料、海洋耐压材料、海洋工程材料、特种功能材料四个方向细分了海洋防腐涂料等9项三级技术、高强度钢等4项四级技术，梳理了近30项产品，90家企业，15家高校院所(图1-2)。

在海洋防护材料方面，挪威佐敦公司、丹麦Hempel集团、美国PPG工业集团等跨国企业依然占据绝大部分市场份额，我国虽有海洋化工研究院、中国科学院海洋研究所等一批多年从事海洋防护涂料研究的科研机构以及浙江鱼童、天津灯塔等海洋涂料的优势企业，但目前国内企业的市场份额较低，并且国内企业以供应防腐涂料为主，高端防污涂料市场依然被跨国企业占据。

在海洋耐压材料方面，美国TIMET、日本JFE钢铁、日本三菱、德国维兰德等跨国企业处于耐压壳体材料产业世界前列。中国科学院上海硅酸盐研究所、上海材料研究所、中国海洋大学等一批研究机构在高性能陶瓷、高性能玻璃等非金属耐压壳体材料方面已打破国外技术封锁，成功应用于我国深海装备中。美国3M公司、深水浮力公司等在海洋浮力材料方面占据市场主体地位，中国科学院理化技术研究所研制的深海用高强级、海洋级玻璃微珠固体浮力材料，应用于“深海勇士”号载人潜水器，打破了我国高性能浮力材料需要进口受限制的局面。

在海洋工程材料方面，德国EOS、美国3D System等公司在增材制造材料技术方面成熟度较高，占有大部分市场，其产品已应用于海洋装备领域。西安交通大学、清华大学等一批高校开展了相关研究，出现了西安铂力特、长沙华曙高科等一批增材制造行业的高新企业。在高效/智能焊接材料方面，瑞典山特维克、德国奥钢联伯乐等公司研制材料具备焊接性能好、耐腐蚀的特点。北京金威焊材有限公司、天津大桥焊材集团有限公司、四川大西洋焊接材料股份有限公司等企业研制生产的焊材已能替代进口焊丝，用于重要装备的制造。

在特种功能材料方面，美国 ARC 公司、Fibrotex 公司、SAAB 公司、英国杜菲-狄坦宁公司开发特种隐身材料并应用于舰艇。我国海洋化工研究院、哈尔滨工程大学、中国船舶集团第七二五研究所等对隐身材料进行了研究。自修复/感知技术材料目前产业化程度整体还不高，LG 集团、IBM、法国赛峰集团、住友大阪水泥、哈利伯顿能源服务公司等全球 500 强的大型跨国公司，资金雄厚，研发实力强，开展了相关研究。我国自修复材料整体上还处于探索阶段，华南理工大学、中国船舶集团第七二五研究所将自修复技术应用于海洋防污涂料及防腐涂料中，获得了较好的自修复效果。

图 1-2　海洋新材料产业创新全景图示例

1.3.2　海洋防腐/防污材料

1.3.2.1　国内外重点企业及主要产品

海洋防腐/防污材料的主要国外制造商有荷兰的阿克苏诺贝尔公司、丹麦 Hempel 公司、挪威佐敦、美国 PPG 公司及日本关西涂料公司等。我国的企业及科研院所包括海洋化工研究院、中国科学院海洋研究所、厦门双瑞船舶涂料有限公司及上海国际油漆有限公司等。

海洋涂料国内外重要企业、研究机构及其主要产品见图 1-3、表 1-6。

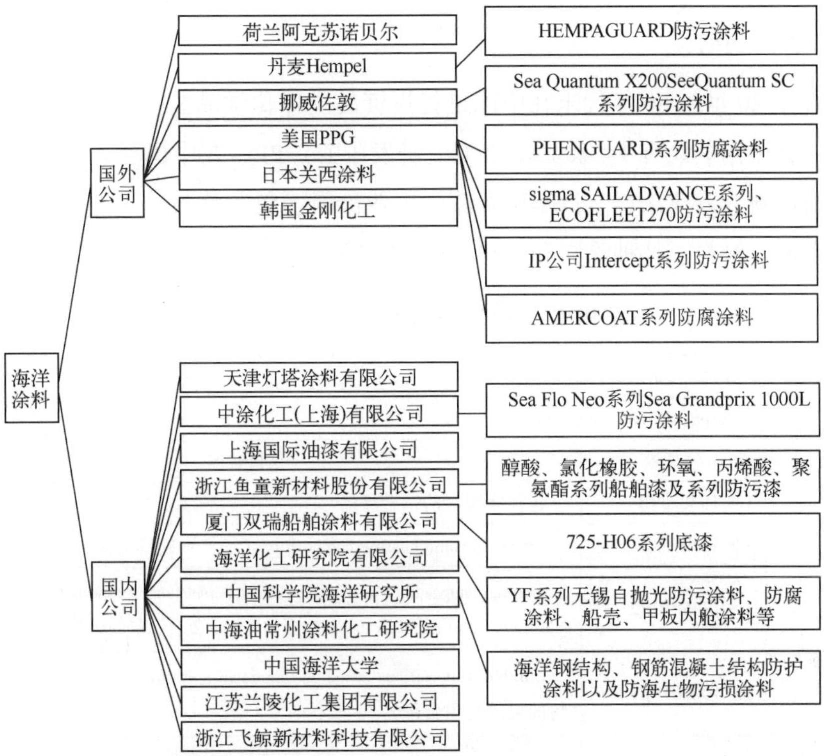

图 1-3 海洋涂料国内外重要企业、研究机构及其主要产品

表 1-6 主要海洋涂料产品名录

序号	产品名称(核心技术)	研制单位	国别	城市
1	船舶涂料、特种涂料	PPG	美国	匹兹堡
2	油漆、涂料	阿克苏诺贝尔(AkzoNobel)	荷兰	阿姆斯特丹
3	船舶漆、集装箱漆、防污涂料	Hempel	丹麦	哥本哈根
4	防污涂料	佐敦(Jotun)	挪威	桑德尔福德
5	船舶涂料	日本关西涂料株式会社	日本	大阪
6	海洋防污涂料、重防腐涂料	海洋化工研究院有限公司	中国	青岛
7	防污、防腐蚀涂料	中国科学院海洋研究所	中国	青岛
8	防腐涂料	厦门双瑞船舶涂料有限公司	中国	厦门

1.3.2.2 重点创新机构研发布局

重点分析美国 PPG、丹麦赫普集团(Hempel)、挪威佐敦公司(Jotun)、日本关西涂料株式会社(Kansai)、海洋化工研究院、厦门双瑞船舶涂料有限公司、中国科学院海洋研究所等的核心专利。

(1)美国 PPG

PPG 是 20 世纪 80 年代末在中国进行投资的全球化学品公司之一，中国总部设在上海，在中国共设有 14 家工厂和 4 个研发中心。PPG 在中国生产及销售航空材料、建筑涂料、汽车涂料、汽车修补漆、工业涂料、包装涂料、工业防护及船舶涂料、汽车原厂涂料、特种涂料和材料等(表 1-7)。

表 1-7 美国 PPG 工业(PPG)在海洋涂料领域研发布局简况

创新机构	PPG 工业(PPG)	
网址	https：//www. ppg. com/	
核心专利	公开号	专利名称
	CN 1938239B	包括涂覆层的结合涂层
	US 8809468B2	Epoxy siloxane coating compositions(环氧聚硅氧烷涂料和底漆组合物)
	US 7745010B2	Coating compositions exhibiting corrosion resistance properties, related coated substrates, and methods (具有耐腐蚀性能的复合涂层的涂覆基材和方法)
	EP 1002019B1	Curable compositions based on functional polysiloxanes(基于功能性聚硅氧烷的可固化组合物)
	EP 262872B1	Powder coating compositions based on mixtures of acid group-containing materials and beta-hydroxyalkylamides(基于含酸基材料和 β-羟基烷基酰胺混合物的粉末涂料组合物)
核心专利	公开号	专利名称
	BR PI0718345B1	Method to coat a substratum and coated metallic substratum metallic(涂覆基质和涂覆金属基质的方法)
	BR PI0617069B1	Coating compositions exhibiting corrosion resistance properties, related coated substrates, and methods(具有耐腐蚀的性能的涂层组合物，相关涂覆基材和方法)
	CN 101827899B	显示耐腐蚀性能的涂料组合物和卷涂方法
	EP 1448723B1	Paint compositions comprising esters of rosin and process of production thereof(含松香酯的涂料组合物及其生产工艺)
	EP 1191075B1	Water-based two component protective coating compositions(水基双组分保护涂料组合物)
主要技术和产品	航空材料、建筑涂料、汽车涂料、工业涂料、工业防护及船舶涂料，特种涂料和材料等	

(2)丹麦赫普集团(Hempel)

丹麦赫普集团总部在丹麦首都哥本哈根(Copenhagen),是国际著名涂料跨国企业,世界领先的船舶漆、集装箱漆、装饰漆和工业漆供应商(表1-8)。

表1-8 丹麦赫普集团(Hempel)在海洋涂料领域研发布局简况

<table>
<tr><td>创新机构</td><td colspan="2">丹麦赫普集团(Hempel)</td></tr>
<tr><td>网址</td><td colspan="2">http://www.hempel.com/</td></tr>
<tr><td rowspan="11">核心专利</td><td>公开号</td><td>专利名称</td></tr>
<tr><td>EP 1208167B1</td><td>Self-polishing marine antifouling paint composition comprising silicon-containing co-polymers and fibres(含有含硅共聚物和纤维的自抛光性海洋防污漆组合物)</td></tr>
<tr><td>US 6248806B1</td><td>Antifouling paint(防污涂料)</td></tr>
<tr><td>JP 5990462B2</td><td>Novel fouling control coating compositions(新型防污涂料组合物)</td></tr>
<tr><td>CN 102782057B</td><td>新型污垢控制涂料组合物</td></tr>
<tr><td>KR 102078782B1</td><td>Fouling control coating compositions comprising polysiloxane and pendant hydrophilic oligomer/polymer moieties(包括聚硅氧烷和侧链的亲水性低聚物/聚合物的防污控制涂料组合物)</td></tr>
<tr><td>EP 1694791B1</td><td>A tie-coat composition comprising at least two types of functional polysiloxane compounds and a method for using the same for establishing a coating on a substrate(一种包括至少两个类型的功能性聚硅氧烷化合物增粘涂层组合物和基材涂覆方法)</td></tr>
<tr><td>US 10060039B2</td><td>Anti-corrosive zinc primer coating compositions comprising hollow glass spheres and a conductive pigment(一种包括中空的玻璃球和导电颜料抗腐蚀性锌底漆涂料组合物)</td></tr>
<tr><td>CN 102307956B</td><td>Non-aqueous dispersible antifouling coating composition(非水分散体基抗污油漆组合物)</td></tr>
<tr><td>KR 101694425B1</td><td>Novel fast curing ultra high solids low voc coating system for aggressive corrosive environments(用于侵蚀性腐蚀环境的新的快速固化的超高固体的低VOC的涂料系统)</td></tr>
<tr><td>CN 103732699B</td><td>含酶的聚硅氧烷基污垢脱除涂层</td></tr>
<tr><td>主要技术和产品</td><td colspan="2">船舶漆、集装箱漆、装饰漆和工业漆</td></tr>
</table>

(3)挪威佐敦公司(Jotun)

挪威佐敦公司总部位于桑德尔福德市(Sandefjord),是世界主要的油漆、涂料和粉末涂料生产商之一,也是全球最大的海洋涂料厂家,产品广泛用于船舶、工业厂房、基础设施、海上结构和民用建筑等领域(表1-9)。

表1-9 挪威佐敦公司(Jotun)在海洋涂料领域研发布局简况

创新机构	挪威佐敦公司(Jotun)	
网址	http://www.jotun.com	
核心专利	公开号	专利名称
	KR 101630649B1	Antifouling composition(防污组合物)
	JP 4330449B2	Self-polishing processing barrier paint(自抛光型加工障碍漆)
	EP 1487928B1	Film-forming polymer and antifouling paint(成膜聚合物和防污涂料)
	EP 1618157B1	Polyanhydrides, process for the preparation, use in antifouling paint and antifouling paint containing polyanhydrides(一种在防污涂料中使用的聚酐)
	CN 108271380B	Antifouling composition(防污聚合物)
	EP 2294148B1	Binder for antifouling coating composition and antifouling coating composition comprising binder(用于防污涂料组合物的黏合剂)
	EP 833870B1	Polymers for antifouling coatings and a process for the preparation thereof(一种用于防污涂层的聚合物的制备方法)
	CN 101730713B	Branched polymer and antifouling coating composition comprising the polymer(支化聚合物和包含该聚合物的防污涂料组合物)
	EP 2617778B1	Fouling Release Coatings(防污脱模涂料)
	CN 101802114B	Coating compositions comprising organofunctional polysiloxane polymers, and use thereof(包含有机官能的聚硅氧烷聚合物的涂料组合物和它们的使用方法)
主要技术和产品	装饰涂料、船舶涂料、工业保护涂料	

(4)日本关西涂料株式会社(Kansai)

日本关西涂料株式会社本部设在日本大阪(Osaka),是日本最大的涂料公司,主要生产和经营集装箱涂料、船舶涂料、海上石油设施涂料和工业重防腐涂料(表1-10)。

表1-10 日本关西涂料株式会社(Kansai)在海洋涂料领域研发布局简况

<table>
<tr><td>创新机构</td><td colspan="2">日本关西涂料株式会社(Kansai)</td></tr>
<tr><td>网址</td><td colspan="2">http://www.kansai.com.cn/</td></tr>
<tr><td rowspan="10">核心专利</td><td>公开号</td><td>专利名称</td></tr>
<tr><td>EP-900809</td><td>Method forproduction of antifouling resin and antifouling resin composition(防污树脂及防污树脂组合物的生产方法)</td></tr>
<tr><td>JP 2625480B2</td><td>Cationically electrodepositable finely divided gelled polymer and cationically electrodepositable coating composition containing same(可阳离子电沉积细分散胶凝聚合物和含有该聚合物的可阳离子电沉积涂料组合物)</td></tr>
<tr><td>US 6265079B1</td><td>Cationic electrodeposition coating composition(阳离子电沉积涂料组合物)</td></tr>
<tr><td>JP 3843250B2</td><td>Cationic coating composition(阳离子涂料组合物)</td></tr>
<tr><td>EP 509437B1</td><td>Electrocoating composition containing blocked isocyanate, dialkyltin aromatic carboxylate and a bismuth or zirconium compound(含有封端异氰酸酯、二烷基锡芳族羧酸酯和铋或锆化合物的电涂料组合物)</td></tr>
<tr><td>EP 2196511B1</td><td>Paint film-protecting sheet and method of manufacturing same(涂料膜-护片及其制造方法)</td></tr>
<tr><td>JP 5680109B2</td><td>Method for forming multilayer coating film(用于形成多层涂层膜的方法)</td></tr>
<tr><td>JP 3851282B2</td><td>Coating composition(涂料组合物)</td></tr>
<tr><td>JP 4988434B2</td><td>Coating material composition with excellent corrosion resistance(具有优异耐蚀性涂层材料的组合物)</td></tr>
<tr><td>主要技术和产品</td><td colspan="2">集装箱涂料、船舶涂料、海上石油设施涂料和工业重防腐涂料</td></tr>
</table>

(5)海洋化工研究院有限公司

海洋化工研究院有限公司,是隶属于中国昊华化工集团股份有限公司的全资国有公司。在国内防污涂料领域处于领先地位,主要从事海洋涂料、飞机涂料、重防腐涂料、环保涂料、功能材料、民用装饰涂料、胶黏剂及有关助剂的应用开发研究、生产和经营。依托研究院建设有国家级研发及成果转化平台海洋涂料国家重点实验室和海洋涂料及功能材料国家地方联合工程研究中心。有“海建”“老人石”“佳联”“SPUA”牌产品(表1-11)。

表1-11　海洋化工研究院在海洋涂料领域研发布局简况

创新机构	海洋化工研究院有限公司	
核心专利	公开号	专利名称
	CN 101275052A	耐腐蚀电磁屏蔽涂料及制备方法
	CN 101260273B	一种柔韧性的环氧防腐涂料
	CN 101928498B	一种氟硅改性丙烯酸树脂疏水防腐涂料
	CN 102432802B	生物降解型防污涂料用树脂、合成方法，含该树脂的防污涂料组合物
	CN 102559010B	一种具有优良耐溶剂油性能的无铬水性环氧防腐底漆
主要技术和产品	海洋防污涂料、重防腐涂料、环保涂料、民用装饰涂料等	

(6)中国科学院海洋研究所

中国科学院海洋研究所自1959年开始海洋腐蚀与防护的研究工作，拥有一支实力雄厚的腐蚀与防护科技研究队伍，在各种海洋钢铁设施包括石油平台、海洋钢筋混凝土码头等领域的腐蚀与防护方面，做了许多基础性和开创性的工作(表1-12)。

表1-12　中国科学院海洋研究所在海洋涂料领域研发布局简况

创新机构	中国科学院海洋研究所	
网址	http：//www. qdio. cas. cn/	
核心专利	公开号	专利名称
	CN 105419437B	一种石墨烯改性配套防腐涂层及其制备和应用
	CN 106833079B	一种包覆缓蚀剂的多孔壳聚糖微球及其制备和应用
	CN 206693224U	海上风机基础钢管桩防腐蚀结构
	CN 104629097B	一种羧甲基壳聚糖-水滑石纳米复合水凝胶薄膜及其制备方法
	CN 106590321B	一种玻璃纤维缓蚀剂自修复涂层及制备方法
主要技术和产品	海洋钢结构、钢筋混凝土结构防护涂料以及防海生物污损涂料	

(7) 厦门双瑞船舶涂料有限公司

厦门双瑞船舶涂料有限公司是中国船舶集团的下属公司，是 2004 年 5 月以中国船舶集团第七二五研究所厦门分部为主体发起组建，专业从事船舶涂料、海洋工程防腐涂料、工业重防腐涂料、水性涂料等产品研发、生产和服务的高新技术企业（表 1–13）。

表 1–13 厦门双瑞船舶涂料有限公司在海洋涂料领域研发布局简况

创新机构	厦门双瑞船舶涂料有限公司	
网址	http：//www. xmsunrui. com	
核心专利	公开号	专利名称
	CN 101284969B	无溶剂环氧煤焦油重防腐蚀涂料及其制造工艺
	CN 104087124B	一种具有耐化学介质性能的酚醛环氧涂料及其制备方法
	CN 104530911B	一种用于金属基材的高性能水性环保防腐涂料制备方法
	CN 102719171B	一种钢质埋地管道补口用无溶剂环氧重防腐涂料
	CN 103275596B	一种浅色改性环氧导静电防腐涂料及其制备方法
主要技术和产品	船舶涂料、海洋工程防腐涂料、工业重防腐涂料、水性涂料	

1.3.3 海洋耐压材料

1.3.3.1 耐压壳体材料

1) 国内外重点企业及主要产品

耐压壳体材料的主要国外制造商有美国钛金属公司（TIMET）、日本钢铁工程控股公司（JFE Holdings）及三菱重工有限公司（Mitsubishi）、德国维兰德公司（Wieland）等。我国的科研院所及企业包括中国宝武钢铁集团有限公司、西北有色金属研究院钛合金研究所及潮州三环集团等。

耐压壳体材料国内外重点企业及产品见图 1–4、表 1–14。

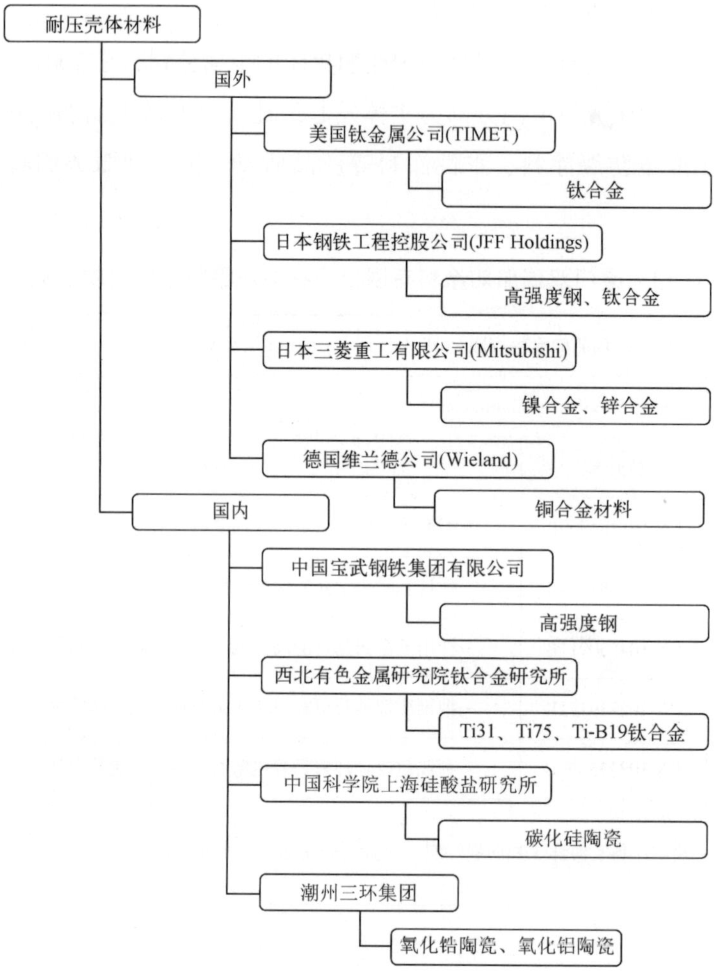

图 1-4 耐压壳体材料国内外主要企业及产品

表 1-14 耐压壳体材料国内外重点企业及产品

序号	产品名称(核心技术)	研制单位	国别	城市
1	钛合金	美国钛金属公司(TIMET)	美国	达拉斯
2	高强度钢、钛合金	日本钢铁工程控股公司(JEF Holdings)	日本	东京
3	镍合金、锌合金	日本三菱重工有限公司(Mitsubishi)	日本	东京
4	铜合金	德国维兰德公司(Wieland)	德国	乌尔姆
5	高强度钢	中国宝武钢铁集团有限公司	中国	上海
6	钛合金	西北有色金属研究院钛合金研究所	中国	西安
7	碳化硅陶瓷	中国科学院上海硅酸盐研究所	中国	上海
8	氧化锆陶瓷、氧化铝陶瓷	潮州三环集团	中国	潮州

2) 重点创新机构研发布局

重点分析美国钛金属公司、日本钢铁工程控股公司、日本三菱重工有限公司、德国维兰德公司、中国宝武钢铁集团有限公司、西北有色金属研究院钛合金研究所、中国科学院上海硅酸盐研究所及潮州三环集团的核心专利。

(1) 美国钛金属公司

美国钛金属公司(TIMET)总部位于得克萨斯州的达拉斯市(Dallas)，主要进行钛与钛合金的研究与开发。TIMET 拥有完全集成的供应链，专门的研究设施，提供世界钛需求的近 1/5 产品，其中钛管多用于热交换器、船舶等。TIMET 研制的新型抗氧化、超高强钛合金 β21S，具有良好的抗氧化性能，冷热加工性能优良。美国钛金属公司在上海设有销售中心(表 1-15)。

表 1-15　美国钛金属公司(TIMET)在耐压壳体材料领域研发布局简况

创新机构	美国钛金属公司(TIMET)	
网址	http://www.timet.com/	
核心专利	公开号	专利名称
	CN 109154037B	具有改善的高温性能和超塑性的 α-β 钛合金
	JP 6756736B2	B titanium alloy sheet for high temperature applications(高温用钛合金薄板)
	EP 2364377B1	Methods for the manufacture of a titanium alloy for use in combustion engine exhaust systems(制造用于内燃机排气系统的钛合金的方法)
	JP 6307623B2	The alpha-beta titanium alloy with high strength(一种具有高强度的 α-β 钛合金)
	US 10119178B2	Titanium alloy with improved properties(性能改进型钛合金)
	US 10000838B2	Titanium alloys exhibiting resistance to impact or shock loading(耐冲击和冲击载荷的钛合金)
	CN 102816950B	具有改进耐腐蚀性和强度的钛合金
	US 9631261B2	Low-cost alpha-beta titanium alloy with good ballistic and mechanical properties(具有良好弹道和机械性能低成本的 α-β 钛合金)
	CN 102549181B	用于高强度应用的近 β 钛合金及其制备方法
	CN 1798876B	具有改善的耐腐蚀性的钛制品
主要技术和产品	钛及钛合金材料制造	

(2)日本钢铁工程控股公司(JFE Holdings)

日本钢铁工程控股公司总部位于日本东京，是世界第二大钢铁集团，由日本钢管公司与川崎制铁公司合并组建。公司拥有高张力钢板、表面处理钢板、不锈钢、电磁钢板、钢管、线棒材、铁粉以及树脂复合材料等多种材料的先进生产技术。JFE 钢铁公司与广州钢铁集团在 2003 年设立广州 JFE 钢板有限公司(表 1-16)。

表 1-16 日本钢铁工程控股公司(JFE Holdings)在耐压壳体材料领域研发布局简况

创新机构	日本钢铁工程控股公司(JFE Holdings)	
网址	http://www.jfe-holdings.co.jp/	
核心专利	公开号	专利名称
	CN 107075644B	高强度钢板及其制造方法
	JP 6191807B1	A steel sheet for and method of manufacturing same(一种用钢板及其制造方法)
	EP 3399062B1	High-strength steel sheet, high-strength galvanized steel sheet, and method for manufacturing same(高强度钢板，高强度镀锌钢板及其制造方法)
	US 10941476B2	High-strength steel sheet and method for producing the same(高强度钢板及其制造方法)
	US 10934600B2	High-strength steel sheet and production method therefor(高强度钢板及其制造方法)
	CN 108699657B	高强度薄钢板及其制造方法
	EP 3132063B1	Method for producing a cold-rolled flat steel product with high yield strength and flat cold-rolled steel product(生产具有高屈服强度的冷轧扁钢产品的方法和冷轧扁钢产品)
	CN 110291217B	高强度钢板及其制造方法
	EP 3272893B1	Steel material for composite pressure vessel liner, steel tubing for composite pressure vessel liner, and method for manufacturing steel tubing for composite pressure vessel liner(复合压力容器内衬用钢材，复合压力容器内衬用钢管及复合压力容器内衬用钢管的制造方法)
主要技术和产品	高强度钢、钛合金材料	

(3)日本三菱重工有限公司(Mitsubishi)

日本三菱重工有限公司总部位于日本东京，主要从事船舶、发电设备、机械、航空器、电子产品等的制造，在耐腐蚀合金制造领域拥有多项专利技术。

表 1-17 日本三菱重工有限公司(Mitsubishi)在耐压壳体材料领域研发布局简况

创新机构	日本三菱重工有限公司(Mitsubishi)	
网址	http://www.mhi.co.jp/	
核心专利	公开号	专利名称
	EP 3498870B1	Free-cutting copper alloy, and method for producing free-cutting copper alloy(易切削铜合金及易切削铜合金的制造方法)
	CN 107735502B	Ni 基高强度耐热合金构件、其制造方法及燃气轮机叶片
	CN 107075620B	具有高强度、高耐腐蚀性、高原材料伸长率的铝合金钎焊板
	US 10655202B2	Method for manufacturing aluminum alloy member and aluminum alloy member manufactured by the same(铝合金构件的制造方法及由其制造的铝合金构件)
	JP 6728282B2	Ni-base alloy and Ni-base alloy member manufacturing method of manufacturing method of softeningmaterial(Ni 基合金和 Ni 基合金构件的制造方法以及软化材料的制造方法)
	JP 6658400B2	Manufacturing method of composite ceramic/Al-SiC, and a method of manufacturing a substrate for a power module(复合陶瓷/Al-SiC 的制造方法及功率模块用基板的制造方法)
	JP 6854730B2	Trolley wire of copper alloy, method of manufacturing copper alloy trolley(铜合金台车线，铜合金台车的制造方法)
主要技术和产品	耐腐蚀合金材料制造	

(4)德国维兰德公司(Wieland)

德国维兰德公司位于乌尔姆市(Ulm)，专注于铜与铜合金的制造，涉及冷轧产品、挤压产品、管件、滑动轴承与组件，产品主要用于海洋工程领域热交换管与管道用管。维兰德公司在 2001 年成立维兰德金属(上海)有限公司(表 1-18)。

表 1-18　德国维兰德公司(Wieland)在耐压壳体材料领域研发布局简况

创新机构	德国维兰德公司(Wieland)	
网址	http://www.wieland.com/	
核心专利	公开号	专利名称
	DE 102016008758B4	Copper-nickel-tin alloy, comprising processes for their preparation and their use(铜-镍-锡合金及其制备方法和用途)
	JP 6679741B2	Tin-containing copper alloy, manufacturing method thereof, and use thereof(含锡铜合金,其制造方法及其用途)
	JP 5847987B2	Silver-containing copper alloy(含银铜合金)
	EP 1520054B8	Copper alloy containing cobalt, nickel, and silicon(含有钴,镍和硅的铜合金)
	EP 1537249B1	Age-hardening copper-base alloy(时效硬化型铜基合金)
	JP 4473501B2	Equipped with a cover layer of copper alloy, the abrasion resistance of the sliding bearing is used as the bearing material for manufacturing method(一种涂有合金覆盖层、耐磨性好的,被用于轴承材料的滑动轴承的制造方法)
	CN 102828133B	Method for preparing ultrahigh strength high toughness magnesium alloy(一种超高强高韧镁合金制备方法)
主要技术和产品	耐腐蚀铜合金	

(5)中国宝武钢铁集团有限公司

中国宝武钢铁集团有限公司专业从事高强度钢的研究与开发。钢铁产业以“引领全球钢铁产业发展”为目标,向用户提供钢材解决方案,坚持高强度、长寿命、耐腐蚀、轻量化、绿色化的品种发展导向,主要为汽车、机械、船舶、海工等下游行业提供精品钢材(表 1-19)。

表 1-19　中国宝武钢铁集团有限公司在耐压壳体材料领域研发布局简况

创新机构	中国宝武钢铁集团有限公司	
网址	www.baowugroup.com	
核心专利	公开号	专利名称
	CN 106854732B	抗拉强度≥600MPa 的高韧性低屈强比耐火耐候钢及其生产方法
	CN 104831165B	具有良好的低温高韧性正火型高强度压力容器钢板及其制造方法
	CN 104532126B	一种低屈强比超高强度热轧 Q&P 钢及其制造方法
	CN 102650019B	一种高强度和高硬度的中铬铁素体不锈钢及其制造方法
	CN 102605258B	一种马氏体不锈钢及其制造方法
主要技术和产品	高强度钢	

(6) 西北有色金属研究院钛合金研究所

西北有色金属研究院钛合金研究所是西北有色金属研究院(集团)所属的主要科研单位之一，专业从事钛及钛合金的研究与开发 40 余年，研制出近 60 种钛合金，其中独立创新研制的合金近 30 种，形成了高温、低温、高强、高韧、损伤容限、耐蚀、船用、低成本和医用等钛合金系列(表 1-20)。

表 1-20 西北有色金属研究院钛合金研究所在耐压壳体材料领域研发布局简况

创新机构	西北有色金属研究院钛合金研究所	
网址	http：//www. c-nin. com/KeYanJiGou/TaiHeJinSuo_jj. asp	
核心专利	公开号	专利名称
	CN 101139670A	一种钛合金板材的加工工艺
	CN 107541615B	一种海洋工程用高强韧钛合金
	CN 106498231B	一种屈服强度高于 1 000 MPa 的海洋工程用钛合金
	CN 106636739B	一种海洋工程用中等强度高冲击韧性钛合金
	CN 105177572B	一种在钢板表面制备耐蚀复合涂层的方法
主要技术和产品	钛合金材料	

(7) 中国科学院上海硅酸盐研究所

中国科学院上海硅酸盐研究所是集材料前沿探索、高技术创新、应用发展研究为一体的无机非金属材料科研机构，形成了“基础研究—应用研究—工程化、产业化研究”有机结合的较为完备的科研体系。现有在职职工 760 人，其中专业技术人员 682 人，中国科学院院士 2 名，中国工程院院士 3 名(截至 2019 年底)。学科方向是先进无机材料科学与工程，主要研究领域覆盖了高性能结构陶瓷、功能陶瓷、透明陶瓷、陶瓷基复合材料、人工晶体、无机涂层、能源材料、生物材料、古陶瓷以及先进无机材料性能检测与表征等(表 1-21)。

表 1-21 中国科学院上海硅酸盐研究所在耐压壳体材料领域研发布局简况

创新机构	中国科学院上海硅酸盐研究所	
网址	www. sic. cas. cn	
核心专利	公开号	专利名称
	CN 108165918B	一种海洋防腐防污复合涂层及其制备方法
	CN 107324833A	一种多孔氮化硅陶瓷材料的制备方法

续表

	公开号	专利名称
核心专利	CN 106806943B	原位成型可注射生物活性复合水凝胶及其制备方法和应用
	CN 107324833B	一种多孔氮化硅陶瓷材料的制备方法
	CN 107620024B	一种海洋防腐无机涂层及其制备方法
主要技术和产品	碳化硅陶瓷，碳化硼陶瓷，陶瓷空心球，陶瓷金属复合材料	

(8)潮州三环(集团)股份有限公司

潮州三环(集团)股份有限公司主要产品有光纤陶瓷插芯、陶瓷封装基座(PKG)、氧化铝陶瓷基板、氧化锆陶瓷等，形成以先进材料为依托的多门类产业，产品进入全球知名厂家采购链，其中光纤陶瓷插芯、氧化铝陶瓷基板、SOFC电解质隔膜片、电阻器用陶瓷基体等产销量均居全球前列，光纤陶瓷插芯更被工业和信息化部评为制造业单项冠军(表1-22)。

表1-22　潮州三环(集团)股份有限公司在耐压壳体材料领域研发布局简况

创新机构	潮州三环(集团)股份有限公司	
网址	www. cctc. cc	
核心专利	公开号	专利名称
	CN 1832068A	陶瓷电容器的内电极浆料及其制备方法
	CN 110330317B	一种氧化锆复合氧化铝陶瓷烧结体、其制备方法及应用
	CN 106631037B	一种氮化铝生坯的排胶方法及氮化铝陶瓷基板的制备方法
	CN 106116589B	一种氮化铝陶瓷基板的制备方法
	CN 106187325B	防污陶瓷及其制备方法
主要技术和产品	氧化锆陶瓷，氧化铝陶瓷	

1.3.3.2　海洋浮力材料

1)国内外重点企业及主要产品

海洋浮力材料的主要制造商有美国深水浮力公司、英国巴尔莫勒尔近海工程公司，美国洛克希德导弹空间公司、美国海军应用科学实验室、美国3M公司等。我国在国家的鼓励支持下，2000年以来国内相关科研院所及高校许多学者采用轻质材料(陶瓷微珠、空心微珠)研制了多种类型固体浮力材料，比如：海洋化工研究院有限公司、哈尔滨工程大学、国家海洋技术中心、中国科学院理化技术研究所等。

海洋浮力材料国内外重点企业及主要产品见图 1-5、表 1-23。

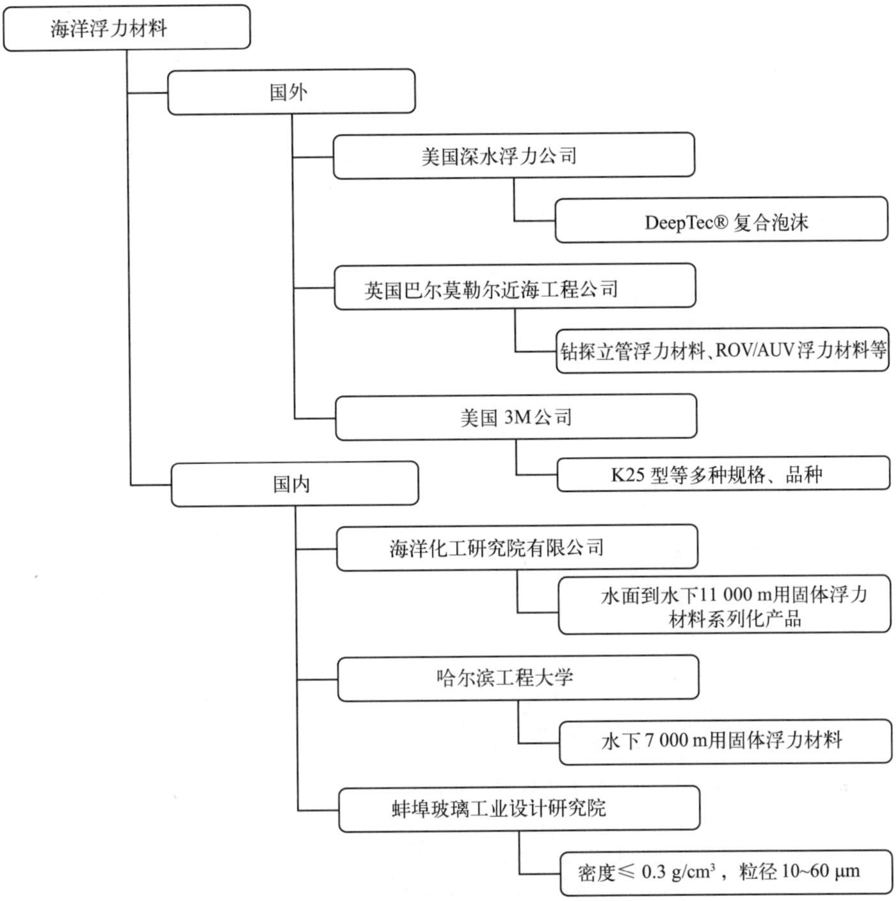

图 1-5　海洋浮力材料国内外重点企业及主要产品

表 1-23　海洋浮力材料产品及研制单位

序号	产品名称(核心技术)	研制单位	国别	城市
1	DeepTec®复合泡沫	美国深水浮力公司	美国	比迪福德
2	浮力材料	英国巴尔莫勒尔近海工程公司	英国	阿伯丁
3	浮力材料	美国 3M 公司	美国	圣保罗
4	固体浮力材料	海洋化工研究院有限公司	中国	青岛
5	固体浮力材料	哈尔滨工程大学	中国	哈尔滨
6	玻璃微珠	蚌埠玻璃工业设计研究院	中国	蚌埠
7	固体浮力材料、玻璃微珠	中国科学院理化技术研究所	中国	北京

2)重点创新机构研发布局

重点分析美国深水浮力公司、英国巴尔莫勒尔近海工程公司（Balmoral Offshore Engineering）、美国3M公司(Minnesota Mining and Manufacturing)、海洋化工研究院有限公司、哈尔滨工程大学、蚌埠玻璃工业设计研究院和中国科学院理化技术研究所的核心专利。

(1)美国深水浮力公司(DeepWater Buoyancy Inc.)

美国深水浮力公司位于美国缅因州约克县比迪福德市(Biddeford)，2013年，深水浮力公司获得了传统浮选技术公司的材料技术和产品的权利和设计，成为全球最大的海洋学水下浮力产品生产商，并为海上油气能源和技术公司提供6 000 m及以上深度的浮力解决方案产品线(表1-24)。

表1-24　美国深水浮力公司在海洋浮力材料领域研发布局简况

创新机构	美国深水浮力公司(DeepWater Buoyancy Inc.)	
网址	https：//deepwaterbuoyancy. com/	
核心专利	公开号	专利名称
	US 7988104B1	Drilling riser auxiliary clamp with integral mux clamp(带整体多路复用器卡箍的钻井隔水管辅助卡箍)
	US 7628665B1	Drilling riser buoyancy modules(钻井隔水管浮力模块)
	US 7335078B2	Tactical flotation support system(一种战术浮选支撑系统)
	US 6827110B2	Subsea insulated pipeline with pre-cured syntactic elements and methods of manufacture(具有预固化语法元件的海底绝缘管道及其制造方法)
	WO 2007085013A2	Insulated subsea pipe with flexible insulation(带柔性绝缘层的绝缘海底管道)
	WO 9905447A1	Subsea pipeline insulation(绝缘海底管道)
	WO 9905389A1	A floating system for a marine riser(用于船用提升管的浮动系统)
主要技术和产品	DeepTec®复合泡沫	

(2)英国巴尔莫勒尔近海工程公司（Balmoral Offshore Engineering）

英国巴尔莫勒尔近海工程公司（Balmoral Offshore Engineering）成立于1980年，隶属于英国Balmoral Group Ltd. 集团，总部位于英国阿伯丁市(Aberdeen)，是一家专业生产深水及水下环境用浮力材料、弹性体及提供水下绝缘解决方案的公司，产品包括刚性和动态立管浮力、隔热、ROV/AUV和地下浮力、弹性体电缆保护器、弯曲加劲件和限流器、夹具、VIV 板和立管保护罩(表 1-25)。

表 1-25 英国巴尔莫勒尔近海工程公司在海洋浮力材料领域研发布局简况

创新机构	英国巴尔莫勒尔近海工程公司（Balmoral Offshore Engineering）	
网址	http：//www. balmoral-group. com/balmoral-offshore-engineering	
核心专利	公开号	专利名称
	AU 2013200418B2	Macrospheres(大球)
	WO 2004090348A1	Buoyancy clamp and method of application(浮力夹具和应用的方法)
	GB 2499683A	Low density macrosphere with hollow glass microsphere(低密度微球与空心玻璃微球)
	EP 3323181B1	Variable length offshore cable and method of installation(一种可变长度的海上电缆和安装方法)
主要技术和产品	水面和水下浮力材料，隔热和弹性体产品	

(3)美国 3M 公司(Minnesota Mining and Manufacturing)

美国 3M 公司，全称明尼苏达矿业及机器制造公司(Minnesota Mining and Manufacturing)，于 1902 年成立，总部位于美国明尼苏达州梅普尔伍德(Maplewood)，是目前国际上能够完全提供符合技术要求的空心玻璃微球产品的少数几家公司之一。该公司制备的空心玻璃微珠已有多种规格、品种，也有专门用于制备深潜用浮力材料的漂浮系列微珠(表 1-26)。

表 1-26 美国 3M 公司在海洋浮力材料领域研发布局简况

创新机构	美国 3M 公司(Minnesota Mining and Manufacturing)	
网址	3M 全球官方网站：http：//www. 3m. com/ 3M 中国官方网站：https：//www. 3m. com. cn/3m/2h_CN/company_cn/	
核心专利	公开号	专利名称
	US 10611100B2	Buoyancy module(浮力模块)
	US 10590265B2	Poly(methylpentene) composition including hollow glass microspheres and method of using the same[包含中空玻璃微球的聚(甲基戊烯)组合物及其使用方法]
	US 10385193B2	Polyolefin composition including hollow glass microspheres and method of using the same(包括中空玻璃微球聚烯烃组合物及其使用方法)
	US 9725636B2	Fluid composition comprising glass microspheres and method of making and using the same(包含玻璃微球流体组合物及其制备和使用方法)

续表

	公开号	专利名称
核心专利	EP2705092B1	Thermoplastic resin composite containing hollow glass microspheres(含热塑性树脂复合材料的空心玻璃微球)
	CN 101679108B	具有含氧化镧和氧化铝以及氧化锆、二氧化钛或它们的混合物的微球的道路标记和反射元件
	EP3262122B1	Polyamide composition including hollow glass microspheres and articles and methods relating to the same(聚酰胺组合物包含：空心玻璃微珠及其制备方法)
主要技术和产品	采用溶胶-凝胶、液滴、玻璃粉末法等技术生产 S32HS 等多种规格、品种及深潜浮力材料用漂浮系列微珠	

(4)海洋化工研究院有限公司

海洋化工研究院有限公司(原海洋化工研究院)是国内最早研制并掌握深海用可加工固体浮力材料技术的单位，已获得 8 项发明专利，共有 12 位发明人，目前已形成水面到水下 10 000 m 用固体浮力材料系列化产品，系列产品已工程化，并获得了广泛的实际应用，产品在海试及使用期间性能稳定可靠，获得了实海验证。同时，产品在远程潜器、水下集矿机、潜(浮)标、救生装置、声拖装置、浮缆、海底探测装置等领域也得到了广泛应用(表 1-27)。

表 1-27　海洋化工研究院有限公司在海洋浮力材料领域研发布局简况

创新机构	海洋化工研究院有限公司	
核心专利	公开号	专利名称
	CN 102775727B	一种阻燃固体浮力材料及其制备方法
	CN 101735566B	可加工全海深浮力材料及制造方法
	CN 101709130B	超低密度固体浮力材料及制作方法
	CN 101270220B	聚合物基轻质耐压浮力材料的制备方法及设备
	CN 100378166C	深海用可加工固体浮力材料及其制备方法
主要技术和产品	目前已形成水面到水下 11 000 m 用固体浮力材料系列化产品	

(5)哈尔滨工程大学

哈尔滨工程大学 1984 年研制成功了我国第一代固体浮力材料，它主要采用空心树脂球、空心玻璃微珠、环氧树脂制成。其性能指标为：密度小于 0.5 g/cm^3；抗压强度为28.87 MPa；拉伸模量为1.2 GPa；压缩模量为1.2 GPa。该校乔英杰教授团队历时10年研究的“深水浮力材料研究”科研成果，已实现转化，建立了国内首条自动化深水浮力材料生产线(表1-28)。

表1-28 哈尔滨工程大学在海洋浮力材料领域研发布局简况

创新机构	哈尔滨工程大学	
网址	http：//www.hrbeu.edu.cn/	
核心专利	公开号	专利名称
	CN 104448719B	有机与无机空心微球复配的深水浮力材料及制备方法
	CN 112029041B	一种负载聚炔丙基螺旋聚合物多孔硅基微球的制备方法和应用
	CN 111216857B	一种深海水下机器人剩余浮力被动消除装置
	CN 109249652B	全碳纤维复合材料蜂窝结构及其制备方法
	CN 105329425B	一种高压气体喷射浮力球装置
	CN 104448719B	一种浮力有机与无机空心微球复配的深水浮力材料及制备方法
	CN 101172518B	深水耐压浮力装置
主要技术和产品	水下7 000 m用固体浮力材料	

(6)蚌埠玻璃工业设计研究院

蚌埠玻璃工业设计研究院成立于1953年，是我国浮法工艺技术和装备主要的研究者和提供者，具有50多年从事平板玻璃科研开发和工程设计的经验，拥有浮法玻璃新技术国家重点实验室和国家玻璃深加工工程技术研究中心等国家级研发平台。采用该院制备的空心玻璃微珠作浮力材料的我国自主研制的首台4 500米级深海遥控无人潜水器作业系统——“海马”号水下机器人，搭乘“海洋六号”综合科学考察船分三个航段在南海进行海上试验，并最终通过了由“863”海洋技术领域办公室委派的海试现场专家组进行的海上验收(表1-29)。

表1-29 蚌埠玻璃工业设计研究院在海洋浮力材料领域研发布局简况

创新机构	蚌埠玻璃工业设计研究院	
网址	http：//www.ctiec.net/	
核心专利	公开号	专利名称
	CN 108117273B	一种高反射率玻璃微珠及其制备方法
	CN 103723910B	一种多孔玻璃微珠的制备方法
	CN 102849947B	一种制备空心玻璃微珠用发泡剂及其应用

续表

	公开号	专利名称
核心专利	CN 102320743B	铝硅酸盐高强度空心玻璃微珠及其制备方法
	CN 106517803B	一种高圆整度玻璃微珠的生产方法及其装置
主要技术和产品	采用碎玻璃粉末法制备高性能空心玻璃微珠	

(7) 中国科学院理化技术研究所

中国科学院理化技术研究所是以物理、化学和工程技术为学科背景，以高科技创新和成果转移转化研究为职责使命的研究机构。主要研究领域为光化学转换与功能材料、低温科学与工程、功能晶体与激光技术、仿生智能界面材料、特种功能材料与生物医用技术。全所现有 1 个国家级工程研究中心，1 个国家级重点实验室，6 个中国科学院重点实验室，2 个北京市重点实验室，若干研究中心和研究组。其研制的由空心玻璃微球加上树脂基材通过混合和热固化形成的浮力材料确保了下潜至马里亚纳海沟 10 000 m 处"奋斗者"号能安全浮到海面上来(表 1-30)。

表 1-30　中国科学院理化技术研究所在海洋浮力材料领域研发布局简况

创新机构	中国科学院理化技术研究所	
网址	http：//www. ipc. ac. cn/	
核心专利	公开号	专利名称
	CN 102583973B	一种空心玻璃微球软化学制备方法和所制空心玻璃微球及其应用
	CN 212540086U	一种固体浮力材料浮力损失测量装置
	CN 102199004B	表面定向生长二氧化钛纳米棒的空心玻璃微球的制备方法
	CN 111534055A	一种基于改性中空玻璃微球的复合材料及其制备方法
	CN 102199004A	表面定向生长二氧化钛纳米棒的空心玻璃微球的制备方法
	CN 111378244A	一种固体浮力材料及其制备方法和用途
	CN 112897897A	提高中空玻璃微球耐久性的方法及获得的中空玻璃微球
主要技术和产品	空心玻璃微球加上树脂基材通过混合和热固化形成的浮力材料	

1.3.4　增材制造技术

1.3.4.1　国内外重点企业及主要产品

增材制造技术及材料的主要国外制造商有德国 EOS 公司、Concept Laser 公司及 DMG 公司，美国 3D Systems 公司，英国 Renishaw 公司等。我国的科研院所及企业包括西安增材制造国家研究院有限公司、湖南华曙高科技有限责任公司、西安铂力特增材技术股份有限公司及华南理工大学、华中科技大学等。

国内外主要增材制造技术研究机构及公司见图 1-6、表 1-31。

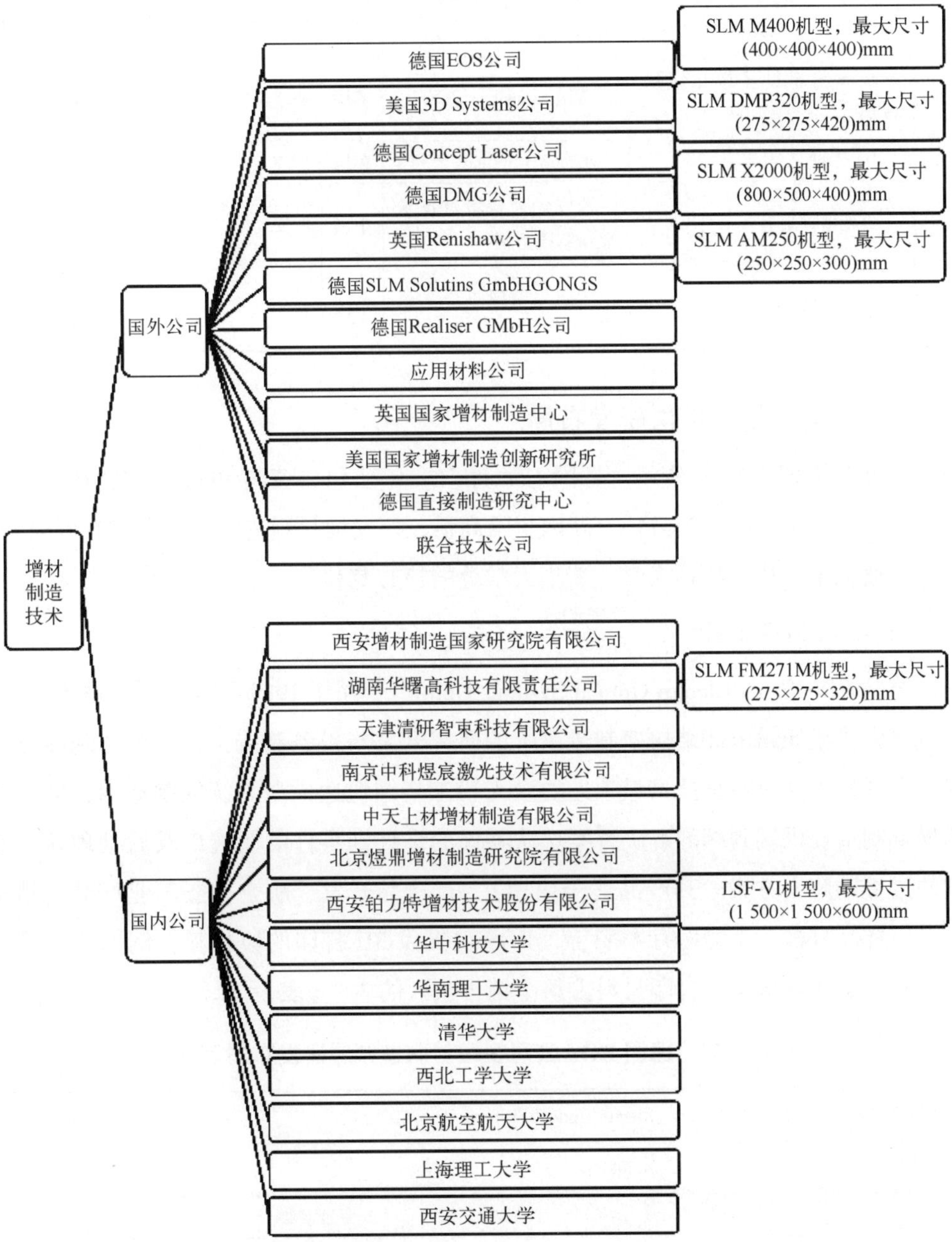

图 1-6　增材制造技术国内外重要企业及研究机构

表 1-31 增材制造技术产品性能及研制单位

序号	产品名称(核心技术)	研制单位	国别	城市	产品参数
1	金属及聚合物工业 3D 打印	德国 EOS 公司	德国	慕尼黑	(400×400×400)mm
2	金属零件 3D 打印，激光熔融技术	德国 Concept Laser 公司	德国	利希滕费尔斯	(800×500×400)mm
3	金属粉末打印激光熔融技术	英国 Renishaw 公司	英国	格洛斯特郡	(250×250×300)mm
4	3D 打印	美国 3D Systems 公司	美国	罗克希尔	(275×275×420)mm
5	激光增材制造	西安铂力特增材技术股份有限公司	中国	西安	(1500×1500×600)mm
6	选择性激光烧结	湖南华曙高科技有限责任公司	中国	长沙	(275×275×320)mm

1.3.4.2 重点创新机构研发布局

重点介绍德国 EOS 公司、德国 Concept Laser 公司、英国 Renishaw 公司、美国 3D Systems 公司、西安铂力特、湖南华曙高科、西安增材制造国家研究院有限公司、西安交通大学、华中科技大学、清华大学等的核心专利。

(1)德国 EOS 公司

德国 EOS 公司(Electro Optical Systems GmbH)公司于 1989 年在德国慕尼黑成立，一直致力于激光粉末烧结快速制造系统的研究开发与设备制造工作。公司现在已经成为全球最大同时也是技术最领先的激光粉末烧结快速成型系统的制造商，同时也为增材制造提供端到端的解决方案：从零件的设计到零件的制造以及后处理这一系列的过程的解决方案。其产品适于应用在 3C 产品开发、航空太空工业产品、精密模具、样品打样、生物医疗材料上。EOS 也提供 3D 打印的原材料，例如聚合物粉末、各类金属粉末等，打印材料占整个销售收入的 30%(表 1-32)。

表 1-32 德国 EOS 公司在增材制造领域研发布局简况

创新机构	德国 EOS 公司(Electro Optical Systems GmbH)公司	
网址	https：//www. eos. info/en	
核心专利	公开号	专利名称
	US 6483596B1	Method of calibrating an apparatus for producing a three-dimensional object, calibration apparatus and method and apparatus for producing a three-dimensional object(三维物体制造装置的校准方法，校准装置以及三维物体制造方法和装置)

续表

	公开号	专利名称
核心专利	US 10259041B2	Method of manufacturing a three-dimensional object having an internal structure(制造具有内部结构的三维物体的方法)
	US 10807304B2	Method for identifying laser sintering powders(激光烧结粉末的鉴别方法)
	US 8313087B2	Powder for rapid prototyping and associated production method(快速成型用粉末及其制造方法)
	US 8710144B2	Powder for layerwise manufacturing of objects(用于分层制造物体的粉末)
	US 9833788B2	Powder for rapid prototyping and associated production method(用于快速成型的粉末和相关的生产方法)
	CN 105980159B	激光打印系统
	US 6600129B2	Device and process for sintering a powder with a laser beam(用激光束烧结粉末的装置和方法)
	US 9757760B2	Rotary coater with coating element that substantially maintains speed during use, and device for the additive manufacture of an object using the rotary coater(具有在使用过程中基本上保持速度涂覆元件的旋转涂覆器和使用该旋转涂覆器的用于添加制造物体的装置)
主要技术和产品	金属及聚合物工业 3D 打印	

(2)德国 Concept Laser 公司

德国 Concept Laser 公司于 2000 年由 Frank Herzog 创立，总部位于德国巴伐利亚州利希滕费尔斯(Lichtenfels)是世界领先的金属零件 3D 打印供应商之一。是激光熔融技术领域内的创新领导者，凭借专利 LaserCUS ING 技术(属 SLM 范畴)从事跨行业的经营活动。该公司掌握的多激光技术和拥有世界最大金属熔炼容器的 X 射线激光器也为公司的发展做出重要贡献。Concept Laser 始终密切联系用户，结合生产实际不断创新、发展(表 1-33)。

表 1-33 德国 Concept Laser 公司在增材制造领域研发布局简况

创新机构	德国 Concept Laser 公司	
网址	https：//www. conceptlaser. com	
核心专利	公开号	专利名称
	DE 102004057866B4	Housing for working chamber for rapid prototyping by sintering layers of powdered material includes a lower unloading position accessible from above(用于粉末材料快速烧结成型的，有较低的可以从上面卸载的壳体工作腔)

续表

	公开号	专利名称
核心专利	US 10730234B2	Apparatus for additively manufacturing of three-dimensional components(用于附加制造三维部件设备)
	US 10828834B2	Plant for additively manufacturing of three-dimensional objects(用于附加地制造三维物体工厂)
	US 10639881B2	Powder module for an apparatus for additive manufacturing of three-dimensional objects(用于添加制造三维物体设备的粉末模块)
	US 10828835B2	Unpacking device for unpackingan additively manufactured three-dimensional object from the surrounding construction material(用于从周围建筑材料拆包附加制造的三维物体的拆包装置)
	S10780639B2	Irradiation device for an apparatus for additively manufacturing three-dimensional objects(用于附加地制造三维物体的设备的辐射装置)
	US 10471701B2	Powder module for an apparatus for additive manufacturing of three-dimensional objects(用于添加制造三维物体设备的粉末模块)
	CN 103025507B	用于制造三维部件的方法
	JP 6813554B2	Apparatus for additively manufacturing three-dimensional objects(附加制造三维物体的装置)
	EP 3218167B1	Production system for the simultaneous, rapid manufacturing of several components(多部件同时快速制造的生产系统)
主要技术和产品	金属零件 3D 打印，激光熔融技术	

(3)英国 Renishaw 公司

英国 Renishaw 公司在 1973 年创立，是世界领先的工程和科学技术公司之一，在精密测量和医疗保健方面拥有专业知识。该公司提供的产品和服务应用范围广泛，从喷气发动机和风力涡轮机制造到医学领域。它也是增材制造领域的世界领先者，在该领域，它设计并制造工业机器，用金属粉末“打印”零件(表 1-34)。

表 1-34　英国 Renishaw 公司在增材制造领域研发布局简况

创新机构	英国 Renishaw 公司
网址	http：//www. renishaw. com

续表

	公开号	专利名称
核心专利	US 9849543B2	Additive manufacturing apparatus with a chamber and a removably-mountable optical module; method of preparing a laser processing apparatus with such removably-mountable optical module(具有腔室和可拆卸安装的光学模块的增材制造设备及制备具有这种可拆卸安装的光学模块的激光处理设备的方法)
	US 10850326B2	Additive manufacturing apparatus and method(增材制造设备和方法)
	JP 6730186B2	Apparatus and methods for building objects by selective solidification of powder material(用于通过粉末材料选择性固化来建造物体的设备和方法)
	US 9918811B2	Method of manufacturing an article(增材制造方法)
	JP 6730186B2	Apparatus and methods for building objects by selective solidification of powder material(通过选择性固化物的粉体材料制造物体的装置和方法)
	US 9918811B2	Method of manufacturing an article(一种制造物体的方法)
	JP 6371279B2	Manufacture of metal articles(金属物体的制造方法)
主要技术和产品	金属粉末打印激光熔融 (Laser Melting)技术	

(4)美国 3D Systems 公司

美国 3D Systems 公司由 3D 打印技术之父 Charles ("Chuck") Hull 创建，成立于 1986 年，总部位于南卡罗来纳州罗克希尔(SC, Rock Hill)，是 3D 打印业界的龙头老大。发明了光固化成型解决方案，产品线包括 SLA 光固化成型系列、SLS 可选激光烧结系列、MJM 多喷头模型系列、Accura 固体打印材料等，支持光敏聚合物、金属、尼龙纤维、工程塑料和热塑性塑料等多种材料的打印(表 1-35)。

表 1-35 美国 3D Systems 公司在增材制造领域研发布局简况

创新机构	美国 3D Systems 公司	
网址	https://www.3dsystems.com/	
核心专利	公开号	专利名称
	EP 535720B1	Apparatus for production of three-dimensional objects by stereolithography (用立体光刻法生产三维物体的设备)
	US 6871295B2	Dynamic datarecovery(动态数据恢复)

续表

创新机构	美国 3D Systems 公司	
核心专利	公开号	专利名称
	US 8296398B2	Peer-to-Peer Redundant File Server System and Methods(对等冗余文件服务器系统和方法)
	US 6193923B1	Selective deposition modeling method and apparatus for forming three-dimensional objects and supports(用于形成三维物体和载体的选择性沉积建模方法和装置)
	MX 179605B	Apparatus and method for producing parts with multi-directional powder delivery(用于生产具有多方向粉末输送部件的设备和方法)
	US 5902537A	Rapid recoating of three-dimensional objects formed on a cross-sectional basis(基于横截面形成的三维物体的快速再涂覆)
	US 6375874B1	Method and apparatus for prototyping a three-dimensional object(对三维对象进行原型制作的方法和装置)
	US 5943235A	Rapid prototyping system and method with support region data processing(具有支持区域数据处理的快速原型系统和方法)
	US 5352405A	Thermal control of selective laser sintering via control of the laser scan(通过激光扫描控制选择性激光烧结的热控制)
	EP 925169B1	Method of three dimensional printing(三维打印方法)
主要技术和产品	塑料成型技术、数据处理、金属粉末制造成型。基于熔融堆积成型(FDM)技术的 Cube 系列产品，基于三维立体平版印刷(SLA)、选择性激光烧结(SLS)和选择性激光熔化成型(SLM)技术 iPro 系列产品	

(5)西安铂力特增材技术股份有限公司

西安铂力特增材技术股份有限公司是以西北工业大学凝固技术国家重点实验室为技术依托，由西北工业大学及成员股东共同出资组建的一家高科技股份制企业，是西北工业大学科技成果转化的重要基地之一。主要从事高性能致密金属零件的激光立体成型制造以及金属零件的激光修复再制造，涵盖各种钛合金、高温合金、不锈钢、模具钢、铝合金等材料(表 1-36)。

表 1-36 西安铂力特增材技术股份有限公司在增材制造领域研发布局简况

创新机构	西安铂力特增材技术股份有限公司
网址	http://www.xa-blt.com/

续表

	公开号	专利名称
核心专利	CN 102424971B	一种铝合金导向叶片缺陷的激光快速修复方法和设备
	CN 106541129B	一种颗粒增强金属基复合材料的制备方法
	CN 105665706B	一种金属材料制件的制备方法
	CN 103071795B	移动振镜选择性激光熔化 SLM 成型设备
	CN 105397086B	一种钛合金空心叶片激光精密成型方法
主要技术和产品	激光增材制造(激光 3D 打印)产品，高性能致密金属零件的激光立体成型制造以及金属零件的激光修复再制造	

(6) 湖南华曙高科技有限责任公司

湖南华曙高科技有限责任公司成立于 2009 年，是工业级 3D 打印领航企业、工业和信息化部颁布的 3D 打印智能制造试点示范项目企业，拥有高分子复杂结构增材制造国家工程实验室、现代化的 3D 打印产业园、研发生产基地和生产车间，完全自主研发了全套 3D 打印控制系统、高分子光纤激光烧结技术、超高温高分子 3D 打印设备、首款开源金属 3D 打印设备以及基于“连续增材制造解决方案”(Continuous Additive Manufacturing Solution，CAMS)理念设计的大尺寸、高温高分子 3D 打印设备、大型金属增材制造设备以及 11 款高分子 3D 打印材料(表 1-37)。

表 1-37 湖南华曙高科技有限责任公司在增材制造领域研发布局简况

创新机构	湖南华曙高科技有限责任公司	
网址	www. farsoon. com	
核心专利	公开号	专利名称
	CN 102399371B	一种用于选择性激光烧结的聚酰胺粉末制备方法
	CN 103951971B	一种用于选择性激光烧结的碳纤维增强树脂粉末材料
	CN 104497323B	一种用于选择性激光烧结的尼龙粉末制备方法
	CN 102337021B	一种用于选择性激光烧结的尼龙复合粉末材料
	CN 102311637B	一种用于选择性激光烧结的尼龙复合材料及其制备方法
主要技术和产品	选择性激光烧结(SLS)设备制造和材料生产	

(7)西安增材制造国家研究院有限公司

西安增材制造国家研究院有限公司是由西安交通大学、北京航空航天大学、西北工业大学、清华大学和华中科技大学5所大学发起，由增材制造装备、材料、软件生产及研发等领域的13家重点企业共同组建，地点位于西安高新区。作为国家增材制造创新中心的依托公司和承载主体，汇聚国内外高端人才及相关国家重点实验室、工程中心和工程实验室等科研资源，为国内制造业的转型和创新发展提供重要支撑，服务《中国制造2025》行动纲领(表1-38)。

表1-38 西安增材制造国家研究院有限公司在增材制造领域研发布局简况

创新机构	西安增材制造国家研究院有限公司	
网址	http：//www.niiam.com/	
核心专利	公开号	专利名称
	CN 110039054B	一种增材材料高通量成型装置及成型方法
	CN 109434109B	一种基于动态粉缸的激光选区熔化成型方法
	CN 108637251B	用于增材制造的触觉监测与反馈补偿层高控制系统及方法
	CN 109226758B	一种缸体旋转式多工位环形铺粉激光选区熔化成型设备
	CN 108312497B	一种无支撑3D悬浮打印结构及方法
主要技术和产品	增材制造装备、材料、软件生产及研发	

另外，清华大学、西安交通大学、华中科技大学等都进行了增材制造相关研究，其中清华大学有专利339件，主要布局在中国和世界知识产权组织；西安交通大学有相关专利261条，主要布局在中国；华中科技大学布局相关专利362条，主要布局在中国及世界知识产权组织。

参考文献

[1] 侯保荣，张盾，王鹏．海洋腐蚀防护的现状与未来[J]．中国科学院院刊，2016，31(12)：1326-1331.

[2] 邓桂芳．防腐涂料发展趋势分析[J]．化学工业，2015(2)：28-32，37.

[3] Damir Gagro. 全球防腐涂料市场[J]．中国涂料，2020，35(5)：72-73.

[4] 我国重防腐涂料行业现状及发展趋势．中国腐蚀与防护网电子期刊．http：//www.ecorr.org/

news/science/2019-08-15/174927. html.

[5] 韩恩厚. 海洋工程结构与船舶的腐蚀防护——现状与趋势[J]. 中国材料发展, 2014, 33(2): 65-76.

[6] 刘明. 发展海洋新材料产业 支撑海工装备制造[N]. 中国海洋报, 2018-11-08(002).

[7] 罗珊, 王纬波. 潜水器耐压壳结构研究现状及展望[J]. 舰船科学技术, 2019, 41(19): 7-16.

[8] 常辉, 王向东, 周廉. 钛合金及其在舰船装备上的应用现状与趋势[J]. 中国材料进展, 2014, 33(Z1): 603-607, 629.

[9] 罗永赞. 近代超级不锈钢的发展[J]. 特殊钢, 2000(4): 5-8.

[10] 罗世英, 康喜范, 杨长强, 等. 超级不锈钢及高镍耐蚀合金[M]. 北京: 原子能出版社, 2009.

[11] 于宇, 李嘉琪. 国内外钛合金在海洋工程中的应用现状与展望[J]. 材料开发与应用, 2018, 33(3): 111-116.

[12] 雷家峰, 马英杰, 杨锐, 等. 全海深载人潜水器载人球壳的选材及制造技术 [J]. 工程研究——跨学科视野中的工程, 2016, 8(2): 179-184.

[13] 石佳睿, 唐文勇. 载人深潜器钛合金耐压球壳极限强度可靠性分析 [J]. 船海工程, 2014, 43(2): 114-118.

[14] 冯雅奇, 贾栓孝, 王韦琪, 等. 深潜器载人舱用 TC4 ELI 钛合金半球壳的研制 [J]. 钛工业进展, 2016, 33(1): 19-22.

[15] 赵永庆, 陈军. 船用钛合金研制现状[M] //海洋工程咨询报告. 北京: 化学工业出版社, 1203.

[16] 高昂, 胡明皓, 王勇智, 等. 深海高强浮力材料的研究现状[J]. 材料导报, 2016, 30(S2): 80-83, 91.

[17] 李乐, 于良民, 李昌诚, 等. 固体浮力材料及其性能研究现状[J]. 材料导报(综述篇), 2012, 26 (9) : 66.

[18] 梁富浩, 陈俊英, 张印桐, 等. 浮力材料在 ROV 上的应用[J]. 船舶工程, 2011, 33(S2): 182-186.

[19] 朱志斌, 吴平伟. 深海探测用高强轻质浮力材料的研究与发展[J]. 现代技术陶瓷, 2009, 30 (1) : 16.

[20] 王瑛, 段景宽, 高缘, 等. 深海装备用环氧基复合浮力材料综述[J]. 塑料工业, 2020, 48 (7): 1-11.

[21] 袁茂强, 郭立杰, 王永强, 等. 增材制造技术的应用及其发展[J]. 机床与液压, 2016, 44 (5): 183-188.

[22] 陈凤林, 侯春明, 葛可可. 3D 打印技术在深潜器的应用探索[J]. 中国水运(下半月),

2019，19(8)：6-8.

[23] 纽约大学科学家开发深海潜水艇3D打印复合泡沫材料[J]. 塑料科技，2018，46(3)：90.

[24] 刘萧 . 3D打印船舶螺旋桨的标志性意义[J]. 中国船检，2017(6)：34-37，104-105.

[25] 李雪峰，夏申琳，杨晓 . 3D打印技术在船舶制造中的应用[J]. 世界制造技术与装备市场，2017(2)：85-87.

[26] 于永妍 . 3D打印技术在船舶修造中应用的可行性分析[J]. 青岛远洋船员职业学院学报，2015，36(4)：23-26.

[27] 李连胜 . 中国焊接材料行业发展概述及未来发展思考[J]. 机械制造文摘(焊接分册)，2019(4)：1-8.

[28] 张兰 . 从北京·埃森焊接展看焊接材料发展——自动化、高效、优质、环保是发展方向[J]. 金属加工(热加工)，2014(4)：20-21.

[29] 马曙光，周佳 . 铝合金与船舶及海洋工程轻量化设计[J]. 中国海洋平台，2017(1)：15-20.

[30] 施军，黄卓 . 复合材料在海洋船舶中的应用[J]. 玻璃钢/复合材料，2012(S1)：269-273.

[31] 钱彪 . 船舶轻量化连接结构设计研究[D]. 哈尔滨：哈尔滨工程大学，2017.

[32] 汤晓迪，程一超 . 舰艇声隐身技术与材料发展研究[J]. 民营科技，2016(7)：2.

[33] 张建民，孙健 . 国外隐身技术的应用与发展分析[J]. 2012(4)：18-21.

[34] 杨德庆，任晨辉，吴秉鸿 . 超材料船体结构力学分析理论与方法[C] //2018年全国固体力学学术会议摘要集（上）. 2018.

[35] 柳正华，张义农，朱鹏飞，等 . 国外舰船重大新技术发展[J]. 舰船科学技术，2015，1.

[36] ZHANG K，MA C，HE Q，et al. Metagel with broadband tunable acoustic properties over air-water-solid ranges[J]. Advanced Functional Materials，2019，29(38)：1903699.

[37] 杨雪，王源升 . 舰艇隐身材料的现状及发展趋势[J]. 海军工程大学学报，2015(5)：73-76.

[38] 马玉璞 . 舰用非金属隐身材料的发展[J]. 舰船科学技术，2001(2)：28-34.

[39] 毕松，苏勋家，侯根良，等 . 涂覆型雷达/红外复合隐身材料研究现状[J]. 化工新型材料，2006(3)：8-11.

[40] 董金虎，贺志荣，高于青 . 微胶囊自修复聚合物材料的发展[J]. 中国塑料，2014(3)：16-22.

[41] 姚丁杨 . 神奇的自修复材料[J]. 百科知识，2017(21).

[42] 陈甲波 . 金属自修复材料在机械设备上的应用研究[J]. 建筑工程技术与设计，2017(20)：4632-4632.

第2章　深海技术装备产业

2.1　概述

2.1.1　技术概况

全球深海装备技术正在蓬勃发展，技术创新层出不穷，作业水深更加深远，海洋装备向自动化、绿色化、模块化、智能化方向发展[1]。历经近半个世纪的努力，我国海洋技术与装备取得了长足的进步和发展，尤其是近年来，深海技术与装备的发展为我国海洋科学的创新提供了新的动力[2]。“十三五”时期，一批海洋关键技术取得重大突破，“奋斗者”号载人潜水器以10 909 m下潜深度创下中国载人深潜新的深度纪录；“海马”号深海遥控无人潜水器作业系统海试成功；“深海一号”海洋深水工程重大装备及配套工程取得重大突破；南极深冰芯钻探突破800 m大关[3]；“海斗一号”在马里亚纳海沟实现4次万米下潜，最大下潜深度达10 907 m；万米水下滑翔机“海燕-X”最大下潜深度达10 619 m等[4]。

根据文献综述[4]，梳理深海技术装备产业分类如图2-1所示。深海技术装备产业共分为四大类，即深海运载技术装备、深海调查类设备、相关的支撑配套技术装备及水下作业技术装备，其中，水下航行器组网通信技术、远程高速水声通信技术、海洋复合传感器技术是目前研究的热点，大深度耐压舱的设计、耐压密封技术、水下航行控制技术、深海光学通信技术、组合式导航定位技术、动力能源技术、水下探测识别技术和深海装备材料技术是关键技术[5]，深海航行器水下环境自主感知技术、深海航行器自主路径规划避障技术、深海航行器轨迹跟踪控制技术等是前沿技术。

2.1.2　发展现状

深海装备产业的发展水平在一定程度上标志着国家国防能力和科技水平，发展该项技术不仅对国民经济、社会发展以及国家军事安全有重大的意义，还对未来的海底空间利用、海洋旅游业、深海打捞、救生等有着不可估量的价值和战略意义[6]。

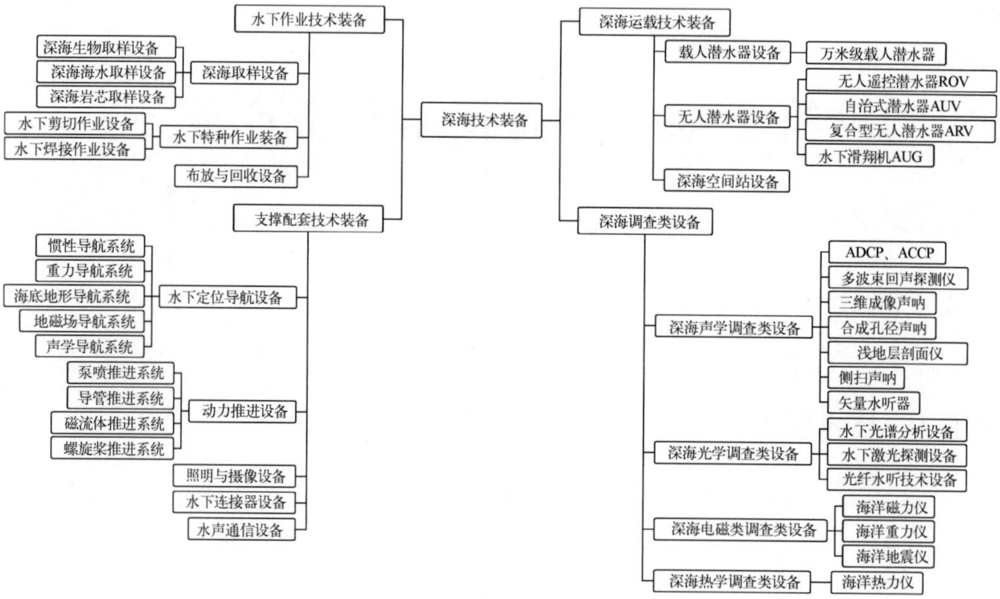

图 2-1　深海技术装备产业分类

2.1.2.1　深海运载技术装备

据行业调查分析，2020 年我国水下机器人市场总值约为 580.65 亿元，其中资源勘查类、安全检测类、搜索救援类以及商业应用的市场规模位列前四，分别为 241.5 亿元、194.3 亿元、68.3 亿元、63 亿元。我国近年不断加大水下机器人研发投入，已成为全球水下机器人产量最多的国家；销量也位列前茅，占据全球 25%以上市场份额。在发展智慧海洋的战略助推下，我国对水下机器人的需求仍将扩大，预计至 2025 年还有 2~3 倍的增长空间，市场潜力正在不断释放，未来前景广阔[7-8]。

1）载人潜水器设备

载人潜水器（Human-Occupied Vehicles，HOV）是指具有水下观察和作业能力的潜水装置。主要用来执行水下考察、海底勘探、海底开发和打捞、救生等任务。随着国际经济形势变化，国外载人潜水器活动预算被削减，私营机构的支持大幅增长，继续推动着载人潜水器技术的革新。其中，“深海挑战者”号及“极限因子”号即是杰出代表，二者分别于 2012 年及 2019 年由私人驾驶到达万米水深。此外，国际上具有代表性的大深度载人潜水器还有：美国“阿尔文”号（ALVIN）、法国“鹦鹉螺”号（Nautile）、苏联“和平 1”号（MIR Ⅰ）和“和平 2”号（MIR Ⅱ）、日本的“深海 6500”（SHINKAI 6500）等。

我国已进入载人潜水器领域国际前列，核心技术及关键部件自主创新能力不断提升。2016年“蛟龙”号最大下潜深度达7 062 m；2017年我国自主研发的4 500米级载人潜水器“深海勇士”号国产化达95%以上；2020年我国最新研制的“奋斗者”号万米载人潜水器成功坐底“挑战者深渊”，最大下潜深度达10 909 m。随着三代载人潜水器的技术积累，我国已经形成了具有自主知识产权的载人深潜技术体系[9-11]。

2）无人潜水器

无人潜水器设备又可以分为无人遥控潜水器（Remote Operated Vehicle，ROV）、自治式潜水器（Autonomous Underwater Vehicle，AUV）、复合型无人潜水器（Autonomous & Remotely Operated Vehicle，ARV）及水下滑翔机（Autonomous Underwater Glider，AUG）。

（1）无人遥控潜水器

无人遥控潜水器采用脐带缆传输水下机器人本体所需的动力，同时也通过脐带缆上传传感器信号和下传控制信号，续航力强，动力更充沛，安全可靠性更高，数据传输能力强。

美国、加拿大、英国、法国、德国、俄罗斯和日本等国家占据ROV技术研发领先地位。在商用方面，美国、欧洲占据了主要市场份额。代表性ROV产品有美国的6 000米级Jason2、法国的Victor 6000、英国的Isis、俄罗斯的RTM6000、日本的KAIKO Mk-Ⅳ等。

我国ROV自主研发起步较晚，ROV技术关键技术和部件仍被国外发达国家垄断，国内只有为数不多的ROV可在水深超过4 000 m的深水进行作业。国内真正意义上的自主研发深海ROV始于2007年的海星系列；2014年我国自主研发的第1套大深度（4 500 m）ROV“海马”号海试成功；2017年，我国首台6 000米级科考型ROV首次海试；2018年，我国首台6 000米级通用作业型ROV“海龙Ⅲ”号成功海试；同年，万米级ROV“海龙11000”实现5 630 m水深下潜；2021年，由中国科学院沈阳自动化研究所研制的“海星6000”首次突破6 000 m水深[12-14]。

（2）自治式潜水器

不同于无人遥控潜水器，自治式潜水器自身携带能源，依靠自身的自治能力完成探索、数据收集、测绘等诸多任务。

随着AUV技术不断进步，国际上AUV数量逐渐增加。国外有影响力的深海自治式潜水器包括：美国Bluefin-21、SeaBed、ABE，俄罗斯“勇士-D”号，挪威REMUS 6000及HUGIN系列，英国Autosub6000，法国ALISTER系列和加拿大的EXPLORER系列自治式潜水器等。其中美国2014年利用Bluefin-21 AUV开展了马航

MH370 的搜救任务。

在国家和有关部门的支持下，我国深海自治式潜水器在技术上取得了重要突破，开展了较大规模的航次应用，在多种深海资源调查领域中发挥了不可替代的作用。2021 年 3 月，哈尔滨工程大学“悟空”号全海深 AUV 进行了 5 000 米级深潜和 7 000 米级深潜，最大下潜深度达到 7 709 m，创造了我国 AUV 下潜深度的新纪录，是继俄罗斯“勇士-D”AUV 后，AUV 潜深的世界第二深度。另外，国内具有代表性的自治式潜水器还有：中国科学院沈阳自动化研究所研制的系列化“探索者”号潜水器、“CR-01”“CR-02”“潜龙一号”“潜龙二号”“潜龙三号”等潜水器。[15-20]。

(3) 复合型无人潜水器

复合型水下机器人是一种兼具自主和非自主两种模式的复合型遥控式水下机器人。综合无人遥控潜水器及自治式潜水器技术特点的复合型无人潜水器，代表着未来深海潜水器发展的方向之一[21]。

美国伍兹霍尔海洋研究所的“海神”号(NEREUS)可在 AUV 模式和 ROV 模式间切换，2009 年下潜至马里亚纳海沟 10 902 m 深处，成为复合型无人潜水器的标杆。2014 年该潜水器于新西兰海域丢失，对复合型潜水器尤其全海深无人遥控潜水器的发展不啻为沉重打击。另外，具有代表性的复合型无人潜水器还有美国用于冰下作业的“NUI”号。法国海洋开发研究所也在开展相关研发。

2002 年中国科学院沈阳自动化研究所在国内首次提出了 ARV 概念。在国家 863 计划、国家重点研发计划和国家海洋局极地考察办公室的共同资助下，中国科学院沈阳自动化研究所主持研制的“北极 ARV”已完成六次北极科考。2020 年 6 月，国内复合型无人潜水器的重要里程碑——“海斗一号”ARV 在马里亚纳海沟实现 4 次万米下潜，最大潜深 10 907 m，创造了我国潜水器领域多项第一，填补了我国万米级作业型无人潜水器的空白。

(4) 水下滑翔机

水下滑翔机是一种典型的自治水下航行器，主要采用浮力驱动实现其在海洋中的上升或下潜。在下潜起始阶段，通过浮力驱动单元减小自身排水体积，使重力大于浮力，开始下潜；到达设定深度后，在浮力驱动单元作用下，改变自身排水体积，使其所受浮力大于重力，从而实现下潜到上浮的转变。在下潜和上浮过程中，借助固定水平翼上的水动力产生水平运动，从而实现在纵平面内锯齿形滑翔运动。

美国最早开始水下滑翔机研发，也拥有世界上最为成熟的水下滑翔机技术，美国的 Slocum、Seaglider 和 Spray 3 种典型水下滑翔机已形成系列产品并在世界范围内有大量应用。法国的 SeaExplorer 应用了混合推进器，也实现了产品化。英国、日本、新西兰等国也纷纷开展了水下滑翔机技术研发。

我国水下滑翔机技术的研究始于21世纪初，虽然起步较晚，但在863计划、国家重点研发计划等项目支持下，国内的水下滑翔机技术研发处于百花齐放的状态，生产应用已具备一定规模，正在向谱系化的道路发展。天津大学、中国科学院沈阳自动化研究所、哈尔滨工程大学、华中科技大学、中国船舶集团第七一〇研究所、浙江大学等多家单位开展了大量的水下滑翔机技术研发。其中以“海燕”系列为代表的水下滑翔机在大深度、长航程、组网观测领域取得重大突破，在国内居于领先水平[22]。2020年7月“海燕-X”万米水下滑翔机下潜至10 619 m深度，刷新下潜深度世界纪录[23-25]。

2.1.2.2 深海调查类设备

深海调查类设备根据测量原理不同，可以分为声学调查类设备、光学调查类设备、电磁调查类设备、热学调查类设备等。本章将对部分声学类调查设备及光学类调查设备展开描述，电磁类调查设备及热学调查设备将在第3章“海洋监测探测装备技术产业”中详细描述。

1)声学调查类设备

声学调查类设备主要包括：声学多普勒流速剖面仪(Acoustic Doppler Current Profiler，ADCP)、多波束回声测量仪、三维成像声呐、合成孔径声呐、浅地层剖面测量仪、侧扫声呐、矢量水听器等。

(1)声学多普勒流速剖面仪

声学多普勒流速剖面仪主要利用声学多普勒原理，通过分层海水中颗粒物质对声波的反射，测量各分层对应反射声波的多普勒频移。在声学多普勒流速剖面仪方面，国外深海船载走航式声学多普勒流速剖面仪测量技术比较成熟，已经实现深海船载走航式声学多普勒流速剖面仪的产品化和产业化[26]。

(2)多波束回声测深仪

多波束回声测深仪的工作原理是利用发射换能器基阵向海底发射宽覆盖扇区的声波，并由接收换能器基阵对海底回波进行窄波束接收，通过发射、接收波束相交在海底与船行方向垂直的条带区域形成数以百计的照射脚印(footprint)，对这些脚印内的反向散射信号同时进行到达时间和到达角度的估计，再进一步通过获得的声速剖面数据由公式计算得到该点的水深值。国内外多波束测深声呐产品和技术日趋成熟，国内产品也逐步获得市场认可，但与国外产品在前沿技术上还存在差距，尤其是超宽覆盖基阵技术、海底散射信号精细信号处理技术、声学海底分类技术、多波束测深声呐现场校准与实验室精密评估技术等仍充满了巨大的挑战[27]。

(3)三维成像声呐

在三维成像声呐方面，通过声呐系统进行场景成像已成为水下探测的最有效手段。利用三维声呐成像技术可以探测静止或运动目标的细节特征，并提供多视角观察，获得更多细节信息，类似光学成像原理。三维成像技术的实现主要借助多波束测深仪，借助算法处理实现三维图像成像。目前国内三维成像技术主要在算法及硬件上受到国外的限制，不存在较大的代差差距[28]。

(4)合成孔径声呐

水下图像的分辨率与方位分辨率有很大的关系，方位向分辨率与声呐基阵的大小(也称为孔径)有关，合成孔径声呐技术就是用虚拟的孔径代替真实的孔径，从而提高水下图像分辨率的技术。在合成孔径声呐方面，国外已经具有小型化可安装在自治式潜水器或无人遥控潜水器上的成型产品，国内相关的产品尚处在理论样机的阶段。

(5)浅地层剖面仪

浅地层剖面测量技术利用两组指向成交的声学换能器阵列，在航向线上构建测深剖面带，通过条带上每个点的高分辨率深度值测量地形。随着电子控制、传感检测、信号处理和云计算等技术的飞速发展，在浅地层剖面仪测量方面，挪威和美国处于全球领先地位，具备绝对实力。我国于 20 世纪 70 年代开展浅地层剖面仪的研究工作，并取得一定的成果，但与国外同类型产品相比，技术可靠性和成熟度仍较低。

2)光学调查类设备

水下光学是未来光学领域研究的重点，光学调查类设备的研制是实现水中目标测量与识别的一个有效途径。具有代表性的水下光学设备包括：水下光谱分析设备、水下激光探测设备、光纤水听技术设备。

水下光谱分析设备在实时在线监测方面具有明显的优势。主要利用每种物质特有的吸收光谱、发射光谱、散射光谱和反射率光谱来分析物质的组分和含量，可以广泛用于海洋生态监测等领域。水下激光探测可以弥补水下声学探测的某些不足。

水下激光探测的方式可以分为接触式与非接触式，接触式是主要的有效技术手段，随着对光在水中的传输特性研究的深入，非接触式探测的优势将会逐渐显现出来，水下激光探测设备可用于探测海洋、河流、湖泊等水中目标。

随着光纤传感技术的发展逐渐深入，基于光纤传感原理的光纤水听器渐渐引起各国军事研究领域的关注。光纤水听器通过高灵敏度的光学相干检测，将水声信号转换成光信号，通过光纤传至信号处理系统提取水声信息。除了在军事领域中光纤水听器可与反潜巡逻机和反潜舰艇“强强联合”，形成立体反潜“水听网”外，还可用于海洋石油和天然气勘探、海洋地震波检测和海洋环境检测。

2.1.2.3 支撑配套技术装备

深海产业相关的支撑配套技术装备包括：水下定位导航设备、动力推进设备、照明与摄像设备、水下连接器设备及水声通信设备。

1) 水下定位导航设备

用于水下定位的导航系统有多种，如惯性导航系统、重力导航系统、海底地形导航系统、地磁场导航系统、声学导航系统等。惯性导航技术是一种自主式的导航系统，可以在不与外界通信的条件下，在全天候、全球范围内和任何介质环境里自主地、隐蔽地进行连续的三维定位和定向，但存在时间累积误差[29]。地形匹配导航的原理是利用测深仪、声呐等水下设备，提取水下地形特征，与地形图进行匹配，从而确定位置信息，其优点是自主性强、隐蔽性好、高导航精度，前提是需要高精度的地形信息。声学导航首先要在水下布设应答器基阵，根据航行体与应答器之间声信号传播确定航行器相对应答器的位置。声学导航系统根据定位系统基线长度以及工作模式的差别，一般将其划分为长基线系统、短基线系统、超短基线系统及综合定位系统。导航技术发展过程中，美俄等发达国家一直处于领先地位，国内在该领域起步较晚，但也取得一定的突破[29-32]。

2) 动力推进设备

能源与推进技术是水下机器人等在续航能力问题上的关键技术。能源方面锂电池是目前智能水下机器人系统广泛使用的能源，少量系统采用银锌电池或燃料电池。推进方面目前智能水下机器人系统主要采用低噪声、高效率的螺旋桨作为推进器[33]。此外，喷水推进、超导磁流体推进和仿生推进也是主流推进技术，各种推进方式具有不同的特色，但也存在着不足，为此世界各国一直致力于新的推进方式和推进技术的研究[34]。目前现有的电能源技术(如锌银电池、锂电池、燃料电池、溶解氧海水电池等)已在不同水下作业设备上广泛应用，但与未来动力电池的要求还存在较大差距；高能量密度、长续航能力、安全可靠、能大潜深运行的电能源是未来动力电池的发展方向[35]。

3) 照明与摄像设备

国外的深海光学照明与相机系统虽然相对比较成熟，但是仍存在一些技术难题。

经过近年来国内外学者的共同努力，深海光学照明与相机的研究已经具有一定成果。这些成果为我们开展进一步的研究奠定了基础[36,37]。

4)水下连接器设备

针对各类深海潜水器及探测装备的需求，我国提出开展深海水密接插件、长距离光纤微缆等关键产品研发和批量生产，替代进口[38-39]。随着科研人员的不懈努力，我国已攻克深海干插拔水密连接器技术，实现了7 000 m海深连接件的国产化[40]。但更高技术难度的湿插拔技术仍然被国外公司垄断，亟待实现技术攻关，实现国产化。

5)水下通信设备

国内成型产品数量较少，产品性能与国外产品仍然存在差距。水声通信机广泛用于水下遥控、遥测、数据回传、协同作业等[41]。水声通信调制解调器(Modem)是大多数水声通信系统的主要应用形式，要求具有较高的通信稳健性，一般采用较为成熟的水声通信技术。国外典型的通信Modem产品广泛，多应用于水下无人潜水器、水下滑翔机等水下探测产品中，国内尚未形成得到国内用户广泛认可的水声通信产品[42]。

2.1.2.4 水下作业技术装备

水下作业技术装备主要包括：深海取样设备、水下特种作业设备及布放与回收设备。

深海取样设备包括：深海生物取样设备、深海海水取样设备、深海岩芯取样设备等。深海生物取样设备主要有拖网、采水器和采泥器等。深海海水取样技术利用采水器设备以及电力和机械等控制方式，在一定深度实现海水样品采集。

水下特种作业设备大致可以分为液压和电子两类，包括：液压剪、钻石线切割机、旋拧类外接工具、液压注入类外接工具及相关的探测设备等[43]。电子类调查设备已在前部章节中给出说明，本部分重点对液压类系统给出说明。从元件来讲，深海液压元件主要沿用陆用液压元件，在此基础上针对特殊环境要求进行改造，如对与海水接触的表面进行防腐蚀处理，电气驱动部件进行耐压封装或浸泡于液压油中进行压力补偿。由于对深海液压元件的可靠性要求高，目前我国主要依赖进口[44]。

水下航行器布放系统根据航行器的外形及重量的不同，分为托架式布放系统、滑道式布放系统、抛缆式布放系统、液压布放系统等[45]。

目前水下无人航行器的回收方式有水面回收和水下回收两种，其中水面回收技术比较成熟，主要是通过水面母舰借助吊车等第三方辅助回收装置进行回收，自动化程度相对低。模块化、自动化、智能化的水下回收方式具有高隐蔽性和机动性，是未来技术发展趋势[46-48]。国外许多机构都针对自己的AUV型号设计了水下回收系统，国内对于水下无人航行器的回收对接研究起步较晚，但近年来取得了较快的发展。

2.2 全球创新资源地图

2.2.1 总体格局

各国深海技术装备产业创新高地重点企业、科研机构分布概况列于表 2-1。

表 2-1 各国深海技术装备产业创新高地重点企业、科研机构分布概况

创新高地	所在国家	简介	主要领域及产品
波士顿大区	美国	拥有 100 多所大学，具备强大的科研实力，建设有海洋产业园、大西洋海洋生物园等，海洋研发活跃	AUV，水下声学导航、水下探测、自治式潜水器、水下滑翔机在海洋科研中的应用
华盛顿大区		首都，美国海军等总部所在地	深潜器及声呐
佛罗里达州		海洋研发活跃	声学通信设备、声学释放器、CTD、水下光学设备、水下测量设备及自治式潜水器、水下滑翔机等
得克萨斯州		全球海洋工程及海洋石油开采技术研发中心	ROV 技术、模拟、培训(千年加 ROV、万能加 ROV、光谱 ROV)，贝克休斯公司石油开发服务采样设备(保压取芯器)
加利福尼亚州		硅谷，全球创新集中地。拥有全球最大的声学测流仪生产厂家	多普勒声学测流仪(ADCP)、多方位测波计、声学多普勒计程仪(DVL)、ROV(ATV 号、JASON 号、JASON Ⅱ号)、AUV(Tethys 号)
巴黎大区	法国	首都，政治、经济、文化中心，汇集了国家级科研机构、船企及军工企业	深潜器、声呐
伦敦大区	英国	首都，汇集了军工、石油企业等	无人潜水器、ROV 在石油工程中的应用
南安普敦		海洋科研集聚地，南安普敦大学、国家海洋中心等	深潜器在海洋科研中的应用
不来梅	德国	重要港口城市	无人深潜器(“海狐”号、“海狼”号、“海猫”号、“海獭”号等)
东京-横须贺	日本	国际金融、经济和科技中心，拥有最多财富 500 强公司总部的城市。水下摄像机器人、深海探查用海洋机器人等水下机器人在日本首屈一指	万米级深海无人探测器“海沟”(KAIKOU)号、水下摄影机器人、管道检测机器人、AUV(AQUA explorer 2 /2000、AE 系列)、自航式海底采样系统(NSS)、取水管道检测清扫机器人、水质调查机器人

续表

创新高地	所在国家	简介	主要领域及产品
环渤海地区	中国	北京：政治、经济、文化、科技中心； 天津：重要港口，科研实力突出； 青岛：海洋科研力量雄厚，青岛海洋科学与技术试点国家实验室	水下声学、滑翔机
长江三角洲城市群		上海：经济中心，深海装备产业转化较快，海洋民营企业活跃； 苏州：苏州工业园区部署船舶与海洋装备制造产业，在深海调查类设备中具有较强研发实力； 杭州：汇集了浙江大学、中国船舶集团七一五所等众多海洋科研机构，海洋相关民营企业高质量发展	深潜器、ROV；水下声学通信 Modem；声学探测设备；水下光学探测设备
哈尔滨-沈阳		重工业基地	AUV、水下滑翔机、水下声学

从图 2-1 和表 2-1 可以看出深海技术装备领域的创新资源主要分布在美国、法国、英国、德国、日本、中国等国家。创新资源格局呈现以下特征。

美国、德国等传统海洋强国在深海装备领域各有侧重，产品研发较为成熟，先进性与可靠性好，市场占有率高。其中，美国创新高地主要集中在波士顿大区、华盛顿大区、佛罗里达州、得克萨斯州、加利福尼亚州，主要产品包括水下无人潜水器、合成孔径声呐、三维成像声呐、声学通信 Modem、声学流速剖面仪、CTD、矢量水听器等。典型企业包括国际海洋工程有限公司、美国亨廷顿英格尔斯工业公司(HII)、蓝鳍金枪鱼机器人有限公司、美国 Link Quest 股份有限公司、论坛能源科技有限公司(Forum Energy Technologies, Inc., FET)等；德国创新高地主要集中在不来梅地区，主要产品包括自治式潜水器、深海调查设备及深海通信 Modem 等，典型企业包括 L-3 ELAC Nautik-L3 公司、阿特拉斯电子公司、Evologic 电子公司等；法国创新高地主要集中在巴黎大区，主要产品包括深海运载类装备、声学调查类设备、水下作业设备等，典型企业包括泰雷兹集团、iXBlue、HYTEC（ECA)公司等，代表性技术包括水下光电技术、水下惯性导航技术等；英国创新高地主要集中在伦敦、南安普敦地区，主要产品包括自治式潜水器、水下定位导航系统、水下通信系统、水下推进技术等，典型企业包括海眼公司、海洋仪器公司(Ocean Tools. Inc)、索纳达国际有限责任公司(Sonardyne International Ltd.)等；日本创新高地主要集中在东京-横须贺地区，主要产品包括深海运载类装备、光学探测设备等。挪威在深海技术装备领域也具有极强的实力，主要产品包括自治式潜水器(HUGIN 系列)、水下定位导航、水声通信、水下推进技术等，典型企业包括康斯博格海事公司。此外，丹麦、西班牙、俄罗斯等国家也具有非常强的科研实力，丹麦 Teledyne 集团下的 RESON 公司、西班牙 TitanRob 公司(TitanRob Technolgies SL)等在深海装备领域都具有自己的优势产品，俄罗斯在深海装备特别是深海载人潜水器方面具有较强的科研实力。

我国创新高地主要集中在环渤海地区、长江三角洲地区和珠江三角洲地区，代表城市包括北京、天津、大连、青岛、上海、无锡、杭州、广州、深圳等，同时哈尔滨、武汉等内陆城市也表现出了较强的实力。典型企业包括上海交通大学水下工程学院有限公司、天津瀚海蓝帆海洋科技有限公司、北京海卓同创科技有限公司、江苏中海达海洋科技有限公司、杭州瑞利声电科技有限公司、莱森光学有限公司、嘉兴中科声学科技有限公司、深圳智慧海洋科技有限公司等。科研院所包括中国船舶集团第七〇二所、中国船舶集团第七一五所、中国科学院沈阳自动化研究所、哈尔滨工程大学、上海交通大学、天津大学、中国科学院声学研究所、中国海洋大学、中国科学院西安光学精密机械研究所、国防科技大学、华中科技大学等。我国企业也在逐步走出国门，参与国际竞争，如 2008 年成立的华为海洋网络(香港)有限公司，在 2015 年击败 ASN、NEC、SubCom 等国际垄断巨头，斩获 6 000 km 的国际跨海通信工程——喀麦隆—巴西跨大西洋海底光缆系统。

2.2.2 海外重点区域

2.2.2.1 北美

北美重点区域创新高地重点企业、科研机构主要集中在美国，其概况列于表 2-2。

表 2-2 北美重点区域深海技术装备产业创新高地科研机构及企业信息

创新高地	重点企业及产品	重点科研机构及技术
美国 波士顿大区	Bethos 公司(水下定位、水声通信 Modem) EdgeTech 公司(浅地层剖面仪、多波束测深仪、合成孔径声呐) Hydroid 公司(Remus 系列 AUV) SyQwest 公司(浅地层剖面仪) 传感器系统公司(水下定位导航设备)	美国麻省理工学院(AUV、三维成像声呐、水下导航、水下通信等) 伍兹霍尔海洋研究所(运营维护升级、OOI、水下滑翔机、高精度导航、AUV 观测海洋环流)

续表

创新高地	重点企业及产品	重点科研机构及技术
美国 华盛顿大区	蓝鳍金枪鱼机器人公司(AUV、AUG、水下推进技术等)	马里兰大学(水声通信技术) 约翰斯·霍普金斯大学(水下导航技术) 弗吉尼亚理工大学自动系统控制实验室(AUV、导航控制等)
美国 佛罗里达州	海洋创新系统公司(声学通信设备、声学释放器、CTD、水下相机等)	迈阿密大学(水下三维成像技术、热力学仪器) 佛罗里达科技研究所(AUV、AUG、控制系统) 佛罗里达州立大学(合成孔径声呐、侧扫声呐、三维成像设备等)
美国 得克萨斯州	安萨尔多能源公司(水下作业技术、ROV机械手臂、ROV作业配件) R2SONIC LLC(多波束测深仪) Klein Associates, Inc.(侧扫声呐)	得克萨斯大学(水下作业设备、水声通信设备) 得克萨斯农工大学自主水下机器人实验室(AUV及配套技术)
美国 加利福尼亚州	LinkQuest公司(水下定位导航、水声通信Modem) 帕特森公司(AUV) Seatrepid国际有限公司(ROV)	加州理工学院(深海热力学设备) 美国蒙特雷湾海洋研究所(ROV、AUV、水下导航技术、控制技术等) 加利福利亚州立大学(水下通信设备、热力仪、侧扫声呐设备)

波士顿大区是美国新英格兰地区的教育中心，波士顿地区的大学是影响该市和整个区域经济的主要因素，汇集了众多的科研名校，并将高技术产业吸引到该市及附近地区。波士顿地区典型的深海装备科研单位及公司包括：美国麻省理工学院、伍兹霍尔海洋研究所、美国 Teledyne Marine 集团 Bethos 公司、EdgeTech 公司、美国海德罗伊德公司股份有限公司、SyQwest 公司(Syqwest, Inc.)、传感系统公司(Sensing Systems)等。在水下运载技术领域、水下定位导航、水下测量仪器等方面具有较强的竞争力。科研机构如伍兹霍尔海洋研究所位于美国东海岸的科德角(Cape Cod)的海边，是一所享有盛名的海洋研究机构，对海洋学的所有学科开展研究，包括滨海与深海海洋、海洋生物，海洋与大气以及气候变化等。它设有6个研究部门，4个跨学科研究所，共有40多个实验室和研究中心。企业有研发生产声学释放器、声学通信 Modem、自治式潜水器等深海设备的 Bethos 公司，研发生产合成

孔径声呐、浅地层剖面仪等深海调查设备的 EdgeTech 公司及水下自治式潜水器生产加工公司美国海德罗伊德公司等。

华盛顿大区是美国的政治、文化中心，化学工程、信息科学、核工程、海洋学等专业是该地区科研院所的优势专业，众多学子在该区域接受教育并投入相关专业工作中，使得该区域科研实力出众。华盛顿大区科研单位及企业如：马里兰大学、约翰斯・霍普金斯大学、弗吉尼亚理工大学自动系统控制实验室、蓝鳍金枪鱼机器人公司(Bluefin Robotics，Inc.)等，在水下无人潜水器、水下滑翔机及水下作业设备导航控制系统等产品方面形成较强的竞争力。其中，弗吉尼亚理工大学坐落在美国东海岸弗吉尼亚州的布莱克斯堡(Blacksburg)，是一所以工科为主的顶尖公立研究型大学，工程学科在世界范围内享有极高声誉，师资力量雄厚，其自动控制实验室研发的 VT HighSpeed 系列自治式潜水器可以实现 7.72 kn 的高航速。蓝鳍金枪鱼机器人公司为通用动力公司使命系统部旗下的新成员。蓝鳍金枪鱼机器人公司面向全球范围的国防、商业和科学研究等领域各类用户，专业从事无人潜航器以及其他相关技术的开发、建造和运营，其研发的 Bluefin 系列自治式潜水器因马航 MH370 的搜寻任务而声名大噪。

佛罗里达州集中了迈阿密大学、佛罗里达科技研究所、佛罗里达州立大学等科研单位，海洋创新系统公司(Ocean Innoration System)等企业，在声学通信设备、声学释放器、CTD、水下光学设备、水下测量设备及自治式潜水器、水下滑翔机等产品方面形成较强的竞争力。其中，佛罗里达州立大学(Florida State University)创立于 1851 年，是一所公立研究型的高等学府，位于美国佛罗里达州首府塔拉哈西(Tallahassee)，并为佛罗里达州公立大学 Florida State University 体系中的一员，是美国最具活力的高等教育机构之一，因拥有国际一流的教学师资和尖端的科学研究而受到广泛关注，学校每年科研经费高达 2 亿美元，在佛罗里达州 30 多所公私立的学院及大学中居领导地位。海洋创新系统公司是海洋设备的领先供应商。海洋创新系统公司代表了许多领先的水下设备和海洋技术制造商，提供的产品用于海洋学研究人员、商业、军事和科学潜水员、水文测量师、环境工程师、国防承包商和海上工业，包括：自治式潜水器、声呐、高度计、连接器等众多深海技术装备。

得克萨斯州集中了得克萨斯大学、得克萨斯农工大学等科研单位，安萨尔多能源公司、R2SONIC 有限责任公司、克莱恩联合公司(Klein Associates，Inc.)等企业，在自治式潜水器及深海作业配件、水下测量设备等产品方面形成较强的竞争力。得克萨斯州以能源和石化工业著称，是美国最大的能源和化工州。石油和天然气产量分别占全美产量的 1/3 和 1/4，炼油能力占全美 1/4 强。自 20 世纪 80 年代开始，得克萨斯州推行经济多元化政策，虽然石油和天然气仍是得克萨斯州的主要工业，但所占比重已经下降，高科技产业发展迅猛，休斯敦、圣安东尼奥和达拉斯三角区已成为美国第二个“硅谷”。安萨尔多能源公司、R2SONIC 有限责任公司、克莱恩联合公司等水下设备供应公司都坐落于得克萨斯州。

加利福尼亚州集中了加州理工学院、美国蒙特雷湾海洋研究所、加利福尼亚州立大学等科研单位，LinkQuest 公司、帕特森公司(Patterson，Inc.)、SeaTrepid 国际公司(SeaTrepid International，LLC)等企业，在自治式潜水器及控制系统、水声定位导航、水声通信设备等产品方面形成较强的竞争力。其中，蒙特雷湾海洋研究所研制的 Benthic Rover、Dorado 等多款自治式潜水器拥有优秀的水下性能，可实现最大 6 000 m 的下潜深度。LinkQuest 公司是位于加利福尼亚州圣迭戈的一家精密声学设备制造商，设备广泛应用于海洋、近海以及内陆河流。公司以其研发、创新以及产品性能享誉全球。在创新方面，LinkQuest 公司提出的宽带声学扩频(Broadband Acoustic Spread Spectrum)技术为声学通信和定位提供了新的标准。在产品性能方面，LinkQuest 公司的 FlowQuest 声学流速剖面仪和 NavQuest 多普勒速度记录仪为目前的水下分析和水下精密导航应用提供了极为有效的解决方案。

2.2.2.2 欧洲

欧洲创新高地重点企业、科研机构概况等列于表 2-3。

表 2-3 欧洲深海技术装备产业创新高地科研机构及企业信息

创新高地	所在国家	重点企业及产品	重点科研机构及技术
巴黎大区	法国	Coflexip 公司(水下柔性管材技术、深海作业设备) 法国泰雷兹集团(合成孔径声呐、水下成像系统等)	法国海洋开发研究院(载人潜水器技术、AUV、水下推进技术等) 法国国家科研中心(合成孔径声呐)
伦敦大区	英国	Macam(水色遥感、水下光谱和水质等研究) ETLG(水下加速度传感器)	帝国理工学院(水下推进技术) 伦敦大学(浅地层剖面仪) 克兰菲尔德大学海岸技术中心(AUV) 剑桥大学(浅地层剖面仪)
南安普敦	英国	英国海眼公司(AUV、ROV 及水下推进技术) Sonardyne International Ltd.(姿态控制传感器、长基线声学通信系统)	南安普敦大学(三维成像声呐) 南安普敦国家海洋研究中心(AUV 及控制技术)

续表

创新高地	所在国家	重点企业及产品	重点科研机构及技术
不来梅	德国	Evologics(水下定位导航、水声通信Modem) KRUPP GMBH(水下工程装备、ROV)	劳恩霍夫应用研究促进协会(三维成像声呐) 阿尔弗雷德韦格纳研究所亥姆霍兹极地与海洋研究中心(浅地层剖面仪)
哥本哈根	丹麦	徕卡测量系统(探地测量仪、激光扫描仪、惯性测量系统) Teledyne RESON A/S(水下定位通信、矢量水听器)	丹麦技术大学(AUV及控制技术)
斯德哥尔摩	瑞典	ABB集团(水下接插件)	乌普萨拉大学(AUV制造)
康斯博格-卑尔根	挪威	康斯博格海事公司(AUV、水下定位通信、水下推进技术、合成孔径声呐等)	挪威海洋研究学院(AUV控制)

法国首都巴黎，是法国的政治、经济、文化中心。汇集了国家级科研机构、船企及军工企业。科研机构如法国海洋开发研究院、法国国家科研中心等，企业如Seine海事公司(Seine-Maritime)、CNIM集团、泰雷兹集团(Thales)等，在自治式潜水器、深海载人技术、水下推进器、合成孔径声呐等技术领域形成较强的竞争力。其中，法国海洋开发研究院有渔业和海洋生物、环境和海洋研究、海洋技术3个业务部门。下设5个研究中心：布雷斯特中心(即布列塔尼海洋科学中心)、滨海布洛涅中心(以水产研究为主)、南特中心(即南特海洋渔业科学技术研究所)、土伦中心(即地中海海洋科学基地)、塔希提中心(即太平洋海洋科学中心)，分别从事海洋科学和技术研究。法国海洋开发研究院拥有"鹦鹉螺"号载人潜水器、Aster号自治式潜水器及配套的多波束测深仪、合成孔径声呐等深海技术装备，具备卓越的设备开发能力。总部位于法国巴黎的泰雷兹集团是欧洲第一大战斗系统(包括侦察系统、火控系统和操纵系统)生产集团，是一家超大型跨国企业，有22 000名尖端技术研发人员，使其走在技术的最前沿，在欧洲具有无可匹敌的关键信息系统开发与部署能力。

伦敦是英国的政治、经济、文化中心，汇集了帝国理工学院、伦敦大学、克兰菲尔德大学海岸技术中心、剑桥大学等众多深海装备科研机构，在自治式潜水器、水下推进器、浅地层剖面仪等技术领域形成较强的竞争力，同时，在水色遥感、水下光谱和水质等研究、水下加速度传感器等技术领域，拥有 Macam 公司、ETLG 公司等国际知名公司。

南安普敦区以南安普敦大学、南安普敦国家海洋研究中心等科研机构为中心围绕海洋研究、资源开发等在自治式潜水器技术、水下推进器、三维成像声呐等技术领域形成较强的竞争力，同时著名的水下运载设备公司英国海眼公司、姿态传感器公司索纳达因国际有限公司(Sonardyne International Ltd.)也位于此区域。

德国柏林科研机构包括：弗劳恩霍夫应用研究促进协会、阿尔弗雷德韦格纳研究所亥姆霍兹极地与海洋研究中心等，公司包括：Evologics 公司、克虏伯股份有限公司(KRUPP GMBH)等，在水下测量仪器、自治式潜水器技术、水下定位导航设备、水声通信设备等技术领域形成较强竞争力。

2.2.2.3 日本

日本创新高地重点企业、科研机构概况列于表 2-4。

日本的创新高地为东京-横须贺地区，包括东京大学、日本国立海洋研究开发机构等众多海洋科研机构坐落于此，同时该地区的横须贺港也是日本海上自卫队和美国海军的重要军事基地之一(表 2-4)。日本海洋科学技术中心(JAMSTEC)是日本规模最大的专门从事海洋科研活动的研究机构。为在世界范围内展开对海洋的全面考察和研究，日本海洋科学技术中心建造了 6 500 米级潜水考察船"深海 6500"号、深海考察船"海岭"号、万米级无人潜水器"海沟"号、海洋地球考察船"未来"号、深海巡航探测器"浦岛"号，远程航行型自治式潜水器"Aqua Explorer 2"号等。

表 2-4　日本地区深海技术装备产业创新高地科研机构及企业信息

创新高地	重点企业及产品	重点科研机构及技术
东京-横须贺	三井造船(ROV)	东京大学(水下导航技术、作业器件) 日本海洋科学技术中心(AUV、ROV、ARV、HOV)

2.2.3 我国重点区域

我国创新高地重点企业、科研机构信息见表 2-5。

表 2-5 我国深海技术装备产业创新高地科研机构及企业信息

创新高地	重点企业及产品	重点科研机构及技术
环渤海地区	博雅工道（北京）机器人科技有限公司（AUV） 基恩士（中国）有限公司（激光测量系统） 天津瀚海蓝帆海洋科技有限公司（AUV、AUG） 天津海之星水下机器人有限公司（AUV） 北京蔚海明祥科技有限公司（AUG） 天津深之蓝海洋设备科技有限公司（ROV、AUG、水下推进技术） 青岛罗博飞海洋技术有限公司（AUV、水下摄像设备）	中国科学院声学研究所 北京理工大学 中国海洋大学 中国船舶工业系统工程研究院 天津大学 青岛海洋科学与技术试点国家实验室 中国科学院海洋研究所
长江三角洲城市群	江苏中海达科技有限公司（合成孔径声呐、三维成像声呐、水下通信 Modem 等） 苏州桑泰海洋仪器研发有限责任公司（合成孔径声呐、三维成像声呐、水下通信 Modem 等） 上海蓝梭电子科技有限公司（水下接插件） 杭州瑞利声电科技有限公司（水声通信 Modem） 上海交大海洋水下工程科学研究院有限公司（ROV） 上海航士海洋科技有限公司（ROV） 舟山遨拓海洋工程技术有限公司（ROV）	上海海洋大学（HOV） 中国船舶及海洋工程设计研究院（AUV） 上海交通大学（ROV、AUG、水下机械手臂、水下导航） 中国船舶集团第七一五研究所（声学通信 Modem、合成孔径声呐、三维成像声呐、多波束测深仪等） 浙江大学（AUV、AUG、多波束测深仪） 南京大学（热力仪） 东南大学（声学通信 Modem、水下导航） 中国船舶集团第七〇二研究所（深海载人潜水器、援潜救生装备、近海工程水下作业系统）
哈尔滨-沈阳地区	哈尔滨航士科技发展有限公司（ROV） 哈尔滨工大深能电机有限公司（水下推进技术）	哈尔滨工程大学（声学通信 Modem、AUV、ROV、水下定位导航等） 哈尔滨工业大学（水下机械手臂） 东北大学（水下推进技术） 中国科学院沈阳自动化研究所（ROV、AUV、AUG、HOV 控制系统等） 沈阳工业大学（水下推进技术） 大连理工大学（HOV、热力仪）

2.2.3.1 环渤海地区

环渤海地区重点城市包括北京、天津、青岛等。其中，北京是我国的政治、经济、文化、科技中心，众多科研实力出众的深海技术装备科研单位坐落于此，包括：中国科学院声学研究所、北京理工大学、中国船舶工业系统工程研究院、清华大学等。此外，众多的海外深海装备科研机构的总部也坐落于此，如基恩士(中国)有限公司、法国泰雷兹集团公司北京总部等。同时，北京海卓同创有限公司、博雅工道(北京)机器人科技有限公司、北京臻迪股份有限公司、中电科海洋信息技术研究院有限公司等我国本土企业也具有非常强的技术研发能力。天津是我国重要的港口城市，天津大学、中国交通运输部天津水运工程科学院等科研机构坐落于此，围绕自治式潜水器、水下滑翔机、水下推进技术等，天津引进了众多的深海装备企业，包括：天津瀚海蓝帆海洋科技有限公司、天津深之蓝海洋设备科技有限公司、天津海之星水下机器人有限公司、天津海之声科技有限公司、天津昊野科技有限公司等。位于该创新高地的青岛在海洋科研方面也具有非常强的科研实力，中国海洋大学、青岛海洋科学与技术试点国家实验室、中国科学院海洋研究所、海军潜艇学院、国家深海基地管理中心等众多海洋科研机构都坐落于此，同时吸引了青岛罗博飞海洋技术有限公司、青岛海山海洋装备有限公司等优秀企业在此发展。其中，位于青岛市蓝色硅谷的青岛海洋科学与技术试点国家实验室于 2013 年 12 月获得科技部批复、2015 年 6 月试点运行，由国家部委、山东省、青岛市共同建设，定位于围绕国家海洋发展战略，以重大科技任务攻关和国家大型科技基础设施为主线，开展战略性、前瞻性、基础性、系统性、集成性科技创新，依托青岛，服务全国，面向世界，着力突破世界前沿的重大科学问题，攻克事关国家核心竞争力和经济社会可持续发展的关键核心技术，率先掌握能形成先发优势、引领未来发展的颠覆性技术，建成引领世界科技发展的高地。深海技术装备中，典型的装备如该实验室与天津大学共同研发的“海燕-X”万米滑翔机，最大下潜深度达 10 619 m，打破了水下滑翔机的最大下潜记录，标志着我国滑翔机已具备全海深作业的能力。

2.2.3.2 长江三角洲城市群地区

在深海技术装备领域长江三角洲城市群也展示了极强的活力。其中，城市群中心上海围绕上海海洋大学、中国船舶及海洋工程设计研究院、上海交通大学、自然资源部东海预报减灾中心等科研机构，在水下机器人、深海调查类设备、深海作业技术装备等领域形成较强的国际竞争力，特别是上海交通大学水下工程研究所有限公司自 80 年代初开始开发从观测型、轻作业型、作业型到重载作业型等多种形式的无人遥控潜水器系统研制，是国内研制自治式潜水器产品最多、深度最大、系列最全的专业单位。经过 30 多年的技术积累，全面掌握无人遥控潜水器各项关键技术，形成了一支专业研究队伍，具有设计、加工、集成、试验、应用及维护一条龙的技术保障设施和技术人员。研究成果在海洋石油水下工程、海洋资源调查设备工程、水下环境检测工程、港口码头及水库和内河建设工程、潜水救捞与抢险工程等领域得到广泛的应用。长江三角洲城市群的苏州工业园区部署船舶与海洋装备制造产业，在深海调查类设备中具有较强的研发实力。特别是工业园区内的苏州桑泰海洋仪器研发有限责任公司是国家高新技术企业，是由国内知名专家学者创建的水下信息网技术中心和成果转化基地。公司在国家大力发展海洋经济、走向深蓝的战略大背景下，于 2009 年在苏州成立。公司产品涵盖水声通信、水声成像和水声探测等领域，为我国海洋资源勘探、海洋环境监测、海洋国土安全、水下目标搜探、水下导航等行业提供服务，开发自己的水声品牌产品。杭州汇集了浙江大学、中国船舶集团第七一五研究所等众多海洋科研机构。中国船舶集团第七一五研究所是专业从事声学、光学、磁学探测设备研制的重点军工骨干研究所，自主研制了众多声学、光学、磁学深海调查类设备及深海作业平台。杭州相关涉海民营企业也在高质量发展，包括杭州宇控机电工程有限公司、杭州霆舟无人科技有限公司、杭州瑞声海洋仪器有限公司、杭州瑞利声电科技有限公司等海洋装备制造企业。2020 年 11 月 10 日，由中国船舶集团第七〇二研究所研制的“奋斗者”号载人潜水器在马里亚纳海沟成功坐底，坐底深度 10 909 m，标志着我国载人潜水器已形成全海深作业、谱系化生产的能力，这是继“蛟龙”号、“深海勇士”号后第三艘深海载人潜水器装备。通过深海载人潜水器的研制，无锡市培育了 30 多家本土配套装备研发企业，如中国船舶集团海洋探测技术研究院有限公司、海鹰加科有限公司等，形成了深海技术装备研发强有力的保障。

2.2.3.3 哈尔滨-沈阳地区

哈尔滨-沈阳地区是我国老牌的工业基地，具有极强的设备研发生产加工底蕴。围绕哈尔滨工程大学、哈尔滨工业大学、东北大学、大连理工大学、中国科学院沈阳自动化研究所等科研单位，在水下机器人(包括自治式潜水器、水下滑翔机)、水下作业平台自动控制系统、水下声学设备等深海作业平台、深海调查类设备、深海作业技术、深海辅助类设备等各个领域形成了自己的优势产品。中国科学院沈阳自动化研究所成立于 1958 年 11 月，主要研究方向是机器人、工业自动化和光电信息处理技术。该所作为中国机器人事业的摇篮，在中国机器人事业发展历史上创造了 20 多个第一，引领中国机器人技术的研究发展。“潜龙一号”“潜龙二号”“海鲸 2000”“远征 2 号”“探索 4500”号以及 CR-01 和 CR-02 水下作业平台、UWM2000 水下通信机等深海技术装备都由中国科学院沈阳自动化研究所进行开发研制，此外，中国科学院沈阳自动化研究所还是“蛟龙”号、“深海勇士”号自动控制系统的主要研制单位。哈尔滨工程大学以“三海一核”（船舶工业、海军装备、海洋开发、核能应用）为特色，学校在船海核领域的水下机器人、减振降噪、船舶减摇、船舶动力、组合导航、水声定位、水下探测、核动力仿真、大型船舶仿真验证评估、三体船设计、水面无人艇等技术方面居中国国内领先或国际先进地位。

2.3 全球产业(链)创新全景图

2.3.1 分布特征

深海技术装备产业围绕深海运载技术装备、深海调查类设备、支撑配套技术装备、水下作业技术装备四个方向细分了载人潜水器等15项三级技术、万米级载人潜水器等34项四级技术，梳理了294项产品、119家企业、173家科研机构，形成了深海技术装备产业链创新全景图，详见图2-2。

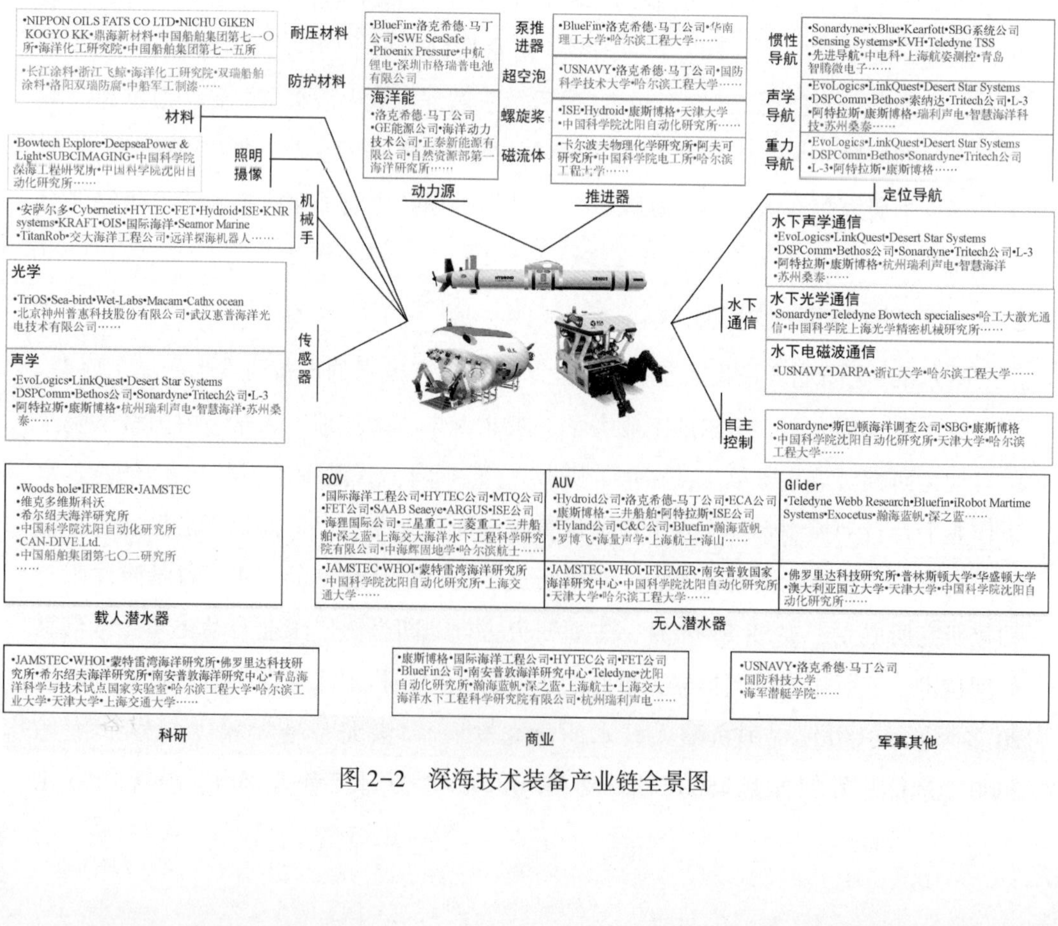

图2-2 深海技术装备产业链全景图

在深海运载装备方面，目前具有作业能力的深海载人潜水器包括美国的"新阿尔文"号、"挑战者"号，日本的"深海 6500"及中国的"蛟龙"号、"深海勇士"号、"奋斗者"号。我国潜水器集成和制造方面发展迅速，已取得巨大成就，与国外先进水平差距不大，某些技术指标甚至保持领先，已成为深海载人潜水器领域谱系化最完善，作业平台数量最多的国家。在无人潜水器方面，欧美国家布局和发展较早，谱系化最为完善，基本已经占据市场的各个细分应用领域，如美国国际海洋工程公司是全球最大的 ROV 供应商，拥有 300 多台不同型号的工作级 ROV，占据 ROV 业务的绝大多数份额；再如美国的 BlueFin 公司的 AUV 系列产品、挪威康斯博格海事公司的 AUV 系列产品等占据了绝大多数的 AUV 产品市场份额。经过多年的发展，我国研发了多型深海无人运载平台，如"悟空"号无人遥控潜水器、"海燕"号水下滑翔机、"海马"号有缆机器人等。但在国际市场竞争中，缺少与国际知名品牌竞争的产品。总体而言，在深海运载技术装备领域，随着我国深海运载技术装备科技创新能力持续增长，竞争力日益凸显，已形成有一定引领能力的海洋科技研究力量，并逐步赶超国外先进水平。

在深海调查类设备方面，国外最先发展起来并具备技术领先的小公司逐渐被实力雄厚的跨国公司收购，并形成竞争合力，逐步垄断了相关领域，如美国 Teledyne 集团旗下拥有侧扫声呐产品、合成孔径声呐、多波束声呐、ADCP 等多款声学调查设备产品，并由各个子公司负责运营。在国内除了科研院所积极参与深海调查设备的研发外，我国涌现了北京海卓同创科技有限公司、江苏中海达海洋科技有限公司、深圳智慧海洋科技有限公司等创新型企业。同时从设备研发布局看，我国在各个分支设备中都有相关的参研单位，同时也有成熟产品的研发企业参与其中，并在部分设备如多波束测深仪、三维成像声呐等方面突破国外技术垄断，形成了自己的研发优势。但限于基础研究积累不足、国外技术严格封锁，我国在深海调查设备领域市场占有率较低，缺乏引领级的企业，同时核心技术装备受制于人，民用海洋装备的国产化率较低，且主要组部件依赖进口。同时在深海通用技术与材料方面，如浮力与耐压材料、动力源、线缆与水密接插件、液压控制技术、推进技术、导航技术、通信技术等，在操作灵活性、准确性，使用的长期稳定性和可靠性等方面还需要技术积累。

在支撑配套技术装备领域，水声通信设备、定位导航设备、动力推进设备等一直是国外大力封锁的技术产品。美国 Sperry 公司的水下定位导航，美国 Bethos 公司的水声通信，美国 BlueFin 公司的水下推进等产品占据市场的绝大多数份额。我国在支撑配套技术装备领域也取得了一定的成果，中国船舶集团第七一五研究所、中国科学院声学研究所研制的水声通信设备，其主要参数已经与国外水平相当；江苏中海达科技有限公司研制的 iTrack 水下定位导航产品和深圳智慧海洋科技有限公司研制的 SOTG 水声通信设备，具有相当不错的市场竞争力。

在水下作业技术装备领域，国外企业参与度较高，同时拥有众多成熟度高的产品，如美国史丹利公司的 Underwater Tools 系列产品、美国 Schilling Robotics Systems 公司的 Titan 系列产品、英国 J2 Subsea 公司的 ROV 作业配套产品、日本小松制作所的 ROV 作业配套产品等。我国在技术能力上正逐步缩小与国外的差距，在商业化应用方面，与国外先进水平仍存在较大差距，但随着深海作业手臂、液压剪切设备、深海取样设备等系列产品在“蛟龙”号、“深海勇士”号、“奋斗者”号上的实际应用，我国水下作业技术装备研发取得了较大的进步。

2.3.2 深海运载技术装备

2.3.2.1 国内外重点研发机构及产品性能

以下分别给出了载人潜水器、无人遥控潜水器、自治式潜水器、复合型无人潜水器、水下滑翔机设备 5 种深海技术装备的国内外主要研发机构、生产企业和主要产品。

1) 载人潜水器

国外方面，具有代表性的大深度载人潜水器有美国的“阿尔文”号(ALVIN)、法国的“鹦鹉螺”号(Nautile)、苏联的“和平 1”号(MIR Ⅰ)和“和平 2”号(MIR Ⅱ)、日本的“深海 6500”(SHINKAI 6500)等(图 2-3、表 2-6)。此外，据美国有线电视新闻(CNN)2019 年 5 月 13 日报道，美国海底探险家维克多·维斯科沃(Victor Vescovo)在太平洋马里亚纳海沟(Mariana Trench)完成了人类有史以来最深的载人潜水。他潜至海沟南端底部10 927 m 的深处，打破 2012 年由《泰坦尼克号》导演詹姆斯·卡梅隆创造的纪录(10 908 m)。国内，基于“蛟龙”号和“深海勇士”号的研制经验，我国载人深潜技术体系已经形成；在 4 500~7 000 m 潜深范围，我国载人深潜技术总体上已处于国际前沿，且具有自主知识产权；在万米潜水器领域，我国最新研制的“奋斗者”号万米载人潜水器成功坐底“挑战者深渊”，深度 10 909 m，创下中国载人深潜新的深度纪录。连续取得的成就标志着中国万米级载人潜水器“奋斗者”号海试取得成功，意味着中国人驾驶自己的潜水器可以自由到达大洋任何深度并开展科学考察，取得了中国深海装备和深海技术的重大突破，实现了梦寐以求的中国科学家大洋科考"全海深"进入。未来 15 年，我国载人潜水器领域的发展重点是巩固提高作业能力，积极拓展应用领域，不断提高智能化、轻量化、重载化和集群协同水平，精心打造产业链条，成为载人深潜技术强国。

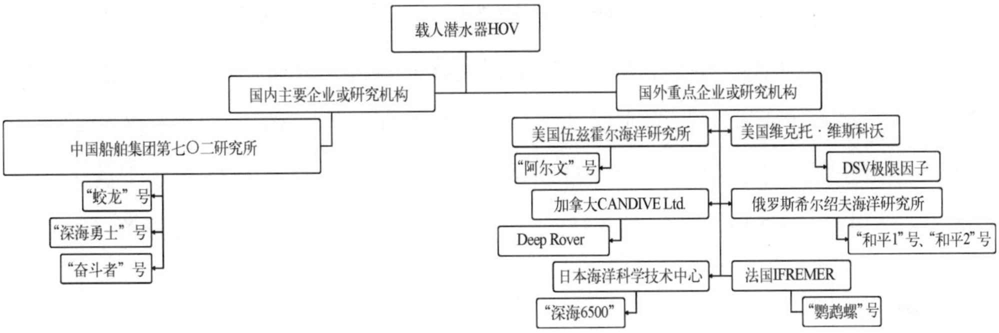

图 2-3 载人潜水器(HOV)国内外重要企业或科研机构及产品

表 2-6 载人潜水器产品性能

名称	研制单位	国别	城市	工作深度/m	载员数量/人	建成年份
"深海挑战者"号	伍兹霍尔海洋研究所	美国	马萨诸塞州	11 000	1	2011
"奋斗者"号	中国船舶集团第七〇二研究所	中国	无锡	11 000	3	2020
"蛟龙"号	中国船舶集团第七〇二研究所	中国	无锡	7 000	3	2009
"深海 6500"	日本海洋科学技术中心	日本	东京	6 500	3	1989
"和平 1"号	俄罗斯科学院	俄罗斯	莫斯科	6 000	3	1987
"和平 2"号	俄罗斯科学院	俄罗斯	莫斯科	6 000	3	1987
Rus	俄罗斯海军	俄罗斯	莫斯科	6 000	3	2001
Consul	俄罗斯海军	俄罗斯	莫斯科	6 000	3	2011
"鹦鹉螺"号	IFREMER	法国	巴黎	6 000	3	1985
"阿尔文"号	伍兹霍尔海洋研究所	美国	马萨诸塞州	4 500	3	2013
"深海勇士"号	中国船舶集团第七〇二研究所	中国	无锡	4 500	3	2017
PISCES IV	美国夏威夷水下研究实验室(HURL)	美国	夏威夷州	2 000	3	1971
PISCES V	HURL	美国	夏威夷州	2 000	3	1973

2) 无人遥控潜水器

国外，日本的万米级水下无人遥控潜水器“KAIKO”号(已丢失)、法国海洋开发研究院(Institut français de recherche pour l'exploitation de la mer，IFREMER)与德国、英国的相关机构合作设计制造的 Victor 6000、英国的 Isis、俄罗斯 Okeangeofizika 研究院研制的 RTM 6000、美国伍兹霍尔海洋研究所(WHOI)研制的 6 000 米级 Jason2/Medea 等是深海最具代表性的工作级水下无人遥控潜水器，居于世界领先地位。国内，只有为数不多的无人遥控潜水器可在水深超过 4 000 m 的深水进行作业，代表产品主要有上海交通大学研制的 6 000 米级“海龙Ⅲ”号、4 500 米级“海马”号无人遥控潜水器，中国科学院沈阳自动化研究所研制的“海星 6000”水下无人遥控潜水器，广州海洋地质调查局的 4 000 米级的“海狮”号无人遥控潜水器等(图 2-4、表 2-7)。

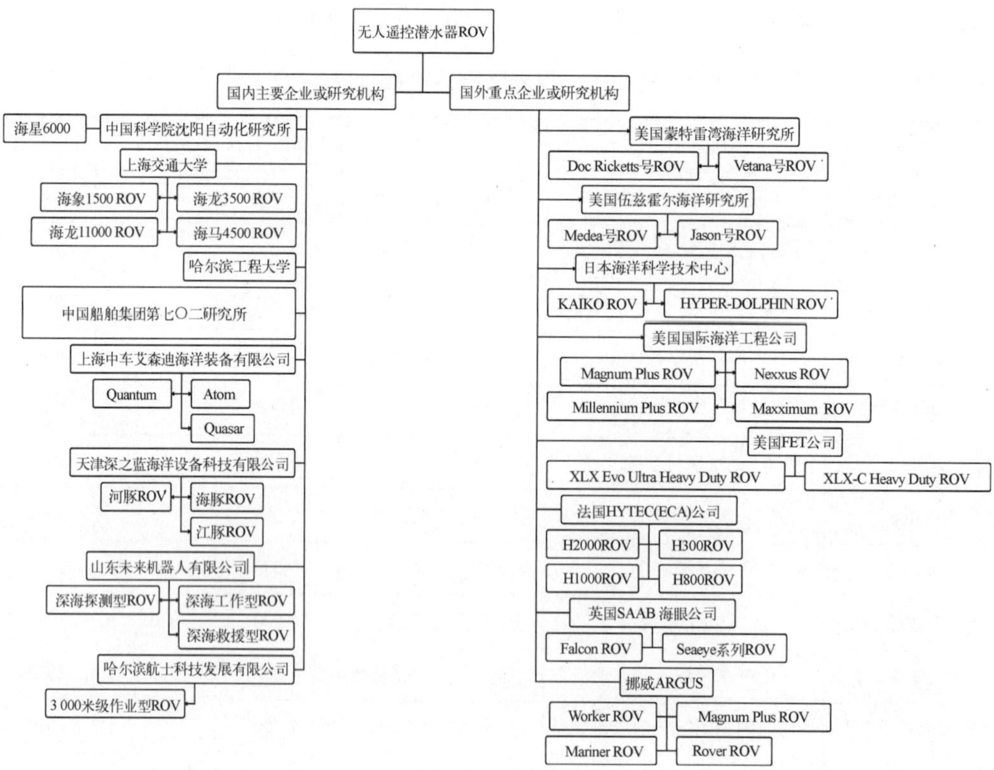

图 2-4　无人遥控潜水器国内外重要企业或科研机构及产品

表 2-7 无人遥控潜水器产品性能

名称	研制单位	国别	ROV 分类	工作深度/m
Nexxus	国际海洋工程公司	美国	HW	4 000
Maxximum	国际海洋工程公司	美国	HW	4 000
Millennium Plus	国际海洋工程公司	美国	HW	4 000
Magnum Plus	国际海洋工程公司	美国	HW	4 000
Isums™	国际海洋工程公司	美国	W	3 000
eNovus	国际海洋工程公司	美国	W	5 000
Omni Maxx	国际海洋工程公司	美国	O	3 000
Sea Maxx	国际海洋工程公司	美国	O	3 000
Spectrum	国际海洋工程公司	美国	O	3 000
Comanche	FET 公司	美国	O	6 000
XLX-C	FET 公司	美国	HW	3 000
XLX Evo	FET 公司	美国	HW	3 000
H300-MKII	HYTEC（ECA）公司	法国	O	300
H800	HYTEC（ECA）公司	法国	LW	800
H1000	HYTEC（ECA）公司	法国	LW	1 000
Falcon	SAAB 海眼公司	英国	O	300
Falcon-DR	SAAB 海眼公司	英国	O	1 000
Tiger	SAAB 海眼公司	英国	O	1 000
Lync	SAAB 海眼公司	英国	O	1 500
ARGUS-mini	ARGUS 公司	挪威	LW	600
ARGUS-Rover	ARGUS 公司	挪威	O	3 000
ARGUS-Mariner	ARGUS 公司	挪威	W	6 000
ARGUS-Mariner XL	ARGUS 公司	挪威	W	6 000
ARGUS-Explore	ARGUS 公司	挪威	W	7 000
ARGUS-Worker	ARGUS 公司	挪威	W	6 000
HYSUB 50 HP	国际潜水艇有限公司	加拿大	LW	3 000
HYSUB 100 HP	国际潜水艇有限公司	加拿大	W	6 000
HYSUB 150 HP	国际潜水艇有限公司	加拿大	W	6 000
Swift-01	新加坡 MTQ 水下科技有限公司	新加坡	LW	1 000
Swift-05	新加坡 MTQ 水下科技有限公司	新加坡	LW	1 000
Swift-07	新加坡 MTQ 水下科技有限公司	新加坡	LW	1 000
Comanche	海狸国际有限责任公司	美国	HW	3 000
Mohican	海狸国际有限责任公司	美国	W	3 000
Outland	海狸国际有限责任公司	美国	O	1 000

续表

<table>
<tr><th>名称</th><th>研制单位</th><th>国别</th><th>ROV 分类</th><th>工作深度/m</th></tr>
<tr><td>海龙 3500 ROV</td><td rowspan="8">上海交通大学水下工程研究所</td><td rowspan="8">中国</td><td>W</td><td>3 500</td></tr>
<tr><td>海马 4500 ROV</td><td>W</td><td>4 500</td></tr>
<tr><td>COFG-ROV-CFUV 1000（CN）</td><td>W</td><td>1 000</td></tr>
<tr><td>COFG-ROV-FCV 2000D（CN）</td><td>W</td><td>2 000</td></tr>
<tr><td>COFG-ROV-FCV 3000C（CN）</td><td>W</td><td>3 000</td></tr>
<tr><td>COFG-ROV-Sealion MK-II（CN）</td><td>W</td><td>1 000</td></tr>
<tr><td>轻 W 应用系统</td><td>LW</td><td>1 000</td></tr>
<tr><td>W 应用系统</td><td>W</td><td>2 000</td></tr>
<tr><td>3 000 米级作业型 ROV</td><td>哈尔滨航士海洋科技有限公司</td><td>中国</td><td>W</td><td>3 000</td></tr>
<tr><td>深海作业型 ROV</td><td>山东未来机器人股份有限公司</td><td>中国</td><td>LW</td><td>400</td></tr>
<tr><td>Atom 系列</td><td rowspan="3">上海中车艾森迪海洋装备有限公司</td><td rowspan="3">中国</td><td>LW</td><td>NR</td></tr>
<tr><td>Quasar 系列</td><td>W</td><td>NR</td></tr>
<tr><td>Quantum 系列</td><td>HW</td><td>NR</td></tr>
</table>

注：“O”为作业级 ROV；“LW”为轻型作业型 ROV；“W”为作业型 ROV；“HW”为重型作业型 ROV；“NR”为未检索到具体数值。

3）自治式潜水器

国外有影响力的深海自治式潜水器包括：美国海德罗伊德公司股份有限公司（Hydroid，Inc.）研制的 Bluefin-21、挪威康斯博格海事公司（Kongsberg Maritime，Kongsberg）生产的 REMUS 6000 及 HUGIN 系列、英国南安普敦国家海洋中心（National Oceanography Centre，bai Southampton，NOC）研制的 Autosub 6000、美国伍兹霍尔海洋研究所的 SeaBed、ABE 自治式潜水器、法国 ECA 集团（ECA Group）的 ALISTER 系列自治式潜水器和加拿大国际潜水器集团（International Submarine Engineering，ISE）的 EXPLORER 系列自治式潜水器等。国内具有代表性的自治式潜水器包括：中国科学院沈阳自动化研究所研制的系列化水下航行器“探索者”号航行器、“CR01”航行器、“CR02”航行器、“潜龙一号”“潜龙二号”航行器等，哈尔滨工程大学 300 千克级小型自主水下航行器（智水-Ⅳ），天津大学、西北工业大学对应的自治式潜水器产品等（图 2-5、表 2-8）。

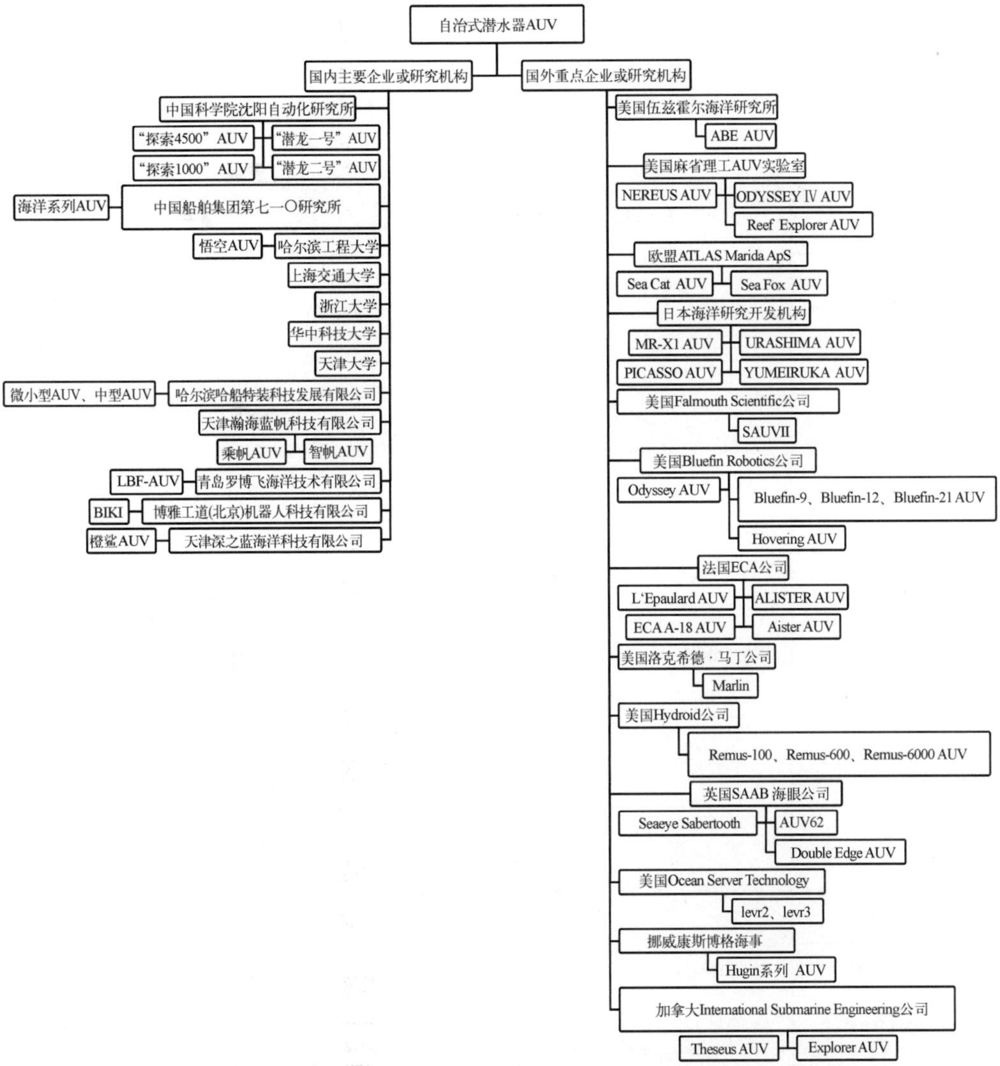

图 2-5　自治式潜水器国内外重要企业或科研机构及产品

表 2-8　自治式潜水器产品性能

名称	研制单位	国别	工作深度/m	最大航速/kn	最大续航
Asterx	伍兹霍尔海洋研究所	美国	3 000	5	100 km
URASHIMA	日本海洋科学技术中心	日本	3 500	4	317 km
Autosub Long Rang	英国南安普敦国家海洋研究中心（NOC）	英国	6 000	0.4	6 000 km
Autosub3			1 600	2	500 km
Autosub 6000			6 000	2	1 000 km

续表

名称	研制单位	国别	工作深度/m	最大航速/kn	最大续航
“潜龙一号”	中国科学院沈阳自动化研究所	中国	6 000	2	30 h
“潜龙二号”			4 500	2	30 h
“探索 1000”			800	5	300 km
“探索 4500”			4 500	2	20 h
Bluefin-9	Bluefin Robotics, Inc.	美国	200	2. 06	12 h
Bluefin-12			200	2. 57	26 h
Bluefin-21			4 500	2. 3	25 h
Odssey			6 000	2. 06	8 h
Marlin MK1	洛克希德·马丁公司	美国	300	4. 12	10 h
Marlin MK2			4 000	3. 08	20 h
Marlin MK3			4 000	3. 08	60 h
ALISTAR	ECA S. A.	法国	3 000	2. 06	20 h
Alister			300	4. 11	12 h
L'Epaulard			6 000	0. 51	6 h
Remus 100	Hydroid 公司	美国	100	2. 6	10 h
Remus 600			600	2. 6	70 h
Remus 6000			6 000	2. 6	22 h
AUV62	SAAB 海眼公司	英国	300	10. 3	8 h
Double Eagle			3 000	4. 1	10 h
Benthic Rover	蒙特雷湾海洋研究所(MBARI)	美国	6 000	0. 02	1 400 km
Dorado			6 000	2. 06	20 h
Hugin 1000	康斯博格海事	挪威	3 000	6	24 h
Hugin 3000			3 000	1. 54	60 h
Hugin 4500			4 500	2. 05	24 h

4) 复合型无人潜水器

国外，具有代表性的复合型无人潜水器是美国的 NEREUS 号和用于冰下作业的 NUI 号。国内，2020 年 6 月 8 日，中国科学院沈阳自动化研究所的“海斗一号”全海深自主遥控潜水器在马里亚纳海沟实现 4 次万米下潜，最大潜深 10 907 m，取得多项重大突破，填补了我国万米级作业型无人潜水器的空白(图 2–6、表 2–9)。

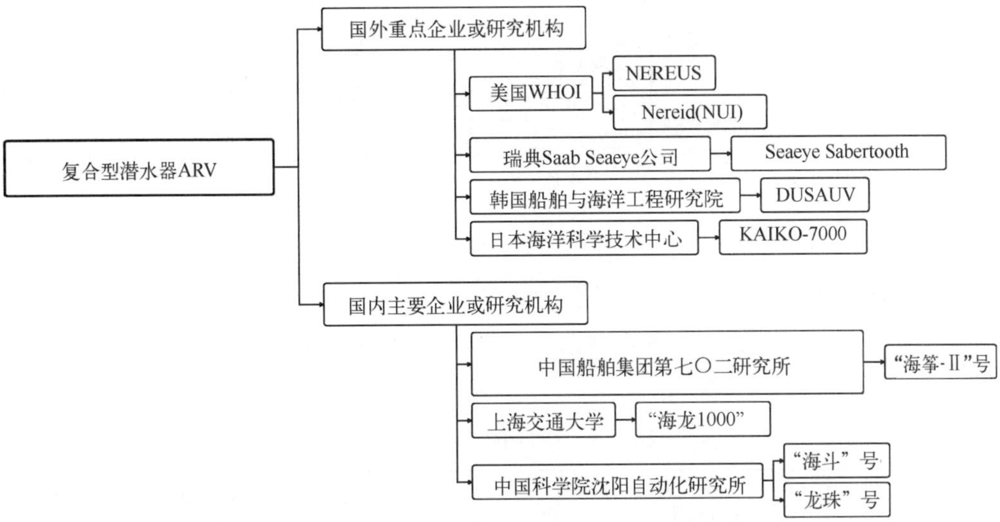

图 2–6 复合型无人潜水器国内外重要企业或科研机构及产品

表 2–9 复合型无人潜水器产品性

名称	研制单位	国别	工作深度/m
NEREUS	伍兹霍尔海洋研究所	美国	11 000
Nereid			2 000
KAIKO7000	日本海洋科学技术中心	日本	7 000
“海斗”号	中国科学院沈阳自动化研究所	中国	11 000
“龙珠”号			7 000
“海龙 11000”	上海交通大学	中国	11 000

5) 水下滑翔机设备

美国相继开发成功了 Slocum、Seaglider 和 Spray 三种典型水下滑翔机。我国水下滑翔机技术的研究始于 21 世纪初，虽然起步较晚，但在水下滑翔机单机相关技术方面发展迅速。具有代表性的产品包括：“海燕”系列水下滑翔机及“海翼”号滑翔机(图 2–7、表 2–10)。

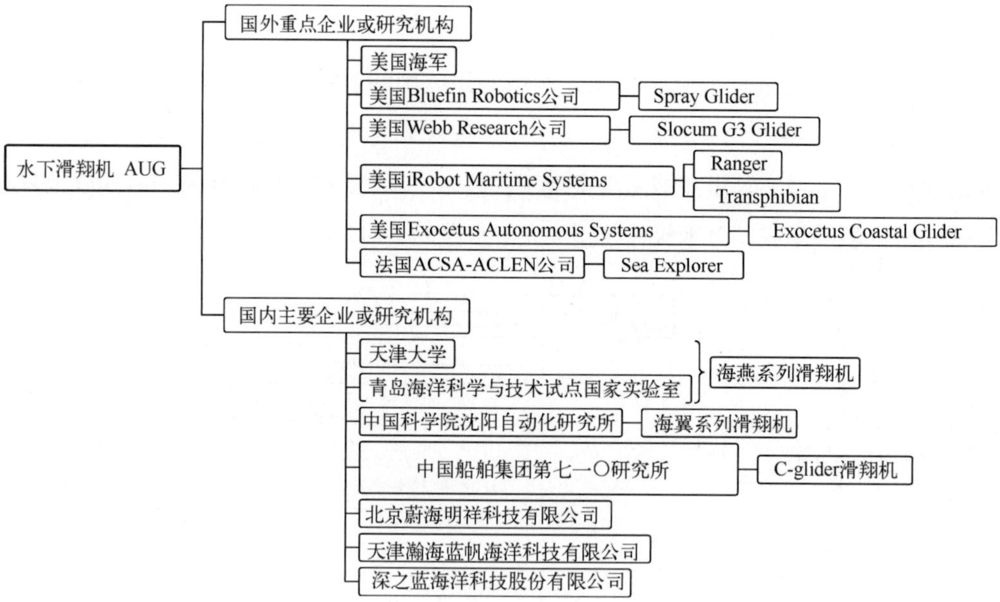

图 2-7 水下滑翔机国内外重要企业或科研机构及产品

表 2-10 水下滑翔机(AUG)产品性能

序号	名称	研制单位	国别	城市	工作深度/m	最大航速/kn	最大续航
1	APL/UW Seaglider	华盛顿大学	美国	华盛顿州西雅图	1 000	0. 25	7 200 h
3	ACFR Seaglider	澳大利亚国立大学	澳大利亚	堪培拉	1 000	0. 25	5 113 h
4	ACFR Slocum Gliders	澳大利亚国立大学	澳大利亚	堪培拉	200	0. 35	720 h
5	Spray Glider	Bluefin Robotics, Inc.	美国	马萨诸塞州	1 500	0. 25	3 000 km
6	Slocum Glider	Teledyne Webb Research	美国	马萨诸塞州	1 000	0. 35	13 000 km
7	海燕系列	天津大学/青岛海洋科学与技术试点国家实验室	中国	天津	200/1 000/4 000/10 000	2	3 619 km
8	海翼系列	中国科学院沈阳自动化研究所	中国	沈阳	300~7 000	1	24 h
9	乘帆	天津瀚海蓝帆海洋科技有限公司	中国	天津	500	1	2 000 km

2.3.2.2 重点创新机构研发布局

(1)伍兹霍尔海洋研究所

伍兹霍尔海洋研究所，位于马萨诸塞州伍兹霍尔，是美国大西洋海岸的综合性海洋科学研究机构，是世界上最大的私立的、非营利性质的海洋工程教育研究机构。其研究课题涉及海洋基础学科和海洋工程各个方面。在深海技术装备领域，伍兹霍尔海洋研究所实力雄厚且成果卓著，创造发明了很多革命性装备。早在1964年，其研发了Alvin号深海载人潜器，是最早的深海载人潜器之一，1991年又研发了第一台水下滑翔机样机。此外该所的研究还涉及无人遥控潜水器、自治式潜水器、海底地震仪、拖体声呐等多个方面(表2-11)。

表2-11 美国伍兹霍尔海洋研究所在深海运载技术领域研发布局简况

创新机构	伍兹霍尔海洋研究所(Woods Hole Oceanographic Institution)	
网址	https：//www. whoi. edu/	
核心专利	公开号	专利名称
	US 7953326B2	Systems and methods for underwater optical communication(用于水下光通信的系统和方法)
	US 7859944B2	Apparatus, systems and methods for enhanced multi-carrier based underwater acoustic communications(用于增强型基于多载波的水声通信的设备、系统和方法)
	US 8279714B2	Compliant ocean wave mitigation device and method to allow underwater sound detection with oceanographic buoy moorings(允许利用海洋学浮标系泊进行水下声音探测顺应性海浪缓和装置和方法)
	US 7637168B2	Seepage meter for measuring submarine groundwater discharge(测量海底地下水排量的渗流计)
	US 10691993B2	System and method for autonomous tracking and imaging of a target(用于目标的自主跟踪和成像的系统和方法)
	US 10375939B2	Retrieval system for underwater objects(水下物体检索系统)
	US 9294201B2	Optical communication systems and methods(光通信系统和方法)
主要技术和产品	该所拥有深潜器Alvin号；遥控水下机器人Jason号与ABE号，自主式水下航行器Sentry号；自治式潜水器REMUS等；海底地震仪；拖体声呐DSL-120A；改进船和浮标用的气象测量系统IMET计划、海气相互作用气象系统ASIMER、生物光学多频率声学物理环境记录仪BIOMAPER-II	

(2)蒙特雷湾海洋研究所

蒙特雷湾海洋研究所位于美国加利福尼亚州中部的蒙特雷湾西海岸，也是一家私立的、非营利性质的海洋研究机构。该所一直致力于创新性的海洋科学及工程技术研究，在深海技术装备领域取得了一系列突出成果。其建立并运营 MARS 海底观测网，并研发了海底宽带地震仪、“海中之眼”深海相机、水下激光拉曼光谱仪等装备(表 2-12)。

表 2-12　蒙特雷湾海洋研究所在深海运载技术领域研发布局简况

创新机构	蒙特雷湾海洋研究所(Monterey Bay Aquarium Research Institute)
网址	https：//www. mbari. org/
主要技术和产品	该所拥有 MARS 海底观测网、蒙特雷海底宽带地震仪 MOBB、“海中之眼”深海相机 EITS、水下激光拉曼光谱仪 DORISS、环境样品处理系统 ESP

(3) 英国国家海洋中心

英国国家海洋中心致力于海洋综合研究和技术开发，包括海洋观测、海洋设施、数据管理等。在深海技术装备领域，该中心研究方向包括水下机器人、深海采矿装备、各类传感器等(表 2-13)。

表 2-13　英国国家海洋中心在深海运载技术领域研发布局简况

创新机构	英国国家海洋中心(National Oceanography Center)
网址	https：//noc. ac. uk/
主要技术和产品	AUV；ROV；水下通信；深海生物多样性

(4)法国海洋开发技术研究院

法国海洋开发技术研究院隶属法国工业科研部和海洋国务秘书处，致力于海洋开发技术和应用性海洋科学。该院有渔业和海洋生物、环境和海洋研究、海洋技术 3 个业务部门，下设 5 个研究中心。法国海洋开发技术研究院在载人潜水器、自治式潜水器及配套的多波束测深仪、合成孔径声呐等深海技术装备方面，具备卓越的设备开发能力(表 2-14)。

表 2-14　法国海洋开发技术研究院在深海运载技术领域研发布局简况

创新机构	法国海洋开发技术研究院(IFREMER)
网址	https：//wwz. ifremer. fr/en/

续表

	公开号	专利名称
核心专利	CA 2658981C	An Installation and a method for recovering a surface marine wehicle or an underwater vehicle(船舶或水下航行器的一种安装和回收方法)
	US 10074897B2	Underwater radio frequency antenna(水下射频天线)
	FR 2845485A1	Hydrophones andbasicseismometers of sea(海底水听器及地震检波器)
	CA 2658975C	Apparatus for recovering a surface marine vehicle or an underwater vehicle (回收装置的表面船舶或水下航行器)
	DE 602007003607D1	Device for the re-establishment of an underwater or a vessel(用于重建水下装置或容器的设备)
主要技术和产品	水下通信；水下视频	

(5) 日本海洋科学技术中心

日本海洋科学技术中心(JAMSTEC)是日本专门从事海洋科研活动、规模最大的研究机构。为在世界范围内展开对海洋的全面考察和研究，日本海洋科学技术中心建造了 6 500 米级潜水考察船“深海 6500”号、深海考察船“海岭”号、万米级无人潜水器“海沟”号、海洋地球考察船“未来”号、深海巡航探测器“浦岛”号，远程航行型自治式潜水器“Aqua Explorer2”号等(表 2-15)。

表 2-15 日本海洋科学技术中心在深海运载技术领域研发布局简况

创新机构	日本海洋科学技术中心（Japan agency for marine-earch science and technology)	
网址	http：//www. jamstec. go. jp	
核心专利	公开号	专利名称
	JP 3981962B2	The moving body of water and water moving body, the angle measuring device measuring method(水中移动体的角度测量装置及方法)
	JP 4853635B2	Device for laying submarine cable(用于铺设海底电缆的装置)
	JP 4346605B2	Type observation instrument(回收型观测仪器)
主要技术和产品	水下通信；自主潜航器；水下视频	

(6) 中国哈尔滨工程大学

哈尔滨工程大学源于中国人民解放军军事工程学院，以“三海一核”(船舶工业、海军装备、海洋开发、核能应用)为特色。在深海技术装备领域，该学校的水下机器人、水下动力、组合导航、水声定位、水下探测等技术居中国国内领先或国际先进地位(表 2-16)。

表 2-16　中国哈尔滨工程大学在深海运载技术领域研发布局简况

创新机构	哈尔滨工程大学	
网址	http://www.hrbeu.edu.cn/	
核心专利	公开号	专利名称
	CN 102393520A	基于目标回波多普勒特性的声呐运动目标成像方法
	CN 102445692A	基于二维图像声呐的水下运动目标位置测定方法
	CN 101566483A	光纤陀螺捷联惯性测量系统振动误差补偿方法
	CN 101825903A	一种遥控水下机器人水面控制方法
	CN 102052923A	一种小型水下机器人组合导航系统及导航方法
主要技术和产品	AUV 控制；轨迹跟踪；声学通信；路径跟踪；导航	

(7)中国西北工业大学

西北工业大学位于西安，是中国唯一一所以同时发展航空、航天、航海(三航)工程教育和科学研究为特色的全国重点大学。在深海技术装备领域，西北工业大学在自主式潜水器、水下机器人、声学通信及定位方面有较强的技术实力(表 2-17)。

表 2-17　中国西北工业大学在深海运载技术领域研发布局简况

创新机构	西北工业大学	
网址	https://www.nwpu.edu.cn/	
核心专利	公开号	专利名称
	CN 101566683A	基于相位差波束形成的目标方位估计方法
	CN 106828832A	一种游走混合的仿生刀锋腿与履带组合行走水下机器人及其控制方法
	CN 101594185A	移动水声通信信号的多普勒估计与同步方法
	CN 102200092A	一种用于水下滑翔机的晃动发电装置
	CN 106595834B	一种获得深海大深度声场水平纵向相关性的方法
主要技术与产品	AUV 控制；声学通信；定位	

2.3.3 深海调查类设备

2.3.3.1 国内外重点机构及主要技术

1)多波束测深仪

国际上知名的多波束测深声呐产品主要包括：美国 L-3 ELAC Nautik 公司(L-3 ELAC Nautik)的 SeaBeam 系列，德国阿特拉斯电子公司(ATLAS)的 FANSWEEP 系列，挪威康斯博格海事公司的 EM 系列，丹麦 Teledyne Marine 集团 Reson 公司的 Seabat 系列以及美国 R2SONIC 有限责任公司(R2SONIC，LLC)的 SONIC 系列等。在国内，哈尔滨工程大学、中国船舶集团第七一五研究所也开展了多波束测深系统的研究工作(图 2-8)。

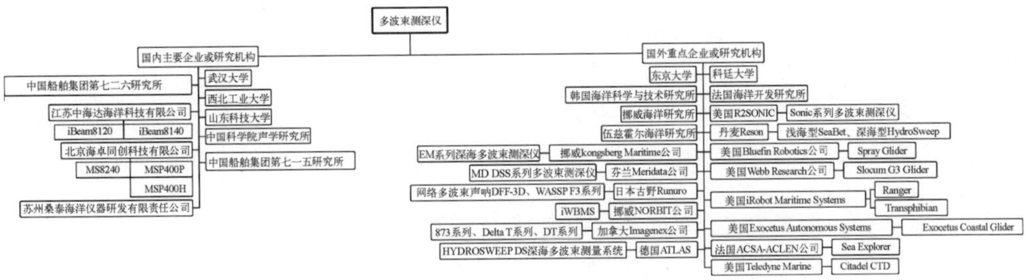

图 2-8 多波束测深仪国内外重要企业或科研机构及产品

2)合成孔径声呐

产品方面，美国 Raytheon 科技公司(Raytheon Technologies Corporation)和美国 DTI 公司(Detroit Technologies，Inc.)合作研制了两型合成孔径声呐系统 DARPA 和 CEROS，分别用于探测水雷和近水域埋藏的爆炸物。此外，日本、荷兰、俄国、挪威等也有系统研制的报道。中国科学院声学研究所与中国船舶集团第七一五研究所在突破了一系列关键技术后，研制出能实时成像的湖试样机(图 2-9)。哈尔滨工程

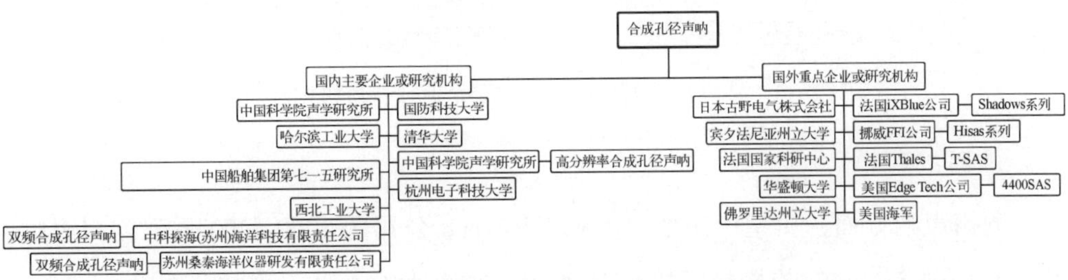

图 2-9 合成孔径声呐国内外重要企业或科研机构及产品

大学也对合成孔径声呐进行了多年的理论研究，并已完成了水池试验和湖上试验，得到了一系列有意义的结果。另外，西北工业大学、海军工程大学在合成孔径成像算法也做了相关理论及试验研究。

3) 三维成像声呐

典型的三维成像设备包括：英国 Coda Octopus Group 公司(Coda Octopus Group, Inc.)的 Echoscope Mark Ⅱ型声呐系统、丹麦 Teledyne Marine 集团 Reson 公司开发的数字声呐设备 SeaBat8128。国内浙江大学及哈尔滨工程大学的相关研究机构也有相关产品研发(图 2-10)。

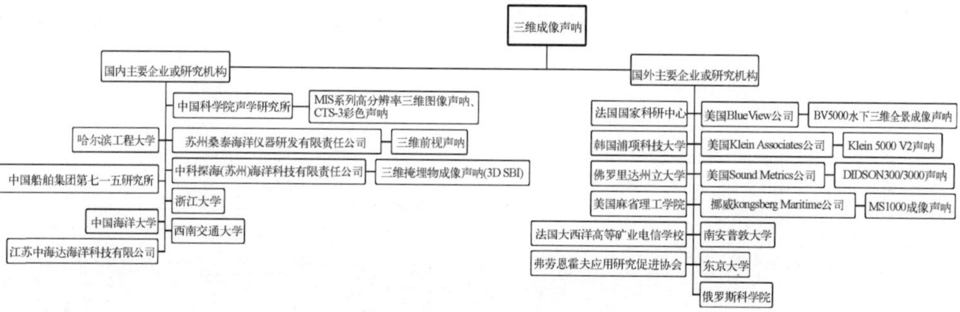

图 2-10　三维成像声呐国内外重要企业或科研机构及产品

4) 浅地层剖面仪

挪威和美国处于全球领先地位，具备绝对实力。我国于 20 世纪 70 年代开展浅地层剖面仪的研究工作，并取得一定的成果，但与国外同类型产品相比，技术可靠性和成熟度仍较低(图 2-11)。

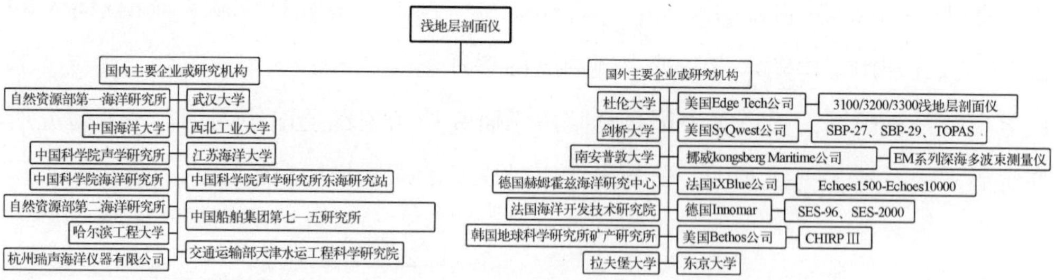

图 2-11　浅地层剖面仪国内外重要企业或科研机构及产品

5) 侧扫声呐

侧扫声呐方面，典型产品如：美国 EdgeTech 公司的 2200-4200 系列侧扫声呐、美国 Falouth Scientific 有限公司的 HMS 系列、加拿大 Imagenex 科技公司的 SportScan 系列等。国内相关的科研单位较多，同时也有比较成熟的侧扫声呐产品，如江苏中海达海洋科技有限公司的 iScan 系列侧扫声呐等(图 2-12)。

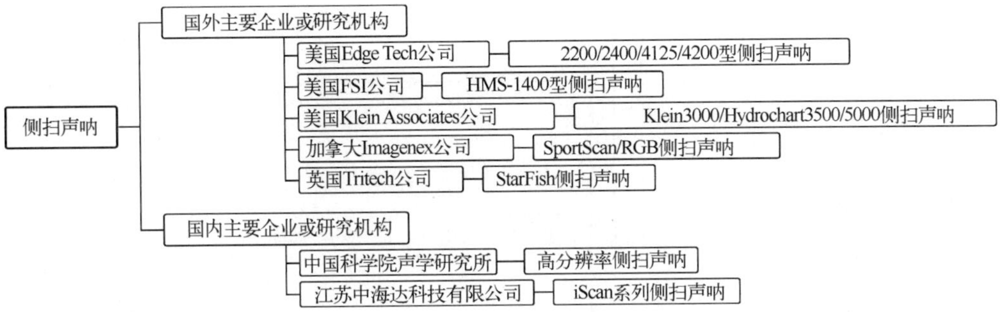

图 2-12 侧扫声呐国内外重要企业或科研机构及产品

6) 热力仪

国外主要的研究单位包括法国国家科研中心、美国国家海洋与大气管理局、迈阿密大学、华盛顿大学等，国内参与研发的单位包括中国海洋大学、中国科学院大学、自然资源部第一海洋研究所、中国科学院大气物理研究所等(图 2-13)。

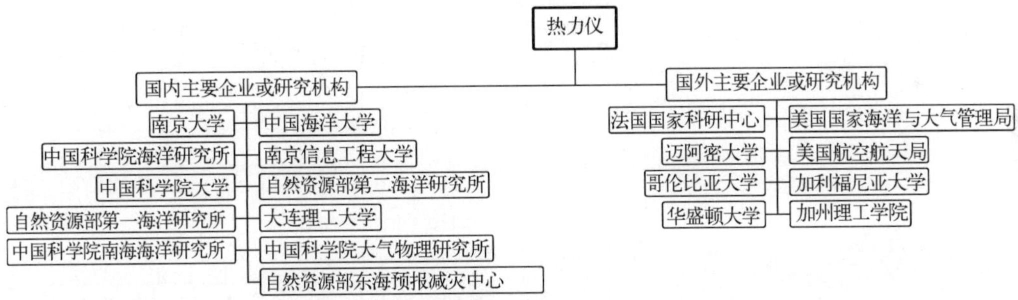

图 2-13 热力仪国内外重要企业或科研机构

7) 水下光谱分析设备

水下光谱分析设备中，美国蒙特雷湾海洋研究所是将拉曼光谱技术应用于深海探测的先驱，已在天然气水合物探测、热液探测和碳循环研究等方面取得显著成果，此后德国和法国都开展相关研究。“十一五”期间，在国家 863 专项的支持下，中国海洋大学研发拉曼光谱探测系统，中国船舶集团第七一七研究所、武汉理工大学和武汉大学等单位也在光电探测领域开展部分研究。光纤水听技术是全球热点技术，美国、英国和法国等国家已开展大量研究(图 2-14)。

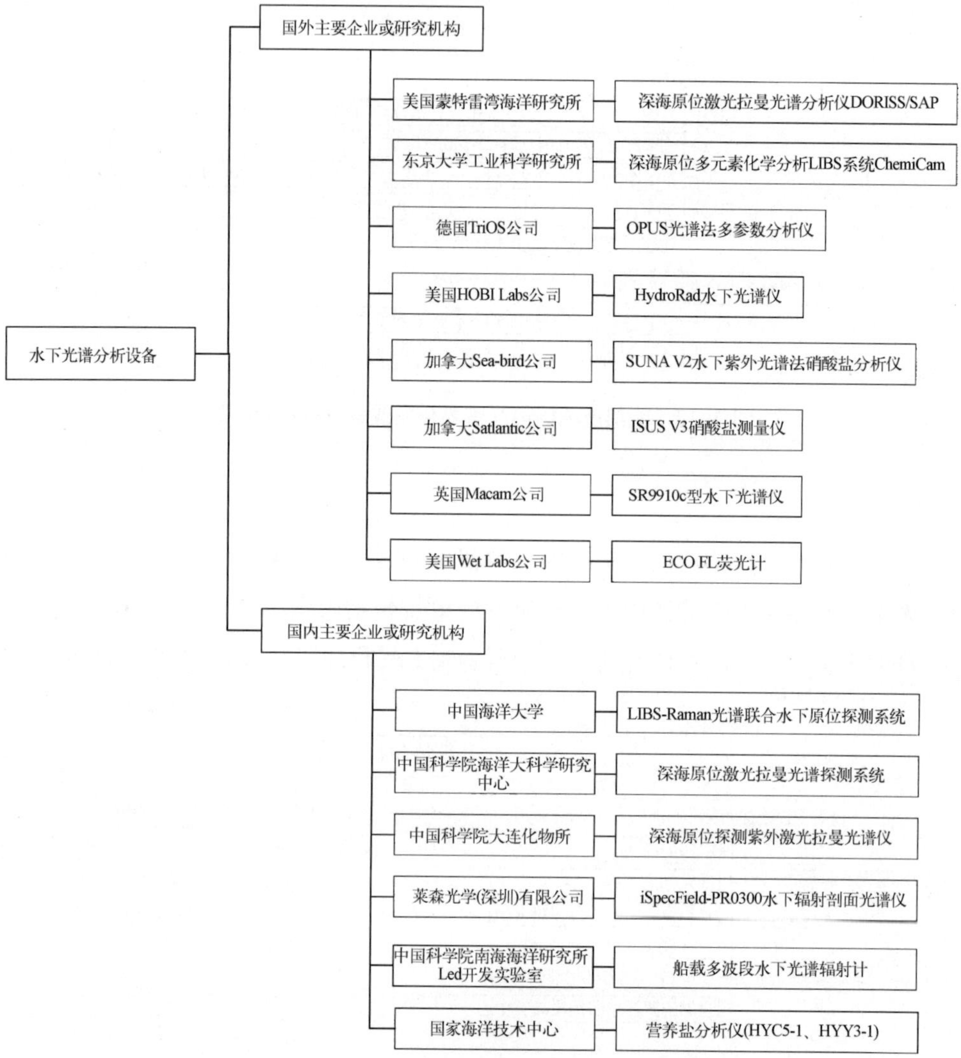

图 2-14　水下光谱分析设备国内外重要企业或科研机构及产品

8) 水下激光探测设备

水下激光探测设备中，典型的产品包括美国 Westinghouse 公司的 SM2000 水下激光扫描设备、加拿大国防研究发展局的 LUCIE 激光选通相机、瑞士徕卡测量公司的 AHAB 鹰眼机载深水激光扫描产品等。国内主要的相关单位包括中国海洋大学、浙江大学、华中科技大学、中国科学院西安光学精密机械研究所、南京理工大学、湖北久之洋红外系统股份有限公司等，典型产品包括“海瞳”全海深相机、JIR6223 激光测距仪等(图 2-15)。

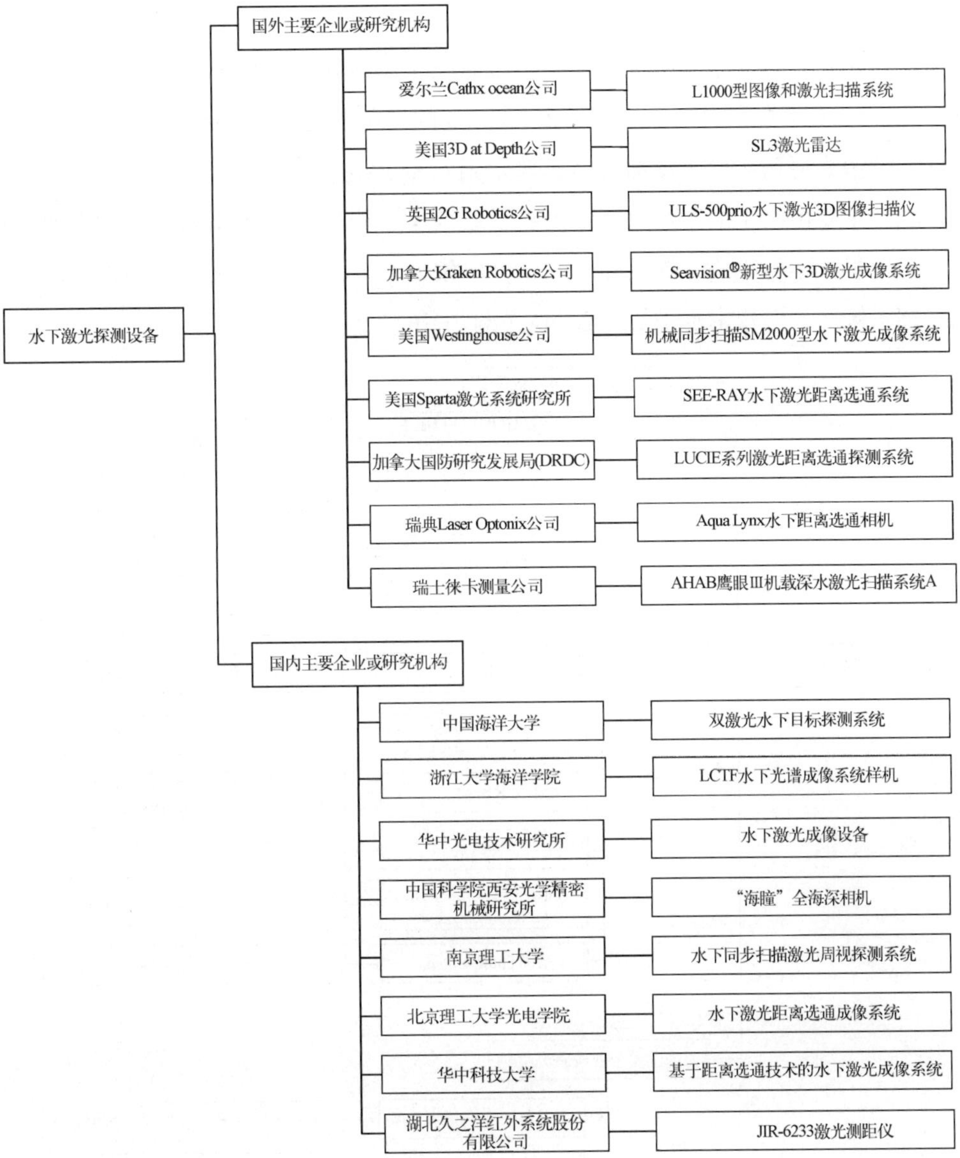

图 2-15 水下激光探测设备国内外重要企业或科研机构及产品

9) 光纤水听设备

水下激光通信技术以激光为载体，通过不断的脉冲信号和数字编码进行载波调制和解码，实现水下数据无线传输。美国、澳大利亚和日本等国家很早即开展相关研究，近年来发展迅猛，相继突破水下激光高速率数据传输技术，为相关应用奠定了基础。2015 年日本山梨大学采用波长为 405 nm 的 LD 光源，在 4. 8 m 的清水中成功实现 1. 45 GB/s 的数据传输；2016 年美国克莱姆森大学采用波长为 445 nm 的 LD 光源和 OOK-OAM 调制模式，在 2. 96 m 的水下成功实现 3 GB/s 的高速率数据传输。

我国水下激光通信技术研究刚刚起步，主要由清华大学、中国科学院沈阳自动化研究所、哈尔滨工业大学、中国科学院上海光学精密机械研究所和浙江大学等单位开展研究。2016 年浙江大学采用波长为 685 nm 的红色激光和 32-QAM OFDM 调制模式开展水下激光通信实验，数据传输速率达到 4. 883 GB/s。我国光纤水听技术研究起步较晚，主要由哈尔滨工业大学、国防科技大学、中国船舶集团和第七一七研究所和武汉理工大学等单位开展实际研究，已研发四元光纤水听传感阵列和光纤水听声呐传感系统等，但技术水平总体较落后(图 2-16)。

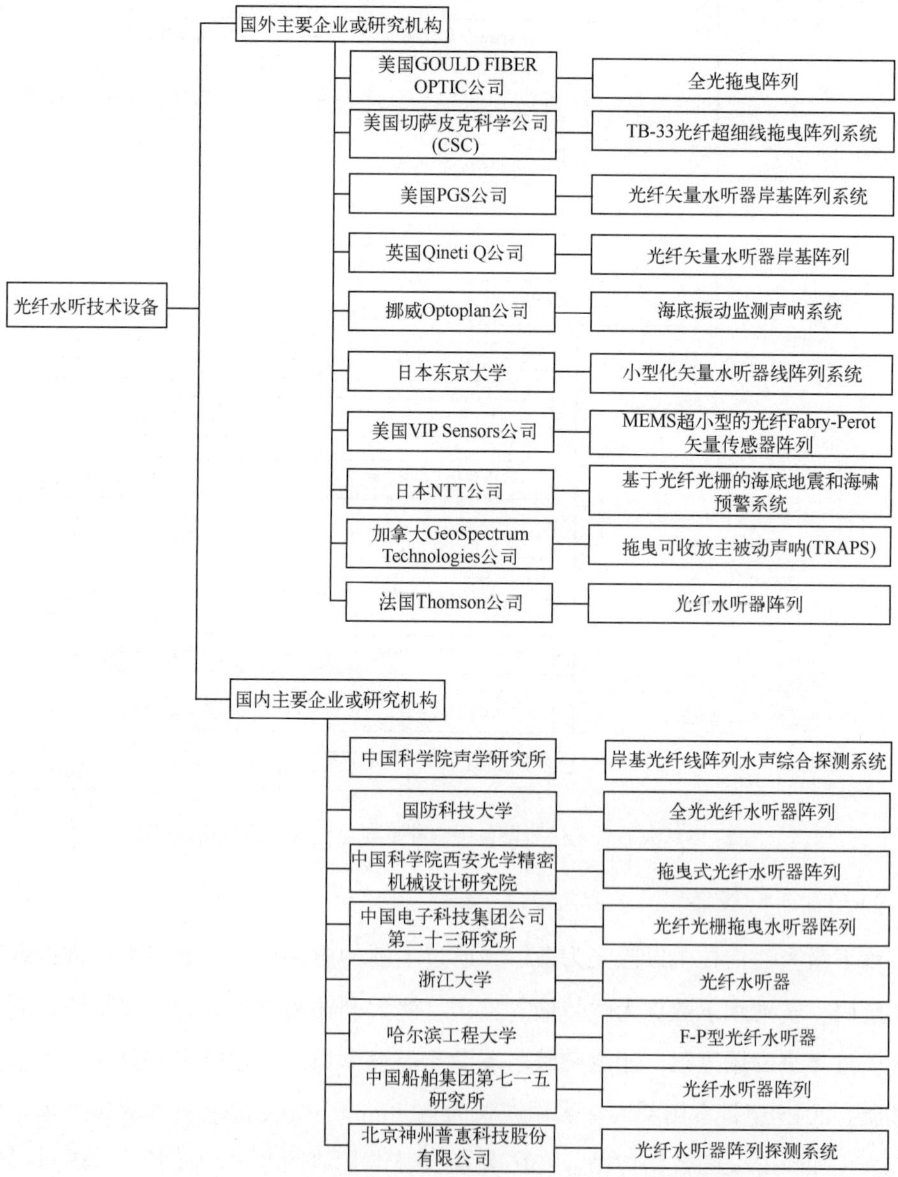

图 2-16　光纤水听器设备国内外重要企业或科研机构及产品

2.3.3.2 重点创新机构研发布局

（1）美国国际海洋工程公司（OCEANEERING）

美国国际海洋工程公司是世界上最大的无人遥控潜水器（ROV）运营商，也是世界上最大的自治式潜水器系统制造商，为石油和天然气工业提供服务。该公司有 250 多套工作类自治式潜水器系统，其自治式潜水器系列包括额定潜水深度 2 500～3 000 m（8 200～9 840 ft）的工作类系统，额定潜水深度 4 000 m（13 120 ft）的 Millennium 工作类系统和额定潜水深度 8 000 m（26 240 ft）的超深水系统（表 2-18）。

表 2-18 美国国际海洋工程公司在深海调查领域研发布局简况

创新机构	美国国际海洋工程公司（OCEANEERING）	
网址	http：//www. oceaneering. com/	
核心专利	公开号	专利名称
	US 7216715B2	Modular, distributed, ROV retrievable subsea control system, associated deepwater subsea blowout preventer stack configuration, and methods of use（模块化，分布式，ROV 可回收的海底控制系统，相关的深水海底防喷器堆叠结构以及使用方法）
	US 7243729B2	Subsea junction plate assembly running tool and method of installation（一种海底接线板组件运行工具及安装方法）
	US 10766577B2	System and method of operating a subsea module（操作海底模块的系统和方法）
	US 8720579B2	Emergency blowout preventer（EBOP）control system using an autonomous underwater vehicle（AUV）and method of use［使用自治式潜水器（AUV）紧急防喷器（EBOP）控制系统和使用方法］
主要技术和产品	Millennium Plus ROV，Magnum Plus ROV，Maxximum ROV，Spectrum ROV，Sea Maxx Satellite ROV	

（2）法国泰雷兹集团（THALES）

法国泰雷兹集团源于 1879 年的法国汤姆逊（THOMSON）集团，是设计、开发法国泰雷兹集团和生产航空、防御及信息技术服务产品的专业电子高科技公司。公司总部设在法国巴黎西北郊的纳伊苏尔塞纳河，研发设在美国硅谷和法国巴黎及俄罗斯（表 2-19）。

表 2-19 法国泰雷兹集团在深海调查领域研发布局简况

创新机构	法国泰雷兹集团(THALES)	
网址	http://www.thalesgroup.com/	
核心专利	公开号	专利名称
	US 6617765B1	Underwater broadband acoustic transducer(一种水底宽带声换能器)
	US 20130025521A1	System for launching and recovering underwater vehicles, notably towed underwater vehicles(用于发射和回收水下运载工具，特别是拖曳式水下运载工具系统)
	US 6879542B2	Device for controlling navigation of a towed submarine object(用于控制被拖曳的潜艇物体的导航的装置)
	US 6873569B2	Method, system and probe for obtaining images(一种获取图像的方法、系统及探头)
主要产品	水下系统；拖曳式声呐、合成孔径雷达 T-sas、光纤水听器	

(3) 英国奎奈蒂克公司(QINETIQ)

奎奈蒂克是一家英国跨国防御技术公司，总部位于汉普郡的法恩伯勒。奎奈蒂克是前英国政府机构国防评估和研究机构旗下的机构，该机构在 2001 年 6 月私有化。奎奈蒂克公司与包括英国皇家海军在内的多国海军和海军造船部合作，为英国海军提供服务，开展“先进综合管理和海上传感器”(AIMMS)项目，提高战术图像质量；为美国国防部提供地面 X 战车的技术支持；助力韩国潜艇发展(表 2-20)。

表 2-20 英国奎奈蒂克公司在深海调查领域研发布局简况

创新机构	英国奎奈蒂克公司(QINETIQ)	
网址	https://www.qinetiq.com/	
核心专利	公开号	专利名称
	US 7021146B2	Attitude Sensor(姿态传感器)
	US 6985403B2	Control device for controlling the position of a marine seismic streamer(控制海洋地震拖缆位置的控制装置)
	US 7282697B2	High sensitivity fibre optic vibration sensing device(一种高灵敏度光纤振动传感装置)
	US 6621956B2	Optical fibre bend sensor(光纤弯曲传感器)
主要技术和产品	2193 型声呐、综合勇士系统(IWS)、无人地面车辆(UGV)、单兵通用机器人系统 CRS、高速靶机 Banshee NG、基于 UMS SKELDAR V-200 无人机系统、太阳能动力无人机“微风”(Zephyr)、高能防御性激光武器系统、光纤激光器、拖曳线列阵系统、热成像探测器和摄像机	

(4) 中国科学院声学研究所

中国科学院声学研究所成立于 1964 年，总部位于北京市海淀区中关村。研制的声学系统在“蛟龙”号载人潜水器历次下潜中表现出色；中国科学院声学研究所承担的“十二五”国家科技支撑计划“全海深多波束测深系统工程化研究及应用示范”项目于 2018 年 6 月顺利通过科技部技术验收。项目成功突破了多项关键技术，研制了国产全海深(最大 11 000 m)多波束测深系统工程样机，先后在南海、西太平洋、印度洋等海域完成了 6 000 km 以上的测线应用示范，通过了第三方检测，现已具备开展海底测绘和支撑科学研究的实际应用能力(表 2-21)。

表 2-21 中国科学院声学研究所在深海调查领域研发布局简况

创新机构	中国科学院声学研究所	
网址	http：//www. ioa. cas. cn/	
核心专利	公开号	专利名称
	CN 102095487A	时分复用光纤水听器阵列的光路结构及其调制解调方法
	CN 103364067A	一种深水无电缆连接的水声阵列系统及同步采集方法
	CN 101644913A	一种水下授时和同步方法及其系统
	CN 102546323A	一种基于水声和无线电混合信道的对等网络
	CN 101581785A	用于小型水下载体的三维前视声像声呐系统和方法
主要技术和产品	CS-1 型侧扫型声呐、多波束测深系统、7 000 m 载人潜水器核心装备声学系统、水下安保系统、合成孔径声呐、系列多普勒流速剖面仪	

(5) 中国船舶集团第七一五研究所

中国船舶集团第七一五研究所始建于 1958 年，为中国船舶集团有限公司的成员单位，是我国专业从事声学、光学、磁学探测设备研制的骨干研究所。所内建有声呐技术重点实验室、水声一级计量站、水声产品检测中心、杭州无线电计量二级站等重要技术机构，拥有大型室内消声水池、变温变压声学测试装置和国内一流的湖上试验基地，具备一流的总装总成科研生产条件，是国际标准化组织声学技术委员会水声分委会(ISO/TC43/SC3)和国际电工委员会第 87 分委会(IEC/TC87)在国内的技术对口单位。重点发展海洋仪器与海工机械装备、超声电子与节能环保、光纤传感与智慧交通和智能装备四大新兴科技产业板块与现代服务业(表 2-22)。

表 2-22　中国船舶集团第七一五研究所在深海调查领域研发布局简况

创新机构	中国船舶集团第七一五研究所	
网址	http：//www.715.com.cn/	
核心专利	公开号	专利名称
	CN 101101700A	一种水下声通信和报警方法及其装置
	CN 1731212A	一种合成孔径声呐成像的自聚焦处理方法
	CN 1731214A	合成孔径三维声成像方法
	CN 1588120A	用于声学多普勒海流剖面仪的相控换能器阵和相控方法
	CN 1588119A	声学多普勒海流剖面仪的宽带信号处理系统及其方法
主要技术和产品	多波束测深系统、合成孔径声呐、水下相机、水声通信设备、海洋监测系统、SBF 型波浪浮标系统、全光纤水听器阵列、深水换能器	

2.3.4　支撑配套技术装备

2.3.4.1　国内外重点机构及主要技术

1)水下定位导航

惯性导航系统方面，典型产品如美国 Sperry 公司(Northrop Grumman Sperry Marine)的 MK39/49 舰船用激光捷联惯导系统，法国 IXSea 公司(IXSEA MARINE DO BRASIL LTDA)先后研制 PHINS 和 MARINS 船用光纤陀螺捷联惯导系统等。重力导航系统方面代表性的有美国的 LaCoste & Romberg 重力仪系统和俄罗斯的 Check-AM 重力仪系统，测量精度可以达到 1 mGal。国内，国防科技大学研制的捷联式航空重力仪 SGA-WZ 在与 Check-AM 系统进行的对比试验中，测量精度优于 1.83 mGal/7 km，与 Check-AM 系统精度相当，近几年来，国内一些单位如哈尔滨工程大学、中国船舶集团第七〇七研究所、东南大学等也已经开展重力场导航方面的工作。海底地形导航方面，2008 年，日本东京大学研制的 TUNA-SAND 型自治式潜水器利用自身携带的多波束传感器在鹿儿岛海域进行了基于地形匹配的水下导航试验，取得较好的效果。同年 4 月，美国斯坦福大学研究的 MBARI Dorado 型自治式潜水器使用多波束测量仪、多普勒计程仪和高度仪在蒙特雷湾进行了地形匹配导航的海试试验，其定位精度可达 4 m(图 2-17)。

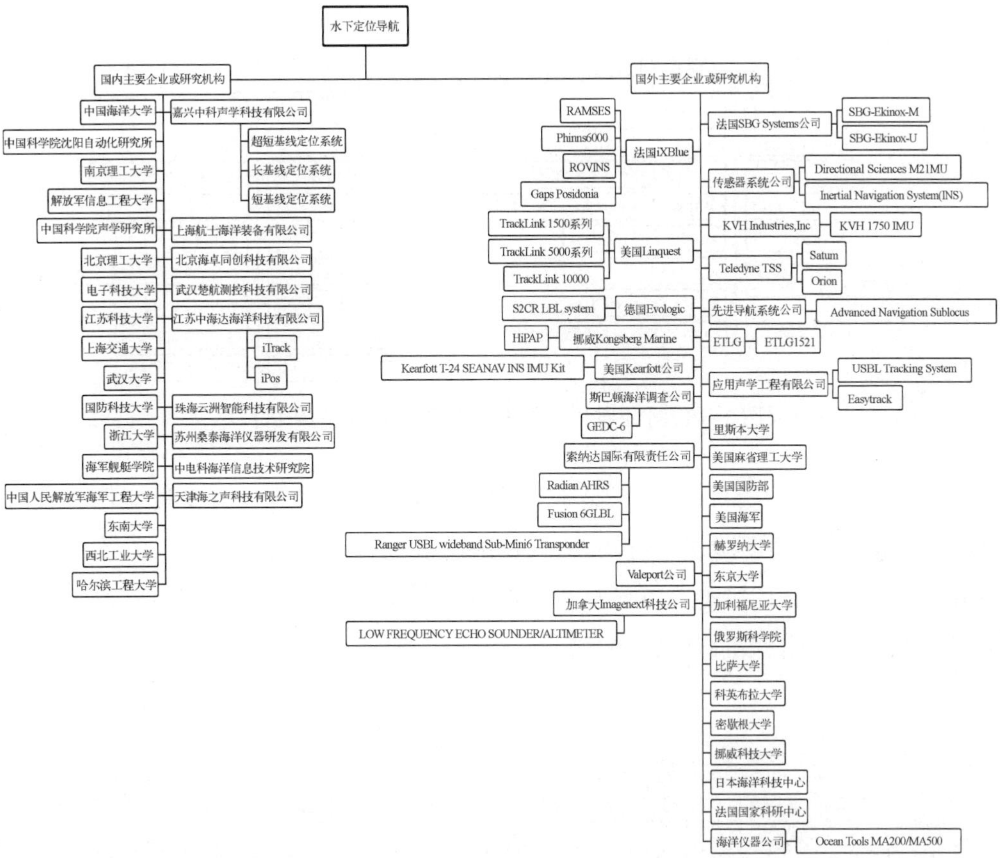

图 2-17　水下定位导航设备国内外重要企业或科研机构及产品

2) 水下推进技术

水下推进技术国外主要科研机构包括南安普敦大学、佛罗里达州立大学、美国伍兹霍尔海洋研究所等，主要的企业包括美国 BlueFin 有限公司、洛克希德 · 马丁公司、法国 ECA 有限公司、挪威康斯博格海事公司等。国内的主要机构包括天津大学、西北工业大学、哈尔滨工程大学、东北大学、中国科学院沈阳自动化研究所等，主要的企业包括青岛罗博飞海洋技术有限公司、北京臻迪机器人有限公司、天津瀚海蓝帆科技有限公司、天津昊野科技有限公司等(图 2-18)。

3) 水声通信设备

美国 LinkQuest 股份有限公司(LinkQuest Inc.)、美国 Teledyne 集团 Benthos 公司，德国 Evologics 股份有限公司(EvoLogics GmbH)相关的通信调制解调机都是国外比较典型的水声通信产品。在水声通信调制解调器产品化方面，国内尚未形成得到国内用户广泛认可的水声通信产品。中国科学院声学研究所研制了 ACN 系列

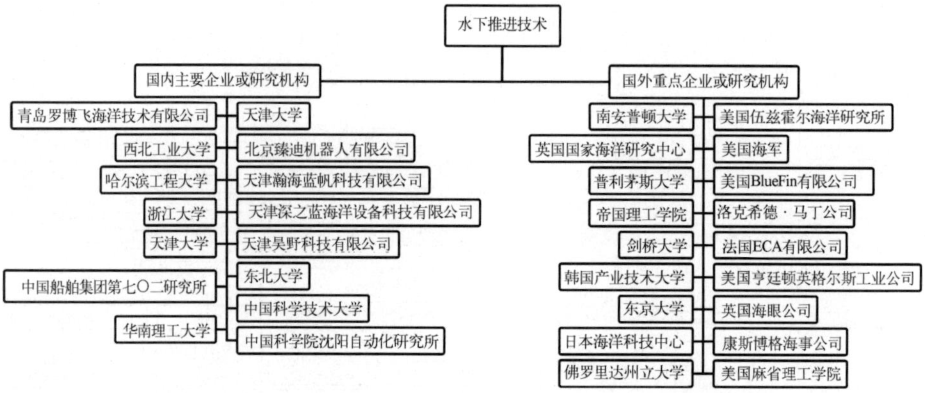

图 2-18　水下推进技术国内外重要企业或科研机构

水声通信机产品，在自治式潜水器遥测遥控、科研教学等方面有少量应用；厦门大学研制 AMLink 系列水声调制解调机在国内多家科研机构、海洋工程单位得到应用；中国船舶集团第七一五研究所也在做产品化方面的工作；其他单位的水声通信产品多是科研样机(图 2-19)。

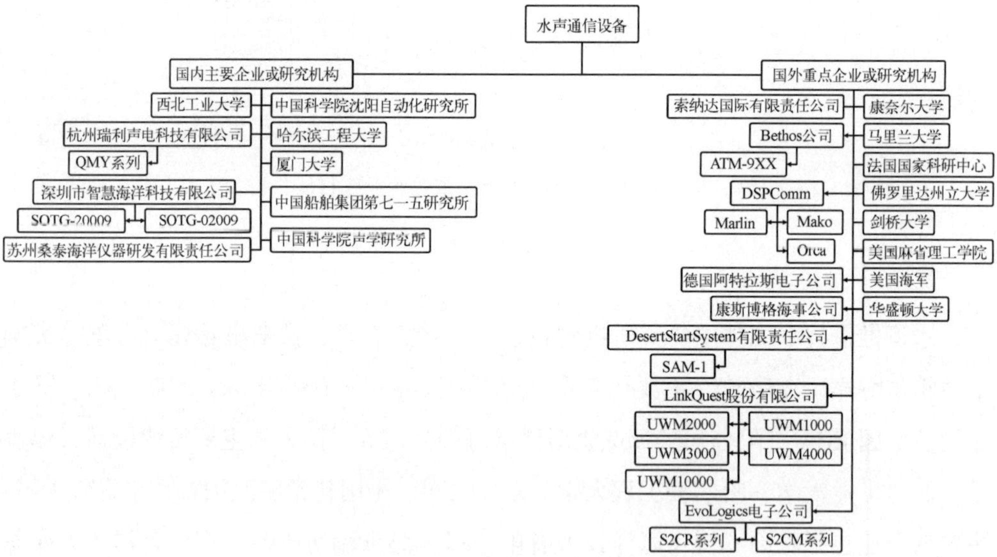

图 2-19　水声通信技术国内外重要企业或科研机构及产品

2.3.4.2　重点创新机构研发布局

(1)美国麻省理工学院

麻省理工学院(Massachusetts Institute of Technology, MIT)是美国一所综合性私立大学，位于马萨诸塞州的波士顿。MIT 无论是在美国还是全世界都有非常重要的影响力，培养了众多对世界产生重大影响的人士，是全球高科技和高等研究的先驱领导大学。麻省理工学院的自然及工程科学在世界上享有极佳的声誉。麻省理工学院设有 MIT Sea Grant's AUV 实验室，拥有 CARIBOU、CETUS、ANTHOS 等自治式潜水器(表 2-23)。

表 2-23 美国麻省理工学院在支撑配套技术领域研发布局简况

创新机构	美国麻省理工学院(Massachusetts Institute of Technology)	
网址	http：//www. mit. edu	
核心专利	公开号	专利名称
	KR 1020037004794	Mobile-assisted network based techniques for improving accuracy of wireless location system(用于提高无线定位系统精度的移动辅助网络技术)
	US 9620928B2	Continuous wave or ultrafast lasers(连续波或超快激光器)
	CA 2454161C	Mproved method for estimating TDOA and FDOA in a wireless location system(用于无线定位系统中的 TDOA 和 FDOA 估计改进方法)
	US 9264147B2	Method and apparatus for phase shift keyed optical communications(一种相移键控光通信方法及装置)
	US 8864846B2	Model-based neuromechanical controller for a robotic leg(基于模型的机器人腿神经机械控制器)
	US 9246310B2	Wavelength beam combining of quantum cascade laser arrays(量子级联激光器列阵的波长合束)
	US 9696430A1	Method and apparatus for locating a target using an autonomous unmanned aerial vehicle(使用自主无人机定位目标的方法和装置)
主要技术和产品	水下无人潜器 Odyssey IV、Reef Explorer、Reef Explorer Ⅱ、Robo-Pike 无电池水下通信系统、自动机器人船、激光通信演示(LLCD)系统	

(2)美国洛克希德·马丁公司(Lockheed Martin)

洛克希德·马丁公司，全称洛克希德·马丁空间系统公司(Lockheed Martin Space Systems Company)前身是洛克希德公司(Lockheed Corporation)，创建于 1912 年，是一家美国航空航天制造商。公司在 1995 年与马丁·玛丽埃塔合并，并更名为洛克希德·马丁公司。目前洛克希德·马丁的总部位于马里兰州蒙哥马利县的贝塞斯达。洛克希德·马丁是全世界在营业额上最大的国防工业承包商，建造过“哈勃”望远镜。产品线包括对抗系统，海空系统，水下机器人。在电子战对抗系统、消耗性的海洋仪器、气象仪器和相关的数据采集系统、潜艇和飞机的通信和导航天线系统、反潜战(ASW)训练和其他特殊任务的自动水下机器人领域处于领先(表2-24)。

表2-24 美国洛克希德·马丁公司在支撑配套技术领域研发布局简况

创新机构	美国洛克希德·马丁公司(Lockheed Martin)	
网址	http://www.lockheedmartin.com/	
核心专利	公开号	专利名称
	KR 1020037007181	System and method for adaptive broadcast radar system(用于自适应广播雷达系统的系统和方法)
	KR 100824552B1	System and method for detection and feature extraction in passive coherent location applications(用于检测和特征提取无源相干位置中的应用的系统和方法)
	CA 2446361C	System and method for wideband pre-detection signal processing for passive coherent location applications(用于无源相干定位的宽带预检测信号处理系统和方法)
	US 20090067289A1	Communicating using sonar signals at multiple frequencies(使用多个频率的声呐信号进行通信)
	US 8929178B2	Sonar data collection system(声呐数据采集系统)
	US 11129395B2	Method and system for data fusion using spatial and temporal diversity between sensors(用于使用传感器之间的空间和时间分集的数据融合的方法和系统)
	JP 2010519540A	Multi-joint robot for ultrasonic inspection laser(用于超声波探伤的激光多关节机器人)
	JP 4874499B2	System and method for positioning arrangement for the purpose of testing the ultrasonic signal generating device(用于测试超声波信号发生装置的定位布置系统和方法)
	BRPI 0714349A2	Laser ultrasonic test fiber laser(用于超声测试的光纤激光器的激光)
主要技术和产品	马林自治水下机器人、A型自动水下航行器、虎鲸XLUUV特大型无人潜水器 声呐换能器	

(3)挪威康斯博格公司(Kongsberg)

挪威康斯博格公司(Kongsberg)总部位于挪威孔斯贝格市,主要生产研发海洋领域中的自动监测控制系统产品,包括商船队、海工、海底、海运信息技术、仿真、工序自动化、渔业和渔业研究及石油天然气工业,为客户提供动力定位及航行系统、自动控制、货运管理系统及液位传感器、海事训练仿真及位置参考系统。康斯博格海事是康斯博格集团重要的业务单元之一，其应用信号处理、控制理论、软件开发和系统集成四项核心技术均处于世界领先地位(表2-25)。

表2-25 挪威康斯博格公司在支撑配套技术领域研发布局简况

创新机构	挪威康斯博格公司(Kongsberg)	
网址	https://www.kongsberg.com/	
核心专利	公开号	专利名称
	BRPI 1013043B1	Method for controling a cable towed instrumented in water, and, system for performing the method(用于控制在水中牵引的电缆的方法以及用于执行该方法的系统)
	WO 0125593A1	Subsea lubricator device and methods of circulating fluids in subsea lubricator(海底润滑器装置和在海底润滑器中循环流体的方法)
	CN 103503232A	Method and system for maritime high speed broadband communication networking(用于海事高速宽带通信联网的方法和系统)
	US 10164430B2	Subsea power distribution device and system(海底电力分配装置和系统)
	CN 104520527A	Active control of subsea coolers(海底冷却器的主动控制)
	US 8806092B2	Control system for a subsea installation(用于海底设施安装的控制系统)
	US 10374398B2	Subsea power distribution device and system(一种海底配电装置及系统)
	AU 2008257821B2	Subsea intervention system(海底干预系统)
	WO 2013124336A2	Offshore processing method and system(海上加工方法和系统)
主要技术与产品	多波速回声探测仪EM系列、水下定位导航系统HIPAP、紧凑的声学定位系统MICROPAP(μPAP)、防喷器运行声学控制系统-ACS500、温度传感器GT300C2G16V、温度传感器MN524S150U	

(4)中国船舶集团第七〇二研究所

中国船舶集团第七〇二研究所(中国船舶科学研究中心)是从事国防科技工业基础与应用基础研究的全民事业单位，总部坐落于江苏无锡，是我国唯一的集船舶、海洋工程、水动力性能、结构性能和振动噪声性能为一体的综合性试验研究基地。七〇二所承担“蛟龙”号、“深海勇士”号载人潜水器技术抓总工作。

中国船舶集团第七〇二研究所水下工程研究设计室是从事深海载人潜器、援潜救生装备、近海工程水下作业系统等水下工程结构物研究与开发的专业机构，具有载人深潜器、常压潜水装具、无人遥控潜水器、自治式潜水器、救生钟、深潜救生艇、水下拖体、水下作业工具、潜水器用吊放回收装置以及其他种类和用途潜水器研究开发能力(表 2-26)。

表 2-26　中国船舶集团第七〇二研究所在支撑配套技术领域研发布局简况

创新机构	中国船舶集团第七〇二研究所	
网址	http://www.cssrc.com.cn/	
核心专利	公开号	专利名称
	CN 103092077A	动力定位系统的推力分配方法
	CN 101691263A	磁力吸附式藻水分离的方法及其分离装置
	CN 101633400A	有缆水下机器人吊放用啮合机构
	CN 105217453A	冲击载荷缓冲器
	CN 105539783A	潜水器轻外壳的启闭机构
主要技术和产品	“蛟龙”号载人潜水器，“深海勇士”号载人潜水器，Ⅰ型、Ⅱ型单人常压潜水装具，8A4 水下潜水器，移动式援潜救生钟，机动式援潜救生钟，“探索者”自治式潜水器等	

2.3.5　水下作业技术装备

水下作业技术装备主要指完成水下取样、水下特种作业及水下作业平台的布放回收等任务的配套技术装备。水下作业技术装备关键技术包括：保真取样技术、水下特种作业切割技术、深海机械手臂及控制技术、水下无人作业平台布放回收技术等。

2.3.5.1　国内外重点机构及主要技术

1)作业机械手臂

国外深海机械手臂典型的产品有：安萨尔多能源公司的 MARIS7080、FET 能源公司的 TA40、Schilling 公司的 Titan 系列作业手臂等。国内主要的研究单位包括中国科学院沈阳自动化研究所、上海交通大学、华中理工大学等科研单位。此外，远洋探海机器人有限公司、上海东方海事工程技术有限公司也有相应的产品(图 2-20)。

2)回收系统

国外代表性的研究机构及公司产品，如美国亨廷顿·英格尔斯工业公司(HII)有限公司针对 REMUS100 型自治式潜水器的回收系统、得克萨斯大学奥斯汀分校等机构对冰区 ARTEMIS 型自治式潜水器的回收系统、加拿大国防与发展亚特兰大研究中心的自治式潜水器回收系统、东京大学产业技术研究所开发的悬浮式自治式潜水器海底充电站等。国内，哈尔滨工程大学水下机器人技术重点实验室、浙江大学流体动力与机电系统国家重点实验室、中国科学院沈阳自动化研究所等都对自治式潜水器的回收问题展开了相关研究(图 2-21)。

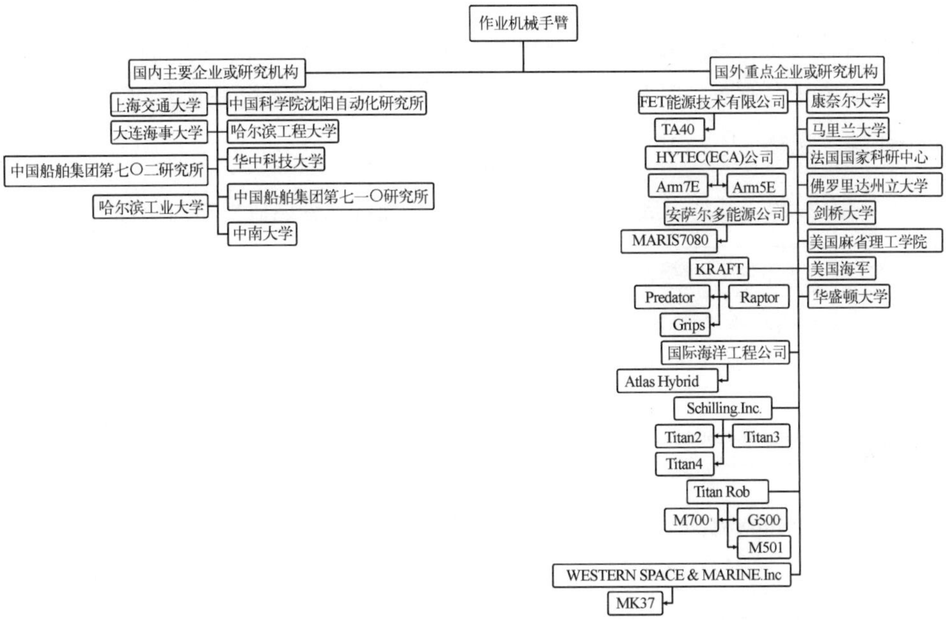

图 2-20 作业机械手臂国内外重要企业或科研机构及产品

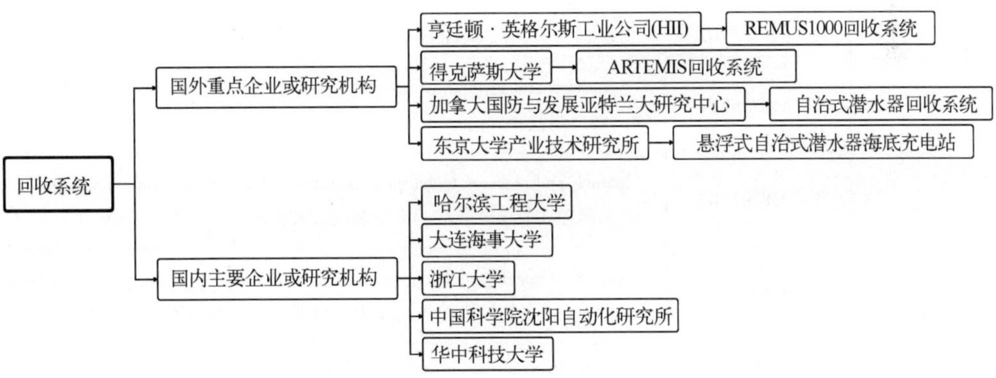

图 2-21 回收系统国内外重要企业或科研机构及产品

2.3.5.2 重点创新机构研发布局

(1)英国海底七有限公司

在卢森堡(Luxembourg)注册，总部设在英国伦敦的海底七有限公司(Subsea 7 S. A.)是一家提供从海底到水面的工程、施工和服务的全球领军公司。海底七有限公司(Subsea 7 S. A.)于 2011 年 1 月由两家公司：阿瑟吉公司(Acergy S. A.)和海底七股份有限公司(Subsea 7, Inc.)组成，新组建的海底七有限公司(Subsea 7 S. A.)拥有 12 000 名雇员，经营 45 艘船舶的多元化、高规格的船队，利用 150 多台无人遥控潜水器以及其他众多的施工、勘测和潜水设备，能够在全球所有主要的近海石油和天然气领域开展业务，是目前世界上领先的海底工程和建筑公司，堪称水下工程技术企业的巨无霸(表 2-27)。

表 2-27　英国海底七有限公司在深海作业技术领域研发布局简况

<table>
<tr><td>创新机构</td><td colspan="2">英国海底七有限公司(Subsea 7 S. A.)</td></tr>
<tr><td>网址</td><td colspan="2">https://www.subsea7.com/en/index.html</td></tr>
<tr><td rowspan="11">核心专利</td><td>公开号</td><td>专利名称</td></tr>
<tr><td>BRPI 0804239A2</td><td>Method to operate and extend and apparatus and system for operating a vehicle underwater(操作一个独立的海底车辆的方法和系统)</td></tr>
<tr><td>AU 2010205618B2</td><td>A method and apparatus for supporting a load(用于支撑一个负载的方法和装置)</td></tr>
<tr><td>BRPI 0703421A</td><td>Method of installing underwater, scaffold for supporting and frame assembly(支撑设备和脚手架的海底安装设备的方法)</td></tr>
<tr><td>US 20090095209A1</td><td>Apparatus and method for operating autonomous underwater autonomous underwater vehicle(操作自主水下航行器的装置和方法)</td></tr>
<tr><td>US 9114858B2</td><td>Subsea anchoring assembly(海底锚固组件)</td></tr>
<tr><td>US 8827595B2</td><td>Apparatus and method for use in laying pipe on the sea floor(用于在海底铺设管道装置和方法)</td></tr>
<tr><td>US 9387911B2</td><td>Launch and recovery techniques for submersible vehicles and other payloads(潜水器和其他有效载荷的发射和回收技术)</td></tr>
<tr><td>US 9162734B2</td><td>Method of installing a buoy and apparatus for tensioning a buoy to an anchoring location(安装浮标的方法和用于将浮标张紧到锚固位置的装置)</td></tr>
<tr><td>US 10295007B2</td><td>Subsea dynamic load absorber(一种海底动载荷吸收器)</td></tr>
<tr><td>US 9234400B2</td><td>Subsea pump system(海底泵系统)</td></tr>
<tr><td>主要技术和产品</td><td colspan="2">最大海底脐带、竖管和流线管(SURF)项目、Hyperflow© 竖管塔束、纤维绳索部署系统、海底安装柔性管、摇晃懒波型(lazy-wave)钢悬链竖管、拖引管束</td></tr>
</table>

(2)法国 ECA 公司

ECA Group 是一家法国企业，成立于 1936 年，专为军用和民用用户提供潜航器。该公司以扫雷技术和声呐技术见长，主要产品是各类水下潜航器(UUV)，早在20 世纪 60 年代，公司为反水雷的需要开始设计第一种 PAP-104 无人水下潜航器。这是一种线导灭雷具，70 年代初装备法荷比联合设计的“三伙伴”级反水雷舰艇。ECA 于 1999 年收购了 HYTEC 公司，ECA HYTEC 公司主要生产研发各种排水和化工管道内窥镜摄像检测设备。例如管道内窥镜摄像检测系统、排水管道声呐检测系统、快速管道检修井检测系统、水下摄像机器人自治式潜水器、核设施摄像监控设备。用于排水管道的 Gisys 车载式管道内窥镜摄像系统是该公司的代表产品，主要用于检测排水管道的内部沉积、塌陷、管壁裂缝和破损等情况(表 2-28)。

表 2-28 法国 ECA 公司在深海作业技术领域研发布局简况

<table>
<tr><td>创新机构</td><td colspan="2">法国 ECA 公司</td></tr>
<tr><td>网址</td><td colspan="2">https：//www. ecagroup. com</td></tr>
<tr><td rowspan="9">核心专利</td><td>公开号</td><td>专利名称</td></tr>
<tr><td>EP 1794049B1</td><td>Device for distructing subsea or floating objects(海底或浮物销毁器)</td></tr>
<tr><td>US 9132536B2</td><td>Cannulated ultra high torque device(空心超高扭矩装置)</td></tr>
<tr><td>US 9032894B2</td><td>Marine or underwater vehicle and associated securing method(船用或水下运载工具及相关固定方法)</td></tr>
<tr><td>FR 2978422A1</td><td>Marine or underwater and proceeded machine of stowing associates(船用或水下装载联合设备)</td></tr>
<tr><td>US 20160054444A1</td><td>Method and sonar device for determining the speed of movement of a naval vehicle in relation to the sea bed(用于确定海军车辆相对于海床的运动速度的方法和声呐装置)</td></tr>
<tr><td>EP 1580115B1</td><td>Device for launching and beaching of a submersible vehicle(潜水器下水和搁浅装置)</td></tr>
<tr><td>JP 2012131490A</td><td>Device for launching and recovering sea boat and relevant launching and recovering method(用于发射装置和回收海船以及相关的发射和回收方法)</td></tr>
<tr><td>AU 2012206995B2</td><td>Marine or underwater vehicle and associated securing method(船舶或水下航行器及其相关的固定方法)</td></tr>
<tr><td>主要技术和产品</td><td colspan="2">无人水面艇(USVs)、UMIS 无人反水雷措施集成系统、H300 MKII ROV、管道巡逻装置(PIPIE Cruiser)、ALISTAR 3000 AUV、A18-M 中型反水雷自主水下航行器(AUV)、新型电力驱动深海海下作业车</td></tr>
</table>

(3) 美国贝克休斯公司(Baker Hughes Incorporated)

贝克休斯公司是美国一家为全球石油开发和加工工业提供产品和服务的大型服

务公司，公司前身是两家历史悠久的石油设备公司 Baker International 和 Hughes Tool Company。至 2012 年 12 月 31 日，公司共有员工 5.8 万余人，其中约 58%的员工在美国本土以外工作，公司营业范围遍及世界 80 多个国家。该公司通过它的油田服务公司，提供完整的钻井、完井和油气井生产的产品和服务。贝克休斯公司在油田生产服务领域十分广泛，公司宗旨在于提高石油工业作业效率，提高油气藏的最终采收率。主要从事以下几个方面服务：①油田总包服务；②钻井，地层评价和钻井液系统；③完井、生产、压裂及生产管柱系统；④生产流程及化学药剂服务（表 2-29）。

表 2-29　美国贝克休斯公司在深海作业技术领域研发布局简况

创新机构	美国贝克休斯公司(Baker Hughes Incorporated)	
网址	http：//www. bakerhughes. com/	
核心专利	公开号	专利名称
	US 8881833B2	Remotely controlled apparatus for downhole applications and methods of operation(用于井下应用遥控装置和操作方法)
	BRPI 0702634A	System and method of making subsea well(海底油井的制井系统和方法)
	BRPI 1010685A2	Perfected system of submarine drain plug of face-hardenings with tool of launching of drain plug(完善的潜艇泄水塞放水器下水工具表面硬化泄水塞系统)
	US 20040124008A1	Subsea wellbore drilling system for reducing bottom hole pressure(一种降低井底压力的海底井筒钻井系统)
	US 20050016735A1	ROV retrievable sea floor pump(ROV 可回收海底泵)
	US 9188246B2	Methods and apparatus for recovery of damaged subsea pipeline sections(海底管道破损段修复方法及装置)
	US 20040109228A1	Fiber optic amplifier for oilfield applications(用于油田应用的光纤放大器)
	US 7565932B2	Subsea flowline jumper containing ESP(含电除尘器的水下管线跳线)
	US 20110284234A1	Appartus and methods for providing tubing into a subsea well(为海底油井提供油管的设备和方法)
主要技术和产品	钻井服务、井筒干预、智能生产系统、人工举升、化学药剂、压力泵	

参考文献

[1] 赵羿羽，曾晓光，郎舒妍．深海装备技术发展趋势分析[J]．船舶物资与市场，2016(5)：42-45.

[2] 李硕，唐元贵，黄琰，等．深海技术装备研制现状与展望[J]．中国科学院院刊，2016，31(12)：1316-1325.

[3] 中华人民共和国商务部．国家发展改革委国家海洋局关于印发全国海洋经济发展“十三五”规划的通知[EB/OL]. http：//www. mofcom. gov. cn/article/b/g/201709/20170902640261. shtml.

[4] 丁忠军，任玉刚，张奕，等．深海探测技术研发和展望[J]．海洋开发与管理，2019，36(4)：71-77.

[5] 王云飞，谭思明，赵霞，等．深海装备产业全球创新资源分布研究——基于 Orbit 专利平台[J]．情报杂志，2013，32(12)：93-97.

[6] 蔡立英．欧盟启动“地平线欧洲”计划[J]．世界科学，2018(7)：49-50.

[7] 张晓磊．日本《第三期海洋基本计划》评析[J]．日本问题研究，2018，32(6)：1-10.

[8] 中商产业研究院．2018—2023 年中国水下机器人市场深度调研与投资前景研究报告[R]．深圳：中商产业研究院，2017：11.

[9] 徐伟哲，张庆勇．全海深潜水器的技术现状和发展综述[J]．中国造船，2016，57(2)：206-221.

[10] 崔维成，宋婷婷．“蛟龙”号载人潜水器的研制及其对中国深海探索的推动[J]．科技导报，2019，37(16)：108-116.

[11] 胡震，曹俊．载人深潜技术的发展与应用[J]．中国工程科学，2019(6)：1-8.

[12] 连琏，魏照宇，陶军，等．无人遥控潜水器发展现状与展望[J]．海洋工程装备与技术，2018，5(4)：223-231.

[13] 任峰，张莹，张丽婷，等．“海龙Ⅲ”号 ROV 系统深海试验与应用研究[J]．海洋技术学报，2019，38(2)：30-35.

[14] 陈连增，雷波．中国海洋科学技术发展 70 年[J]．海洋学报，2019，41(10)：3-22.

[15] 李硕，刘健，徐会希，等．我国深海自主水下机器人的研究现状[J]．中国科学(信息科学)，2018，48(9)：1152-1164.

[16] 何希盈，蔡祥．蓝鳍水下机器人公司及其 Bluefin 系列 AUV[J]．水雷战与舰船防护，2014，22(3)：83-84.

[17] PURCELL M，GALLO D，PACKARD G，et al. Use of REMUS 6000 AUVs in the search for the Air France Flight 447[P]. OCEANS 2011，2011.

[18] MARTHINIUSSEN R，VESTGARD K，KLEPAKER R A，et al. HUGIN-AUV concept and

operational experiences to date[P]. OCEANS '04. MTTS/IEEE TECHNO-OCEAN '04, 2004.

[19] MCPHAIL S, FURLONG M, HUVENNE V, et al. Autosub6000: its first deepwater trials and science missions[J]. Underwater Technol, 2009(28): 91-98.

[20] 余明刚，张旭，陈宗恒．自治水下机器人技术综述[J]．机电工程技术，2017，46(8)：155-157.

[21] 潘光，宋保维，黄桥高，等．水下无人系统发展现状及其关键技术[J]．水下无人系统学报，2017，25(2)：44-51.

[22] 沈新蕊，王延辉，杨绍琼，等．水下滑翔机技术发展现状与展望[J]．水下无人系统学报，2018，26(2)：89-106.

[23] BUTTOM R W, KAMP J, CURTIN T B, et al. A Survey of Missions for Unmanned Underwater Vehicle[M]. Santa Monica, CA: RAND Corporation, 2009. https://www.rand.org/pubs/monographs/MG808.html.

[24] SHERMAN J, DAVIS R E, OWENS W B, et al. The Autonomous Underwater Glider "Spray"[J]. IEEE Journal of Oceanic Engineering, 2001, 26(4): 437-446.

[25] YU J C, ZHANG A Q, JIN W M. Development and Experiments of the Sea-Wing Underwater Glider[C] // 2011 Chinese Ocean Engineering Society, 2011.

[26] 张同伟，秦升杰，唐嘉陵，等．深海船载走航式声学多普勒流速剖面仪[J]．舰船电子工程，2019，39(2)：146-149.

[27] 李海森，周天，徐超．多波束测深声呐技术研究新进展[J]．声学技术，2013，32(2)：73-80.

[28] 陈加洋，陈耀武．水下便携式三维声呐实时成像系统设计[J]．传感器与微系统，2015，34(2)：99-102.

[29] 尹伟伟，郭士荦．非卫星水下导航定位技术综述[J]．舰船电子工程，2017，37(3)：8-11.

[30] 黄扬明．高精度捷联式航空重力仪误差估计方法研究[D]．长沙：国防科学技术大学，2013.

[31] 蔡兆云，魏海平，任治新．水下地磁导航技术研究综述[J]．国防科技，2007(3)：28-29.

[32] 孙大军，郑翠娥，张居成，等．水声定位导航技术的发展与展望[J]．中国科学院院刊，2019，34(3)：331-338.

[33] 庞硕，纠海峰．智能水下机器人研究进展[J]．科技导报，2015，33(23)：66-71.

[34] 秦洪花，赵霞，尤金秀，等．水下智能装备推进技术专利分析[J]．科学观察，2019，14(3)：33-41.

[35] 任丽彬，桑林，赵青，等．AUV 动力电池应用现状及发展趋势[J]．电源技术，2017，41(6)：952-955.

[36] 全向前，陈祥子，全永前，等．深海光学照明与成像系统分析及进展[J]．中国光学，2018，

11(2)：153-165.

[37] 齐海滨，赵晟娅，沈鹏．深海运载装备照明技术与应用情况[J]．照明工程学报，2018，29(4)：121-125.

[38] 中国新闻网．亟待攻克的核心技术：水下连接缺国产利器[EB/OL]．[2018-06-13]. http：//www. chinanews. com/gn/2018/06-13/8536611. shtml.

[39] 中国科技网．“深海关键技术与装备”重点专项 2018 年度项目申报指南建议[EB/OL]. [2017-06-01]. http：//www. stdaily. com/ruidongyuan/rdy/2017-06/01/content_548135. shtml.

[40] 中国科技网．7000 米水下 海底观测网有了国产“关节”[EB/OL]．[2017-06-01]. http：//news. china. com. cn/2019-06/28/content_74929554. htm.

[41] 朱敏，武岩波．水声通信技术进展[J]．中国科学院院刊，2019，34(3)：289-296.

[42] 王海斌，汪俊，台玉朋，等．水声通信技术研究进展与技术水平现状[J]．信号处理，2019，35(9)：1441-1449.

[43] 余征宇，陈婷．ROV 水下作业外接工具选型研究[J]．内燃机与配件，2018(24)：198-200.

[44] 刘银水，吴德发，李东林，等．深海液压技术应用与研究进展[J]．机械工程学报，2018，54(20)：14-23.

[45] 徐以亮．水下滑翔机布放回收装置设计与分析[D]．天津大学，2017.

[46] 杨咚．水下无人航行器回收技术研究[J]．科技广场，2013(5)：177-182.

[47] 孙叶义，武皓微，李晔，等．智能无人水下航行器水下回收对接技术综述[J]．哈尔滨工程大学学报，2019，40(1)：1-11.

[48] 秦洪德，孙延超．AUV 关键技术与发展趋势[J]．舰船科学技术，2020，42(23)：25-28.

第3章 海洋监测探测装备技术产业

3.1 概述

3.1.1 技术概况

海洋监测探测技术作为海洋科学和技术的重要组成部分，在维护海洋权益、开发海洋资源、预警海洋灾害、保护海洋环境、加强国防建设、谋求新的发展空间等方面起着十分重要的作用。随着日益更新的电子信息技术、材料技术、能源技术以及大数据处理技术的发展，海洋监测技术进入了飞速发展时期[1]。观测平台更加智能化，能够实现长期无人值守、综合化、自动化的监测；观测设备更加专业化、谱系化，一系列针对不同观测需求的专业设备、仪器、传感器等产品不断发展完善，形成了体系化的产业结构；海洋观测技术结构更加立体化，多种观测平台借助信息技术立体组网，形成空、天、地、海、潜(水下)“五位一体”的海洋观测网络，实现全方位观测，观测范围更深、更广。全球海洋监测探测技术越来越受到各海洋大国的重视。我国在“十三五”时期，将“全球海洋立体观测网”纳入“海洋重大工程”，并初步完成了建设；2017 年立项了“国家海底科学观测网”国家重大科技基础设施建设项目；由全国人大常委会委员、海洋试点国家实验室主任委员会主任、中国科学院院士吴立新及其团队提出了“透明海洋”计划。一系列海洋科学计划的提出及实施，极大地提升了我国在海洋环境观测预测、海洋权益维护等方面的科研能力和水平，支撑海洋强国建设。

参考《海洋及相关产业分类》(GB/T 20794—2006)、《海洋调查规范》(GB/T 12763.7—2007)、《海洋高技术产业分类》(HY/T 130—2010)、国家海洋局发布的《海洋仪器分类及型号命名办法》以及相关综述性文献，海洋监测探测装备技术产业按照技术领域划分主要包括平台技术、传感器技术、遥感技术、数据传输与组网技术。

平台技术是对各类监测设备集成，并通过特定的机械设计搭载不同的设备，实现对海洋的观测，按照工作场景可分为天基平台、空基平台、岸基平台、海基平台、潜基平台，平台能够搭载各种海洋监测仪器设备以及通信设备，对相关海域进行长期、连续、同步、自动观测[2]；传感器是获取海洋信息的最直接来源，处于认知海洋的最前端[3]，实现对海洋动力环境、海洋生态环境、海洋地球物理等参数的采集；遥感是利用遥感器对海洋进行远距离非接触观测，具有大范围、全天时、全天候实时成像观测的独特优势[4]，遥感技术按照工作原理可分为微波遥感和光学遥感；数据传输与组网技术包括海上通信技术及组网观测技术(图 3-1)。

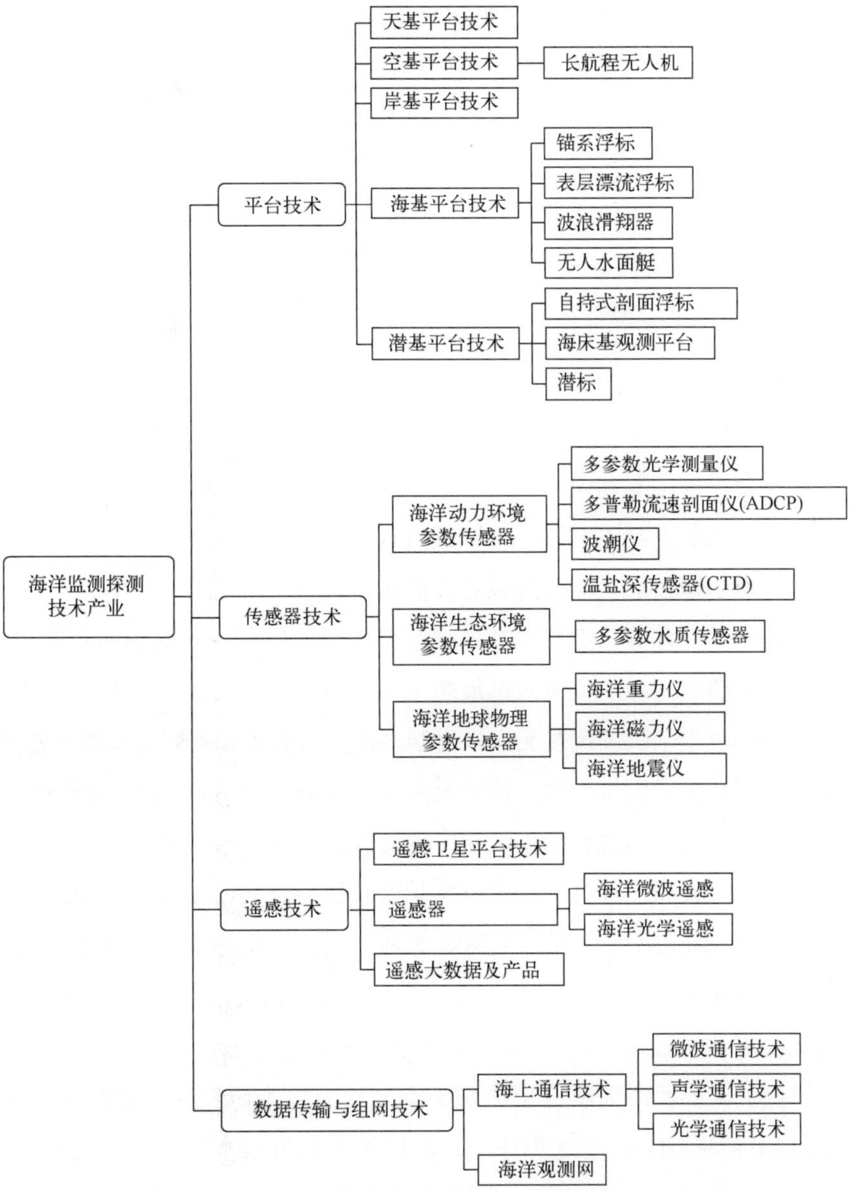

图 3-1 海洋监测探测技术分类体系

3.1.2 发展现状

3.1.2.1 平台技术

海洋观测平台技术最初主要是岸基台站、船基的初步应用。19世纪后半叶欧美就发展了专用的海洋调查船，目前美国、俄罗斯、日本等国仍保有大量先进的海洋调查船。20世纪中期欧美开始利用锚系浮标、表层漂流浮标等浮标平台进行海洋观测，水下海床基、潜标等平台技术也相继涌现，发展至今这类平台技术已较为成熟[5]。随着新原理、新技术、新材料的出现，不断有新的平台技术诞生并应用于海洋观测，不断提高海洋环境监测的技术水平和维度。如21世纪初诞生的剖面浮标、波浪滑翔器等，卫星遥感技术、无人机技术等在海洋观测领域应用也越来越广泛。

我国从20世纪60年代才开始各类观测平台的研发，初始阶段主要是锚系浮标，90年代才开始潜标和海床基观测系统的研制，平台技术很长时间以来落后于西方各国。进入21世纪以来，国家在海洋观测技术上不断发力，在国家863计划和有关部门的支持下，发展至今已取得了丰硕的成果，总体上已达到了国外先进水平[6]。

1) 无人机

无人机平台可分旋翼和固定翼结构。旋翼一般以电池为动力，较为小巧，释放简单灵活，可以从船上起飞对特定海域进行观测，但工作时长及活动范围有限。固定翼无人机一般航程较远，能够搭载更多的观测设备，相较旋翼结构无人机，在海洋测绘、环境监测、海事监管及军事领域有更广泛的应用。长航程固定翼观测无人机是各国研究的热点。长航程无人机最初主要应用于军事，国际上从事无人机研制和生产的国家有数十个，美国在无人机研制、生产、装备和使用上都处于领先地位，美国空军及海军装备了大量作战、侦察无人机。此外以色列在无人机研制方面也有较强的技术实力，其产品被包括美国在内的许多国家采购并装备。在海洋观测探测领域，美国航空航天局(NASA)早在1973年就开始研制气象无人机。2020年美国国家海洋与大气管理局(NOAA)在白令海峡部署三架无人机用于天气数据收集、鱼类种群监测以及海底地形测绘等工作。

我国无人机技术也取得了非常大的进展，并在军事、海洋等各方面领域取得了应用，自然资源部北海局联合中国航天空气动力技术研究院在2015年首次利用彩虹Ⅳ型(以下简称CH-4型)大型中空长航时无人机开展海洋生态环境监测。本次示范应用飞行，航线约1 300 km，完成了长岛群岛、烟台部分海岸三维激光雷达成像。

2) 锚系浮标

传统海洋科技强国如美国、加拿大、挪威等从 20 世纪中期就开始锚系浮标的研究及应用，长期的应用实践已经发展出了成熟的锚系浮标产业链，生产了功能多样化的系列产品，并主导了海洋环境监测规范和标准的制定。国外锚系浮标的典型应用代表是美国国家资料浮标中心(National Data Buoy Center，NDBC)，其在全球大洋范围内部署了大量资料浮标，包含了多种规格的系列化浮标。世界气象组织(WMO)和政府间海洋学委员会(IOC)的数据浮标合作组织(DBCP)也管理着众多的海洋资料浮标，用于全球气象预报等领域。

我国自 20 世纪 60 年代开始研究定点海洋锚系浮标，国产海洋锚系浮标的设计、加工及部署应用等技术总体上已达到国外先进水平，也发展出了较完善的体系分类，目前我国海洋浮标网业务运行浮标约 200 多套。

3) 波浪滑翔器

波浪滑翔器(Unmanned Wave Glider，UWG)是由水上浮艇、水下翼状滑翔器和挂缆等部件组成，它利用海浪在深度上形成的势能差作为驱动动力[7]。大部分波浪滑翔器还加装有太阳能电池板，利用海浪能及太阳能，基本满足设备用电需求，不需要额外能源，可长期在海上自主航行。波浪滑翔器是一种新型的海洋智能装备，2005 年由美国人发明。自问世以来，UWG 已广泛应用于海洋环境观测、水下探测、海洋生物监测等领域，并成功应用于军事领域，包括美国在内的多国海军装备了 LR 公司的 SV3 系列，应用于现场情报监视、海底地形测绘、声呐探测、水下通信中继等[8-9]。

国内关于波浪滑翔器的研究开始于 2010 年前后，在“国家高技术研究发展计划”863 计划、国家重点研发计划、科技支撑计划等国家资金的支持下，波浪滑翔器的研制工作取得了长足的进展[10]。国内主要由大学、科研机构等为研发主体，已经有多种型号的波浪滑翔器产品问世，部分型号实现了对海上台风长期化观测的应用。

4) 无人水面艇

无人水面艇是指能通过遥控或自主航行的无人驾驶船艇。无人水面艇最开始是应用于军事领域，美国海军从 20 世纪 90 年代开始研究无人水面艇(Unmanned Surface Vessel，USV)，主要用来执行排雷、战场环境侦查、反潜作战等任务。随着海洋探索活动的增加，USV 在民用领域也展现出了广阔的应用前景，如应用于水下地形图的绘制、水产养殖的自动化喂养以及环境和水质的测量等[11]。国外开展 USV 研制的国家和地区主要有美国、以色列、加拿大、英国、德国、日本、俄罗斯、新加坡等。美国和以色列开发的无人水面艇产品大部分服务于军事应用。在民用无人船舶方面，英国、加拿大以及日本等国都有较成熟的产品[12]。

国内对无人水面艇的研究起步较晚，最早由部分大学及研究所开始相关的研究。近年来国防军事以及海洋环境调查等领域对无人水面艇的需求不断增长，国家对这一领域的支持力度也不断加大，从科研院所到社会企业对无人船的研发热情高涨，目前已经开发了许多具备实用化的产品。随着对USV技术的不断深入研究，我国无人水面艇研发技术、研发体系以及测试体系也不断进步完善。2017年7月，中国船舶集团、大连海事大学、中国船级社、交通运输部水运科学研究院等多家机构组织共同组建了"无人船技术与系统联合重点实验室"。2018年3月，我国首个无人船测试场——珠海万山无人船海上测试场建设项目正式启动，为后续进行大规模的无人船测试研究提供了保障[13]。

5) 表层漂流浮标

表层漂流浮标能够长时间在海上漂流，主要采用拉格朗日法进行海流的观测，特别适合应用于大洋环流的研究，是海洋调查的重要手段。表层漂流浮标的概念最初由美国科学家在20世纪40年代提出，最开始只是简单的随流漂流器。60年代初期，德国、英国、法国、加拿大、挪威、日本等海洋国家也先后开展了对表层漂流浮标的研究及应用。经过多年发展，表层漂流浮标的技术体系也不断发展完善，能够胜任更多的海洋观测任务，应用在更加广泛的领域，如对海洋风速、风向、气压、气温以及海洋表层水温等多要素的观测。以美国为代表的西方国家已经在关键海域构建了表层漂流浮标观测网，在海洋资源开发、灾害监测及预警、海洋生态保护等领域发挥了重要作用。国外表层漂流浮标产业链发展成熟，已进入商品化阶段[14-15]。

我国在20世纪60年代末加入了对表层漂流浮标的研究行列，到90年代基本实现了表面漂流浮标的关键技术研究，并开展了一系列观测应用。进入21世纪，越来越多的科研机构投入到表层漂流浮标的研发中，并取得了一定的成果。但在产业化方面与国外还有一定差距，在实际应用中仍有很大一部分进口产品。此外，以往研制的漂流浮标大多以测量海温和海流为主[16]，无法满足多参数、多功能综合观测的需求。

6) 自持式剖面浮标

自持式剖面浮标是一种能够长期对部署海域进行连续实时监测的漂流设备，通过浮力调节在0~2 000 m甚至更深的水深范围内进行剖面运动，从而获得一系列的剖面数据。自持式剖面浮标于20世纪80年代末90年代初开始发展，它的出现为海洋剖面观测提供了新的手段，如今已经广泛应用在全球海洋观测体系当中。2000年国际Argo计划启动实施，进一步促进了自持式剖面浮标产业的发展，迄今有30多个国家和地区参与该计划，布放了累计15 000多个自持式剖面浮标，获得的海洋剖面资料总数已超过200万条，并正在以每年约14万条剖面数据的速度增长。国外剖面浮标产业经过多年发展比较完善。

我国在2002年初加入国际Argo计划，18年来已经在太平洋、印度洋等海域部署了400多套Argo剖面浮标，截至2019年12月底还在运行状态的约80套。这其中大多数是购置国外的APEX型、PROVOR型以及ARVOR型，国产的只有40余台套。

7) 潜标

潜标主要位于水面以下，用以对海洋环境实现长期、定点、连续、多层次、同步的观测，具有隐蔽性好、不易被破坏的优点。潜标布放水深从几十米至几千米不等。国外对潜标技术的研究始于20世纪60年代，初期的潜标是在单点绷紧型系留系统上分层悬挂各类自容式传感器。近年来，潜标技术向在水下可上下运动、实现自动剖面测量等方向发展。已开发出的潜标按驱动形式分为水下绞车式、电机驱动沿锚系缆爬行式和净浮力式3种，可实现海洋剖面的实时观测。国外潜标产业已经发展非常成熟，成为常规海洋调查手段。

我国对潜标的研究始于20世纪70年代，经过多年发展，各方面技术日渐成熟，已基本达到了国际领先水平。自2009年开始我国在南海及附近海域布放多套潜标系统，观测海域横跨吕宋海域、南海深海盆、南海东北部和西北部陆坡陆架区，成为目前世界上规模最大的区域海洋潜标观测网。

8) 海床基观测平台

海床基是在海底进行长期原位观测的装备，是海底观测的主要形式，各个海洋国家都非常重视海床基的发展[17]。国外对海床基技术的研究有几十年的历史，坐底式海床基技术已经实现了产业化，国外许多公司以及机构有相应的海床基产品。

我国自20世纪90年代也开展海底观测平台的研发，国家863计划、国家科技攻关等项目也积极对相关研究进行支持。以国家海洋技术中心为代表的一批涉海机构在此过程中积累了许多海床基设计的技术经验。国产海床基从早期简单粗陋的结构设计发展出了防拖网、抗吸附等一系列环境适应性的结构，安全性、可靠性不断提高[18]。但相对于国外，国内海床基的产业化程度还有一定的差距。

3.1.2.2 传感器技术

传感器能够获取海水物理、化学、生物等参数。早期对海水性质的研究大部分通过现场取样、实验室分析获得，效率低、实时性差。随着技术进步以及各种观测平台的发展，海洋观测仪器设备向原位测量的方向发展。各种小型化的传感器、在线分析仪等产品不断涌现。按照测量的参数，传感器又可分为海洋动力环境参数传感器、海洋生态环境参数传感器、海洋地球物理参数传感器。

1)海洋动力环境参数传感器

海洋动力环境参数包括温度、盐度、海流、潮汐、波浪等，目前常用的相关传感器有温盐深传感器(CTD)、多普勒流速剖面仪(ADCP)、波潮仪、多参数光学测量仪等。

(1)温盐深传感器(CTD)

温盐深传感器(CTD)是最常用的海洋测量仪器，用于测量水体的电导率(conductivity)、温度(temperature)及深度(depth)三个基本的水体物理参数。通过电导率可计算得出水体的盐度，通过压敏元件测量出所处位置的压力可以计算出相应深度。世界范围内从事CTD研制生产的单位有近百家。这方面的技术美国一直处于领先地位，此外日本以及欧洲部分国家如意大利、挪威、德国等在CTD方面的研究也较为活跃。

(2)多普勒流速剖面仪(ADCP)

流速剖面仪以声学多普勒流速剖面仪(ADCP)为主要代表，其利用多普勒频移原理，向水中发射一固定频率声波，再检测由水中颗粒散射回来的声波频率从而得出流体流速。其准确性好，灵敏度高，可测横向和纵向速度。美国于20世纪80年代最早研发出了商用的ADCP产品，经过多年的发展，ADCP在海洋水动力研究、海洋军事等方面都得到了广泛应用[19-21]。

(3)波潮仪

波潮仪按工作原理可划分为许多种类，目前常用的主要有压力式、声学式、重力式和遥感测波等。压力式波潮仪利用高精度压力传感器测量由于波浪波动而引起的压力变化，有较高的精度。声学测波设备利用水声脉冲对流速或到水面距离进行测量。重力式波浪测量主要是通过波浪浮标搭载高精度加速度传感器，相对前两种方式来讲，对高频率波的响应较差[22-23]。

2)海洋生态环境参数传感器

海洋生态环境参数包括海水中的生物及化学成分，如溶解氧(DO)、海水pH值、营养盐、重金属、有机化合物、叶绿素等。种类多种多样，目前常用的几类主要有溶解氧传感器、叶绿素传感器、营养盐传感器(硅、磷、氮等)、pH传感器，实际应用中还有能满足多种参数测量功能的多参数水质分析仪。

溶解氧测量方法主要有碘量法、光纤法、荧光法及电流测量法[24]。在线监测的溶解氧分析仪一般采用电流测量法及荧光法。电流测量法是通过测量溶解氧与电极产生化学反应而形成微弱电流的大小，得出溶解氧浓度。荧光法是基于特定物质对活性荧光的猝熄原理来检测溶解氧浓度。荧光法测量是相对先进的技术，相对于电流测量法，荧光法的产品不需要膜电极，无需电解液，不会极化，具有更高的稳定性并且能够适应更苛刻的环境。

传统意义上的营养盐指包括氮、磷、硅元素的盐类，主要检测方法有化学法、荧光法等。

叶绿素传感器一般是利用叶绿素对特定波长的光有吸收峰和发射峰这一特性来进行检测。

在实际应用中，同一设备上通常会集成多组参数的传感器探头，能够更方便地应用于海洋观测，比如常用的常规五参数(pH、温度、溶解氧、电导率、浊度)水质分析仪，实现多样化的测量需求。

我国在传感器、在线水质分析仪等技术方面相对于国外发达国家还有一定的差距，但国家不断加强在这方面的支持力度，很多高校及研究机构积极开展传感器研发，不断追赶。近几年来，我国在化学参数传感器如溶解氧(COD)、营养盐、重金属监测等技术方面进步显著，已接近国际领先水平。但国内产品在国际市场上竞争力不足，在精度、稳定性上与国外相比还有一定的差距。

3)海洋地球物理参数传感器

地球物理参数传感器包括重力仪、磁力仪、地震仪。其通过观测地球物理场的时空分布规律，能够探测地下岩层不同物理参数的差异，进而判断海洋地质构造，寻找地下能源矿产[25]。此外重力仪及磁力仪在水下辅助导航领域也发挥了很大作用。

(1)重力仪

重力仪是测量重力加速度或重力缓慢变化情况的仪器，其广泛应用于资源勘探、惯性导航与定位、计量学和基础科学研究等各个方面[26]。海洋重力仪按照不同的测量参数可分为标量重力仪、矢量重力仪和重力梯度仪，按照重力仪稳定平台的不同形式，可分为双轴稳定平台、三轴稳定平台以及捷联式稳定平台。目前掌握海洋重力仪核心技术的主要是美国、加拿大、俄罗斯等国。海洋标量重力仪技术相对比较成熟一些，目前大部分重力仪产品都是标量重力仪，20 世纪 50 年代美国开发出了第一台带双轴稳定平台的海洋重力仪，采用零长弹簧重力敏感器。21 世纪初，加拿大研制出基于三轴惯性稳定平台的海洋重力仪，其测量精度可达 0.5 mGal。捷联式重力仪与前二者相比没有机械平台，具有体积小、质量轻、功耗低、成本低、可靠性高等优点，但技术难度大。美国、加拿大、俄罗斯及德国等国从 20 世纪 90 年代开始进行相关技术的研发，经过多年发展，捷联式重力仪精度已经超过双轴稳定平台重力仪的精度[27-28]。

发达国家一直对我国封锁重力探测技术，国内应用主要依赖进口。但我国自20世纪60年代便开始了重力仪的自主研发，主要采用的是双轴平台及捷联平台。国内多所大学及机构积极投入到重力仪的研发中，已经有多款产品问世并投入应用。1986年中国科学院测量与地球物理研究所成功研制了CHZ型海洋重力仪，测量精度接近1 mGal。国防科技大学在“十二五”期间研制出第二代捷联式航空重力仪SGA-WZ，测试精度达到1 mGal；北京航天控制仪器研究所于2010年开始航空/海洋重力仪研发，目前已有成熟的产品，测量精度优于1 mGal；中国船舶集团第七〇七研究所也研发了基于双轴平台的重力仪产品；此外，北京自动化控制设备研究所开展了三轴稳定平台重力仪的研制，华中科技大学、北京航天控制仪器研究所、中国船舶集团第七〇七研究所等单位也积极开展重力梯度仪的研制。另外在基于量子技术的新体制重力仪研制方面，华中科技大学、浙江工业大学、中国船舶集团第七〇七研究所、中国科学院精密测量院、清华大学、中国计量科学院等单位研制进展也很快，在国际比对中取得国际一流的水平[29-31]。

(2)磁力仪

海洋磁力仪用来测量海底磁场特性及其分布规律，从而推断海底地质结构。海洋磁力仪按照工作原理可分为两种类型：质子磁力仪和光泵磁力仪。质子旋进式磁力仪的发展比较早，技术相对比较成熟，其测量准确度高而且成本比较低，但采样率较低，适用于对采样率要求不高的绝对测量。光泵磁力仪采样率比较高，噪声水平低，适用于采样率和灵敏度要求较高的相对测量，但其存在盲区和能耗高等问题[32]。

国内中国科学院空天信息创新研究院、中国船舶集团第七一〇研究所、北京航天控制仪器研究所、中国科学院空间中心、地质调查局航遥中心、中国船舶集团第七一五研究所等多个单位开展了磁力仪的研制，并得到了产品应用。但磁力仪市场化的产品目前基本被美国、加拿大、欧洲等一些公司垄断[33]。

(3)地震仪

海洋地震勘探是研究海洋壳、幔速度结构和海沟、海槽演化动力学机制的有效手段，也广泛应用于海底油气和天然气水合物等资源的勘探以及海洋地震活动监测、海啸预警等[34]。海洋地震仪系统一般包括人工震源及检波器等，震源通过水面的空气枪激发，检波器接收海底底层的反射波。

按照检波器的部署方式可分为拖缆式地震仪和海底地震仪(OBS)。拖缆式地震仪是把检波器密封在特制的拖缆中，由船只拖曳进行检测；海底地震仪是把检波器放置在海底电缆或者独立的节点仪器中。拖缆式地震勘探由于技术难度小、部署方便、时效性好、勘探成本低等特点，长期以来一直占据主导地位，但相对于海底地震采集也有一些不足之处。由于检波器漂在水中，海洋干扰噪声较多、回波影响较大导致其分辨率较低。近年来，随着微电子技术、海洋新材料技术、光纤通信技术的发展，海底地震采集技术不断完善成熟，逐步成为海洋地震勘探的主流方式。

我国从20世纪初开始研制海底地震仪，经过十几年的技术积累，技术水平以及应用效果基本达到了国际先进水平。但我国在这一方面的技术仍处于初级阶段，很多相关的核心设备研发仍处于空白阶段。

总体来看，传感器领域的先进技术主要被美国、德国、挪威、加拿大等西方国家掌握，我国与发达国家还存在不小的差距。长久以来，我国海洋传感器以跟踪仿制为主，自主研发的传感器普遍存在测量精度低、长期工作稳定性差、可靠性低等问题，高精度、高稳定性的传感器几乎全部依赖进口。传感器技术是我国被“卡脖子”的关键技术之一。“十三五”规划以来，海洋设备研发得到国家大力扶持，国内涉海科研院所以及企业也积极开展相关产品的研发，取得了一定的成果。但在核心传感器、芯片上还受制于国外产品，在算法研究、信号处理方面也有一定差距。此外国内传感器产业化水平较低，很多研究成果没能很好地转化，已经推向市场的大多为中低端产品，缺乏市场竞争力[35]。

3.1.2.3 遥感技术

遥感技术是20世纪60年代兴起的一种探测技术，借助电磁波理论，收集远距离目标所辐射和反射的电磁波信息，通过分析、整理和成像技术，实现对地面物体的识别和探测。长期以来，海洋遥感产业主要服务于政府机构或公共事业单位。海洋遥感技术，按照探测要素可分水色环境遥感、动力环境遥感。水色遥感可分析海水叶绿素浓度数据，进行赤潮监测、绿潮监测、海冰监测等；动力环境遥感可获取海面风场、浪场、流场以及水下地形等信息，可用于台风监测、海啸预警等方面。

海洋遥感技术按照部署方式可分为卫星遥感、航空遥感及船舶岸基遥感。按照传感器工作原理可分为微波遥感和光学遥感。卫星遥感具有视点高、视域广等特点，相对空基遥感及岸基遥感有不可比拟的优势。

美国是世界上最早将卫星应用于海洋遥感观测的国家，于1960年发射了世界上第一颗气象卫星“泰洛斯-1”号。在1978年发射了第一颗专用海洋遥感卫星SEASAT-A，此后欧洲、日本等国家都发射了自己的遥感卫星。1997年，美国又发射了世界上第一颗专用海洋水色卫星Seastar，搭载了第二代宽视场海洋观测传感器SeaWiFS，在全球海洋生态系统、全球变暖、上层海洋过程等前沿领域发挥了重要作用。到目前为止，美国、欧洲、日本等发达国家均已建立了完善的对海观测卫星系统，全球在运行的各类海洋遥感卫星有 50 余颗[36]，除了利用传统的专用遥感卫星进行海洋遥感监测，国外发展出了 GNSS-R 技术。GNSS-R 是一种突破性的海洋遥感技术，其不再受制于专用遥感卫星，通过对导航卫星的反射信号进行采集处理就能获取波高、潮位、海面风速风向等参数。2014 年，英国发射了全球首个 GNSS-R 卫星（TDS-1），用于海洋风速监测。2016 年，NASA 发射了 8 颗 CYGNSS，用于海风监测。欧美处于这一领域的领先地位。

随着卫星技术的进步，卫星可承担的任务逐渐增多，搭载的载荷种类不断提升。进入 21 世纪，国际上对海洋观测卫星的重视程度越来越高，发达国家正加紧在这一领域进行规划布局，其中比较有代表性的是美法共同提出的 SWOT 卫星计划以及欧洲航天局提出的 SKIM 卫星计划。SWOT 卫星作为美国近 10 年来 NASA 承担的地球卫星和应用的国家重点计划，面向海洋亚中尺度遥感观测，将使测高卫星过渡到二维的宽刈幅干涉测高。其设计搭载了新型 Ka 波段干涉成像高度计，在与传统高度计测高精度相当的条件下，能够将空间分辨率提高一个数量级。SWOT 卫星预期 2021 开始发射部署；SKIM 卫星计划在 2018 年提出，设计空间分辨率与 SWOT 相当，计划搭载新型多波束多普勒扫描式雷达高度计，可用于全球海洋表层矢量流场和波浪的遥感观测，目前处于全面论证阶段。

中国在海洋遥感技术领域起步较晚，从科研领域到商用领域很长时间以来依赖于国外的遥感数据。进入 21 世纪后，我国在海洋遥感领域开始了飞速发展，我国于 2002 年 5 月以及 2007 年 4 月成功发射了海洋水色卫星“海洋一号 A”以及“海洋一号 B”，实现了我国海洋水色卫星零的突破，实现了对海洋水色、水温探测的试验验证到业务服务，目前这两颗卫星已退出服务。2018 年 9 月以及 2020 年 6 月“海洋一号 C”以及“海洋一号 D”又分别发射成功，这两颗卫星组成了我国首个海洋业务卫星星座，开启了我国水色组网观测时代。除了水色卫星，我国也开启了海洋动力环境卫星的研发，代号“海洋二号”。该系列第一颗星“海洋二号 A”在 2011 年 8 月发射升空，其主要技术指标均达到国际先进水平，我国从此可以实时获取海洋动力环境要素[37-39]。此后 2018 年 10 月我国又成功部署了“海洋二号 B”，后续还规划了“海洋二号 C”及“海洋二号 D”的部署，这些将组成我国的海洋动力环境观测网。

除了发展专用的水色卫星及动力环境卫星，我国的“高分三号”以及“风云三号”系列卫星也兼具对海观测能力。“高分三号”卫星是中国第一颗搭载分辨率达到 1 m 的 C 波段多极化合成孔径雷达的卫星，能够全天候实时监测全球海洋和陆地资源。

“风云三号”系列上也装载了兼具全球海洋水色观测能力的中分辨率成像光谱仪MERSI，提供了丰富的全球海洋水色卫星观测资料。

在下一代海洋遥感卫星研发上，2016年中国青岛海洋科学与技术试点国家实验室提出了“观澜号”海洋科学卫星计划，同时搭载干涉成像高度计以及激光雷达以期同步实现海洋亚中尺度和近温跃层遥感观测的科学需求，目前项目正在实施。

在2013年之前，海洋卫星遥感产业发展的主要驱动因素是军方及政府机构的需求，海洋遥感卫星的主要运营机构有美国航空航天局(NASA)、欧洲航天局(ESA)、法国空间研究中心(CNES)以及俄罗斯、日本等相关机构。近年来，随着微小卫星技术发展以及卫星图像商业应用的扩展，商业遥感进入飞速发展期，商业卫星的遥感精度不断提升，民用、军用的界限越来越模糊；遥感卫星在商业化的驱动下向着小型化、族群化的趋势发展，能够兼具对陆、对海的观测能力，如美国Planet公司运营将近170颗微小卫星群，每天可扫描一遍地球。

3.1.2.4　数据传输与组网技术

数据传输与组网技术包括海上通信技术及组网观测技术。细分开来，海洋通信技术按照工作原理又分为微波通信、声学通信及光学通信。各种通信技术的应用为数据收集以及不同平台之间协同组网观测提供了基础。

1)海上通信技术

(1)微波通信技术

微波通信技术应用广泛，可部署在海上设备、岸边、飞机、卫星等多种平台上，实现海面以上的空间通信。

最初的海洋通信系统主要应用于海上遇险求救，包括无线电报系统及无线电话系统，船只都要在国际统一的频段下值班[电报系统(500 kHz)、电话系统(2 182 kHz和156.8 MHz)]。这种通信方式不够灵活，且无法满足常规业务通信需求。1992年，全球海上遇险与安全系统(Global Maritime Distress and Safety System，GMDSS)开始全面实施，利用现代化的通信技术改善海上遇险与安全通信。随着时代的进步，海上无线通信技术也不断优化完善，可以满足海上救援以及多样化的通信需求。目前海上无线通信的主要方式包括中频/高频系统(MF/HF)、伏泰斯系统(NAVTEX)、甚高频系统(VHF)和船舶自动识别系统(AIS)[40](表3-1)。

表3-1　海上无线通信系统分类

系统	通信方式	传输速率	通信距离
NAVTEX	MF (518 kHz)	50 bit/s	250~400 mile

续表

系统	通信方式	传输速率	通信距离
MF/HF	MF/HF（1 650~27 500 kHz）	—	中/长距离
VHF	VHF（156.0~174.0 MHz）	1.2 kbit/s	可视范围
AIS	VHF(156.025~162.025 MHz)	9.6 kbit/s	可视范围

自人造卫星技术诞生初始，卫星便作为通信的重要手段开始迅速发展，卫星通信已经是目前海洋通信系统的主流实现方式。卫星通信技术是应急通信和灾害备份通信的无可替代的重要手段，是地面网络的有力补充，具有战略价值。海洋物联网的建设，作为国家海洋信息通信网地面网络的无线外延，为视频采集、指挥车、移动设备等应急通信类设备提供无线网络支持，适用于除海洋观测数据传输外的全部海洋业务。

移动通信卫星系统按照卫星部署轨道可分为静止轨道卫星和低轨道卫星。静止轨道卫星典型代表如海事卫星系统(INMARSAT)，由于轨道高，其覆盖全球所需卫星数量少，但无法较好地满足大量用户大业务量的通信需求，此外地球静止轨道空间资源有限，无法大量扩展。低轨道卫星一般运行在 1 500 km 以下的轨道，目前在运营的代表有全球星系统(Globalstar)、铱星系统（Iridium)。低轨道卫星通信传输时延短、路径损耗小，频率复用更有效，是未来移动通信卫星的主流部署方式。以往的移动通信卫星主要是为了满足全球范围内的语音通话及低速率的数据传输需求。随着时代的发展，地面移动通信已经进入 5G 时代，地球偏远地区以及海上对于高速数据的传输需求也越来越迫切，目前国际上新一代高带宽、大速率、全球覆盖的低轨互联网星座系统迅速发展。以美国的“星链”计划为典型代表，截至 2020 年底，已经在轨部署了近 1 000 余颗卫星，远期规划上万颗低轨卫星，为全球无死角提供高速数据服务。

我国在移动通信卫星领域起步较晚，2016 年 8 月发射了我国第一颗真正意义上的移动通信卫星——“天通一号”。此外我国建设成的北斗卫星导航系统（BeiDou）也能提供短报文通信服务。在海洋通信中已应用现有天基卫星和地面有线/无线等通信手段，能满足一定程度的服务应用，但在通信覆盖和容量上还存在严重不足，无法满足智慧海洋的发展需求。我国急需发展建设满足海域覆盖和宽带容量的自主天基通信系统，支撑智慧海洋工程的建设[41]。

水下通信一直是制约海洋通信系统发展的瓶颈，水下通信主要采用水声通信和光学通信。

(2)声学通信技术

在水声通信方面，美国、德国、丹麦等国有较强的技术实力，其水声通信产品在世界范围内有较高的认可度。我国水声通信系统研究起步较晚，但越来越受到国家重视。在国家863计划、国家自然科学基金等的支持下，我国在水声通信算法、通信机研制、网络协议仿真、组网应用试验、协议规范制定等方面取得了一定的成绩。但在水声通信产品如高精度水听器、水声Modem等方面，与国外顶尖产品还有一定差距。比较有代表性的是由中国科学院声学研究所牵头，哈尔滨工程大学、中国船舶集团第七一五研究所、浙江大学等单位联合承担的"水声通信网络节点及组网关键技术"重点项目。该项目开展了面向不同应用的水声通信网络协议仿真研究，并主要针对海洋调查应用制定完成了一套水声通信网络协议规范，利用项目组研制的半物理仿真平台完成了实验室测试后，在海南近海开展了持续45天的海上试验，实现了对海区水温、压力和流场的连续、实时观测，验证了水声通信节点、网络协议的功能和性能，展示了水声通信网在组网观测方面的能力[42-44]。哈尔滨工程大学的水声技术国防重点实验室围绕海军建设发展的重大需求和制约武器装备研制、使用的重大基础问题和技术瓶颈，探索水声技术的新原理、新方法，逐渐凝练四个方向：水声物理研究、水声目标探测与定位研究、水声换能器技术研究和水声通信技术研究。在水下目标噪声控制技术、远程目标探测技术、矢量阵水下预警技术、混响法辐射噪声测量技术、水下北斗声学定位技术、仿生伪装水声通信技术、极地声学技术等原始创新成果均取得重大突破。中国船舶集团第七一五研究所是我国专业从事声学、光学、磁学探测设备研制的骨干研究所，承担多项海洋技术领域国家863计划项目，已形成海洋监测仪、海流测量仪、海底地形地貌测绘仪、磁力探测仪四大系列20多型产品，包括高精度小型多普勒计程仪、拖曳式剖面测量仪、相控阵声学海流剖面仪、磁力仪、水声Modem、水下定位系统、浅海多波束声呐、相控阵三维声学摄像声呐和高分辨率彩色水平鱼探仪等[45]。

近年来，人工智能技术取得了长足进展，以深度神经网络为主要特征的新一代人工智能技术，开始被应用于水声调制信号分类、水声接收机处理、水声自适应调制、水声通信网络协议、水声网络服务质量等方面，显示出出色的性能增益[46]，为突破传统水声通信技术瓶颈、建设海洋物联网带来新思路。

(3)光学通信技术

光学通信技术可分为有线和无线。有线光通信主要以光纤为媒介，通信速率高、衰减小、传输距离远，但需要敷设光纤及中继设备，不够灵活，通常用在海底固定观测站之间的数据传输或近海岸的观测站与岸边的通信。无线光通信是目前水下通信的研究热点，1963年Duntley提出，海水在450~550nm的波长上显示出相对较低的衰减特性，对应于蓝色和绿色光谱，后由 Gilbert 等通过实验证实。水中蓝绿光透射“窗”的存在为水下无线光学通信的发展提供了基础。2017 年日本在水深 700 m 处实现了通信速率 20 Mbit/s，传输距离 100 m 的实验。美国在实验室环境下实现了 50 Mbit/s 的水下光通信速率。

2) 海洋观测网

海洋观测网是各种海洋观测手段的集成，为海洋生态保护、海洋经济开发及台风预测等提供决策支撑。

目前国际上已经建成的海洋观测网以美国、日本、韩国、加拿大等海洋发达国家为首。海底观测网方面比较有代表性的有美国的海洋观测计划(OOI) 和火星观测网（MARS)。OOI 观测网由近海网、区域网、全球网构成，主要用来观测近海岸生态系统的变化过程，研究人类活动对海洋生物的影响；日本密集海底地震和海啸网络系统(DONET) 以监测日本南海槽的高危地震及海啸活动；加拿大的海王星海底观测网(NEPTUNE)和金星海底观测网(VENUS)，覆盖整个东北太平洋区的胡安德富卡板块，对海底进行长期实时观测，这两个网络一起组建成世界上最先进、规模最大的海底综合观测系统——加拿大海底观测网 ONC；欧洲海底观测网(ESONET)，在大西洋与地中海精选 10 个海区设站建网，进行长期的海底观测。综合化与智能化的空-天-海洋一体化立体观测网络是海洋科学观测的发展趋势，目前国际上有代表性的海洋综合观测网有美国综合海洋观测系统(IOOS)、澳大利亚综合海洋观测系统(IMOS)、印度海洋观测网络(OON)等。

目前我国建成的局部海域海底观测网主要有三个，分别是东海小衢山海底观测试验站、台湾地区的 MACHO 海底观测网、三亚海底观测示范系统。2017 年，同济大学牵头“国家海底科学观测网”正式立项，建设周期 5 年，旨在实现中国东海和南海从海底向海面的全方位、综合性、全天候、实时和高分辨率的多界面立体综合观测。综合观测网方面，“十三五”期间，自然资源部主导的“全球海洋立体观测网”作为“海洋重大工程”开始建设，旨在实现高密度、多要素、全天候、全自动的海洋立体观测[47-49]，目前已初步建成。

3.2 全球创新资源地图

3.2.1 总体格局

综合海洋监测探测产业的重点创新机构的全球布局情况，绘出海洋监测探测产业全球创新地图。全球海洋监测探测产业创新资源集中在欧洲、北美洲以及东亚地区，如图 3-2 所示，各区域的重点机构、主要领域及产品见表 3-2。

表 3-2 海洋监测探测装备技术产业创新高地概况

创新高地	所在国家	创新高地简介	主要领域及产品
圣弗朗西斯科（旧金山）湾区［圣弗朗西斯科（旧金山）、圣何塞、奥克兰］	美国	著名的“硅谷”所在地，高科技产业聚集地，设立有斯坦福大学、加利福尼亚州大学伯克利分校等知名高校及科研院所	主要产业方向有波浪滑翔器、海洋环境监测传感器、海洋地球物理传感器、地波雷达、海洋卫星遥感产业等
南加利福尼亚州都市群（洛杉矶、圣迭戈）	美国	包括圣弗朗西斯科（旧金山）至圣迭戈市的城市范围，位于圣迭戈市的斯克里普斯海洋研究所（SIO），是美国历史最悠久、规模最大的海洋和地球科学研究所。拥有全球领先的声学测流公司	声学类产品如 ADCP、声学释放器、水声 Modem、三维成像声呐等；波潮仪、气象观测浮标等
马萨诸塞州（波士顿、北法尔茅斯、伍兹霍尔、沃尔瑟姆）	美国	位于美国东海岸，依托哈佛大学、麻省理工学院、伍兹霍尔海洋研究所等知名科研院所，海洋产业蓬勃发展，产业主要聚集该州东部及东南部沿海区域	传感器产品如海流计、潮位仪、多参数水质传感器；平台类产品如漂流浮标、自持式剖面浮标、水下滑翔机等
华盛顿州西雅图都会区（西雅图、贝尔维尤）	美国	拥有世界领先的 CTD 生产厂家“海鸟”公司以及知名的红杉树科学仪器公司	CTD 产品、水质传感器、卫星遥感产业、超级计算机
科罗拉多州（丹佛、拉夫兰）	美国	位于美国中部，拥有知名水质分析仪器公司哈希（HACH）	水质分析仪、海洋重力仪、水下激光雷达、高精度观测卫星
大多伦多地区（多伦多、皮尔区、约克区、荷顿区）	加拿大	加拿大人口密度最高的都会区，也是加拿大的工业中心、科技产业聚集地	该区域聚集了一批从事海洋地球物理传感器研发的公司，主要产品有海洋重力仪、海洋磁力仪、地震勘探仪器
维多利亚市	加拿大	毗邻太平洋，是加拿大不列颠哥伦比亚省省会	该区域主要产业有海洋监测传感器、CTD 产品、海洋观测浮标等
北部沿海城市（不来梅、汉堡、基尔、拉斯特德）	德国	包括不来梅、汉堡、基尔等城市都有一些代表性的海洋产业相关企业或科研机构	主要产业有水声通信产品、水下光学原位传感器、CTD 等
东京湾区（东京、横滨、川崎、横须贺）	日本	包括东京、横滨、川崎、横须贺等重要城市，海洋产业发达	抛弃式温盐深仪 XCTD、水质监测传感器、海洋观测卫星、自持式剖面浮标等

续表

创新高地	所在国家	创新高地简介	主要领域及产品
布列塔尼大区(布雷斯特)	法国	位于法国西北角，法国渔业中心，设立有法国海洋开发研究院(IFREMER)	基础科学研究，AVOR 型剖面浮标
伦敦	英国	英国首都，经济中心	海上无线通信、海洋监测传感器
卑尔根	挪威	挪威西海岸最大的港口城市，挪威渔业中心，海洋产业发达	CTD、ADCP、潮位仪、各类海洋参数传感器
奥斯陆峡湾城市群(奥斯陆、贝鲁姆、吕萨克、阿斯克尔)		位于挪威东南部，是挪威人口最密集区域，沿岸分布诸多港口城市，挪威首都奥斯陆即位于湾顶位置	ADCP、海底地震勘探设备、海洋观测浮标
环渤海地区(北京、天津、青岛)	中国	包括北京、天津、青岛等重点城市，是目前国内海洋产业最活跃的地区，海洋科研资源丰富	CTD、各类海洋监测传感器、海洋锚系浮标、海洋自持式剖面浮标、地波雷达、海洋观测卫星、无人机、卫星遥感、无人水面艇等
长江三角洲城市群(上海、苏州、杭州、南京)		以上海为中心，包括江苏、安徽、浙江等地区，经济发达，除上海外，还有杭州、苏州、南京等重点城市	海洋水质传感器、雷达、导航、海洋遥感、无人水面艇
珠江三角洲城市群(广州、深圳、珠海)		国内最具活力的创新创业中心，包括广州、深圳、珠海等重点城市，聚集了一大批高科技企业	海洋监测传感器、无人水面艇、船舶电子、卫星遥感

美国、加拿大、德国、英国、法国、挪威、丹麦以及日本等在海洋监测探测装备技术产业方向上有着强劲的实力。从收集到的公司样本数量上看，美国、德国与加拿大的相关企业数量占据前三位。美国创新高地主要集中在圣弗朗西斯科(旧金山)湾区、南加利福尼亚州都市群、西雅图都会区、马萨诸塞州等，在自持式剖面浮标、波浪滑翔器、CTD、ADCP、水质传感器、海洋重力仪、卫星遥感等产品研发及应用上处于领先地位，比较典型的龙头企业有 Teledyne Webb Research、液体机器人公司(Liquide Robotics)、海鸟公司(SeaBird)、Rowe Technologies、Micro-G & LaCoste 等；德国创新高地主要集中在北部如不来梅、汉堡、基尔等城市，主要代表产品有 CTD、光学传感器、海底地震仪等，典型企业有 Sea&Sun Technology GmbH、TriOS、Geopro 等；加拿大创新高地主要集中在大多伦多地区、维多利亚市，主要产品包括观测浮标、海洋重力仪、海洋磁力仪等，代表性的企业有 AXYS Technologies、Canadian Micro Gravity、Maine Magnetics、

Scintrex 等；挪威创新高地主要集中在奥斯陆峡湾城市群、卑尔根等地区，主要产品包括 CTD、ADCP、各类海洋传感器、海底光纤测震系统等，代表性企业有安德拉仪器(Aanderaa Instruments)、SAIV、Nortek、Petrol Geo-serv 等；此外英国、法国、日本等在海洋监测探测装备技术领域也都具有各自的优势，分别拥有英国国家海洋中心(NOC)、法国海洋开发研究院(IFREMER)、日本海洋地球科技研究所(JAMSTEC)等顶尖海洋研究机构。

我国海洋监测探测装备技术创新高地产业主要分布在环渤海地区、长江三角洲城市群以及珠江三角洲城市群。代表城市如北京、天津、青岛、上海、苏州、杭州、广州、珠海、深圳等。我国的海洋事业起步较晚，缺少具有市场竞争力的高技术产品[50]，目前国内创新力量主要集中在高校、科研院所，这与国外大部分产品是由企业开发的有所不同。

3.2.2 海外重点区域

3.2.2.1 北美

北美科研机构及企业信息见表 3-3。

表 3-3 北美海洋监测探测装备科研机构及企业信息

创新高地	国家	重点企业及产品	重点科研机构及技术
加利福尼亚州圣弗朗西斯科(旧金山)湾区	美国	Liquid Robotics (Wave Glider SV3) Geometrics(G-882 铯光泵海洋磁力仪、GeoEel 海洋数字地震拖缆系统) Turner Designs(Cyclops-7 荧光叶绿素传感器 ICAM 光吸度仪) CODAR(地波雷达)	蒙特雷湾海洋研究所(海洋观测站、AUV、海底实验室)
南加利福尼亚州都市群	美国	Teledyne Marine(ADCP、声学释放器、水声 Modem、ROV 等) Linkquest(流速剖面仪器、声学追踪定位、水下声学 Modem) Rowe Technologies Inc (RTI) (SeaWatch 系列 ADCP) InterOcean(流速仪、波潮仪、气象观测浮标、声学释放器以及石油泄漏监测等产品)	斯克里普斯海洋研究所(Scripps Institution of Oceanography)(智能水下机器人、浮动平台以及能够提供环境变化关键信息的海底、陆地和大气仪器)

续表

创新高地	国家	重点企业及产品	重点科研机构及技术
马萨诸塞州城市群	美国	Falmouth Scientific, Inc.（FSI）（海流计、潮位计、波浪仪等） Teledyne Webb Research（TWR）（漂流浮标、自持式剖面浮标、水下滑翔机等） 美国雷神集团(船舶/岸基雷达、航空无人机、军用产品) Thermo Fisher Scientific（Orion AQ3700 总磷、总氮、COD 多参数水质分析仪）	伍兹霍尔海洋研究所 Woods Hole Oceanographic Institution（海洋观测浮标、水下滑翔机、海洋观测仪器） 麻省理工学院(海洋观测仪器，海底地震观测仪器)
华盛顿州西雅图都会区	美国	Sea-Bird Scientific(CTD、波潮仪、自持式剖面浮标等) 红杉科学仪器公司(激光粒度仪、泥沙传感器等) BlackSky（卫星遥感及数据分析） CRAY 集团(超级计算机)	华盛顿大学
科罗拉多州	美国	美国 DigitalGlobe 公司（高精度观测卫星） Micro-G & LaCoste（MGS-6 海洋重力仪） 哈希公司(HACH)（实验室分析仪、便携式分析仪、在线分析仪、水质自动采样器、流量计） 美国 3D at Depth inc（水下激光雷达）	
多伦多地区	加拿大	Marine Magnetics（海洋矢量磁场传感器 SeaSPY2 海洋磁力仪、Explore 磁力仪） Canadian Micro Gravity(CMG)（GT 系列海洋重力仪） Scintrex（海洋/航空磁力仪、重力仪产品）	
维多利亚市	加拿大	AML Oceanographic（声速剖面仪、CTD、环境传感器等产品公司） AXYS Technologies（水文观测浮标等产品）	

(1)美国加利福尼亚州圣弗朗西斯科(旧金山)湾区

圣弗朗西斯科(旧金山)湾区(San Francisco Bay Area)简称湾区，坐落于美国加利福尼亚州的北部，是由圣弗朗西斯科(旧金山)、东部的奥克兰和南部的圣荷赛等城市组成的大都会区。湾区是美国高科技产业聚集地，著名的"硅谷"就在这一区域，同样很多海洋科技公司总部也坐落在湾区，比较有代表性的企业有：Liquid Robotics 公司，从事波浪滑翔器研发；Geometrics 公司，从事地球物理探测装备研发；Turner Designs 公司，从事荧光系列产品的研发；CODAR 公司，是地波雷达技术方面的领头企业；SPIRE GLOBAL 公司，从事卫星数据分析，深度学习及预测。

(2)美国南加利福尼亚州都市群

美国南加利福尼亚州都市群以洛杉矶为核心，包括大洛杉矶都会区及大圣迭戈都会区。该地区从事海洋监测与探测产业的企业有：Teledyne 集团旗下的几家公司 Teledyne RD Instruments (TRDI)、Teledyne Benthos、Teledyne blueview，生产 ADCP、声学释放器、水声 Modem、水听器、ROV、水下三维成像声呐等产品；Linkquest 公司，从事声学探测产品的研发，如声学流速剖面仪器、声学追踪定位、水下声学 Modem 等；Rowe Technologies Inc. (RTI)公司，代表性产品有 SeaWatch 300 kHz/600 kHz/1 200 kHz 系列的 ADCP；InterOcean 公司，从事流速仪、波潮仪、气象观测浮标、声学释放器以及石油泄漏监测等产品的研发生产；该地区还坐落着斯克里普斯海洋研究所，该研究所是美国历史最悠久、规模最大的从事海洋和地球科学研究、公共服务的研究中心之一。

(3)美国马萨诸塞州城市群

马萨诸塞州辖区内有众多的高科技产业以及高水平学府及研究机构，如哈佛大学以及麻省理工学院等世界知名学府都位于该州。海洋产业主要分布在该州东部至东南部科德角半岛沿海一带。著名的伍兹霍尔海洋研究所即位于该州科德角半岛西南角的伍兹霍尔。WHOI 是美国大西洋海岸的综合性海洋科学研究机构，是世界上最大的私立的、非营利性质的海洋工程教育研究机构。

在伍兹霍尔以北仅 15 km 的北法尔茅斯(North Falmouth)，坐落着从事海流计、潮位计、波浪仪的海洋观测仪器产品研发的 FSI(Falmouth Scientific, Inc.)公司以及从事浮标、自持式剖面浮标、滑翔机等产品研发的 Teledyne Webb Research(TWR)公司。

北法尔茅斯西北约 80 km 的马萨诸塞州的沃尔瑟姆(Waltham)市，坐落着著名的雷神集团以及赛默飞世尔科技公司总部。在雷达、声波深度探测器、无线电设备、全球卫星定位以及多参数水质分析仪方面，有较强的技术实力。

(4)美国华盛顿州西雅图都会区

西雅图大都会区位于美国华盛顿州，由西雅图市、贝尔维尤市、雷德蒙德、柯克兰市等城市组成，在此区域内有许多从事海洋监测与探测产业的企业，比较有代表性的有：海鸟(Sea-Bird Scientific)公司，以其 CTD 产品最为知名，是世界范围内市场占有率最高的 CTD 品牌；红杉树科学仪器公司(Sequoia Scientific，Inc.)，其主要业务是制造用于环境监测的科研仪器和软件，并开展新仪器的开发和相关的学术研究。红杉树科学仪器公司的技术专长在光电方面，代表性产品有激光粒度仪、泥沙传感器等；BlackSky 公司，位于西雅图市，主要从事卫星遥感及数据分析；美国 Cray 集团，超算领域的佼佼者，Cray 在 2012 年发布的 Titan 超级计算机一度成为当时最快的系统。

(5)美国科罗拉多州

科罗拉多州位于美国中部地区，并不沿海，海洋相关企业并不多，但却孕育了全球领先的水质分析解决方案的提供商哈希(HACH)公司以及知名的重力测量技术公司 Micro-G & LaCoste。此外还有全球领先的商用高分辨率地球影像产品和服务供应商 DigitalGlobe。

(6)加拿大多伦多地区

多伦多地区位于加拿大安大略省，是加拿大最大的都会区，由多伦多及周边皮尔区(Peel)、约克区(York)、夏顿区(Halton)组成，其中约克区聚集了一批从事海洋地球物理勘探仪器研发的公司，主要有：Marine Magnetics、Canadian Micro Gravity (CMG)、Scintrex 公司、Terraplus 公司，该地区企业在重力仪、磁力仪产品市场上有较高的占有率。

(7)加拿大维多利亚市

维多利亚市(City of Victoria)是加拿大不列颠哥伦比亚省会，位于加拿大西南端，毗邻美国华盛顿州。该区域内比较有代表性的公司有：AML Oceanographic 公司主要从事声速剖面仪、CTD、环境传感器等产品的研发生产；AXYS Technologies 公司，从事海洋气象观测平台、水文观测浮标等产品的研发及生产，进行海上环境数据的收集、处理及分发。

3.2.2.2 欧洲

欧洲海洋监测探测装备科研机构及企业信息见表 3-4。

表 3-4 欧洲海洋监测探测装备科研机构及企业信息

创新高地	国家	重点企业及产品	重点科研机构及技术
沿海城市	德国	Sea & Sun Technology GmbH(CTD 系列产品、MSS 系列湍流剖面仪) TriOS(光谱光度计、叶绿素荧光分析仪、高光谱衰减测量仪) SubCtech(走航式 CO_2 测量系统) Geopro(SEDIS Ⅵ 海底地震仪 OBS)	亥姆霍兹基尔海洋研究中心(GEOMAR)(德国海湾雷达图像采集及分析、光学测量设备开发以及波罗的海遥感数据的数据分析、北冰洋海岸观测)
布列塔尼大区	法国	NKE Instrumentation(CTS3 型自持式剖面浮标)	法国海洋开发研究院(IFREMER)(渔业和海洋生物、环境和海洋研究、海洋技术)
伦敦大区	英国	Jensprima Instruments Limited(innoSens 450 溶解氧传感器) Inmarsat[海上无线通信系统:Fleet Xpress、Ka-band satellites power Global Xpress(GX)]	
卑尔根	挪威	Aanderaa Data Instruments AS(Seaguard II DCP 多普勒海流剖面仪,SeaGuard Platform 潜标,温、盐、深、溶解氧等传感器) SAIV AS(CTD、多参数传感器、波潮仪、波浪浮标)	
奥斯陆峡湾城市群	挪威	Nortek(Signature1000/500 蛟龙 ADCP) Petrol Geo-serv(OptoSeis 海底光纤永久埋藏系统) Miros Group(WAVEX、MKIIIWaMoS)	

(1)德国北部沿海城市

德国海洋科技产业主要分布在北方沿海一带城市,包括不来梅、汉堡、基尔等主要城市以及周边小城市。其中汉堡和不来梅分别是德国第一大和第二大的港口城市,基尔是德国的渔业基地。该区域海洋产业发达,包括造船业、仪器制造业等。在该地区聚集的海洋监测探测装备技术产业方向的企业有 Sea & Sun Technology(SST)、TriOS、ATLAS ELEKTRONIK、Geopro、DeChem-Tech 等。从事海洋监测传感器、海洋地球物理设备、水下滑翔机等产品的研发制造。该区域的主要海洋科研机构是设立在基尔的亥姆霍兹基尔海洋研究中心(GEOMAR),这是德国最大的海洋研究中心。

(2)挪威卑尔根市

卑尔根是挪威西海岸最大的港口城市，是挪威渔业中心，海洋经济发达。世界知名的仪器公司挪威安德拉仪器(Aanderaa Data Instruments AS)设立在此处，另外还有从事 CTD、多参数传感器、波潮仪、波浪浮标等产品研发及生产的 SAIV AS 公司。

(3)奥斯陆峡湾城市群

奥斯陆峡湾是挪威东南部的峡湾，深入挪威内陆长度约 130 km。峡湾沿岸分布着许多重要城市及港口，挪威首都奥斯陆即位于峡湾湾顶位置。该地区的海洋监测探测装备技术产业主要有：声学测流设备、海洋地球物理勘探仪器以及水文观测仪器设备。主要的相关企业有 Nortek、Petrol Geo-serv、Magseis Fairfield、Miros Group 等。

(4)法国布列塔尼大区

布列塔尼大区位于法国西北部的布列塔尼半岛，英吉利海峡和比斯开湾之间。该地区是法国的渔业中心，此外该地区汽车制造业、电子通信业也非常发达。坐落在此地区的 NKE Instrumentation 公司从事海洋监测仪器、设备研发生产，包括自持式剖面浮标、多参数水质传感器等。该地区还设立有法国海洋开发研究院(IFREMER)，是世界顶尖的海洋研究机构。

(5)英国伦敦大区

伦敦是英国的政治、经济、文化中心。该地区的相关企业有：Inmarsat 集团，是一家历史悠久的航运通信服务提供商，该公司由国际海事组织于 1979 年成立，为世界各地的用户提供电话和数据服务；Jensprima Instruments Limited，是一家从事水环境测量的科技公司，该公司在光学分析、水质传感器技术以及测量试剂等技术领域取得了一定成果。

3.2.2.3 东亚

日本东京湾区是世界知名的湾区之一，由东京、横滨、川崎、横须贺等几个重要城市组成。该地区是日本最大的人口聚集地以及最大的工业中心、金融中心，经济高度发达。

该地区海洋科技产业发达，主要优势在精密海洋仪器制造，知名企业有 TSK 公司，其 XCTD 产品在世界范围内的市场占有率颇高；JFE Advantech 从事水文水质观测仪器的研发生产；Axelspace Corporation 从事海洋遥感卫星的研发生产。位于横须贺市的日本海洋地球科技研究所(JAMSTEC)是世界顶尖的海洋研究机构，在深海探测技术领域、海洋观测技术领域都取得了卓有成效的研究成果。

3.2.3 我国重点区域

我国重点区域海洋监测探测装备科研机构及企业信息见表3-5。

表3-5 我国重点区域海洋监测探测装备科研机构及企业信息

创新高地	重点企业及产品	重点科研机构及技术
环渤海地区	中国船舶集团海鹰加科海洋技术有限责任公司(多普勒流速剖面仪ADCP) 青岛道万科技有限公司(CTD) 天津瀚海蓝帆海洋科技有限公司(波浪滑翔机、AUV) 烟台凯米斯仪器有限公司(多参数水质分析仪) 青岛海山海洋装备有限公司(剖面浮标、波浪滑翔机)	中国海洋大学(波浪滑翔机、剖面浮标) 山东省科学院海洋仪器仪表研究所(水质传感器、锚系浮标) 中国科学院声学研究所(ADCP、声学通信设备) 天津大学(剖面浮标、传感器、滑翔机等) 国家海洋技术中心(CTD、ADCP、剖面浮标、锚系浮标) 自然资源部第一海洋研究所(锚系浮标) 北京航天控制仪器研究所(重力仪、磁力仪等) 中国空间技术研究院(HY-2系列卫星)
长江三角洲城市群	苏州桑泰海洋仪器研发有限责任公司(水声通信) 杭州安布雷拉自动化科技有限公司(液位计、流速计) 上海清淼光电科技有限公司(水质传感器) 上海华测导航技术股份有限公司(无人船、表面声速仪、ADCP、导航产品)	自然资源部第二海洋研究所(卫星遥感技术、海底勘测技术) 中国船舶集团第七一五研究所(声学通信) 上海大学(无人船) 中国科学院上海光学精密机械研究所(蓝绿激光通信、激光雷达)
珠江三角洲城市群	珠海云洲智能科技有限公司(无人船) 广州睿海海洋科技有限公司(测风雷达、波浪浮标、海床基) 广东海启星海洋科技有限公司(锚系浮标、气象站) 深圳市云传物联技术有限公司(多参数水质传感器) 海华电子企业(中国)有限公司(微波通信、北斗导航)	中国科学院南海海洋研究所 广东省海洋遥感重点实验室(海洋遥感技术)

(1)环渤海地区

环渤海地区包括北京、天津、辽宁、河北及山东地区。环渤海地区拥有最多的海洋科研院所以及最多的海洋产业从业人员，主要分布在北京、天津、青岛等城市。其中山东青岛海洋科研教育优势突出，拥有中国海洋大学、自然资源部第一海洋研究所、中国科学院海洋研究所、山东省科学院海洋仪器仪表研究所、海洋科学与技术试点国家实验室等一大批高水平的海洋科研院所。青岛在海洋观测平台领域尤其是锚系浮标、剖面浮标等技术方向上有突出的成果，典型代表是7000米级深海气候观测系统——“白龙”浮标。北京也拥有大量的科研院所，中国空间技术研究院(中国航天科技集团公司五院)是中国海洋卫星平台研发制造的龙头，中国科学院声学研究所、中国科学院地质与地球物理研究所以及北京航天控制仪器研究所等，在声学监测设备(ADCP 等)、海洋物探设备(海洋重力仪、地震仪)等技术领域有较领先的优势。天津地区的中国船舶集团第七〇七研究所、国家海洋技术中心、天津大学等机构在海洋观测平台、CTD、ADCP 以及重磁类传感器等方面也具备较强的实力。

总体来看，环渤海地区海洋科研实力雄厚，国家海洋科研经费投入较多。但相对的社会资金参与较少，市场配置资源的能力相对较弱，因此海洋高科技企业数量及质量上优势并不明显，大部分产品是由科研院所主导研发且很多没有形成产业化规模。

(2)长江三角洲城市群

长江三角洲城市群依托东海，囊括上海、江苏、浙江等经济高度发达的省市。因其优越的地理优势及经济环境，该地区海洋产业较为发达。在海洋监测探测装备技术产业方向上，该地区拥有一批在国内领先的海洋科技企业，主要集中在上海、杭州、苏州等城市。上海大学、上海海事大学、中国船舶集团第七一五研究所等一批涉海机构在无人水面艇、海洋传感器、海洋遥感等领域较为领先。

(3)珠江三角洲城市群

珠江三角洲城市群囊括广东省中南部的广州、深圳、珠海等 9 个城市，是国内最具活力的创新创业中心，是高新技术企业的聚集地。广东省也是传统的海洋强省，海洋资源丰富，海洋科研实力雄厚。在海洋监测探测装备技术产业方向上，依托于发达的电子信息产业以及良好的政策环境，近年来珠江三角洲城市群涌现了一批海洋科技创新创业公司，主要集中在广州、深圳及珠海三市。在海洋传感器、无人水面艇等领域有一定的优势。近年来，“粤港澳”大湾区的建设以及深圳“全球海洋中心城市”的建设都进一步提升了该地区的海洋战略定位，广东省也高度重视海洋信息产业的发展，借助于该地区原有的产业优势，未来应该会有更多的高科技海洋科技企业在这里涌现。

3.3 全球产业(链)创新全景图

3.3.1 分布特征

在海洋监测探测装备技术产业方向上，在全球范围内共收集了115家企业信息、37家科研机构信息以及109款相关产品信息，通过这些资料对目前的产业全景进行了分析(图3-2)。

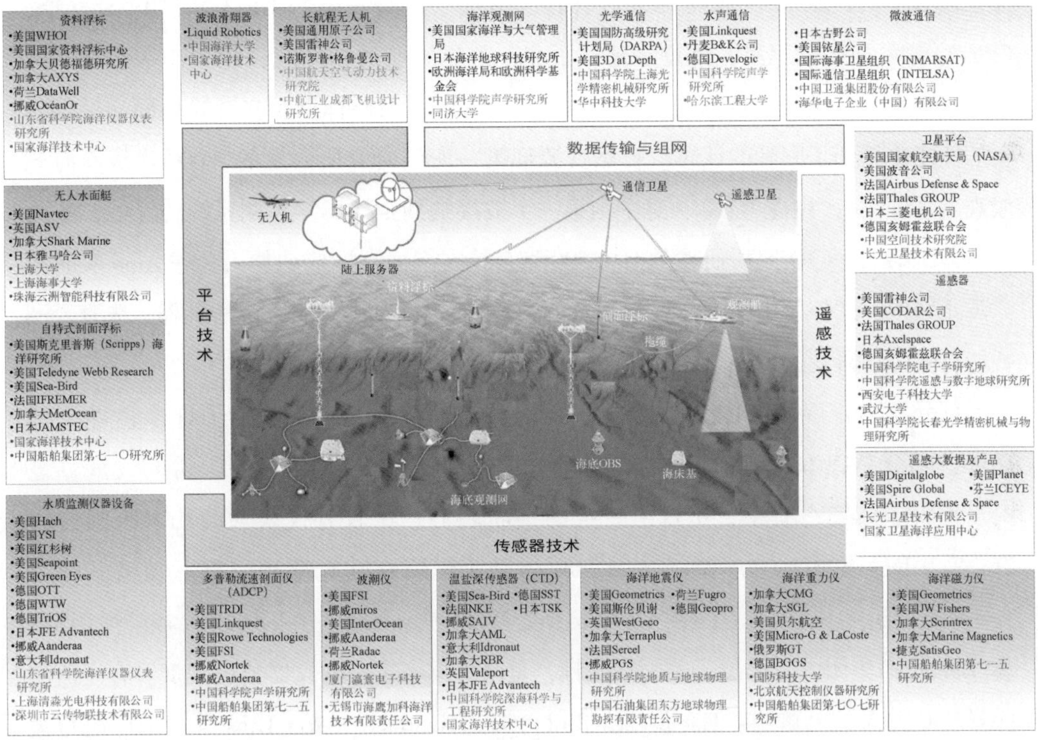

图3-2 海洋监测与探测装备技术产业全景图

在传感器技术领域，欧美国家的产品占据了市场上绝大多数份额，并主导行业标准的制定。其中美国优势最为突出，美国公司在多个细分领域上占据领先的位置，如海鸟公司的CTD产品、TRDI公司的ADCP产品、Liquid Robotics公司的波浪滑翔器等；欧洲各国以及加拿大、日本等都有一些代表性产品能够与美国顶尖的产品同台竞争，甚至部分产品处于市场领先地位，如日本TSK公司生产的抛弃式温盐深仪(XCTD)、德国TriOS公司的光学传感器、加拿大生产的海洋地球物理勘探仪器设备(重力仪、磁力仪等)、丹麦Reson公司的声学产品等。国产传感器普遍存在精度低、稳定性差、可靠性低等问题，与国外同类产品相比没有竞争优势。近些年来，国内涉海科研院所以及企业积极开展相关产品的研发，也取得了一定的成果。如中国科学院声学研究所与无锡市海鹰加科海洋技术有限责任公司联合开发了国产化的 ADCP 产品 RIV-600，基本达到了国外同类型产品的指标；在 CTD 等海洋调查仪器的研发中，我国科研院所及企业也取得了一定进展，国产 1 000 米级别的 CTD 已基本达到国际先进水平；中国科学院地质与地球物理研究所自主研发成功了万米级海底地震仪并投入使用。

在平台技术方向上，我国在技术实力及应用上已基本达到了国际先进水平。天基平台方面，在海洋遥感卫星以及导航定位卫星领域，我国近几年先后发射了“海洋二号 A”(HY-2A)、“海洋二号 B”(HY-2B)、“高分三号”(GF-3)、“风云三号”(FY-3)等系列遥感卫星，并逐步建成了北斗卫星导航通信系统，相关技术接近了发达国家水平。在海基、潜基平台方面，如国产海洋锚系浮标以及自持式剖面浮标等装备的性能也得到了国际的认可。自然资源部第一海洋研究所研发的 7 000 米级深海气候观测系统——“白龙”浮标，是中国第一个被接纳到全球海洋观测系统的浮标；中国船舶集团第七一〇研究所研发的 HM2000 型自持式剖面浮标成功加入全球 Argo 实时海洋观测网中；此外以中国海洋大学开发的“黑珍珠”号为代表的波浪滑翔器、珠海云洲智能有限公司研发的系列无人船等产品也不断接近国际领先水平。

部分实力雄厚的跨国公司通过不断收购或者重组，旗下囊括了许多世界头部品牌，部分品牌本身市场占有率就很高，收购之后通过技术融合，协同发展，进一步扩大了市场占有率，呈现出一定的垄断趋势。比较有代表性的几家跨国公司有：Teledyne 集团，总部位于美国加利福尼亚州绍森欧克斯市，旗下知名品牌有 Teledyne RD Instruments(TRDI)、Teledyne Webb Research、Teledyne Reson 等；丹纳赫(Danaher)集团，总部位于美国华盛顿，是全球排名第一的仪器公司，旗下海洋监测探测产业方向的品牌有：Hach、Sea-Bird、OTT/Hydromet、Wet Labs 等，工厂遍布美国及欧洲等国家，在中国也建立了生产基地；赛莱默分析仪器(Xylem Analytics)，总部位于纽约，是水环境监测领域的行业领导者，旗下知名品牌有 YSI、SonTek、WTW、OI、Aanderaa 等。以上几家跨国公司基本垄断了国际上海洋传感器的市场。

3.3.2 平台技术

3.3.2.1 国内外重点企业及主要产品

空基平台方面，先进的海洋观测无人机大都是从军用版本演化出的民用版本，如美国通用原子公司为美国空军研发的 MQ-9B 无人机，也可搭载各类监测传感器、雷达等执行环境监测任务。美国雷神公司为美国国家海洋与大气管理局(NOAA)研发了Coyote系列小型化的无人机，应用于飓风探测活动。此外美国航空航天技术公司(AATI)、PAE ISR公司、洛克希德·马丁公司(Lockheed Martin Space Systems Company)、诺斯罗普·格鲁曼公司(Northrop Grumman)等也都是实力强劲的无人机制造商。国内中航工业成都飞机设计研究所、中国航天空气动力技术研究院(又称中国航天科技集团公司第十一研究院)等单位是这一领域的佼佼者，成都飞机设计研究所研制的翼龙系列无人机作为察打一体无人机已经装备军方。在民用方面，中国气象局选用翼龙-10无人机，进行海洋综合气象观测，在2020年8月，翼龙-10完成对热带低气压“森拉克”外围云系的综合气象观测任务。中国航天空气动力技术研究院研发CH-4型无人机，在2015年执行了自然资源部北海局开展的海洋生态环境监测任务，航线约1 300 km，完成了长岛群岛、烟台部分海岸三维激光雷达成像。

自持式剖面浮标方面，美国Teledyne Webb Research公司研制的APEX型剖面浮标，开发时间最早，性能稳定，市场占有率最高，约占全球Argo观测网中浮标总数的60%。法国NKE公司研制的PROVOR型和ARVOR型剖面浮标也有一定的市场占有率。另外还有美国海鸟公司(SBE)的NAVIS型、加拿大MetOcean公司的NOVA型、日本海洋地球科技研究所(JAMSTEC)与TSK公司研发的NINJA型等十余种剖面浮标。我国从20世纪初开始自持式剖面浮标的研发，由中国船舶集团第七一〇研究所研发的HM2000型浮标，是我国第一种被国际Argo信息中心接纳的自主研发浮标。目前国家海洋技术中心、中国海洋大学等多家国内研究机构也积极开展国产自持式剖面浮标的研发。

美国Roger Hine等2005年研制了波浪滑翔器样机，并于2007年创立了Liquid Robotics公司，致力于波浪滑翔器的研发和生产，Liquid Robotics公司于2016年被航空巨头波音公司收购。Liquid Robotics生产的波浪滑翔器曾在2011—2012年期间完成了时间跨度1年多、行程长达9 000 n mile的跨太平洋航行任务，创下了该类型设备自主航行路线最长的世界纪录。

我国对波浪滑翔器的研究主要集中在科研院所和高校内，主要研究单位有中国海洋大学、国家海洋技术中心、中国船舶集团第七一〇研究所、哈尔滨工程大学、浙江大学、中国电子科技集团等。其中研究成果较为突出并可进行业务化运行的有国家海洋技术中心研制的大型波浪滑翔器“蓝鲸”号、中国船舶集团第七一〇研究所研制的中型波浪滑翔器“海鳐”号、中国海洋大学研制的波浪滑翔器“海哨兵”号以及“黑珍珠”号。“蓝鲸”号已完成累计99天、3 600 km的长续航力测试，技术体系基本完善，可广泛应用于海洋气象观测、海洋水文水质监测、水下目标探测等领域，已完成小批量的研制；中国船舶集团第七一〇研究所在国家 863 计划的支持下了完成了“海鳐”号波浪滑翔器的研制，此前在黄海千里岩岛海域开展了 92 天的连续航行测试，绕岛航行近 80 圈，总航程达3 242 km。多次海上试验表明，“海鳐”号各项性能指标已达到了国内领先水平，当前已进入小批量研制和科学应用阶段；中国海洋大学研制的“海哨兵”号波浪滑翔器已成功应用于太平洋的海洋环境观测，实现了海洋气象、水文水质及动力环境参数的测量，已完成约 30 套波浪滑翔器的系列化研制工作。“黑珍珠”号波浪滑翔器为中国海洋大学、天津工业大学、河北工业大学等单位与公司联合开发，涵盖了从小到大多种型号。“黑珍珠”号是我国最早开展研发的一款波浪滑翔器，技术成熟度高，是我国首次应用到台风常态化观测的波浪滑翔器平台，在 2017—2019 年底，完成了多次台风观测，包括 2017 年的 13 号台风“天鸽”、2019 年的 05 号台风“丹娜丝”、07 号台风“韦帕”等。在 2019 年 3 月 9 日至 2020 年 1 月 23 日期间，“黑珍珠”号在西太平洋海域完成了连续航行 320 天，累计航程达 14 271. 4 km 的测试，创造了国内纪录。

英国 Autonomous Surface Vehicles Ltd. (ASV Ltd.) 开发了以 C-Work 系列为代表的谱系化的无人船，可搭载各类观测仪器，广泛应用于海洋测绘、海洋环境监测、海洋科学调查等；加拿大 Shark Marine 公司自主研发了 D. A. S. BOAT 自主勘测船，可工作在遥控模式和自主模式；日本雅马哈公司研发了 UMV-O 型远航 USV，具有很长的续航能力，能够对海洋以及大气中各类参数进行监测。

国内上海大学、上海海事大学、哈尔滨工程大学等在无人水面艇技术方面具备较强的研发实力，上海大学研发的“精海”系列无人艇曾在 2016 年获国家技术发明奖二等奖，目前“精海”系列无人艇已完成大量海上任务。哈尔滨工程大学在 USV 的运动控制系统、目标识别、航线规划等方面开展了深入研究并取得了一定成果。沈阳航天新光集团隶属中国航天科工集团公司，2008 年与中国气象局大气探测技术中心联合研制成功了我国首艘无人海上气象探测船——“天象一号”，用于海洋突发事件监测、海洋以及湖泊等水域环境监测及灾害预警等，并在 2008 年青岛奥帆赛期间执行了气象保障任务。国内很多其他机构如自然资源部第一海洋研究所、华中科技大学等也先后开展无人船的系统研发与应用研究工作，并取得了一定成绩，如华中科技大学研制的 HUSTER-68 系列全自动无人艇，实现了多艘无人艇的协同编队，初步展示了无人艇蜂群战术的应用。

国内也涌现了一批从事 USV 研发的高新技术企业，珠海云洲智能有限公司是目前国内无人船艇行业比较有代表性的企业。作为首家商业化运营的无人船艇公司，推出了一系列无人船，用于海洋环境监测、海洋调查、安防救援以及货运等。

在表面漂流浮标方面处于领先地位的主要有加拿大 RBR 公司、美国 SURTRON 公司等。我国也有诸多从事表面漂流浮标研制的科研单位及公司，如国家海洋技术中心、自然资源部第一海洋研究所等。国家海洋技术中心自主研发了一款感应耦合式表面漂流浮标，采用了感应耦合技术来实现水下传感器到浮体内采集系统的数据传输，并于 2020 年 1 月成功在西风带布放。

在锚系浮标产品研发中，国外比较有代表性的机构有美国伍兹霍尔海洋研究所、加拿大贝德福德海洋研究所(Bedford Institute of Oceanography，BIO)。我国这方面的研发机构主要有山东省科学院海洋仪器仪表研究所、国家海洋技术中心、自然资源部第一海洋研究所等。比较有代表性的产品是由自然资源部第一海洋研究所研发的 7 000 米级的“白龙”浮标，布放在中印度洋区域，是中国第一个进入全球海洋观测系统的浮标。

国外海洋潜标的主要研究机构有美国斯克里普斯海洋研究所、美国夏威夷大学和得克萨斯大学的海洋技术研究中心、伍兹霍尔海洋研究所、法国电信中心实验室、法国海洋开发研究院、加拿大斯巴顿公司、英国道蒂公司、意大利的大西洋水下研究中心、日本的海洋科学技术中心等。由加拿大、美国等国合作研制的 SeaCycler 等水下绞车式潜标技术可实现在 5.5 m 波浪海况下系统工作正常，并进行数据传输；由俄罗斯和德国研制的基于电机驱动和基于浮力驱动的新型潜标在技术方面处于领先地位。

国内从事潜标研发的代表性机构有国家海洋技术中心、中国海洋大学等。国家海洋技术中心在“九五”期间设计完成了 H/HB 型海洋潜标，成功布放并回收，标志着国产潜标技术进入了实际应用阶段。中国海洋大学研发团队在水下潜标沿缆运动控制以及水下沿缆剖面测量等一系列关键技术上取得了突破。2017 年，中国首次建成西太平洋“深海实时传输潜标系统”，研发了无线水声通信传输方案，实时传输水深 400~4 000 m 的海水温度、盐度、环流、回声强度等数据资料(表 3-6)。

表 3-6 国内外部分海洋监测探测平台技术产品对照

长航程无人机					
序号	产品名称(核心技术)	研制单位	国别	城市	产品参数
1	MQ-9B	通用原子公司(General Atomics)	美国	圣迭戈(San Diego)	载荷：1 360 kg 续航时间：大于 35 h 最大航程：10 186 km 巡航高度：12 200 m 可用于军事打击、航空侦查、海事巡查、中继通信、海洋环境监测等多方面

续表

序号	产品名称（核心技术）	研制单位	国别	城市	产品参数
2	翼龙－10无人机	中航工业成都飞机设计研究所	中国	成都	载荷：400 kg 续航时间：5 h 最大航程：4 000 km 巡航高度：12 500 m 察打一体无人机、海事巡查、中继通信、海洋环境监测等多方面
3	CH-4 型无人机	中国航天空气动力技术研究院	中国	北京	载荷：345 kg 续航时间：30~35 h 最大航程：3 500~5 000 km 巡航高度：5 000~7 000 m 可用于军事打击、航空侦察、海事巡查、中继通信、海洋环境监测等多方面

自持式剖面浮标

序号	产品名称（核心技术）	研制单位	国别	城市	产品参数
1	APEX 型剖面浮标	Teledyne Webb Research（TWR）	美国	北法尔茅斯（North Falmouth）	使用寿命：4 年约 150 次沉浮 重量：25 kg 尺寸：直径 16.5 cm，高度 130 cm 下沉深度：2 000 m 数据传输：ArgoS 或 IRIDIUM 采样间隔：5~10 m
2	PROVO CTS3 型剖面浮标	NKE Instrumentation	法国	埃纳邦（Hennebont）	使用寿命：4~5 年 250 个周期 下沉深度：2 000 m 数据传输：ArgoS 或 IRIDIUM
3	NAVIS 型剖面浮标	海鸟公司（Sea-Bird）	美国	贝尔维尤（Bellevue）	使用寿命：300 个剖面 重量：18.5 kg 尺寸：直径 14 cm，高度 159 cm 下沉深度：2 000 m 数据传输：ArgoS 或 IRIDIUM

续表

序号	产品名称（核心技术）	研制单位	国别	城市	产品参数
4	NOVA 型剖面浮标	MetOcean 公司	加拿大	达特茅斯（Dartmouth）	使用寿命：250 个剖面 重量：18.5 kg 尺寸：直径 14 cm，高度 160 cm 下沉深度：2 000 m 取样间隔：1~5 m 泵抽式采样
5	SOLO-II/S2A 型剖面浮标	斯克里普斯海洋研究所（Scripps Institution of Oceanography，SIO）	美国	圣迭戈（San Diego）	使用寿命：300 个剖面 重量：18.6 kg 尺寸：直径 14 cm，高度 161 cm 下潜深度：2 300 m 取样间隔：1~2 m 数据传输：ArgoS-3 或 IRIDIUM
6	NINJA 型剖面浮标	海洋地球科技研究所（JAMSTEC）和 TSK 公司	日本	横须贺（YOKOSUKA）	使用寿命：50~70 个全深度剖面 重量：50 kg 尺寸：直径 25 cm，高度 210 cm 下潜深度：4 000 m 目标是观测 3 000 dB 以下的深海区
7	HM2000 型 C-Argo 剖面浮标	青岛海山海洋装备有限公司（隶属：中国船舶集团第七一〇研究所）	中国	青岛	使用寿命：2 年，100 个剖面 重量：约 40 kg 尺寸：31.5 cm×195 cm 下潜深度：2 000 m 数据传输：北斗
波浪滑翔器					
序号	产品名称（核心技术）	研制单位	国别	城市	产品参数
1	Wave Glider SV3	液体机器人公司（Liquid Robotics）	美国	森尼韦尔（Sunnyvale）	舟型浮体尺寸：305 cm×81 cm×23 cm 水下牵引机尺寸：213 cm×142 cm×21 cm 重量：150 kg 工作寿命：1 900 d 航速：1~1.5 kn 最大载荷：45 kg GPS 定位、铱星通信

续表

序号	产品名称（核心技术）	研制单位	国别	城市	产品参数
2	“黑珍珠”号波浪滑翔器	中国海洋大学	中国	青岛	舟型浮体尺寸：250 cm×60 cm×42 cm 水下牵引机尺寸：192 cm×123 cm×50 cm 重量：67 kg 航程：大于 6 000 km 航速：0.5~1.5 kn 最大载荷：20 kg GPS 定位、铱星通信

无人水面艇

序号	产品名称（核心技术）	研制单位	国别	城市	产品参数
1	C-Worker 5 无人船	Autonomous Surface Vehicles Ltd（ASV Ltd）	英国	朴次茅斯（Portsmouth）	长度：5.5 m 航速：7 kn 续航时间：7 d
2	D. A. S. BOAT	Shark Marine Technologies Inc.	加拿大	圣凯瑟琳斯（St. Catharines）	尺寸：180 cm×90 cm 航速：3~4 kn 续航时间：4 h
3	“精海”系列无人艇	上海大学	中国	上海	
4	M80 海洋测量无人船	珠海云洲智能科技有限公司	中国	珠海	长度：7.1 m 航速：6~12 kn 续航时间：50 h

波浪浮标

序号	产品名称（核心技术）	研制单位	国别	城市	产品参数
1	MINI 型波浪浮标	AXYS Technologies Inc.	加拿大	悉尼市（Sydney）	直径 0.6 m，重量 43 kg 波高范围：±20 m；分辨率：0.01 m；精度：<2% 波周期：1.5~33 s；分辨率：0.1 s；精度：<2%
2	MK Ⅲ型测波浮标	Datawell	荷兰	哈勒姆（Haarlem）	波高：-20~+20 m，分辨率为 1 cm，精度为测值的 0.5% 波周期：1.6~30 s 波向：0°~360°，分辨率为 1.5°

续表

序号	产品名称（核心技术）	研制单位	国别	城市	产品参数
3	SBF3-2 型波浪浮标遥测系统	山东省科学院海洋仪器仪表研究所	中国	青岛	波高测量范围：0.2～25 m；准确度：±(0.1+5%H)；分辨率：0.1 m。 波周期测量范围：2～30 s；准确度：±0.25 s(采样频率为 4 Hz 时)±0.5 s(采样频率为 2 Hz 时)；分辨率：0.1 s。 波向测量范围：0°～360°；测量准确度：±10°；分辨率：1°

3.3.2.2 重点创新机构研发布局

（1）美国通用原子公司(General Atomics)

美国通用原子公司是美国一家军事承包商，公司业务范围包括核燃料循环系统、无人侦察机、机载传感器、激光技术、电子技术等。通用原子公司为美国空军研发的 MQ-9B 无人机，用于海上情报、监视、侦察任务。同时通用原子公司也积极拓展 MQ-9B 的民用服务，搭载各类监测传感器、雷达等执行民用勘测服务，并与 NASA 等机构开展合作(表 3-7)。

表 3-7 美国通用原子公司在无人机技术领域研发布局简况

创新机构	通用原子公司(General Atomics)	
网址	https://www.ga-asi.com	
核心专利	公开号	专利名称
	US 10279883B2	Systems and methods for lighter-than-air high altitude platforms(用于比空气轻的高空平台的系统和方法)
	US 9988143B2	Landing gear deployment systems and methods (起落架展开系统和方法)
	US 10967959B2	Folding trailing arm landing gear (折叠式拖臂起落架)
	EP 1454386B1	Laser containing a distributed gain medium (包含分布式增益介质的激光器)
	US 6220549B1	Method and apparatus for fabricating panels used for the active control of surface drag(制造用于主动控制表面阻力的面板的方法和设备)
主要技术和产品	无人侦察机、飞机配件、激光技术、核技术，代表产品 MQ-9B 无人机	

(2)诺斯罗普·格鲁曼公司(Northrop Grumman)

美国诺斯罗普·格鲁曼公司于1994年成立，是由原诺斯罗普公司收购格鲁曼公司后组成的，业务范围包括飞机制造、雷达制造、航天器等，是世界著名的军事服务商，同时也开展各种民用服务。开发了RQ-4全球鹰无人机，在军事上可用于现场侦察及目标监视等任务，在民用领域，NASA及NOAA也曾应用其执行海洋观测、飓风监测等任务(表3-8)。

表3-8 诺斯罗普·格鲁曼公司在无人机技术领域研发布局简况

创新机构	诺斯罗普·格鲁曼公司(Northrop Grumman)	
网址	www. northropgrumman. com/	
核心专利	公开号	专利名称
	US 10054958B2	Vertical takeoff and landing (VTOL) unmanned aerial vehicle (UAV)(垂直起降无人机)
	US 10914865B1	UAVs for monitoring the intensification of tropical cyclones(用于监测热带气旋强度的无人机)
	US 10526069B1	Collapsible large diameter propeller for quiet aircraft(用于静音飞行器的可折叠大直径螺旋桨)
	US 9804293B1	UAVs for the detection and tracking of intense tornadoes(探测和跟踪强龙卷风的无人机)
	EP 3055203B1	Stowable and deployable unmanned aerial vehicle(可收起和展开的无人机)
	US 10106243B2	Deployable wing for an aircraft(飞机可展开机翼)
	US 9975633B1	Collapsible ducted fan unmanned aerial system(可折叠管道风扇无人驾驶航空系统)
	US 9874874B2	Dynamic compliance monitoring of unmanned vehicles(无人驾驶飞行器的动态顺应性监测)
主要技术和产品	飞机设计及制造、无人机控制系统、飞机配件，代表产品RQ-4全球鹰无人机	

(3)中国航天空气动力技术研究院

中国航天空气动力技术研究院是我国第一个大型空气动力研究与试验基地和中国空气动力研究的核心机构。以空气动力学、特种飞行器、航天技术应用为三大主业，在无人机领域，已形成大、中、小型相匹配的无人机产品型谱，代表性产品有“彩虹”系列无人机(表 3-9)。

表 3-9 中国航天空气动力技术研究院在无人机技术领域研发布局简况

创新机构	中国航天空气动力技术研究院	
网址	http：//www. caaa-spacechina. com/	
核心专利	公开号	专利名称
	CN 109606670B	一种无人自转旋翼机旋翼操纵机构
	CN 106945846B	一种低雷诺数空气螺旋桨外形确定方法
	CN 106828887B	一种飞行器头部自适应热防护方法
	CN 105947198B	一种三栖气垫旋翼飞行器构型
	CN 104787304B	一种无人机舵系统连杆机构
	CN 105366051B	一种用于海水样本采集的无人地效飞机
	CN 103466097B	一种小型无人机回收机构
	CN 103803057B	排翼太阳能无人机气动布局结构
	CN 103523218B	一种无人机可调阻尼前轮减摆器
	CN 103466074B	一种舰载撞网回收无人机
主要技术和产品	空气动力学、特种飞行器、航天技术，代表产品为“彩虹”系列无人机	

(4) 日本 TSK

日本 TSK(Tsurumi-Seiki Co. Ltd.)公司是从事海洋技术开发的公司，总部位于日本横滨。TSK 从事多种类型海洋装备的研发生产，与日本海洋地球科技研究所共同开发了 NINJA 型剖面浮标，并参与到全球 Argo 计划中。TSK 公司在抛弃式温盐深传感器(XCBT/XCTD)技术方面处于全球领先地位。此外 TSK 公司还生产水下绞车设备、海洋环境监测仪器设备以及波浪潮汐监测设备等(表 3-10)。

表 3-10 TSK 公司在海洋监测及探测技术领域研发布局简况

创新机构	Tsurumi-Seiki Co. Ltd. (TSK)
网址	http：// www. tsk-jp. com

续表

	公开号	专利名称
核心专利	JP 5649006B2	The float device(一种浮子器件)
	JP 5396326B2	Method of measuring data and marine ocean data measuring device(测量数据和船用海洋数据的方法测量装置)
	JP 3558741B2	The electrical conductivity and electrical conductivity measuring circuit for measuring probe(电导率和电导率测量电路，用于测量探头)
	JP 3340953B2	Drop type observation of the parachute device(滴式降落伞观察装置)
	JP 2542531B2	Water of chlorophyll concentration measuring device(叶绿素的水浓度测量装置)
	JP 06058323B2	Water COD measuring device(水 COD 测量装置)
主要技术和产品	Deep NINJA 4000m 剖面浮标；XBT/XCTD 系列产品；WM-2 波高测量仪；水下绞车；VMPS 浮游生物采样器	

(5)国家海洋技术中心

国家海洋技术中心创建于 1965 年，隶属于自然资源部，拥有海洋观测网设计与状态监控技术实验室、海洋高性能传感器实验室、海洋剖面运动测量技术实验室、海底观测技术实验室、海洋装备可靠性和环境适应性综合测试实验室等一批功能先进的实验室。国家海洋技术中心在海洋观测平台技术、传感器技术、遥感技术等领域都有涉及(表 3-11)。

表 3-11 国家海洋技术中心在海洋监测及探测技术领域研发布局简况

创新机构	国家海洋技术中心	
网址	http：//www. notcsoa. org. cn	
核心专利	公开号	专利名称
	CN 108362369B	一种具备同步功能的自容式单通道海洋声信号测量装置
	CN 106403901B	一种浮标姿态测量装置及方法
	CN 106945787B	一种投弃式海气通量浮标
	CN 106965905B	海洋声学测量浮标系统
	CN 106428434B	一种船载投弃式放射性监测漂流浮标
	CN 104061115B	一种漂浮式多浮子波浪能发电装置

续表

	公开号	专利名称
核心专利	CN 104908890B	海洋环境噪声剖面数据实时分析传输漂流浮标系统
	CN 105043575B	一种高灵敏度薄膜型电阻温度传感器制造方法
	CN 105157683B	一种海洋温度电导率剖面测量探头
	CN 104677427B	一种嵌入式水下运动平台载温盐深传感器
	CN 108362369B	一种具备同步功能的自容式单通道海洋声信号测量装置
	CN 106403901B	一种浮标姿态测量装置及方法
主要技术和产品	海洋观测平台如波浪滑翔器、剖面浮标，传感器如 CTD 等	

(6) Liquid Robotics

Liquid Robotics 公司是位于美国圣弗朗西斯科(旧金山)湾区的一家高科技公司，目前有 100 多名员工。2007 年由 Joseph D. Rizzi 和 Roger Hine 创立。他们二人于 2005 年发明了一款能依靠波浪能提供前进推力，从而能在海上连续工作数月的自主监测装置，这成了波浪滑翔器的雏形。目前 Liquid Robotics 的主要产品是 Wave Glider 系列波浪滑翔器，其产品在海洋工程、海洋科学领域得到了广泛应用，并受到了多国海军的关注。目前美国、挪威、澳大利亚以及部分北约国家的海军采购了其产品用于执行军事任务。Liquid Robotics 公司于 2016 年被波音公司收购(表 3-12)。

表 3-12　Liquid Robotics 公司在波浪滑翔器技术领域研发布局简况

创新机构	Liquid Robotics	
网址	http：//www. liquid-robotics. com/	
核心专利	公开号	专利名称
	US 10549832B2	Watercraft equipped with a hybrid wave-powered electricity generating and propulsion system(装备有混合式波浪能发电和推进系统的船舶)
	US 10150545B2	Wave power(波浪能)
	US 9688373B2	Watercraft equipped with a wave-powered electricity generating system and a deployable tow buoy(装有波浪发电系统和可展开拖曳浮标的船只)
	US 9524646B2	Navigation of a fleet of autonomous vessels in current and wind(自主船队在海流和风中的航行)
	US 9353725B2	Watercraft and electricity generator system for harvesting electrical power from wave motion(用于从波浪运动中获取电力的船舶和发电机系统)

续表

	公开号	专利名称
核心专利	AU 2012228951B2	Wave-powered device with one or more tethers having one or more rigid sections(海浪供电装置与一个或多个系链具有一个或多个刚性段)
	US 9151267B2	Wave-powered devices configured for nesting(配置为嵌套的波能设备)
	US 8944866B2	Wave-powered endurance extension module for unmanned underwater vehicles(无人水下航行器的波浪动力耐久性扩展模块)
	US 7641524B2	Wave power vehicle tethers(波浪动力运载工具系绳)
主要技术和产品	Wave Glider SV3 波浪滑翔器	

(7)孙秀军团队

孙秀军教授，目前任职于中国海洋大学以及青岛海洋科学与技术试点国家实验室。曾先后任职于国家海洋技术中心以及河北工业大学。孙秀军教授及其团队多年从事波浪滑翔器、自主水下航行器、水下滑翔机、自持剖面浮标以及水面无人船等的研发工作，主持承担国家和省部级波浪滑翔器技术相关课题十余项，主导研发了“黑珍珠”号、“海哨兵”号等多型波浪滑翔器，是国内波浪滑翔器研发领域的领军人物之一，在波浪滑翔器的技术研发及应用上走在前列。

以孙秀军为发明人进行检索，部分重点专利见表3-13，申请人涉及中国海洋大学、天津大学、天津工业大学、国家海洋技术中心、青岛海洋科学与技术国家实验室发展中心、青岛海舟科技有限公司等单位。

表3-13　孙秀军团队在波浪滑翔器技术领域研发布局简况

创新团队	孙秀军团队	
网址		
核心专利	公开号	专利名称
	CN 111290435B	一种波浪滑翔器的路径规划方法及系统
	CN 103448889B	水下螺旋桨推进装置
	CN 103448890B	小型自主运动海洋观测平台壳体
	CN 103452832B	柔性卷边柱塞浮力泵
	CN 101508335B	水下螺旋桨推进模块和包含该模块的水下航行器
	CN 101508336B	水下尾舵转向模块和包含该模块的水下航行器
	CN 101549744B	混合型多功能海洋监测自主平台

续表

主要技术和产品	"黑珍珠"号、"海哨兵"号波浪滑翔机

(8)山东省科学院海洋仪器仪表研究所

山东省科学院海洋仪器仪表研究所建所近50年来，一直致力于海洋监测领域的技术研究和装备开发，主要科研成果包括系列化的海洋环境监测浮标、水文水质传感器、海洋气象观测仪等(表3-14)。

表3-14 山东省科学院海洋仪器仪表研究所在海洋观测平台技术及传感器技术领域研发布局简况

创新机构	山东省科学院海洋仪器仪表研究所	
网址	www. sdioi. com	
核心专利	公开号	专利名称
	CN 105203491B	一种深海甲烷浓度原位检测系统
	CN 104483010B	一种激光干涉接收式水声应答器
	CN 105842005B	一种海洋沉积物孔隙水采集和气体在线原位检测装置及其控制方法
	CN 105131885B	一种耐海水型常温快速固化粘接剂
	CN 105564616B	一种水下监测机器人
主要技术和产品	各类锚系浮标、波浪浮标、水质传感器等	

(9)珠海云洲智能科技有限公司

珠海云洲智能科技有限公司创立于2010年4月15日，是一家专注于无人船艇技术研发的高新科技企业，产品主要应用于水质监测、水文测绘、核辐射监测、水文研究等领域。自成立以来，公司先后推出环保无人船、测量无人船、海洋调查无人船与隐身无人船等多款创新产品(表3-15)。

表3-15 珠海云洲智能科技有限公司在海洋观测平台技术领域研发布局简况

创新机构	珠海云洲智能科技有限公司
网址	www. yunzhou-tech. com

续表

	公开号	专利名称
核心专利	CN 110329459B	基于无人艇的救援设备投放方法、装置、终端设备及介质
	CN 107301646B	基于单目视觉的无人船智能避障方法和装置
	CN 108528628B	一种测量船
	CN 107323613B	一种无人船中探测设备的减摇装置和无人船
	CN 107128795B	一种无人船的回收装置和无人船
	CN 105000135B	一种无人船机器人自动收放系统
	CN 105059558B	无人船载无人机起降系统
	CN 103935476B	自主导航水面清洁机器人
	CN 104494776B	带有球鼻艏的高速浅吃水三体船及系统
	CN 101833335B	小型水面机器人装置及自适应水流优化导航方法
主要技术和产品	SE40 自动无人船、SS30 采样无人船、MM70 采样监测无人船、ME120 走航监测无人船、M80 海洋探测无人艇、LVR-17“巡游者”安防巡逻无人艇、“筋斗云”号无人货运船	

(10)上海大学

上海大学在无人水面艇方面有较强的研发实力，研发的“精海”系列无人艇曾在2016年获得国家技术发明奖二等奖(表 3-16)。

表 3-16　上海大学在海洋观测平台技术及传感器技术领域研发布局简况

创新机构	上海大学	
网址	https：//www. shu. edu. cn/	
核心专利	公开号	专利名称
	CN 108891544B	基于无人艇的智能水面垃圾回收处理系统
	CN 110733607B	群体式无人艇布放与回收系统
	CN 109774909B	一种混合动力无人艇
	CN 109835449B	一种仿生腿足式水底监测平台
	CN 107600331B	一种对称式可半潜水下无人艇
	CN 108163149B	一种无人艇布放回收系统
	CN 106394824B	一种基于海浪能发电的无人艇能源供给系统和方法

(11)中国船舶集团第七一〇研究所

中国船舶集团第七一〇研究所在海洋观测平台技术领域研发布局见表3-17。

表3-17 中国船舶集团第七一〇研究所在海洋观测平台技术领域研发布局简况

创新机构	中国船舶集团第七一〇研究所	
网址	http://www.csic710.com.cn/	
核心专利	公开号	专利名称
	CN 110316316B	一种用于布放型水下航行器的自调节载荷保险限位装置
	CN 109591988B	一种基于海洋环境参数调节的浮力驱动装置
	CN 109591986B	一种适用于波浪能滑翔器的水下耐疲劳减震装置
	CN 109677563B	一种适用于水下锚泊平台的微量放索装置
	CN 108254686B	一种UUV推进电机可靠性实验室测试方法
	CN 108298048B	一种水下无人航行器油电混合动力装置
	CN 108298029B	一种UUV布放回收保护装置
	CN 108454809B	一种双泵式自动浮力与姿态调节装置
主要技术和产品	剖面浮标、波浪滑翔器、UUV等	

3.3.3 传感器技术

3.3.3.1 国内外重点企业及主要产品

全球范围内从事CTD研发生产的公司及机构有近百家，比较知名的有美国海鸟公司(Sea-Bird)、意大利Idronaut等。此外加拿大AML公司、日本TSK公司等也都有较成熟的CTD产品。海鸟公司生产的CTD在世界范围内有着较高的市场占有率。

在海洋光学测量方面，比较有代表性的公司有加拿大Satlantic公司，产品有系列化的光学测量仪器如HyperSAS海面高光谱测量仪、OCR-500系列微型辐照度传感器等。

ADCP初代产品由美国TRDI公司在20世纪80年代推出，至今TRDI公司的ADCP产品性能仍处于世界领先地位，具有较高的市场占有率。目前，除TRDI公司外，很多西方国家的研究机构、科技公司等也推出了一系列的剖面仪测流设备，如法国THOMSON公司、挪威的安德拉仪器公司等也都有产品化的剖面仪测流设备。国产 ADCP 如中国科学院声学研究所与无锡市海鹰加科海洋技术有限责任公司联合开发的 RIV-600，基本达到了国外同类型产品的指标并通过了水利部产品鉴定。中国海洋大学、山东省科学院海洋仪器仪表研究所等在水文气象观测设备上也进行了较多的研发。

压力式波潮仪方面代表性产品有美国 InterOcean 公司的 S4Adw 压力式波浪仪以及美国海鸟公司生产的 SBE26 波潮仪。

溶解氧传感器如美国 In-Situ RDO 在线溶解氧分析仪、挪威 AADI 4531A 在线溶解氧分析仪等，采用荧光法进行测量，具有较高的精度。

叶绿素传感器比较有代表性的产品有美国 Turner Design 公司的 Cyclops-7 水下荧光计、德国 TriOS 公司的 MicroFlu-chl 便携式水下叶绿素荧光分析仪。日本 JFE Advantech 公司、加拿大 Satlantic 公司等也都有各自较为成熟的产品。

营养盐在线分析仪国际上比较有代表性的厂家有意大利 Systea 公司、美国 SubChem Systems、美国 Enviro Tech 公司、澳大利亚 Green Spna 公司等。

日本 JFE Advantech 公司 AAQ-RINKO 多参数水质分析仪能够测量色度、浑浊度、pH、溶解氧项目；德国 OTT 公司的 Hydrolab 多参数水质分析仪，可以通过配置不同电极检测溶解氧、pH、ORP(氧化还原电位)、电导率、温度、深度、浊度、叶绿素 a 等共 15 种参数。

我国在化学参数传感器研究方面已经接近国际先进水平，如山东省科学院海洋仪器仪表研究所研发的原位营养盐传感器，基于流动注射分析技术可以依序分析海水中的 NH_4^+，NO_2，$NO_2+NO_3^{2-}$，PO_4^{3-}，SiO_3^{2-} 五项营养元素，可用于长期原位监测。此外，水质传感器在淡水环境监测领域以及市政水网检测领域也有较多的应用，市场前景广阔，因此吸引了很多的企业从事此类设备的研发生产。如青岛道万科技有限公司，专业从事 CTD 产品的研发。此外烟台凯米斯仪器有限公司、上海清淼光电科技有限公司、深圳云传物联技术有限公司等，都有系列化的产品。

国外开展海洋重力仪的研究较早，20 世纪 50 年代美国 LaCoste&Romberg 公司(现 Microg-LaCoste 公司)公司开发出了第一台带动态稳定平台的海洋重力仪，采用零长弹簧重力敏感器。目前 Microg-LaCoste 公司的第三代动态稳定平台重力仪 MGS-6 具有 500 Gal 的量程，动态精度高达 0. 25 mGal。

21 世纪初，加拿大 SGL(Sander Geophysics Ltd.)公司研制出基于三轴惯性稳定平台的海洋重力仪 Marine AIRGrav，其测量精度可达 0. 5 mGal；俄罗斯莫斯科重力测量技术公司也于 2001 年开发了三轴平台的航空重力仪，并扩展到海洋应用，最新的 GT-2M 海洋重力仪测量精度可达 0. 2 mGal。

我国也积极开展重力仪的研发，1986年中国科学院测量与地球物理研究所成功研制了CHZ型海洋重力仪，测量精度接近1 mGal；国防科技大学在“十二五”期间研制出第二代捷联式航空重力仪SGA-WZ，测试精度达到1 mGal；北京航天控制仪器研究所于2010年开始航空/海洋重力仪研发，目前已有相对成熟的产品，测量精度0.3 mGal；中国船舶集团第七〇七研究所也研发了基于双轴平台的重力仪产品。

国内常用的海洋磁力仪有美国Geometrics公司的G-882型号光泵磁力仪和加拿大Marine Magnetics公司的SeaSPY型质子磁力仪；加拿大Scintrex公司的CS系列磁力仪也有着较高的市场占有率。国内中国科学院空天信息创新研究院、中国船舶集团第七一〇研究所、北京航天控制仪器研究所、中国科学院空间中心、地质调查局航遥中心、中国船舶集团第七一五研究所等多个单位开展了磁力仪的研制，并得到了产品应用。

海洋地震仪常用于海底油气勘探，全球有30多家石油技术公司从事海洋地震勘探设备的研发。如法国Sercel公司、英国WesternGeco公司、美国ION地球物理集团公司、德国Geopro公司、挪威PGS(Petrol Geo-serv)公司等。研发了一系列针对不同应用场景的海底地震勘探系统。比较有代表性的有Sercel公司的SeaRay428海底电缆采集系统、挪威PGS公司的OptoSeis海底光纤永久埋藏系统、Geopro公司的海底地震仪(表3-18)。

中国科学院地质与地球物理研究所是国内地震仪研究的代表性机构。该所从20世纪初开始研制海底地震仪，经过十几年的技术积累，技术水平以及应用效果基本达到了国际先进水平。该所自主研发了万米级海底地震仪，在2017年2月成功进行了海试，采集了两条万米级人工地震剖面，这个深度的人工地震剖面获取在国际上尚属首次。国内油气公司也积极开展海洋地震勘探装备的研发，如中石油旗下东方地球物理勘探公司及中海油服公司等(表3-18)。

表3-18 国内外传感器技术重点企业及主要产品

温盐深传感器(CTD)					
序号	产品名称(核心技术)	研制单位	国别	城市	产品参数
1	SBE 911温深传感器	海鸟公司(Sea-bird)	美国	贝尔维尤(Bellevue)	采样率：16 Hz 工作深度：0～7 000 m，精度0.015%量程 测温范围：-5～35℃，精度0.001℃ 盐度范围：0～7 mS/cm，精度0.003 mS/cm

续表

序号	产品名称（核心技术）	研制单位	国别	城市	产品参数
2	OCEAN SEVEN 316 Plus CTD 多参数水质仪	Idronaut Srl	意大利	蒙扎市（Monza）	工作深度：0~7 000 m（可定制），精度0.05%量程 测温范围：-3~50℃，精度0.003℃ 电导率：0~70 mS/cm，精度0.003 mS/cm 配置溶解氧、pH 传感器
3	CTD60M 温盐深仪	Sea&Sun Technology GmbH（SST）	德国	特拉彭坎普（Trappenkamp）	工作深度：0~6 000 m 精度，0.01%量程 测温范围：-2~36℃，精度0.001℃ 电导率：0~70 mS/cm，精度0.001 mS/cm pH：0~14，精度0.02
4	SD208 温盐深仪	SAIV AS	挪威	卑尔根（Bergen）	工作深度：0~6 000 m，精度0.01%量程 测温范围：-2~40℃，精度0.003℃
5	rapidProCTD 温盐深仪	Valeport	英国	德文郡（Devon）	工作深度：1 000/2 000 m，0.01%量程 测温范围：-5~35℃，精度0.01℃ 电导率：0~80 mS/cm，精度0.01 mS/cm
6	DW1636 温盐深仪	青岛道万科技有限公司	中国	青岛	工作深度：0~1 000 m，精度0.1%量程 测温范围：-5~35℃，精度0.01℃ 电导率：0~65 mS/cm，精度0.01 mS/cm 采样频率：1 Hz 或 4 Hz
多普勒流速剖面仪（ADCP）					
序号	产品名称（核心技术）	研制单位	国别	城市	产品参数
1	OS-38/75/150 相控阵海洋调查型 ADCP	Teledyne RD Instruments（TRDI）	美国	圣迭戈（San Diego）	频率：38 kHz、75 kHz、150 kHz 剖面深度：800~1 000 m，560~700 m，375~500 m
2	Seaguard Ⅱ DCP 多普勒海流剖面仪	挪威安德拉仪器（Aanderaa Data Instruments AS）	挪威	卑尔根（Bergen）	声学频率：600 kHz 流速精度：0.3 cm/s 或读数的1.5% 流速分辨率：0.1 cm/s 流速精确度：<3.3 cm
3	Signature 1000/500 蛟龙 ADCP	Nortek	挪威	奥斯陆（Oslo）	声学频率：1 000 kHz/500 kHz 耐压水深：300 m 测量精度：1%或5 mm/s 剖面范围：30 m/70 m

续表

序号	产品名称（核心技术）	研制单位	国别	城市	产品参数
4	宇征 ADCP	杭州安布雷拉自动化科技有限公司	中国	杭州	声学频率：2 000 kHz 耐压水深：30 m 测量精度：1%或 15 mm/s 最小分层厚度：0. 15 m/层 测量水层范围：0. 3~7 m
5	SeaWatch 300 kHz/600 kHz/1 200 kHz 系列 ADCP	Rowe Technologies Inc(RTI)	美国	波韦(Poway)	声学频率：300 kHz/600 kHz/1 200 kHz 波束：4 个 20°波束角 耐压水深：300 m/3 000 m/4 000 m/6 000 m 测量精度：0. 25%或 2 mm/s
6	海鹰 RIV 系列 ADCP	中国科学院声学研究所与无锡市海鹰加科海洋技术有限责任公司	中国	北京	声学频率：300 kHz/600 kHz/1 200 kHz 波束：4 个 20°波束角 耐压等级：400 m/1 500 m/3 000 m/6 000 m 测量精度：0. 25%或 2 mm/s 分层厚度：0. 2~8 m

波潮仪

序号	产品名称（核心技术）	研制单位	国别	城市	产品参数
1	RBRduo^3 T. D | wave16 波潮仪	RBR 公司	加拿大	渥太华(Ottawa)	潮位：采样周期 1 s 至 24 h 波浪：脉冲(样本)个数 512~32 768；脉冲间隔 1 s~24 h 压力：量程 20/50 m，精度 0. 05% 温度：-5~35℃，精度 0. 002°
2	SBY2-1 型声学波浪仪	厦门瀛寰电子科技有限公司	中国	厦门	波高测量范围：0~15 m 波高测量误差：≤2 cm 波周期测量范围：2~30 s 波周期最大允许误差：±0. 5 s
3	WaveGuide 平台测波仪	Radac 公司	荷兰	代尔夫特(Delft)	测量波周期为 0~1 Hz，波高范围可达 0~60 m，准确度达 1 cm
4	HY1300 全数字潮位仪	无锡市海鹰加科海洋技术有限责任公司	中国	无锡	深度量程：10 m、30 m、50 m，分辨率 0. 01 m 采样频率：0. 25 Hz、0. 5 Hz、1 Hz、2 Hz、4 Hz 温度：0~40℃，精度±0. 01℃

续表

生态环境参数传感器					
序号	产品名称（核心技术）	研制单位	国别	城市	产品参数
1	Hydrolab MS5 多参数水质分析仪	OTT	德国	肯普滕（Kempten）	溶解氧、pH、ORP、电导率、温度、深度、浊度、叶绿素 a、蓝绿藻、若丹明 WT、铵/氨离子、硝酸根离子等 15 种参数
2	MS6100 多参数在线分析仪	哈希（Hach）	美国	拉夫兰（Loveland）	测量余氯、总氯、浊度、pH、ORP、电导率和温度 7 种参数
3	MicroFlu-chl 便携式水下叶绿素荧光分析仪	TriOS	德国	拉斯特德（Rastede）	深度范围：500 m 叶绿素检测范围：0~500 μg/L 蓝绿藻检测范围：0~150 000 cells/mL 若丹明染剂：$0\sim1\ 000\times10^{-9}$
4	Cyclops-7 水下荧光计	Turner Design	美国	圣何塞（San Jose）	监测叶绿素 a、若丹明 WT、荧光素、原油（苯及苯的同系物）、精炼油、CDOM、藻蓝蛋白和藻红蛋白等多种物质 深度范围：600 m 激发波长：470 nm 监测波长：685 mm 监测范围：0~10 μg/L，0~100 μg/L 灵敏度：0.1 μg/L
5	Aqua TROLL 400 多参数水质分析仪	In-Situ	美国	华盛顿州温哥华市（Vancouver）	实时测量 pH、ORP、荧光法溶解氧、电导、盐度、温度、水位、压力等多个参数 工作温度：−5~50℃ 耐压深度：76 m 电导率：5~100 000 μS/cm 溶解氧：0~8 mg/L、8~20 mg/L、20~50 mg/L pH：0~12

续表

序号	产品名称（核心技术）	研制单位	国别	城市	产品参数
6	MPS-400 在线多参数自清洁传感器	烟台凯米斯仪器有限公司	中国	烟台	溶解氧，电导率，浊度，pH，ORP，温度等测量 电导率：0~600 mS/cm，精度 1.5% 溶解氧：0~20 mg/L，精度±0.3 mg/L pH：0~14，精度：0.01 叶绿素：0~400 μg/L 浊度：0~1 000 NTU，精度 5%
7	Orion AQ-3700 总磷、总氮、COD 多参数水质分析仪	赛默飞世尔（Thermo Fisher）	美国	沃尔瑟姆（Waltham）	可测量总磷、总氮、COD 等多种参数 波长：430 nm，530 nm，560 nm，580 nm，610 nm，660 nm 光度计精确度：量程的 2%
8	AAQ-RINKO 水质分析仪	JFE Advantech Co., Ltd.	日本	东京	电导率：0.5~70 mS/cm，精度 0.001 mS/cm 浊度：0~1 000 FTU 荧光测定：$0\sim400\times10^{-9}$ pH：0~14，精度 0.01

海洋重力仪

序号	产品名称（核心技术）	研制单位	国别	城市	产品参数
1	MGS 6 动态海洋重力仪	Micro-G & LaCoste	美国	拉斐特（Lafayette）	量程：±500 000 mGal 静态重复精度：0.02 mGal 动态重复精度：0.25 mGal 记录频率：1 Hz 系统零漂：<3 mGal/月 最大俯仰角：±35° 最大横滚角：±35°
2	GT-2M 海洋重力仪	Canadian Micro Gravity（CMG）& Gravimetric Technologies（GT）	加拿大和俄罗斯	多伦多（Toronto）和莫斯科（Moscow）	量程：100 000 mGal 海上精度：0.2 mGal 动态重复精度：0.25 mGal 记录频率：0.1~2 Hz 系统零漂：<3 mGal/月 最大俯仰角：±45° 最大横滚角：±45°

续表

序号	产品名称（核心技术）	研制单位	国别	城市	产品参数
3	KSS32 重力仪	Bodensee Gravimeter Geo-System (BGGS)	德国	梅尔斯堡(Meersburg)	量程：230 000 mGal 精度：0.2 mGal 系统零漂：<3 mGal/月 最大俯仰角：±40° 最大横滚角：±40°
4	SAG 系列海空重力仪	北京航天控制仪器研究所	中国	北京	量程：2 000 000 mGal 静态精度：0.2 mGal 动态精度：0.3 mGal 最大俯仰角：全姿态 最大横滚角：全姿态
5	GDP-1Z 重力仪	中国船舶集团第七〇七研究所	中国	天津	量程：10 000 mGal 精度：1 mGal 系统零漂：<3 mGal/月 最大俯仰角：±25° 最大横滚角：±25°

海洋磁力仪

序号	产品名称（核心技术）	研制单位	国别	城市	产品参数
1	G-882 型海洋磁力仪	Geometrics	美国	圣何塞(San Jose)	最大工作深度：2 730 m 测量范围：20 000~100 000 nT 最大采样频率：20 Hz 方位误差：<1 nT
2	SeaSPY2 质子磁力仪	Marine Magnetics Corp	加拿大	马克姆(Markham)	耐压等级：1 000 m/3 000 m/6 000 m 测量范围：18 000~120 000 nT 采样频率：0.1~4 Hz 绝对精度：0.1 nT
3	PROTON 5 质子磁力仪	JW Fishers	美国	东汤顿(East Taunton)	磁力探测距离：1 500 ft 磁力探测范围：18 000~120 000 nT，全球无盲区 传感器灵敏度：1 gamma；分辨率：1 gamma 采样周期：2~4 s 拖速：1~10 n mile/h

续表

序号	产品名称（核心技术）	研制单位	国别	城市	产品参数
4	CS-3 铯光泵磁力仪	Scintrex	加拿大	沃恩市（Vaughan）	测量范围：15 000~105 000 nT 方位误差：±0.25 nT 绝对精度：<2.5 nT
5	GB-6A 型海洋氦光泵磁探仪	中国船舶集团第七一五研究所	中国	杭州	测量范围：35 000~70 000 nT 方位误差：<1.5 nT
海洋地震仪					
序号	产品名称（核心技术）	研制单位	国别	城市	产品参数
1	GeoEel 海洋地震全数字拖缆	Geometrics	美国	圣何塞（San Jose）	A-D 转换模块（ADCM）：采样间隔：1/16 ~4 ms 带宽：5~8 kHz 分辨率：24 位 水听器阵：典型配置 10 个水听器，缆长 12.5 m 单元通道数：8 个
2	Geo-Source 800 极海洋电火花拖体震源系列	Geo Marine Survey Systems	荷兰	鹿特丹（Rotterdam）	垂直分辨率：10~30 cm 工作水深：2~2 500 m 海底穿透深度：400 ms
3	TC12/48 浅海海底地震仪	Terraplus	加拿大	里士满希尔（Richmond Hill）	耐压等级：500 m 通道数：4 通道，3 分量速度检波器，1 路水听器 动态响应：150~190 dB 检波器频带：15 Hz 至 35 kHz
4	SEDIS Ⅵ 海底地震仪 OBS	Geopro	德国	汉堡（Hamburg）	耐压等级：6 700 m 通道数：4 通道，3 分量速度检波器，1 路水听器 连续工作时间：单球 30 d，双球半年 罗经分辨率：1°，精度 2° 检波器频带：120 s 至 1 Hz 可选配 采样频率：1~1 000 Hz

续表

序号	产品名称（核心技术）	研制单位	国别	城市	产品参数
5	万米级宽带海底地震仪	中国科学院地质与地球物理研究所	中国	北京	最大工作深度：12 000 m 连续工作时间：一年

3.3.3.2 重点创新机构研发布局

(1)海鸟公司

海鸟公司(Sea-Bird Electronics)成立于 1974 年，位于美国华盛顿州贝尔维尤市(Bellevue)是世界领先的海洋 CTD 产品制造商。2008 年海鸟公司被丹纳赫(Danaher)集团收购，后来海鸟与同样被收购的 Wet Labs、Satlantic 共同组成了海鸟科技集团(Sea-Bird Scientific)。海鸟产品测量参数包括温度、盐度、深度、溶解氧、营养盐以及其他相关的海洋参数。可能出于知识产权保护的目的，海鸟科技集团公开专利较少(表 3-19)。

表 3-19 美国海鸟公司在传感器技术领域研发布局简况

创新机构	Sea-Bird Scientific	
网址	www. seabird. com	
核心专利	公开号	专利名称
	US 20160229502A1	Fluid-Based Buoyancy Compensation(流体浮力补偿)
	WO 2020041264A1	Pressure compensated pH sensor(压力补偿式 pH 传感器)
	US 9983122B1	Aqueous solution constituent analyzer(水溶液成分分析仪)
主要技术和产品	系列化 CTD 产品、多参数水质分析仪、水下光学传感器	

(2)美国哈希公司

哈希公司(HACH)成立于 1947 年，总部位于美国科罗拉多州的拉夫兰(Loveland)市，是全球领先的水质分析解决方案的提供商。1999 年，Hach 公司加入美国丹纳赫(Danaher)集团，现在是丹纳赫集团下属的一级子公司。哈希公司作为全球首位的水质分析仪器仪表供应商，现已成为丹纳赫集团下最强有力的支柱品牌(表 3-20)。

表 3-20 美国哈希公司在传感器技术领域研发布局简况

创新机构	美国哈希公司	
网址	http：//www. hach. com. cn/	
核心专利	公开号	专利名称
	US 10591455B2	Mobile water analysis(移动式水分析)
	US 10571315B2	Single-beam radar level and velocity sensing(单波束雷达水平和速度感测)
	US 9056783B2	System for monitoring discharges into a waste water collection system(监测系统排放到废水收集系统)
	US 8508734B2	Annular optical device(环形光学器件)
	US 7789552B2	Particulate tester with mixer for analytical application(具有用于分析应用的混合器的颗粒测试仪)
	US 7342506B2	Wireless remote monitoring system(无线远程监控系统)
	US 7033839B1	Quick acting toxic ammonia test for aqueous samples(一种水样快速毒性氨试验方法)
	US 6793889B2	Wide-range TOC instrument using plasma oxidation(使用等离子体氧化的宽量程 TOC 仪)
	US 6180412B1	Test for chlorine in water(水中氯的测定方法)
主要技术和产品	实验室分析仪、便携式分析仪、在线分析仪、水质自动采样器、流量计	

(3)美国赛莱默集团

赛莱默(Xylem)集团总部位于美国纽约，是一家水处理工程技术供应商，全球拥有约 16 500 名员工，2019 年总营收 52. 49 亿美元。其产品涵盖方方面面，服务 150 多个国家和地区，产品应用行业涉及农业灌溉、水产养殖、环境监测等。在海洋监测探测领域，赛莱默集团旗下拥有诸多世界知名的品牌，如美国 YSI、挪威安德拉仪器(Aanderaa)、德国 WTW 等。

美国 YSI 公司

美国 YSI(Yellow Springs Instrument)公司位于美国俄亥俄州耶洛斯普林斯市。自 1948 年成立以来，YSI 公司作为国际上领先的水质、流速流量监测仪器制造商，以世界领先的传感器技术为核心，不断推出最先进的水质和流量监测产品、技术和服务，致力于为用户提供准确、可靠和高品质的测量仪器和服务(表 3-21)。

表 3-21 YSI 公司在传感器技术领域研发布局简况

创新机构	美国 YSI 公司
网址	http：//www. ysi. com

续表

	公开号	专利名称
核心专利	US 10955341B2	Optical nitrate sensor compensation algorithm for multiparameter water quality measurement(一种用于多参数水质测量的光学硝酸盐传感器补偿算法)
	US 9170132B2	Replaceable probe head having an operational amplifier(具有运算放大器的可更换探头)
	US 8780672B2	Multi-frequency, multi-beam acoustic doppler system with concurrent processing(具有并行处理的多频率、多波束声学多普勒系统)
	US 8488122B2	Turbidity sensors and probes(浊度传感器和探头)
	US 8411530B2	Multi-frequency, multi-beam acoustic doppler system(多频率、多波束声学多普勒系统)
	US 8272262B2	Underwater sensor apparatus(水下传感器装置)
	US 8125849B2	Integrated multi-beam acoustic doppler discharge measurement system(集成多波束声学多普勒放电测量系统)
	US 7523658B1	Method for measuring river discharge in the presence of moving bottom(有活动底面时河流流量的测量方法)
	US 6779383B2	Wiper and brush device for cleaning water quality sensors(一种用于清洗水质传感器的擦拭器和刷子装置)
	US 6551496B1	Microstructured bilateral sensor(微结构双边传感器)
主要技术和产品	YSI 水质分析仪、YSI 多参数水质监测系统、SonTek/YSI 声学多普勒流速流量测量系统、YSI 集成系统	

德国 WTW 公司

德国 WTW 是赛莱默旗下的一个公司，生产用于测量 pH、溶解氧、电导率、总溶解固体和特定离子的传感器、分析仪器(表 3-22)。

表 3-22　德国 WTW 公司在传感器技术领域研发布局简况

创新机构	德国 WTW 公司	
网址	http://www.wtwco.com	
核心专利	公开号	专利名称
	EP 2522990B1	Photometer for in-situ measurement in liquids(用于液体原位测量的光度计)
	DE 19811876B4	Arrangement and method for measuring turbidity-and photometric(浊度和光度测量的过程和方法)

续表

	公开号	专利名称
核心专利	EP 1772707B1	Measuring device(测量装置)
	EP 989404B1	Analyser for water and waste water(水和废水分析仪)
	EP 1199546B1	Modular measurement system(模块化测量系统)
	DE 4440250B4	recording of measurement device(测量装置的记录)
	EP 1008920B1	Process for measuring water and waste water parameters(用于测量水和废水处理参数)
	EP 794431B1	Method for determining gas consumption by matter(一种用物质测定燃气消耗量的方法)
	EP 989405B1	Device and method for analysing the contents of chemical substances in a liquid(一种用于分析液体化学物质组成的装置和方法)
主要技术和产品	pH/ORP、溶解氧/BOD/呼吸速率、电导率、浊度、COD、总氮、总磷等传感器、分析仪	

(4)Teledyne Technologies 集团

Teledyne Technologies 是一家跨国公司，总部位于美国加利福尼亚州绍森欧克斯市(Thousand Oaks)。旗下共有四大业务板块，分别是：仪器仪表、数字图像、航空和防卫、工程系统。Teledyne 集团 2019 年营收 31.64 亿美元，其中仪器仪表板块营收 11.05 亿美元，占集团总营收的 34.93%。仪器仪表板块按照应用场景又分了三个子板块：海洋装备、测试测量仪器、环境监测仪器，本书主要介绍其海洋装备板块(表 3-23)。

经过多年发展，Teledyne Technologies 集团收购兼并了一系列海洋设备厂家，业务遍布世界各地。比较知名的子公司有以下几个。

Teledyne Webb Research：位于美国马萨诸塞州北法尔茅斯，主要从事浮标、剖面浮标、滑翔机等产品的研发。其开发的 APEX 型剖面浮标在全球 Argo 计划中占了将近 2/3 的份额。

Teledyne RD Instruments(TRDI)：位于美国加利福尼亚州圣迭戈市，该公司在 20 世纪 80 年代推出 ADCP 初代产品，至今 TRDI 公司的 ADCP 产品性能仍处于世界领先地位，具有较高的市场占有率。

Teledyne Reson：位于丹麦，是世界知名的水声设备厂家。

Teledyne Blueview：位于加利福尼亚州绍森欧克斯市，生产水下三维成像声呐产品。

表 3-23 Teledyne Technologies 集团在海洋监测及探测技术领域研发布局简况

创新机构	美国 Teledyne Technologies 集团	
网址	www. teledyne. com	
核心专利	公开号	专利名称
	US 7007555B2	System and method of horizontal wave measurement(水平波测量系统和方法)
	EP 1269219B1	Pressure-sensitive switch, its method of calibration and use in a hydrophone array(压敏开关，其水听器阵列中的校准和使用方法)
	US 7317660B2	System and method for measuring wave directional spectrum and wave height(一种测量波浪方向谱和波高的系统及方法)
	US 9168990B2	Variable buoyancy profiling float(可变浮力剖面浮标)
	US 9383428B2	Passive acoustic bearing estimation via ultra short baseline wideband methods(基于超短基线宽带方法的被动声方位估计)
	US 8964507B2	Systems and methods implementing frequency-steered acoustic arrays for 2D and 3D imaging(实现用于 2D 和 3D 成像的分频声学阵列的系统和方法)
	US 7317660B2	System and method for measuring wave directional spectrum and wave height(一种测量波浪方向谱和波高的系统及方法)
	US 7362653B2	Underwater geopositioning methods and apparatus(水下地理定位方法和装置)
	US 10424284B2	Low-frequency broadband sound source for underwater navigation and communication(一种用于水下导航和通信的低频宽带声源)
	US 7267013B2	System and method of measuring fluid flow(测量流体流量的系统和方法)
	US 7539082B2	System and method for acoustic Doppler velocity processing with a phased array transducer including using a wide bandwidth pulse transmission to resolve ambiguity in a narrow bandwidth velocity estimate(使用相控阵换能器进行声学多普勒速度处理的系统和方法，包括使用宽带脉冲传输解决窄带速度估计中的模糊性)
主要技术和产品	APEX 型剖面浮标、多波束回声探测仪、水声通信 modem 产品、多普勒流速剖面仪(ADCP)、水下传感器、AUV 和 ROV 设备以及海底摄像头	

(5)日本川崎制铁株式会社(JFE Advantech)

川崎制铁株式会社(JFE Advantech)原名 Kawatetsu advantech Co. Ltd，原为川崎重工下属公司，于 1973 年分出成为独立的专业计量仪器制造商。公司总部位于日本东京，生产工厂设立在兵库县。分为水环境事业部、海洋/河川事业部、计测诊断事业部和计量事业部。其海洋监测探测技术方向的产品有 CTD、(溶解氧、pH、叶绿素、浊度等海洋参数)传感器、海洋流速计、海底光学相机等(表 3-24)。

表 3-24 日本川崎制铁株式会社(JFE Advantech)在传感器技术领域研发布局简况

创新机构	日本川崎制铁株式会社(JFE Advantech)	
网址	www. jfe-advantech. co. jp	
核心专利	公开号	专利名称
	JP 5627644B2	The fluorescence detector(一种荧光检测器)
	JP 5420378B2	The river flow measuring method and river flow measuring device(一种河道流量测量方法和河流流量测量装置)
	JP 5266498B2	The abnormality determination method for a sintering machine of the wheel bearing part cooler for cooling device(一种车轮轴承零件冷却装置冷却器烧结机异常的判定方法)
	JP 5203148B2	Fluid containing magnetic powder concentration detecting device(含有磁粉浓度检测装置的流体)
	JP 4904099B2	A measuring device and a pulse-shaped signal propagation time of the ultrasonic type flow rate measuring device(一种测量装置和所述的超声波脉冲信号的传播时间型流率测量装置)
	JP 4895949B2	The flow measuring device(一种流量测量装置)
	JP 4663586B2	Liquid concentration measuring device(液体浓度测量装置)
	JP 3567127B2	Ultrasonic type flow rate measuring device(超声波式流量测量装置)
主要技术和产品	RINKO 系列溶解氧传感器、RINKO-Profiler CTD、多参数水质分析仪	

(6)美国 In-Situ

In-Situ 公司创立于 1976 年,总部位于科罗拉多州柯林斯堡,是一家领先的水质检测仪器制造商。其产品销往 70 多个国家和地区,应用场景涉及科学研究、采矿、污水治理、水产养殖等方面(表 3-25)。

表 3-25 美国 In-Situ 在传感器技术领域研发布局简况

创新机构	In-Situ	
网址	http://www. in-situ. com/	
核心专利	公开号	专利名称
	US D0803081S	Multi-parameter sonde having a guard with multiple paired passages(具有多对通道护罩的多参数探头)
	US D0787962S	Sensor for a multi-parameter sonde(用于多参数探测仪的传感器)
	US 7138926B2	Sensor head component(传感器头组件)
	US 7007541B2	Multi-parameter monitoring system(多参数监控系统)

续表

	公开号	专利名称
核心专利	US 6798347B2	Sensor head component(传感器头组件)
	US 6938506B2	Sensor head apparatus(传感器头装置)
	US 4884019A	Accurate analog measurement system(精密模拟测量系统)
	US 6928864B1	Tool assembly and monitoring applications using same(工具组件和使用该工具组件的监控应用)
主要技术和产品	In-Situ 水质监测仪器、In-Situ 地下水水质检测仪、In-Situ 水质分析仪、In-Situ 手持多参数水质分析仪、In-Situ 水位记录仪、In-Situ 电导率仪、In-Situ 地下水质检测系统、In-Situ 水位计、In-Situ 溶解氧传感器	

(7) Micro-G & LaCoste

Micro-G & LaCoste 公司前身是创立于 1939 年的 LaCoste & Romberg 公司和创立于 1993 年的 Micro-g Solutions 公司。1999 年 Micro-g 被加拿大的 Scintrex 公司收购合并，2001 年 LaCoste & Romberg 公司也与 Scintrex 公司合并成立了 LaCoste & Romberg-Scintrex(LRS)集团。后于 2006 年重新整合为 Micro-G & LaCoste 作为 LRS 集团的子公司。在 20 世纪 50 年代，LaCoste & Romberg 公司开发出了世界上第一台带动态稳定平台的海洋重力仪，采用零长弹簧重力敏感器。目前 Micro-G & LaCoste 公司仍是世界领先的重力仪生产厂家(表 3-26)。

表 3-26 Micro-G & LaCoste 公司在传感器技术领域研发布局简况

创新机构	Micro-G & LaCoste 公司	
网址	www. microglacoste. com/	
核心专利	公开号	专利名称
	US 9547103B2	Gradiometer and method of changing an optical path length to directly obtain a value of a gradient of gravity(梯度计和改变光路长度以直接获得重力梯度值的方法)
	US 9540927B2	High resolution continuous depth positioning in a well bore using persistent casing properties(使用永久套管特性在井筒中进行高分辨率连续深度定位)
	US 9256079B2	Polarized beam director and method(偏振光导向器和方法)
	US 8978465B2	Interferometric gradiometer apparatus and method(干涉式梯度计装置和方法)
	US 8931341B2	Test mass and method for interferometric gravity characteristic measurement(干涉重力特性测量的试验质量和方法)
	US 8594937B2	Continuous gravity survey of a borehole(钻孔连续重力测量)
	US 7406390B2	Accurate dynamic gravity measurement method and apparatus(一种精密动态重力测量方法及装置)
主要技术和产品	陆地、航空及海洋重力仪产品 MGS 6 动态海洋重力仪	

(8) WesternGeco

WesternGeco 是英国一家地震探测技术公司，总部位于大伦敦地区。原隶属全球领先的、最大的油田技术服务集团斯伦贝谢(Schlumberger)公司，2018 年被斯伦贝谢公司出售给英国的 ShearwaterGeo(表 3-27)。

表 3-27　WesternGeco 公司在传感器技术领域研发布局简况

创新机构	WesternGeco	
网址	www. westerngeco. com/	
核心专利	公开号	专利名称
	EP 1774365B1	Anti-biofouling seismic streamer casing and method of manufacture(防生物污损地震拖缆外壳及其制造方法)
	US 8437218B2	Correcting geometry-related time and amplitude errors(校正几何相关的时间和振幅误差)
	EP 1119780B1	Control system for the positioning of marine seismic streamers(用于所述海洋地震拖缆的定位控制系统)
	EP 911648B1	Processing seismic exploration data(处理地震勘探数据)
	EP 966693B1	A method of and apparatus for determining the quality of seismic data(用于确定地震数据质量的一种方法和设备)
	EP 1147435B1	Method for the determination of local wave heights and acoustic sensor in marine seismic signals(用于确定局部浪高的方法和海洋地震信号中的声传感器)
	EP 1324914B1	Deflector devices(偏转装置)
	EP 1340101B1	A method of and apparatus for processing seismic data(一种用于处理地震数据的方法和装置)
	EP 880034B1	Seismic surveying(地震勘测)
	AU 2001269359B2	High energy explosive for seismic methods(用于地震方法的高能量炸药)
主要技术和产品	海底地震仪、海洋地震拖缆系统	

(9) Geometrics 公司

Geometrics 公司位于圣弗朗西斯科(旧金山)湾区城市圣何塞，是专业的地球物理勘探设备厂家，研发生产海洋磁力仪、海洋数字地震拖缆系统等产品(表 3-28)。

表 3-28　Geometrics 公司在传感器技术领域研发布局简况

创新机构	Geometrics 公司	
网址	www. geometrics. com	
核心专利	公开号	专利名称
	US 9726626B2	Quantum mechanical measurement device(量子力学测量装置)
	US 9726733B2	Optical magnetometers(光学磁强计)
	US 7723985B2	Altered sweep bell-bloom magnetometer(变扫频钟罩式磁强计)
	US 6636042B1	Under and above ground, radio frequency driven element, vector display, metal locating system(地下和地上，射频驱动元件，矢量显示器，金属定位系统)
	US 6636043B1	Variable resolution vector positional display for use with an underground object locating system(与地下物体定位系统一起使用的可变分辨率矢量位置显示器)
	US 6541976B1	Under and above ground, radio frequency driven element, metal locating system(地下和地上，射频驱动元件，金属定位系统)
	US 6351128B1	Tow mechanism for resistivity mapping apparatus(电阻率测绘仪的牵引机构)
	US 6211807B1	System using spread spectrum modulation for locating underground objects(使用扩频调制定位地下物体的系统)
主要技术和产品	G-882 铯光泵海洋磁力仪、GeoEel 海洋数字地震拖缆系统	

(10)PGS 公司

PGS 公司总部位于挪威奥斯陆，是世界知名的海洋石油物探公司，主要从事海底地震勘探，获取并提供海底地震勘探图像及三维数据(表 3-29)。

表 3-29　PGS 公司在传感器技术领域研发布局简况

创新机构	PGS 公司	
网址	www. pgs. com	
核心专利	公开号	专利名称
	US 9663192B2	Noise suppression by adaptive speed regulations of towed marine geophysical streamer(自适应调速降噪的拖曳式海洋地球物理拖缆)
	US 9448317B2	Method for swell noise detection and attenuation in marine seismic surveys(海洋地震勘探中的膨胀噪声检测与衰减方法)
	US 9285495B2	Methods and apparatus for node positioning during seismic survey(用于地震勘测期间节点定位的方法和装置)

续表

	公开号	专利名称
核心专利	US 9207349B2	Methods and apparatus for determining seismic streamer array geometry and seismic sensor response(用于确定地震拖缆阵列几何形状和地震传感器响应的方法和设备)
	US 8908471B2	Method for building velocity models for imaging in multi-azimuth marine seismic surveys(多方位海洋地震成像速度模型的建立方法)
	US 8898102B2	Adaptive computational grid for inverse problems(反问题的自适应计算网格)
	US 8797038B2	High voltage DC power for electromagnetic survey source(电磁测量源用高压直流电源)
	US 8754649B2	Electromagnetic survey systems and methods with rotation-corrected motion compensation(具有旋转校正运动补偿的电磁测量系统和方法)
	US 8669766B2	Carbon aerogel based electrode for electric field measurements in water(用于水中电场测量的碳气凝胶基电极)
	US 8649992B2	Method for reducing induction noise in towed marine electromagnetic survey signals(一种降低拖曳式海洋电磁测量信号中感应噪声的方法)
主要技术和产品	GeoStreamer 海底地震拖缆系统、地震源系统、地震数据处理软件	

(11)中国石油集团东方地球物理勘探有限责任公司

东方地球物理勘探有限责任公司(BGP)是中国石油天然气集团公司的全资子公司，是以地球物理方法勘探油气资源为核心业务，集油气陆上、海上勘探，资料处理解释，综合物化探，信息技术服务，物探装备、软件研发制造，多用户勘探等业务于一体的综合性国际化技术服务公司。公司重视科技创新，自主研发地震勘探核心软件、核心装备等关键技术(表3-30)。

表3-30 中国石油集团东方地球物理勘探有限责任公司在传感器技术领域研发布局简况

创新机构	中国石油集团东方地球物理勘探有限责任公司	
网址	http：//bgp. cnpc. com. cn/	
核心专利	公开号	专利名称
	CN 105572742B	一种确定海水深度的方法和装置
	CN 106646596B	一种起伏海面的虚反射压制方法和装置
	CN 106855640B	一种海底电缆地震数据初至计算方法及装置

续表

	公开号	专利名称
核心专利	CN 103675893B	海上拖缆观测系统复杂模板满覆盖布设方法
	CN 103592684B	一种保持空间属性信息的海量地震数据压缩方法及装置
	CN 102807139B	地震勘探用海底电缆回收盘缆装置
	CN 104181586B	一种水陆检波器数据海底反射系数反演的方法
	CN 103995291B	用于沼泽及滩海过渡带地区的地球物理勘探装置及方法
	CN 103245973B	一种消除海上地震数据海浪噪声干扰的方法
	CN 103852783B	一种海底电缆地震勘探观测系统
主要技术和产品	地震软件系统、核心设备，如 KLSeis Ⅱ V3.0 地震采集工程软件系统、G3i 有线地震仪、Hawk 节点地震仪	

(12) 中国科学院地质与地球物理研究所

中国科学院地质与地球物理研究所 1999 年 6 月由中国科学院地质研究所(1951 年在南京成立)和中国科学院地球物理研究所(1950 年在南京成立)整合而成，2004 年中国科学院兰州地质研究所并入该所，成立中国科学院地质与地球物理研究所兰州油气资源研究中心。同年，中国科学院武汉物理与数学研究所电离层研究室整体调整到该所。整合后的地质与地球物理研究所是中国最重要和最知名的地学研究机构之一。除了基础性研究，在地球物理勘探仪器设备方面包括重力仪、地震仪等设备的研制也取得了一定成果，研发了万米级的海底地震仪并采集了世界上首个万米级海洋人工地震剖面(表 3-31)。

表 3-31　中国科学院地质与地球物理研究所在传感器技术领域研发布局简况

创新机构	中国科学院地质与地球物理研究所	
网址	http：//www. igg. cas. cn/	
核心专利	公开号	专利名称
	CN 105204079B	一种利用 TanDEM-X 双站 InSAR 提取地震滑坡体积的方法
	CN 105402298B	电磁阻尼器平衡反馈系统
	CN 105549104B	一种电磁阻尼器及重力仪
	CN 104793257B	一种基于高压悬浮的便携式相对重力仪
	CN 105259592B	高精度零长弹簧温漂及长期蠕变的检测仪
	CN 104765075B	绝对重力仪中光速有限效应的双光路测试装置
	CN 104216024B	一种用于动态重力仪的主动阻尼定位装置

3.3.4 遥感技术

卫星遥感技术产业按照产业结构可分为卫星平台制造商、遥感器制造商、数据与产品提供商。

卫星平台方面，美国、法国、俄罗斯、中国等航天强国都具备较强的卫星设计制造水平。知名的卫星研制机构与企业有美国国家航空航天局(NASA)、波音公司(Boeing)、Orbital ATK公司、洛克希德·马丁公司(Lockheed Martin)、法国空间研究中心(CNES)、法国空客防务及航天(Airbus Defense & Space)、法国泰雷兹集团(Thales Group)、日本三菱电机公司、中国航天科技集团、长光卫星技术有限公司等。

遥感器按照工作原理可分为微波遥感及光学遥感，微波遥感器如合成孔径雷达(Synthetic Aperture Radar，SAR)、微波辐射计、海洋雷达高度计、微波散射计等；光学遥感有空间相机、扫描仪、光谱仪、激光雷达等。

微波遥感方面，合成孔径雷达是一种主动式微波侧视成像雷达，在海洋遥感领域有着重要的应用价值。1978年美国航空航天局发射了第一颗搭载SAR的海洋卫星Seasat-A，随后欧洲航空航天局、俄罗斯、加拿大、意大利、日本等国及组织也先后开展了SAR在卫星遥感方面的应用。中国在这方面起步较晚，直到2012年才发射了首颗民用领域的合成孔径雷达卫星——“环境一号”。但中国在这一领域发展迅速，2016年发射了“高分三号”卫星，是首颗可应用于海洋观测的合成孔径雷达卫星，且其关键技术指标已达到了世界先进水平。近年来，国外在合成孔径雷达商业遥感领域发展迅速，美国Capella Space公司、芬兰Iceye公司等纷纷推出了自己的合成孔径雷达卫星星座，并开展商业数据服务。

国外合成孔径雷达主要生产商有美国洛克希德·马丁公司、霍尼韦尔公司、诺斯罗普·格鲁曼公司、雷神公司、法国Airbus D&S、英国BAE系统公司等，国外相关研究机构有NASA、加州理工学院(California Institute of Technology)、德国亥姆霍兹联合会、法国国家科学研究中心等。国内在SAR领域研究比较有建树的机构有西安电子科技大学、国防科学技术大学、中国科学院空天信息创新研究院等。

光学遥感借助可见光、紫外线、红外线等对海洋进行观测，主要设备有空间相机、扫描仪、光谱仪、激光雷达等，光学遥感具有较高的空间分辨率。海洋剖面“三维遥感”是当前海洋遥感的一个研究热点，目前可实施的方案是采用激光雷达技术。激光雷达是作为一种主动光学传感器，由激光技术及雷达技术结合发展而来，激光雷达能够穿透一定深度的海水，实现对海水表面以下水体特征的测量。激光雷达在植被垂直分布测量、海面高度测量、云层和气溶胶垂直分布测量以及风场测量等方面能够发挥重要作用。国际上典型的激光雷达系统有美国 NASA 开发的 GLAS 系统，搭载美国 ICEsat 卫星以及其后继者 ATLAS 系统搭载 ICEsat-2 卫星用于监测南极洲和格陵兰冰盖的高程变化；法国空间研究中心(CNES)与 NASA 联合开发的 CALIOP 星载激光雷达用于气溶胶、云层的监测；欧洲航天局与空客防务(Airbus D&S)开发的 ALADIN 星载多普勒激光雷达搭载“风神”卫星用于全球风场的监测。光学遥感技术方面国外公司有：美国洛克希德·马丁空间系统公司、美国诺思罗普·格鲁曼公司、美国雷锡恩公司、美国卡曼航天公司、法国达索公司、德国 STN 阿特拉斯电子公司、美国 Fibertek 公司等；国内中国科学院上海光学精密机械研究所、中国科学院长春光学精密机械与物理研究所、中国科学院空天信息创新研究院、武汉大学等 。

遥感数据与产品包括向客户提供卫星遥感原始数据或经过处理提取向特定行业客户提供特定的信息。该行业主要有两种商业运营模式，一种是拥有自主运营的遥感卫星，并提供商业遥感应用服务，如美国 Digitalglobe、Planet 公司、Spire Global、Airbus D&S 等，其中 Digitalglobe 及 Airbus D&S 垄断了大部分市场。部分公司还参与卫星制造，覆盖产业链较长。国内这方面的企业有中国航天科技集团、长光卫星技术有限公司等。其中长光卫星技术有限公司是中国科学院长春光机所、吉林省政府及社会资本组建而成的混合所有制企业，注册资金 12.66 亿元，是我国第一家商业遥感卫星公司。近年来，许多新的企业也纷纷开展自己的遥感卫星星座建设，加入卫星遥感竞争行列，如 Blacksky Global、ICEYE 等。另一类企业没有自主遥感卫星，通过购买商业数据，提供卫星数据处理和技术开发服务。

3.3.4.1 国内外重点企业及主要产品

国内外遥感技术重点企业及主要产品见表 3-32。

表 3-32 国内外遥感技术重点企业及主要产品

遥感卫星					
序号	产品名称（核心技术）	研制单位	国别	城市	产品参数
1	TERRA、AQUA、AURA 系列卫星	美国国家航空航天局(NASA)	美国	华盛顿	起源于 NASA 对地观测系统(EOS)计划
2	GRUS -1	日本 Axelspace 集团	日本	东京	GRUS 是下一代遥感微小卫星，重 100 kg，精度达到 2.5 m。进行渔业、天气、农业、GIS 和灾难监控

续表

序号	产品名称（核心技术）	研制单位	国别	城市	产品参数
3	Planet 卫星群	美国 Planet	美国	洛杉矶	由100多颗小卫星组成的星群，轨道高度475 km，分辨率3~4 m，能进行蓝、绿、红、近红外4个光谱波段的成像
4	Worldview-2	美国 Digital-Globe 公司	美国	科罗拉多州威斯敏斯特	轨道高度770 km，倾角98°，周期93.4 min。精准度：6.5 m 水平误差，4.1 m 垂直误差。重量1 270 kg
5	风神(Aeolus)卫星	Airbus Defence and space	法国		为欧空局研制的风感卫星，携带激光雷达，能够测量不同高度的风速，轨道高度320 km
6	“高分”系列卫星	中国空间技术研究院	中国	北京	“高分专项”所规划的高分辨率对地观测的系列卫星，部分兼具对海观测能力。截至2020年12月共发射14颗高分系列卫星，其中高分1~7号开放商业数据，覆盖了从全色、多光谱到高光谱，从光学到雷达，从太阳同步轨道到地球同步轨道等多种类型，构成了一个具有高空间分辨率、高时间分辨率和高光谱分辨率能力的对地观测系统
7	HY-2 卫星	中国空间技术研究院	中国	北京	HY-2卫星装载雷达高度计、微波散射计、扫描微波辐射计和校正微波辐射计以及DORIS、双频GPS和激光测距仪。卫星轨道为太阳同步轨道，倾角99.34°，降交点地方时为6:00 am，卫星设计寿命为3年。卫星尺寸8.56 m×4.55 m×3.185 m，质量不大于1 575 kg。三轴指向精度小于0.1°，姿态稳定度每秒小于0.003°，测量精度小于0.03°。卫星输出功率：1 550 W 数传系统下行为X频段，下行码速率20 Mbit/s，星上存储记录器容量120 Gbits
8	“吉林”号系列卫星	长光卫星技术有限公司	中国	长春	“吉林一号”首颗卫星于2015年10月发射成功，是中国首颗自主研发的“星载一体化”商用卫星、米级高清动态视频卫星，具备宽幅成像、高分成像、多光谱成像、视频成像等观测能力，远期规划138颗地球同步轨道卫星组网，已入轨20余颗

续表

序号	产品名称（核心技术）	研制单位	国别	城市	产品参数
9	Landsat-8	美国宇航局戈达德太空飞行中心	美国	马里兰州格林贝尔特	LandSat-8 上携带有两个主要载荷：OLI 和 TIRS。OLI 包括 9 个波段，空间分辨率为 30 m，其中包括一个 15 m 的全色波段，成像宽幅为 185 km×185 km。还有两个新增的波段：蓝色波段（band 1；0.433~0.453 μm）主要应用于海岸带观测，短波红外波段(band 9；1.360~1.390 μm）包括水汽强吸收特征可用于云检测；近红外 band5 和短波红外 band9 与 MODIS 对应的波段接近

遥感器

序号	产品名称（核心技术）	研制单位	国别	城市	产品参数
1	Dual Band Radar（DBR）	美国雷神公司	美国	马萨诸塞州沃尔瑟姆	同步在两个频段上工作（S-band 和 X-band），合成了 X-band AN/SPY-3 多功能雷达和 S-band VSR
2	The SeaSonde HF radar system	美国 CODAR 公司	美国	加利福尼亚州芒廷维尤	探测距离： 标准模式：20~60 km 高分辨率模式：15~30 km 长距离模式：100~220 km 频率范围： 标准模式：11.5~14 MHz 或 24~27 MHz 高分辨率模式：24~27 MHz 或 40~45 MHz 长距离模式：4.3~5.4 MHz
3	COSYNA-HF-Radars Monitoring of the German Bight(德国海岸的高频雷达监控)	德国亥姆霍兹联合会	德国	盖斯特哈赫特	监控德国海岸线的 3 个 HF 雷达系统，每隔 20 min 传递德国海湾的表面洋流数据。船只检测和跟踪技术
4	C 频段多极化合成孔径雷达	中国科学院电子学研究所	中国	北京	空间分辨率：1~500 m，幅宽：10~650 km 研制了首个分辨率达 1 m 的 C 波段星载合成孔径雷达，并搭载“高分三号”成功入轨

续表

序号	产品名称（核心技术）	研制单位	国别	城市	产品参数
5	HFR 新一代数字化高频地波雷达	中国船舶集团重工鹏力(南京)大气海洋信息系统有限公司	中国	南京	工作频率：5~7 MHz 流场距离：400 km 流场分辨率：2.5 km/5 km 浪场距离：200 km 浪场距离分辨率：2.5 km/5 km 风场距离：400 km 风场距离分辨率：2.5 km/5 km

3.3.4.2　重点创新机构研发布局

(1)法国 Airbus Defence & Space

Airbus Defence & Space(Airbus D&S)是空中客车(Airbus)下属企业，专注于卫星研制、卫星数据开发、深空探索及相关前沿技术开发，取得了非常显著的成果。为欧空局研制了“风神”(Aeolus)、“哨兵 6A”(Sentinel-6A)等多颗卫星，用于全球风场监测、全球海平面变化观测等任务。此外，Airbus D&S 在合成孔径雷达、激光雷达等遥感器研发上也有较高的技术水平，同时该公司还向客户提供遥感数据及产品服务(表 3-33)。

表 3-33　Airbus Defence & Space 在遥感技术领域研发布局简况

创新机构	法国 Airbus D&S 公司	
网址	https://www.airbus.com/	
核心专利	公开号	专利名称
	US 10831907B2	Technique for position calculation of a receiver via use of encrypted signals of a public regulated service(通过使用公共管制服务的加密信号来计算接收器位置的技术)
	US 10317277B2	Reflective device for use in an optical measuring system(用于光学测量系统的反射装置)
	US 10000300B2	Device for holding and aligning a useful component, in particular a space travel component(用于保持和对准有用部件，特别是空间旅行部件的装置)
	US 10241202B2	Reduction of receive data of a radar, in particular, a synthetic aperture radar(雷达，特别是合成孔径雷达的接收数据的压缩方法)

续表

	公开号	专利名称
核心专利	EP 2650698B1	Improvement of the integrity concept of a satellite navigation system(卫星导航系统完整性概念的改进)
	EP 1966630B1	High-resolution synthetic aperture radar device and antenna for one such radar device(高分辨率合成孔径雷达及其天线)
	EP 2669708B1	Method of detecting a direction of arrival of at least one interference signal and system to carry out said method(检测至少一个干扰信号到达方向的方法和实现所述方法的系统)
主要技术和产品	专注于卫星研制、卫星数据开发、深空探索及相关前沿技术开发。为欧空局研制了“风神”(Aeolus)、“哨兵6A”(Sentinel-6A)等多颗卫星。此外，Airbus D&S 在合成孔径雷达、激光雷达等遥感器研发上也有较高的技术水平，同时该公司还向客户提供遥感数据及产品服务	

(2)美国霍尼韦尔(Honeywell)公司

霍尼韦尔公司是世界500强的高科技企业，其业务涉及航空产品和服务、楼宇、家庭和工业控制技术、汽车产品、涡轮增压器以及特殊材料等(表3-34)。

表3-34　霍尼韦尔(Honeywell)公司在遥感技术领域研发布局简况

创新机构	霍尼韦尔(Honeywell)公司	
网址	https://www.honeywell.com/	
核心专利	公开号	专利名称
	EP 2960672B1	Adjustable self-interference cancellation in an FMCW radar altimeter(FMCW雷达高度计中的可调自干扰消除)
	US 10539674B2	System and method for tracking a sling load and terrain with a RADAR altimeter(用雷达高度计跟踪吊索载荷和地形的系统和方法)
	US 10422872B2	Integrity monitoring of radar altimeters(雷达高度计的完整性监测)
	US 10018716B2	Systems and methods for calibration and optimization of frequency modulated continuous wave radar altimeters using adjustable self-interference cancellation(使用可调自干扰消除来校准和优化调频连续波雷达高度计的系统和方法)
	US 10006991B2	Velocity and attitude estimation using an interferometric radar altimeter(用干涉雷达高度计估算速度和姿态)
	US 9939524B2	Systems and methods for measuring velocity with a radar altimeter(用雷达高度计测量速度的系统和方法)
	EP 1782095B1	Radar altimeter(一种雷达高度表)

续表

	公开号	专利名称
核心专利	US 9678197B2	FMCW radar with refined measurement using fixed frequencies(采用固定频率精确测量的 FMCW 雷达)
	EP 1980873B1	History or image based methods for altitude determination in a radar altimeter(基于历史或图像的雷达高度计高度确定方法)
	US 8259002B2	Radar altimeter antenna performance monitoring via reflected power measurements(通过反射功率测量监测雷达高度计天线性能)
主要技术和产品	雷达高度计、惯性导航器件	

(3) 美国 DigitalGlobe 公司

美国 DigitalGlobe 是一家全球领先的商用高分辨率地球影像产品和服务供应商，成立于 1992 年。2013 年与另一家商业遥感公司 GeoEye 合并，2017 年又与加拿大麦克唐纳-德特威勒联合公司 MDA 合并成为 Maxar 公司。合并后旗下运营 Wordview、GeoEye、QuickBird 等系列遥感卫星群。DigitalGlobe 的影像解决方案利用先进的自有卫星群提供的数据，支持在国防和情报、民间机构、地图制作和分析、环境监测、油气勘探、基础设施管理、互联网门户网站以及导航技术领域的广泛应用(表 3-35)。

表 3-35　美国 DigitalGlobe 公司在遥感技术领域研发布局简况

创新机构	美国 DigitalGlobe 公司	
网址	https://www.maxar.com	
核心专利	公开号	专利名称
	US 10503975B2	Movement intelligence using satellite imagery(利用卫星成像的运动智能)
	US 10482122B2	System and method for multiresolution and multitemporal image search(用于多分辨率和多时间图像搜索的系统和方法)
	US 10474895B2	System and methods for semi-automated editing of orthomosaics built from remotely-sensed imagery(用于半自动编辑由遥感图像构建的正畸的系统和方法)
	EP 3002729B1	Automated geospatial image mosaic generation with radiometric normalization(具有辐射测量标准化的自动地理空间图像马赛克生成)
	EP 2973384B1	Automated geospatial image mosaic generation(自动地理空间图像拼接生成)
	US 10395388B2	Broad area geospatial object detection using autogenerated deep learning models(使用自生成的深度学习模型的广域地理空间对象检测)

续表

主要技术和产品	借助其自有卫星群及全面的影像库(包含 40×10^8 km² 以上的地球影像和相关产品)，DigitalGlobe 提供了一系列的在线和离线产品和服务，让客户可以方便地访问其影像并将其集成到自己的业务运营和应用中。在管理和监督影响基础设施、交通运输、城市发展、环境和国土安全的产业方面，DigitalGlobe 的地理空间影像和信息解决方案以其高分辨率的影像，在这些工作的效率和精准性方面发挥了重要作用

(4)国家卫星海洋应用中心

国家卫星海洋应用中心(简称“卫星中心”)，是自然资源部直属的财政补助事业单位，主要职能是负责我国海洋卫星系列发展和卫星海洋应用工作，为海洋经济、海洋管理、公益服务及海洋安全提供保障和服务。主要职责：①拟订我国海洋卫星与卫星海洋应用体系发展规划，组织开展重大卫星海洋遥感应用项目综合论证；②拟订海洋卫星应用技术规范和标准，组织开展海洋卫星数据应用和用户培训；③负责卫星海洋遥感应用系统的规划和建设，开展卫星海洋遥感业务化应用及技术研究工作；④负责海洋卫星地面应用系统及海洋卫星地面接收站的建设和业务化运行管理；⑤负责建设和管理海洋卫星数据库和信息系统，制作和发布海洋卫星数据与信息产品；⑥承担海洋卫星遥感监测，为海洋突发公共事件和安全保障提供服务和技术支持(表 3-36)。

表 3-36 国家卫星海洋应用中心在遥感技术领域研发布局简况

创新机构	国家卫星海洋应用中心	
网址	http：//www. nsoas. org. cn/	
核心专利	公开号	专利名称
	CN 110109116B	一种海洋表面流场值的确定方法、确定装置、设备和介质
	CN 111611678B	台风风向模糊解优化方法、装置、电子设备及存储介质
	CN 111611731B	卫星数据融合方法、装置及电子设备
	CN 111611233B	数据质量检测方法、装置及电子设备
	CN 109886354B	风场融合方法及装置
	CN 108227038B	一种台风强度诊断方法、装置、服务器及存储介质
	CN 105842259B	星载盐度计冷空外定标方法和装置
	CN 105844090B	多参数分步海面盐度反演方法以及装置
	CN 104198052B	基于海洋二号卫星扫描微波辐射计的海冰密集度获取方法
	CN 106021864B	星载散射计后向散射系数的检验方法和装置

(5) 中国科学院长春光学精密机械与物理研究所

中国科学院长春光学精密机械与物理研究所(简称"长春光机所")由中国科学院长春光机所与中国科学院长春物理所于 1999 年整合而成，是我国在光学领域建立的第一个研究所，主要从事发光学、应用光学、光学工程、精密机械与仪器的研发生产。研制出中国第一台红宝石激光器、第一台大型电影经纬仪等多种先进仪器设备，创造了十几项"中国第一"。长春光机所与吉林省政府及社会资本共同组建了长光卫星技术有限公司，依托长春光机所的关键技术，开发了我国第一颗自主研发的商用高分辨率遥感卫星"吉林一号"(表 3-37)。

表 3-37 长春光机所在遥感技术领域研发布局简况

创新机构	中国科学院长春光学精密机械与物理研究所	
网址	http：//www. ciomp. cas. cn/	
核心专利	公开号	专利名称
	CN 106384344B	一种光学遥感图像海面舰船目标检测与提取方法
	CN 106526884B	大口径空间光学相机镜头装调系统及装调方法
	CN 109737987B	一种多光合一大口径空间相机在轨星上红外辐射定标系统
	CN 104215261B	大视场反射式自由曲面空间相机畸变标定方法
	CN 104038316B	空间相机高可靠高时效异步串行通讯方法
	CN 104501955B	一种可实现光谱超分辨率还原的光栅光谱仪
	CN 104656224B	应用于空间光学遥感器的高精度调焦机构
	CN 103969815B	轻小型长焦距消畸变同轴全反射空间相机光学系统
	CN 104006885B	时空联合调制傅里叶变换成像光谱仪及制作方法
主要技术和产品	"吉林一号"卫星、光学遥感器件	

(6)美国雷神公司(Raytheon)

美国雷神公司(Raytheon)是全球发展国防技术以及将这些国防技术运用到商业市场的领先者。主要产品有雷达和感测器、三维光电成像传感器、卫星感测器、导弹及防御系统(表 3-38)。

表 3-38 美国雷神公司在遥感技术领域研发布局简况

创新机构	美国雷神公司(Raytheon)
网址	https：//www. raytheon. com/

续表

	公开号	专利名称
核心专利	US 9188670B2	Interferometric inverse synthetic aperture radar and method(干涉逆合成孔径雷达及其方法)
	US 9103918B2	Enhanced radar range resolution(增强雷达距离分辨率)
	US 9041585B2	SAR autofocus for ground penetration radar(探地雷达 SAR 自聚焦技术)
	US 8917199B2	Subterranean image generating device and associated method(一种地下图像生成装置及相关方法)
	US 8681037B2	Performance model for synthetic aperture radar automatic target recognition and method thereof(一种合成孔径雷达自动目标识别性能模型及其方法)
	EP 2304464B1	Inverse synthetic aperture radar image processing(逆合成孔径雷达图像处理)
	EP 2244103B1	Synthetic aperture radar incorporating height filtering for use with land-based vehicles(结合高通滤波技术的合成孔径雷达，用于陆基车辆)
	US 8232908B2	Inverse synthetic aperture radar image processing(逆合成孔径雷达图像处理)
	US 8212710B2	Radar image generation system(雷达图像生成系统)
	EP 1503223B1	Estimation and correction of phase for focusing search mode SAR images formed by range migration algorithm(相位的估计和校正用于聚焦搜索范围内迁移方式形成的 SAR 图像算法)
主要技术和产品	合成孔径雷达等	

(7)法国泰雷兹集团

法国泰雷兹集团源于 1879 年的法国汤姆逊(THOMSON)集团，是设计、开发和生产航空、防御及信息技术服务产品的专业电子高科技公司。其航天板块子公司泰雷兹阿莱尼亚宇航公司在通信导航服务、环境海洋监测、卫星星座、灵活有效载荷、测高术、气象学、高分辨率雷达和光学观测等领域拥有全球顶尖的技术实力。参与了 SWOT 卫星计划，并承担了全球 17 颗气象卫星的研制任务(表 3-39)。

表 3-39　法国泰雷兹集团在遥感技术领域研发布局简况

创新机构	法国泰雷兹集团	
网址	https://www.thalesgroup.com/	
核心专利	公开号	专利名称
	US 10852391B2	Method for jamming synthetic aperture radars and associated device(一种干扰合成孔径雷达及其相关设备的方法)
	FR 3055422B1	Method for generating a radar image with inverse aperture synthesis(用于产生具有逆孔径合成的雷达图像的方法)

续表

	公开号	专利名称
核心专利	FR 3055421B1	Multi-targeting coherent detection of changes(变化的多目标相干检测)
	FR 3047566B1	Method for jamming type synthetic aperture radar and associated device(干扰型合成孔径雷达及其相关设备的方法)
	US 10578735B2	Multilook coherent change detection(多视相干变化检测)
	EP 3359978B1	Method for processing an sar imavge and associated target-detecting method (SAR 图像处理方法及相关目标检测方法)
	GB 2541658B	Video-assisted inverse synthetic aperture radar (VAISAR)[一种视频辅助的逆合成孔径雷达(VAISAR)]
	EA 29964B1	High-resolution stripmap sar imaging method(高分辨率 SAR 成像方法)
	FR 2983307B1	Coherent detection method changes in imaging sar(用于成像合成孔径雷达的相干检测方法)
主要技术和产品	参与了 SWOT 卫星计划，并承担了全球 17 颗气象卫星的研制任务，承担了铱星第二代卫星制造任务	

(8)美国 Planet 公司

美国 Planet 公司是由前 NASA 科学家于 2010 年在圣弗朗西斯科(旧金山)成立的一家遥感卫星数据公司。该公司在世界上首次研发成功卫星群技术，拥有高分辨率高频次全覆盖能力的遥感卫星系统。Planet Labs 设计、制造小型遥感卫星，通过大规模的组网实现覆盖全球的高频次观测，为客户提供快速更新的商用卫星影像。目前在轨 130 多颗遥感卫星，在农业监测、森林监测、海洋监测、城市规划等方面有着广泛应用(表 3-40)。

表 3-40　美国 Planet 公司在遥感技术领域研发布局简况

创新机构	美国 Planet 公司	
网址	https://www.planet.com/	
核心专利	公开号	专利名称
	US 10670711B2	Systems for synthetic aperture radar transmit and receive antennas(用于合成孔径雷达发射和接收天线的系统)
	US 10551491B2	Systems and methods for performing synthetic aperture radar imaging using superchirps(使用超啁啾进行合成孔径雷达成像的系统和方法)
	US 10432866B2	Controlling a line of sight angle of an imaging platform(控制成像平台的视线角)

续表

	公开号	专利名称
核心专利	US 10325295B1	Pricing of imagery and collection priority weighting(图像的定价和收集优先级加权)
	US 10146044B2	Compact spherical diffraction limited telescope system for remote sensing in a satellite system(卫星系统中用于遥感的紧凑型球面衍射限制望远镜系统)
	US 10061474B2	Overhead image viewing systems and methods(架空图像查看系统和方法)
	US 9996810B2	Satellite scheduling system(卫星调度系统)
	US 9996905B2	Systems and methods for enhancing object visibility for overhead imaging(用于增强架空成像的对象可见性的系统和方法)
	US 9651946B1	Automated schedule calculation for controlling a constellation of satellites(控制卫星星座的自动计划计算)
主要技术和产品	Planet 卫星群、遥感数据产品	

(9)日本三菱电机公司

日本三菱电机公司(MITSUBISHI ELECTRIC CORP)从20世纪60年代以来开始涉足航天技术开发，是日本空间技术研究的先驱企业，在全球多个卫星计划中参与了各种高性能有效载荷和总线组件的开发。在太阳能电池板、天线、放大、跟踪、控制和地面站系统技术方面拥有丰富的专业知识和经验(表3-41)。

表3-41　日本三菱电机公司在遥感技术领域研发布局简况

创新机构	日本三菱电机公司	
网址	https://www.mitsubishielectric.co.jp/; https://www.mitsubishielectric.com.cn/	
核心专利	公开号	专利名称
	JP 2017173039A	Synthetic aperture radar device(合成孔径雷达)
	JP 2013181954A	Synthetic aperture radar device and moving target detection method for the same(合成孔径雷达装置和其移动目标检测方法)
	JP 2015169657A	Method of forming 3d image of area and system for forming 3d image of area(一种用于生成3D图像区域，并产生该区域3D图像系统的方法)
	JP 2015158450A	Synthetic aperture radar device(合成孔径雷达装置)
	JP 2015141124A	Synthetic aperture radar signal processor and synthetic aperture radar signal processing method(合成孔径雷达信号处理装置和一种合成孔径雷达信号处理方法)
	JP 2014182124A	Method and system for generating image(一种产生图像的方法和装置)

续表

	公开号	专利名称
核心专利	JP 2012233823A	Temperature control method of a high temperature calibration source for micro wave radiometer(一种用于微波辐射计上高温定标源的温度控制方法)
	JP 2011208974A	Radar image processing device(雷达图像处理装置)
	JP 2011191099A	Synthetic aperture radar apparatus(合成孔径雷达设备)
主要技术和产品	日本主要的卫星平台制造商，生产了多款通信卫星、遥感卫星等，在卫星组件如合成孔径雷达研发方面也具备较强的技术实力	

(10)美国 CODAR 公司

美国 CODAR 公司(CODAR Ocean Sensors Ltd.)在遥感技术领域研发布局见表3-42。

表3-42 美国CODAR公司在遥感技术领域研发布局简况

创新机构	美国 CODAR 公司	
网址	http：//www. codar. com/	
核心专利	公开号	专利名称
	US 6774837B2	Ocean surface current mapping with bistatic HF radar(利用双基地高频雷达的海洋表面流测绘)
	US 6856276B2	Multi-station HF FMCW radar frequency sharing with GPS time modulation multiplexing(具有 GPS 时间调制复用的多站高频 FMCW 雷达频率共享)
	US 7688251B2	Systems and methods for monitoring river flow parameters using a VHF/UHF radar station(使用 VHF/UHF 雷达站监测河流流量参数的系统和方法)
主要技术和产品	主要从事海洋高频雷达和相关技术的研发	

(11)中国科学院空天信息创新研究院

中国科学院空天信息创新研究院是2019年在原中国科学院电子学研究所、遥感与数字地球研究所、光电研究院的基础上整合组建的。原中国科学院电子学研究所是著名的微波成像雷达及信息处理技术的重要研究与发展基地，在微波成像雷达及其应用技术、微波器件与技术、高功率气体激光技术、微传感技术与系统等领域取得了一系列重大科研成果；原遥感与数字地球研究所具备较强的天空地一体化遥感数据获取与处理能力、遥感与空间地球信息科学基础研究能力、数字地球科学平台与全球环境资源信息分析能力(表3-43)。

表 3-43　中国科学院空天信息创新研究院在遥感技术领域研发布局简况

创新机构	中国科学院空天信息创新研究院	
网址	http：//www. aircas. cas. cn	
核心专利	公开号	专利名称
	CN 104459633B	结合局部频率估计的小波域 InSAR 干涉相位滤波方法
	CN 103018738B	基于旋转天线阵列的微波三维成像方法
	CN 102221696B	稀疏微波成像方法
	CN 102207547B	一种适用于稀疏微波成像的随机噪声雷达的信号处理方法
	CN 101082666B	基于自动测试系统实现对雷达脉冲信号高精度调制的方法
	CN 109116326B	一种基于中位数估计的自适应雷达海杂波抑制方法
	CN 106872979B	基于海面起伏运动目标 SAR 图像再聚焦的海浪参数获取方法
	CN 106526594B	一种 ATI-SAR 海面单视复图像配准的方法
	CN 101893711B	基于智能体群体演化的海洋分布目标检测方法
主要技术和产品	微波成像雷达、微波器件、高功率气体激光技术等	

(12)西安电子科技大学

西安电子科技大学在微波技术领域有较强的研发实力，曾研制出我国第一台气象雷达、第一台可编程雷达信号处理机等。下设有雷达信号处理国家级重点实验室，主要研究方向有雷达探测系统技术、智能信息获取与处理、雷达成像与目标识别、多维多通道信息获取与处理等(表 3-44)。

表 3-44　西安电子科技大学在遥感技术领域研发布局简况

创新机构	西安电子科技大学	
网址	https：//www. xidian. edu. cn/	
核心专利	公开号	专利名称
	CN 107132532B	基于海尖峰抑制和多帧联合的小目标检测方法
	CN 105759263B	一种高分辨率大场景下的星载斜视 SAR 雷达成像方法
	CN 106569193B	基于前-后向收益参考粒子滤波的海面小目标检测方法
	CN 106199548B	基于四极化通道融合的海面漂浮微弱雷达目标的检测方法
	CN 105445704B	一种 SAR 图像中的雷达动目标抑制方法
	CN 104931967B	一种改进的高分辨率 SAR 成像自聚焦方法
	CN 104749564B	海杂波 Weibull 幅度分布参数的多分位点估计方法
	CN 104777479B	基于多核 DSP 的前侧视 SAR 实时成像方法
	CN 104035093B	基于变标算法的星载 SAR 地面加速运动目标成像方法
主要技术和产品	雷达系统设计、雷达信号处理	

(13) 中国科学院上海光学精密机械研究所

中国科学院上海光学精密机械研究所是中国建立最早、规模最大的激光科学技术研究院所，已成为以探索现代光学重大基础及应用基础前沿、发展大型激光工程技术并开拓激光与光电子高技术应用为重点的综合性研究所。2001 年起基于军工预研车载测风激光雷达项目开展相关研究，经过 10 余年技术的积累与进步、数代样机的研发与迭代，形成 1 550 nm 全光纤结构、激光相干多普勒原理的技术原型(表 3-45)。

表 3-45 中国科学院上海光学精密机械研究所在遥感技术领域研发布局简况

创新机构	中国科学院上海光学精密机械研究所	
网址	http：//www. siom. cas. cn/	
核心专利	公开号	专利名称
	CN 105954734B	大口径激光雷达光轴监测装置
	CN 105738913B	测距通信一体化激光雷达
	CN 105629259B	直视合成孔径激光成像雷达本振增强光学复数化接收装置
	CN 105403877B	大动态范围光学分视场探测激光雷达
	CN 105093236B	基于直视合成孔径激光成像雷达的交轨向变标重采样方法
	CN 104965206B	正交偏振复用合成孔径激光成像雷达
	CN 104570001B	基于带通滤波的合成孔径激光成像雷达的光学处理器
	CN 103954954B	直视合成孔径激光成像雷达反射式电光扫描装置
	CN 104297759B	双曲波前差自扫描直视合成孔径激光成像雷达
	CN 103926574B	激光雷达光学接收装置
主要技术和产品	强激光技术、强场物理与强光光学、空间激光与时频技术、信息光学、量子光学、激光与光电子器件、光学材料	

(14) 德国亥姆霍兹联合会海岸研究中心

德国亥姆霍兹联合会海岸研究中心(The Institute of Coastal Research in Helmholtz-Zentrum Geesthacht)主要从事海洋高频雷达、海洋卫星遥感及数据分析领域研发，其在遥感技术领域研发布局见表 3-46。

表 3-46 德国亥姆霍兹联合会海岸研究中心在遥感技术领域研发布局简况

创新机构	德国亥姆霍兹联合会海岸研究中心
网址	https：//hzg. de/institutes_platforms/coastal_research/index. php. en

续表

	公开号	专利名称
核心专利	US 7688251B2	Slot-coupled diplexer for use in superconducting high-frequency electromagnetic resonator for rotational symmetric coupling of high-frequency transversal electromagnetic wave in coaxial multi-mode waveguide, has choke filter(槽-耦合用于超导中使用高频率电磁谐振器的双工器，用于旋转对称的高频率的横向耦合的电磁波同轴的多模波导中，具有扼流滤波器)
主要技术和产品	德国亥姆霍兹联合会海岸研究中心主要从事海洋高频雷达、海洋卫星遥感及数据分析领域研发，主要项目有： (1)COSYNA-HF-Radars Monitoring of the German Bight(德国海岸的高频雷达监控)； (2)MyOcean Ⅱ项目负责 MODIS 和 VIIRS 光学测量设备开发以及波罗的海遥感数据的数据分析	

3.3.5 数据传输与组网技术

海上微波通信的主要方式包括中频/高频系统(MF/HF)、伏泰斯系统(NAVTEX)、甚高频系统(VHF)和船舶自动识别系统(AIS)。此类通信设备日本在技术上处于领先，以日本 FURUNO 公司为代表。中国企业目前产品正在不断提升，迎头赶上。

在国际上，海洋卫星通信系统主要代表有海事卫星系统(INMARSAT)、全球星系统(Globalstar)、铱星系统(Iridium)，目前这三个系统基本垄断了海洋卫星通信市场 。但目前的移动通信卫星只能提供语音服务及低速率的数据服务，无法满足日益增长的高速数据传输需求。国际上以美国 SpaceX 公司的“星链”计划为典型代表的低轨高速互联网星座系统正在蓬勃发展，建成后能够为全球提供数十兆的互联网服务。此外，新一代铱星系统已于 2019 年初部署完毕，相对第一代铱星系统，测试传输速率提升到了 10 Mbit/s。

目前中国航天科技集团及中国航天科工集团等单位都提出了低轨星座建设计划。中国航天科技集团“鸿雁工程”，规划由 300 颗低轨道小卫星及全球数据业务处理中心组成，可为用户提供全球实时数据通信和综合信息服务，在 2018 年已发射验证卫星，预计 2023 年建成骨干星座系统。中国航天科工集团提出了“五朵云”商业航天计划，其中的“虹云工程”对标“星链”计划，旨在建立自主的低轨宽带互联网星座，2018 年发射首颗技术验证卫星，目前正在建设阶段。

在水声通信方面以丹麦 B&K 公司研发的系列水声通信设备如水听器等处于世界领先地位。另外还有德国 EvoLogics、美国 Benthos 等知名的声学设备厂家。我国在水声通信方面的研究以中国科学院声学研究所、哈尔滨工程大学等机构为主要代表。声学通信部分在本书第2章节有过详细描述。

水下激光通信主要利用穿透性较强的蓝绿激光，2017年日本在水深700 m处实现了通信速率20 Mbit/s，传输距离100 m的实验。美国在实验室环境下实现了50 Mbit/s的水下光通信速率。

3.3.5.1 国内外重点企业及主要产品

国内外在数据传输与组网技术方面重点企业及主要产品见表3-47。

表3-47 国内外重点企业及主要产品

海上无线通信					
序号	产品名称（核心技术）	研制单位	国别	城市	产品参数
1	AIS transponder：FA-170	日本FURUNO公司	日本	兵库县	A级AIS应答器；显示有关配备AIS的船舶、海岸站和VHF覆盖范围内导航辅助设备的信息；提供避碰支持；支持ECDIS和雷达系统的双重配置
2	150W SSB RADIOTELEP-HONE JSB-196	日本无线株式会社(JRC)	日本	东京	频率： 发射1.6~29.999 9 MHz 接收0.1~29.999 9 MHz 发射模式：J3E（USB）, LSB, A1A, F1B, H2B, H3E 工作温度：-15~+55 ℃
3	数字航道及船载智能导航仪	大连海大船舶导航国家工程研究中心	中国	大连	集成AIS、GPS、CDMA 3G模块，集成雷达、罗经、探测仪、计程仪、风向风速仪等。GPS精度小于3 m，AIS满足船舶安全航行中国船舶集团避碰的需要。航行设计、航迹记录、航程统计等
4	SAILOR 6310 MF/HF-150W	丹麦Cobham SATCOM集团	丹麦	灵比	频率：1.6~30 MHz(发射模式)支持GMDSS协议要求
5	渔用船载终端	海华电子企业(中国)有限公司	中国	广州	支持GMDSS协议，支持北斗RDSS通信
海洋卫星通信					
序号	产品名称（核心技术）	研制单位	国别	城市	产品参数
1	Ka-band satellites power Global Xpress（GX）	国际海事卫星组织(Inmarsat)	英国	伦敦	1. 先进的Ka-band卫星通信 2. 支持5G通信技术

续表

序号	产品名称（核心技术）	研制单位	国别	城市	产品参数
2	亚太Ⅵ号卫星	中国卫通集团股份有限公司	中国	北京	主要覆盖亚洲、澳大利亚、新西兰、太平洋岛国和夏威夷。Ku 波段主要覆盖中国区域，提供 DTH、SNG 以及其他广播、通信业务
3	铱星系统	美国 iridium 公司	美国	伊利诺伊州麦克莱恩县	星际链路速率高达 25 Mbit/s，在 L 频段 10.5 MHz 频带内按 FDMA 方式划分为 12 个频带，在此基础上再利用 TDMA 结构，其帧长为 90 ms，每帧可支持 4 个 50 Kbit/s 用户连接
4	Lemur-2-Tallhamn	美国 Spire Global 公司	美国	圣弗朗西斯科（旧金山）	不仅可以利用 GPS 无线电掩星技术监测天气，还能使用海船信号自动识别系统（AIS）接收机跟踪船舶数据，以监测全球偏远地区的船舶运动
5	星链系统（StarLink）	SPACE X	美国	霍索恩（Hawthorne）	规划卫星数量 11 927 颗，截至 2020 年底部署 1 000 多颗 轨道高度分布 335～1 325 km 全球覆盖通信速率可达 100 Mbit/s

水下通信设备

序号	产品名称（核心技术）	研制单位	国别	城市	产品参数
1	MULTIBEAM ECHOSOUN-DERS-MB1	美国 TELEDYNE MARINE 集团	美国	马萨诸塞州北法尔茅斯	频率：170～220 kHz 光束宽度：3°～4° 典型深度：0.5～100 m 最大深度：240 m
2	Compact Hydro Acoustic Modem-HAM. BASE	德国 Develogic GmbH 公司	德国	特拉彭坎普	频率：40～65 kHz SPL max. 190 dB re 1uPa/1m 范围：水下 1 200 m
3	Oculus M370s	英国 Blueprint Subsea 公司	英国	坎布里亚	频率：375 kHz 范围：0.2～200 m 更新频率：40 Hz 孔径：130°水平 20°垂直

续表

序号	产品名称（核心技术）	研制单位	国别	城市	产品参数
4	蓝绿双波长多通道海洋激光雷达	中国科学院上海光学精密机械研究所	中国	上海	486.1 nm 和 532 nm 蓝绿双波长 海水光学参数剖面探测能力提升到 160 m 水深
5	SL3 Subsea LiDAR Laser	美国 3D at Depth Inc.	美国	科罗拉多州朗蒙特	可控制的光束距离：1~45 m 水下数据实时处理 最大工作水深为 4 000 m 倾斜角为 90°×360°

3.3.5.2 重点创新机构研发布局

(1)日本古野公司

日本古野公司生产各种高科技产品，包括雷达、GPS 和其他导航设备；鱼群探测仪、声呐及其他捕鱼设备；卫星通信系统、GMDSS 和无线通信设备以及海底地形探测声呐，潮流测量系统和其他海洋研究设备(表 3-48)。

表 3-48 日本古野公司在通信技术领域研发布局简况

创新机构	日本古野公司(Furuno Electric)	
网址	https://www.furuno.com/	
核心专利	公开号	专利名称
	US 6441775B1	Radar device, similar device, and received data write method(雷达装置，类似装置和接收数据写入方法)
	US 7768447B2	Radar device and the like(雷达装置等)
	CN 107226179B	船舶用电子设备、航海信息记录装置、数据发送方法
	CN 102299950B	导航数据共有系统及导航机器
	JP 5063293B2	The communication control system, the communication control system server, and a communication control system for client(通信控制系统，通信控制系统服务器，与客户端的通信控制系统)
	JP 4399226B2	The communication terminal device(通信终端装置)
主要技术和产品	卫星通信系统、GMDSS 和无线通信设备	

(2) 大连海大船舶导航国家工程研究中心

大连海大船舶导航国家工程研究中心拥有导航雷达仿真、海上交通信息处理、船舶导航应用产品、工程化技术验证四个实验室，围绕着海上智能交通管理、卫星导航应用、海上信息化、航海自动化等目标积极开展各项工作。其中，“船载智能导航仪”已经投放市场，“海大导航新媒体机”已经投产，被列为上海世博会指定产品之一，国际标准电子海图应用平台填补国内空白，处于国内领先地位（表 3-49）。

表 3-49　大连海大船舶导航国家工程研究中心在通信技术领域研发布局简况

创新机构	大连海大船舶导航国家工程研究中心	
网址	http：//www. hdnav. cn/	
核心专利	公开号	专利名称
	CN 104635227B	基于 αβ 滤波的船舶目标跟踪处理方法
	CN 104459664B	一种基于点迹合并的雷达标绘目标识别方法
	CN 104635227B	一种浮标识别与跟踪方法
	CN 104360321B	杂波图滤波方法
主要技术和产品	船载智能导航仪、海大导航新媒体机	

(3) 丹麦 Cobham SATCOM 公司

丹麦 Cobham SATCOM 公司拥有 800VSAT，900B VSAT 和 Sea Tel 4012GX 等多项产品和解决方案，VSAT 天线专为海事应用而设计，拥有成熟的技术平台，在所有海域都具有高可靠性，其独一无二的测试程序使得该技术使用简便易懂。作为最大的 VSAT 系统基地，Cobham SATCOM 能提供 GX 多波段体验。同时，该公司发布的 SAILOR 60&90 卫星电视因其专业的设计标准等成为全球最受欢迎的卫星电视系统。该公司作为世界最大的海事卫星电视组织，自 1985 年以来，一直引领海事 TVRO 技术。该公司拥有超过 28 年的船载电视经验，拥有最多的技术培训师，并能提供完整的“antenna to outlet”解决方案。Cobham SATCOM 公司多年来一直活跃于卫星通信市场，拥有最广泛的产品，系统和解决方案，并获得最大的客户及合作伙伴的网络支持，客户和合作伙伴遍布全球 100 个国家，其表现获得行业内持久性的肯定（表 3-50）。

表 3-50　丹麦 Cobham SATCOM 公司在通信技术领域研发布局简况

创新机构	丹麦 Cobham SATCOM 公司	
网址	https：//www. cobham. com/	
核心专利	公开号	专利名称
	EP 3248242B1	Multiple-feed antenna system having multi-position subreflector assembly（具有多位置副反射器组件的多馈天线系统）
	BRPI 0922669B1	An antenna pedestal for tracking（一种用于跟踪的天线底座）
	EP 3100320B1	Tracking antenna system having multiband selectable feed（具有多频带可选择馈源的跟踪天线系统）
主要技术和产品	800VSAT，900B VSAT，Sea Tel 4012GX，SAILOR 60&90 卫星电视	

（4）海华电子企业（中国）有限公司

作为无线电通信及相关领域的高新技术企业，公司秉承国营第七五〇厂 50 多年的无线通信、导航产业历史，依托海格通信创新的体制平台、现代管理模式和战略思想，实现专业共筑、技术共享、市场互补，构筑了较高的优势，享有良好的企业信誉。公司以发展海事电子为长远战略目标，自主研制的电子海图信息系统、ARPA 雷达、船舶自动识别系统、航行气象告警接收机、气象传真接收机等海事电子产品，技术领先，其产品能与国外产品相抗衡，奠定了公司在海事电子集成业务领域产品系列最全、范围最广的行业龙头地位（表 3-51）。

表 3-51　海华电子企业（中国）有限公司在通信技术领域研发布局简况

创新机构	海华电子企业（中国）有限公司	
网址	http：//www. hhee. com. cn/	
核心专利	公开号	专利名称
	CN 103344270B	一种识别船舶电子设备传感器的方法
	CN 108776328B	一种刚性固态快速关断雷达发射机调制装置及方法
	CN 102253375B	雷达多目标数据互联方法
主要技术和产品	电子海图信息系统、ARPA 雷达、船舶自动识别系统	

（5）日本无线株式会社（JRC）

日本无线株式会社（JRC）作为著名的船舶设备供应商，在全球大型船队和船公司中享有盛誉。1915 年公司成立，在通信及导航设备上，秉持自己独立的产权和专利等独特的理念。JRC 同时加强对渔船，游艇等产业领域的设计及提供高端产品。在行业中 JRC 以稳定的工艺水平和评定体系保证其产品完全能达到并超越 IMO 的一切要求。公司以优良的工艺保证 JRC 设备在船舶运行中的耐用性和安全性。另外，JRC 除了 3 个主要的研发中心以外，移动通信，网络设备也致力于先进技术的开发和运用，各个部门都设立有专门的研发团队，进行特殊产品的研发，开拓新的业务领域（表 3-52）。

表 3-52　日本无线株式会社（JRC）公司在通信技术领域研发布局简况

创新机构	日本无线株式会社（JRC）	
网址	http：//www. jrc. co. jp/	
核心专利	公开号	专利名称
	JP 5693097B2	The communication device（通信装置）
	JP 5401393B2	A wireless communication system（一种无线通信系统）
	JP 5210650B2	WiMAXGW base station control system（WiMAXGW 基台控制系统）
	JP 5199022B2	The wireless communication system and a wireless communication device（所述无线通信系统和一个无线通信装置）
	JP 5166981B2	WiMAX communication system（WiMAX 通信系统）
	JP 5046705B2	The base station unit（一种基站单元）
	JP 5032185B2	A wireless communication system, wireless communication method, and a communication device（一种无线通信系统方法及装置）
	JP 5032186B2	A wireless communication system, wireless communication method, and a communication device（一种无线通信系统方法及装置）
	JP 4955365B2	OFDM signal receiver and OFDM signal repeater（OFDM 信号接收机和 OFDM 信号中继器）
	JP 4903642B2	Overlay multiple cast system（覆盖多播系统）
主要技术和产品	海上通信技术、海上导航技术、典型产品 JSB-196 海上无线电话	

（6）国际海事卫星组织（INMARSAT）

国际海事卫星组织是一个国际卫星移动通信组织，在 100 多个国家拥有 4 万多台各类卫星通信设备，是全球海上、空中和陆地商用及遇险安全卫星移动通信服务的提供者。运营 Inmarsat 系统由船站、岸站、网络协调站和卫星等部分组成。

Inmarsat 通信系统的空间段由 4 颗工作卫星和在轨道上等待随时启用的 5 颗备用卫星组成。这些卫星位于距离地球赤道上空约 35 700 km 的同步轨道上，轨道上卫星的运动与地球自转同步，即与地球表面保持相对固定位置。所有 Inmarsat 卫星受位于英国伦敦 Inmarsat 总部的卫星控制中心(NCC)控制，以保证每颗卫星的正常运行(表 3-53)。

表 3-53 英国 Inmarsat 公司在通信技术领域研发布局简况

创新机构	英国 Inmarsat 公司	
网址	https：//www. inmarsat. com/	
核心专利	公开号	专利名称
	GB2557628B	Forward link power control(前向链路功率控制)
	GB2523791B	Combined satellite and terrestrial communication system(组合式卫星和陆地通信系统)
	GB2418324B	Carrier allocation(载波分配)
	GB2403104B	Communication method and apparatus(通信方法和装置)
	GB2403876B	Apparatus for receiving broadcast signals(用于接收广播信号的装置)
	US 7945269B2	Method of carrier allocation to a plurality of cells in a cellular communication system(在蜂窝通信系统中向多个小区分配载波的方法)
	US 7818009B2	Cellular channel allocation scheme with multi-user detection(一种具有多用户检测的蜂窝信道分配方案)
	US 7266097B2	Communication method and apparatus(通信方法和装置)
主要技术和产品	卫星通信技术主要产品包括船站、航空通信系统、手持通信系统	

(7)美国 SpaceX (Space Exploration Technologies Corp)

开发了可部分重复使用的“猎鹰 1”号和“猎鹰 9”号运载火箭。SpaceX 同时开发 Dragon 系列的航天器，提出了星链(Starlink)低轨互联网星座计划，并设计研发了相应的通信卫星，截至 2020 年底已经在轨部署 1 000 余颗卫星(表 3-54)。

表 3-54 美国 SpaceX 在通信技术领域研发布局简况

创新机构	美国 SpaceX 公司
网址	https：//www. spacex. com/

续表

	公开号	专利名称
核心专利	US 10938465B1	Satellite antenna(卫星天线)
	US 10843822B1	Phased array antenna systems(相控阵天线系统)
	US 10844464B1	Antenna aperture in phased array antenna systems(相控阵天线系统中的天线孔径)
	US 10770790B1	Niobium metal alloy(铌金属合金)
	US 10486389B2	Beamformer lattice for phased array antennas(用于相控阵天线的波束形成器网格)
主要技术和产品	航空航天技术、航天器、设计制造； 主要产品：“猎鹰 9”号火箭、“龙”飞船、星链卫星	

(8)美国 Iridium 公司

美国 Iridium 公司拥有世界上最大的商业卫星群，66 颗卫星组成的低轨卫星通信系统 100%无死角地覆盖整个地球表面。铱星系统完美解决了海运、航空等领域的通信问题。正在开发的 Iridium Certus 计划都是铱星系统的升级方案，重新定义了海运、航空、IOT 领域的卫星移动通信能力(表 3-55)。

表 3-55　美国 Iridium 公司在通信技术领域研发布局简况

创新机构	美国 Iridium 公司	
网址	https：//www. iridium. com/	
核心专利	公开号	专利名称
	US 10903899B2	Satellite communications networking(卫星通信联网)
	US 10244407B2	Load balancing for a satellite network(卫星网络的负载平衡)
	US 9980113B2	Emergency communications from a local area network hotspot(局域网热点的应急通信)
	US 9900848B2	Wireless communication with interference mitigation(具有干扰抑制的无线通信)
	US 9882279B2	Wireless communication terminal(无线通信终端)
	US 9667335B2	Wireless communication with interference mitigation(具有干扰抑制的无线通信)
主要技术和产品	铱星卫星通信系统	

(9)美国 Spire Global 公司

Spire Global 创立于 2013 年，是美国一家卫星数据服务商，目前运营有 90 多颗立方体卫星(CubeSats)群(表 3-56)。

表 3-56 美国 Spire Global 公司在遥感技术领域研发布局简况

创新机构	Spire Global	
网址	https://spire.com/	
核心专利	公开号	专利名称
	US 10379260B2	System and method for high-resolution radio occultation measurement through the atmosphere(大气中高分辨率无线电掩蔽测量的系统和方法)
	US 10330794B2	AIS spoofing and dark-target detection methodology(AIS 欺骗和暗目标检测方法)
	US 10211913B2	Systems and methods for satellite communications using a space tolerant protocol(使用空间容限协议进行卫星通信的系统和方法)
	US 10054686B2	System and method for remote satellite and ground station constellation management(用于远程卫星和地面站星座管理的系统和方法)
	US 10020876B2	Systems and methods for command and control of satellite constellations(用于卫星星座的命令和控制的系统和方法)
	US 9971062B2	System and method for high-resolution radio occultation measurement through the atmosphere(用于通过大气的高分辨率无线电掩星测量的系统和方法)
	US 9919814B2	System and method for power distribution in a autonomous modular system (用于自主模块化系统中功率分配的系统和方法)
	US 9830297B2	Processor system for control of modular autonomous system(用于控制模块化自治系统处理器系统)
	US 9755732B1	Systems and methods for satellite communications using a space tolerant protocol(使用空间容限协议的卫星通信系统和方法)
主要技术和产品	立方体卫星(CubeSats)、提供卫星数据服务	

(10)哈尔滨工程大学

哈尔滨工程大学水声技术国防科技重点实验室采取引进技术和自主创新相结合的方式开展了矢量声学传感器及其应用技术的研究，开辟了水声技术新领域，先后研制出多种结构具有自主知识产权的传感器，并成功应用于多种水声监测系统，使我国成为继极少数发达国家之后掌握这项技术的国家。水声技术国防科技重点实验室开创了国内声学传感器的研发工作，成为新型换能器技术自主创新的重要基地之一(表 3-57)。

表 3-57　哈尔滨工程大学在通信技术领域研发布局简况

创新机构	哈尔滨工程大学	
网址	http://www.hrbeu.edu.cn/kxyj/ssjs.aspx	
核心专利	公开号	专利名称
	CN 107426120B	一种基于最小均方误差的水声 OFDM-MFSK 信道均衡方法
	CN 107864020B	水下小目标单分量声散射回波的变换域提取方法
	CN 109150772B	一种基于正交匹配追踪的水声信道时延估计方法
	CN 108365903B	一种基于随机散射簇的三维 Massive MIMO 信道建模方法
	CN 108848043B	基于压缩感知的低复杂度水声稀疏时变信道估计方法
	CN 107231176B	一种 OFDM-MFSK 水声通信宽带多普勒估计与补偿方法
	CN 107547143B	一种已知子载波频率的 OFDM-MFSK 水声通信宽带多普勒估计与补偿方法
	CN 107454031B	一种基于分组信噪比置信度的 OFDM-MFSK 水声通信技术
	CN 107592674B	一种信能协同传输的 OFDM 中继网络资源分配方法
	CN 108737303B	一种水下无人平台远程稳健通信方法
主要技术和产品	水声通信技术、水声换能器技术、水声目标探测与定位技术	

(11) 中国科学院声学研究所

中国科学院声学研究所形成了独具特色的六大研究领域：水声物理与水声探测技术、环境声学与噪声控制技术、超声学与声学微机电技术、通信声学和语言语音信息处理技术、声学与数字系统集成技术、高性能网络与网络新媒体技术。在浅海声学理论、微穿孔板吸声理论、匹配场定位理论、流体喷注噪声理论、概念层次网络理论、压电体弹性波理论、超声检测理论等方面的研究与应用取得了国际领先的创新成果，而在新概念声呐技术、智能声制导技术、数字信号处理与网络接入技术、中文语言语音信息处理技术、声学测井理论、非线性声学驻波场、水声环境特性、信号处理专用芯片和平台技术、声学换能器与声表面波器件等方面的研究、研制和设计能力居国际先进或国内领先水平。从浅海到深海的声学理论推动形成一系列技术成果，并得以广泛应用；自主完成了 7 000 m 载人潜水器核心装备声学系统的研制、改进与集成，为"蛟龙"号载人潜水器创造国际同类作业型载人深潜器最大下潜深度新纪录做出了突出贡献；服务奥运、世博，"水下安保系统"功勋卓著；自主研制的合成孔径声呐成功应用于国际水下考古领域；系列多普勒流速剖面仪提供给多家科研单位，支撑国家任务大洋考察；阵列声波测井、随钻声波测井、远场声波测井突破多项关键技术，为多家油田提供产品(表3-58)。

表3-58 中国科学院声学研究所在通信技术领域研发布局简况

创新机构	中国科学院声学研究所	
网址	http：//www. ioa. ac. cn/	
核心专利	公开号	专利名称
	CN 103167376B	一种定向扬声器及其信号处理方法
	CN 102571902B	一种无线和水声通信浮标
	CN 102546486B	一种信道自适应单载波水声相干通信信号处理方法
	CN 102546323B	一种基于水声和无线电混合信道的对等网络的实现方法
	CN 102164328B	一种用于家庭环境的基于传声器阵列的音频输入系统
	CN 102739886B	基于回声频谱估计和语音存在概率的立体声回声抵消方法
	CN 101471734B	一种多发多收声定位网络系统及其定位方法
主要技术和产品	水声物理与水声探测技术、环境声学与噪声控制技术、超声学与声学微机电技术、通信声学和语言语音信息处理技术、声学与数字系统集成技术、高性能网络与网络新媒体技术	

(12)华中科技大学

华中科技大学(武汉光电国家研究中心)面向信息光电子、能量光电子和生命光电子三大领域，以三个重大研究任务(海陆空天一体化光网络、绿色高效光子循环与光子制造、脑连接图谱与类脑智能)为牵引，围绕集成光子学、光子辐射与探测、光电信息存储、激光科学与技术、能源光子学、生物医学光子学、多模态分子影像、生命分子网络与谱学8个方向，开展基础性、前瞻性、多学科交叉融合的创新研究(表3-59)。

表3-59 华中科技大学在通信技术领域研发布局简况

创新机构	华中科技大学(武汉光电国家研究中心)	
网址	http：//wnlo. hust. edu. cn/	
核心专利	公开号	专利名称
	CN 110289917B	一种水下光通信网络的锚节点位置获取方法
	CN 104168313B	一种遥控水下作业系统通信网络及其调度方法
	CN 104125009B	一种水下遥控通信网络
	CN 101013926B	一种无线传感器网络通信方法和系统
	CN 106100752B	一种光学调制模块
	CN 103546218B	基于光学环镜的超宽带脉冲编码调制装置
	CN 102694576B	基于电带通滤波器的光学超宽带信号发生器
主要技术和产品	水下光通信技术	

(13)美国 3D at Depth Inc.

3D at Depth Inc. 是世界上领先的水下激光雷达探测公司。2018 年 10 月，3D at Depth 公司与非营利组织航空海洋遗产基金会合作一项探险项目，在此期间开发了用于探测幸存于马绍尔群岛共和国贾卢伊特潟湖湖底罕见的且具有历史意义的美国海军道格拉斯 TBD-1“毁灭者”战斗机的大部分残骸的技术。摄影测量与水下激光雷达(SL)技术相结合，可创建精密、精确的逆向工程 3D 模型(表 3-60)。

表 3-60　美国 3D at Depth Inc. 在通信技术领域研发布局简况

创新机构	美国 3Dat Depth Inc.	
网址	https：//www. 3datdepth. com/	
核心专利	公开号	专利名称
	US 10698112B2	Systems and methods for monitoring underwater structures(用于监测水下结构的系统和方法)
	US 10545233B1	Underwater optical metrology system(水下光学计量系统)
	US 10871567B2	Underwater optical positioning systems and methods(水下光学定位系统和方法)
主要技术和产品	其代表产品为 SL1/SL2/SL3 雷达系统，软件系统完全定制开发。水下雷达光束控制可以达到 45M	

参考文献

[1] 李大海，吴立新，陈朝晖．“透明海洋”的战略方向与建设路径[J]．山东大学学报(哲学社会科学版)，2019(2)：130-136.

[2] 王军成，厉运周．我国海洋资料浮标技术的发展与应用[J]．山东科学，2019，32(5)：1-20.

[3] 姜晓轶，符昱，康林冲，等．海洋物联网技术现状与展望[J]．海洋信息，2019，34(3)：7-11.

[4] 林明森，何贤强，贾永君，等．中国海洋卫星遥感技术进展[J]．海洋学报，2019，41(10)：99-112.

[5] 漆随平，厉运周．海洋环境监测技术及仪器装备的发展现状与趋势[J]．山东科学，2019，32(5)：21-30.

[6] 李民，刘世萱，王波，等．海洋环境定点平台观测技术概述及发展态势分析[J]．海洋技术学报，2015，34(3)：36-42.

[7] 王鑫．海洋环境移动平台观测技术发展趋势分析[J]．科技创新与应用，2019(5)：141-142,145.

[8] 廖煜雷，李晔，刘涛，等．波浪滑翔器技术的回顾与展望[J]．哈尔滨工程大学学报，2016，37(9)：1227-1236.

[9] VILLAREALTA，WILSONC. A. Comparison of the PacX Trans-Pacific waveglider data and satellite-data(modis，aquarius，trmmandviirs)[J]. PLoSone，2014，9(3)：e92280.

[10] 秦玉峰．波浪能滑翔器工作原理及应用研究[C]．海洋开发与管理第二届学术会议论文集．《海洋开发与管理》杂志社有限公司，2018：105-113.

[11] 陈映彬．无人船发展现状及其关键技术综述[J]．科学技术创新，2019(2)：60-61.

[12] 柳晨光，初秀民，吴青，等．USV 发展现状及展望[J]．中国造船，2014，55(4)：194-205.

[13] 曹娟，王雪松．国内外无人船发展现状及未来前景[J]．中国船检，2018(5)：94-97.

[14] VITALE S S，DIMARCO S F，SEIDEL H F，et al. Circulation analysis in the northwest Indian Ocean using ARGO floats and surface drifter observations，and SODA reanalysis output[J]. Dynamics of Atmospheres & Oceans，2017：57-70.

[15] 王有志．基于耐波性的小型表层漂流浮标的研究与设计[D]．大连海事大学，2020.

[16] 张茜．基于多种通信方式的多参数表面漂流浮标设计[D]．国家海洋技术中心，2019.

[17] 胡展铭，史文奇，陈伟斌，等．海底观测平台——海床基结构设计研究进展[J]．海洋技术学报，2014，33(6)：123-130.

[18] 单体坤，杨涛，马文良，等．新型多功能抗拖网海床基设计[J]．中国海洋平台，2018，33(2)：16-21.

[19] 魏世乐，黄蔚，杨宗元，等．流速剖面仪测流精度评估技术理论分析研究[J]．舰船电子工程，2016，36(11)：107-111.

[20] 张同伟，秦升杰，唐嘉陵，等．深海船载走航式声学多普勒流速剖面仪[J]．舰船电子工程，2019，39(2)：146-149.

[21] 李瑞琪．1 MHz 声学多普勒流速剖面仪关键技术研究[D]．华北电力大学，2016.

[22] 章家保，蔡辉，陈加银，等．当前海洋波浪测量的技术特点和实测分析[J]．海洋技术学报，2015，34(4)：33-38.

[23] 王晨阳．基于惯性测量元件的波浪测量方法研究[D]．天津理工大学，2019.

[24] 郑贵林，徐沾伟．一种新型高精度溶解氧传感器的设计[J]．传感器与微系统，2012，31(2)：112-114.

[25] 柴祎，曾宪军．海洋油气资源地球物理勘探方法概述[J]．气象水文海洋仪器，2014，31(3)：112-116.

[26] 房丰洲，顾春阳．高精度重力仪的测量原理与发展现状[J]．仪器仪表学报，2017，38(8)：1830-1840.

[27] 孙枫，曹通．基于重力信息的惯性系粗对准精度分析[J]．仪器仪表学报，2011，32(11)：2409-2415.

[28] 胡华，伍康，申磊，等．新型高精度绝对重力仪[J]．物理学报，2012，61(9)：544-551.

[29] 胡平华，赵明，黄鹤，等．航空/海洋重力测量仪器发展综述[J]．导航定位与授时，2017，

4(4)：10-19.

[30] 周贤高．重力矢量测量技术[C]．中国惯性技术学会．重力测量技术——2014年惯性技术发展动态发展方向研讨会文集．中国惯性技术学会，2014：83-88.

[31] 罗锋，王冠鑫，周锡华，等．三轴稳定平台式航空重力测量数据处理方法研究与实现[J]．物探与化探，2019，43(4)：872-880.

[32] 任来平，王耿峰，张哲，等．海洋磁力仪性能指标分析与测试[J]．海洋测绘，2016，36(6)：38-42.

[33] 吴文福，袁皓．氦光泵磁力仪的应用与发展研究综述[J]．声学与电子工程，2016(4)：1-5+9.

[34] 李阳，祁江豪，孟祥君，等．海底地震仪广角地震试验[J]．海洋地质前沿，2019，35(9)：36-44.

[35] 余本善，孙乃达．海底地震采集技术发展现状及建议[J]．海洋石油，2015，35(2)：1-5.

[36] 汪文杰，贾东宁，许佳立，等. 全球海洋遥感卫星发展综述[J]．测绘通报，2020(5)：1-6.

[37] 张庆君，赵良波．我国海洋卫星发展综述[J]．卫星应用，2018(5)：28-31.

[38] 蒋兴伟，何贤强，林明森，等．中国海洋卫星遥感应用进展[J]．海洋学报，2019，41(10)：113-124.

[39] 刘畅. 中国海洋遥感技术进展[J]．船舶与海洋工程，2018，34(1)：1-6.

[40] 夏明华，朱又敏，陈二虎，等．海洋通信的发展现状与时代挑战[J]．中国科学：信息科学，2017(47)：677-695，doi：10. 1360/N112017-00016.

[41] 王权. 天基通信系统在智慧海洋中的应用研究[J]．航天器工程，2019，28(2)：126-133.

[42] 何晌，张德，张峰，等．水下通信技术现状及趋势[J]．中国新通信，2018，20(8)：26.

[43] 杨帆．水下信息传输网及其关键技术分析研究[J]．通信技术，2018，51(5)：1073-1081.

[44] 段瑞洋. 面向“三全”信息覆盖的新型海洋信息网络[J]．通信学报，2019，40(4)：10-20.

[45] 朱敏，武岩波．水声通信技术进展[J]．中国科学院院刊，2019，34(3)：289-296.

[46] 陈友淦，许肖梅．人工智能技术在水声通信中的研究进展[J]．哈尔滨工程大学学报，2020，41(10)：1536-1544.

[47] 李风华，郭永刚，吴立新，等．海底观测网技术进展与发展趋势[J]．海洋技术学报，2015，34(3)：33-35.

[48] 蒋永国．面向传感网的海洋观测数据集成关键技术研究[D]．中国海洋大学，2010.

[49] 翟璐，倪国江. 国外海洋观测系统建设及对我国的启示[J]．中国渔业经济，2018，36(1)：33-39.

[50] 李民，刘勇．中国海洋仪器产业发展现状与趋势[J]．中国海洋经济，2017(2)：35-44.

第 4 章　海洋生物医药与生物制品产业

4.1　概述

4.1.1　技术概况

随着经济社会的不断发展，人们对于天然产品的需求日益增加，海洋生物技术制品市场需求也日益增长。2015 年，全球海洋生物技术市场已达到数百亿美元，预计在后续仍然会以 15%~20%的年增长率持续发展。随着科技的不断发展，海洋药物和海洋生物制品的研究与产业化现已成为海洋大国争相竞争的热点范畴[1]。国际上，美国、日本、瑞士等发达国家在全球收集、筛选优质海洋生物资源，建立资源养殖基地，以抢占未来科技竞争制高点。

经过近 80 年的探索，世界各国已从海洋动物、植物、微生物中发现 3.5 万余个海洋天然产物，其中 50%以上具有各种生物活性[2]，超过 4 000 个海洋天然产物具有较为明确的靶点，涵盖了大约 350 种不同的药物靶点。成功开发上市 16 个海洋创新药物，另有 30 余个处于不同的临床研究阶段。海洋药物研发进入 21 世纪后，新药上市的速率出现拐点，显现出“蓝色药库”开发以新药产品为导向的发展态势。

2014 年，欧盟启动了一项国际大计划，提出了“Pharma Sea”新概念，海洋生物资源被认为是目前最具新药开发潜力的药用资源领域，是人类难得的巨大药库。对海洋生物的资源、化学、生态学、生物活性等多方面进行深入研究，进而从海洋生物资源中寻找针对人类重大疑难病症的创新药物，已成为国际海洋药物研发的新动向[3]。

我国是世界上利用海洋生物防病治病最早的国家之一[4]。在现代海洋药物研究方面，始于 20 世纪 70 年代末，虽起步较晚，但经过几十年的发展，在海洋天然产物发现数量上位居全球前列：迄今为止，我国科学家已发现 3 000 多个海洋小分子新活性化合物和 800 余个糖(寡糖)类化合物，在国际天然产物化合物库中占有重要位置。我国海洋糖类药物研究开发的特色与成就为国际同行所认可。自

1985 年开发上市了第一个海洋糖类新药藻酸双酯钠(PSS)后，又有多个海洋糖类药物(甘糖酯、海力特、降糖宁散、甘露醇烟酸酯)上市，并有 6 个糖类药物处于Ⅰ-Ⅲ期临床研究中(D-聚甘酯、泼力沙滋、几丁糖酯、HS971、玉足海参多糖、K-001)，此外，河豚毒素、角鲨烯、多烯康也应用于临床中。这些工作为后续海洋药物的开发奠定了丰富的资源和化合物基础，储备了技术力量[5]。值得提出的是，管华诗院士团队研发的心脑血管疾病治疗药物藻酸双酯钠(PSS)是亚洲首个、我国唯一获国际认可的现代海洋创新药物。2019 年，中国第一个抗阿尔茨海默病一类海洋候选新药 HS971 顺利有条件批准上市，成为国际第 14 个海洋创新药物，标志着我国海洋糖类药物的研发处于国际领先水平，我国海洋药物整体研究水平处于国际第一梯队。

我国在“十三五”生物产业规划中将海洋生物医药与生物制品所属的生物产业形容为 21 世纪创新最为活跃、影响最为深远的新兴产业，并将其列为我国战略性新兴产业的主攻方向，对于我国抢占新一轮科技革命和产业革命制高点，加快壮大新产业、发展新经济、培育新动能，建设“健康中国”具有重要意义[6]。规划指出，我国将支持具有自主知识产权、市场前景广阔的海洋创新药物，构建海洋生物医药中高端产业链；开发绿色、安全、高效的新型海洋生物功能制品[7]；提高生物基产品的经济性和市场竞争力，开展海洋生物材料等规模化生产和示范应用，实现生物基材料产业的链条式、集聚化、规模化发展。

海洋药物和海洋生物制品的研究与产业化已经成为世界各海洋大国开展激烈竞争的热门领域。近年来，借助国家“蓝色经济”战略，中国海洋生物医药产业呈现出快速发展态势，是近十年来海洋产业中增长最快的领域[8]。2019 年，我国主要海洋产业保持稳步增长，全年实现产值 35 724 亿元，比 2018 年增长 7.5%。其中海洋生物医药业自主研发成果不断涌现，产业平稳较快增长，全年实现增加值 443 亿元，增速达到 8.0%。在海洋产业增长排行中，排名第三。根据国家海洋局的公开统计数据，2012—2019 年度我国海洋生物医药行业年度增长值及增长率如图4-1 所示。

参考《海洋及相关产业分类》(GB/T 20794—2006)、《海洋高技术产业分类》(HY/T 130—2010)等相关文件，并咨询专家意见，确定了海洋生物医药与生物制品产业分类，共分为三大类，即海洋生物制品、海洋生物医用材料及海洋生物药物(图 4-2)。

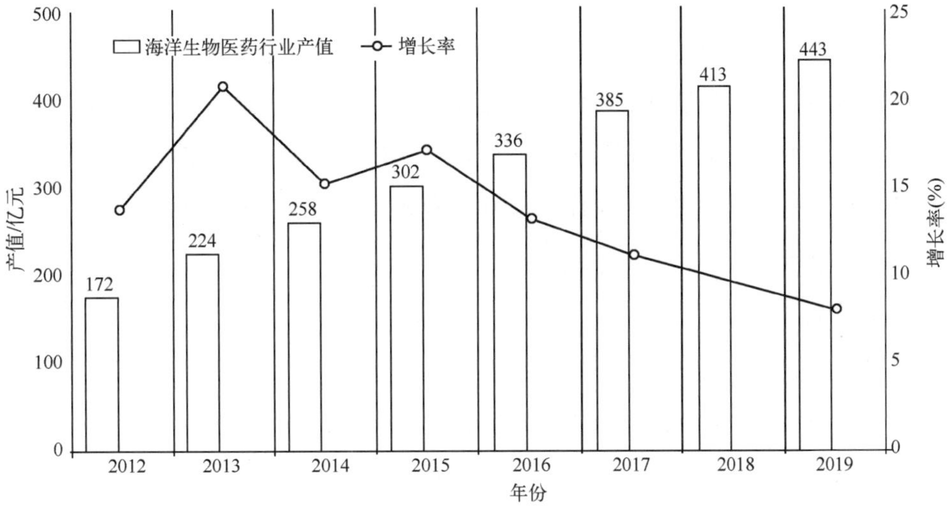

图 4-1　海洋生物医药行业产值及增长率(数据来源：国家海洋局统计数据)

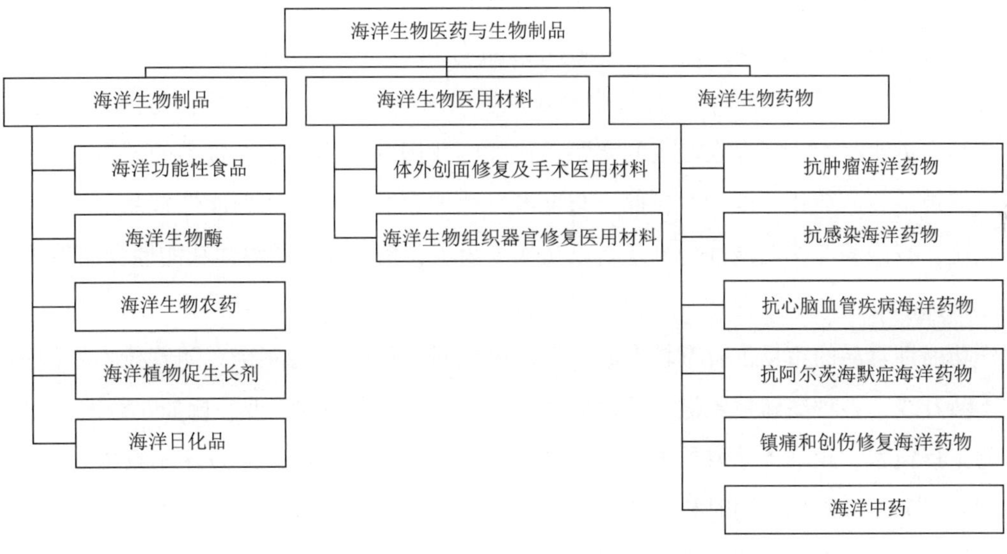

图 4-2　海洋生物医药与生物制品产业总分类

4.1.2　发展现状

4.1.2.1　海洋生物制品

目前，中国的海洋生物制品领域主要包括海洋功能性食品、海洋生物酶、海洋生物农药、海洋植物促生长剂、海洋日化品等。目前我国海洋生物医药业年产值约

400亿元，已经成为海洋生物制品原料生产大国，在壳聚糖、海藻酸钠等制品领域的产量已经占世界总产量的80%以上，海藻纤维、海洋生物碱性蛋白酶、高纯氨基葡萄糖硫酸盐等产品均已处于国际前列水平，甚至实现行业领跑，市场开发前景被业内广泛看好。海洋功能食品方面，已经拥有多糖寡糖、鱼油、高附加值蛋白肽类等多种制品，种类丰富[9]；在部分酶制剂领域，如溶菌酶、蛋白酶、脂肪酶、酯酶等，已经初步实现了产业化；海洋生物农药方面，海洋绿色农用制剂、寡糖农药等已全面开展应用。

1）海洋功能性食品

海洋功能性食品主要指海洋健康食品、功能食品，其主要成分以不饱和脂肪酸、甲壳素、蛋白质、糖类和海洋药物的有效成分提取物为主。近几年来，我国的海洋功能性食品在研究与开发、市场应用等方面取得了较大进展，系列产品被开发并投入市场，极大地提高了人民健康水平。在海洋功能性食品开发中，海洋水产品废弃物、低值水产品的加工，对海藻、鱼油、牡蛎和水解蛋白进行深加工，用现代科技手段将其中具有生理调节功能的物质提取制成功能食品已迈出了产业化步伐[10]。

目前我国研制成功的海洋功能性食品有脑黄金、鱼肝油、力多精、鱼蛋白等[11]。但是，我国的海洋功能性食品在现阶段仍处于开发起步阶段，与世界主流模式和先进水平相比还存在较大的差距。比如，我国的海洋功能性食品的质量标准还不够规范，产业化程度相对较低，与世界发达国家的高新海洋功能性食品加工产品相比，我国的海洋功能性食品还是以初加工为主，精深加工的海洋功能性食品较少，且我国的海洋功能性食品生产企业以小规模分散经营为主。同时，我国的深加工海洋功能性食品的市场占有率较发达国家来说相对较低[11]。近年来，随着技术手段的不断升级，各种高新技术被广泛地应用于海洋功能性食品加工业，比如：微波技术、酶工程技术、超临界萃取技术、现代分析检测技术等，这些高新技术不仅能够保留营养成分不被破坏，同时相较传统技术更加安全环保。这些高新技术的出现将大大提高海洋功能性食品的经济附加值，是海洋功能性食品行业未来重点研究和应用技术，被研究人员广泛关注。

2）海洋生物酶

海洋生物因其独特的生长环境，使其在代谢过程中产生的酶类与陆地生物的酶类有很大不同，因此世界各国研究机构热衷于从海洋生物中筛选提取出有应用价值的酶类。然而由于海洋产酶生物资源样品采集困难且取样风险性较大，导致该领域的研究成果较少。但由于其开发应用的潜力巨大，因此各个国家仍不断加大对海洋生物酶的研究力度。同时，借由海洋生物高新技术手段的不断发展，近年海洋生物酶的研究也进入快速发展阶段。现阶段发现的海洋微生物酶包括：蛋白酶、多糖酶、溶菌酶、脂肪酶、木聚糖酶、环糊精酶、纤维素酶、甘露聚糖酶、果胶裂解酶、氨单价氧化酶、唾液酸酶、氢化酶、谷氨酰胺酶、葡萄糖脱氢酶、甲基化酶、脂酶和 DNA 聚合酶等[12]。

3）海洋生物农药

随着人类环保意识的不断增强，且由于传统化学农药的不合理使用带来的一些影响，使得新型生物农药的研究开发显得尤为重要。海洋微生物种类繁多，其次级代谢产物结构独特，在生物农药方面的应用前景广阔，可制造成为杀虫剂、杀菌剂、除草剂等。但由于目前我国在海洋生物农药方面的成果转化投入紧缺，导致相关成果的转化率并不高，同样由于资金缺乏，海洋生物农药的企业生产规模很小。在种种条件制约下，海洋生物农药产品的价格偏高，同时，由于科技成果的普及率较低，农民对海洋生物农药的认识不足，导致接受度较低，产品推销存在难点。综合影响下，导致海洋生物农药的市场占有率较低。

4）海洋植物促生长剂

科研人员将海藻加工成为海洋植物促生长剂并与传统肥料进行对比，相较之下，海洋植物促生长剂除了能提供生长养分之外，还能够改良土壤、提高肥效，性能优异。且由于这些鲜明优势，海洋植物促生长剂也被誉为继有机肥、化肥、生物肥之后的第四代肥料。

5）海洋日化品

海洋生物由于生长环境特殊，可产生远异于陆地生物的活性物质，这些活性物质具有非常好的生物相容性，在日化品领域可表现出很好的抗氧化、抗炎、抗皮肤过敏、抗紫外线吸收及防护等系列功能特性。越来越多的研究机构和制药公司及日化品公司开始从事海洋日化品领域的研发，在不断地研究开发下，以海洋多酚类、海洋多肽类、海洋多糖类、海洋磷脂类、海洋源胶原蛋白类等为代表的海洋天然产物被广泛地应用于日化品领域。

4.1.2.2 海洋生物医用材料

海洋生物医用材料指提取自海洋生物的医用材料，属于天然可再生生物资源，且其结构多样，功能独特，具有一定的生物学活性，大部分海洋生物医用材料具有可生物降解吸收、生产加工成本低廉、产品附加值高的特点，已成为当前生物材料领域的研究热点之一[13]。海洋生物医用材料包括体外创面修复与手术医用材料及海洋生物组织器官修复医用材料，其中部分体外创面修复及手术医用材料，如止血材料、愈创材料、抗菌敷料和手术防粘连产品等，已经进入了工业产业化阶段。

海洋生物医用材料依据其化学组分还可分为无机类材料和天然大分子材料。无机类材料主要涉及珊瑚礁基质材料，高分子多糖类材料主要为海藻酸盐、壳聚糖以及蛋白类材料如胶原蛋白基生物材料等。

4.1.2.3 海洋生物药物

海洋生物药物研究的重点领域分别是抗肿瘤海洋药物、抗感染海洋药物、抗心脑血管疾病海洋药物、抗阿尔茨海默病海洋药物、镇痛和创伤修复海洋药物、海洋中药等。目前国内外共有 49 种来自海洋的活性物质或其衍生物被批准上市或进入临床，成功上市的药物有 17 种，进入Ⅲ期、Ⅱ期、Ⅰ期临床研究的活性物质分别有 8 种、12 种、8 种，折戟于临床阶段的有 4 种。我国海洋生物医药研发起步较晚，但研究成果较为丰富，目前，我国自主研发上市的海洋药物有藻酸双酯钠 PSS、甘糖酯、海力特、甘露醇烟酸酯、多烯康、角鲨烯、海昆肾喜等；有 20 余种化合物处于临床前研究，开发潜力巨大。据统计，全世界海洋生物医药与生物制品产业的规模已经高达数十亿美元，且该数字仍保持高速增长的态势。

1) 抗肿瘤海洋药物

抗肿瘤药物是最早进行研究开发的海洋药物，并且一直在海洋药物研究中占据主导地位。世界上首个海洋抗肿瘤药物为阿糖胞苷，在现代化学分离及结构鉴定技术的进步推动下，海洋抗肿瘤活性物质的研究态势良好[14]。

2) 抗感染海洋药物

现阶段对海洋药物的研究还多集中在海洋抗肿瘤药物方面，抗感染海洋药物的研究和应用还有很大的发展空间[15]。

3) 抗心脑血管疾病海洋药物

海洋抗心脑血管疾病药物与其他海洋药物相比，其临床应用及商品化表现良好，已有很多品种上市。[16] 目前，科学家已对海洋抗心脑血管疾病药物有了明显认识，总结出一些规律，使得该类药物的研究不断趋向系统化、理论化，同时，科学家还在对天然活性成分进行提取的基础上，对天然成分的结构进行修饰，从而得到其衍生物以用于新药的制备。

4) 抗阿尔茨海默病海洋药物

抗阿尔茨海默病海洋药物是海洋药物药研发的瓶颈区，临床失败率高达

99.6%，过去20年来在该领域的研究几乎全军覆没，包括罗氏、礼来、阿斯利康、强生、辉瑞等世界知名企业以及由百健和卫材两大巨头合作的化合物也未能通过Ⅲ期实验。在一片败绩中，由中国海洋大学、中国科学院上海药物研究所和上海绿谷制药公司联合开发的甘露寡糖二酸胶囊(GV-971)异军突起，在2019年11月被中国国家药品监督管理局批准上市，用于抗阿尔茨海默病的治疗，该药物也是全球首个多靶性抗阿尔茨海默病的创新药物。

5)镇痛和创伤修复海洋药物

一些海洋毒素，如：海豚毒素、海葵毒素、石房蛤毒素、芋螺毒素、海蛇毒素等，具有神经镇痛作用，它们主要通过阻滞离子通道的功能从而达到镇痛的作用。2004年伊兰(Elan)公司生产的Ziconotide(商品名Prialt)通过鞘内注射用于治疗其他方法耐受或无效(如全身性镇痛、辅助治疗或鞘内输注吗啡)病人的慢性严重疼痛，这是唯一经美国FDA及欧洲药品管理局(EMA)认可，且无阿片类成分的鞘内注射镇痛剂。目前，该药物已被推荐为一线临床镇痛药物，用于治疗神经性和伤害性疼痛。

6)海洋中药

海洋中药是指在中医药学基本理论指导下用于防治疾病的来源于海洋的天然药物。据《中华海洋本草》记载，海洋中药有613味，药用动植物1 479种(另有药用矿物15种)。对于陆源传统中药，目前国家标准认可的海洋中药种类很少。2015年版《中国药典》收载的海洋中药材及饮片只有13种。目前，海洋中药方面，中国科学院海洋研究所研制的海昆肾喜胶囊已经上市，主要用于慢性肾功能衰竭及代偿期、失代偿期和尿毒症早期治疗。我国以海洋生物配伍其他药物制成的复方中成药有复方褐藻酸胶囊、复方全牡蛎胶囊、海珍玉液、珍珠精母口服液等。

4.2 全球创新资源地图

4.2.1 总体格局

综合海洋生物医药及生物制品产业重点创新机构的全球布局情况，得出海洋生物医药与生物制品产业创新高地重点企业、科研机构分布概况，见表4-1。全球海洋生物医药研究创新高地主要集中于美国，欧洲，亚洲的日本、中国等地。创新资源格局呈现以下特征。

表 4-1　海洋生物医药与生物制品产业创新高地重点企业、科研机构分布概况

创新高地	所在国家	创新高地简介	主要技术与产品
纽约	美国	纽约是美国人口最多的城市，也是全世界最大的都会区之一——纽约都会区的核心。逾一个世纪以来，纽约在商业和金融的方面发挥巨大的全球影响力。联合国总部也位于该市，同时，纽约拥有全球最大的跨国制药公司——辉瑞(Pfizer)制药有限公司，对全球海洋药物影响举足轻重	阿糖胞苷等海洋药物，海洋生物制品
印第安纳州	美国	在生命科学方面表现突出。在这方面具领导地位的礼来(Eli Lilly)、巴奥米特(Biomet)、库克(Cook)和捷迈(Zimmer)等公司都在这里开设工厂。拥有美国第二大医学院——印第安纳大学医学院以及久负盛名的培训机构——印第安纳大学新兴技术中心，该中心是生物科学业务的培训汇集地	头孢菌素等海洋药物，医疗器械
佛罗里达州	美国	佛罗里达州是美国南部的一个州，亦属于墨西哥湾沿岸地区，是美国人口数量第四的州。佛罗里达州包括佛罗里达半岛、西北部濒墨西哥湾狭长地带及南部近海珊瑚岛礁，别称阳光州，面积 15.2×10^{4} km^{2}，首府塔拉哈西。拥有迈阿密大学、佛罗里达大学、佛罗里达州立大学等知名海洋药物研究机构	海洋药物
马萨诸塞州(麻省)	美国	位于美国东北，是新英格兰地区的一部分。拥有哈佛大学、麻省理工学院等知名海洋药物研究机构	C52-halichondrin-B amine(E7130)等海洋药物
新泽西州	美国	制药业非常发达，在全美名列第一。世界上最大的 21 家制药和医疗技术公司总部或中心设在新泽西。例如，Enzon；强生公司；为单克隆抗体，定向抗体疫苗和免疫调变剂三者的互补组合以研发候选特效新药的综合性生物制药公司 Celldex Therapeutics；默沙东公司	阿糖胞苷，Glembatumumab Vedotin (CDX-011)、阿糖腺苷，海洋生物制品
加利福尼亚州	美国	美国将近一半的生物科技产业在加利福尼亚州，全美近 30%的生物工程公司总部在加利福尼亚州，医疗器械和测量控制仪器的产量占全美的 20%。拥有北美第一大医药批发商麦克森公司(McKesson)，斯坦福大学、加州理工学院等高等学府	阿糖腺苷等海洋药物、海洋生物制品
犹他州	美国	位于美国西部。拥有犹他大学、犹他州立大学、杨百翰大学、韦伯州立大学等知名高校	齐考诺肽(Ziconotide)
华盛顿	美国	华盛顿哥伦比亚特区(Washington, D. C.)位于美国的东北部、中大西洋地区，是美国的文化教育中心之一，拥有乔治城大学、乔治·华盛顿大学等多所高等院校。西雅图遗传公司、西亚诺泰克、博塞尔(Bothell)、卡迈舒(Amresco)也位于此	泊仁妥西凡多汀(Brentuximab Vedotin, SGN-35)；Vorsetuzumab Mafodotin (SGN-75)；Glembatumumab Vedotin (CDX-011)；海藻制品；ASG-5ME，阿糖腺苷

续表

创新高地	所在国家	创新高地简介	主要技术与产品
伊利诺伊州	美国	位于美国中东部，知名制药公司雅培公司、美国保健品市场上名列三甲的国际知名的天然保健品牌美国 Now Foods 公司位于伊利诺伊州	Tasidotin，Synthadotin（ILX-651）
伦敦	英国	英国首都，欧洲最大的城市。拥有全球四大药学院之一的伦敦大学药学院，伦敦国王学院的医药类专业一直排名全球前十位。英国葛兰素史克公司位于英国伦敦西部的一个市镇 Brentford（布伦特福德），阿斯利康制药公司、施乐辉公司等知名企业也位于此	拉伐佐（Lovaza）；Epanova；海洋生物制品
伯明翰	英国	仅次于伦敦的英国第二大国际化城市，拥有世界级公司、研发中心、世界知名大学和创新企业家	海洋药物
巴塞尔	瑞士	巴塞尔是仅次于苏黎世和日内瓦的瑞士第三大城市，是化工和制药工业发达的地区，以知名药业公司诺华和霍夫曼・罗氏集团为首的瑞士最大药品公司总部都设在巴塞尔	海洋功能性食品、海洋药物
马德里	西班牙	在新成立的西班牙生物技术公司中有将近一半将其总部设在马德里区域，同时，一些制药公司也在此设立了研发中心，包括葛兰素史克、辉瑞、百时美施贵宝等	曲贝替定 Aplidine，Trabectedin，Plocabulin（PM060184）等海洋药物
巴黎	法国	法国最大城市，欧洲第二大城市，法国的政治、经济、文化、商业中心。是世界公认的文化之都，教育事业的中心，法国著名的法兰西学院、巴黎大学、巴黎综合理工学院、高等师范学校、国立统计与经济管理学校、法国国立高等工程技术学校、国立桥路学校、国立高等先进技术学校以及国家科学研究中心等均设在巴黎。拥有知名药企赛诺菲，知名日化品牌碧欧泉	Tasidotin，Synthadotin（ILX-651）
北莱茵-威斯特法伦州	德国	位于德国西部，州府为杜塞尔多夫。是德国人口最多的州，也是欧洲人口最稠密的地区，是德国经济最发达地区。国际著名的化工巨子拜耳公司和朗盛公司总部所在地	海洋药物
达姆施塔特市	德国	德国黑森州的首府，位于该州的南部，黑森州超过一半的人口居住在达姆施塔特行政区内。默克公司在此	海洋药物
图特林根	德国	德国巴登-符腾堡州最西南端弗赖堡行政区图特林根县的首府。是一个制造业和商业中心，有超过 200 家公司，如知名药企 Marinomed 公司	卡拉胶鼻喷雾剂
东京	日本	日本的首都和最大的城市，也是日本的政治、经济、文化和交通中心。拥有多个知名药物研发机构，日本卫材（Eisa）；日本武田（Takeda）制药公司；安斯泰来公司（Astellas Pharma）；武田药品工业株式会社；日本藤泽药品工业株式会社；第三工业株式会社；日本住友化学工业株式会；日本井原化工有限公司；日本资生堂公司；Nippi Biomatrix 研究所；第一工业制药株式会社；日本海洋生物技术研究所；东京大学海洋研究所：东京大学应用微生物学研究所；京都大学海洋药物研究室；日本农药工业协会	甲磺酸艾日布林（Halaven）；C52-halichondrin-B amine（E7130）；泊仁妥西凡多汀（Brentuximab Vedotin，SGN-35）；ASG-5ME；海洋农药、植物生长促进剂、海洋日化品、海洋药物

续表

创新高地	所在国家	创新高地简介	主要技术与产品
青岛	中国	作为中国海洋科研资源最为集中的区域之一，海洋生物医药优势产品特色突出。明月海藻和聚大洋主导产品在世界市场上的占比超过 50%，在世界同行业排名分别位居第一和第二；琅琊台集团科海生物衣康酸、异麦芽酮糖，生产规模世界第一，海洋微藻生产高附加值 DHA，生产规模国内最大。博益特手术用止血材料“术益纱”成为耗材类仅次于美国强生的第二品牌，黄海制药的抗心脑血管药、正大制药的抗骨质疏松药、东海药业的微生态、蔚蓝生物的酶制剂等在业内具有重要影响力。此外，华大基因海洋基因库一期建成运营，国内首创杰华生物“乐复能”国家一类抗病毒新药投入生产，奥克生物、瑞思德等干细胞临床诊疗技术国内领先，精准医疗产业加速崛起	甘露六烟酯；海昆肾喜胶囊；藻酸双酯钠，甘露醇烟酸酯等海洋药物、海洋日化品、海洋生物制品
上海		国家中心城市，超大城市，中国的经济、交通、科技、工业、金融、贸易、会展和航运中心。以基因工程为基础的海洋生物制药、生物制品及功能性食品是上海发展重点	甘露寡糖二酸胶囊（GV-971）；海洋生物制品；海洋功能性食品
厦门		位于福建省东南端，西界漳州，北邻南安和晋江，东南与大小金门和大担岛隔海相望，是闽南地区的主要城市，与漳州、泉州并称厦漳泉闽南金三角经济区	海洋微生物制品、海洋功能性食品
广州		广东省省会、国家中心城市、超大城市是国务院定位的国际大都市、国际商贸中心、国际综合交通枢纽、国家综合性门户城市、国家历史文化名城	海洋药物、微生物产品、生物功能制品、生化制品

美国在海洋生物医药与生物制品产业领域布局覆盖面较广。创新高地主要集中在纽约、印第安纳州、佛罗里达州、马萨诸塞州、新泽西州、加利福尼亚州、犹他州、华盛顿、伊利诺伊州等区域，汇集辉瑞、Enzon 制药、默克、西雅图遗传公司、百时美施贵宝、礼来等企业，同时拥有迈阿密大学、佛罗里达大学、佛罗里达州立大学、哈佛大学、麻省理工学院等知名大学以及伍兹霍尔海洋研究所、斯克里普斯海洋研究所等世界公认的顶尖海洋研究机构。

欧洲汇聚了众多世界知名药企。英国创新高地主要集中在伦敦和伯明翰，汇集葛兰素史克、阿斯利康制药、施乐辉等公司；德国创新高地主要集中在北莱茵-威斯特法伦州、达姆施塔特市以及图特林根，汇集拜耳、朗盛以及 Marinomed 等公司；

瑞士巴塞尔地区汇集诺华、罗氏集团等企业；法国创新高地主要集中在巴黎，典型企业赛诺菲是一家全球领先的医药健康企业；西班牙创新高地主要集中在马德里地区，典型企业 PharmaMar(法马马)主要从事以海洋生物为药源的药物研发。

日本围绕海洋农药、植物生长促进剂、海洋日化品、海洋药物等方向开展了广泛研究，创新高地主要集中在东京，典型企业包括海洋药物日本卫材(Eisai)等 9 家，主要研究机构包括 Nippi Biomatrix 研究所等 7 家。

我国创新高地主要集中在青岛、上海、厦门和广州。其中青岛是我国海洋药物及海洋生物制品研发和生产基地，海洋生物医药优势产品特色突出，产业集聚效应优势明显，汇集了黄海制药、正大制药、东海药业、明月海藻、聚大洋、琅琊台集团科海生物、博益特等一批“明星企业”以及中国科学院海洋研究所、自然资源部第一海洋研究所、青岛海洋生物医药研究院等优势研究机构。

4.2.2 海外重点区域

4.2.2.1 美国(纽约-印第安纳-佛罗里达-马萨诸塞州-新泽西州-加利福尼亚州-犹他州-华盛顿-伊利诺伊州)

美国海洋生物医药与生物制品科研机构及企业信息见表 4-2。

表 4-2 美国海洋生物医药与生物制品科研机构及企业信息

<table>
<tr><th>创新高地</th><th>所在国家</th><th>重点企业及产品</th><th>重点科研机构及技术</th></tr>
<tr><td>纽约</td><td rowspan="4">美国</td><td>辉瑞(Pfizer)制药有限公司
百时美施贵宝</td><td>阿糖胞苷等海洋药物
海洋生物制品</td></tr>
<tr><td>印第安纳州</td><td>礼来公司(Eli Lilly)
巴奥米特公司(Biomet)
库克医疗(Cook)
捷迈(Zimmer)
头孢菌素等海洋药物，医疗器械</td><td>印第安纳大学医学院</td></tr>
<tr><td>佛罗里达州</td><td>—</td><td>迈阿密大学
佛罗里达大学
佛罗里达州立大学</td></tr>
<tr><td>马萨诸塞州(麻省)</td><td>—</td><td>麻省理工学院
哈佛大学
伍兹霍尔海洋研究所
波士顿大学
C52-halichondrin-B amine(E7130)等海洋药物</td></tr>
</table>

续表

创新高地	所在国家	重点企业及产品	重点科研机构及技术
新泽西州	美国	强生公司 Enzon 制药有限公司 默沙东公司 Celldex Therapeutics	Glembatumumab Vedotin (CDX-011)、海洋生物制品
加利福尼亚州		麦克森公司(McKesson)	斯坦福大学(阿糖腺苷) 斯克里普斯海洋研究所 加州理工学院
犹他州		齐考诺肽(Ziconotide)	犹他大学 美国犹他州大学 杨百翰大学 韦伯州立大学
华盛顿		西雅图遗传公司、西亚诺泰克、博塞尔(Bothell)、卡迈舒(Amresco) 泊仁妥西凡多汀(Brentuximab Vedotin, SGN-35); Vorsetuzumab Mafodotin (SGN-75); Glembatumumab Vedotin (CDX-011); 海藻制品; ASG-5ME, 阿糖腺苷	乔治城大学 乔治华盛顿大学
伊利诺伊州		雅培公司	Tasidotin, Synthadotin (ILX-651)

印第安纳州集中了礼来(Eli Lilly)、巴奥米特(Biomet)、库克(Cook)和捷迈(Zimmer)等公司，拥有美国第二大医学院——印第安纳大学医学院以及久负盛名的培训机构——印第安纳大学新兴技术中心，在海洋药物研发及海洋生物制品制备方面形成较强的竞争力。

华盛顿大区集中了西雅图遗传公司、西亚诺泰克、博塞尔(Bothell)、卡迈舒(Amresco)等企业，在泊仁妥西凡多汀(Brentuximab Vedotin, SGN-35)、Vorsetuzumab Mafodotin(SGN-75)、Glembatumumab Vedotin(CDX-011)、ASG-5ME、阿糖腺苷和海藻制品等产品方面形成较强的竞争力。

加利福尼亚州集中了美国将近一半的生物科技就业，全美近 30%的生物工程公司，医疗器械和测量控制仪器的产量占全美的 20%。拥有北美第一大医药批发商麦克森公司(McKesson)，斯坦福大学、加州理工学院等高等学府。在海洋生物制品方面具有核心竞争力。

4.2.2.2 日本(东京-京都)

日本海洋生物医药与生物制品科研机构及企业信息见表 4-3。

表 4-3 日本海洋生物医药与生物制品科研机构及企业信息

创新高地	所在国家	重点企业及产品	重点科研机构及技术
东京	日本	日本卫材(Eisa);日本武田(Takeda)制药公司;安斯泰来公司(Astellas Pharma);武田药品工业株式会社;日本藤泽药品工业株式会社;第三工业株式会社;日本住友化学工业株式会;日本井原化工有限公司;日本资生堂公司 甲磺酸艾日布林(Halaven);C52-halichondrin-B amine(E7130);泊仁妥西凡多汀(Brentuximab Vedotin, SGN-35);ASG-5ME	Nippi Biomatrix 研究所;第一工业制药株式会社;日本海洋生物技术研究所;东京大学海洋研究所;东京大学应用微生物学研究所;京都大学海洋药物研究室;日本农药工业协会 海洋农药、植物生长促进剂、海洋日化品、海洋药物

东京集中了日本卫材(Eisai)、日本武田(Takeda)制药公司、安斯泰来公司(Astellas Pharma)、武田药品工业株式会社、日本藤泽药品工业株式会社、第三工业株式会社、日本住友化学工业株式会、日本井原化工有限公司、日本资生堂公司等企业,拥有 Nippi Biomatrix 研究所、第一工业制药株式会社、日本海洋生物技术研究所、东京大学海洋研究所、东京大学应用微生物学研究所、京都大学海洋药物研究室等研发机构和日本农药工业协会。在海洋药物、海洋农药、植物生长促进剂、海洋日化品等领域具有广阔优势。

日本海洋生物技术研究所是全球海洋生物医药研究方面最大、最具权威的机构,其海洋生物医药尤其是海藻医药的研发经验一直保持着世界领先地位。日本海洋生物技术研究所曾研制出全球首个超低分子海藻抗肿瘤制剂(Power Fucoidan Gold),创造了抗肿瘤领域连续 7 年销量第一的奇迹。

东京大学海洋研究所成立于 1962 年,是日本唯一的综合性海洋研究所,从事海洋科学基础理论研究。在海洋生物与医药研究方面实力较强,设立了海洋无机化学、海洋生物化学、海洋生物生理、海洋生物生态、海洋微生物、渔业测定等研究室。

4.2.2.3 欧洲英国(伦敦-伯明翰)-瑞士(巴塞尔)-西班牙(马德里)

欧洲海洋生物医药与生物制品科研机构及企业信息见表 4-4。

表 4-4　欧洲海洋生物医药与生物制品科研机构及企业信息

创新高地	所在国家	重点企业及产品	重点科研机构及技术
伦敦	英国	葛兰素史克公司、阿斯利康制药公司、施乐辉公司 拉伐佐(Lovaza)，Epanova，海洋药物及海洋生物制品	
巴塞尔	瑞士	诺华、霍夫曼·罗氏集团 海洋功能性食品、海洋药物	
马德里	西班牙	法马马 曲贝替定 Aplidine，Trabectedin，Plocabulin(PM060184)等海洋药物	

英国伦敦地区聚集了葛兰素史克公司、阿斯利康制药公司、施乐辉公司等世界知名药物企业，在海洋药物研发方面具有明显优势，已上市药物有拉伐佐(Lovaza)、Epanova 等。

瑞士巴塞尔地区聚集了诺华、霍夫曼·罗氏集团等世界知名药物企业，在海洋药物、海洋功能性食品研发方面具有明显优势。

西班牙马德里地区的法马马是一家专注肿瘤学的生物制药公司，主要从事以海洋生物为药源的药物研发，致力于发现具有抗肿瘤活性的分子。该公司希望通过创新产品来为医疗界提供治疗癌症的新工具。拥有一支候选药物研发管线和强大的肿瘤学研发计划。该公司在欧洲进行 Yondelis© 的开发和商业化活动，同时还在开发其他针对多种实体肿瘤的临床阶段项目，其中包括 lurbinectedin (PM1183)、PM184 和 PM14。在海洋抗肿瘤药物研发方面优势明显。

4.2.3　我国重点区域

中国海洋生物医药与生物制品科研机构及企业信息见 4-5。

表 4-5　中国海洋生物医药与生物制品科研机构及企业信息

创新高地	所在国家	重点企业及产品	重点科研机构及技术
青岛	中国	黄海制药的抗心脑血管药，正大制药的抗骨质疏松药，东海药业的微生态，蔚蓝生物的酶制剂，明月海藻的系列海藻制品、海洋日化品，青岛博益特生物材料股份有限公司的壳聚糖止血粉，青岛澳海生物有限公司	中国海洋大学藻酸双酯钠；中国科学院海洋研究所海昆肾喜胶囊；自然资源部第一海洋研究所

续表

创新高地	所在国家	重点企业及产品	重点科研机构及技术
上海	中国	上海绿谷制药公司、上海浩思海洋生物科技有限公司、上海东海制药股份有限公司、上海其胜生物制剂有限公司、上海澳博海洋生物技术开发有限公司 甘露寡糖二酸胶囊(GV-971)	中国科学院上海药物所、上海海洋大学、上海交通大学、上海中医药大学
广州		广州市健道海洋生物科技有限公司、广州市蓝钥匙海洋生物工程有限公司	中山大学、中国科学院南海海洋研究所
厦门		厦门金达威集团股份有限公司，辅酶 Q10；厦门蓝湾科技有限公司，“硫酸氨基葡萄糖”	中山大学、中国科学院南海海洋研究所

青岛聚集了中国海洋大学、中国科学院海洋研究所、自然资源部第一海洋研究所等海洋科研机构，海洋生物医药优势产品特色突出，黄海制药的抗心脑血管药、正大制药的抗骨质疏松药、东海药业的微生态、蔚蓝生物的酶制剂等在业内具有重要影响力。此外，拥有明月海藻、青岛博益特生物材料股份有限公司等海洋生物制品头部企业，华大基因海洋基因库一期建成运营，国内首创杰华生物“乐复能”国家一类抗病毒新药投入生产，奥克生物、瑞思德等干细胞临床诊疗技术国内领先，精准医疗产业加速崛起，正逐步形成海洋生物医药与生物制品产业高地。

上海聚集了上海绿谷制药公司、上海浩思海洋生物科技有限公司、上海东海制药股份有限公司、上海其胜生物制剂有限公司、上海澳博海洋生物技术开发有限公司等一批海洋生物医药与生物制品产业公司和中国科学院上海药物所、上海海洋大学、上海交通大学、上海中医药大学等研发机构，海洋药物投资方面具有雄厚实力。

广州聚集了广州市健道海洋生物科技有限公司、广州市蓝钥匙海洋生物工程有限公司、中山大学、中国科学院南海海洋研究所等一批海洋优势企业和海洋研究单位，政府对海洋高新技术产业的投入也不断增加，给予海洋生物医药相关企业资金支持，同时积极促进高校、科研院所以及企业研发部门之间的科技交流，搭建科研交流平台。

厦门拥有厦门金达威、厦门蓝湾等为代表的科技含量较高、自主创新能力较强的海洋医药和生物制品龙头企业。其中，厦门金达威集团股份有限公司开发的辅酶 Q10 占据全球市场约 50%的份额；厦门蓝湾科技有限公司生产的高纯度“硫酸氨基葡萄糖”产品技术国际领先，获得国家四部委联合授予的“国家重点新产品”称号。鲎试剂、胶原蛋白肽、微藻 DHA、海洋抗菌肽和海洋生物酶等一批具有自主知识产权的原创性成果在全国具有较强的影响力，初步形成以厦门海沧生物医药港为代表的产业聚集区。

4.3 全球产业(链)创新全景图

海洋生物医药与生物制品全球产业(链)创新全景图见图 4-3。

图 4-3　海洋生物医药与生物制品产业全景图

4.3.1 分布特征

海洋生物医药与生物制品产业围绕海洋生物制品、海洋生物医用材料、海洋生物医药三个方面，细分了抗肿瘤海洋药物等 13 个三级技术，梳理了 20 余项产品、50 家企业、30 家研究机构。

在海洋生物制品方面，美国 NOW FOODS 公司、美国罗氏制药国际集团公司在海洋功能性食品领域的市场占有率较高；诺维信公司、罗氏集团、日本宝生物工程株式会社等国际巨头，占据了大量海洋生物酶市场份额；德国拜耳公司、日本住友化学工业株式会社生产的海洋生物农药，日本原子能研究所的植物促生长剂认可度较高。国内海洋生物制品领域发展迅速，中国海洋大学、中国科学院海洋研究所、中国水产科学研究院黄海水产研究所、山东大学等机构在各领域均开展了相关研究，成果丰硕。明月海藻集团、好当家集团、山东达因海洋生物制药有限公司、劲膳美生物科技股份有限公司等生产的产品已受市场认可。

海洋生物医用材料方面，英国施乐辉所生产的海藻酸敷料市场份额较大，2018 年年报中生物敷料产值达 3.2 亿美元；Hemcon 急救止血绷带、Celox 止血粉等重点产品已被美军列装。国内从事海洋生物医用材料应用基础研究的机构较多，涉及壳聚糖、海藻酸、胶原蛋白性能及制备研究，包括原料产品的衍生化工艺、性质、功能、应用等。中国海洋大学和武汉大学在壳聚糖及其衍生物的医用领域有较深入的研究和积累。企业方面，青岛博益特拥有的手术用止血材料“术益纱”成为耗材类仅次于美国强生的第二品牌。

海洋生物医药方面，美国辉瑞、瑞士罗氏、美国施贵宝、法国赛诺菲、美国金纳莱(Genaera)、美国礼来(Eli Lilly)、美国眼力健(Allergan)、日本卫材(Eisai)、日本武田(Takeda)制药公司、日本先达(Syntex)、英国史克毕成(SmithKline Beecham)和美国 Ligand Pharmaceuticals 等国际知名的生物技术公司或医药企业已投身于海洋药物的研发和生产，取得了丰硕成果，Enzon 制药公司研制的阿糖胞苷，西班牙 PharmaMar 研制的脱氢膜海鞘素 B(Aplidine)，Eisai 公司研制的甲磺酸艾日布林(Eribulin Mesylate，E7389)，日本武田(Takeda)制药公司及美国西雅图遗传学公司(Seattle Genetics)研制的泊仁妥西凡多汀(Brentuximab Vedotin，SGN-35)等均已上市。我国海洋药物发展趋势向好，抗肿瘤物质研究成果在国际上占有相当份额，中国海洋大学研制的藻酸双酯钠(Propylene glycol alginate sodium sulfate，PSS)和中国海洋大学、中国科学院上海药物研究所和上海绿谷制药公司联合开发的甘露寡糖二酸胶囊(GV-971)均已上市，其中，甘露寡糖二酸胶囊(GV-971)是全球首个多靶性抗阿尔茨海默病的创新药物。

4.3.2 海洋生物制品

4.3.2.1 国内外重点研发机构及主要产品

1)海洋功能性食品

在海洋功能性食品领域，国外生产企业中美国 NOW FOODS 公司、美国罗氏制药国际集团公司的市场占有率较高。国内生产企业主要生产产品为鱼油、鲨鱼软骨素、鱼胶原蛋白，主要生产企业为劲膳美生物科技股份有限公司、福建天马科技集团股份有限公司、青岛浩大海洋保健食品有限公司、青岛智信生物科技有限公司等(图 4-4)。

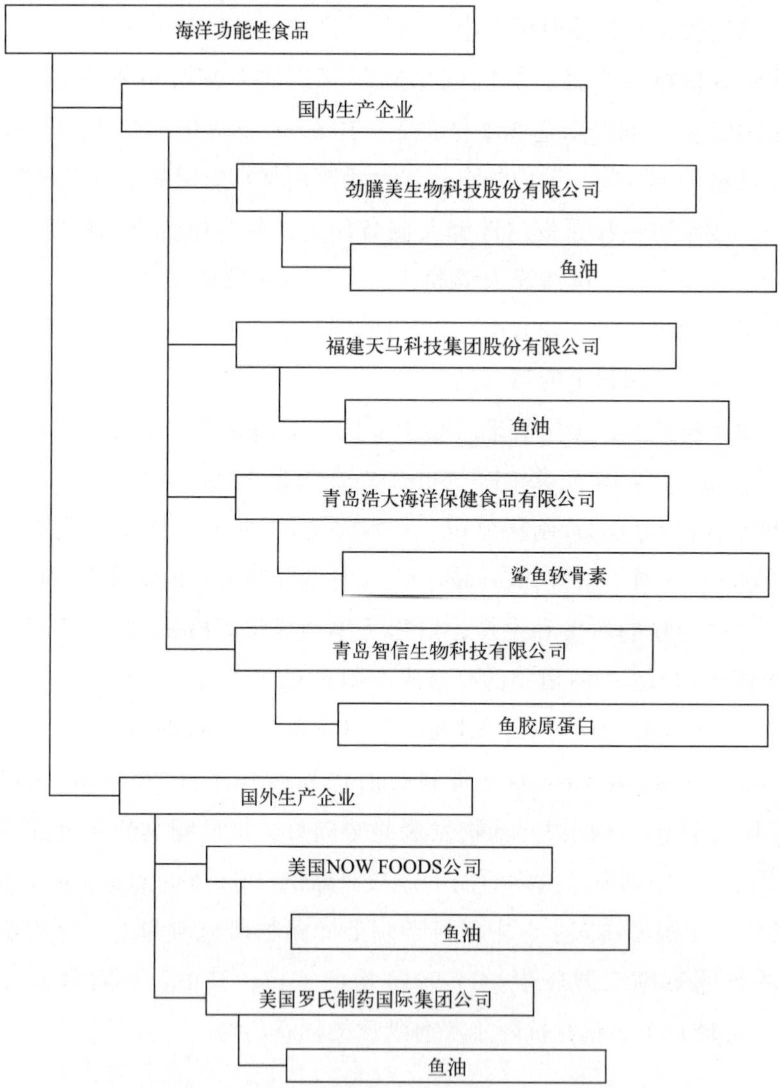

图 4-4　海洋功能性食品国内外生产企业及产品

2)生物酶

在海洋生物酶领域，国内以科研机构研究为主，中国水产科学研究院黄海水产研究所、中国科学院微生物研究所、中国海洋大学、山东大学等在该领域研究较为深入。国外方面，日本海洋科学技术中心、韩国海洋研究和发展研究所、韩国海洋科学技术研究所、印度科学和工业研究委员会参与研究较多。

在商业应用方面，以诺维信公司、罗氏集团、日本宝生物工程株式会社等国际巨头为主，占据了大量市场份额。它们利用来源于海洋微生物的酶类，如DNA聚合酶、RNA酶、蛋白酶等，进行基因生物工程改造，并将其投入商业化（图4-5）。

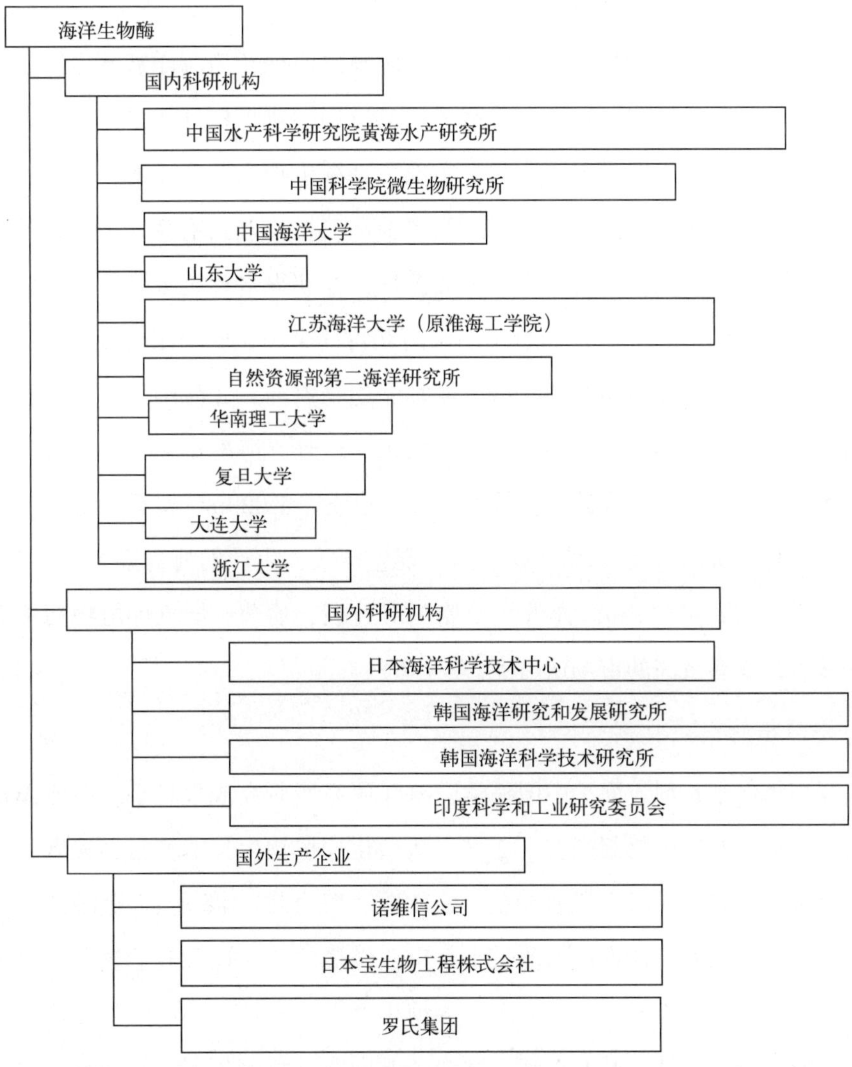

图4-5 海洋生物酶国内外研发机构

3)海洋生物农药

海洋生物农药方面，中国科学院海洋研究所研制的JMT(海蜇提取物)、新型甲壳素衍生物农用生物制剂和中国科学院大连化学物理研究所研制的新型海洋寡糖生物农药社会认可度较高。国内企业中北海国发海洋生物农药有限公司生产的净土灵、好当家集团生产的海力源和海南正业中农高科股份有限公司生产的海岛素市场占有率较高。国外方面，德国拜耳公司生产的藻类和甲壳素农药，日本住友化学工业株式会社生产的海藻除草剂认可度较高。

中国科学院大连化学物理研究所已成功研制出四种新型海洋寡糖生物农药及植物促生长剂产品，在农田、果园、养殖等示范应用中取得良好效果，部分成果还成功转化至大连凯飞化学股份有限公司，实现了寡糖生物农药产品的产业化，生产的环保型植物免疫杀菌剂好普(氨基寡糖素)具有较高的市场占有率。中国科学院沈阳应用生态研究所已分离出大量海洋微生物菌株，并获得多种抗菌脂肽。中国科学院海洋研究所研制的“农乐一号”新型生态农药获得3个国家农药正式登记证，中国科学院大连化学物理研究所研制的新型海洋寡糖生物农药、北海国发海洋生物农药有限公司开发的净土灵等均已取得良好市场效果。此外，海南正业中农高科股份有限公司作为海南省海洋生物农药工程技术中心，建成了1 000 t/a规模的寡糖生物农药母药生产线和4 000 t/a的寡糖生物农药制剂生产线，生产的海岛素(海洋甲壳类动物外壳中提取的壳聚糖)和海洋放线菌制剂对石榴、葡萄、烟草等植物病虫害的防治效果显著，具有较高的市场认可度(图4-6)。

4)海洋植物促生长剂

海洋植物促生长剂方面，中国科学院海洋研究所研究成果较多，有海藻抗逆植物生长剂、烟草专用生物制剂农乐2号、新型化控植物生长营养素、稼棵安等多个产品，中国科学院海洋研究所研制的“海力源”“海力壮”“海力丰”等海洋生物肥料在山东、辽宁、宁夏等地推广示范数十万亩，经济效益和社会效益显著。中国科学院大连化学物理研究所研制了新型海洋寡糖生物促生长剂产品。国外方面，日本原子能研究所的海藻酸钠认可度较高。国内企业中明月海藻集团、好当家集团、烟台斯维德生物科技有限公司等，都有海藻肥产品(图4-7，图4-8)。

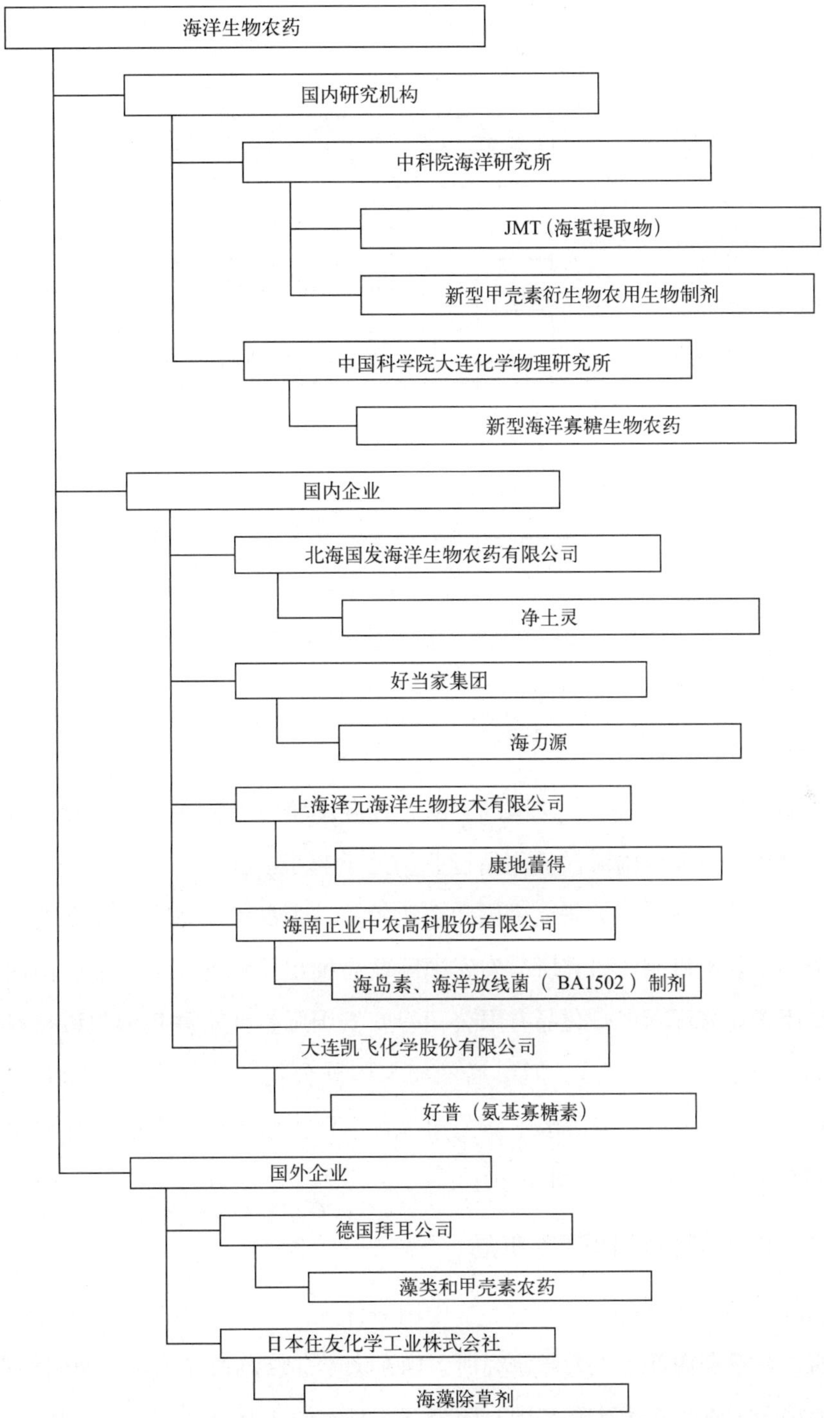

图 4-6　海洋生物农药国内外研发机构及产品

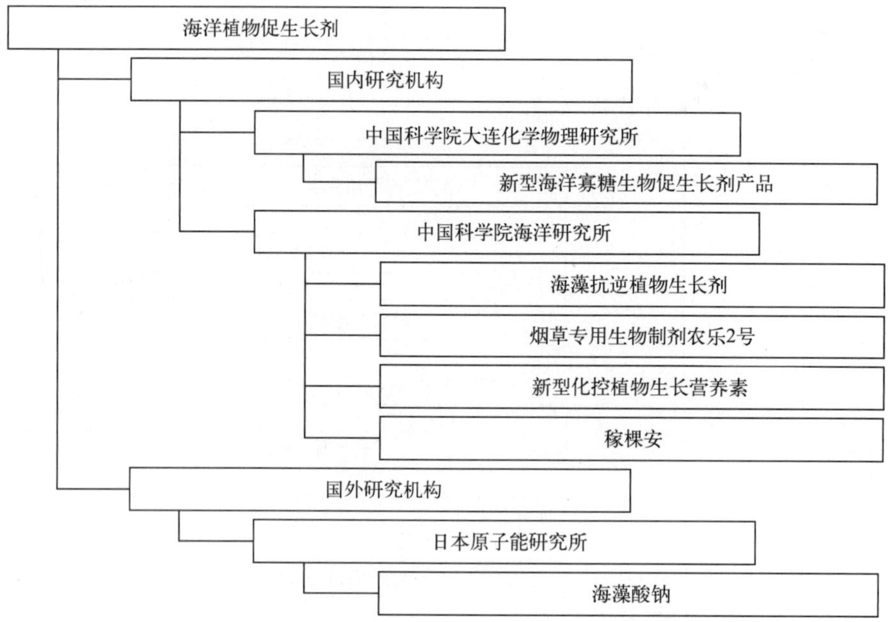

图 4-7　海洋植物促生长剂国内外科研机构及产品

5) 海洋日化品

日本的植村秀、资生堂，法国的碧欧泉，美国雅诗兰黛等知名日化品公司都推出了海洋日化品，而国内海洋日化品行业仍处于起步阶段，市场份额较少。海洋日化品研究呈上升趋势，相关研究机构和企业较多。青岛大学医学院研制的天然生物膜、中国科学院南海海洋研究所与安安国际联合推出了源海系列产品，国内企业中海之源集团青岛海洋丽姿日化品有限公司、安安国际、北京联拓创想科技发展有限公司等都有海洋特色日化品，但市场份额与国外公司差距较大。国际方面，法国Phytomer(菲迪曼)公司、美国水芝澳公司、日本资生堂等国际知名品牌均在海洋日化品方面有所涉猎(图 4-9，图 4-10)。

4.3.2.2　重点创新机构研发布局

重点分析日本海洋科学技术中心、中国海洋大学、中国水产科学研究院黄海水产研究所、自然资源部第三海洋研究所、山东大学、江苏海洋大学、德国拜耳公司、阿坤纳斯公司、青岛海大生物集团有限公司、日本资生堂公司的核心专利。

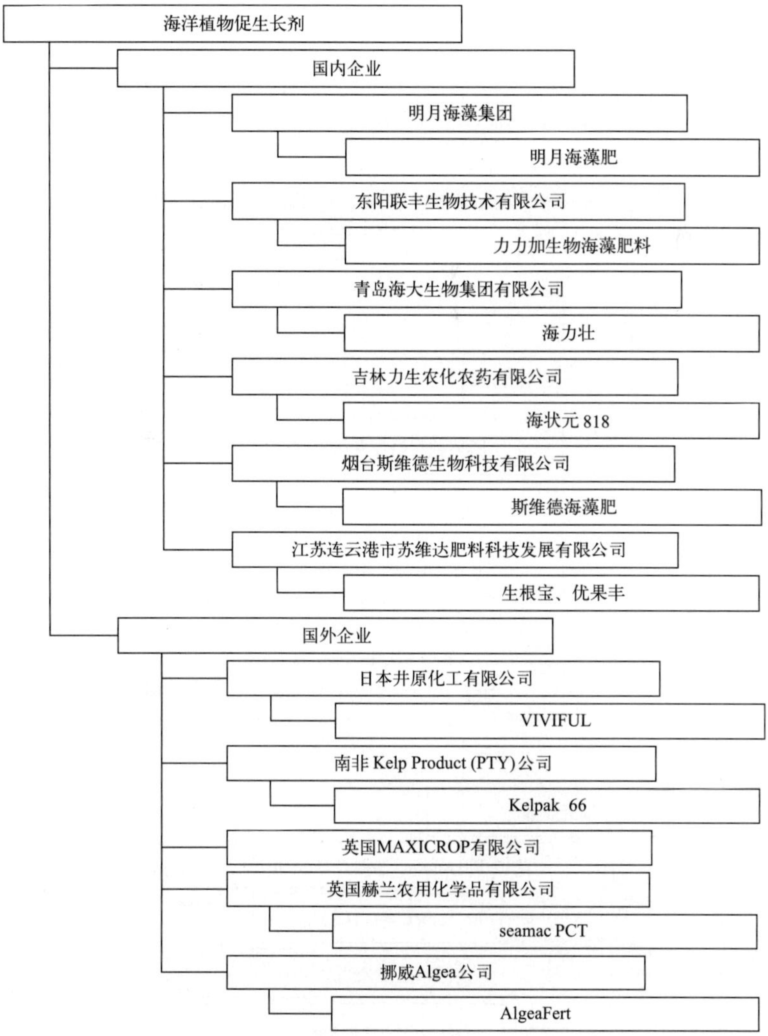

图 4-8　海洋植物促生长剂国内外企业及产品

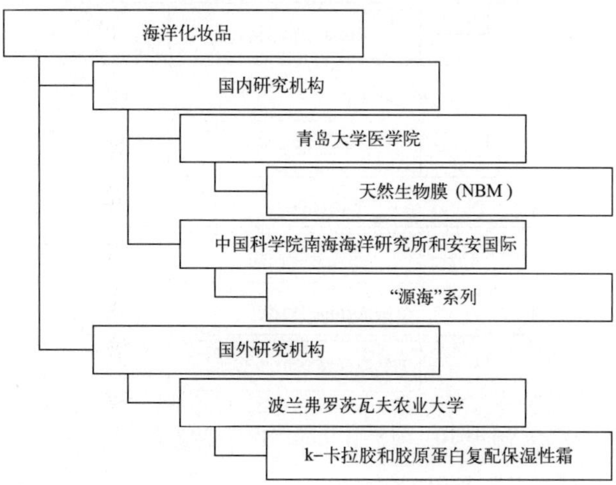

图 4-9　海洋日化品国内外研发机构及产品

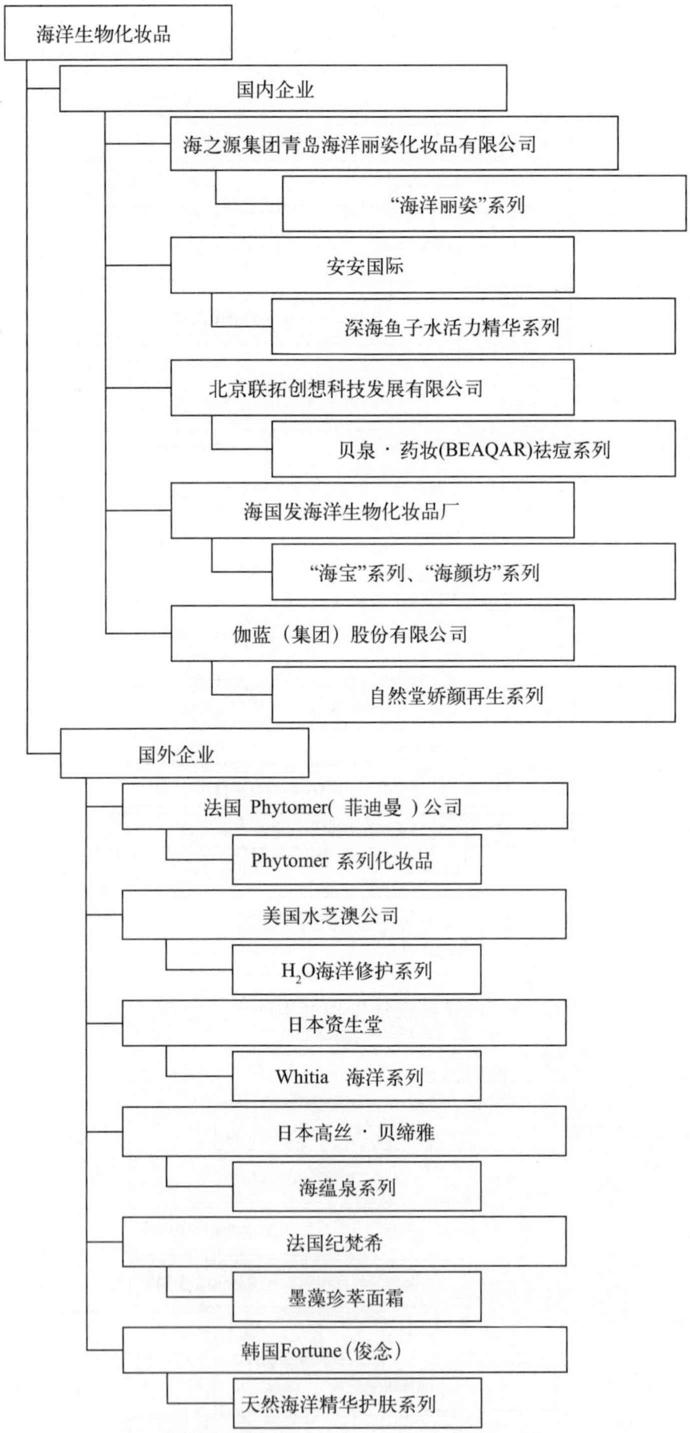

图 4-10　海洋日化品国内外企业及产品

(1)日本海洋科学技术中心

日本海洋科学技术中心(Japan Marine Science and Technology Center，JAMSTEC)成立于1971年10月1日，隶属于日本科学技术厅，是从事海洋及其相关技术的综合研究机构，也是日本海洋科学技术研究与发展机构的核心。其主要使命是通过与海洋开发有关的科学技术的综合试验研究，来提高日本海洋开发的科学技术水平。该中心包括科技新领域研究部、深海开发研究部、海洋观测、开发与利用研究部、数理分析技术部和信息部等部门。日本海洋科学技术中心深海微生物研究组有关酶的在研项目涉及低温酶、碱性酶，包括蛋白酶、淀粉酶、木聚糖酶、海藻酸裂解酶、普鲁兰酶、脂肪酶等。

日本海洋科学技术中心在生物酶领域研发布局简况见表4-6。

表4-6 日本海洋科学技术中心在生物酶领域研发布局简况

创新机构	日本海洋科学技术中心(Japan Marine Science and Technology Center)	
网址	http：//www. jamstec. go. jp/e/	
核心专利	公开号	专利名称
	JP 4336897B2	New microorganismic, and its manufacturing method and maltose phosphorylase(新型微生物制剂——麦芽糖磷酸化酶及其制备方法)
	JP 5528666B2	The method for manufacturing the same and a new compd(去氧黄嘌呤酞菁及其衍生物及其制造方法)
	EP 2617824B1	Novel extracellularly secreted nuclease(新型细胞外分泌型核酸酶)
	JP 5737674B2	Method of fixing a living microorganisms and preparation thereof(固定活微生物的方法及其制备)
	JP 5305615B2	A new menaquinone pathway involving a gene cluster of manufacturing method of utilizing menaquinone(一种新的甲基萘醌类途径涉及一种利用甲基萘醌类的基因簇的制造方法)
主要技术和产品	深海环境中嗜压微生物的分离培养及采样设备	

(2)中国海洋大学

中国海洋大学是一所以海洋和水产学科为特色，包括理学、工学、农学、医(药)学、经济学、管理学、文学、法学、教育学、历史学等学科门类较为齐全的教育部直属重点综合性大学，是国家“985 工程”、“211 工程”和“卓越工程师教育培养计划”重点建设高校之一，在海洋微生物独特生命特征、极端环境适应与生态效应系列获重要进展。发现和鉴定了系列新型海洋微生物酶，揭示了动高分子量有机碳、甲基氮降解与循环的新机制。在利用海洋微生物工具酶进行海洋功能寡糖的制备及活性评价、来自于海洋极端环境微生物的新型生物酶制剂的开发、采用环境生物修复技术研究环境污染物和农渔残的微生物降解、食品微生物的新型检测与分析技术、噬菌体的生物学特性与应用技术、微生物胞外多糖的提取与降解技术、微生物在农业生态领域中的应用、海洋新型生物质能的资源开发与技术研究等方面具有突出优势。

中国海洋大学在生物酶领域研发布局简况见表 4-7。

表 4-7　中国海洋大学在生物酶领域研发布局简况

创新机构	中国海洋大学(Ocean University of China)	
网址	http：//www. ouc. edu. cn/	
核心专利	公开号	专利名称
	CN 100508985C	褐藻胶寡糖及其衍生物及其制备方法和用途
	CN 1224709C	一种 β-琼胶酶基因 agaB 及其制备方法和应用
	CN 102311930B	一种由 *Pseudomonas*. sp. HZJ216 生产的褐藻胶裂解酶
	CN 101649004B	具有抗Ⅱ型糖尿病活性的海洋寡糖化合物及制备方法
主要技术和产品	海洋生物酶、海洋药物	

(3) 中国水产科学研究院黄海水产研究所

中国水产科学研究院黄海水产研究所系农业农村部所属综合性海洋水产研究机构。围绕“海洋产物资源与生物转化工程”主题，以绿色环保、节能减排为导向，以海洋天然产物资源的可持续利用和开发有用的海洋活性功能产品为目标，不断突破海洋生物酶催化与转化的关键技术，完成新型海洋生物酶制剂的开发及其在生物催化转化中的应用，实现生物技术路线替代传统化学工艺的目标，完善酶催化机制——制备工艺—催化转化过程—产品开发的高通量、高效率生物催化产品的产业化技术体系，开发新一代的绿色制造技术。获得一批具有国际先进水平的成果和重大经济效益或社会效益的知识产权，通过现代生物技术开发出能应用于工业、农业、环保和提高人民生活质量的高技术产品。

主要研究方向包括：海洋微生物资源及其利用、海洋生物酶制品与功效研究、海洋活性化合物结构与功能、海洋微生物代谢调控研究。具体研究内容包括：海洋微生物保藏及功能基因的研究；海洋微生物代谢调控和产物的高效表达；海洋活性蛋白质晶体、结构功能和分子进化；海洋活性化合物结构功能、作用机理与分子设计；海洋生物酶催化与转化技术；海洋产物开发的工程化技术及系统集成和应用技术等。

黄海水产研究所在生物酶领域研发布局简况见表 4-8。

表 4-8 中国水产科学研究院黄海水产研究所在生物酶领域研发布局简况

<table>
<tr><td>创新机构</td><td colspan="2">中国水产科学研究院黄海水产研究所(Yellow Sea Fisheries Research Institute)</td></tr>
<tr><td>网址</td><td colspan="2">http：//www. ysfri. ac. cn/index. htm</td></tr>
<tr><td rowspan="5">核心专利</td><td>公开号</td><td>专利名称</td></tr>
<tr><td>CN 102925381B</td><td>一种产酯酶 B1 的海洋枯草芽孢杆菌 C5 及其酯酶 B1</td></tr>
<tr><td>CN 101642572B</td><td>海洋微生物溶菌酶保护冻干粉及其制造方法</td></tr>
<tr><td>CN 101705193B</td><td>产虾青素海洋红酵母 YS-185 及其虾青素的制造方法</td></tr>
<tr><td>CN 100343386C</td><td>一种新型海洋微生物低温碱性金属蛋白酶及其产酶菌株</td></tr>
<tr><td>主要技术
和产品</td><td colspan="2">海洋微生物</td></tr>
</table>

(4) 自然资源部第三海洋研究所

自然资源部第三海洋研究所创建于 1959 年，是自然资源部直属的国家公益性综合型海洋科学研究机构。该所重点发展深海生物研究与海洋生物资源开发利用、全球变化与区域海洋响应、海洋生物多样性与生态系统保护、应用海洋学 4 个学科领域 13 个研究方向。在深海微生物研究、海洋-大气化学与全球变化等学科领域居全国领先地位。其拥有的“自然资源部海洋生物遗传资源重点实验室”创建于 1991 年，是我国第一个从事海洋生物基因工程研究的实验室。研究领域涉及：深海(微)生物及基因资源调查、深海(微)生物资源潜力评估与应用开发及重要海水养殖生物遗传资源的应用基础研究。建立了我国第一个海洋微生物菌种资源共享平台“中国海洋微生物菌种保藏中心”，并作为国家微生物资源平台的重要组成部分，进入以资源共享为主的运行服务阶段，实现了深海生物样品、资源的共享。

自然资源部第三海洋研究所在生物酶领域研发布局简况见表 4-9。

表 4-9 自然资源部第三海洋研究所在生物酶领域研发布局简况

创新机构	自然资源部第三海洋研究所[Third Institute of Oceanography (TIO) of the Ministry of Natural Resources]	
网址	http://www.tio.org.cn/OWUP/html/ssjj.html	
核心专利	公开号	专利名称
	CN 104498379B	一株海洋石油降解菌、发酵所得化合物及其用途
	CN 104649951B	一种具有抗植物病原真菌活性的化合物及其制备方法
	CN 103789211B	一株具有抗茶叶致病真菌活性的深海沉积物来源淡紫拟青霉 A65
	CN 103789241A	一株 ι-卡拉胶降解菌及其发酵方法和应用
主要技术和产品	海洋微生物菌种	

(5)山东大学

山东大学是一所历史悠久、学科齐全、实力雄厚、特色鲜明，在国内外具有重要影响的教育部直属重点综合性大学，是世界一流大学建设高校(A 类)。山东大学微生物技术国家重点实验室海洋微生物技术方向以海洋微生物资源为切入点，系统揭示海洋微生物的多样性及其系统与进化机制，与极端环境适应的生理、遗传、生化机制及其结构基础，海洋微生物酶驱动海洋有机质生物地球化学循环的过程与分子机制，并关注海洋微生物酶工程技术及其应用，在蛋白酶、酯酶、几丁质酶、肽聚糖降解、褐藻酸裂解酶、多糖裂解酶等海洋生物酶中有较为深入的研究。

山东大学在生物酶领域研发布局简况见表 4-10。

表 4-10 山东大学在生物酶领域研发布局简况

创新机构	山东大学(Shandong University)	
网址	https://www.sdu.edu.cn/	
核心专利	公开号	专利名称
	CN 103937707B	一种北极海洋细菌与应用
	CN 104561059B	一种海洋适冷酯酶及其编码基因 E40 与应用
	CN 105296513B	一种海洋酯酶及其编码基因 E22 与应用
	CN 102994601B	一种利用海洋胶原蛋白酶 MCP-01 制备胶原蛋白小肽的方法
	CN 106086040B	一种海洋细菌基因 LfliZ 及应用
主要技术和产品	海洋微生物酶工程技术及其应用 蛋白酶、酯酶、几丁质酶、肽聚糖降解、褐藻酸裂解酶、多糖裂解酶	

(6)江苏海洋大学

江苏海洋大学是一所多科性应用研究型大学，原名淮海工学院，2019 年更名为江苏海洋大学。江苏海洋大学的江苏省海洋生物资源与环境重点实验室王淑军团队筛选得到稳定的产右旋糖苷酶海洋微生物菌株，并开发出一系列添加海洋右旋糖苷酶的口腔功能性食品，产品领先国际水平。江苏省海洋药物活性分子筛选重点实验室许恒皓团队发现两种来自海洋螺原体和小球藻病毒的广谱甲基化酶，并成功地用它们开发出数十种限制酶，产品数量位居世界前列。

江苏海洋大学在生物酶领域研发布局简况见表 4-11。

表 4-11 江苏海洋大学在生物酶领域研发布局简况

创新机构	江苏海洋大学(Jiangsu Ocean University)	
网址	https：//keji. jou. edu. cn/	
核心专利	公开号	专利名称
	CN 103194414B	来自海洋的卵链菌 DP03 及其产右旋糖苷酶的方法
	CN 103497945B	液体海洋右旋糖苷酶复合稳定剂及其应用
	CN 103343099B	来自海洋的节杆菌及其产低温右旋糖苷酶的方法
	CN 106480076B	一种利用甲基化酶的保护高效重组表达限制性内切酶的方法
主要技术和产品	口腔功能性食品	

(7)德国拜耳制药国际集团公司

该公司是最为知名的世界 500 强企业之一。公司的总部位于德国的勒沃库森，在六大洲的 200 个地点建有 750 家生产厂；拥有 120 000 名员工及 350 家分支机构，几乎遍布世界各国。高分子、医药保健、化工以及农业是公司的四大支柱产业。公司的产品种类超过 10 000 种，是德国最大的产业集团。该公司在采用海洋生物原料制造农药方面的专利技术主要是从藻类和甲壳素的提取物中制造植物农药。

拜耳(Bayer)制药国际集团公司在海洋农药领域研发布局简况见表 4-12。

表 4-12 拜耳(Bayer)制药国际集团公司在海洋农药领域研发布局简况

创新机构	拜耳制药国际集团公司(Bayer)
网址	http：//www. bayer. com/

续表

	公开号	专利名称
核心专利	KR 101336737B1	New pharmaceutical compositions comprising 4-(4-(3-(4-chloro-3-trifluoromethyl-phenyl)-ureido)-3-fluoro-phenoxy)-pyridine-2-carboxylic acid for the treatment of hyper-proliferative disorders[新的药物组合物包括4-(4-(3-(4-氯-三氟甲基-苯基)-脲基)-3-氟-苯氧基)-吡啶羧酸，用于治疗过度增殖性疾病]
	CN 101065360B	BAY43-9006甲苯磺酸盐的热力学稳定形式
	EP 1322161B1	Use of riboflavin and flavin derivatives as chitinase inhibitors(核黄素和黄素衍生物作为几丁质酶抑制剂的用途)
	EP 1663978B1	Fluoro substituted omega-carboxyaryl diphenyl urea for the treatment and prevention of diseases and conditions(用于治疗和预防疾病的氟代ω-羧芳基二苯基脲)
主要技术和产品	从藻类和甲壳素的提取物中制造植物农药	

(8)阿坤纳斯公司

阿坤纳斯公司(AGRINOS AS)是从事生物技术研发、生产的跨国公司。公司通过全资收购、兼并美国专业生物技术公司，在美国、墨西哥和马来西亚投资建厂，使其迅速发展成为全球领先的生物技术企业。目前在全球主推沃益多(HYT)系列产品，将对全球有机农业发展、环境保护、农资行业技术进步产生积极推动作用。

阿坤纳斯公司在海洋农药领域研发布局简况见表4-13。

表4-13　阿坤纳斯公司在海洋农药领域研发布局简况

创新机构	阿坤纳斯公司(AGRINOS AS)	
网址	http://agrinos.cn/	
核心专利	公开号	专利名称
	CN 102946735B	农业用途的微生物方法和组合物
	CN 102665436B	生物降解方法和组合物
主要技术和产品	沃益歌10%含量甲壳素、沃益多复合微生物菌剂	

(9) 青岛海大生物集团有限公司

青岛海大生物集团有限公司(原中国海洋大学生物工程开发有限公司)是一家从事海洋生物资源开发利用及相应产品研发、生产和销售的高新技术企业。该公司专注于海洋生物产业领域，已形成新型海洋生物肥料、功能型海洋生物制品、海洋环境保护服务、海洋健康食品供应链四大业务版块。2006 年在青岛胶州经济开发区建设了海藻生物肥料和海洋生物制品生产基地，并于 2009 年在胶州生产基地内建设了绿藻资源高值化利用基地，建造了 2 艘总排水量 1×10^4 t 的海上环保服务平台，2014 在威海乳山滨海新区建设了牡蛎全资源化利用和鱼蛋白生产加工基地，2017 年在荣成俚岛建设了以海带为主要原料的海洋健康食品供应链加工基地，2020 年在青岛高新区开工建设海洋工具酶、双藻源生物刺激素、海洋生物杀菌剂、无抗饲料添加剂、海洋蛋白肽等功能型海洋生物制品产业基地。

青岛海大生物集团有限公司在海洋植物促生长剂领域研发布局简况见表 4-14。

表 4-14 青岛海大生物集团有限公司在海洋植物促生长剂研发布局简况

创新机构	青岛海大生物集团有限公司	
网址	http：//www. coub. cn/	
核心专利	公开号	专利名称
	CN 103771918B	一种双海藻肥料及其制备方法
	CN 106496347B	一种海藻多糖铜络合物的制备方法
	CN 106538844B	一种海洋生物蛋白肽螯合铜的制备方法
	CN 103555342B	一种液体海藻地膜的制备方法
	CN 103215210B	一种西姆芽孢杆菌及其在制备微生物海藻肥料中的应用
主要技术和产品	海力壮、海多全	

(10) 日本资生堂公司

日本资生堂公司创立于 1872 年，总部位于日本东京银座，资生堂一直致力于美化肌肤和秀发的研究，研发出了许多革新商品和美容方法。资生堂不仅在日本，在世界范围内也受到众多消费者的喜爱，其产品已在全世界 70 多个国家销售，成为亚洲第一、享誉全球的日化品集团，并在中国的北京和上海设有公司。

该公司具有较强的研发能力，拥有一批利用海藻和甲壳素制造日化品的专利，并推出 Whitia 海洋系列产品。

日本资生堂(Shiseido)公司在海洋日化品领域研发布局简况见表4-15。

表4-15 日本资生堂(Shiseido)公司在海洋日化品领域研发布局简况

创新机构	日本资生堂公司(Shiseido)	
网址	http：//www. shiseido. com	
核心专利	公开号	专利名称
	JP 2007186471	Promoter of type i collagen production and anti-wrinkle agent(i型胶原蛋白生产的促进剂和抗皱剂)
	CN 102548529A	胶原生成促进组合物
	KR 1020100049569A	Gel composition and cosmetics(凝胶组合物和化妆品)
	KR 101047242B1	Whitening agents and skin topical agents(美白剂和皮肤外用剂)
主要技术和产品	从藻类提取有用物质制作日化品 用甲壳素制作日化品 产品：Whitia海洋系列产品	

4.3.3 海洋生物医用材料

4.3.3.1 国内外重点研发机构及主要产品

国际上，知名医药生产商英国施乐辉生产的海藻酸敷料占有的市场份额较大，2018年年报中生物敷料产值达3.2亿美元，而海藻酸是典型的海洋来源生物材料；此外，美军列装的Hemcon急救止血绷带、Celox止血粉，生产原料均来自海洋生物材料，不仅创造了经济价值而且为军队提供了医疗保障。国内，截至目前国家食品药品监管部门共颁发186个壳聚糖相关的医疗器械注册证，157个海藻酸相关的医疗器械注册证。海洋动物胶原蛋白开发生物医用材料是一项具有挑战性的工作，目前仍处在实验室研究阶段，蛋白质纯化和解决免疫原性是技术关键。

国内从事海洋生物医用材料应用基础研究的机构较多，涉及壳聚糖、海藻酸、胶原蛋白性能及制备研究，包括原料产品的衍生化工艺、性质、功能、应用等。原料产品的衍生化工艺、性质与功能等应用基础研究：很多单位从事海洋生物医用材料的应用基础研究，例如中国海洋大学和武汉大学在壳聚糖及其衍生物的医用领域有较深入研究和积累。

1)体外创面修复及手术医用材料

体外创面修复及手术医用材料生产企业及产品见图4-11。

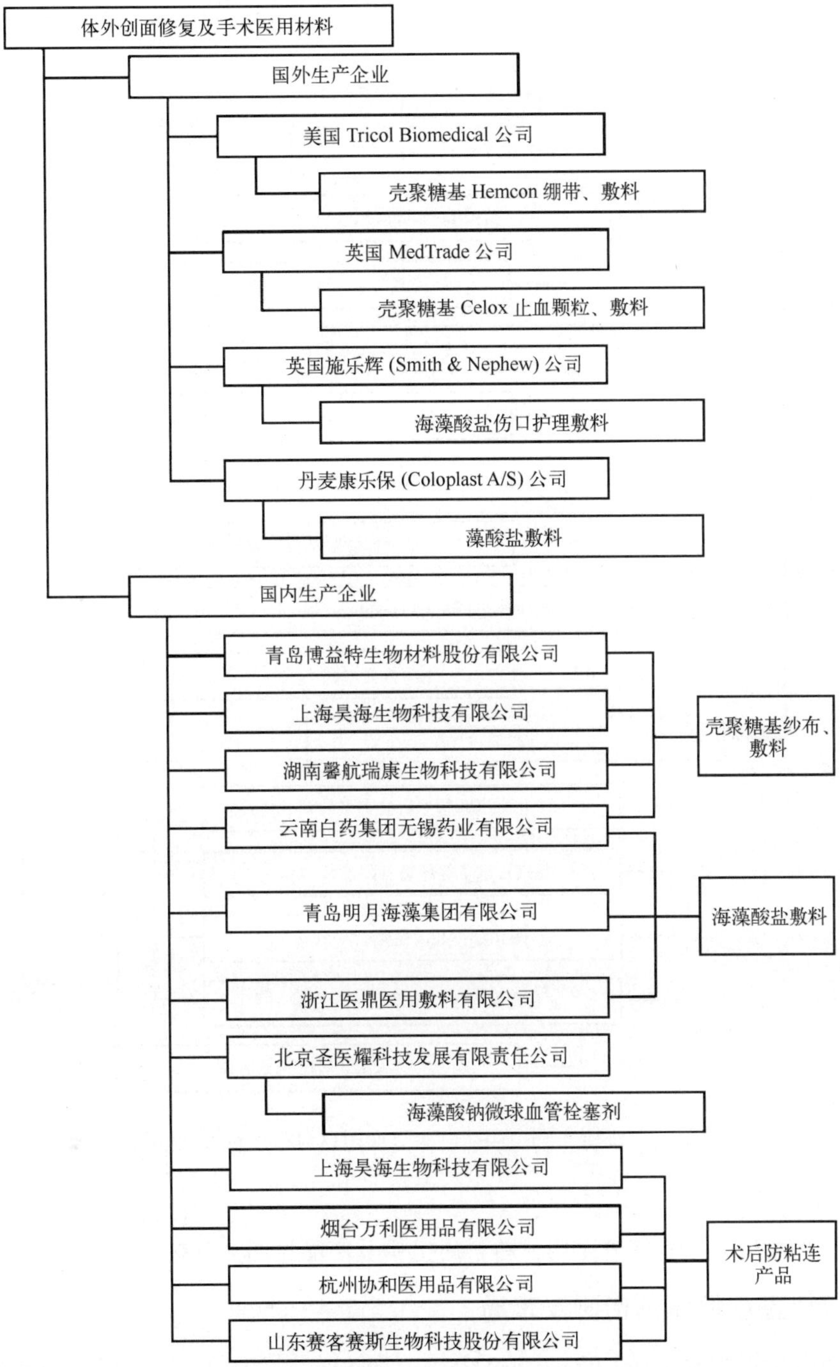

图 4-11 体外创面修复及手术医用材料生产企业及产品

2)海洋生物组织器官修复医用材料

海洋生物组织器官修复医用材料生产企业及产品见图4-12。

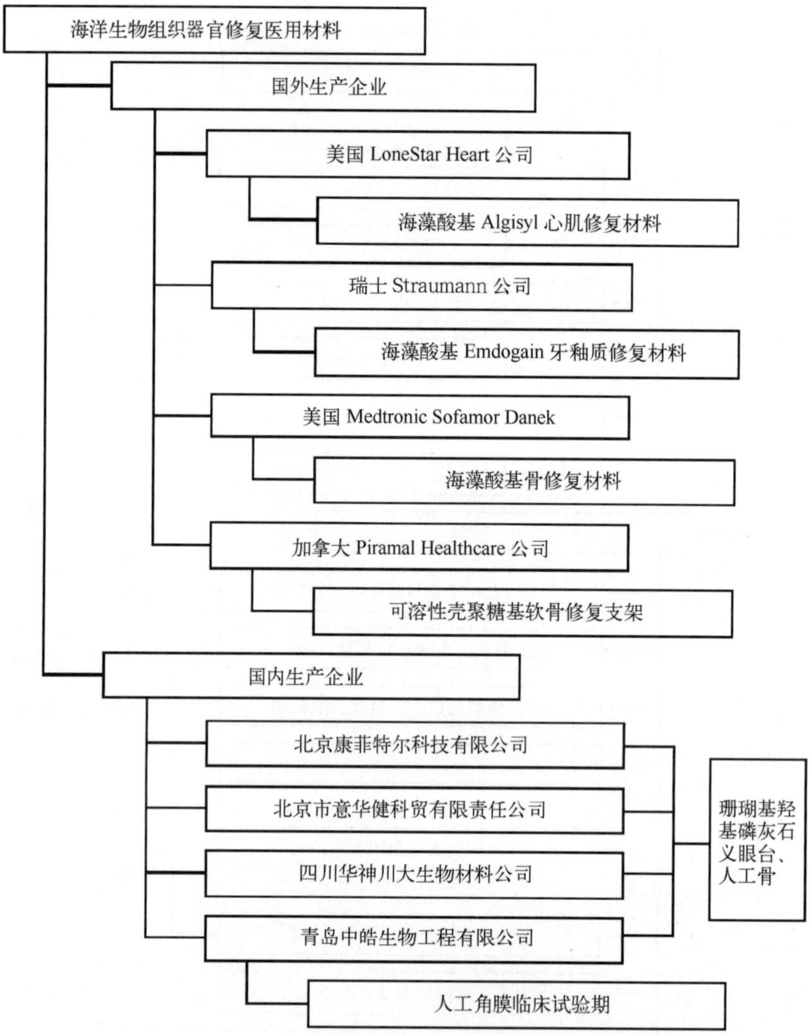

图4-12　海洋生物组织器官修复医用材料生产企业及产品

海洋生物组织器官修复医用材料科研机构及产品见图4-13。

4.3.3.2　重点创新机构研发布局

重点分析了美国 Tricol Biomedical 公司、青岛博益特公司、青岛明月海藻集团有限公司和瑞士士卓曼(Straumann)公司的核心专利。

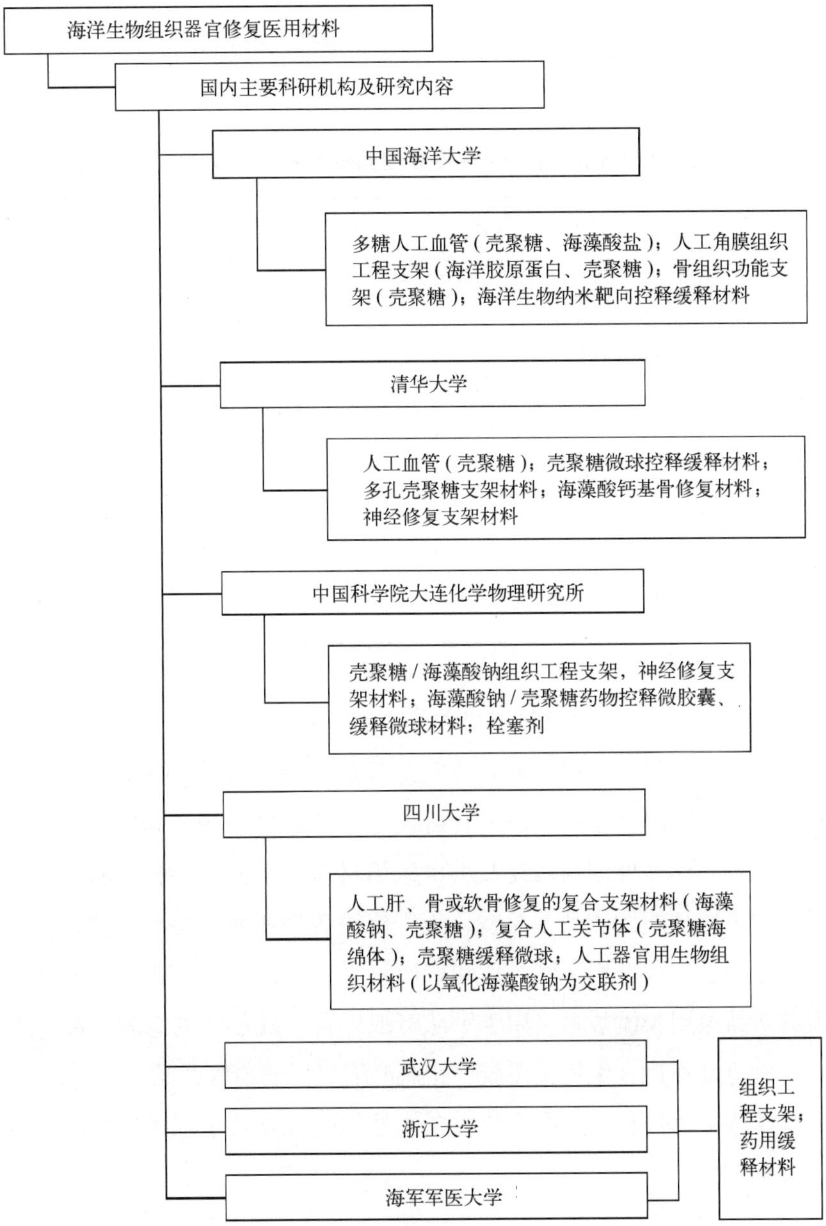

图 4-13　海洋生物组织器官修复医用材料科研机构及产品

（1）美国 Tricol Biomedical 公司

美国 Tricol Biomedical（前身为 HemCon）是第一家将壳聚糖制成绷带用于战场上治疗严重创伤的公司。成立于 2001 年，总部位于美国俄勒冈州波特兰。主要产品是基于壳聚糖止血的医疗止血绷带，并作为美军的医疗用品供应商。另外，公司还生产口腔伤口和牙科手术敷料。该公司采用海洋生物原料制造医用材料的专利技术主要是利用壳聚糖制备止血绷带，并有口腔伤口和牙科手术敷料等相关产品。

美国 Tricol Biomedical 公司在体外创面修复及手术医用材料领域研发布局简况见表 4-16。

表 4-16 美国 Tricol Biomedical 公司在体外创面修复及手术医用材料领域研发布局简况

创新机构	美国 Tricol Biomedical 公司(前身为 Hemcon 公司)	
网址	https：//www. tricolbiomedical. com	
核心专利	公开号	专利名称
	US 20170232134A1	Chitosan superfine fiber systems(壳聚糖超细纤维系统)
	US 20140275291A1	Biocompatible and bioabsorbable derivatized chitosan compositions(壳聚糖衍生的生物相容的和生物可吸收的组合物)
	US 20150216894A1	Chitosan materials from carbonic acid solution(碳酸溶液法制备壳聚糖材料)
主要技术和产品	壳聚糖基止血绷带及敷料	

(2)青岛博益特生物材料股份有限公司

青岛博益特生物材料股份有限公司成立于 2010 年，位于山东省青岛市，是以科研为基础，专一从事海洋生物医用材料研发与生产的国家级高新技术企业。博益特长期致力于研发海洋体外创面修复及手术医用材料。止血功能性材料系列：用于组织器官手术的止血功能性产品术益纱；用于促进各种手术、烧伤、溃疡、窦道等创面愈创产品止血愈创纱；用于肛肠科和妇产科手术切口及损伤创面修复愈合、抑制瘢痕增生的产品医用胶体敷料；用于军队野战外科、战创伤的急救产品壳聚糖止血粉；还有止血防粘连粉、生物止血胶、止血海绵、护创粉等产品。

青岛博益特生物材料股份有限公司在体外创面修复及手术医用材料领域研发布局简况见表 4-17。

表 4-17 青岛博益特生物材料股份有限公司在体外创面修复及手术医用材料领域研发布局简况

创新机构	青岛博益特生物材料股份有限公司	
网址	http：//www. biotemed. com/	
核心专利	公开号	专利名称
	CN 104174065B	一种可吸收人工血管及其制备方法和应用
	CN 101934091B	一种多糖人工血管及其制备方法和应用
	CN 101209354B	一种医用创面止血愈创剂及其应用

续表

	公开号	专利名称
核心专利	CN 101049513B	水溶性壳聚糖基纤维止血愈创材料及其制备方法和应用
	CN 100386090C	一种医用粉雾剂及其应用
	CN 100443123C	一种医用壳聚糖敷料
主要技术和产品	壳聚糖基止血绷带及敷料	

(3)青岛明月海藻集团有限公司

青岛明月海藻集团有限公司始建于 1968 年，是一家以海洋大型褐藻为原料生产海洋生物活性物质产品的高新技术企业，也是目前全球最大的海藻生物制品企业，专业从事海藻酸盐、功能糖醇、海洋生物、生物医用材料、海洋化妆品、功能性保健食品配料六大产业的研发与生产。开发了海洋药物、食品配料、海藻酸纤维医用材料等 80 多个新产品。

青岛明月海藻集团有限公司在体外创面修复及手术医用材料领域研发布局简况见表 4-18。

表 4-18 青岛明月海藻集团有限公司在体外创面修复及手术医用材料领域研发布局简况

创新机构	青岛明月海藻集团有限公司	
网址	http：//www. bmsg. com/	
核心专利	公开号	专利名称
	CN 101889027B	低分子量海藻酸及其盐、应用、制法及药物组合物、食品
	CN 102488253B	一种活性海藻提取物的制备方法
	CN 102060938B	一种褐藻综合利用提取褐藻胶的方法
	CN 100548470C	海藻植物及甲壳胺组成的生物吸附材料的制备方法及应用
	CN 104448407B	基于海洋生物物质的高透氧性材料及其制备方法与应用
	CN 101439997B	一种海藻有机肥的制备方法
主要技术和产品	藻酸盐医用敷料、藻酸盐创可贴、藻酸盐纤维	

(4)瑞士士卓曼(Straumann)公司

士卓曼集团总部位于瑞士巴塞尔，全球员工人数达到近 5 000 人。是一家领先的全球牙科供应商，致力于研究、开发、制造和供应牙种植体、仪器、修复术、生物材料和数字解决方案，用于牙齿保护、再生、修复和替换等。通过广泛的经销子公司及合作伙伴网络，其产品、解决方案和服务已行销至100多个国家和地区。

瑞士士卓曼公司在海洋生物组织器官修复医用材料领域研发布局简况见表4-19。

表4-19　瑞士士卓曼(Straumann)公司在海洋生物组织器官修复医用材料领域研发布局简况

创新机构	瑞士士卓曼(Straumann)公司	
网址	https：//www. straumann. com	
核心专利	公开号	专利名称
	WO 2012049324A2	New emd formulation comprising pga(包括丙二醇藻酸的新牙釉基质衍生物制剂)
	US 20180169303A1	Low viscosity emd(低黏度牙釉基质衍生物)
	US 20110301240A1	Conditioning composition(调理组合物)
	WO 2015106970A1	Process for producing emd of increased stability(高稳定性牙釉基质衍生物的制造方法)
	US 20050214231A1	Matrix protein compositions for dentin regeneration(用于牙本质再生的基质蛋白组合物)
主要技术和产品	海藻酸基牙釉质修复材料	

4.3.4　海洋生物药物

4.3.4.1　国内外重点研发机构及产品性能

1)抗肿瘤海洋药物

国外方面：Enzon制药公司研制的阿糖胞苷，西班牙PhaimaMar研制的脱氢膜海鞘素B(Aplidine)，Eisa公司研制的甲磺酸艾日布林(Eribulin Mesylate，E7389)，日本武田(Takeda)制药公司及美国西雅图遗传学公司(Seattle Genetics)研制的泊仁妥西凡多汀(Brentuximab Vedotin，SGN-35)均已上市，还有许多源自海洋生物的抗肿瘤候选药物正在进行临床前和临床研究(表4-20)。我国的海洋抗肿瘤药物研究工作起步较晚，通过了解国内外海洋抗肿瘤药物的研究进展和产业方向，发现我国海洋抗肿瘤物质研究成果在国际上占有相当份额，但与产业化严重脱节。

表 4-20 抗肿瘤海洋药物

药品名称	适应症	进展
阿糖胞苷(cytarabine, Ara-C)	急性白血病	上市
脱氢膜海鞘素 B(Aplidine)	实体瘤、血液疾病如 T 细胞淋巴瘤，多发性骨髓瘤	上市
曲贝替定(Trabectedin, ET-743)	脂肪肉瘤、平滑肌肉瘤等软组织肉瘤；复发性卵巢癌等妇科恶性肿瘤	上市
PM01183	铂类耐药/难治的卵巢癌	Ⅲ期临床
甲磺酸艾日布林(Eribulin Mesylate, E7389)	乳腺癌，脂肪肉瘤，胶质母细胞瘤	上市
Glembatumumab Vedotin(CDX-011)	黑色素瘤	Ⅱ期临床
Tasidotin, Synthadotin(ILX-651)	抑制 P388 小鼠白血病细胞生长及抑制肿瘤细胞微管聚合	Ⅱ期临床
泊仁妥西凡多汀(Brentuximab Vedotin, SGN-35)	系统性间变性大细胞淋巴癌、Ⅲ期或Ⅳ期霍奇金淋巴瘤	上市
Vorsetuzumab Mafodotin(SGN-75)	肾细胞癌和非霍奇金淋巴瘤	Ⅰ期临床
Soblidotin(TZT-1027)	抗肿瘤	Ⅲ期临床
普纳布林(Plinabulin, NPI-2358)	抗肿瘤，预防中性粒细胞减少症	Ⅲ期临床
Elisidepsin(PM02734)	抗肿瘤活性	Ⅱ期临床
Zalypsis(PM00104)	肉瘤，子宫内膜与子宫颈瘤，骨髓瘤等多种人类肿瘤	Ⅱ期临床
Marizomib (Salinosporamide A, NPI-0052)	多发性骨髓瘤、复发性及难治性骨髓瘤及其他多种实体瘤	Ⅲ期临床
Plocabulin(PM060184)	晚期实体瘤	Ⅱ期临床
ASG-5ME	胰腺癌	Ⅰ期临床
Hemiasterlin(E7974)	胰腺癌，三阴性乳腺癌等顽固的实体瘤	Ⅰ期临床
Bryostatin 1(NSC339555)	选择性地抑制人癌细胞；改善神经元连接并增强小鼠记忆力	Ⅱ期临床
KRN7000	抗肿瘤，抗结核病，抗病毒，抗真菌，消炎，自身免疫性疾病	Ⅱ期临床
LAQ824(NVP-LAQ824)	结肠癌，卵巢癌，肺癌，骨髓瘤等实体瘤细胞	临床Ⅱ期
Taltobulin (HTI-286)	前列腺癌患者的雄性激素依赖或非依赖性肿瘤	Ⅰ期临床

续表

药品名称	适应症	进展
Discodermolide(XAA296A)	稳定微管	Ⅰ期临床
C52-halichondrin-B amine(E7130)	晚期实体瘤	Ⅰ期临床
LAF389	广谱抗恶性细胞增殖及抗血管生成	Ⅰ期临床(临床剂量递增实验终止)
Girolline(RP 49532A)	实体瘤	Ⅰ期临床终止
Cemadotin(LU 103793)	乳腺癌、肺癌、卵巢癌、前列腺癌和结肠癌	Ⅱ期临床
Spisulosine(ES-285)	实体瘤、淋巴瘤、白血病	Ⅰ期临床
Didemnin B(NSC-325319)	IPB16 黑色素瘤，IPM5076 肉瘤和 IP 给予 P388 白血病	Ⅱ期临床(实验终止)
Neovastat(AE-941)	肺癌、肾癌、多发性骨髓瘤、前列腺癌、转移性癌	Ⅲ期临床
螺旋藻糖肽(K-001)	晚期胰腺癌	Ⅱ期/Ⅲ期临床

2)抗感染海洋药物

目前上市的抗感染海洋药物有 Amresco、Merck 等公司生产的阿糖腺苷，礼来公司生产的头孢菌素，意大利赛诺菲生产的利福平(Rifampicin，RFP)，德国 Marinomed 公司、Nicox S. A 公司生产的卡拉胶鼻喷雾剂等(表 4-21)。

表 4-21　抗感染海洋药物

商品名称	适应症	进展
阿糖腺苷(vidarabine，Ara-A)	多种病毒性疾病	上市
头孢菌素	细菌感染	上市
利福平(Rifampicin，RFP)	结核菌感染	上市
IPL576092	哮喘和炎症性疾病	Ⅱ期临床
卡拉胶鼻喷雾剂	流行性感冒	上市

3)抗心血管疾病海洋药物

葛兰素史克公司生产的拉伐佐(Lovaza)，阿玛林(Amarin)公司生产的 Epanova，阿斯利康公司生产的伐赛帕(Vascepa 或 Epadel、EPAX)，青岛制药厂生产的甘露醇烟酸酯(Mannitol nicotinate)，中国海洋大学研制的藻酸双酯钠(Propylene glycol alginate sodium sulfate，PSS)等已经上市(表 4-22)。

表 4-22　抗心血管疾病海洋药物

商品名称	适应症	进展
拉伐佐(Lovaza)	高甘油三酯血症，预防心肌梗死	上市
伐赛帕(Vascepa 或 Epadel、EPAX)	高甘油三酯血症	上市
Epanova	高甘油三酯血症	上市
甘露醇烟酸酯(Mannitol nicotinate，又称甘露六烟酯)	高血脂、高血压、冠心病、脑血栓、动脉硬化等	上市
岩藻聚糖硫酸酯(海昆肾喜胶囊)	慢性肾功能衰竭(代偿期、失代偿期和尿毒症早期)湿浊症	上市
几丁糖酯(sulfated carboxymethylchitosan)	调血脂，抗氧化及防止动物性动脉粥样硬化形成	Ⅱ期临床
藻酸双酯钠(Propylene glycol alginate sodium sulfate，PSS)	高血脂及其引起的心脑血管类疾病	上市
D-聚甘酯	缺血性急性脑梗死	Ⅱ期临床
络通，玉足海参多糖(Holothuria Leucospilota Polysaccharides，HL-P)	缺血性脑中风及血液栓塞性疾病	Ⅲ期临床
Squalamine Lactate(MSI-1256F)	实体肿瘤生长和转移、动脉粥样硬化等新生血管生长有关的疾病	Ⅱ期临床

4)抗阿尔茨海默病海洋药物

中国海洋大学、中国科学院上海药物研究所和上海绿谷制药公司联合开发的甘露寡糖二酸胶囊(GV-971)在 2019 年 11 月被中国国家药品监督管理局批准上市，用于阿尔茨海默病的治疗，该药物也是全球首个多靶性抗阿尔茨海默病的创新药物(表 4-23)。

表 4-23　抗阿尔茨海默病海洋药物

药品名称	适应症	进展
DMXBA(GTS-21)	降低神经炎症的发生率，具有治疗 AD 的潜力，与 AD 有关的情感疾病	Ⅱ期临床终止
甘露寡糖二酸胶囊(GV-971)	阿尔茨海默病	上市

5)镇痛和创伤修复海洋药物

2004 年伊兰(Elan)公司生产的 Ziconotide(商品名 Prialt)通过鞘内注射用于治疗其他方法耐受或无效(如全身性镇痛、辅助治疗或鞘内输注吗啡)病人的慢性严重疼痛，这是唯一经美国 FDA 及欧洲药品管理局(EMA)认可、且无阿片类成分的鞘内注射镇痛剂，目前，该药物已被推荐为一线临床镇痛药物，用于治疗神经性和伤害性疼痛(表 4-24)。

表 4-24　抗炎镇痛海洋药物

药品名称	适应症	进展
齐考诺肽(Ziconotide)	疼痛	上市
替曲朵辛(Tetrodotoxin)	与癌症相关的疼痛、神经性疼痛、糖尿病性神经病、肝炎后神经病和手术后神经病	Ⅲ期临床

6)海洋中药

目前，海洋中药方面，中国科学院海洋研究所研制的海昆肾喜胶囊已经上市，主要用于慢性肾功能衰竭及代偿期、失代偿期和尿毒症早期治疗(表 4-25)。

表 4-25　海洋中药

药品名称	适应症	进展
海昆肾喜胶囊	慢性肾功能衰竭及代偿期、失代偿期和尿毒症早期治疗	上市

4.3.4.2　重点创新机构研发布局

重点分析了西班牙 Zeltia 生物制药集团、阿克尔海洋生物公司、中国海洋大学、美国佛罗里达大学、美国辉瑞(Pfizer)制药有限公司、美国礼来(Eli Lilly)公司、日本卫材株式会社(Eisai Co., Ltd.)的核心专利。

(1)西班牙 Zeltia 生物制药集团

西班牙 Zeltia 生物制药集团总部位于马德里，通过其子公司主要从事化工，医药等行业。该公司的主要经营活动为生产和销售化学和生物医药产品。

该公司研发治疗卵巢癌的药 Yondelis，已经获得治疗晚期软组织肉瘤的许可，并于 2009 年 9 月获得了欧洲药品局对医药产品委员会人类卵巢癌使用的积极推荐。该药当前与强生的 Doxil(阿霉素)组合产生新的适应证范围并已被批准在包括挪威、冰岛以及列支敦士登在内的 27 个欧盟国家上市。

西班牙 Zeltia 生物制药集团在抗肿瘤海洋药物领域研发布局简况见表 4-26。

表 4-26 西班牙 Zeltia 生物制药集团在抗肿瘤海洋药物领域研发布局简况

创新机构	西班牙 Zeltia 生物制药集团	
网址	http://www.zelnovazeltia.com/	
核心专利	公开号	专利名称
	EP 1289999A1	Antitumoral analogs of ET-743(海鞘素 743 的抗肿瘤类似物)
	DE 60030554T2	Uses from ET-743 to the treatment of cancer(用于治疗癌症的海鞘素 743 的组合物和用途)
	AU 6769801A	Synthetic methods for aplidine and new antitumoral derivatives, methods of making and using them(阿哌啶和新的抗肿瘤衍生物的合成方法、制备和使用方法)
	US 7381703B2	Aplidine for multiple myeloma treatment(用于治疗多发性骨髓瘤的阿哌啶)
	AU 2002317967C1	New antitumoral derivatives of ET-743(新的海鞘素 743 抗肿瘤衍生物)
主要技术和产品	海洋抗肿瘤药物、抗卵巢癌海洋药物 Yondelis、脱氢膜海鞘素 B(Aplidine)、曲贝替定(Trabectedin, ET-743)	

(2)阿克尔海洋生物公司

阿克尔海洋生物公司(AKER BIOMARINE)成立于 2006 年，总部位于挪威奥斯陆，是一家致力于磷虾捕捞和加工的综合性生物技术公司。公司除提供磷虾外，还研发了以磷虾油、虾青素、磷虾脂为原料的产品，并于 2011 年进入中国市场，建立磷虾销售网络。该公司在采用海洋生物原料制造抗心脑血管疾病方面的专利技术主要集中在从磷虾中提取抗心脑血管疾病物质。

阿克尔海洋生物公司在抗心脑血管疾病海洋药物领域研发布局简况见表 4-27。

表 4-27 阿克尔海洋生物公司在抗心脑血管疾病海洋药物领域研发布局简况

创新机构	阿克尔海洋生物公司(AKER BIOMARINE)	
网址	http://www.akerbiomarine.com/	
核心专利	公开号	专利名称
	AU 2008231570B2	Bioeffective krill oil compositions(生物有效磷虾油组合物)
	CA 2682068C	Bioeffective krill oil compositions(生物有效磷虾油组合物)
	CA 2753742C	Phospholipid and protein tablets(磷脂和蛋白质的片剂)
主要技术和产品	从磷虾中提取抗心脑血管疾病物质	

(3) 中国海洋大学

中国海洋大学医药学院是我国高校较早从事海洋药物研究与开发的教学科研单位之一，其前身为我国著名海洋药物学家、中国现代海洋药物研究的开拓者与奠基人、中国工程院院士管华诗先生于1980年组建的山东海洋学院水产系海洋药物研究室。学院成立以来取得了一系列令人瞩目的研究成果。研制的我国第一个现代海洋新药——藻酸双酯钠(PSS)等4个海洋药物及系列海洋功能制品，均实现了产业化；有4个Ⅰ类海洋候选新药进入临床研究，其中，治疗阿尔茨海默病海洋候选新药971完成了三期临床试验；荣获了海洋与生命科学领域首个国家技术发明一等奖。

中国海洋大学在抗阿尔茨海默病海洋药物领域研发布局简况见表4-28。

表4-28　中国海洋大学在抗阿尔茨海默病海洋药物领域研发布局简况

创新机构	中国海洋大学	
网址	http：//www. ouc. edu. cn/	
核心专利	公开号	专利名称
	CN 100508985C	褐藻胶寡糖及其衍生物及其制备方法和用途
	CN 1933845A	褐藻胶寡糖及其衍生物及其制备方法和用途
	CN 1224709C	一种β-琼胶酶基因agaB及其制备方法和应用
	CN 1160080C	褐藻胶寡糖作为制备预防因东莨菪碱所致痴呆药物的应用
	CN 1408360A	褐藻胶寡糖在抗衰老和抗痴呆中的应用
	JP 4709203B2	Chitosanoligosaccharide glucomannan and its derivative，and their preparation and use(壳寡糖葡甘聚糖及其衍生物，它们的制备和使用)
主要技术和产品	藻酸双酯钠 海洋抗阿尔茨海默病药物褐藻酸寡糖(971)	

(4) 美国佛罗里达大学

美国佛罗里达大学成立于1853年，有16所院校和150多个研究中心和机构。有5 000多名教员和超过50 000名学生，是全美最大的大学之一。重点研究领域微生物、医药、新材料、能源、农业。该校在采用海洋生物原料制造抗炎药物方面的专利技术主要集中在从芋螺毒素中提取抗炎类药物，从珊瑚中提取镇痛药物。

美国佛罗里达大学在镇痛和创伤修复海洋药物领域研发布局简况见表4-29。

表 4-29 美国佛罗里达大学在镇痛和创伤修复海洋药物领域研发布局简况

创新机构	美国佛罗里达大学(UNIV FLORIDA)	
网址	http://www.ufl.edu/	
核心专利	公开号	专利名称
	WO 2006135739A3	A novel conotoxin framework with a helix-loop-helix fold(一种具有螺旋-环-螺旋折叠的新型芋螺毒素骨架)
	WO 2005003309A3	Pseudopterosin production(伪蕨素的生产)
	WO 9804676A3	Novel method for producing marine-derived compounds and novel compounds produced therefrom(一种海洋来源的新型化合物及其生产方法)
主要技术和产品	从芋螺毒素中提取抗炎成分、从珊瑚中提取镇痛药物	

(5)美国辉瑞(Pfizer)制药有限公司

辉瑞制药有限公司是一家具有 150 多年历史的以研发为基础的跨国制药公司，其总部设于纽约。包括三个业务领域：医药保健、动物保健以及消费者功能性食品。公司的创新产品行销全球 150 多个国家和地区，是目前世界上最大的医药企业。

2005 年在上海张江开发区建立辉瑞中国研发中心。2009 年在武汉光谷生物产业中心成立高科技研发中心，主要为全球辉瑞药物研发提供支持工作，包括第Ⅰ期到第Ⅳ期的临床试验的支持工作。同年，辉瑞中国研发中心还成立了一个世界性的负责全球药物注册准备的监管团队以及一支负责辉瑞亚太地区临床试验质量保障审查工作的团队。

美国辉瑞(Pfizer)制药有限公司在抗肿瘤海洋药物领域研发布局简况见表 4-30。

表 4-30 美国辉瑞(Pfizer)制药有限公司在抗肿瘤海洋药物领域研发布局简况

创新机构	美国辉瑞制药有限公司(Pfizer)	
网址	http://www.pfizer.com/	
核心专利	公开号	专利名称
	WO 2012038851A1	Isoxazoline oximes as antiparasitic agents(抗寄生虫药剂异恶唑啉肟)
	CN 105008344B	布鲁顿氏酪氨酸激酶抑制剂
	WO 2006106423A8	Novel compounds of amino sulfonyl derivatives(一种新型氨基磺酰基衍生物)
	EP 3246021B1	Apixaban formulations(阿哌沙班制剂)
主要技术和产品	阿糖胞苷	

(6)美国礼来(Eli Lilly)公司

美国礼来公司是一家世界领先的制药公司，创建于 1876 年，总部位于印第安纳州印第安纳波利斯市。公司致力于为全人类提供以药物为基础的创新医疗保健方案，使人们生活得更长久，更健康，更有活力。礼来公司的业务遍及全球 143 个国家和地区，在 8 个国家设有研发中心，雇佣员工 4 万多人。礼来在全球范围内，与众多优秀的合作伙伴一起，以更低的成本开发出创新的药品。

美国礼来(Eli Lilly)公司在抗感染海洋药物领域研发布局简况见表 4-31。

表 4-31　美国礼来(Eli Lilly)公司在抗感染海洋药物领域研发布局简况

<table>
<tr><td>创新机构</td><td colspan="2">美国礼来(Eli Lilly)公司</td></tr>
<tr><td>网址</td><td colspan="2">http://www.lilly.com/</td></tr>
<tr><td rowspan="8">核心专利</td><td>公开号</td><td>专利名称</td></tr>
<tr><td>EP 2188268B1</td><td>Substituted piperazinyl pyrazines and pyridines as 5-HT7 receptor antagonists(取代的哌嗪基吡嗪和吡啶作为 5-HT7 受体拮抗剂)</td></tr>
<tr><td>EP 2155734A2</td><td>Triazolyl aminopyrimidine compounds(三唑基氨基嘧啶化合物)</td></tr>
<tr><td>EP 2094684B1</td><td>1,5-diphenyl-3Vbenzylamino-1,5-dihydropyrrolidin 2-ones as cb1 receptor modulators(用作 cb1 受体调节剂的 1，5-二苯基-3-苄氨基-1,5-二氢吡咯烷-2-酮)</td></tr>
<tr><td>EP 1951659B1</td><td>Glucagon receptor antagonists, preparation and therapeutic uses(胰高血糖素受体拮抗剂、制备和治疗用途)</td></tr>
<tr><td>EP 1786790B1</td><td>Oxazole derivatives as histamine H3 receptor agents, preparation and therapeutic uses(作为组胺 H3 受体药物的唑衍生物及其制备和治疗用途)</td></tr>
<tr><td>EP 1458703B1</td><td>Isochroman compounds for treatment of cns disorders(用于治疗中枢神经系统疾病的异色满化合物)</td></tr>
<tr><td>EP 1397364B1</td><td>Novel pyrrole derivatives as pharmaceutical agents(作为药物的新的吡咯衍生物)</td></tr>
<tr><td>主要技术和产品</td><td colspan="2">头孢菌素</td></tr>
</table>

(7)日本卫材制药公司(Eisai Co., Ltd.)

日本卫材制药公司是一家以研究开发医药产品为主的跨国公司，总部设在日本东京，始建于 1941 年，其海外分支机构、子公司和工厂分布于欧洲、美洲和亚洲各地。作为一家立足于科研的医药公司，卫材十分重视产品研发工作。以筑波研究所为协调中心，大约有 1 300 名研究者分布在世界各地，开发下一代有创造性的新药，满足亟待解决的医学需求。主要致力于神经病学、胃肠病学以及肿瘤学专业领域的研究。

日本卫材制药公司在抗肿瘤海洋药物领域研发布局简况见表4-32。

表4-32 日本卫材制药公司在抗肿瘤海洋药物领域研发布局简况

创新机构	日本卫材制药公司	
网址	http://www.eisai.com/	
核心专利	公开号	专利名称
	WO 2009014637A3	Heterocyclic amide compounds as protein kinase inhibitors(作为蛋白激酶抑制剂的杂环酰胺化合物)
	WO 2004022561A1	Pyrazolopyrimidines as cyclin-dependent kinase inhibitors(作为细胞周期蛋白依赖性激酶抑制剂的新颖的吡唑并嘧啶)
	US 20040063715A1	Novel imidazopyrazines as cyclin dependent kinase inhibitors(作为细胞周期素依赖的激酶抑制剂的咪唑并吡嗪)
	US 20060094706A1	Pyrazolopyrimidines as protein kinase inhibitors(作为蛋白激酶抑制剂的吡唑并[1,5-a]嘧啶)
主要技术和产品	甲磺酸艾日布林(Eribulin Mesylate, E7389)	

参考文献

[1] 纪蕾，李红艳，王颖，等. 基于钻石模型的山东省海洋生物医药产业竞争力分析[J]. 渔业研究，2019(5)：430-440.

[2] 赵新兵 徐冰 张旭东. 借助超算“向海问药”，中国海洋药物筛选准确率超60%[N]. 经济参考报，2018-10-12.

[3] 王娉. “高龄创客”管华诗[N]. 商周刊，2019-07-01.

[4] 付先军，王振国，王长云，等. 海洋中药的内涵与外延探讨[J]. 世界科学技术——中医药现代化，2016，18(12)：2034-2042.

[5] 焦炳华. 我国海洋药物与生物制品科技发展与产业方向(摘要)[A]. 第140场中国工程科技论坛——中国海洋工程与科技发展战略会议[C]，2012.

[6] 中华人民共和国国民经济和社会发展第十三个五年规划纲要[C]. 2016：243-322.

[7] 毛振鹏. 加快我国海洋生物医药产业发展的路径探析与战略选择[A]. 2019中国海洋经济论坛[C]，2019.

[8] 方琼玟，罗茵. 海洋生物产业发展迎来新契机[J]. 海洋与渔业，2019(3)：28-29.

[9] 刘长秋. 中国海洋生物科技产业发展的法律保障研究[A]. 第八届长江三角洲法学论坛

[C]，2011.

[10] 刘楚怡，李劲涛，钟儒刚. 海洋功能食品及高端生物制品现状分析[J]. 安徽农业科学，2015(11)：291-294.

[11] 张荣彬，唐旭. 中国海洋食品开发利用及其产业发展现状与趋势[J]. 食品与机械，2017.

[12] 吕明生，王淑军，房耀维，等. 交替假单胞菌 LP621 菌株产右旋糖苷酶的培养条件优化[J]. 微生物学杂志，2010，30(6)：11-17.

[13] 顾其胜，位晓娟. 我国海洋生物医用材料研究现状和发展趋势[J]. 中国材料进展，2011(4).

[14] 张建业，符立梧 . 几类重要的海洋抗肿瘤药物研究进展[J]. 药学学报，2008，43(5)：435-442.

[15] 刘欣，李晓晖，修志龙. 海洋中抗感染活性物质的研究进展[J]. 中国天然药物，2006，4(5)：390-396.

[16] 王帅，栾虹，吴崇明，等. 海洋天然产物在治疗代谢综合征相关疾病方面的研究进展[J]. 国际药学研究杂志，2014(5).

第 5 章　海水利用产业

5.1　概述

5.1.1　技术概况

海水是沿海国家和地区水资源的重要补充和战略储备。海水利用是海洋战略性新兴产业，是海洋经济的重要组成部分，已成为世界上许多沿海国家和地区解决淡水资源短缺问题、促进经济社会可持续发展的重大战略措施。目前，全球已有 160 多个国家和地区在开发及应用海水利用技术，并取得了良好的经济效益和社会效益。海水利用产业是指人类利用海水资源进行海水淡化和海水利用所开展的相关工业生产和技术活动形成的产业，纵观全球海水利用产业，海水利用主要包括三方面[1-4]：一是海水淡化，即利用海水脱盐生产淡水；二是海水化学资源利用，即从海水中提取化学元素、化学品及深加工等；三是海水直接利用，即以海水为原水，直接替代淡水作为工业用水和生活用水。海水利用产业分类详见图 5-1。

海水淡化是从源头增加水资源量的有效手段，发展海水淡化技术已成为当今世界各国的共识。全球海水淡化技术超过 20 余种，从大的分类来看，主要分为蒸馏法(热法)和膜法两大类，其中低温多效蒸馏法、多级闪蒸法和反渗透法是全球主流技术[5]。从环境友好和可持续发展角度考虑，集成海水淡化技术更具优势，如采用多种淡化技术耦合或与发电厂共建的集成模式[6]。海水预处理是指海水进脱盐工艺(设备)前的处理工艺，其目的是从海水中去除对后续工艺和设备有害的物质或降低其含量，最终达到海水淡化设备进水水质要求，确保海水淡化系统的高效低耗和长期安全运行。海水淡化产水在进入市政供水管网之前必须进行处理，以增加化学稳定性，解决与市政供水管网的兼容性。海水淡化是能量密集型产业，需要消耗大量的热能或电能，开发利用以可再生能源为主的新能源海水淡化技术意义重大，目前与海水淡化结合的新能源技术主要包括核能、太阳能和风能[6]。具有广阔应用前景的新型海水淡化新技术、新工艺主要包括膜蒸馏、正渗透、电容去离子、石墨烯等[6]。蒸馏法、电渗析法和反渗透法是苦咸水淡化的三种主要途径，传统意义上的

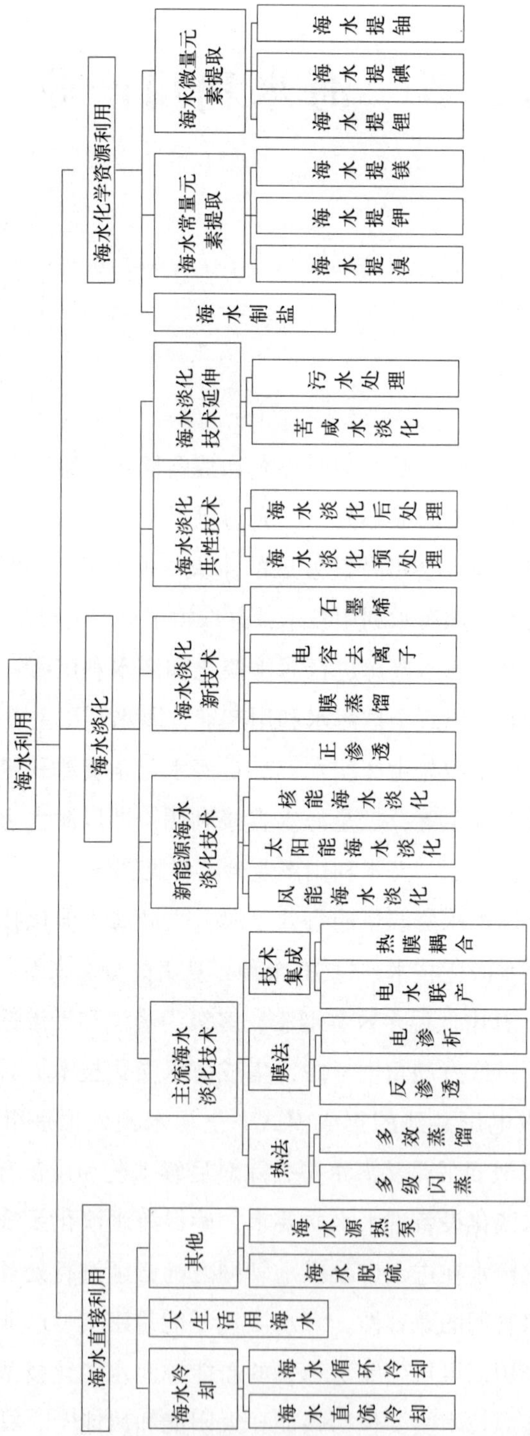

图5-1 海水利用产业分类

蒸馏法和电渗析方法可以淡化苦咸水，但其自身都有难以克服的缺点，反渗透法凭借装置简单、能耗低、出水质量好等优势，已被广泛用于苦咸水的淡化处理[7-8]。海水淡化技术在工业废水以及市政污水处理领域具有一定的优势，已经引起越来越多的重视，发展潜力巨大。

海水直接利用主要包括海水冷却、大生活用海水、海水脱硫等。海水冷却技术包括海水直流冷却技术和海水循环冷却技术。海水直流冷却技术已有近百年的发展历史，海水作为工业冷却水，国内外仍以直流冷却技术为主[9]。海水循环冷却技术是在海水直流冷却技术和淡水循环冷却技术基础上发展的，其取水量和排污量较直流冷却均减少 95%以上，应用前景广阔，海水循环冷却技术在国外已经进入大规模应用阶段[10]。大生活用海水非常适合在沿海、海岛等淡水资源缺乏、海水取用便利的地区使用。海水脱硫具有工艺简便、系统可靠、脱硫效率高、投资和运行费用低等优点，已在美国、英国和挪威等国家运行[11-12]。此外，海水源热泵(海水空调)技术正逐步在沿海城市发展[13]。

海水化学资源利用主要包括海水制盐、海水提钾、海水提溴、海水提镁、海水提锂等。海水中化学矿物资源总量十分巨大，开发利用海水化学资源成为解决陆地资源短缺的有效途径之一，对保障国民经济快速、健康发展有着重大的战略意义[14]。盐(氯化钠)、镁、钾和溴是四大主要浓海水化学资源，铀、锂、碘、重水是四大主要浓海水微量元素。海水淡化副产的浓海水中化学组分的浓度为标准海水浓度的近 2 倍，若获取相同的化学资源，浓海水处理量仅为直接处理海水量的一半，可显著降低提取成本[15]。目前，国内外学者已围绕海水淡化副产浓海水的资源化利用，在浓海水软化、制盐、提钾、提镁、提锂等单项技术及综合利用集成技术方面开展了有益的探索和研究，取得了长足的发展。

5.1.2 发展现状

海水淡化已成为解决世界范围内淡水缺乏、保障安全供水的重要途径。国际上，海水淡化继续保持快速发展态势，主流技术日趋成熟，新技术研发活跃；海水利用产业朝着工程大型化、环境友好化、低能耗、低成本等方向发展[3]。我国海水利用已具备产业化发展的技术和条件，已经掌握低温多效蒸馏和反渗透海水淡化技术，初步具备系统集成和工程成套能力，自主技术在国内建成日产万吨级以上示范工程，开展了 10 万吨级海水循环冷却技术的示范应用，技术水平与国际接轨。然而，与国际先进水平相比，我国海水综合利用还存在不小的差距，主要表现在发展规模小、机制不健全、竞争力弱、核心技术亟待突破等方面[16]。

5.1.2.1 海水淡化

海水淡化，又称海水脱盐，是分离海水中盐和水的过程。从海水中取出水，或除去海水中的盐，都可达到淡化的目的。

从国际看，大规模海水淡化应用已有成功实践。据不完全统计，海水淡化产业及装置已覆盖沙特阿拉伯、阿曼、阿拉伯联合酋长国、西班牙、中国、日本、澳大利亚等世界160多个国家和地区，全球海水淡化年增长率达到8%[5]。在迅速增长的海水淡化产能中，市政供水是海水淡化的主要应用领域。在已建装机容量中，市政供水占比最高，为63.1%，已解决了2亿多人的生活用水问题；工业及电力次之，占比为31.4%；其余用途约占5.5%[5]。一批沿海国家加紧政策制定、加大资金投入、抢占技术制高点，不断扩大海水淡化应用规模。目前，世界海水淡化技术成熟的主要是美国、欧洲、中东、日韩等国家和地区，它们掌握着海水淡化尖端技术并控制着国际市场，同时中东、北非等地区的海水淡化厂规模处在世界前列。沙特阿拉伯是世界第一大海水淡化水生产国，淡水供应的50%来自海水淡化，拥有超过30家海水淡化工厂，全国海水淡化总量占世界海水淡化总量的21%左右。沙特阿拉伯海水淡化公司(SWCC)规模全球最大，旗下拥有近40座海水淡化厂。

目前，低温多效蒸馏法、多级闪蒸法和反渗透法是全球主流海水淡化技术。反渗透海水淡化技术发展很快，工程造价和运行成本持续降低，主要发展趋势为降低反渗透膜的操作压力，提高反渗透设备系统回收率，廉价高效预处理技术，增强系统抗污染能力等[5]。低温多效蒸馏海水淡化技术由于节能的因素，近年发展迅速，装置的规模日益扩大，成本日益降低，主要发展趋势为提高装置单机造水能力，采用廉价材料降低工程造价，提高操作温度，提高传热效率等[5]。多级闪蒸海水淡化装置在海水淡化最为集中的中东地区占据主要地位，但因装置投资费用高、设备运行能耗高，近几年未有新装置建立[5]。采用多种淡化技术耦合或与发电厂共建的集成模式以及发电-海水淡化-综合利用的深度集成模式，通过方法间的优势互补和系统间的能量分配优化，提高整体能源利用效率，是海水淡化在全球的常用做法，也是降低淡化成本、获得较优综合效益的有效途径，应用前景广阔；而且从环境友好和可持续发展角度考虑，集成海水淡化技术更具优势[6]。目前全球海水淡化技术中反渗透占总产能的65%，多级闪蒸占21%，低温多效蒸馏占7%，电渗析占3%，纳滤占2%，其他占2%[5](图5-2)。世界著名的海水淡化工程公司有阿拉伯联合酋长国Metito、沙特阿拉伯Wetico、以色列IDE、伊朗Fan Niroo、英国Biwater、法国苏伊士、法国威立雅、新加坡凯发、韩国斗山重工业、西班牙阿本戈、西班牙安迅能、西班牙 Tedagua、西班牙 Sacyr、瑞典阿法拉伐、美国阿奎特、日本日立造船、印度 VA Tech Wabag 等，世界著名的反渗透膜及组件公司有日东电工、日本东丽、日本东洋纺、美国陶氏、美国科氏、韩国熊津化学、美国通用电气(2017 年被法国苏伊士收购)、德国迈纳德、德国 OSMO Membrane Systems GmbH 等。我国的杭州水处理技术研究开发中心有限公司、上海巴安水务股份有限公司、上海电气集团、香港和记黄埔水务国际公司等已开始承接国际大型海水淡化厂建设项目。

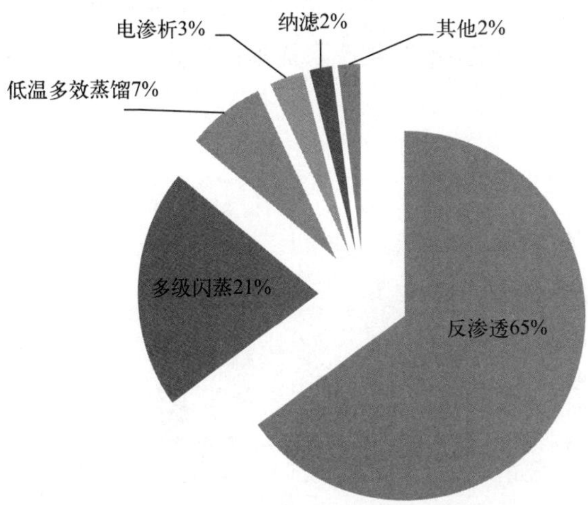

图 5-2 全球海水淡化技术市场份额

对于海水淡化，能耗是直接决定其成本高低的关键。如何降低产水能耗以降低造水成本是国内外淡化领域的研究重点，也是海水淡化技术进一步推广应用的必要条件[6]。由于采用的工艺不同，海水淡化工程的造价有较大差异。一般来说，反渗透海水淡化工程的投资在 6 000~8 000 元/t 产品水，低温多效蒸馏海水淡化工程的投资在 8 000~11 000 元/t 产品水[17]。海水淡化产水成本主要由投资成本、运行维护成本和能源消耗成本构成。国际先进海水淡化产水成本控制在 3~4 元/t，10 万吨级海水淡化产水成本可以控制在 0. 6 美元/t。以色列海水淡化厂的产水成本基本保持在 0. 5~0. 55 美元/t[5]。目前，海水淡化的发展在技术的先进性和可靠性、运行和管理、能耗和成本、投资和效果、环境影响等方面还存在不少问题，尽力开发新材料和新工艺、采用先进的集成技术和过程优化，是海水淡化技术和产业发展的努力方向。

我国海水淡化技术起步于 20 世纪 60 年代，近年来在国家科技支撑、海洋公益和海洋经济区域示范等项目的支持下得到较快发展[18]。2005 年，我国第一个海水淡化指导性纲领文件《海水综合利用专项规划》正式发布。2012 年 2 月 13 日，国务院办公厅发布了《关于加快海水淡化产业的意见》。国家发改委先后发布了《海水淡化产业发展“十二五”规划》(2012 年)、《全国海水利用“十三五”规划》(2016 年)、《海岛海水淡化工程实施方案》(2017 年)。截至 2019 年底，我国现有海水淡化工程 115 个，工程规模 1 573 760 t/d，我国 2012—2019 年海水淡化工程规模增长情况见图5-3。全国海水淡化工程主要分布在水资源严重短缺的沿海城市和海岛(图 5-4)。我国海水淡化技术以反渗透和低温多效蒸馏海水淡化技术为主，关键设备研制取得突破，相关技术达到或接近国际先进水平[19]。海水淡化水的用途主要为工业用水、生活用水和其他用水。我国海水淡化产水成本已接近世界先进水平。

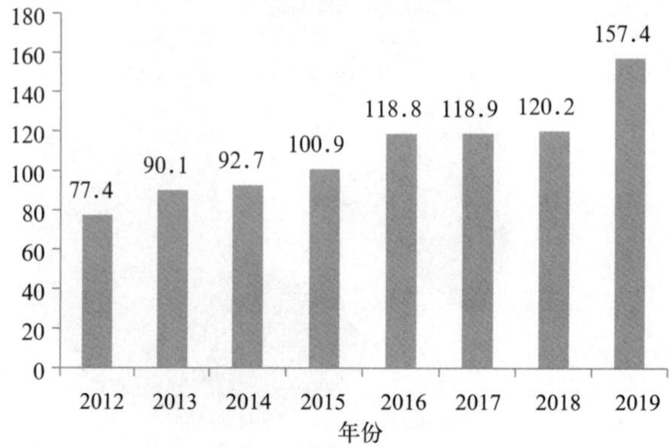

图 5-3　海水淡化工程规模增长情况(单位：$\times10^4$ t/d)

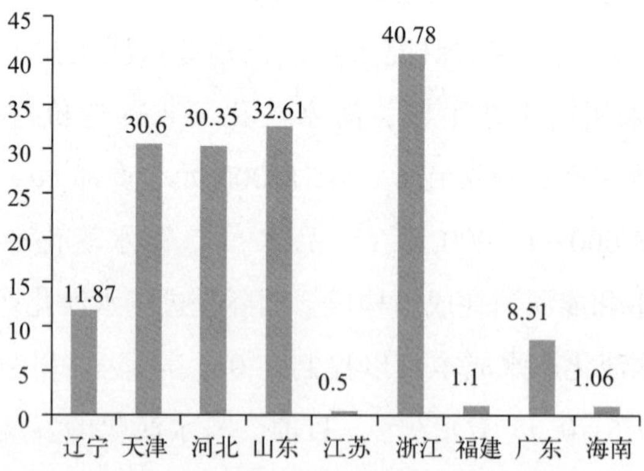

图 5-4　沿海城市海水淡化工程分布(单位：$\times10^4$ t/d)

我国海水淡化产业基本上是近 20 年来才发展起来的。近年来，我国海水淡化关键技术不断突破，装备国产化进程加快，有力地推动了我国海水淡化技术的进步和产业规模的扩大，海水淡化产业现已进入典型示范推广应用阶段。今后面临的长期任务是技术升级，即提高核心技术水平，提高核心装置的国产化率，并进一步提高淡化效率，降低淡化综合成本。我国海水淡化基础研究相对薄弱、整体技术水平亟待提升，在关键技术、关键部件和设备等方面与国外先进水平存在差距。如在反渗透膜、高压泵、能量回收装置研发；设备制造，特别是成套设备的制造；集成技术研发和设备集成制造能力等方面，均需尽快增强创新能力[3]。继2004年新加坡凯发集团在天津引进BOO模式以来，到2011年曹妃甸工业区海水淡化工程BOT投融资模式的成功运行，我国海水淡化产业与水务建设运营国际惯例逐渐接轨[20]。融合了资金、设备、技术、建设与运营管理等综合优势的投融资模式有可能成为未来中国海水淡化产业发展所依赖的重要手段。

经过40多年的努力，在国家和地方政府的各项政策规划积极推动下，我国的海水淡化技术和产业发展均取得了巨大的进步，海水淡化应用规模不断增长，企业实力不断壮大，我国的海水淡化工程公司主要有：杭州水处理技术研究开发中心有限公司、武汉凯迪水务有限公司、上海巴安水务股份有限公司、北京赛诺水务科技有限公司、青岛水务碧水源海水淡化有限公司、众和海水淡化工程有限公司、上海电气电站设备有限公司、首钢京唐钢铁联合有限责任公司、神华北京国华电力有限责任公司、山东电力建设第三工程公司、首航高科能源技术股份有限公司、双良节能系统股份有限公司、哈电集团哈尔滨锅炉厂有限责任公司、中国电子工程设计院等。

5.1.2.2 海水化学资源利用

海水化学资源利用是指从海水中提取各种化学元素及其深加工利用方式的统称，是21世纪化学工程与技术学科发展的一个新兴前沿领域，主要包括海水制盐、海水提钾、海水提溴、海水提镁、海水提锂等。

随着大规模海水淡化工程的实施，其副产的大量浓海水综合利用问题引起了人们的广泛关注。国内外学者已围绕浓海水的资源化利用，在浓海水软化、制盐、提钾、提溴、提镁等单项技术及综合利用技术方面开展了有益的探索和研究，并提出了一系列浓海水资源化利用集成方案，一些成果已经实现大规模工业化生产。现有研究主要集中于对钠盐、钾盐、镁盐等常量元素的提取，对铀、硼、碘等微量元素的提取研究较少，而且得到的产物中夹杂有其他副产物，产物的提纯工作仍将是下一步研究的重点[21]。今后应不断开发资源利用率和产品附加值高、占地少、利用可再生能源的新工艺，深化锂、铀、硼、碘、铯等微量元素分离富集材料和提取工艺的研究，促进其与海水淡化的集成连接，提高海水淡化及浓海水利用的综合效益[22]。

总体来讲，我国的海水卤水提钾、溴资源产业化关键技术与装备接近国际同等水平，镁系物提取及深加工部分关键技术取得突破，10 万吨级氨法制取氢氧化镁、万吨级钙法制取氢氧化镁实现产业化运行，海水卤水钾、溴、镁资源利用产业链日趋完善。但生产的高值化产品在质量稳定性、产品品种等方面与国外存在较大差距。在微量元素专用吸附剂的合成、吸附工艺优化等方面取得进展，形成了海水提硼富集分离技术，海水提取锂、铷、铯和铀等技术仍处于实验室阶段。此外，我国深层海水资源开发利用技术装备研究及产品开发水平处于起步阶段，与发达国家差距甚远。因此，迫切需要开发资源提取新技术及高效节能装备，支撑海水化学资源利用产业的快速发展。

1) 海水制盐

除盐田法、电渗析法等技术已经相对成熟，其他浓海水制盐技术仍处于实验室或中试研究阶段，并未实现工业化生产[23]。与盐田法相比，电渗析浓缩海水制盐工艺占地面积少，不受气候条件影响，产品纯度高，且节省人力。日本是最早研究电渗析浓缩海水制盐的国家，也是目前世界上唯一用电渗析法完全取代盐田法制盐的国家，工厂化海水制盐年产量为 150×10^4t[24]。电渗析浓缩海水制盐工艺已推广到大洋洲、南美和中东不少国家应用。

我国对于电渗析过程的研究也很多，但受限于国内制膜技术的瓶颈以及制膜成本，我国电渗析浓缩制盐装置还未能实现国产化生产，膜产品进口导致的价格昂贵限制了电渗析制盐的发展[24]。电渗析与纳滤等膜分离技术的集成将是未来实现工厂化制盐及盐化生产的前景较好的浓海水综合利用方式。需要继续加大科研攻关力度，着力开发具有自主知识产权的高选择性离子交换膜、大型电渗析成套装置以及纳滤等膜处理过程的耦合集成技术。

2) 海水提钾

全球陆地可溶性钾矿的储存和生产 90%集中在加拿大、俄罗斯、德国、美国等少数国家，绝大多数国家钾矿贫乏，依赖进口，因此世界众多沿海国家致力于海水钾资源的开发[25]。目前国内外海水提钾富集方式主要包括：化学沉淀法、溶剂萃取法、膜富集法、离子交换富集法[26]。尽管目前海水提钾方法及工业化的中间试验均取得了阶段性成功，但因海水的组成复杂，浓度稀薄，造成高效分离提取钾盐技术难度大，特别是经济上不易过关，所以均未能实现工业化。因此，海水提钾过经济关、实现工业化是一项世界性的技术难题。

我国高度重视海水钾资源的开发。河北工业大学等单位通过产学研联合攻关，研制成功“改性沸石钾离子筛”核心技术，突破了海水中钾的高选择性、高倍率富集和钾肥的高效、节能分离等一系列关键技术难题，已取得发明专利 12 项，并成功地完成了百吨级中试和万吨级工业试验，获得了产业化技术，从而确立了我国在海水提钾研究领域的国际领先地位[27]。

3) 海水提溴

全世界溴素产量的 20%来自海水[6]。空气吹出法、溶剂萃取法、吸附法和沉淀法是当前常用的从海水或浓海水中提溴的方法[28]。当前已实现工业化生产的是空气吹出法，该工艺由陶氏化学开发[29]。利用空气吹出法从海水中提取的溴产量占世界总溴产量的 85%以上，但该方法在提溴过程中需要消耗大量的淡水资源，且存在吹出塔设备庞大、电耗高等问题[30]。为此，近年来国内外相继提出了聚乙烯管式膜法、表面活性剂泡沫解析法、离子交换吸附法、液膜法、气态膜法等新的工艺方法，以期取代空气吹出法[6]。

我国开发海水中溴素资源已提上日程。由自然资源部天津海水淡化与综合利用研究所等单位开发的气态膜法海水提溴技术，具有设备传质效率高、节能等优势，展示出良好的工业化前景。河北新岛化工有限公司在曹妃甸建立了 1 000 t/a 浓海水提溴示范工程，该项目采用提钾后的浓海水作为原料，为大规模浓海水提溴工程建设提供依据[21]。

4) 海水提镁

镁在海水中含量仅次于钠，储量极丰，如果镁盐不能合理开发利用便无法实现可持续开发的海水利用。目前世界上已有数十个大型海水制镁厂，主要分布在美国、英国、日本等国家，产品多为海水镁砂。在国外，利用沉淀法由海水制取氢氧化镁、高纯氧化镁技术经过几十年的发展，已形成数百万吨的产业化规模。国外发达国家以生产优质、高档及高附加值的深加工镁产品为主。从发展趋势看，功能性镁化物的开发愈来愈受到重视。

在我国，海水中镁资源的开发利用仅限于利用海盐苦卤生产氯化镁和硫酸镁，年产量在 $40\times10^4\sim50\times10^4$ t[15]。我国在镁资源开发生产上以初级产品为主，矿石镁资源和海水、卤水镁资源的生产企业由于产品附加值低，经济效益均较差。我国以海水、盐湖卤水等液体矿为原料生产高纯镁砂仍在研究中，尽管近年来通过引进和消化国外先进技术，镁砂质量有所提高，但是仍以生产中低档镁砂为主。

5) 海水提微量元素

海水中四大微量元素铀、锂、碘、重水均是陆地资源储量小且带有政治性的战略物资，为此世界上许多国家不惜投入巨资进行该方面的研究和技术储备。

海水锂资源储量巨大，因此近年来国内外科研工作者开始探索海水提锂技术，并取得了一定的进展。目前在海水提锂方面取得显著进展的主要包括美国、日本、韩国等发达国家。在海水提锂研究中主要应用溶剂萃取法和吸附剂法，其中吸附剂法被认为是最有前途的海水提锂方法[31]。日本已研制出吸附法海水提锂流程方案和装置，并完成了海水提锂批量扩大试验[27]。我国的海水提锂研究刚刚起步，许多单位开展了锂离子筛的研制工作，在锂吸附量方面已接近国际先进水平。今后应注重离子筛在海水提锂中的应用研究，以尽快形成海水提锂技术，为实现海水提锂工业化奠定基础。

海水中铀浓度极低，研究具有成本效益的海水提铀技术是一个巨大的挑战。20 世纪 70 年代，英国、美国、日本等国开始进行从海水中提取铀的研究，提出了几种海水提铀的方法和途径，并进行了试验。目前，很多方法已经被应用到铀的提取当中，包括膜分离、化学沉积、溶剂萃取、离子交换、生物吸附、电沉积和吸附，其中吸附具有简单、多变、花费低廉的特性，成为最有效可行的方法之一[32-33]。我国曾于 20 世纪 70—80 年代开展过大量的吸附法海水提铀研究工作，但至今未能取得突破性进展，还需进一步加强研发力度。

海洋水体中蕴藏的碘极为丰富，世界上许多国家从事海水提碘的研究。20 世纪 70 年代末，我国提出“离子-共价”的概念，研究成功 JA-2 型吸着剂，可直接从海水中提碘和溴；此后发展了液-固分配等富集方法，亦可直接从海水中提取碘[6]。但是，由于海水中碘的浓度仅为 0. 06mg/L，目前从海水中直接提取碘还不具备经济性。利用晒盐后的卤水也可制取碘，所采用的方法有活性炭吸附法、淀粉吸附法、硝酸银或硫酸铜沉淀法、离子交换树脂法等[6]。

5.1.2.3 海水直接利用

海水直接利用是指以海水为原水，直接代替淡水作为工业用水和大生活用水，主要包括海水冷却、大生活用海水、海水脱硫等。

1) 海水冷却

据统计，城市用水中 70%~80%是工业用水，而工业用水中 70%~80%是工业冷却用水，全球每年直接利用海水作为工业冷却水替代了大量宝贵的淡水资源[9]。海水直流冷却技术已有百余年的发展历史，广泛用于沿海电力、冶金、化工、石油等领域。用海水作为直流冷却水，存在着严重的腐蚀和污损生物附着问题，技术关键是防腐蚀和防海洋污损生物附着技术[34]，对有关防腐和防海洋生物附着技术的研究比较早，且取得了成效。直流海水冷却还存在取水量大、工程一次性投资大、排污量大和海体污染明显等问题。

海水循环冷却技术是一种环保型节水新技术。从 20 世纪 70 年代开始，国外开展了海水循环水冷却技术的研究和应用工作[35]。经过 40 多年的发展，海水循环冷却技术在国外已进入大规模应用阶段，单套系统的海水循环量均在万吨级以上，应用领域覆盖电力、石化、冶金等行业。海水循环冷却技术正在朝着应用领域广泛化、规模大型化和环保友好化的方向发展。美国是海水循环冷却技术应用最早最多的国家，其应用主要集中在电力行业。在欧洲、亚洲和中东地区，海水循环冷却技术在电力、石化、冶金等行业都得到了应用，特别是在中东地区，因其石油工业较为发达，海水循环冷却技术在该行业应用较多。

我国海水直流冷却已有近 80 年的应用历史，到目前已具有一定基础和规模，主要是火电厂和核电厂直接利用海水作为工业冷却水，但在技术和规模上与国际先进水平相比差距很大。我国海水循环水冷却技术起步晚，但起点高。从“八五”期间开始海水循环冷却技术的实验室探索研究，经过持续攻关，开发出了“三剂一塔”(海水阻垢分散剂、菌藻杀生剂、缓蚀剂、大型海水冷却塔)等海水循环关键技术，在应用过程中不断探索性地解决了海水循环冷却有关腐蚀、污垢、海生物控制以及海水冷却塔防盐沉积、盐雾飞溅等技术难题，在运行浓缩倍率、阻垢、缓蚀、污损生物控制等方面已与国际先进水平接近，为海水循环冷却技术在我国的广泛应用提供了必要的理论依据，为海水冷却塔的设计奠定了基础[36-37]。千吨级、万吨级和十万吨级海水循环冷却系统的投运，标志着我国的海水循环冷却技术日趋成熟，在单套系统规模上也实现了与国际接轨，形成了一批实力较强的科研机构和企业，进入规模化和产业化发展时期。但是，我国在绿色水处理药剂、超大型海水冷却塔及塔芯构建设计方面与国外仍有差距，且海水循环冷却产业规模依然偏低，工程数量明显落后于发达国家，应用领域单调。

我国沿海火电、核电、钢铁、石化等行业海水冷却用水量稳步增长，截至 2019 年底，我国年利用海水作为冷却水量为 $1\,486\times10^{8}$ t[4]。辽宁、天津、河北、山东、江苏、上海、浙江、福建、广东、广西、海南 11 个沿海省市区均有海水冷却工程分布(图 5-5)。国内海水直流冷却技术成熟，主要应用于沿海电力、石化和钢铁等行业。

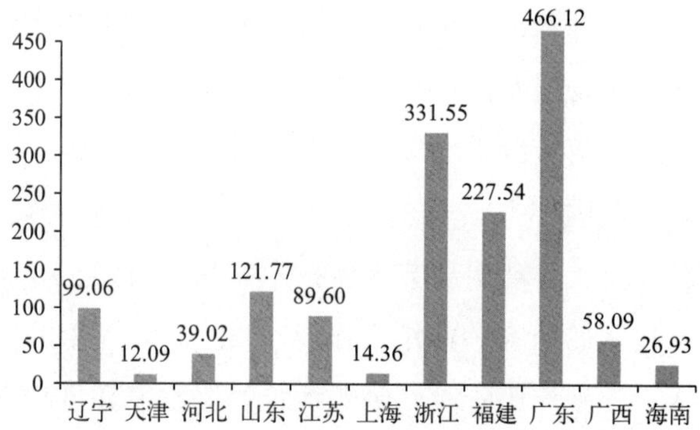

图 5-5　全国沿海省区市年海水冷却用水量分布(单位：$\times10^8$ t/a)

2)大生活用水

大生活用海水是指将海水作为城市生活杂用水，主要用海水冲厕，具有使用安全、处理成本低、投资少、运行管理简单、规模可大可小等特点，因而非常适合在沿海、海岛等淡水资源缺乏、海水取用便利的地区使用。

香港特别行政区是世界上最早采用大生活用海水技术的城市，也是世界上唯一广泛使用大生活用海水技术的地区，大生活用海水在香港特别行政区已有近 70 年的成功应用经验，形成了一套完整的处理系统和管理体系，备受国际关注。据统计，香港特别行政区城市生活用水占城市供水的 20%左右，而城市大生活用水占城市生活用水总量的 35%左右，因此大生活用海水技术是缓解沿海城市淡水资源紧缺局面的有效途径之一[38]。香港特别行政区对利用三种水源(海水、淡水和城市中水)作为大生活用水进行了技术经济分析，结果是采用海水最经济。大生活用海水技术需要解决的主要关键技术包括：海水取水和前处理净化技术、海水输送技术、防腐蚀技术、防污损生物附着技术、异味去除技术、大生活用海水生化处理技术、大生活用海水海洋处置技术等[39]。但推广应用大生活用海水时，除了考虑经济因素以外，还必须考虑大生活用海水的后处理技术，这是由于海水的含盐量很高，当大生活用海水进入城市污水处理系统后，会对原污水生化处理系统带来一系列影响，因为国内外对大规模污水的处理大都采用生化处理法[40]。

目前大生活用海水技术仍处于实验室逐渐走向应用示范的阶段，暂未形成产业体系。目前世界范围内只有我国系统地开展大生活用海水技术研究，相关技术在国际上具有独特竞争力。我国政府对发展大生活用海水技术十分重视，“九五”期间国家科技部就将大生活用海水技术列为国家重点攻关项目给予了经费支持，自然资源部天津海水淡化与综合利用研究所承担了攻关任务。从“九五”规划开始，自然资源部天津海水淡化与综合利用研究所多次承担国家科技攻关计划和科技支撑计划，从海水前处理、输送、后处理、标准体系、环境影响、政策研究等多方面对大生活用海水技术进行了系统、深入的研究，取得了20余项科技成果，并在青岛市设计建立了我国内地首例大生活用海水示范工程[39]。

3)海水脱硫

海水脱硫工艺是利用天然海水作为吸收剂脱除烟气中SO_2的湿法脱硫工艺，是海水直接利用的一个重要领域。海水脱硫工艺中，海水以一次通过的形式吸收烟气中的SO_2，然后进入曝气池，在曝气池中注入大量的海水和空气，将SO_2氧化成硫酸根离子，其水质得以恢复后又流回大海。该技术由美国加利福尼亚大学伯克利分校 Bromley L. A 教授于20世纪60年代最先提出，而后挪威ABB公司、德国能捷斯・比晓夫公司和日本富士水化株式会社等相继开发出海水脱硫工业化技术[41]。海水脱硫最初主要应用于铝冶炼厂和炼油厂，20世纪80年代末以来，在燃煤、燃油电厂的应用有较快发展，应用规模不断增大，近年来投入运行的海水脱硫装置多数是在燃煤、燃油电厂，火电厂烟气脱硫已成为该项技术的主要应用领域[42]。海水脱硫在国外应用较多，挪威、印度、西班牙、塞浦路斯、印度尼西亚、委内瑞拉、瑞典等国家均有工业装置投入运行。多年的运行情况显示，海水脱硫具有效率高、运行稳定、费用低廉等优点，具有广阔的应用前景。

海水脱硫技术在我国也有很多应用。由东方锅炉厂自主开发并以总承包建设的国产首台配30×10^4 kW燃煤机组烟气海水脱硫系统，于2006年在厦门嵩屿电厂正式投运，突破了我国海水脱硫达标排放的技术瓶颈，标志着我国大型燃煤机组海水脱硫环保关键技术和设备国产化实现了突破[43-45]。华能海门电厂1 000 MW 1号机组作为世界首例采用海水脱硫的百万千瓦级机组于2009年投入使用[46]。我国海水脱硫技术已臻成熟，并且应用规模越来越大。海水脱硫适合我国的技术现状，许多沿海电厂已具备采用烟气脱硫技术的条件，可以预见海水脱硫技术在我国有着广阔的应用前景。

5.2 全球创新资源地图

5.2.1 总体格局

根据机构规模、以往业绩、细分领域影响力、技术水平、专利布局、论文质量等筛选原则，对全球从事海水利用的企业、高校及研究机构进行综合评判和筛选，梳理了全球海水利用创新资源分布情况。从表5-1可以看出，世界海水利用产业创新高地主要分布在美国、法国、意大利、德国、西班牙、以色列、沙特阿拉伯、日本、韩国、新加坡、中国等国家。

表 5-1 全球海水利用产业创新高地概况

创新高地	所在国家	创新高地简介	主要领域及产品
米德兰	美国	支柱产业为石油工业	反渗透膜及组件
威奇托		美国主要的飞机制造中枢和文化中心	反渗透膜及组件
欧文		加利福尼亚州的科技海岸，吸引了众多高科技公司的加入，产业结构丰富	高压泵
圣弗朗西斯科（旧金山）		世界最重要的高新技术研发基地	能量回收装置
门罗		美国流体设备发展有限公司所在地	能量回收装置
圣菲斯普林斯		加利福尼亚州洛杉矶县下属城市，PEI 所在地	能量回收装置
夏洛特		美国东南部重要的工商贸易区，工业以纺织、电力、化工、机械以及高技术开发为主	海水冷却塔
内珀维尔		以科技型企业和高技术产业为主，是科研机构和科技型企业集聚之地	海水处理药剂
巴尔的摩		钢铁、造船和有色冶金为三大工业部门	海水冷却塔
威尔明顿		化学工业发达，有“世界上最大化工城市”之称	反渗透膜及组件、离子交换膜
剑桥		哈佛大学和麻省理工学院所在地	海水淡化技术研究
纽黑文		耶鲁大学所在地，美国重要的文化中心和旅游中心	海水淡化技术研究
伯克利		因拥有加利福尼亚大学伯克利分校而闻名	海水淡化技术研究
东京	日本	日本首都，政治、经济、文化和交通中心，日本的主要公司集中地，主要工业有钢铁、造船、化工、电子等	反渗透膜及组件、离子交换膜、电渗析器、海水淡化工程、海水脱硫、海水处理药剂
横滨		日本第三大城市，日本最大的海港，工业主要以钢铁、炼油、化工、造船业为主	反渗透膜及组件、海水脱硫
巴黎	法国	法国首都，政治、经济、文化、商业中心，集中了法国多数大型集团公司和金融机构	海水淡化工程、海水处理药剂、海水脱硫
莱茵兰-普法尔茨	德国	化工业、制药业、汽车工业、金属加工业、机械制造业和食品工业是六大支柱产业	高压泵、海水处理药剂
罗马	意大利	意大利首都，政治、文化、经济中心	海水淡化技术
热那亚		利古里亚大区首府，意大利最大商港和重要工业中心	海水淡化工程
安达卢西亚	西班牙	地处伊比利亚半岛南端，是西班牙第二大区	海水淡化工程
马德里		西班牙首都，经济、文化中心，是全国大多数企业及外企聚集的重地	海水淡化技术

续表

创新高地	所在国家	创新高地简介	主要领域及产品
格拉斯哥	英国	英国第四大城市，第三大制造业城市，造船业是重中之重，欧洲十大金融中心之一	高压泵、海水淡化工程
万维坎	挪威	知名海水淡化工程公司阿科凌总部所在地	海水淡化工程
吉达	沙特阿拉伯	沙特阿拉伯第二大城市、第一大港、重要的金融中心	海水淡化技术
宰赫兰		沙特阿拉伯石油工业的重要中心	海水淡化技术
利雅得		沙特阿拉伯首都，第一大城市	海水淡化技术
迪拜	阿拉伯联合酋长国	中东地区的经济和金融中心	海水淡化技术
多哈	卡塔尔	卡塔尔首都，经济、交通和文化中心，波斯湾沿岸的著名港口，石油业发达	海水淡化技术
首尔	韩国	韩国首都，政治、经济和文化中心，涉海高校、企业、研究机构较多	反渗透膜及组件
昌原		韩国东南沿海重要的化学工业和机械工业地区，韩国庆尚南道中部地区经济发展的中枢	海水淡化工程
新加坡	新加坡	新加坡首都，政治、经济和文化中心，涉海高校、研究机构以及企业较多	海水淡化工程
杭州	中国	涉海高校、研究机构以及企业较多，较早从事海水淡化技术研究	海水淡化工程、反渗透膜及组件、离子交换膜、电渗析器
天津		沿海城市，涉海高校、研究机构以及企业较多，海水利用技术研究较早，海水利用产业较为发达	反渗透膜及组件、海水淡化工程、海水脱硫、海水提钾、海水冷却塔、大生活用海水、离子交换膜、电渗析器

美国在海水利用技术上保持领先地位，在反渗透膜及组件、能量回收装置、高压泵、离子交换膜、海水处理药剂、海水冷却塔等海水利用关键技术和核心设备方面具有明显的优势。创新高地主要集中在米德兰、威奇托、欧文、圣弗朗西斯科(旧金山)、剑桥等城市，汇集了陶氏、斯必克、美国流体设备发展有限公司、美国能量回收公司、PEI、福斯、纳尔科等知名企业以及麻省理工学院、耶鲁大学、加利福尼亚大学等世界顶尖高校。

传统海洋强国如日本、法国、韩国、德国、西班牙、英国、挪威等在海水利用产业方面表现不俗，技术先进，产品市场占有率高。日本的创新高地主要分布在东京和横滨两个地区，在反渗透膜及组件、离子交换膜、电渗析器、海水脱硫、海水处理药剂以及海水淡化工程等方面占据优势，代表企业有三菱重工、日立造船、AGC、旭化成、东丽、日东电工等。法国巴黎地区汇集了威立雅、苏伊士、阿尔斯通等世界知名企业，在海水淡化工程以及海水脱硫方面表现突出。韩国的首尔和昌原地区汇集了熊津化学、斗山重工、高丽大学、韩国国民大学等企业和高校，在海水淡化工程、反渗透膜及组件等方面占据优势。德国的莱茵兰-普法尔茨地区汇集了凯士比、巴斯夫等企业，在高压泵和海水处理药剂等方面占据优势。意大利的罗马和热那亚地区汇集了 Fisia、意大利国家研究理事会等企业和研究机构，在海水淡化技术及工程方面占据一定优势。西班牙的安达卢西亚和马德里地区汇集了阿本戈、西班牙国家研究委员会等企业和研究机构，在海水淡化技术及工程方面占据一定优势。英国格拉斯哥市汇集了 Weir、克莱德联合泵业等企业，在海水淡化工程以及高压泵等方面占据一定优势。挪威万维坎市的阿科凌在海水淡化工程方面占据一定优势。

中东地区的海水利用产业以海水淡化产业为主。中东地区的沙特阿拉伯、以色列、卡塔尔、阿拉伯联合酋长国、科威特等国家水资源非常匮乏，对海水淡化水需求巨大，从而刺激了海水淡化技术及产业的发展，目前世界上最大的海水淡化厂在中东地区建成并投入使用。沙特阿拉伯的吉达和宰赫兰地区汇集了阿卜杜勒·阿齐兹国王大学、阿卜杜拉国王科技大学以及法赫德国王石油矿产大学等高校，在海水淡化技术研究方面处于世界领先地位。以色列的 IDE 技术公司在低温蒸馏，尤其在先进的海水淡化系统、工业废水的浓缩和净化以及制冰机的开发、工程和生产方面居于世界领先地位。卡塔尔多哈市的卡塔尔基金会在海水淡化技术研究方面占据优势。

经过研究机构和企业的不断努力，我国已逐步拥有了一批具有自主知识产权的关键技术，正在逐步打破国外垄断，基本形成海水利用技术研发和生产制造体系。我国在海水利用技术上初步具备系统集成和工程成套能力，能够满足实际工程需要，并且我国企业在承揽国际大型海水淡化工程中取得了突破，凭借价格优势具备一定的市场竞争能力。然而总体与国际先进水平相比，我国海水利用产业在装备质量水平、技术成熟度、工程建设经验方面还存在差距，需要通过大型工程不断进行技术积累和改进验证。同时地区之间存在较大差异，海水利用企业和研究结构主要分布在天津、青岛、北京、杭州、大连等城市。位于杭州市的杭州水处理技术研究开发中心在反渗透海水淡化技术及工程方面表现不俗，位于天津市的自然资源部天津海水淡化与综合利用研究所在海水利用技术研究方面布局比较全面并取得了不错的成果。

5.2.2 海外重点区域

5.2.2.1 北美

北美地区海水利用产业创新高地概况见表5-2。

表5-2 北美地区海水利用产业创新高地概况

创新高地	所在国家	重点企业及产品	重点科研机构及技术
东海岸地区(纽黑文、剑桥、威尔明顿、巴尔的摩、夏洛特)	美国	斯必克(海水冷却塔) 巴尔的摩空气盘管公司(海水冷却塔)	麻省理工学院(海水淡化技术) 耶鲁大学(海水淡化技术)
西海岸地区[圣菲斯普林斯、圣弗朗西斯科(旧金山)、伯克利]		美国能量回收公司(能量回收装置) PEI(能量回收装置)	加利福尼亚大学(海水淡化技术)
中部地区(米德兰、门罗、内珀维尔、威奇托、欧文)		陶氏(反渗透膜及组件、海水处理药剂) 美国流体设备发展有限公司(能量回收装置) 纳尔科(海水处理药剂) 科氏(反渗透膜及组件) 福斯(高压泵)	—

美国东海岸地区集中了斯必克、巴尔的摩空气盘管公司等企业，麻省理工学院、耶鲁大学等高校，在反渗透膜及组件、离子交换膜、海水淡化技术等产品方面形成较强的竞争力。

美国西海岸地区集中了海德能(隶属于日东电工)、美国能量回收公司、PEI等能量回收装置企业，加利福尼亚大学等高校，在反渗透膜及组件、能量回收装置以及海水淡化技术等产品方面形成较强的竞争力。

美国中部地区集中了陶氏、美国流体设备发展有限公司、纳尔科、科氏、福斯等企业，在反渗透膜及组件、海水处理药剂、能量回收装置、高压泵等产品方面形成了较强的竞争力。

5.2.2.2 中东

中东地区海水利用产业创新高地概况见表5-3。

表5-3 中东地区海水利用产业创新高地概况

创新高地	所在国家	重点企业及产品	重点科研机构及技术
吉达	沙特阿拉伯	—	阿卜杜勒·阿齐兹国王大学(海水淡化技术) 阿卜杜拉国王科技大学(海水淡化技术)
辛赫兰	沙特阿拉伯	—	法赫德国王石油矿产大学(海水淡化技术)
利雅得	沙特阿拉伯	Wetico(海水淡化工程) SWCC(海水淡化工程)	—
迪拜	阿拉伯联合酋长国	Metito(海水淡化工程)	—
多哈	卡塔尔	—	卡塔尔基金会(海水淡化技术)

沙特阿拉伯吉达市集中了阿卜杜勒·阿齐兹国王大学、阿卜杜拉国王科技大学等高校，辛赫兰市集中了法赫德国王石油矿产大学等高校，在海水淡化技术研究方面形成了较强竞争力，利雅得市的Wetico公司在海水淡化工程方面形成了较强竞争力，利雅得市的SWCC海水淡化规模全球最大。

以色列的IDE技术公司，在海水淡化工程方面形成了较强的竞争力；阿拉伯联合酋长国迪拜市的Metito公司，在海水淡化工程方面形成了较强竞争力；卡塔尔多哈市集中了卡塔尔基金会等公益组织、企业，在海水淡化技术研究方面形成了较强的竞争力。

5.2.2.3 欧洲

欧洲地区海水利用产业创新高地概况见表5-4。

表5-4 欧洲地区海水利用产业创新高地概况

创新高地	所在国家	重点企业及产品	重点科研机构及技术
巴黎	法国	威立雅环境集团(海水淡化工程) 苏伊士环境集团(海水淡化工程) 阿尔斯通(海水脱硫)	—

续表

创新高地	所在国家	重点企业及产品	重点科研机构及技术
莱茵兰-普法尔茨	德国	—	凯士比集团(高压泵) 巴斯夫集团(海水处理药剂)
罗马	意大利	—	意大利国家研究理事会(海水淡化技术)
热那亚	意大利	Fisia(海水淡化工程)	—
安达卢西亚	西班牙	阿本戈(海水淡化工程)	—
马德里	西班牙	Tedagua(海水淡化工程) Sacyr(海水淡化工程)	西班牙国家研究委员会(海水淡化技术)
格拉斯哥	英国	Weir(海水淡化工程) 克莱德联合泵业(高压泵)	—
万维坎	挪威	阿科凌(海水淡化工程)	—

法国巴黎地区集中了威立雅环境集团、苏伊士环境集团、阿尔斯通等企业，在海水淡化工程、海水脱硫等产品方面形成了较强的竞争优势。

德国莱茵兰-普法尔茨地区集中了凯士比集团、巴斯夫集团等企业，在高压泵、海水处理药剂等产品方面形成了较强的竞争优势。

意大利罗马地区集中了意大利国家研究理事会等研究机构，在海水淡化技术研发及工程方面形成了较强的竞争力。

西班牙马德里地区集中了西班牙国家研究委员会等研究机构以及 Tedagua、Sacyr 等企业，热那亚地区集中了 Fisia 等企业，安达卢西亚地区集中了阿本戈等企业，在海水淡化技术研发及工程方面形成了较强的竞争力。

英国格拉斯哥地区集中了 Weir、克莱德联合泵业等企业，在海水淡化工程、高压泵等产品方面形成了较强的竞争力。

挪威万维坎地区集中了阿科凌等企业，在海水淡化工程方面形成了较强的竞争力。

5.2.2.4 亚太

亚太地区海水利用产业创新高地概况见表 5-5。

表 5-5　亚太地区海水利用产业创新高地概况

创新高地	所在国家	重点企业及产品	重点科研机构及技术
东京	日本	三菱重工株式会社(海水脱硫) 日立造船株式会社(海水淡化工程) AGC(离子交换膜及电渗析器) 旭化成株式会社(离子交换膜及电渗析器) 东丽株式会社(反渗透膜及元件)	—
横滨	日本	三菱日立电力系统株式会社(海水脱硫) 日东电工株式会社(反渗透膜及组件)	—
首尔	韩国	熊津化学(反渗透膜及组件)	高丽大学(海水淡化技术) 韩国国民大学(海水淡化技术)
昌原	韩国	斗山重工业集团有限公司(海水淡化工程)	—
新加坡	新加坡	凯发集团(海水淡化工程)	南洋理工大学(海水淡化技术) 新加坡国立大学(海水淡化技术)

日本东京地区集中了东丽株式会社、三菱重工株式会社、日立造船株式会社、AGC、旭化成株式会社等企业，横滨地区集中了日东电工株式会社、三菱日立电力系统株式会社等企业，在反渗透膜及组件、海水淡化工程、海水处理药剂、海水脱硫、海水冷却塔、离子交换膜、电渗析器、海水化学元素提取等产品方面形成了较强竞争力。

韩国首尔地区集中了熊津化学等企业和高丽大学、韩国国民大学等高校，昌原地区集中了斗山重工业集团有限公司等企业，在海水淡化技术研发、反渗透膜及组件、海水淡化工程等方面形成了较强竞争力。

新加坡集中了凯发集团等企业，南洋理工大学、新加坡国立大学等高校，在海水淡化技术研发及海水淡化工程等方面形成了较强竞争力。

5.2.3　我国重点区域

我国海水利用产业创新高地概况见表 5-6。

表 5-6 我国海水利用产业创新高地概况

创新高地	重点企业及产品	重点科研机构及技术
华北地区（北京、天津、唐山）	众和海水淡化工程有限公司（海水淡化工程） 天津膜天膜科技股份有限公司（反渗透膜及组件） 天津市蓝十字膜技术有限公司（反渗透膜及组件） 天津长芦海晶集团有限公司（海水提钾） 首航高科能源技术股份有限公司（海水淡化工程） 首钢京唐钢铁联合有限责任公司（海水淡化工程） 神华北京国华电力有限责任公司（海水淡化工程） 北京赛诺水务科技有限公司（海水淡化工程） 北控水务集团（海水淡化工程） 北京碧水源科技股份有限公司（反渗透膜及组件） 北京龙源环保工程有限公司（海水脱硫） 北京津工海水科技有限公司（电渗析器）	天津大学（海水淡化技术） 自然资源部天津海水淡化与综合利用研究所（海水淡化与综合利用技术及工程） 河北工业大学（海水化学元素提取技术） 清华大学（海水淡化技术） 华北电力大学（海水淡化技术、海水脱硫技术） 北京化工大学（海水淡化技术） 中国科学院（海水淡化技术、离子交换膜技术） 天津科技大学（海水淡化技术） 天津工业大学（海水淡化技术） 北京理工大学（海水淡化技术）
华东地区（青岛、杭州、上海、镇江、南京、潍坊、常州、绍兴、湖州、烟台）	青岛双瑞海洋环境工程股份有限公司（海水淡化工程、海水脱硫装备） 青岛中车华轩水务有限公司（反渗透膜及组件） 青岛水务碧水源海水淡化有限公司（海水淡化工程） 山东电力建设第三工程公司（海水淡化工程） 杭州水处理技术研究开发中心有限公司（海水淡化工程、反渗透膜及组件、离子交换膜、电渗析器） 蓝星（杭州）膜工业有限公司（反渗透膜及组件） 杭州（火炬）西斗门膜工业有限公司（海水淡化工程） 上海电气电站设备有限公司（海水淡化工程） 杭州华达喷射（佶可特）真空设备有限公司（蒸汽喷射泵） 上海蓝魂环保科技有限公司（海水脱硫装备） 上海龙越环保科技有限公司（海水脱硫装备） 山东天维膜技术有限公司（离子交换膜及电渗析器） 江苏海鸥冷却塔股份有限公司（海水冷却塔） 上海良机冷却设备有限公司（海水冷却塔） 浙江海亮股份有限公司（换热管） 浙江久立特材科技股份有限公司（换热管） 山东招金膜天股份有限公司（反渗透膜及组件） 南方泵业股份有限公司（高压泵） 江苏巴威工程技术股份有限公司（海水淡化工程） 上海巴安水务股份有限公司（海水淡化工程）	中国海洋大学（海水淡化技术、海水化学元素提取技术、海水脱硫技术） 中国科学院海洋研究所（海水处理药剂） 浙江大学（海水淡化技术、高压泵） 上海交通大学（海水淡化技术） 杭州电子科技大学（海水淡化技术） 江苏大学（高压泵） 东南大学（海水淡化技术）

续表

创新高地	重点企业及产品	重点科研机构及技术
东北地区（大连、哈尔滨、沈阳）	大连船舶重工集团有限公司（MED 蒸发器及冷凝器） 哈电集团哈尔滨锅炉厂有限责任公司（海水淡化工程） 哈尔滨乐普实业有限公司（反渗透膜壳）	大连理工大学（海水淡化技术、海水脱硫技术） 哈尔滨工业大学（海水淡化技术） 大连海事大学（海水脱硫技术） 东北大学（海水脱硫技术）

华北地区集中了众和、京唐钢铁、国华电力、赛诺、首航高科、北控水务等海水淡化工程公司，北京碧水源、天津膜天、蓝十字等反渗透膜及组件生产公司，长芦海晶、北京津工等海水化学资源利用公司，龙源环保等海水脱硫工程公司，天津大学、自然资源部天津海水淡化与综合利用研究所、河北工业大学、华北电力大学、清华大学等高校及科研院所，在海水淡化与综合利用技术研究、海水淡化工程、反渗透膜及组件、海水脱硫等产品方面形成较强的竞争力。天津和北京在海水利用研究方面进入较早，研究比较全面，且实力雄厚，聚集了天津大学、河北工业大学、清华大学、自然资源部天津海水淡化与综合利用研究所、首航高科能源技术股份有限公司、神华北京国华电力有限责任公司、北京赛诺水务科技有限公司等知名高校、研究机构以及大型企业。

华东地区集中了杭州水处理技术研究开发中心、西斗门、上海电气、青岛双瑞、山东电建三公司、巴安水务等海水淡化工程公司，蓝星、中车华轩、招金膜天等反渗透膜及组件生产公司，杭州华达、海亮股份、久立特材、南方泵业等海水淡化配套公司，上海蓝魂、上海龙越等海水脱硫工程公司，天维膜技术等电渗析技术公司，江苏海鸥、上海良机等海水冷却塔生产制造公司，中国海洋大学、浙江大学、上海交通大学、江苏大学、中国科学院海洋研究所等高校及科研院所，在海水淡化技术及工程、海水脱硫技术及工程、反渗透膜及组件等产品方面形成较强的竞争力。杭州聚集了杭州水处理技术研究开发中心、西斗门、浙江大学等企业和高校，也是最早开展海水淡化的城市之一，主攻反渗透海水淡化技术，在反渗透海水淡化工程领域处于国内绝对领先地位。青岛也是最早开展海水淡化的城市之一，聚集了中国海洋大学、中国科学院海洋研究所、青岛双瑞海洋环境工程股份有限公司、青岛水务碧水源海水淡化有限公司、青岛中车华轩水务有限公司等高校、研究机构和企业，但在海水利用领域表现并不突出。

东北地区集中了哈尔滨锅炉厂、大连船舶重工、乐普实业等公司，大连理工大学、哈尔滨工业大学、大连海事大学等高校，在海水淡化技术及工程、反渗透膜壳、海水脱硫技术等产品方面形成较强的竞争力。大连聚集了大连理工大学、大连海事大学、大连船舶重工等高校和企业，在海水利用领域具备一定实力。

5.3 全球产业(链)创新全景图

5.3.1 分布特征

海水利用产业围绕海水直接利用、海水淡化、海水化学资源利用3个方向，细分了海水冷却等11个三级技术、海水直流冷却等27个四级技术，梳理了21项产品、69家企业、48家高校及科研机构。根据海水利用产业链的情况，绘制了海水利用产业创新全景图，见图5-6。从产业链的角度来看，随着海水利用的应用不断增加，以海水淡化技术为核心的海水利用产业蓬勃发展，已经形成了一个以淡化技术

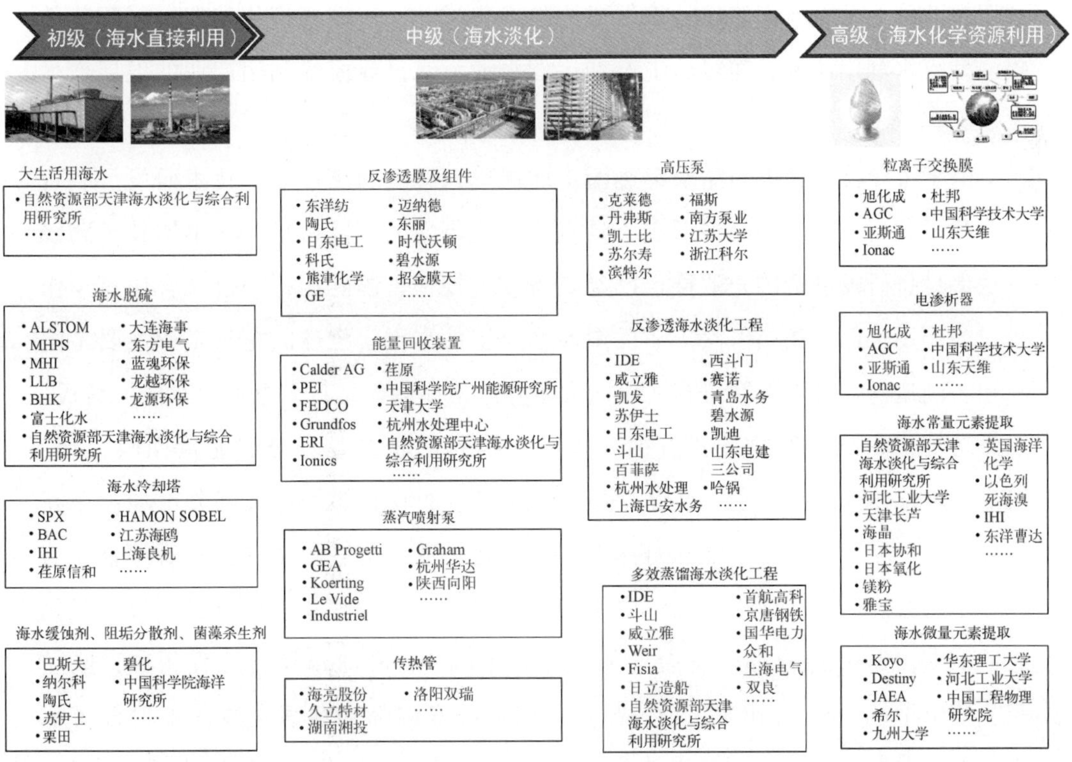

图5-6 海水综合利用产业全景图

研发、装备制造和淡化水应用与推广为主，延伸辐射高性能机械设备(高压泵、能量回收装置、阀门与仪表等)、高分子材料研发与制造、防腐蚀材料研制与工程、海水利用以及工程管理、技术咨询服务等行业的产业群。海水利用产业创新全景图具有以下特征。

国外大型海水利用企业在发展中往往依托于财力雄厚的大型集团公司，或者由重要的投资者共同组建。这说明海水利用企业在发展前期需要大规模的资本投入，产业进入门槛较高，属于资本密集型产业。陶氏是一家以科技为主、位居世界化学工业界第二名的国际跨国化工公司；苏伊士环境集团是全球最大的水务公司，是一个工业和服务领域的国际化集团，在水务领域处于世界领先水平；威立雅环境集团是一家以环境服务为主的大型集团，世界500强；斗山重工业集团有限公司是斗山集团子公司，是韩国最大的重工业企业之一；IDE技术公司的股权由以色列化工有限公司(全球性矿产与特种化学品公司)和德莱卡集团(以色列最大的控股集团公司之一)两家企业各持一半；日东电工株式会社是一家大型的跨国公司，在全球设有很多的生产工厂和研发机构。经过数十年的发展，国外海水利用产业的主要企业大多已经发展成为技术集成化、产能规模化和布局国际化的集团型海水利用研发、建设、生产和运营企业，对世界海水利用产业的发展产生着重大影响。

由于主导技术和市场需求都逐渐走向成熟，海水利用产业的技术研发、装备制造和设施建设环节都已经形成了具有较强竞争性的国际市场，在不同技术路线下从事设备研发制造的企业群也已经具备相当规模，国际招标、公私合作等运作模式的应用也已经相当广泛。在反渗透膜及组件方面，全球的龙头企业主要是国际知名制造商，且大多数是多元化的大型企业，如陶氏、日东电工、东丽、科氏、东洋纺等；在能量回收装置方面，技术成熟的企业主要有美国能量回收公司、PEI、Calder AG、荏原等，产品占据了全球能量回收装置的绝大部分市场；在高压泵领域，克莱德联合泵业、丹弗斯、凯士比、苏尔寿、滨特尔、福斯等企业的高压泵在反渗透海水淡化工程中应用较多；在离子交换膜及电渗析器领域，旭化成、AGC、亚斯通、Ionics等企业的产品技术成熟；在海水淡化工程领域，威立雅、苏伊士、IDE、斗山重工业、凯发、阿科凌等国际知名海水淡化工程公司承接了不同数量的国际大型海水淡化厂的建造合同；在海水缓蚀剂、阻垢分散剂、菌藻杀生剂领域，巴斯夫、纳尔科、陶氏、栗田等企业的产品居世界先进水平；

在海水脱硫领域，阿尔斯通、三菱重工、三菱日立电力系统等企业进入市场较早，产品成熟；法国威立雅、以色列 IDE、新加坡凯发等国际企业已经进入我国的天津、青岛等地进行有关项目的合资建设和运营。

相比国际海水利用企业巨头，我国海水利用企业存在起步晚、经验不足以及缺乏品牌效应等不利因素，然而经过 40 多年的努力，我国的海水淡化技术和产业发展均取得了巨大的进步，海水利用企业实力不断壮大，已有部分企业在国际海水利用市场上崭露头角。自然资源部天津海水淡化与综合利用研究所对海水利用关键技术、核心装备、先进材料等进行持续攻关，突破多项技术瓶颈，并承接了大型海水淡化工程，实现产品出口；杭州水处理技术研究开发中心有限公司在反渗透海水淡化工程领域市场占有率国内第一，并出口东南亚、中东等十多个国家和地区；山东电力建设第三工程公司已承接 5 个 EPC 反渗透海水淡化工程，在国际海水淡化市场崭露头角；上海巴安水务中标多个海水淡化厂建设项目；众和海水淡化工程有限公司是国内首批出口热法海水淡化设备的企业；碧水源是一家集膜材料研发、膜设备制造、膜工艺应用于一体的高科技环保企业，已发展成为知名的膜设备生产制造商和供应商之一；哈尔滨乐普实业的主导产品为分离膜外壳，产品已在国内外多个反渗透海水淡化工程中进行了应用；天津大学、中国海洋大学、大连理工大学、河北工业大学等是我国较早开展海水利用技术研究的高校，并取得不错的成绩，在国际上具有一定的影响力。

5.3.2 海水淡化

海水淡化技术经过半个多世纪的发展，从技术上来讲，已经比较成熟，低温多效蒸馏法、多级闪蒸法和反渗透法是全球三种主流技术。尽管多级闪蒸法目前仍是全球市场总产能第二的海水淡化技术，其发展和应用主要以中东地区为主，但是该技术能耗偏高，在新兴海水淡化市场的应用较少，近些年来几乎没有大型的新建项目，且随着全球海水淡化产业的兴起和新技术的开发应用，多级闪蒸海水淡化技术未来的市场份额将会进一步缩减。新能源海水淡化技术的本质是新能源技术与主流海水淡化技术的系统集成，膜蒸馏等海水淡化新技术、新工艺目前仍处于实验室研究阶段，尚未实现产业化，故本部分仅关注反渗透和低温多效蒸馏两种主流海水淡化技术。

5.3.2.1 反渗透海水淡化技术

反渗透海水淡化技术的主要产品有：反渗透海水淡化成套装置(系统)、反渗透膜及膜组件、高压泵、能量回收装置等。

1)国内外重点机构及主要产品

重点机构及主要产品如图5-7所示。

全球知名的反渗透膜及组件厂家主要有陶氏、日东电工(海德能)、科氏、熊津化学、东丽等。陶氏膜产品注册商标为FILMTEC™，市场占有率全球第一；海德能是世界上产品规格较多、生产规模较大的反渗透生产厂商之一，1978年并入日东电工；科氏能够提供从微滤、超滤、纳滤和反渗透等各种过滤精度的膜产品及系统，是膜分离领域具有完善产品链的知名品牌；熊津化学的CSM膜元件在海水淡化工程中应用广泛；东丽反渗透膜在海水淡化领域的业绩超过了380×10^4 t/d；东洋纺的中空纤维反渗透膜在沙特阿拉伯、美国、日本等多个国家得到应用。尽管我国的反渗透膜及组件与上述知名厂家相比差距较大，但已在国内外海水淡化工程中得到应用，如时代沃顿、碧水源、山东招金膜天、蓝星等品牌。

滨特尔CodeLine玻璃钢膜壳在海水淡化领域享有较高知名度，唯赛勃制造膜壳产品的工艺处于世界领先，乐普是中国分离膜外壳制造龙头企业。

大型反渗透海水淡化工程中，所用高压泵产品主要是欧美国家的，如凯士比的Multitec-RO型和HGM-RO型、苏尔寿的MC型和MBN型、滨特尔的PWTD(N)型以及福斯的中开泵产品。我国高压离心泵生产厂家较少，近年来已有企业和高校开始研究和开发适用于海水淡化的高压泵产品，如南方泵业、浙江科尔、江苏大学、浙江大学等，其中由浙江大学和浙江科尔合作研制的国内首台高压泵已在六横海水淡化厂进行示范应用。

国际上技术较为成熟并已商业化应用的能量回收装置主要有美国能量回收公司的PX系列、PEI的HTC和HTB、Calder的DWEER、FEDCO的HPB、阿科凌的Recuperator、凯士比的SalTec DT系列、Grundfos的BMET、SIMAG的PES、ENERCON的ERS等。我国在能量回收装置方面的研发起步较晚，发展缓慢，整体水平与国际先进水平相比还有很大差距，进行功交换式能量回收装置研究的主要有中国科学院广州能源研究所、天津大学、杭州水处理技术研究开发中心、自然资源部天津海水淡化与综合利用研究所等。

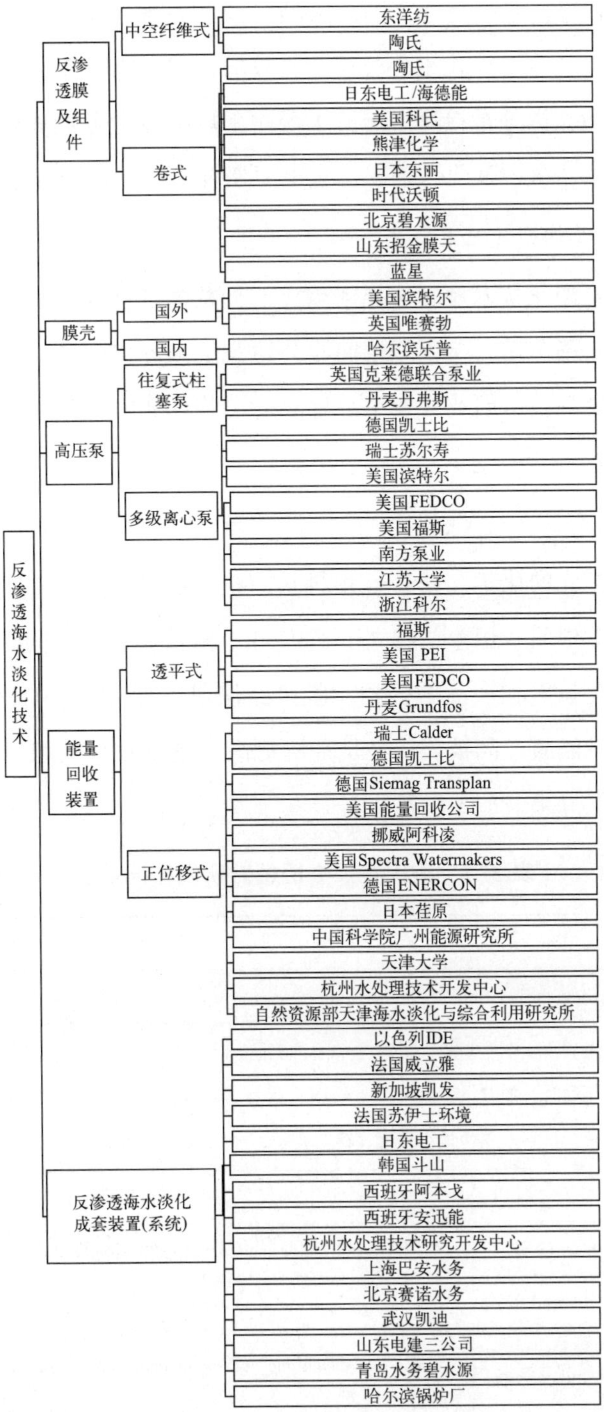

图 5-7 国内外反渗透海水淡化技术重点机构及产品

威立雅环境集团、苏伊士环境集团、新加坡凯发、阿本戈、安迅能、日东电工、斗山重工业、IDE 等公司是全球范围内大型反渗透海水淡化厂的主要建造商。与以上公司相比，我国的海水淡化工程公司实力较弱，但已有多个企业在国内取得了不错的业绩，并开始在国外承接反渗透海水淡化工厂建造业务，如杭州水处理技术研究开发中心、巴安水务、武汉凯迪、山东电力建设第三工程公司等。

2）重点创新机构研发布局

在反渗透海水淡化技术领域选择了陶氏、日东电工株式会社、凯士比集团、美国流体设备发展有限公司、美国能量回收公司、法国苏伊士环境集团、西班牙阿本戈水务、杭州水处理技术研究开发中心有限公司共计 8 家代表性重点创新机构，给出其核心专利信息。

（1）陶氏

陶氏是一家多元的化学公司，运用科学、技术以及“人元素”的力量不断改进。总部设在美国密歇根州米德兰，成立于 1897 年。陶氏是世界上同时拥有膜和离子交换树脂两大类分离技术和产品的公司，膜产品注册商标为 FILMTEC™。FILMTEC™ 品牌的反渗透和纳滤膜产品被公认为是性能更高、更一致且更稳定的分离膜著名品牌，市场占有率世界第一（表 5-7）。

表 5-7　陶氏在反渗透领域研发布局简况

创新机构	陶氏（Dow）	
网址	https：//www.dow.com/en-us.html	
核心专利	检索到 143 个专利族，布局在中国、美国、世界知识产权组织、英国、德国、欧洲专利局、比利时、加拿大、以色列、韩国、荷兰、阿根廷、澳大利亚、丹麦、西班牙、法国、意大利、日本、墨西哥、挪威、新加坡等 35 个国家、地区和组织	
核心专利	公开号	专利名称
	US 8002120B2	Modified polyamide membrane（改性聚酰胺膜）
	US 7905361B2	Modified polyamide membrane（改性聚酰胺膜）
	KR 100839805B1	Composite membrane and method for making the same（复合膜及其制造方法）
	AU 2009222610B2	Apparatus for treating solutions of high osmotic strength（用于处理高渗透强度溶液的装置）

续表

	公开号	专利名称
核心专利	US 687827B2	Composite membrane and method for making the same(复合膜及其制造方法)
	US 8829060B2	Sulfonated poly (aryl ether) membrane including blend with phenol compound(磺化聚芳醚膜包括与酚化合物的混合物)
	US 6723241B2	Composite membrane and method for making the same(复合膜及其制造方法)
	US 6562266B2	Composite membrane and method for making the same(复合膜及其制造方法)
	JP 5101284B2	Method for testing separation modules(测试分离模块的方法)
主要技术和产品	反渗透膜及组件	

(2)日东电工株式会社

日东电工株式会社成立于 1918 年，以高分子薄膜胶粘技术、涂布技术等核心技术为基础，在薄膜基材上附加各种机能，生产品种繁多的高分子薄膜产品。公司在 1987 年收购美国海德能公司，海德能公司在全球设有三个分离膜产品制造厂。美国和日本两个工厂都具备从平膜制备到膜元件组装的一条龙生产线，中国上海松江工厂［日东电工(上海松江)有限公司］为 4 英寸反渗透膜元件组装厂(表 5-8)。

表 5-8　日东电工株式会社在反渗透领域研发布局简况

创新机构	日东电工株式会社(Nitto Denko)	
网址	https：//www. nitto. com/jp/en/	
核心专利	检索到 221 个专利族，布局在中国、日本、欧洲专利局、美国、德国、韩国、世界知识产权组织、澳大利亚、加拿大、丹麦、西班牙、以色列、荷兰、法国、印度、奥地利、墨西哥、新加坡共 18 个国家和组织	
	公开号	专利名称
	US 8591684B2	Spiral reverse osmosis membrane element, method of manufacturing the same, and its use method(螺旋反渗透膜元件及其制造方法和使用方法)
	US 10350553B2	Composite separation membrane and separation membrane element using the same (复合分离膜和使用该膜的分离膜元件)

续表

	公开号	专利名称
核心专利	US 8617397B2	Reverse osmosis filtration devices with RFID tag-powered flow and conductivity meters(带有射频识别标签供电的流量计和电导率仪的反渗透过滤装置)
	US 8404119B2	Method of membrane separation and membrane separation apparatus(膜分离方法和膜分离装置)
	EP 1424311B1	method of multi-stage reverse osmosis treatment(多级反渗透处理方法)
	JP 4656511B2	A method of manufacturing a composite reverse osmosis membrane(一种制造复合反渗透膜的方法)
	JP 4563093B2	A method of manufacturing a composite suppression ratio reverse osmosis membrane(一种复合抑制比反渗透膜的制造方法)
	JP 5190909B2	A membrane separation device and method(一种膜分离装置和方法)
	KR 100885591B1	Process for producing composite reverse osmosis membrane(复合反渗透膜的生产工艺)
	KR 100809178B1	Spiral reverse osmosis membrane element, method of manufacturing the same, and its use method(螺旋反渗透膜元件、其制造方法及其使用方法)
主要技术和产品	纳滤、超滤、反渗透膜及组件	

(3)凯士比集团(KSB)

德国凯士比集团成立于 1871 年，是全球领先的泵、阀及相关系统的制造商之一，年营业额达到 20 亿欧元。KSB 生产经营活动遍及全球，总部位于德国弗兰肯塔尔。在全球 19 个国家拥有 30 多家工厂，在全球 100 多个国家和地区建立了广泛的国际销售网络，全球雇员总数超过 1.4 万人。公司产品拥有世界级的先进技术(表 5-9)。

表 5-9　凯士比集团在高压泵领域研发布局简况

创新机构	凯士比集团	
网址	https://www.ksb.com/ksb-en/	
核心专利	检索到 199 个专利族，布局在中国、德国、欧洲专利局、美国、奥地利、世界知识产权组织、斯洛文尼亚、欧盟、西班牙、英国、波兰、丹麦、澳大利亚、法国、克罗地亚、印度、墨西哥、挪威、葡萄牙、南斯拉夫等 21 个国家、地区和组织	
	公开号	专利名称
	DE 502004002245D1	Pumping jerk exchange he system for the reverse osmosis(反渗透用泵送冲击交换系统)

续表

	公开号	专利名称
核心专利	DE 502004005072D1	Drucktauscher system(压力交换系统)
	US 9556739B2	Impeller for centrifugal pumps(离心泵叶轮)
	US 7377744B2	Multistage centrifugal pump(多级离心泵)
	US 6981799B2	Slide bearing for a centrifugal pump(离心泵滑动轴承)
	CN 1715680B	多级结构类型的离心泵
	US 8851834B2	Centrifugal pump (离心泵)
	CN 101614209B	带有无堵塞工作轮的离心泵
	DE 102008045093B4	Multistage centrifugal pump with tubular casing(管状套管多级离心泵)
	US 6568901B2	Balancer for multistage centrifugal pumps(多级离心泵平衡器)
主要技术和产品	高压泵(多级离心泵)、能量回收装置	

(4)美国流体设备发展有限公司(FEDCO)

美国流体设备发展有限公司成立于 1997 年，致力于不断开发新的流体装置，以降低海水淡化成本，拥有多项成熟的专利，先进的设计加工制造一体化软件，精良的制造工艺。在海水淡化领域，公司具有高压泵、能量回收及一体化产品(表 5-10)。

表 5-10 美国流体设备发展有限公司在高压泵、能量回收装置领域研发布局简况

创新机构	美国流体设备发展有限公司	
网址	https://www.fedco-usa.com/	
核心专利	检索到 18 个专利族，布局在美国、世界知识产权组织、欧洲专利局、澳大利亚、新加坡、韩国、丹麦、西班牙共 8 个国家和组织	
	公开号	专利名称
	US 8529761B2	Central pumping and energy recovery in a reverse osmosis system (反渗透系统中的集中泵送和能量回收)
	AU 2008216706B2	Central pumping and energy recovery in a reverse osmosis system(反渗透系统中的集中泵送和能量回收)
	US 8691086B2	Control scheme for a reverse osmosis system using a hydraulic energy management integration system(使用液压能量管理集成系统的反渗透系统的控制方案)
	US 9023210B2	Method and apparatus for osmotic power generation(用于渗透发电的方法和设备)

续表

<table>
<tr><td rowspan="7">核心专利</td><td>公开号</td><td>专利名称</td></tr>
<tr><td>US 9695064B2</td><td>Reverse osmosis system with energy recovery devices(带有能量回收装置的反渗透系统)</td></tr>
<tr><td>US 9028700B2</td><td>Liquid flotation system with energy recovery devices(具有能量回收装置的液体浮选系统)</td></tr>
<tr><td>US 10766002B2</td><td>Method and system for performing reverse osmosis with brine recirculation and energy recovery(利用盐水再循环和能量回收进行反渗透的方法和系统)</td></tr>
<tr><td>AU 2013249188B2</td><td>Reverse osmosis system with energy recovery devices(带有能量回收装置的反渗透系统)</td></tr>
<tr><td>US 10703651B2</td><td>Method and system for operating a high recovery separation process(用于操作高回收率分离过程的方法和系统)</td></tr>
<tr><td>AU 2011218305B2</td><td>Control scheme for a reverse osmosis system using a hydraulic energy management integration system(使用液压能量管理集成系统的反渗透系统的控制方案)</td></tr>
<tr><td>主要技术和产品</td><td colspan="2">高压泵(多级离心泵)、能量回收装置</td></tr>
</table>

(5)美国能量回收公司(ERI)

美国能量回收公司(ERI)成立于1992年，总部设在美国加利福尼亚州圣弗朗西斯科(旧金山)湾区的San Leandro。美国能量回收公司创造了超高效的能量回收产品和技术——PX压力交换器(PX)技术，推动海水反渗透脱盐的快速增长并帮助推动低成本海水淡化在全世界经济可行。美国能量回收公司为当今世界上最大的能量回收制造商(表5-11)。

表5-11 美国能量回收公司在能量回收装置领域研发布局简况

<table>
<tr><td>创新机构</td><td colspan="2">美国能量回收公司</td></tr>
<tr><td>网址</td><td colspan="2">http://www.energyrecovery.com/</td></tr>
<tr><td rowspan="5">核心专利</td><td colspan="2">检索到120个专利族，布局在美国、世界知识产权组织、欧洲专利局、澳大利亚、中国、以色列、印度、韩国、加拿大、墨西哥、挪威、俄罗斯等13个国家、地区和组织</td></tr>
<tr><td>公开号</td><td>专利名称</td></tr>
<tr><td>US 6540487B2</td><td>Pressure exchanger with an anti-cavitation pressure relief system in the end covers (端盖带有防气蚀减压系统的压力交换器)</td></tr>
<tr><td>US 8075281B2</td><td>Rotary pressure transfer device(旋转压力传递装置)</td></tr>
<tr><td>US 7201557B2</td><td>Rotary pressure exchanger (旋转式压力交换器)</td></tr>
</table>

续表

	公开号	专利名称
核心专利	US 9341396B2	Retro-fit energy exchange system for transparent incorporation into a plurality of existing energy transfer systems(用于透明结合到多个现有能量传输系统中的改装能量交换系统)
	US 7997853B2	Rotary pressure transfer device with improved flow (具有改进流量的旋转压力传递装置)
	US 7474013B2	Wave energy recovery system(波浪能回收系统)
	US 9255744B2	Coated membranes for enthalpy exchange and other applications(用于焓交换和其他应用的涂层膜)
	US 9695795B2	Pressure Exchange Noise Reduction(压力交换降噪)
	US 10138907B2	Rotary Energy Recovery Device(旋转能量回收装置)
	US 9945210B2	Pressure exchanger system with integral pressure balancing system(带有整体压力平衡系统的压力交换器系统)
主要技术和产品	PX 压力交换器	

(6)法国苏伊士环境集团

苏伊士环境集团是全球第二大水务公司，拥有 120 年历史的全球著名的环境企业，总部位于法国。苏伊士环境集团的主要业务范围是提供环境设备及服务，满足人们日常生活所需，其主要业务包括：饮用水生产与输配、污水回收与处理以及废物处理与回用。昂帝欧、升达和得利满是其下属的几个主要子公司。2017 年 10 月 1 日，苏伊士从 GE 收购 Water&Process Technologies 部门，组建一个名为 Water Technologies&Solutions 的新业务部门(表 5-12)。

表 5-12 苏伊士环境集团在反渗透海水淡化工程及反渗透膜领域研发布局简况

创新机构	苏伊士环境集团	
网址	https://www.suez.com/	
核心专利	检索到 113 个专利族，布局在美国、世界知识产权组织、欧洲专利局、印度、加拿大、中国、韩国、澳大利亚、法国、日本、墨西哥等 34 个国家、地区和组织	
	公开号	专利名称
	US 8545681B2	Waste heat driven desalination process(废热驱动脱盐过程)
	US 8647509B2	Seawater desalination plant and production of high purity salt (海水淡化厂和高纯盐的生产)
	US 8512567B2	Vapor compression membrane distillation system and method (蒸汽压缩膜蒸馏系统和方法)

续表

	公开号	专利名称
核心专利	US 8864911B2	Method for removing ionic species from desalination unit (从脱盐装置中去除离子物质的方法)
	US 9266762B2	Membrane filtration process with high water recovery (高水分回收率膜过滤工艺)
	US 9382135B2	Seawater desalination process(海水淡化工艺)
	US 8696904B2	Multi-leaf reverse osmosis element(多叶反渗透元件)
	US 9227159B2	Combined microfiltration or ultrafiltration and reverse osmosis processes (组合微滤或超滤和反渗透工艺)
	US 9346023B2	Flux enhancing agent for improving composite polyamide reverse osmosis membrane performance(一种改善复合聚酰胺反渗透膜性能的助熔剂)
	US 8021550B2	Central core element for a separator assembly(用于分离器组件的中心芯元件)
主要技术和产品	反渗透海水淡化工程、反渗透膜及组件	

(7)西班牙阿本戈水务

阿本戈水务在海水淡化领域处于世界领先地位，具有丰富的设计、建设和运营大型海水淡化项目的经验和业绩，在西班牙、印度、阿尔及利亚、中国等国家中标多个大型海水淡化项目。公司多次被世界最权威的水杂志 *Global Water Intelligence* 授予最佳海水淡化公司、最佳海水淡化项目、最佳发展商等(表 5-13)。

表 5-13　阿本戈水务在反渗透海水淡化工程领域研发布局简况

创新机构	阿本戈水务	
网址	http://www.abengoa.com/	
核心专利	检索到 6 个专利族，布局在西班牙、世界知识产权组织、美国共 3 个国家和组织	
	公开号	专利名称
	ES 2390166B1	Procedure of brine treatment(盐水处理工艺)
	ES 2424170B1	System for harnessing energy in desalination processes(在脱盐过程中利用能量的系统)
	ES 2548952B1	Procedure for treatment of aqueous streams salt(盐水处理工艺)
	ES 2633154B1	Assembly of hollow fiber membranes and applications thereof(中空纤维膜的组装及其应用)
	ES 2424170B1	System of power advantage in desalination processes(脱盐过程中的功率优势系统)
	ES 2425449B1	Procedure for the water desalination(海水淡化工艺)

续表

主要技术和产品	反渗透海水淡化工程

(8)杭州水处理技术研究开发中心有限公司

杭州水处理技术研究开发中心有限公司隶属于中国化工集团，组建于1984年，原为国家海洋局直属科研机构，2006年转制进入中国化工集团蓝星总公司。专业从事以膜为核心的水处理技术及产品开发、工程设计、产品生产与系统集成，是目前国内从事膜技术研究开发最早、技术力量最强的单位之一，是我国液体分离膜领域的开拓者(表5-14)。

表5-14 杭州水处理技术研究开发中心有限公司在反渗透海水淡化工程领域研发布局简况

创新机构	杭州水处理技术研究开发中心有限公司	
网址	http：//www. chinawatertech. com/	
核心专利	检索到215个专利族，只在中国进行了专利布局	
	公开号	专利名称
	CN 102020383B	一种双极膜对反渗透海水淡化一体化处理的方法
	CN 104474926B	一种聚酰胺反渗透膜的制备方法
	CN 101985951B	一种电液换向能量回收装置
	CN 101708432B	一种耐高温、可更换膜的中空纤维膜组件
	CN 105561801B	一种高性能反渗透抗污染膜的制备方法
主要技术和产品	PVDF中空超滤膜组件、反渗透膜组件、纳滤膜组件、电渗析器、能量回收装置、反渗透海水淡化工程	

5.3.2.2 低温多效蒸馏海水淡化技术

低温多效蒸馏海水淡化技术的主要产品有：蒸发器、冷凝器、闪蒸罐、蒸汽喷射泵、传热管及成套装置。

1)国内外重点企业及主要产品

重点机构及主要产品如图5-8所示。

IDE、斗山重工业、威立雅环境集团、Weir、Fisia、日立造船等企业是国际大型低温多效蒸馏海水淡化工程的主要承建商。与以上公司相比，我国的海水淡化工程公司实力较弱，但已有多个企业在国内取得了不错的业绩，并出口国外，如自然资源部天津海水淡化与综合利用研究所、首航高科、众和海水淡化、首钢京唐钢铁、

图 5-8　国内外低温多效蒸馏海水淡化技术重点机构及产品

神华北京国华电力、上海电气、双良节能、中国电子工程设计院等。

国际上大型低温多效蒸馏海水淡化装置所用的蒸汽喷射泵主要采用欧美国家的产品，如 AB Progetti、GEA、Koerting、Le Vide Industriel SA、Graham 等公司。我国对用于海水淡化的大型蒸汽喷射泵研究比较薄弱，目前杭州华达、陕西向阳等企业已开始该方面的研究。

海亮股份生产的铝黄铜管，湖南湘投金天、久立特材、洛阳双瑞等企业生产的钛管可满足低温多效蒸馏海水淡化装置使用。河南德昌铜铝型材受 IDE 委托，研制开发了可用于海水淡化的特种铝合金管。

2) 重点创新机构研发布局

在低温多效蒸馏海水淡化技术领域选择了 IDE 技术有限公司、斗山重工业集团有限公司、威立雅环境集团、自然资源部天津海水淡化与综合利用研究所 4 家代表性重点创新机构，给出其核心专利信息。

(1) IDE 技术有限公司

以色列 IDE 技术有限公司成立于 1965 年，一直致力于开发先进的海水淡化技术，在世界各地从事开发、设计、制造、安装和运行海水和苦咸水的淡化项目超过 370 个。IDE 为全球先进水处理解决方案的技术领军者，是拥有低温多效和反渗透技术两种工艺的国际工程公司，专业从事全球最大和最先进热法和膜法海水淡化工程、工业水处理厂的开发、设计、建造和运行(表 5-15)。

表 5-15　IDE 技术有限公司在海水淡化工程领域研发布局简况

创新机构	IDE 技术有限公司	
网址	https://www.ide-tech.com/en/	
核心专利	检索到 80 个专利族，布局在英国、中国、美国、以色列、世界知识产权组织、非洲区域知识产权组织、西班牙、新加坡、南非、奥地利、墨西哥、澳大利亚、智利、塞浦路斯、德国共 15 个国家和组织	
	公开号	专利名称
	US 8986508B2	Multi-effect evaporator(多效蒸发器)
	CN 102143786B	改进的水脱盐系统
	AU 2011268555B2	An evaporator with coated and corrugated tubes(带有涂层和波纹管的蒸发器)
	US 10780369B2	Combined multi effect distillation system(组合多效蒸馏系统)
	US 10293388B2	Method of cleaning an evaporator(清洗蒸发器的方法)
	CN 101137421B	多效蒸发器

续表

	公开号	专利名称
核心专利	CN 102361672B	冷却结晶器
	JP 5855682B2	Desalination system(脱盐系统)
	MX 365272B	Osmosis apparatus(渗透装置)
	ES 2288388B1	Method of cleaning by direct osmosis(直接渗透清洗方法)
主要技术和产品	低温多效蒸馏海水淡化工程、反渗透海水淡化工程	

(2)斗山重工业集团有限公司

斗山重工业集团有限公司是斗山集团子公司，是韩国最大的重工业企业之一。该公司成立于1962年，位于南部城市昌原。斗山重工业是一家全球工厂专业企业，提供从工业基础材料即铸锻造产品到火电、核电、风电等发电设备和海水淡化及水处理设备的综合解决方案(表5-16)。

表5-16 斗山重工业集团有限公司在海水淡化工程领域研发布局简况

创新机构	斗山重工业集团有限公司	
网址	http://www.doosanheavy.com/en/	
核心专利	检索到110个专利族，布局在韩国、欧洲专利局、美国、世界知识产权组织、奥地利、德国、西班牙、日本、沙特阿拉伯共9个国家和组织	
	公开号	专利名称
	US 10472254B2	Apparatus and method for analyzing influence variable on membrane fouling of seawater desalination system (海水淡化系统膜污染影响变量分析装置及方法)
	JP 6194054B2	In some utility for charging multiple effect desalination and partially acid using the method of desalination (在一些公用事业中，使用脱盐方法进行多效脱盐和部分酸化)
	KR 101367155B1	Measuring apparatus for membrane fouling index (膜污染指数测量仪)
	US 10550018B2	Media filter having nonpowered mixing and coagulation basin, and seawater desalination plant and dissolved air floatation apparatus using same (具有非水力混合和凝结池的介质过滤器以及使用该过滤器的海水淡化装置和溶解气浮装置)
	KR 100937447B1	An long tube evaporator for a multiple stage flashing facility(一种用于多级闪蒸设备的长管蒸发器)
	KR 101526299B1	Plant-foward osmosis hybrid desalination system and method(电厂-正渗透混合脱盐系统和方法)

续表

	公开号	专利名称
核心专利	KR 100937450B1	A seawater supplying apparatus with cooling tower for a multiple stage flashing facility(一种用于多级闪蒸设备的带冷却塔的海水供应装置)
	KR 100952155B1	An acid cleaning apparatus and acid cleaning method for a multiple stage flashing facility(一种用于多级闪蒸设备的酸洗装置和酸洗方法)
	KR 100733696B1	Freshwater apparatus of seawater(海水淡化装置)
	KR 100827330B1	Chemical dosing plant for freshwater system(淡水系统的化学加药装置)
主要技术和产品	多级闪蒸海水淡化工程、低温多效蒸馏海水淡化工程、反渗透海水淡化工程	

(3)威立雅环境集团(Veolia)

威立雅环境集团(Veolia)是世界上唯一一家以环境服务为主业的大型集团。威立雅水务集团是全球最大的三大水务集团之一，为世界 100 多个国家提供服务。威立雅环境集团主营四项业务：水务、废弃物、能源和交通。这四项业务互为补充，为全球各地的客户提供全方位和个性化的解决方案，满足市政和工业客户的各种需求(表 5-17)。

表 5-17 威立雅环境集团(Veolia)在海水淡化工程领域研发布局简况

创新机构	威立雅环境集团(Veolia)	
网址	http://www.veolia.com/en/	
核心专利	检索到 38 个专利族，布局在美国、世界知识产权组织、中国、澳大利亚、加拿大、欧洲专利局、西班牙、法国、海湾阿拉伯国家合作委员会专利局、塞浦路斯、英国、突尼斯等 34 个国家和组织	
	公开号	专利名称
	US 7815804B2	Method for treating wastewater or produced water (处理废水或生产水的方法)
	US 7815801B2	Method for treating wastewater or produced water (处理废水或生产水的方法)
	US 9206059B2	Packed bed bioreactor for biofouling control of reverse osmosis and nanofiltration membranes(反渗透和纳滤膜生物污染控制的填充床生物反应器)
	AU 2011244513B2	Method for treating water with a view to desalinating same including high-speed filtration, and corresponding facility(以脱盐为目的的水处理方法，包括高速过滤以及相应的设备)
	AU 2010255681B2	Method for treating water in order to desalinate said water, including treating concentrates(处理水以淡化所述水的方法，包括处理浓缩物)
	AU 2018206467B2	System and method for the treatment of water by reverse osmosis or nanofiltration(通过反渗透或纳滤处理水的系统和方法)

续表

	公开号	专利名称
核心专利	AU 2014235024B2	Process for water treatment prior to reverse osmosis(反渗透预处理工艺)
	AU 2012242838B2	Method of recovering oil or gas and treating the resulting produced water(回收油或气并处理产生的水的方法)
	US 10023487B2	Method of recovering oil or gas and treating the resulting produced water(回收油或气并处理产生的水的方法)
	AU 2014235024B2	Method of recovering oil or gas and treating the resulting produced water(回收油或气并处理产生的水的方法)
主要技术和产品	低温多效蒸馏海水淡化工程、反渗透海水淡化工程	

(4)自然资源部天津海水淡化与综合利用研究所

自然资源部天津海水淡化与综合利用研究所1978年经国务院批准成立，是我国唯一专门从事海水利用(海水淡化、海水直接利用、海水化学资源利用、海水净化与水再利用、膜科学、海水利用发展战略、海水及苦咸水利用检测与监测、海岛水资源保护与利用、防腐与水处理等)公益技术、共性技术、产业化关键技术和发展战略研究的国家级公益类非营利性科研机构(表5-18)。

表5-18 自然资源部天津海水淡化与综合利用研究所在海水淡化技术领域研发布局简况

创新机构	自然资源部天津海水淡化与综合利用研究所	
网址	http://sdmu.com.cn/	
核心专利	检索到379个专利族，只在中国进行了专利布局	
	公开号	专利名称
	CN 101913716B	具有能量回收高压泵的小型反渗透海水淡化系统
	CN 102092862B	一种用于海水水处理的复合阻垢剂及应用
	CN 100500952C	利用苦卤合成硼酸镁晶须的方法
	CN 105833749B	一种抗生物污染的聚酰胺反渗透复合膜及其制备方法
	CN 105858768B	一种二效板式蒸馏淡化装置
主要技术和产品	海水淡化、海水直接利用、海水化学资源利用	

5.3.3 海水化学资源利用

海水化学资源利用主要包括海水制盐，钾、溴、镁等海水常量元素提取以及锂、铀、碘等海水微量元素提取。其中，锂、铀、碘等海水微量元素的提取目前仍处于实验室研究阶段，研究热点集中于提供工艺、吸附剂等核心技术，形成产业化还有很长的路要走。故本部分将重点介绍海水制盐以及海水常量元素提取。

5.3.3.1　海水制盐技术

除盐田法、电渗析法等技术已经相对成熟，其他浓海水制盐技术仍处于实验室或中试研究阶段，并未实现工业化生产。电渗析与纳滤等膜分离技术的集成将是未来实现工厂化制盐及盐化生产的前景较好的浓海水利用方式。本部分将仅关注电渗析海水制盐技术，其主要产品有：离子交换膜及电渗析器。

1) 国内外重点企业及主要产品

国内外重点企业及主要产品如图 5-9 所示。

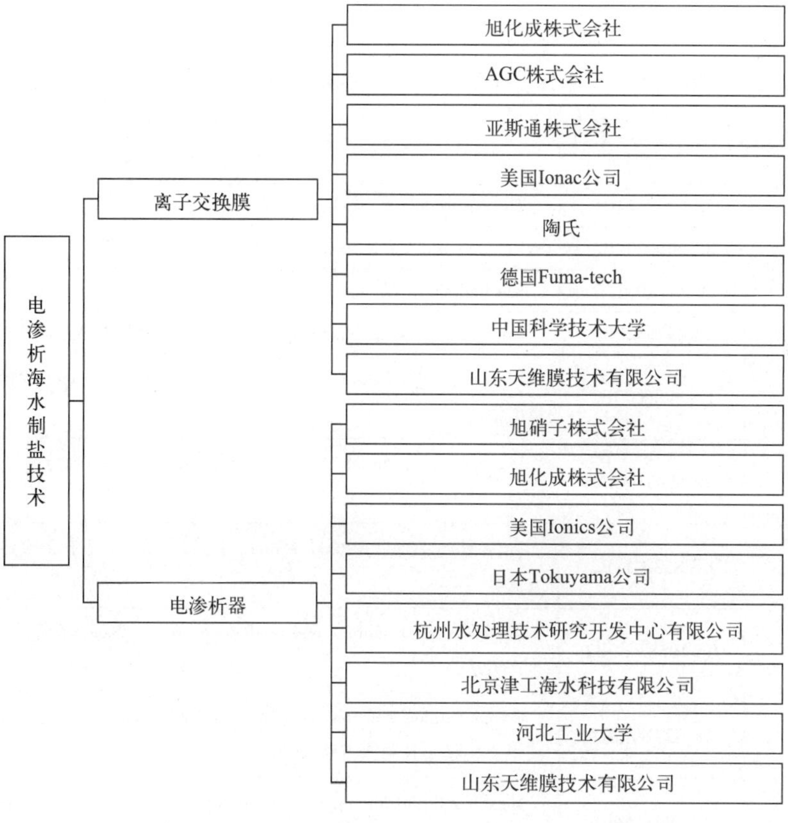

图 5-9　国内外电渗析海水制盐技术重点企业及主要产品

在离子交换膜及电渗析器产品方面，旭化成、AGC、亚斯通、陶氏、Ionac、Ionics、Fuma-tech 等国外企业技术比较成熟，并已商业化应用。我国的中国科学技术大学、河北工业大学等研究机构在离子交换膜研究方面取得了不错的成绩，山东天维膜技术、北京津工海水科技等企业的离子交换膜、电渗析器也在实际工程中进行了应用。

2)重点创新机构研发布局

在电渗析技术领域选择了亚斯通株式会社、旭化成株式会社、AGC 株式会社、山东天维膜技术有限公司 4 家代表性重点创新机构，给出其核心专利信息。

(1)亚斯通(ASTOM)株式会社

亚斯通(ASTOM)株式会社是日本专门从事离子交换膜(ED 膜、BP 膜)及电渗析装置的研究开发、用途开拓的公司。亚斯通自 1995 年创立，一直专注于电渗析盐分离设备的开发，在离子交换膜生产和应用领域有着非常丰富的经验，拥有多项专利技术，其产品应用于食品/医药、饮用水生产、废液处理、有机酸生产等领域(表 5-19)。

表 5-19　亚斯通(ASTOM)株式会社在离子交换膜及电渗析器领域研发布局简况

创新机构	亚斯通(ASTOM)株式会社	
网址	http://www.astom-corp.jp/en/	
核心专利	检索到 57 个专利族，布局在日本、世界知识产权组织、中国、欧洲专利局、美国、韩国、印度、欧亚专利组织、加拿大等 10 个国家、地区和组织	
	公开号	专利名称
	JP 4979824B1	The ion exchange membrane(离子交换膜)
	JP 5436357B2	Production of ion exchange membrane(离子交换膜的生产)
	JP 5121982B2	Electrodialytic system(电渗析系统)
	JP 4979825B1	Production of ion exchange membrane(离子交换膜的生产方法)
	US 8980070B2	Bipolar membrane and method of manufacturing the same(双极膜及其制造方法)
	JP 5349106B2	Ion exchange material and its manufacturing method(离子交换材料及其制造方法)
	US 8530018B2	Ion exchanger and method of producing the same(离子交换器及其制造方法)
	US 10583430B2	Ion exchange membrane and production process therefor(离子交换膜及其生产方法)
	JP 5271485B2	Complex anion exchange membrane and its manufacturing method(复合阴离子交换膜及其制造方法)
	JP 4975418B2	Washing liquid for regeneration of anion exchange membranes electrodialyser(阴离子交换膜电渗析器再生洗涤液)
主要技术和产品	离子交换膜、电渗析器	

(2)旭化成(Asahi Kasei)株式会社

旭化成(Asahi Kasei)株式会社，是日本一家以化学和材料科学为基础，为包括纤维、化学品、消费产品、住宅、建筑、电子和医疗在内的不同领域和广阔市场提供创新方案的集团公司。旭化成是一家能够生产和供应隔膜分离电解盐过程中完整的辅助设备和系统的公司，包括离子交换膜、电解槽、阳极和阴极以及处理过程的全套技术(表5-20)。

表5-20 旭化成(Asahi Kasei)株式会社在离子交换膜领域研发布局简况

创新机构	旭化成(Asahi Kasei)株式会社	
网址	https://www.asahi-kasei.co.jp/asahi/en/	
核心专利	检索到231个专利族，布局在日本、美国、德国、英国、加拿大、法国、中国、欧洲专利局、荷兰、韩国、世界知识产权组织、澳大利亚、巴西、意大利、俄罗斯、瑞典、印度等35个国家、地区和组织	
	公开号	专利名称
	CN 109790636B	离子交换膜和电解槽
	JP 4014506B2	A fluorine ion exchange membrane(一种氟离子交换膜)
	US 6773561B1	Unit cell for alkali chloride metal aqueous solution electrolytic tank(碱金属氯化物水溶液电解槽单元)
	JP 4992104B2	A filter module for filtering or hemocatharsis hemocatharsis electrodialytic (一种用于过滤或血液净化的过滤模块)
	JP 4458346B2	Maintaining the filter gradually type hemocatharsis electrodialyser(渐滤式血液净化电渗析器)
	JP 5485757B2	The operating method of hemocatharsis electrodialyser electrodialyser and hemocatharsis electrodialyser electrodialyser(血液净化电渗析器的操作方法和血液净化电渗析器)
	JP 4716825B2	A method of manufacturing a gas diffusion electrode(一种制造气体扩散电极的方法)
	CN 107916435B	阳离子交换膜和电解槽
	CN 107916436B	离子交换膜
	JP 5650943B2	A system and method for calculating the flow rate of the blood dialysis electrodialytic soln(一种用于计算血液透析电渗析溶液流速的系统和方法)
主要技术和产品	离子交换膜及电渗析器	

(3)AGC株式会社

AGC株式会社是一家日本制造公司，它是三菱公司旗下附属公司之一。AGC是均相离子交换膜的先驱，AGC均相离子交换膜具有高脱盐率、高有机物截留率、低电耗、高耐污染性、易清洗等性能优势。经过60多年的应用研发，AGC拥有10种以上专用于电渗析、扩散渗析、电解用的特种离子交换膜。在海水制盐、工业废水脱盐和浓缩、食品脱盐、废酸回收等领域有很好的业绩(表 5-21)。

表 5-21　AGC 株式会社在离子交换膜及电渗析器领域研发布局简况

创新机构	AGC 株式会社	
网址	https：//www. agc. com/en/index. html	
核心专利	检索到 498 个专利族，布局在日本、美国、欧洲专利局、中国、世界知识产权组织、德国、加拿大、奥地利、印度、韩国、澳大利亚、西班牙、俄罗斯等 22 个国家、地区和组织	
	公开号	专利名称
	JP 3915846B2	A solid polymer electrolyte membrane for a fuel battery, its manufacturing method and a membrane electrode assembly for a solid polymer type fuel cell(固体高分子型燃料电池用电解质膜及其制造方法以及固体高分子型燃料电池用膜电极接合体)
	US 7081484B2	Anion exchange membrane, process for its production and solution treating apparatus(阴离子交换膜的生产方法和溶液处理装置)
	CN 1289574C	离子交换体聚合物分散液及其制造方法和用途
	US 8349155B2	Cation exchange membrane, production process thereof and electrolytic cell using the same(阳离子交换膜的生产方法和使用该膜的电解池)
	CN 101589179B	碱金属氯化物电解用离子交换膜
	US 8377998B2	Process for producing fluoropolymer, and fluorinated ion exchange membrane(含氟聚合物的生产方法和氟化离子交换膜)
	JP 4297694B2	Using gas diffusion cathode ion exchange membrane type electrolytic cell and method of operating the same(使用气体扩散阴极离子交换膜型电解池及其操作方法)
	US 10669641B2	Ion exchange membrane for alkali chloride electrolysis, method for its production and alkali chloride electrolysis apparatus(用于碱金属氯化物电解的离子交换膜、其制备方法和碱金属氯化物电解装置)
	US 10385465B2	Production method for ion exchange membrane for alkali chloride electrolysis, and production method for alkali chloride electrolysis apparatus(碱金属氯化物电解用离子交换膜的制造方法和碱金属氯化物电解装置的制造方法)
	CN 106661746B	碱金属氯化物电解用离子交换膜和碱金属氯化物电解装置
主要技术和产品	离子交换膜及电渗析器	

(4)山东天维膜技术有限公司

山东天维膜技术有限公司成立于 2003 年，专业从事均相离子交换膜及水处理设备的研究、开发。公司拥有具有完全自主知识产权的均相离子膜制备及应用技术，系列荷电膜产品已被列入国家战略计划，产品获得“国家重点新产品”认定。主要产品有：均相膜及扩散渗析器、电渗析器、双极膜电渗析器，超滤、纳滤、反渗透系统(表 5-22)。

表 5-22 山东天维膜技术有限公司在离子交换膜及电渗析器领域研发布局简况

创新机构	山东天维膜技术有限公司	
网址	http://www.sdtianwei.com/	
核心专利	检索到 39 个专利族，只在中国进行了专利布局	
	公开号	专利名称
	CN 101775202B	一种基于磺化聚苯醚制备有机-无机杂化阳离子交换膜的方法
	CN 106345324B	一种杂化离子交换膜的制备方法
	CN 106315935B	水质淡化装置及利用该装置淡化水质的方法
	CN 103657448B	一种阴离子交换膜的制备方法
	CN 108067102B	一种阳离子交换膜及其制备方法
主要技术和产品	离子交换膜及电渗析器	

5.3.3.2 海水常量元素提取技术

本部分关注钾、溴、镁三种常量元素的提取技术，主要产品有：提取工艺、关键设备及成套装置。国内外重点企业及主要产品如图 5-10 所示。

石川岛播磨重工业、日本协和株式会社、日本氧化镁粉公司、东洋曹达、俄罗斯科学院维尔纳茨基 V. I. 地球化学研究所、美国雅宝公司、美国 Martin Marietta 建材公司、英国海洋化学集团、以色列死海溴集团等在海水常量元素提取方面技术较为成熟，我国的天津长芦海晶集团、河北工业大学、自然资源部天津海水淡化与综合利用研究所、华东理工大学等企业和研究机构也在从事海水常量元素提取方面的工作，并取得了一定的成绩。

5.3.4 海水直接利用

海水直接利用主要包括海水冷却、大生活用海水、海水脱硫等，其中海水冷却技术早已进入规模化应用阶段，海水脱硫技术在美国等国家开始工业化应用，大生活用海水技术尽管前景广阔但尚未规模化应用，故本部分仅关注海水冷却技术及海水脱硫技术。

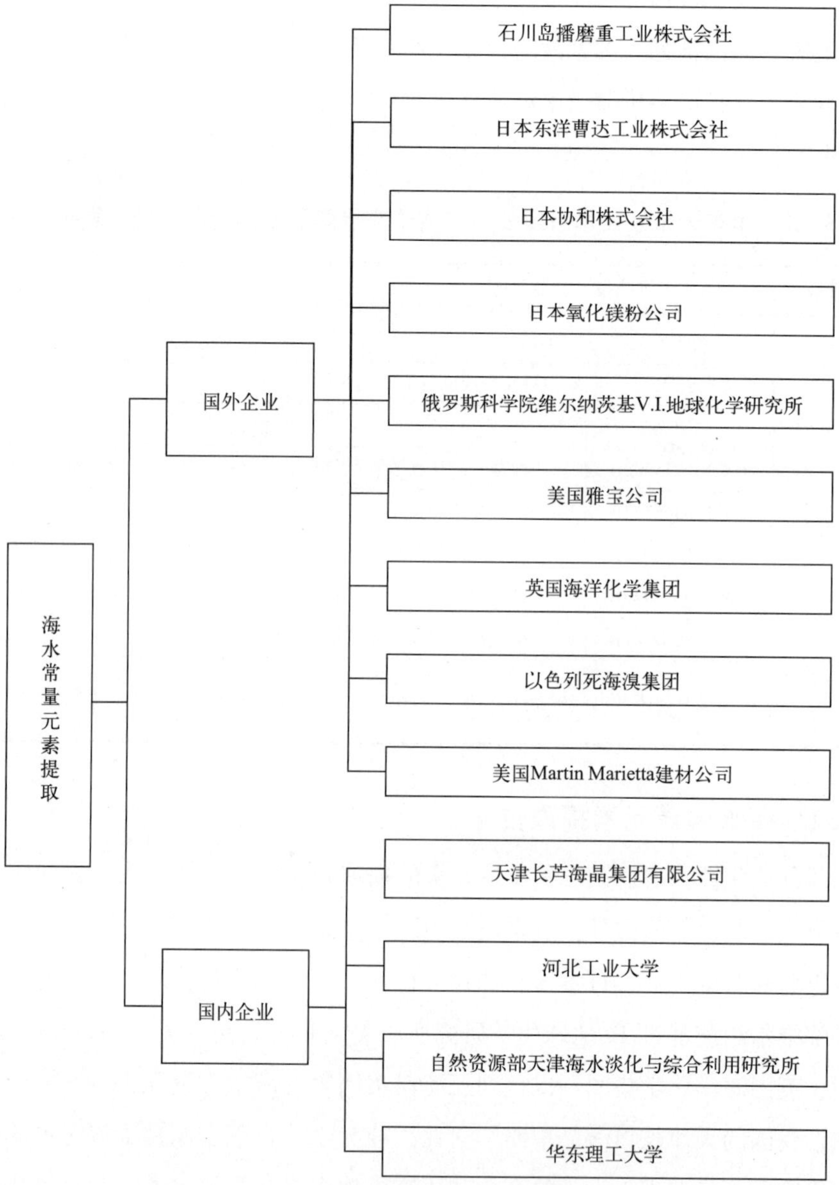

图 5-10　国内外海水常量元素提取技术重点企业及机构

5.3.4.1　海水冷却技术

海水冷却技术已有近百年的发展历史，根据冷却方式的不同分为海水直流冷却技术和海水循环冷却技术，均已进入大规模应用阶段。目前国内外工业应用中以海水直流冷却为主，海水循环冷却技术是 20 世纪 70 年代发展起来的新型环保节能型冷却技术。海水冷却技术的主要产品有：海水缓蚀剂、海水阻垢分散剂、菌藻杀生剂、海水冷却塔。

1) 国内外重点企业及主要产品

国内外重点企业及主要产品如图 5-11 所示。

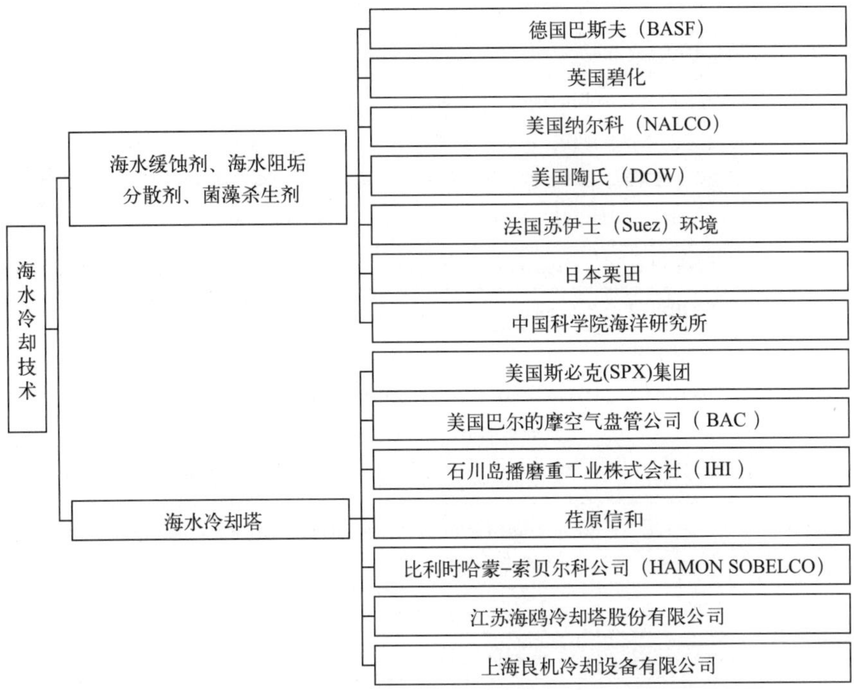

图 5-11　国内外海水冷却技术重点企业及主要产品

碧化、巴斯夫、纳尔科、陶氏、苏伊士环境集团、栗田等国际大型企业的海水缓蚀剂、海水阻垢剂、菌藻杀生剂在海水冷却系统中应用广泛，我国中国科学院海洋研究所也在从事这方面的研究。

哈蒙-索贝尔科、斯必克、巴尔的摩空气盘管、石川岛播磨重工业、荏原信和等企业的大型、超大型海水冷却塔技术较为成熟，在大型海水循环冷却系统中应用广泛。国内从事淡水冷却塔的企业开始研制海水冷却塔，并在实际工程中进行了应用，如江苏海鸥、上海良机等。

2) 重点创新机构研发布局

在海水冷却技术领域选择了纳尔科、巴斯夫、斯必克集团、巴尔的摩空气盘管公司、江苏海鸥冷却塔股份有限公司 5 家代表性重点创新机构，给出其核心专利信息。

(1) 纳尔科(NALCO)

纳尔科(NALCO)是艺康公司的子公司。纳尔科总部位于美国，是全球知名的水处理化学药剂生产、供应、服务公司。其产品广泛应用于矿业、造纸、石油化工、城市污水处理等各个领域。公司产品有自动加药系统和药剂、阻垢缓蚀剂、阻垢分散剂、清洗剂、杀菌灭藻剂，广泛用于原水、冷却水和废水处理技术创新(表 5-23)。

表 5-23 纳尔科(NALCO)海水处理药剂领域研发布局简况

创新机构	纳尔科(NALCO)	
网址	https://www.ecolab.com/nalco-water	
核心专利	检索到 211 个专利族，布局在美国、加拿大、欧洲专利局、澳大利亚、日本、世界知识产权组织、德国、巴西、西班牙、挪威、韩国、中国、英国等 42 个国家、地区和组织	
	公开号	专利名称
	US 9296631B2	Preparation of environmentally acceptable scale inhibitors (环保型阻垢剂的制备)
	US 7057050B2	Imidazoline corrosion inhibitors (咪唑啉缓蚀剂)
	US 8980101B2	Method for inhibiting scale formation and deposition in membrane systems via the use of an AA-AMPS copolymer (通过使用 AA-AMPS 共聚物抑制膜系统中水垢形成和沉积的方法)
	US 9074289B2	Environmentally friendly corrosion inhibitor(环保型缓蚀剂)
	US 7842127B2	Corrosion inhibitor composition comprising a built-in intensifier(包含内置增强剂的缓蚀剂组合物)
	US 8999315B2	Bis-quaternary ammonium salt corrosion inhibitors (双季铵盐缓蚀剂)
	US 6953537B2	Corrosion inhibitor (一种缓蚀剂)
	US 9908796B2	Use of oxidizing and non-oxidizing biocides for control of bacteria tolerant to stabilized-oxidant treatment (氧化和非氧化杀生物剂用于控制耐受稳定的氧化剂处理的细菌的用途)
	US 9284625B2	Use of polyols as scale control reagents in the mining processes (多元醇在采矿过程中作为防垢剂的应用)
	US 7851655B2	Functionalized amine-based corrosion inhibitors for galvanized metal surfaces and method of using same (用于镀锌金属表面的官能化胺基缓蚀剂及其使用方法)
主要技术和产品	缓蚀剂、阻垢剂、杀菌剂	

(2)巴斯夫(BASF)集团

巴斯夫(BASF)集团是世界最大的化工厂之一，总部位于德国莱茵河畔的路德维希港，是世界上工厂面积最大的化学产品基地。巴斯夫的不少产品是从原油和天然气中提炼出来的。巴斯夫拥有自己的煤、石油和天然气资源。巴斯夫集团主要商业领域是化学品、塑料、功能性化学品、农用化学品和食用化学品、石油和天然气(表 5-24)。

表 5-24　巴斯夫(BASF)集团在海水处理药剂领域研发布局简况

创新机构	巴斯夫(BASF)集团	
网址	http://www.basf.com/	
核心专利	检索到153个专利族，布局在美国、欧洲专利局、德国、世界知识产权组织、加拿大、日本、中国、韩国、西班牙、巴西、印度、墨西哥、俄罗斯、奥地利等40个国家、地区和组织	
	公开号	专利名称
	US 9179677B2	Fungicidal mixtures based on prothioconazole（基于丙硫菌唑的杀菌剂混合物）
	US 8530380B2	Fungicidal mixtures based on amide compounds and morpholine or piperidine derivatives（基于酰胺化合物和吗啉或哌啶衍生物的杀菌剂混合物）
	US 8188001B2	Fungicidal mixtures（杀菌混合物）
	US 6541500B1	Fungicide mixture（杀菌混合物）
	US 7923452B2	Fungicidal mixtures comprising boscalid and pyrimethanil(包含啶酰菌胺和嘧霉胺的杀菌剂混合物)
	US 10377958B2	Corrosion inhibitors for fuels and lubricants(燃料和润滑剂的缓蚀剂)
	US 9382139B2	Method of dissolving and/or inhibiting the deposition of scale on a surface of a system(溶解和/或抑制水垢在系统表面沉积的方法)
	US 9887027B2	Corrosion inhibitors for Fe_2P structure magnetocaloric materials in water(水中 Fe_2P 结构磁热材料的缓蚀剂)
	US 8889033B2	Low molecular weight phosphorus-containing polyacrylic acids and use thereof as scale inhibitors in water-carrying systems(低分子量含磷聚丙烯酸及其在含水体系中作为阻垢剂的用途)
	US 9714218B2	Acid mist mitigation agents for electrolyte solutions(电解质溶液的酸雾缓蚀剂)
主要技术和产品	缓蚀剂、阻垢剂、杀菌剂	

(3)斯必克集团(SPX)

斯必克集团(SPX)总部位于美国堪萨斯州，成立于1922年，是全球领先的全系列、全方位服务的冷却塔和空气冷凝器制造商。公司具有世界上最先进的湿冷和蒸发冷却设计技术，是世界上极少数的一家集冷却塔综合设计、研究开发、制造、老塔改造和售后服务为一体的跨国专业公司，为全球发电业、重工业、冷冻行业以及暖通空调业设计、制造和销售冷却设备(表5-25)。

表 5-25 斯必克集团(SPX)在冷却塔领域研发布局简况

创新机构	斯必克集团(SPX)	
网址	http://www.spxflow.com	
核心专利	检索到 135 个专利族，布局在美国、欧洲专利局、澳大利亚、中国、加拿大、日本、印度、世界知识产权组织、德国、韩国、阿根廷、南非、西班牙等 31 个国家、地区和组织	
	公开号	专利名称
	US 7887030B2	Wet/dry cooling tower and method(湿/干冷却塔及方法)
	US 9395127B2	Indirect dry cooling tower apparatus and method(间接干式冷却塔装置和方法)
	US 7237769B2	Cooling tower film fill apparatus and method(冷却塔薄膜填充装置和方法)
	US 7364141B2	Fluid cooler with evaporative heat exchanger(带有蒸发热交换器的流体冷却器)
	US 10393441B2	Cooling tower drift eliminator(冷却塔漂浮物消除器)
	US 7232116B2	Fluid cooler with evaporative heat exchanger and intermediate distribution(具有蒸发热交换器和中间分配的流体冷却器)
	US 10132569B2	Hybrid fluid cooler with extended intermediate basin nozzles(具有延伸中间盆喷嘴的混合流体冷却器)
	US 10222146B2	Air-to-air heat exchanger bypass for wet cooling tower apparatus and method(用于湿式冷却塔设备的空气-空气热交换器旁路和方法)
	US 9573077B2	Solids maker cooling tower(浓缩固体的冷却塔)
	US 9291397B2	Liquid distribution system for a fluid cooler(用于流体冷却器的液体分配系统)
主要技术和产品	冷却塔	

(4)巴尔的摩空气盘管公司(BAC)

巴尔的摩空气盘管公司(BAC)总部位于美国的巴尔的摩市，成立于1938年，是蒸发冷却和冰蓄冷设备的供应商。公司已成为公认的全球领先的生产蒸发冷却、蓄冰及换热设备的专业公司。BAC产品广泛运用于商业建筑物的空调系统、食品、冷冻、电力等大量需要工业过程冷却的行业(表 5-26)。

表 5-26 巴尔的摩空气盘管公司(BAC)在冷却塔领域研发布局简况

创新机构	巴尔的摩空气盘管公司(BAC)
网址	http://www.baltimoreaircoil.com/

续表

核心专利	检索到115个专利族，布局在美国、加拿大、欧洲专利局、日本、巴西、澳大利亚、德国、中国、南非、墨西哥、韩国、西班牙、英国等44个国家、地区和组织	
	公开号	专利名称
	US 9057564B2	Cooling tower with indirect heat exchanger(间接换热器冷却塔)
	US 9004463B2	Cooling tower with indirect heat exchanger(间接换热器冷却塔)
	US 7484718B2	Cooling tower with direct and indirect cooling sections(带有直接和间接冷却段的冷却塔)
	US 7610770B2	Cooling tower seal joint(冷却塔密封接头)
	US 8434746B2	Induced draft cooling tower(诱导通风冷却塔)
	US 7802774B2	Cooling tower air inlet and drain pan(冷却塔进出风盘)
	US 9170054B2	Cooling tower fill(冷却塔填料)
	US 8683749B2	Cooling tower entry door structure(冷却塔入口门结构)
	US 10415902B2	Cooling tower water distribution system(冷却塔补水系统)
	US 9279619B2	Cooling tower with indirect heat exchanger(间接换热器冷却塔)
主要技术和产品	冷却塔	

(5)江苏海鸥冷却塔股份有限公司

海鸥冷却塔股份有限公司从事工业冷却塔的研发、设计、制造及安装业务，并依托产品和技术优势提供工业冷却塔相关的技术服务，主要产品为机力通风冷却塔。江苏海鸥冷却塔股份有限公司是中国最大的冷却塔设计和生产中心，拥有国内技术水平先进的冷却塔实验和研发中心(表5-27)。

表5-27 江苏海鸥冷却塔股份有限公司在冷却塔领域研发布局简况

创新机构	江苏海鸥冷却塔股份有限公司	
网址	http://www.seagull-ct.cn/	
核心专利	检索到117个专利族，只在中国进行了专利布局	
	公开号	专利名称
	CN 102538503B	一种节水环保型冷却塔
	CN 102052859B	太阳能蓄能化冰冷却塔
	CN 105605941B	一种冷却塔的自动除雾控制系统
	CN 105277010B	干湿式节能冷却塔
	CN 103217057B	一种中低位集水高效节能自然通风逆流式冷却塔
主要技术和产品	冷却塔	

5.3.4.2 海水脱硫技术

海水脱硫是海水直接利用的一个新领域，于 20 世纪 60 年代由美国最先提出，尔后挪威等国相继开发出了工业化技术。目前火电厂烟气脱硫已成为该项技术的主要应用领域。海水脱硫技术的主要产品有：吸收塔及其关键部件、海水脱硫成套装置。

1) 国内外重点企业及主要产品

国内外重点企业及主要产品如图 5-12 所示。

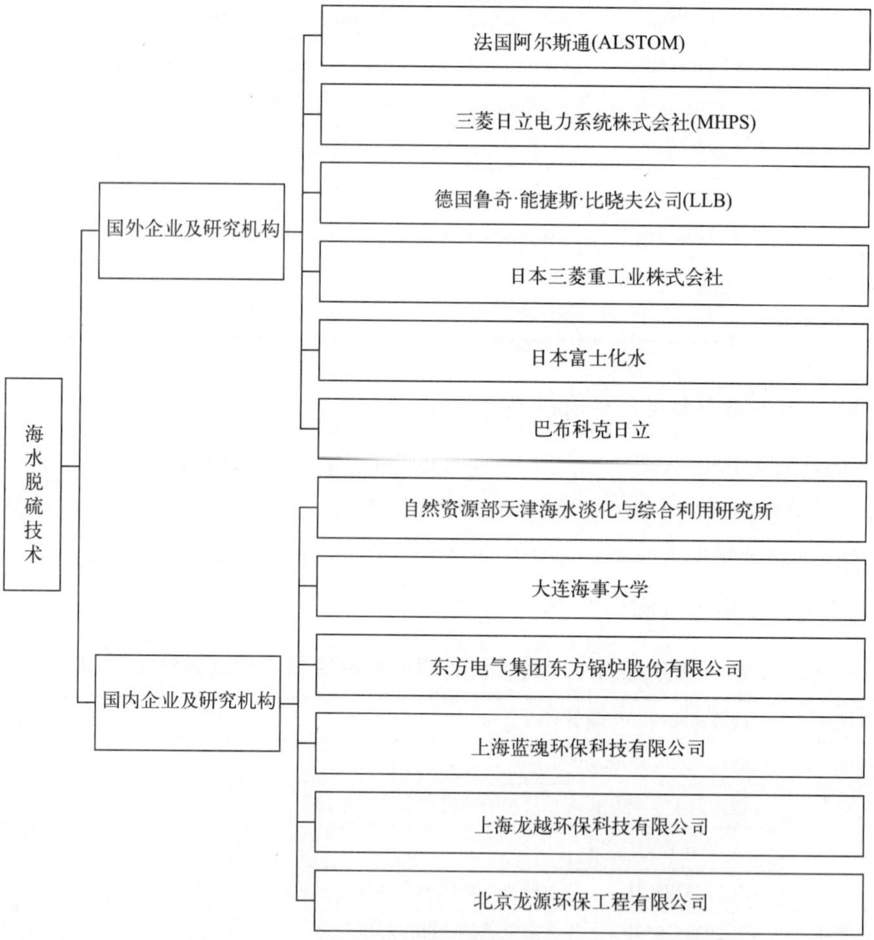

图 5-12 国内外海水脱硫技术重点企业及研究机构

海水脱硫技术主要由阿尔斯通、鲁奇·能捷斯·比晓夫、三菱重工、富士化水、三菱日立电力系统、巴布科克日立等少数公司掌握，其中阿尔斯通公司起步较早，在全球海水脱硫市场占有较多份额。我国通过引进技术、联合设计等方式，逐步掌握了海水脱硫关键技术，国内掌握该技术的企业有东方锅炉、上海蓝魂、上海龙越、北京龙源等，自然资源部天津海水淡化与综合利用研究所、大连海事大学等研究机构从事海水脱硫技术方面的研究。

2) 重点创新机构研发布局

在海水脱硫技术领域选择了三菱日立电力系统株式会社、三菱重工业株式会社、上海蓝魂环保科技有限公司3家代表性重点创新机构，给出其核心专利信息。

(1) 三菱日立电力系统株式会社(MHPS)

三菱日立电力系统株式会社(MHPS)是由三菱重工业株式会社和株式会社日立制作所于2014年2月将双方的火力发电系统运行及其他相关业务整合组建而成的合资公司，总部位于日本横滨。MHPS拥有世界最先进的电站燃气轮机、大型煤气化联合循环、高性能蒸汽轮机和锅炉及电站配套环保脱硫脱硝除尘设备的技术和产品(表5-28)。

表5-28 三菱日立电力系统株式会社(MHPS)在海水脱硫领域研发布局简况

创新机构	三菱日立电力系统株式会社(MHPS)	
网址	http://www.mhps.com/	
核心专利	检索到102个专利族，布局在印度、日本、世界知识产权组织、中国、马来西亚、美国、新加坡、智利、欧洲专利局、韩国、菲律宾、沙特阿拉伯、埃及、英国、挪威等16个国家、地区和组织	
	公开号	专利名称
	TW I482657B	海水排烟脱硫系统及发电系统
	TW I523818B	曝气装置及具备此之海水排烟脱硫装置
	JP 5754877B2	Oxidation tank, seawater, and seawater desulfurization system processing device(氧化池、海水、海水脱硫系统处理装置)
	JP 6632452B2	For the tower fill and seawater desulfurization device(用于填料塔和海水脱硫装置)
	CN 104203839B	海水脱硫氧化处理装置及海水排烟脱硫系统
	JP 5259964B2	Seawater flue gas desulfurization system(海水烟气脱硫系统)
	JP 4460975B2	Treatment of seawater and the seawater processing device(海水处理及海水处理装置)
	KR 101269707B1	Equipment for the desulfurization of flue gas with seawater and process for treatment of the seawater used in the desulfurization(海水烟气脱硫设备及脱硫用海水处理工艺)
	TW I480092B	曝气装置及具备此之海水排烟脱硫装置、曝气装置的运转方法
	JP 5721303B2	Flue gas desulfurization device(烟气脱硫装置)

续表

主要技术和产品	海水脱硫装置(系统)

(2)三菱重工业株式会社

三菱重工业株式会社(MHI)自1964年完成第一套石灰膏发电站锅炉烟气脱硫设备以来，于80年代初又相继研制和开发了一系列的锅炉烟气脱硫方法，并取得了成功的运行经验，三菱重工的脱硫设备在世界上享有很高的声誉(表5-29)。

表5-29 三菱重工业株式会社(MHI)在海水脱硫领域研发布局简况

创新机构	三菱重工业株式会社	
网址	http://www.mhi.com/	
核心专利	检索到56个专利族，布局在日本、世界知识产权组织、印度、中国、马来西亚、美国、埃及、沙特阿拉伯、新加坡、韩国、挪威、澳大利亚、智利、德国、欧洲专利局、新西兰等17个国家、地区和组织	
	公开号	专利名称
	JP 5259964B2	Seawater flue gas desulfurization system (海水烟气脱硫系统)
	JP 4460975B2	Treatment of seawater and the seawater processing device (海水处理及海水处理装置)
	JP 5754877B2	Oxidation tank, seawater, and seawater desulfurization system processing device (氧化池、海水、海水脱硫系统处理装置)
	JP 5535824B2	Aeration device and system for flue gas desulfurization with seawater which is equipped with same(海水烟气脱硫曝气装置及装有该装置的系统)
	CN 102387850B	海水脱硫氧化处理装置、脱硫海水的处理方法及应用该方法的发电系统
	JP 5535861B2	The aeration device seawater and flue gas desulfurization device having the same (曝气装置及具备该曝气装置的海水排烟脱硫装置)
	CN 102985370B	通风装置及具备该装置的海水烟气脱硫装置、通风装置的加湿方法
	CN 104203839B	海水脱硫氧化处理装置及海水排烟脱硫系统
	TW I430961B	曝气装置及具备其之海水排烟脱硫装置、曝气装置之运转方法
	CN 104245092B	排烟脱硫系统
主要技术和产品	海水脱硫装置(系统)	

(3)上海蓝魂环保科技有限公司

上海蓝魂环保科技有限公司是一家专业从事船舶环保产品研发和技术服务的科技公司，致力于船舶环保产品的研发和技术服务，在废气吸收和脱硫脱硝处理领域具有丰富的经验。公司致力于成为全球最专业的船舶尾气治理方案提供者和领导者（表5-30）。

表5-30 上海蓝魂环保科技有限公司在海水脱硫领域研发布局简况

创新机构	上海蓝魂环保科技有限公司	
网址	http：//www. bluesoul. cn/	
核心专利	检索到52个专利族，只在中国进行了专利布局	
	公开号	专利名称
	CN 103319026B	一种用于船舶洗涤脱硫系统废液的处理装置及其处理方法
	CN 103341305B	一种用于提高船舶废气吸收塔效率的填料的制备方法
	CN 109649625B	用于船舶尾气脱硫系统废水排放的扩散装置
主要技术和产品	船舶尾气海水脱硫装置(系统)	

参考文献

[1] 国家发改委，国家海洋局，财政部．海水利用专项规划[EB/OL]. https：//www. ndrc. gov. cn/fggz/hjyzy/sjyybh/200510/t20051012_ 1133939. html，2005-10-12.

[2] 阮春菊．海水利用的内涵解析与管理构成[N]. 中国海洋报，2019-11-05(2).

[3] 国家发改委，国家海洋局．全国海水利用“十三五”规划[EB/OL]. https：//www. ndrc. gov. cn/fggz/fzzlgh/gjjzxgh/201706/t20170607_ 1196788. html，2017-06-27.

[4] 自然资源部海洋战略规划与经济司．2019年全国海水利用报告[EB/OL]. http：//gi. mnr. gov. cn/202010/t20201015_ 2564968. html，2020-10-10.

[5] 前瞻产业研究院．2018—2023年中国海水淡化产业深度调研与投资战略规划分析报告[R]. 北京：前瞻产业研究院，2018.

[6] 高从堦，阮国岭．海水淡化技术与工程[M]. 北京：化学出版社，2015.

[7] 曹宁，高莹，徐根祺．苦咸水反渗透淡化技术的研究[J]. 硅酸盐通报，2017，36(4)：1241-1244.

[8] 麦正军，赵志伟，彭伟，等．苦咸水淡化工艺的应用研究进展[J]. 兵器装备工程学报，2017，38(1)：174-177.

[9] 侯纯扬．海水冷却技术[J]. 海洋技术，2002，21(4)：33-40.

[10] 杨文忠，尹晓爽，刘瑛，等．海水循环冷却技术研究[J]. 工业用水与废水，2016，47(5)：54-60.

[11] 韩凯，刘艳萍．我国海水综合利用现状及发展趋势[J]. 科技信息，2011(17)：69-70.

[12] 沈明球，周玲，郝玉．我国海水综合利用现状及发展趋势研究[J]. 海洋开发与管理，2010，27(7)：23-27.

[13] 张国辉．海水淡化与直接利用产业发展研究[J]. 建设科技，2013(23)：31-36.

[14] 冯士筰，李凤岐，李少菁．海洋科学导论[M]. 北京：高等教育出版社，1999.

[15] 袁俊生，纪志永，陈建新．海水化学资源利用技术的进展[J]. 化学工业与工程，2010，27(2)：110-116.

[16] 国家发改委．海水利用将迎更广阔的空间——《全国海水利用“十三五”规划解读》[N]. 中国经济导报，2017-01-06(A02).

[17] 刘树模，李爱斌，叶亮．我国大型海水淡化供水工程技术经济分析[J]. 科技创新导报，2015(18)：56-61.

[18] 陆琦．国家海洋局淡化所所长李琳梅：推进海水淡化技术创新[EB/OL]. (2017-07-19). http：//news. sciencenet. cn/htmlnews/2017/7/382747. shtm.

[19] 国家海洋局．2016 年全国海水利用报告[EB/OL]. (2017-07-19). http：//gc. mnr. gov. cn/201806/t20180614_ 1794751. html.

[20] 中国科学院信息咨询中心．中国海水淡化产业调研与分析报告[R]. 北京：中国科学院信息咨询中心，2011.

[21] 陈进斌，苗英霞，寇希元，等．海水淡化副产浓海水资源化利用研究进展[J]. 盐业与化工，2016，45(10)：1-4.

[22] 刘骆峰，张雨山，黄西平，等．淡化后浓海水化学资源综合利用技术研究进展[J]. 化工进展，2013，32(2)：446-452.

[23] 张维润．电渗析工程学[M]. 北京：科学出版社，1995.

[24] 王朝乾．海水淡化副产浓海水电渗析制盐工艺研究[D]. 天津：天津大学，2015.

[25] 袁俊生，韩慧茹．海水提钾技术研究进展[J]. 河北工业大学学报，2004，33(2)：140-147.

[26] 赵凤丹．沸石离子交换法海水提取氯化钾研究[D]. 汕头：汕头大学，2012.

[27] 袁俊生，纪志永，陈建新，等．海水淡化副产浓海水的资源化利用[J]. 河北工业大学学报，2013，42(1)：29-35.

[28] 徐枫，金耀明，张岗，等．海水提溴技术现状及前景[J]. 广东化工，2013，40(11)：103-104.

[29] 周佳，裘俊红．海水提溴的研究进展[J]. 浙江水利科技，2012 (2)：10-13.

[30] 林源，王浩宇，周亚荣，等．海水提溴技术的发展与研究现状[J]. 无机盐工业，2012，44(9)：5-7，10.

[31] 袁俊生，纪志永．海水提锂研究进展[J]. 海湖盐与化工，2003，32(5)：29-32.

[32] 敖浚轩，徐晓，李玉娜，等．海水提铀研究进展[J]. 辐射研究与辐射工艺学报，2019，37(2)：3-28.

[33] 陈戏三，何琳，戴波．海水提铀的先进材料与试验装置的研究进展[J]. 科技创新导报，2017(8)：83-84.

[34] 侯纯扬，武杰，赵楠，等．海水循环冷却技术工业试验研究[C]. 北京：中国化工学会，2002：541-544.

[35] 王广珠，李承蓉，周金德，等．海水循环冷却技术的研究与应用现状[J]. 热力发电，2007(11)：68-71.

[36] 侯纯扬，武杰，赵楠，等．海水循环冷却系统腐蚀、污垢和菌藻控制技术研究[J]. 海洋技术，2002，21(4)：46-50.

[37] 李亚红．海水循环冷却技术在中国的发展研究[J]. 盐业与化工，2016，45(6)：9-13.

[38] 王领全．大生活用海水水质控制技术[D]. 天津：天津大学，2004.

[39] 成玉，王树勋，姜天翔，等．大生活用海水技术研究现状及进展[J]. 海洋开发与管理，2013(增刊)：52-55.

[40] 王静，张雨山．大生活用海水生化处理技术研究进展[J]. 海洋技术，2002，21(4)：51-53.

[41] 张佩，冯丽娟，张静伟，等．烟气海水脱硫工艺技术基础研究及工业应用发展现状[J]. 化工进展，2009，28(增刊)：267-271.

[42] 雷仲存．工业脱硫技术[M]. 北京：化学工业出版社，2001.

[43] 郭鲁钢，王海增，朱培怡，等．海水脱硫技术现状[J]. 海洋技术，2006，25(3)：10-14.

[44] 姚彤．海水烟气脱硫工艺在我国的应用状况及发展前景[J]. 工程建设与设计，2004(8)：6-8.

[45] 新华网．中国企业自主开发烟气海水脱硫技术实现重要突破[EB/OL]. (2006-11-13). http：//www. china. com. cn/txt/2006-11/13/content_ 7349208. htm.

[46] 张晓波，潘卫国，郭瑞堂，等．海水脱硫技术应用及比较[J]. 上海电力学院学报，2011，27(1)：37-41，52.

第 6 章　海洋渔业可持续发展产业

6.1　概述

6.1.1　技术概况

海洋渔业是指从事海水养殖和海洋捕捞的生产事业。海洋渔业产业是我国第一产业的重要组成部分，其在为海洋生态经济圈提供了丰富水产资源的同时，也起到了稳定第一产业的支撑效应。海洋渔业发展于 2013 年纳入海洋强国建设的战略布局，从过度捕捞、粗放养殖到耕海牧渔，是渔业生产方式向着可持续发展的重要转变，更是我国现代渔业转型升级迈出的重要一步。

从长远角度出发，为促进海洋渔业的可持续发展，应重视开发新型养殖品种，新型养殖技术，新型养殖模式，采用渔业资源利用新技术等，这已成为现代社会农业发展的关键战略。参考《海洋高技术产业分类》(HY/T 130—2010)及相关专家意见，将海洋渔业可持续发展技术分为四大类：一是海水种业全基因组选择育种；二是病害免疫防治与生态防控；三是极地生物资源开发利用；四是深远海养殖工程装备。详见图 6-1。

海水种业全基因组选择育种是指在海水养殖过程中进行的全基因组选择育种。全基因组选择(Whole-Genomic Selection，WGS)最早于 2001 年由挪威科学家 Meuwissen 等提出，它是一种利用覆盖全基因组的高密度分子标记进行选择育种的新方法，可通过构建预测模型，根据基因组估计育种值(Genomic Estimated Breeding Value，GEBV)进行早期个体的预测和选择，从而缩短世代间隔，加快育种进程，节约大量成本。这一方法尤其对低遗传力以及难以测量的复杂性状具有良好的预测效果，真正实现了通过基因组技术来指导育种实践。全基因组选择育种目前已是全世界育种领域最为先进的技术之一，主要应用于抗病性状育种方向。

海洋渔业病害免疫防治与生态防控主要涉及疫苗、诊断试剂盒、渔业药物和病害预警平台等领域的发展情况。渔用疫苗是指能使鱼类产生自动免疫的生物制剂。渔业药物是指专门用于渔业方面为确保水产动植物机体健康成长的药物，可分为水产植物药和水产动物药两部分，也可称为水产药。诊断试剂盒是指采用免疫学、微生物学、分子生物学等原理或方法制备的、在体外用于对海洋生物疾病的诊断、检测及流行病学调查等的诊断试剂。海洋渔业病害预警平台是指对海水养殖动植物进行远程监测预警与诊断的系统。通过研究海洋生物免疫防御机制，解析病原、宿主、环境间的互作关系，建立和发展疫病防控策略。

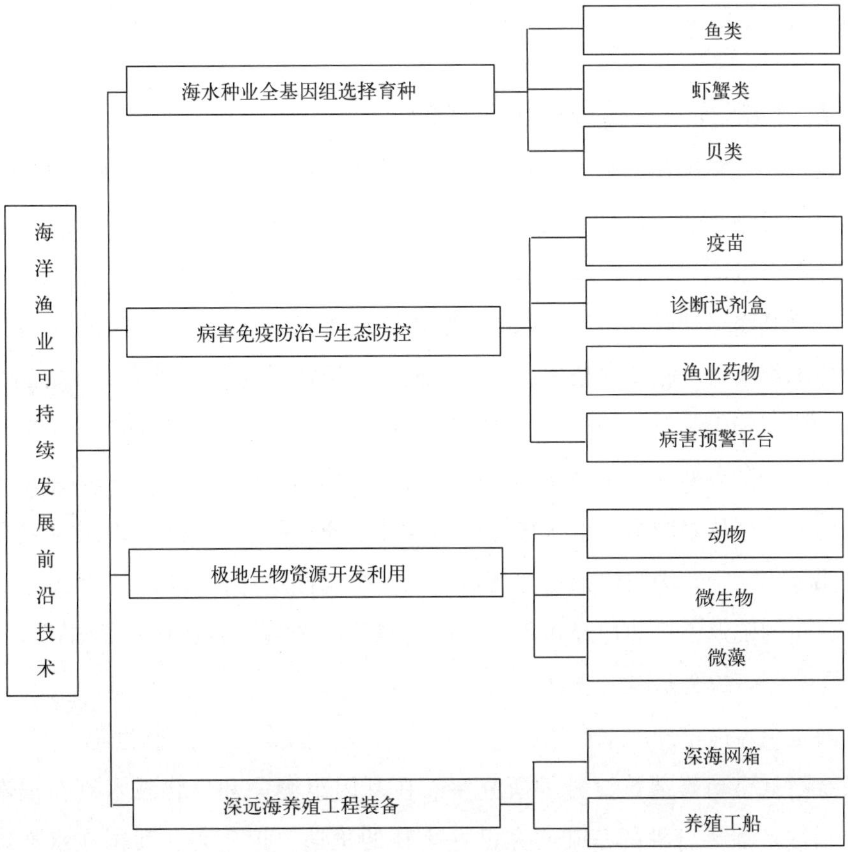

图 6-1　海洋渔业可持续发展技术分类

极地生物资源开发利用主要集中在动物、微生物和微藻资源上，其开发利用在生物能源、生物化工材料、医药与保健食品和水产养殖饵料等方面广泛应用。南极磷虾资源储量丰富，体内含有极其丰富的蛋白质，是极地开发的主要商业经济物种；微藻是一类在陆地和海洋生态系统中广泛存在的低等单细胞生物，是极地生态系统中最重要的初级生产者和食物网的基础；微生物本身作为有机物质的初级生产者，是许多原生动物、浮游动物和底栖动物等的食物，极地地区是重要的微生物资源库以及新型生物活性物质产生菌的潜在种源地。

深远海养殖工程装备科技的发展，是以工业化养殖技术、海洋工程装备技术为重点，进行关键技术创新、设施装备研发与系统模式集成，以形成支撑现代养殖产业发展的科技体系。发展深远海养殖工程装备的主要途径是构建大型养殖网箱和浮式养殖平台，前者在离岸养殖网箱的基础上，在设施与配套装备技术的支撑下，不断向深水、深海水域推进；后者以专业化养殖工船为代表，在发展理念与技术方案上不断成熟，不断发展。

6.1.2 发展现状

6.1.2.1 海水种业全基因组选择育种

该技术一经提出便掀起了一阵育种评估技术的改革，旨在更加有效地将全基因组的标记信息用于遗传改良。由于当时缺乏大量的基因型进行计算，该想法提出后被认为是不可行的。然而随着高通量测序技术的日渐发展成熟，可获得大量的分子标记进行全基因组选择的研究，该种方法才逐渐为人们所重视。全基因组选择育种在全球范围都属于一种新兴技术，目前，全基因组选择育种主要集中在抗病性状育种方面，挪威和美国较为领先。全基因组选择目前已是全世界育种领域最为先进的技术之一[1]。随着测序相关技术的发展和测序平台的不断升级，全基因组序列的解析使科研人员可从基因组水平认知生物的各种生命过程，为设计和优化生物性状提供了可能。当前全基因组选择育种主要应用于抗病性状育种方向，如挪威正开展鲑鳟鱼和鳕鱼的抗弧菌病和神经坏死(VNN)病毒病的全基因组选育，美国正进行斑点叉尾鮰抗弧菌病的全基因组选育[2]。

中国是全球最早开展水产选择育种技术研究的国家之一，20 世纪 70 年代初就建立了专门从事鱼类遗传育种的研究室。在基因组测序和生物技术创新浪潮推动下，中国水产遗传育种的基础研究已迎来新的机遇。近年来，我国在水产动物分子生物学基础研究领域已取得重要进展和突破。自 2012 年起，相继破译了太平洋牡蛎、半滑舌鳎、鲤鱼、草鱼、大黄鱼、红鲫等的全基因组序列，同时启动了团头鲂、橙点石斑鱼、牙鲆、虾夷扇贝、栉孔扇贝、银鲫、鲢鱼、鳙鱼、凡纳滨对虾、中国对虾等的全基因组测序计划，其中有相当一部分已经完成。对鲤鱼、鲫鱼、草鱼、半滑舌鳎、虾、贝类等水产品的功能基因研究处于国际先进水平。全基因组测序为水产生物的机制研究提供了大量数据信息，我国遗传育种学家已开始展开水产动物分子设计育种技术、全基因组育种技术等方面的探索研究，如在完成了长牡蛎、虾夷扇贝和栉孔扇贝的海水贝类全基因组框架图基础上，成套研发了低成本、高通量遗传标记分型技术，建立了贝类全基因组选择育种分析评估系统，并形成了基于全基因组分型的选择育种技术。国际发达国家都极其重视水产养殖种业的发展，不断加大研究投入，取得了一系列重大突破。国外水产养殖种业总规模虽低于中国，但产业集中度较高，良种覆盖率较高，苗种质量稳定，单位售价远高于我国。

6.1.2.2 病害免疫防治与生态防控

近年来，由于人类活动和全球气候变化的影响加剧，近岸海洋和河口生态系统的结构和功能已经发生了巨大变化。中国海水养殖业养殖品种繁多，模式多样，随着养殖规模的不断扩大，长期危害养殖产业的病害问题日益突出。据不完全统计，2002—2009年，我国水产养殖病害平均年损失达百亿元之巨，其中鱼类占55%~77%、甲壳类占11%~28%、贝类占3%~16%。以粗放型为主的养殖模式、良种化程度不高、养殖池塘连作障碍等是病害日益严重的主要原因[3]。2018年，中国水产养殖因病害造成的经济损失约450亿元[4]。粗略统计，全国水产养殖病害种类多达200余种，其中常见病多达几十种，病原包括病毒、真菌、细菌、寄生虫等，2006年生物源性疾病中，病毒性疾病占11.02%、细菌性疾病占57.63%、寄生虫性疾病占24.58%、真菌性疾病占4.24%[3]。2018年监测到发病养殖种类达66种。海产品养殖是我国海洋经济的重要组成部分，在促进渔业产业兴旺和渔民生活富裕、建设和谐社会、保障中国食物安全、提升国际市场竞争力等方面具有重要作用。

1)疫苗

渔用疫苗产业被认为是最具潜力的动物医药产业。该领域的研究工作最早开始于20世纪40年代。加拿大学者Duff首次将灭活的鲑鱼产气单胞菌口服免疫应用于鳟鱼(*Salmo gairdneri*)获得成功，开创了水产疫苗的新纪元。20世纪70年代，由Intervet公司(荷兰)率先推出的首例防治鲑鱼弧菌病(Vibriosis)和肠性红嘴病(Enteric redmouth disease)的福尔马林细菌性灭活疫苗在北美鲑鱼养殖生产中取得了巨大成功，开启了世界水产疫苗的商业化进程[5]。

据美国Animal Pharm公司的市场调查，渔用疫苗市场由1986年的100万美元提升至1998年的4 800万美元，近年来渔用疫苗年增长率高达20%，2018年，世界渔用疫苗市场接近2亿美元。目前，挪威、美国、加拿大和荷兰等国渔用疫苗产业化程度高、市场成熟，培育出众多从事渔用疫苗开发的跨国公司，如Pharmaq、Intervet、Alpharma、Novartis和Bayotek等。辉瑞(硕腾)、默沙东、礼来、拜耳、柏林格殷格翰和葛兰素史克等国际制药领军企业通过自建或兼并等方式，纷纷涉足渔用疫苗行业[6]。据统计，国外针对 30 余种水产病原已有近 200 种鱼类疫苗批准上市。进入 21 世纪后，随着基因工程技术的发展和人们对疫苗安全性认知的深入，以基因工程疫苗为主要特征的水产疫苗陆续被商业许可，如荷兰英特威公司开发的鲇鱼肠败血病减毒活菌疫苗、鲇鱼柱形病减毒活疫苗和传染性造血器官坏死病 DNA 疫苗等。

我国渔用疫苗研究始于 20 世纪 60 年代末，草鱼出血病组织浆灭活疫苗（"土法"疫苗）是我国水产疫苗产业化的起始；80 年代开发的草鱼出血病细胞灭活疫苗，是我国第一个人工水产疫苗，并于 1992 年获得我国第一个"国家新兽药证书"；90 年代开始研制的草鱼出血病活疫苗是我国第一个高效弱毒疫苗，具有免疫原性强、免疫效果好、免疫保护期长等优点，近年与草鱼出血病活疫苗联用的草鱼细菌性烂鳃、赤皮、肠炎三联灭活疫苗是我国研究的首批多联疫苗。随着基因工程技术的发展，渔用新型基因工程疫苗也在实验室中试制成功，鳗弧菌基因工程活疫苗、哈氏弧菌重组外膜蛋白亚单位疫苗等获得转基因生物安全评价证书。我国已有草鱼出血病细胞灭活疫苗、嗜水气单胞菌灭活疫苗、草鱼出血病活疫苗、牙鲆抗溶藻弧菌、副溶血弧菌和迟缓爱德华氏菌独特型抗体疫苗、大菱鲆迟缓爱德华氏菌活疫苗、大菱鲆鳗弧菌基因工程活疫苗、鳜传染性脾肾坏死病毒（ISKNV）灭活疫苗 7 种水产疫苗产品取得新兽药证书，在研的水产疫苗种类达近百种，有 5 种疫苗进入临床试验阶段，大部分处于实验室研究阶段。同时，中国水产科学研究院珠江水产研究所建设的水产动物疫苗生产基地已于 2007 年年底通过原农业部 GMP 认证，标志着我国水产疫苗向产业化推进了一大步[3]。

近年来，随着分子生物学、基因工程等学科的发展和国家科技投入的增加，我国水产疫苗研究掀开了崭新的一页，迈出了新的步伐。据统计，全国现有近 30 家科研单位开展水产疫苗相关研究，涉及包括病毒、细菌和寄生虫等病原 27 种（类）[7]。

2014 年初草鱼出血病活疫苗获得生产批文[兽药生字（2014）190026031]，正式开启了我国水产疫苗产业化进程，目前国内已有 4 种渔用疫苗获得生产批文，将为我国的水产养殖产业提供更多的保障。

2）诊断试剂盒

目前，国外已建立了多种水产动物病毒、细菌等病原的快速检测方法，其中对鲑鳟鱼、对虾的主要病毒及细菌病原的相应免疫学或分子生物学病原检测技术多数都开发成了商品化的试剂盒，如欧洲希腊生物公司开发销售的假结核性巴氏杆菌病的检测试剂盒，利用酶联免疫反应检测技术，凭肉眼观察即可判定检测结果；美国生物研发的可同时检测对虾 BP、HPV、IHHNV、MBV、NHP、WSSV 的试剂盒及检测对虾 TSV、YHV 的试剂盒。近 10 年来，我国对一些重大疾病病原的快速检测技术进行了较深入的研究，在种类、技术水平、易用性等方面达到或接近国际先进水平。据不完全统计，我国至今已对 30 多种水产病原建立了快速检测技术、对 20 多种水产病原开发了现场快速高灵敏试剂盒，其中有 15 种快速检测试剂盒在一定区域内小规模推广应用，包括建立了嗜水气单胞菌、温和气单胞菌、爱德华氏菌、副溶血弧菌、创伤弧菌、哈维氏弧菌、溶藻胶弧菌、KHV、IHHNV、TSV 及同时区分 WSSV 不同地理毒株的快速检测技术；研制了对虾 WSSV、IHHNV、VpAHPND、YHV、TSV、IMNV 以及鱼类 NNV、SVCV、TRBIV、嗜水气单胞菌等 20 余种病原微生物的现场快速高灵敏检测试剂盒，并在国内外示范使用[3]。

3) 渔业药物

根据 2020 年中国渔业年鉴的统计数据，2019 年我国渔药的年直接经济产值为 21.14 亿元，生产企业主要集中在江苏、广东、广西、湖北、山西、浙江、北京等地。现阶段、我国市场上流通的非生物制品类渔药主要包括消毒剂、驱杀虫剂、水(底)质改良剂、抗生素、中草药和营养抗应激类六大类，生物制品类渔药主要以微生态制剂为主，疫苗所占的份额非常小。我国水产养殖品种很多，病原和疾病的种类也呈现多样化，特别是占养殖水产品产量一半以上的虾、贝、参等品种没有特异性免疫系统，因此渔药是目前产业中防控水产动物疾病的主要方式之一，对保障水产养殖的健康、稳定发展具有不可替代的作用。

现阶段，我国水产养殖产业中应用的渔药，大部分沿用了人药或兽药的成分，使用方法也大多依靠经验，缺乏针对水产动物的药效学、药物代谢动力学、毒理学、给药方式的基础理论研究，渔药对水域生态环境影响的研究资料也相对缺乏。科研院所里从事渔药创制和应用技术研发方向的专业人员较少，目前的渔药配方研发主要依靠的是兽药生产企业，但企业普遍缺乏具有丰富专业理论知识和研发经验的人才队伍，因此造成了我国新渔药的研发和注册申报后劲不足，缺乏对产业的技术支撑力。在水产养殖绿色发展大政策的引领下，新渔药的研发和注册申报亟待加强。

4) 病害预警平台

2019 年，中国水产养殖因病害造成的测算经济损失约 408 亿元，比 2018 年减少 42 亿元，约下降 9.3%，约占渔业产值的 3.2%，约占水产养殖总产值的 4.2%[8]。因此，开展病害防控研究，加快推进水产养殖业绿色发展，对于落实国家新发展理念、保护水域生态环境、保障国家粮食安全和建设美丽中国是十分紧迫和至关重要的。预警预报是农业病害防控研究的热点及主流方向，近年来，国内外研究人员在农业灾害风险预警研究方面取得了重要进展，并将该技术广泛应用于农作物病害防控领域，有效增强了农业病害防控的预见性和计划性。与农作物病害预警预报研究相比，中国水产动物病害预警预报体系的研究刚刚起步，主要工作集中在封闭或半封闭养殖系统，依据养殖水质的预测结果，对养殖动物病害发生情况进行测报。水产动物的病害发生是病原、宿主与环境相互作用的结果，因此，系统研究水产动物免疫防御机制，解析病原、宿主、环境间的相互关系，是建立和发展疫病防控策略的核心。借鉴农作物病害防控的理论与技术，建立水产动物健康评价体系，加强水产动物养殖生态环境的监测及病害发生的预警预报，已成为保障中国水产养殖业健康可持续发展、确保粮食和生态安全的迫切需求[9]。

鱼病远程监测预警与诊断系统已在广东、江苏、广西、江西、重庆、北京的各级水产技术推广站、鱼病医院、养殖户中得以运用[3]。但国内关于海水养殖贝类病害预警预报体系的研究和报道较少，国家贝类产业技术体系病害控制功能实验室组织相关科研力量，开展了海水贝类病害预警体系的研发工作，针对北黄海和渤海贝类养殖海区的生态系统特征及贝类养殖现状，解析了环境、病原及宿主健康状态与病害发生的关系，筛选了病害预警的警兆指标，构建了病害预警模型，初步实现了贝类病害预警体系的推广应用[9]。

粗略统计，全国水产养殖病害种类多达200余种，其中常见病多达几十种，病原包括病毒、真菌、细菌、寄生虫等，2006年生物源性疾病中，病毒性疾病占11.02%、细菌性疾病占57.63%、寄生虫性疾病占24.58%、真菌性疾病占4.24%。2019年监测到发病养殖种类达27种。

6.1.2.3 极地生物资源开发利用

随着陆地资源的日益紧缺，对极地生物资源的开发与利用已上升为国家发展战略的高度，也成为全世界高度关注的热点。极地地区存在着丰富的渔业资源、微生物资源和微藻资源，具有极高的利用价值。

1) 南极磷虾

据评估南极磷虾资源蕴藏量近 10×10^8 t，年可捕捞量近 1×10^8 t，相当于每年全球海洋渔业资源捕捞量的总和。全球南极磷虾的捕捞业开始于20世纪60年代，历经10年的先期探索，终于由苏联于1972年率先在南极海域进行针对南极磷虾的商业开发与商业捕捞[10]。日本对南极磷虾的开发在2000年达到顶峰，创历史最高纪录，达到了80 597 t，从2001年起逐年捕捞量下降，2012年后基本不再进行针对南极磷虾资源的捕捞活动，逐渐淡出该资源的捕捞国家的行列。挪威于2003—2004年开始涉足南极磷虾捕捞行业，进行了大规模的商业化开发[11]。我国于2009年开始进行南极磷虾的捕捞生产活动[12]。

根据2009—2019年以来主要国家的南极磷虾捕捞产量统计，挪威、中国、韩国是南极磷虾捕捞大国，2009—2019年中大部分南极磷虾由挪威(61.9%)捕捞，其次是韩国(14.6%)和中国(13.6%)。2018—2019年渔季挪威捕捞产量245 014 t，占全球总捕捞量64.2%；中国捕捞量50 423 t，占全球总捕捞量13.2%，居世界第二[12]。全球规模最大的5家磷虾捕捞企业包括阿克海洋生物有限公司(Aker BioMarine)(挪威)、中国水产有限公司(中国)、Insung公司(韩国)、Pescachile公司(智利)、Rimfrost公司(挪威)，其捕捞规模占到了全球南极磷虾捕捞行业规模的85%。

南极磷虾具有一个鲜明的特征，即如果在捕捞过程中被长时间挤压，其虾壳和虾头中高含量的氟元素将渗入虾体，影响食用功能甚至饲料的功能。同时，被捕捞上船的磷虾因其体内非常独特的蛋白质降解酶将导致其体内的蛋白质迅速分解，引起肉质腐败，因此必须在捕捞后1~3h内进行加工处理[13]。在南极捕上来的原虾，一是冰冻成冷冻虾；二是干燥、粉碎加工成虾粉后运到各国港口加工，提炼虾油、做饲料、调味料、生物制品等。

2)微生物

在海洋食物链中，微生物本身作为有机物质的初级生产者，成为许多原生动物、浮游动物和底栖动物等的食物，也在海洋生态系统的物质和能量转化、生物地球化学循环中担当着特殊而极其重要的角色。

南北极地区自然环境十分特殊，是重要的微生物资源库以及新型生物活性物质产生菌的潜在种源地。这些微生物长期适应极地寒冷环境，在湖泊、海洋、土壤及其冰冻环境中形成了各种代谢水平和分子水平的适应机制，造就了物种及其代谢产物的独特性、多样性[14]。

在极端环境中存在着复杂的充满活力的海冰微生物群落，包括游离病毒、细菌、自养藻、原生动物和后生动物；其中包括大量嗜冷和耐冷微生物。这些微生物具备相对独特的分子生物学机制和生理生化特性，如嗜冷和耐冷特性、抗强辐射等[15]。目前，极地微生物的开发利用研究主要集中在抗冻物质、多不饱和脂肪酸(PUFA)、抗紫外线辐射物质、低温酶、抗菌和抗肿瘤活性物质等方面。深入了解极地微生物资源的多样性、评估其潜在药用价值、发现新活性物质对创新药物的研发及极地微生物资源的合理有效利用具有重要意义。

3）微藻

极地微藻主要分布在南、北极地区和高海拔雪山的海冰、湖水、冰川融水和积雪表面，是一类在陆地和海洋生态系统中广泛存在的低等单细胞生物，是极地生态系统中重要的生态群体和食物链的关键组成部分（南极冰藻是生存在南极海水、海冰及冰川融水等极端环境中各类微藻的总称，是夏季南大洋海冰-海水生态系统中主要的初级生产力来源，冰藻对南极海冰区初级生产力的直接贡献率超过 20%[16]）。微藻可利用阳光、水、无机盐和 CO_2 迅速生长，并在其细胞内合成与积累蛋白质、多糖、多不饱和脂肪酸、微量元素、色素和抗氧化物等多种营养物质[17]。

极地微藻可以很好地适应极端环境，如低温、营养缺乏、高盐度以及高山和极地的强紫外线辐射等。有一套有效的抗胁迫体系保护极地微藻的光合系统、生物膜系统和酶系统，以保证微藻细胞生理活动正常进行，是潜在的饲料、护肤品、医药与保健食品来源。因此，研究极地微藻的抗冻、抗氧化和抗辐射特性等极端环境适应机制具有十分重要的理论意义和实际应用价值[18]。

6.1.2.4 深远海养殖工程装备

近海投饵养殖不仅容易造成海洋环境污染，而且面临着资源枯竭和海产品大量减少的问题，因此向深远海发展是必然趋势。发展大型养殖工船与网箱设施是推进深远海养殖工程装备的核心[19]。

1）深海网箱

20 世纪 80 年代以来，发达渔业国家开始探索和应用深远海养殖技术[20]。Farm Ocean 公司（瑞典）研发的半潜式深远海养殖网箱，将网具固定于六边形漂浮主框架内，并通过连接到底部的沉降管道保持形状，网箱容量可达 2 500~5 000 m^3[20]。彼斯巴卡公司（西班牙）设计了一种能经受 9 m 高的海浪，连接 7 只容量 2 000 m^3 的深水网箱，年产鱼 250~400 t 的海上养殖平台[21]。BYKS AS 公司（挪威）研发的海洋球型网箱采用金属框架和聚乙烯箱体，容量为 4 000 m^3，产量约为 1 000 t/a[22]。Ocean Aquafarms 公司（挪威）设计的 Hex Box 深海养殖网箱尺寸可伸缩，直径可从 30 m 到 100 m，高度可从 30 m 到 100 m，是在近海恶劣环境区域养殖大西洋鲑鱼的高技术装备。荷兰迪玛仕船舶技术咨询公司设计的"半潜式深海渔场"直径 140 m，高度 12 m，容积 15×10^4 m^3。

挪威是全球深海养殖技术的领先国家，该国所掌握的冷水养殖和高端海工装备技术在全球独树一帜。目前，挪威已在全世界相应海域国家申请专利，几乎垄断了深远海网箱式养殖平台的设计技术及运营市场，形成了从装备设计、鱼苗培育、远海放养、活鱼捕捞、鱼肉生产到物流销售的完整的产业链和供应链[23]。

我国农业农村部自2015年中央油补资金改革后，开始了对深水抗风浪网箱建设的支持，2015年至今共拨付资金7.9亿元，支持在沿海12个省份建设5 262个深水抗风浪网箱，有效扩大深水养殖规模，养殖效益显著提升[24]。2017年6月，中国船舶集团重工为挪威公司成功建造了世界首座规模最大、自动化程度最高的智能养殖平台"海洋渔场1号"，2018年，我国首座全潜式深远海大型智能养殖装备"深蓝1号"，在山东完成建造并下水进行投苗生产。此装备自投产以来成功抵御了9次台风考验，有效保障了养殖安全，目前"深蓝2号"也已完成设计开始建造。"德海1号"智能化养殖渔场在广东下水，通过了17级台风"山竹"的海况测试，首批7.5×10^4 kg鱼远海养殖成功。2019年，"长鲸1号"网箱在山东建成并正式交付，是世界首个深水坐底式养殖大网箱和首个实现自动提网功能的大网箱，也是国内首个通过美国船级社和国内渔船检验的网箱。"振渔1号"养殖平台在福建连江下水正式启用，并开展深远海养殖试验[24]。目前我国已具备深远海养殖平台的制造能力，设计能力也取得了巨大的进步。

2）养殖工船

养殖工船在全球范围内已有诸多实践。欧美海水养殖业发达国家如挪威、法国、西班牙等以及一些岛屿地区如日本等，将养殖工船作为重点研发和推广设施，但一直未能成为主体产业，这或许与生产规模不大、远海养殖需求不足等因素有直接联系[22]。

法国联合挪威在布列塔尼海岸建成了一艘长270 m，总排水量10×10^4 t的养殖工船，养殖水体为7 000 m^3，产量约为3 000 t/a[25]。欧洲渔业委员会建成半潜式渔业资源增殖工船，船长189 m、宽56 m，产量为700～1 200 t/a[25]。日本建成"蓝海"号养殖工船，船长110 m，宽32 m，产量约100 t/a[25]。土耳其将散货船改建成养殖工船，船长153 m、宽23 m，共含12个养鱼舱体，开展了长达11个月的虹鳟养殖试验[24]。西班牙设计的半潜式金枪鱼养殖船，船长189 m，宽56 m，航速8 kn，养殖水体为12×10^4 m^3，可到达各渔场接运活捕金枪鱼400 t[26]。Havfarm1深水养殖工船是由挪威的Nordlaks公司和NSK Ship Design公司合作开发设计，由中国中集来福士建造的。此养殖工船长385 m，宽59 m，高65 m，共有6座深水网箱，养殖水体高达44×10^4 m^3，养殖规模超过1×10^4 t。它主要布置在大西洋东北部的北海靠近挪威一侧，是目前全球最大最先进的深水养殖工船。

20世纪80年代中后期，我国雷霁霖院士提出建造海洋工船的初步设想[23]。“十二五”期间，徐皓等开展了大型养殖工船的系统性研究，设计在10万吨级船体平台上建立养殖水体75 000 m^3的养殖平台，可形成年产4 000 t以上石斑鱼养殖能力和50~100艘渔船渔获物初加工与物资补给能力。2016年，由大连阿波罗海事服务有限公司牵头论证的将散货船改装成养殖工船的总体方案设计获得了DNV GL船舶设计的原则性认可证书(AIP)，此船可抗17级台风。2017年7月，我国第一艘养殖工船“鲁岚渔养61699”也在山东成功交付。此船由中国海洋大学和中国水产科学院渔业机械仪器研究所联合设计，日照港达船舶重工有限公司进行改装。此船总长86 m，型宽18 m，型深5.2 m，包含16个养鱼水舱，能满足黄海冷水团养殖鱼苗培育和养殖场看护的需求[23]。2018年，上海崇和实业集团有限公司参与研制并投资的“深远海智慧渔业工厂”正式签约。它可提供的养殖水体近8×10^4 m^3，可以在12级台风下安全生产，实现养殖过程的智能化、工厂化管理。其单个养殖加工平台年产三文鱼万吨以上，产值10亿元以上，养殖品种可拓展至黄条鰤、金枪鱼、大黄鱼等。2019年，上海耕海渔业有限公司与中国船舶集团第七〇八所签署了三艘深远海养殖工船的设计合同。此船为钢制全焊接、流线型船首、尾驾驶室、双壳双底、双桨推进、带艏侧推的深远海养殖加工船，具备自主移动避台风、变水层测温取水、舱内循环水环保养殖、分级分舱高效养殖、自动化智能化五大技术突破[27]。2020年，中国船舶集团有限公司旗下青岛北海船舶重工有限责任公司与国信中国船舶集团(青岛)海洋科技有限公司集团正式签约，建造全球首艘10万吨级智慧渔业大型养殖工船“国信1号”，该养殖工船载重量约10×10^4 t，养殖水体达8×10^4 m^3，船长249 m，单船投资约4亿元，拟开展大黄鱼、石斑鱼、大西洋鲑、黄条鰤等名优鱼种养殖。

6.2 全球创新资源地图

6.2.1 总体格局

全球海洋渔业可持续发展产业创新资源主要分布在挪威、中国、美国、加拿大、智利、韩国等国家，主要分布在欧洲北部、北美、东亚等区域，各主要区域的重点机构及主要技术与产品等详见表6-1。创新资源格局呈现以下特征。

表 6-1 海洋渔业可持续发展产业主要创新高地

创新高地	所在国家	创新高地简介	主要领域及产品
奥斯陆	挪威	挪威首都。政治、经济、文化、交通中心和主要港口城市。汇聚了国际领先渔业企业	海水种业全基因组选择育种、南极磷虾、渔用疫苗、渔用药物
奥勒松		挪威西部港口城市，捕鱼、鲸和海豹的基地	南极磷虾
弗尔岛		汇集三文鱼巨头公司，天然三文鱼养殖场	深海网箱
特隆赫姆		西海岸中部城市，挪威工业中心，挪威的教育重镇	海水种业全基因组选择育种，鲑鱼卵、虹鳟鱼卵
斯塔万格		西海岸渔港，北海油田的开发保障基地	Hex Box 深海养殖网箱
新泽西州麦迪逊	美国	新泽西州制造业发达，尤以制药业较为突出，该州的制药业在全美名列第一	病害免疫防治与生态防控，渔用疫苗
加利福尼亚州圣迭戈		圣迭戈拥有发达的通信工业和生物制药产业。CDMA 的创始者、通信巨头高通公司总部位于此。辉瑞、诺华、安进等国际生物制药集团在此设立总部或分公司。美国经济智库“密尔肯研究所”(Milken Institute)于 2005 年将圣迭戈评估为“全美排行第一的生物技术与制药行业聚落”	海水种业全基因组选择育种，鱼类、贝类、软体水生物、藻类等
不列颠哥伦比亚省萨尼奇	加拿大	西临太平洋，为加拿大通往亚太地区的门户；渔业资源丰富，牡蛎和鲑鱼养殖出名，高科技产业发达	病害免疫防治与生态防控、渔用疫苗
青岛	中国	海洋科研力量雄厚的海洋科技城，汇聚了国内重要海洋科研机构	养殖工船、深海网箱、病害免疫防治、极地资源、海水种业全基因组选择育种
上海		金融中心。汇集了多所海洋相关科研机构，海洋配套产业协同发展	养殖工船、深海网箱、极地微生物、渔业药物
广州		汇集了具有较强竞争力企业，科研基础雄厚	病害免疫防治、养殖工船、深海网箱、海水种业全基因组选择育种、极地微藻

挪威和美国拥有海洋渔业可持续发展技术领域最多的创新高地，汇聚了全球部分顶尖的科研机构与企业。科技创新、自主研发能力强，专利布局广，相关产品市场占有率居世界首位。挪威创新高地主要集中在奥斯陆、奥勒松、弗尔岛、特隆赫姆等区域，汇集了挪威萨尔玛公司、挪威阿克海洋生物有限公司、挪威法玛克水产医药公司等企业，拥有挪威科技工业研究院（SINTEF）等知名研究机构。美国创新高地主要分布在新泽西州麦迪逊、加利福尼亚州圣迭戈、奥本等，典型企业有默克公司、诺华公司、欧陆集团、肯特海洋技术公司等，主要科研机构有美国奥本大学、弗吉尼亚海洋科学院水产基因和育种技术中心等。

我国在海水养殖、海洋捕捞等海洋渔业产业相关的科研、生产活动中取得了长足发展，多个细分领域研究成果在全球占据先导地位，部分技术也正逐步实现国产化设计，是全球渔业生产、贸易及消费大国。我国创新高地主要集中在环渤海地区、长江三角洲和珠江三角洲地区，代表城市包括青岛、上海、广州、深圳、大连、天津、烟台等。我国从事该产业相关科研、生产活动的机构数较多，典型企业有中国水产有限公司、上海耕海渔业有限公司、烟台中集来福士海洋工程有限公司、深圳华大海洋科技有限公司、广州双螺旋基因技术有限公司、广东海大集团股份有限公司、广东粤海饲料集团股份有限公司，主要科研院所有中国海洋大学、中国水产科学研究院渔业机械仪器研究所、自然资源部第一海洋研究所、中国水产科学研究院南海水产研究所、中国水产科学研究院黄海水产研究所、中国水产科学研究院珠江水产研究所等。

6.2.2 海外重点区域

6.2.2.1 欧洲北部

欧洲北部是历史悠久的海洋渔业发展地区，尤其是挪威十分注重本产业的发展，具有完善的产业链和管理机制。主要集中了挪威萨尔玛公司、挪威阿克海洋生物有限公司、Nordlaks 公司、法玛克水产医药公司（PHARMAQ AS）、AquaGen 公司、Alpharma 公司、挪威生命科学大学综合基因组学中心（CIGENE）和挪威科技工业研究院（SINTEF）等知名企业和科研机构，在深远海养殖工船和养殖网箱设计、南极磷虾捕捞生产加工、渔用药物及疫苗研发生产、经济性水产动物基因组育种等方面在全球范围内都形成了较强的竞争力（表 6-2）。

表 6-2 欧洲北部海洋渔业可持续发展产业主要创新高地信息

创新高地	所在国家	重点企业及产品	重点科研机构及技术
奥斯陆	挪威	阿克海洋生物有限公司(南极磷虾，人类保健品 Superba Krill Oil、水产养殖饲料 Qrill AQUA、宠物饲料 Qrill PET) 法玛克水产医药公司(渔用药物，抗冷水弧菌病的细菌灭活疫苗) Alpharma 公司(渔用疫苗)	挪威生命科学大学综合基因组学中心(海水种业全基因组选择育种)
奥勒松		Rimfrost AS(南极磷虾油、磷虾粉)	—
弗尔岛		挪威萨尔玛(Salmar)公司(设计"海洋渔场 1 号"半潜式海上养殖平台)	—
特隆赫姆		AquaGen 公司(海水种业全基因组选择育种，鲑鱼卵、虹鳟鱼卵)	挪威科技工业研究院(SINTEF)(养殖网箱)
斯塔万格		Ocean Aquafarms(Hex Box 深海养殖网箱)	—

6.2.2.2 北美

重点区域美国加利福尼亚州海岸(圣迭戈)集中了默克公司(Merck & Co. Inc.)、欧陆集团(Eurofins Abraxis Kits)、肯特海洋技术公司(Kent SeaTech LLC)等企业，在渔用疫苗、检测试剂盒等产品方面形成较强竞争力。主要产品如欧陆集团的卵黄蛋白原快速检测试剂盒，默克公司的 AQUAVAC© IPN Oral、NORVAX© Compact PD、NORVAX© Minova 6 疫苗等。此外，美国奥本大学、弗吉尼亚海洋科学院水产基因和育种技术中心、水产养殖技术中心等高校及科研机构在全基因选择育种技术方面研究基础雄厚(表 6-3)。

表 6-3 北美海洋渔业可持续发展产业主要创新高地信息

创新高地	所在国家	重点企业及产品	重点科研机构及技术
新泽西州麦迪逊	美国	默克公司(AQUAVAC© IPN Oral，NORVAX© Compact PD，NORVAX© Minova 6 疫苗等)	—
加利福尼亚州圣迭戈		诺华公司(水产用疫苗、诊断试剂等)	水产养殖技术中心(鱼类、贝类、软体水生物、藻类等)

续表

创新高地	所在国家	重点企业及产品	重点科研机构及技术
不列颠哥伦比亚省萨尼奇	加拿大	Microtek International Inc.(传染性胰腺坏死病毒亚单位疫苗)	—

6.2.2.3 东亚

日本大学在虾、藻、参种苗技术，病害防治用品，金枪鱼，大菱鲆、牙鲆、贝类、藻类养殖技术等方面取得不错成绩；韩国国立水产科学院的大菱鲆、牙鲆、贝类等养殖技术方面也都取得了不错的成绩。

6.2.3 我国重点区域

中国主要创新高地信息见表 6-4。

表 6-4 中国海洋渔业可持续发展产业主要创新高地信息

创新高地	重点企业及产品	重点科研机构及技术
青岛	国信中国船舶集团(青岛)海洋科技有限公司(“国信 1 号”养殖工船) 青岛海兴智能装备有限公司(养殖工船) 青岛武船重工有限公司(建造“深蓝 1 号”全潜式深海渔场) 青岛中仁药业有限公司(渔用药品)	青岛海洋科学与技术试点国家实验室(养殖工船系统构建与总体技术) 中国海洋大学(养殖工船、深海网箱、南极磷虾、极地微生物、渔用疫苗、海水种业全基因组选择育种) 中国科学院海洋研究所(海水种业全基因组选择育种) 中国水产科学研究院黄海水产研究所(渔用疫苗、海水种业全基因组选择育种) 自然资源部第一海洋研究所(极地微生物、极地微藻)
上海	上海柏微生物技术有限公司(Baivie 水产药敏分析试剂盒) 上海耕海渔业有限公司(养殖工船) 上海四季生物科技有限公司(检测试剂盒) 上海振华重工集团(深海网箱)	上海海洋大学(渔业药物、海水种业全基因组选择育种) 中国船舶及海洋工程设计研究院(养殖工船) 中国极地研究中心(极地微生物) 中国水产科学研究院东海水产研究所(极地微生物) 中国水产科学研究院渔业机械仪器研究所(10 万吨级阿芙拉型油船改装养殖工船、“鲁岚渔养 61699”养殖工船)

续表

创新高地	重点企业及产品	重点科研机构及技术
广州	广东海大集团股份有限公司(海联科牌渔药) 广东渔夫宝水产科技有限公司(疫苗、消毒剂) 广州华峰生物科技有限公司(检测试剂盒) 广州普麟生物制品有限公司(渔用疫苗) 广州市利健药业有限公司(渔用药品) 广州双螺旋基因技术有限公司(检测试剂盒) 广州珍健生物科技有限公司(疫苗、消毒剂)	华南理工大学(极地微藻) 中国科学院广州能源研究所(“澎湖号”养殖网箱) 中国科学院南海海洋研究所(海水种业全基因组选择育种) 中国水产科学研究院南海水产研究所(船载自动投饲系统、“德海 1 号”智能化渔场、海水种业全基因组选择育种) 中国水产科学研究院珠江水产研究所(渔用疫苗、检测试剂盒、海水种业全基因组选择育种)

6.2.3.1 环渤海地区

重点区域青岛被称为中国的海洋科学城，聚集了全国 30%以上海洋教学和科研机构、50%的涉海科研人员、70%涉海高级专家和院士，拥有雄厚的海洋科研力量，具有很强的海洋科研优势。海洋渔业领域主要科研机构有中国海洋大学、自然资源部第一海洋研究所、中国水产科学研究院黄海水产研究所、中国科学院海洋研究所、青岛海洋科学与技术试点国家实验室等，在养殖工船、深海网箱、南极磷虾、极地微生物、极地微藻、渔用疫苗和海水种业全基因组选择育种等技术研究方面具有相当优势，设计了“鲁岚渔养 61699”渔业养殖工船、“深蓝 1 号”全潜式深海渔场等渔业装备，对南极磷虾产品(虾粉、虾糜、调味料、虾酱、宠物营养风味剂)多样化研发和极地微生物利用等方面进行了大量探索，在鱼虾贝蟹等养殖物种的渔用疫苗和海水种业全基因组选择育种技术方面也开展了许多创新性的研究。青岛也集中了国信中国船舶集团(青岛)海洋科技有限公司、青岛武船重工有限公司、青岛海兴智能装备有限公司和青岛中仁药业有限公司等企业，在养殖工船、深海网箱、渔用药品等产品方面形成了一定竞争力。

6.2.3.2 长江三角洲地区

重点区域上海拥有多所海洋相关科研机构，其中中国水产科学研究院渔业机械仪器研究所、中国船舶及海洋工程设计研究院、中国极地研究中心、中国水产科学研究院东海水产研究所、上海海洋大学等研究机构，在养殖工船、极地微生物、渔业药物等领域开展了深入研究，成果斐然。相关配套产业同时也得到了相应的发展，包括上海耕海渔业有限公司、上海振华重工集团、上海四季生物科技有限公司、上海柏微生物技术有限公司等企业开发了大型深远海工船网箱一体化的渔业生产平台及其作业方法、“振渔 1 号”深远海机械化养殖平台、水产养殖病害检测系列试剂盒、Baivie 水产药敏分析试剂盒等技术产品，具有较强的竞争力。

6.2.3.3 珠江三角洲地区

重点区域广州集中了广东海大集团股份有限公司、广州双螺旋基因技术有限公司(暨南大学)、广东渔夫宝水产科技有限公司等企业，在渔业药品、检测试剂盒和疫苗产品方面开发了海联科牌渔药、虾肝肠胞虫(EHP)核酸检测试剂盒等产品，在研发、生产方面形成了较强竞争力。该地区的中国水产科学研究院南海水产研究所、中国水产科学研究院珠江水产研究所、华南理工大学、中国科学院南海海洋研究所等科研院所在养殖工船、深海网箱、极地微藻、渔用疫苗、检测试剂盒、海水种业全基因组选择育种等技术领域具有雄厚研究基础，为渔业相关产品技术创新提供着有力支撑。

6.3 全球产业(链)创新全景图

全球产业(链)创新全景图如图 6-2 所示。

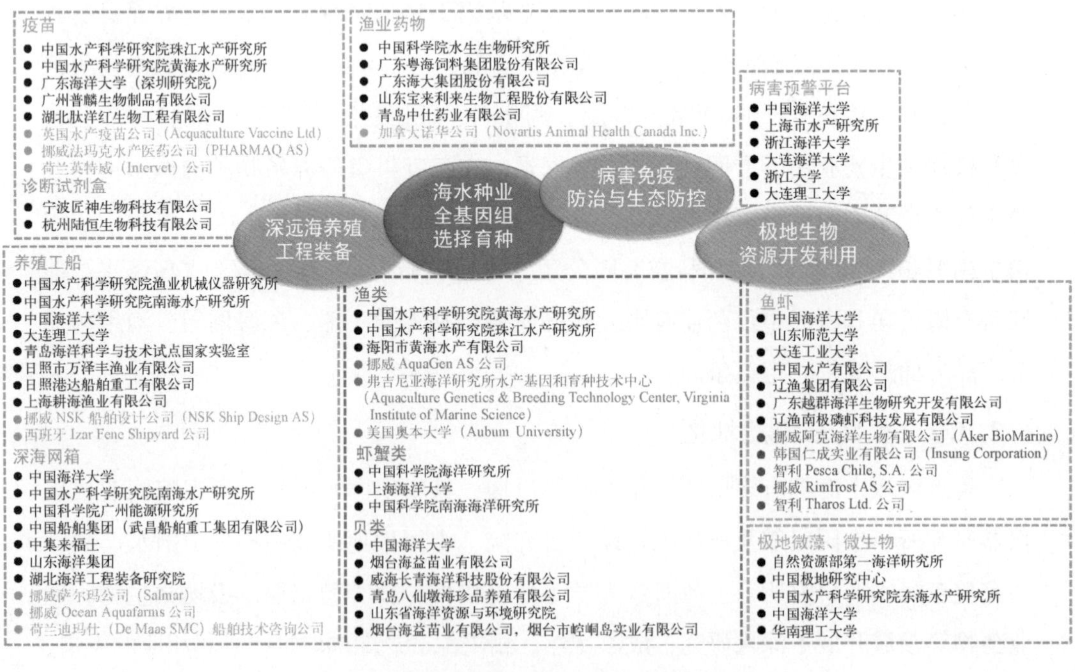

图 6-2　海洋渔业可持续发展产业全景图

6.3.1 分布特征

海水健康养殖及捕捞产业围绕深远海养殖工程装备、海水种业全基因组育种、病害免疫防治与生态防控、极地生物资源开发利用 4 个方向，细分了养殖工船等 12 项三级技术，梳理了 61 家企业、30 家科研机构、12 件产品信息。

在海水种业全基因组选择育种方面，挪威和美国较为领先，当前全基因组选择育种主要应用于抗病性状育种方向，挪威正开展鲑鳟鱼和鳕鱼的抗弧菌病和神经坏死(VNN)病毒病的全基因组选育，美国正进行斑点叉尾鮰抗弧菌病的全基因组选育。和国内主要以科研院所进行品种选育为主导不同，国外种业企业在苗种培育中扮演着重要角色。

在病害免疫防治与生态防控方面，挪威、美国、加拿大和荷兰等国渔用疫苗产业化程度高、市场成熟，培育出众多从事渔用疫苗开发的跨国公司，如 Alpharma、Aqua Health、Intervet 和 Bayotek 等。AquaGen 公司是挪威著名的大西洋三文鱼育种公司，挪威法玛克水产医药公司集水产医药开发、生产和销售于一体，向世界市场提供鱼疫苗和疗法。相对欧、美、日公司，我国企业起步较晚，成熟商用产品少，市场占有率低，产品可靠性存在差距。

在极地生物资源开发利用方面，挪威在南极磷虾行业占据绝对优势，该国 Aker BioMarine 公司是全球规模最大的磷虾捕捞企业之一，其产业布局覆盖了从捕捞到加工完整产业链条，建立了南极磷虾捕捞加工的行业标准，研发的基于南极磷虾的终端产品主要包含人类保健品、水产养殖饲料和宠物饲料等领域。我国已对南极磷虾产业的基本情况、关键技术点和产业发展趋势有了基本的了解，但捕捞技术、船载冻结和精深加工能力较低，同时产品开发能力有限。

在深远海养殖工程装备方面，挪威三文鱼养殖巨头萨尔玛(Salmar)公司布局了世界首座深海渔场“海洋渔场 1 号”，开启了鱼类养殖由近海引入远海的新途径。挪威 Nordlak 公司和 NSK Ship Design 公司共同开发设计的“Havfarm1”号是全球最大最先进的深水养殖工船。自 2015 年以来，我国多家企事业单位相继开展了深海渔场的设计、建造工作。“深蓝 1 号”“长鲸 1 号”等多个深海渔场交付使用，标志着我国已具备深远海养殖平台的制造能力，设计能力也取得很大进步。全球首艘 10 万吨级智慧渔业大型养殖工船在青岛启动建造，是具备高度自动化和信息化的首个 10 万吨级全封闭可游弋式大型养殖平台，填补了行业空白。

6.3.2 海水种业全基因组选择育种技术

6.3.2.1 国内外主要企业及机构

近年来，中国在全球范围的海水种业全基因组选择育种技术领域居于领先地位（图 6-3）。除挪威等传统海洋强国在海洋资源开发层面积累了丰富的经验长期处于世界领先地位之外，中国在海洋类科研院所强大的技术支撑下，在海水种业全基

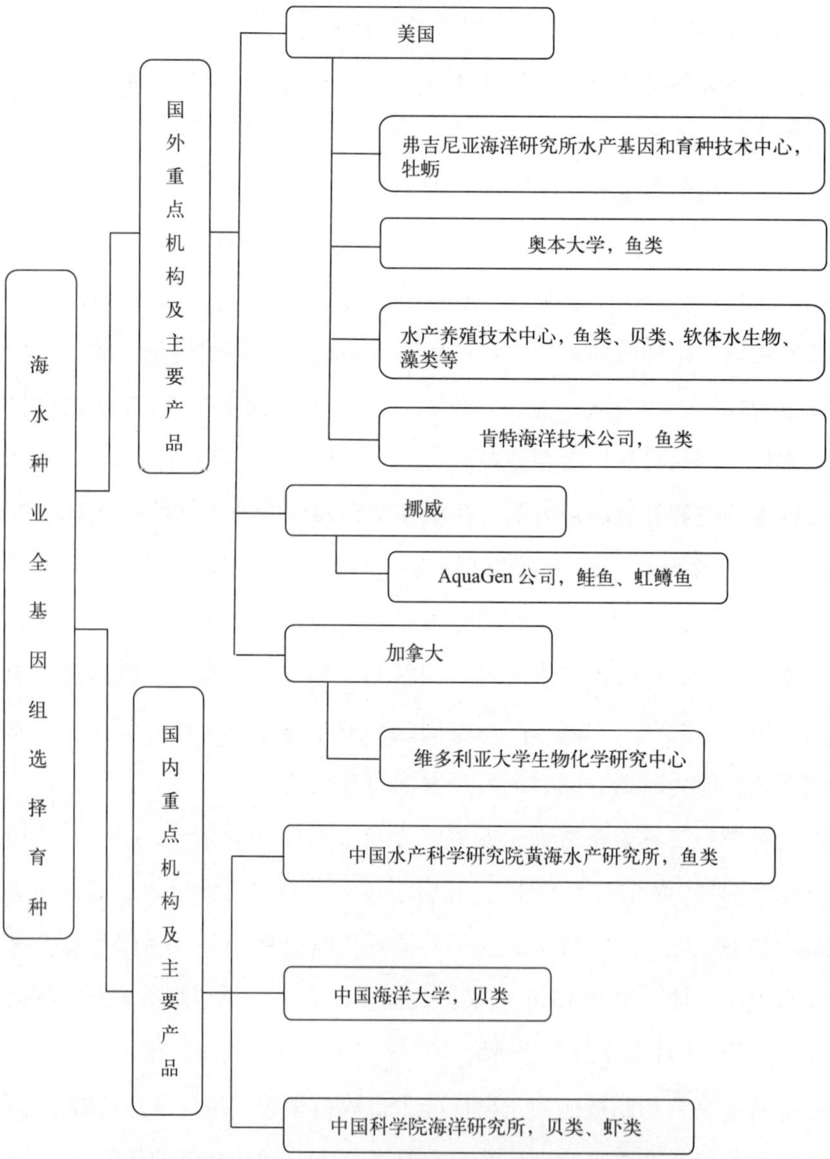

图 6-3 海水种业全基因组选择育种国内外主要企业及机构

因组选择育种技术领域的竞争实力不容小觑。其中，中国水产科学研究院黄海水产研究所以第一完成单位培育出水产养殖新品种15个，中国科学院海洋研究所以第一完成单位培育出水产养殖新品种14个，中国海洋大学以第一完成单位培育出水产养殖新品种11个。

6.3.2.2 重点创新机构研发布局

（1）中国水产科学研究院黄海水产研究所

中国水产科学研究院黄海水产研究所系农业农村部所属综合性海洋水产研究机构。黄海水产研究所紧紧围绕"海洋生物资源开发与可持续利用研究"这一中心任务，取得了300多项国家和省部级成果，其中国家级奖励44项；为中国鱼、虾、贝、藻、参等海水养殖业做出了开创性的贡献；拉开了新中国渔业资源调查的序幕，为渔业生物学和渔场海洋学发展做了奠基性工作；开拓了中国海洋生态系统动力学和大海洋生态系研究，为中国渔业科学与海洋科学多学科交叉和生态系统水平海洋管理基础研究进入世界先进行列做出了突出贡献。2016年培育出的新品种"鲆优2号"牙鲆是中国的牙鲆抗鳗弧菌病群体与日本的牙鲆群体杂交后代（♀）×中国的牙鲆抗鳗弧菌病群体与韩国的牙鲆群体杂交后代（♂）（表6-5）。

表6-5 中国水产科学研究院黄海水产研究所在全基因育种技术领域研发布局简况

创新机构	中国水产科学研究院黄海水产研究所	
网址	http://www.ysfri.ac.cn/	
核心专利	公开号	专利名称
	CN 106480189B	一种基于全基因组选择的鱼类抗病良种培育方法
	CN 109652523B	斑石鲷雄性特异DNA标记及遗传性别鉴定方法
	CN 105331724B	一种半滑舌鳎性染色体连锁的DNA片段及其应用
	CN 105463093A	一种用于鱼类线粒体全基因组扩增的引物、试剂盒及扩增方法
	CN 111944913A	一种半滑舌鳎抗病育种基因芯片及其应用
主要技术和产品	鱼（鲆、鲽、鳎）、虾、贝类育苗技术	

（2）中国科学院海洋研究所

中国科学院海洋研究所是我国重要的海洋科学研究机构，在国际上较早开展贝类基因组研究，构建了牡蛎的SNP高密度遗传图谱，特别是牡蛎基因组计划的顺利启动和实施，有力地推动了贝类分子育种的发展。近年来培育国家贝类水产新品种3个："大连1号"杂交鲍、"中科红"海湾扇贝以及"中科2号"海湾扇贝，其中"中科红"海湾扇贝是我国第一个通过人工选育、具有明显形状优势且遗传性状稳定的养殖贝类新品种，也是国际上首次对海湾扇贝进行选择育种和纯化获得的重要成果。此外，对虾遗传育种创新团队长期从事对虾的遗传育种学研究，系统开展了对虾繁殖与发育、性别调控、基因组学、分子遗传与育种等方面的研究，具备深厚的对虾遗传学与育种学理论基础，在对虾遗传性状解析、繁殖发育调控、品种培育等方面具有较好的优势。凡纳滨对虾由中国科学院海洋研究所20世纪末发起并成功引进我国，引进后开展了一系列基础性研究工作。自2002年开始，该所实验海洋生物学重点实验室面向产业发展需求，开始凡纳滨对虾的自主选育工作，并于2009年培育了凡纳滨对虾"科海1号"新品种，目前已在辽宁、天津、河北、山东、江苏、海南、广东等多个地区进行了推广养殖，为提高国内良种覆盖率做出了重要贡献。2017年，原农业部公布了通过审定的14个水产新品种，由中国科学院海洋研究所与西北农林科技大学、海南广泰海洋育种有限公司合作培育的凡纳滨对虾"广泰1号"榜上有名。这是该所自凡纳滨对虾"科海1号"后又一通过审定的凡纳滨对虾新品种(表6-6)。

表6-6 中国科学院海洋研究所(IOCAS)在全基因育种技术领域研发布局简况

创新机构	中国科学院海洋研究所	
网址	http：//www. qdio. cas. cn/	
核心专利	公开号	专利名称
	CN107354234B	一种用于筛选长牡蛎高糖原含量亲贝的方法及其相关SNP标记的引物对
	CN 110129455A	一种生长相关的分子标记在凡纳滨对虾遗传育种中的应用
	CN 109055580A	凡纳滨对虾C型清道夫受体内与生长相关分子标记及应用
	CN 107475413A	一种筛选提高不饱和脂肪酸C20：3Ω6含量长牡蛎的方法相关的SNP的引物对
	CN 110867208A	一种提高水产动物全基因组选择育种效率的方法

(3)中国海洋大学

中国海洋大学海洋生物遗传学与育种教育部重点实验室的贝类分子遗传育种专业是国家985工程重点建设学科，教育部重点实验室，建成了基于BLUP及REML的贝类遗传育种分析评估系统，构建了700多个扇贝家系，构建了栉孔扇贝SNP遗传连锁图谱，先后培育出"蓬莱红"高产抗逆养殖栉孔扇贝、"海大金贝"虾夷扇贝、"蓬莱红2号"栉孔扇贝(2013年)、"獐子岛红"虾夷扇贝和"海益丰12"海湾扇贝

(2016 年)等海水养殖新品种(表 6-7)。

表 6-7 中国海洋大学在全基因育种技术领域研发布局简况

<table>
<tr><td>创新机构</td><td colspan="2">中国海洋大学(Ocean University of China)</td></tr>
<tr><td>网址</td><td colspan="2">http://www.ouc.edu.cn</td></tr>
<tr><td rowspan="4">核心专利</td><td>公开号</td><td>专利名称</td></tr>
<tr><td>CN 106192021B</td><td>一种串联 RAD 标签测序文库的构建方法</td></tr>
<tr><td>CN 103555846B</td><td>一种基于液相分子杂交原理的高通量低成本 SNP 分型方法</td></tr>
<tr><td>CN 110343742A</td><td>一种用于高通量测序文库制备的微量贝类 DNA 提取方法</td></tr>
</table>

(4)挪威 AquaGen 公司

挪威 AquaGen 公司(挪威特隆赫姆)是一个集研发、生产和遗传研究为一体的选择性育种公司，开发、生产并向全球海水养殖业提供遗传材料，是挪威著名的大西洋三文鱼育种公司。通过以市场为导向的研究和开发，在大西洋鲑鱼和彩虹鳟鱼受精卵供应商中处于领先地位。自 20 世纪 70 年代开始收集这些鱼类以来，AquaGen 通过与商业组织和研究机构合作，开展连续的研究与开发项目。以与健康、动物福利、生长和质量相关的遗传性状为重点，AquaGen 为可持续发展且盈利的水产养殖业做出了突出贡献。AquaGen 是选择性育种方面的领头羊，管理了大规模的大西洋三文鱼选择性育种计划，成为世界上水产养殖的主要供应商。AquaGen 还率先在水产养殖中采用分子标记辅助选择，推出了高度成功的 QTL-in-nOva 产品(表 6-8)。

表 6-8 挪威 AquaGen 公司在全基因育种技术领域研发布局简况

<table>
<tr><td>创新机构</td><td colspan="2">挪威 AquaGen 公司</td></tr>
<tr><td>网址</td><td colspan="2">https://aquagen.no/en/contact-us/</td></tr>
<tr><td rowspan="2">核心专利</td><td>公开号</td><td>专利名称</td></tr>
<tr><td>US 9920368B2</td><td>Methods for detecting DNA polymorphisms in Atlantic salmon(大西洋鲑鱼 DNA 多态性的检测方法)</td></tr>
<tr><td>主要技术和产品</td><td colspan="2">水产、遗传育种；鲑鱼卵、虹鳟鱼卵</td></tr>
</table>

6.3.3 病害免疫防治与生态防控技术

6.3.3.1 国内外主要企业及机构

病害免疫防治与生态防控国内外主要企业及机构见图 6-4。

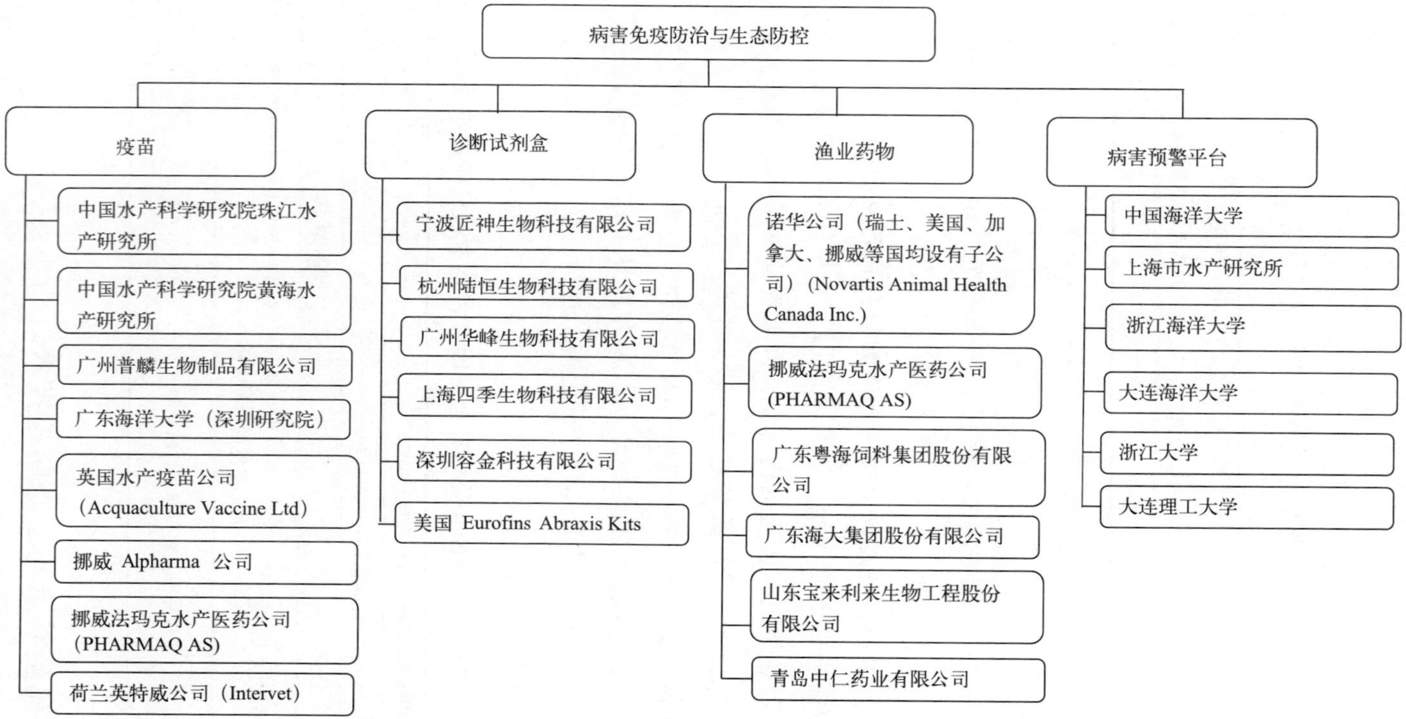

图6−4　病害免疫防治与生态防控国内外主要企业及机构

6.3.3.2 重点创新机构研发布局

重点分析中国水产科学研究院珠江水产研究所、山东宝来利来生物工程股份有限公司、挪威法玛克水产医药公司(PHARMAQ AS)的核心专利。

(1)中国水产科学研究院珠江水产研究所

中国水产科学研究院珠江水产研究所隶属农业农村部，承担我国珠江流域及热带亚热带渔业重大基础应用研究和高新技术产业开发研究的任务，重点开展水产种质资源与遗传育种、水产养殖与营养、水产病害与免疫、水生实验动物、渔业资源保护与利用、渔业生态环境评价与保护、城市渔业和水产品质量安全等领域的研究，同时拓展转基因鱼、外来水生生物入侵与生物安全等新兴领域研究(表 6-9)。

1969 年，中国水产科学研究院珠江水产研究所最早研制成功了可大面积推广使用的组织浆灭活疫苗，即我国水产第一个渔用疫苗——草鱼土法疫苗，从根本上解决了烂鳃、赤皮、肠炎、出血等几种危害极大的草鱼暴发性流行病，使草鱼池塘养殖成活率提高到 85%以上。

表 6-9 中国水产科学研究院珠江水产研究所在病害免疫防治与生态防控技术领域研发布局简况

创新机构	中国水产科学研究院珠江水产研究所	
网址	https：//www. prfri. ac. cn/	
核心专利	公开号	专利名称
	CN 104082345B	一种水产养殖专用 EM 菌粉及其制备方法和应用
	CN 102515339B	一种水产养殖用生物絮团的培养方法
	CN 103627655B	室内生物絮团的培养方法
	CN 108676756B	贝莱斯芽孢杆菌及其作为水产病原菌抑制剂的应用
	CN 103202828B	一种鱼类浸泡免疫方法
	CN 106745762B	一种区域养殖水体微型生物养护剂及其制备方法
	CN 103202828B	一种鱼类表面处理液
	CN 103430882B	一种低碳的鱼虾贝混养方法
	CN 105713973B	一种利用线粒体 D-loop 区特异区域鉴定鼋的标记引物及方法
	CN 106520769B	ISKNV 基因内含子及其在区分 ISKNV 活病毒与灭活病毒中的应用
主要技术和产品	渔用疫苗、免疫增强剂、消毒剂等	

(2)山东宝来利来生物工程股份有限公司

山东宝来利来生物工程股份有限公司成立于 1996 年 8 月，属国家高新技术企业，是全球领先的动物微生态技术及解决方案服务商。公司总资产达 3.5 亿元，员工 1 200 名，拥有饲用微生态、家禽微生态、猪微生态、水产微生态、反刍微生态、特养微生态、宠物微生态、泰极料发酵站等 23 个事业部，5 个生产基地，96 个市场办事处及 1 个国际业务部。公司已承担 6 项国家科技部 863 计划项目课题，拥有 6 项国家重点新产品。2016 年起，免疫微生态和环境微生态项目被列为国家“十三五”发展战略。已发展成为中国最大的动物生物制剂技术和产品的供应商。业务领域包括动物微生态制剂、饲用酶制剂、生物活性肽、生物制药、生物功能性饮料蛋白源、水质改良剂、免疫增强剂、畜产品改良剂、中草药、多维、生物预混料、生态饲料等(表 6-10)。

表 6-10　山东宝来利来生物工程股份有限公司在病害免疫防治与生态防控技术领域研发布局简况

创新机构	山东宝来利来生物工程股份有限公司	
网址	http：//www. blll1996. com/	
核心专利	公开号	专利名称
	CN 104828955B	一种生物复合增氧剂及其制备方法
	CN 105481101B	一种水产养殖用复合型净水剂及其制备方法
	CN 105639204B	一种生物增色剂及其在水产动物养殖中的应用
	CN 106754390B	一株高产蛋白的小球藻及其培养方法和应用
主要技术和产品	水产养殖病害防治、水质改良剂、免疫增强剂	

(3)挪威法玛克水产医药公司(PHARMAQ AS)

法玛克水产医药公司是一家有着 30 多年历史，集水产医药开发、生产和销售于一体的国际公司，公司总部位于挪威首都奥斯陆，在英国和智利等国设有分公司。该公司水产医药销售遍布美国、英国、加拿大、智利、瑞典、挪威、丹麦、芬兰、希腊、土耳其和冰岛等，是国际上规模最大的渔药公司之一，是全球鱼类健康和疫苗的领导者。自 2015 年起划归全球最大动物保健企业硕腾(Zoetis)旗下。公司集水产医药开发、生产和销售于一体，向世界市场提供鱼疫苗和疗法。PHARMAQ AS 在挪威拥有超过 20 年的鱼类疫苗生产经验，并在三文鱼产业中取得了成功。该公司约有 250 名员工，每年将利润的 20%用于新药研发。最让该公司感到自豪的是通过使用其渔用疫苗，大大降低了挪威乃至欧洲鲑鳟鱼养殖业对抗生素的依赖，避免了因抗生素等药物引起的食品安全问题(表 6-11)。

1987 年，该公司首次开发出抗弧菌(Vibriosis)疫苗；1991 年，开发出世界首例抗疖病(Furunculosis)疫苗；1997年，首次开发出能抵抗鲑鱼传染性胰脏坏死病和冬季溃疡病的六联疫苗；1998年，开发出治疗三文鱼虱子(Lice)浸泡药；2001年，成功开发出适合智利市场的抗鲑鱼传染性胰脏坏死病疫苗；2002年，开发出第二代六联鱼疫苗；2003年，开发出养殖鳕鱼抗弧菌病疫苗三联疫苗；2007年，开发出符合欧盟规定的鱼麻醉药等。该公司出售的水产医药产品主要有：注射用鱼疫苗(抗弧菌病疫苗、抗疖病、抗传染性胰脏坏死病、抗鲑鱼立克次氏体败血病疫苗)、浸泡用鱼疫苗(抗弧菌病疫苗、抗鱼巴氏杆菌病疫苗)、渔药(治疗海虱药、抗生素和药用麻醉药等)、渔用免疫增强剂、消毒剂(鱼卵消毒剂、海藻、真菌、病毒、细菌消毒剂等)和其他药品(渔用促进排卵合成激素等)。

表6-11 挪威法玛克水产医药公司(PHARMAQ AS)在病害免疫防治与生态防控技术领域研发布局简况

创新机构	挪威法玛克水产医药公司(PHARMAQ AS)	
网址	http://www.pharmaq.no/	
核心专利	公开号	专利名称
	CA 2634144C	Novel Fish Pathogen(新型鱼类致病菌)
	CN 105121625B	Immunogenic composition for aeromonas hydrophila(针对嗜水气单胞菌的免疫原性组合物)
	US 10703781B2	Piscine myocarditis virus-like particles and methods of use thereof(*Piscirickettsia* 属的细菌的培养方法)(黏性心肌火病毒样颗粒及其使用方法)
	US 10428117B2	Piscine myocarditis virus-like particles and methods of use thereof(鱼心肌炎病毒样颗粒及其使用方法)
	US 20180215793A1	Virus-like particle(病毒样颗粒)
	GB 2457158B	Polyvalent vaccine against salmonid alphavirus infections(抗鲑鱼甲病毒感染的多价疫苗)
	CN 107106691A	Formulation(杀寄生虫剂制剂)
	EP 2560985B1	Nucleic Acid Sequences of A Fish Virus And The Use Thereof(一种鱼类病毒的核酸序列及其用途)
	GB 2457158A	Polyvalent fish vaccines(多价鱼的疫苗)
主要技术和产品	渔用疫苗、免疫增强剂、消毒剂等	

6.3.4 极地生物资源开发利用

6.3.4.1 国内外主要企业及机构

极地生物资源开发利用国内外主要企业及机构见图6-5。

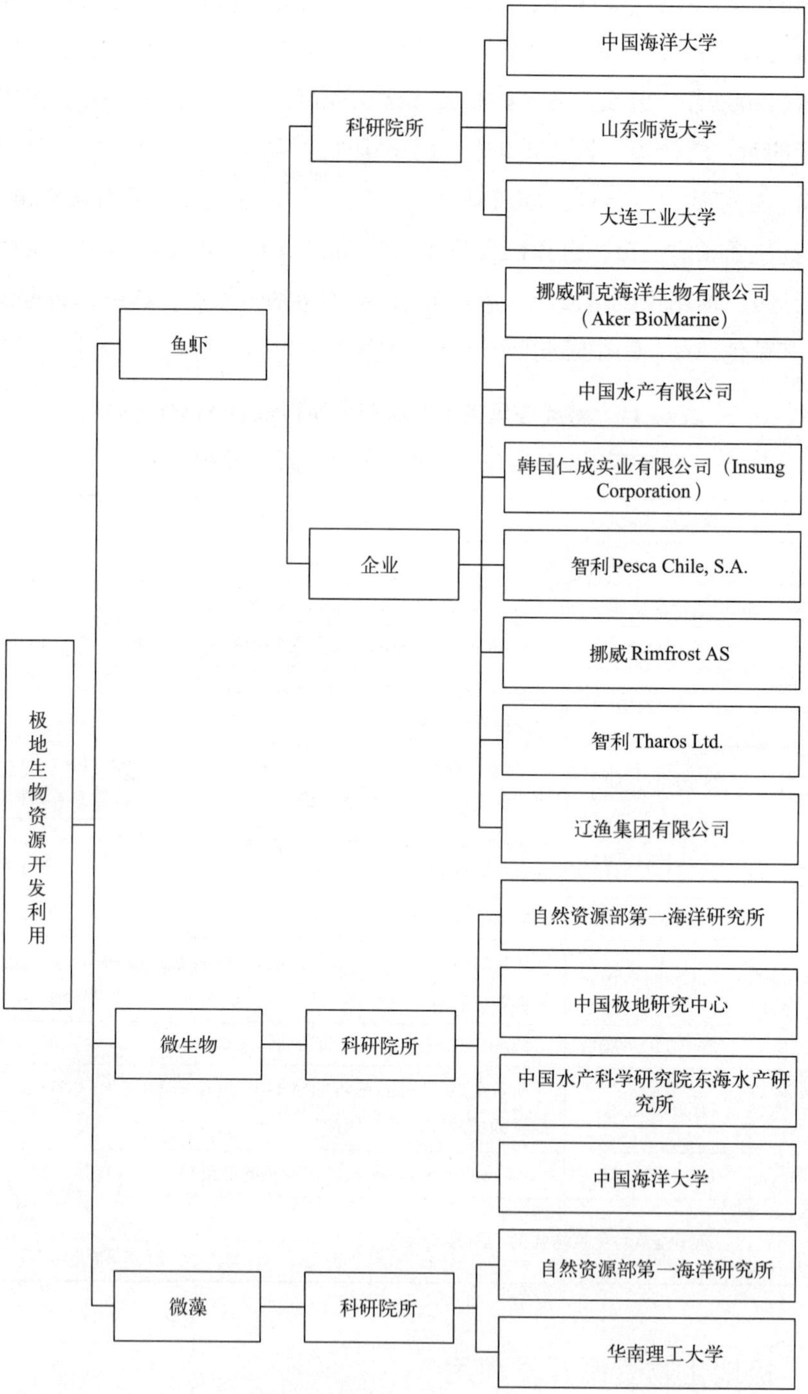

图 6-5　极地生物资源开发利用国内外主要企业及机构

6.3.4.2　重点创新机构研发布局

重点分析挪威阿克海洋生物有限公司、中国海洋大学、自然资源部第一海洋研究所、中国极地研究中心的核心专利。

(1)挪威阿克海洋生物有限公司(Aker BioMarine)

挪威于 2003—2004 年开始涉足南极磷虾捕捞行业，进行了大规模的商业化开发，其中挪威的阿克海洋生物有限公司具备从捕捞到加工的完整产业链条。

挪威阿克海洋生物有限公司是一家从事南极磷虾捕捞及磷虾高值衍生产品研发与生产的生物技术企业，由 1841 年成立的工业领导企业阿克集团完全控股，致力于改善人类和全球健康，以南极磷虾为原料生产磷虾油、水产养殖饲料和动物饲料等产品。公司拥有从南极水域可持续捕捞磷虾，通过蒙得维的亚物流枢纽，休斯敦生产基地，到产品到达世界各地客户的全透明供应链。近年来，公司南极磷虾年捕捞量约占全球捕捞总量的 60%，其南极磷虾油则约占全球市场份额的 70%，是全球南极磷虾业的引领者(表 6-12)。

表 6-12　挪威阿克海洋生物有限公司在极地生物资源开发利用技术领域研发布局简况

创新机构	挪威阿克海洋生物有限公司	
网址	https：//www. akerbiomarine. com/	
核心专利	共检索到 170 个专利族(1997—2019 年)，布局在美国、澳大利亚、加拿大、日本、挪威、西班牙、英国、丹麦、奥地利、中国等 27 个国家及地区的专利组织	
	公开号	专利名称
	WO 2009027692A2	A new method for making krill meal(一种新方法用于制造磷虾粉)
	WO 2008117062A1	Bioeffective krill oil compositions(生物有效磷虾油组合物)
	US 20070098808A1	Krill and/or marine extracts for prevention and/or treatment of cardiovascular diseases arthritis, skin cancer diabetes, premenstrual syndrome and transdermal transport(用于预防和/或治疗心血管疾病、关节炎、皮肤癌、糖尿病、经前期综合征和经皮转运的磷虾和/或海洋提取物)
	US 20110104297A1	Methods of using krill oil to treat risk factors for cardiovascular, metabolic, and inflammatory disorders(使用磷虾油治疗心血管、新陈代谢和炎症性疾病危险因素的方法)
	WO 2010097701A1	Low viscosity phospholipid compositions(低黏度的磷脂组合物)
	US 20100316680A1	Anti-inflammatory properties of marine lipid compositions(海洋脂质组合物抗炎性质)
主要技术和产品	人类保健品 Superba Krill Oil、水产养殖饲料 Qrill AQUA、宠物饲料 Qrill PET	

(2) 中国海洋大学

中国海洋大学食品科学与工程学院食品科学与人类健康研究室主要从事大宗海洋水产品中营养功效成分的结构解析、健康功效与作用机制、海洋营养健康食品开发等方面的科学研究。在海洋水产品营养与功效成分的高效利用以及南极磷虾等远洋渔业资源与养殖海珍品的精深加工方面取得了一系列创新性成果，并产生了显著的经济效益和社会效益。

中国海洋大学是我国高校较早从事海洋药物研究与开发的教学科研机构之一。该校医药学院海洋药物教育部重点实验室主要从事海洋药物的应用基础及开发研究，团队成员从事海洋微生物、极端环境微生物及其活性代谢产物的研究。开展海洋、极地等特殊环境微生物药用资源研究，建立了较为系统的极地微生物资源库、代谢产物组分库和化合物库(表 6-13)。

表 6-13　中国海洋大学在极地生物资源开发利用技术领域研发布局简况

<table>
<tr><td>创新机构</td><td colspan="2">中国海洋大学</td></tr>
<tr><td>网址</td><td colspan="2">http：//www. ouc. edu. cn</td></tr>
<tr><td rowspan="7">核心专利</td><td colspan="2">共检索到 51 个专利族，均为中国专利</td></tr>
<tr><td>公开号</td><td>专利名称</td></tr>
<tr><td>CN 101812079B</td><td>一种含多硫键的哌嗪类化合物及其制备方法和用途</td></tr>
<tr><td>CN 106892854B</td><td>一种吲哚生物碱类化合物及其制备方法和用途</td></tr>
<tr><td>CN 107120911B</td><td>一种船载的南极磷虾粉快速干燥装置</td></tr>
<tr><td>CN 105614828B</td><td>一种南极磷虾虾酱及其制备方法</td></tr>
<tr><td>CN 105495531B</td><td>一种基于美拉德反应的南极磷虾鲜味调味料及其制备方法</td></tr>
<tr><td>主要技术和产品</td><td colspan="2">南极磷虾虾粉、虾糜、调味料、虾酱、宠物营养风味剂加工与制备；极地微生物药用研究</td></tr>
</table>

(3) 自然资源部第一海洋研究所

自然资源部第一海洋研究所海洋生态研究中心在极地微生物研究方面做了相关研究，主要包括：极地微生物菌种资源库：从南北极海水/海冰、沉积物、土壤等各类样品中分离保存各类极地微生物近万株，发现了一些新种；环境适应性研究：利用基因组、转录组、qRT-PCR、WB 等技术研究了极地微生物对温度、盐度、氧化胁迫的环境适应性机制；生物活性物质研发：对极地微生物的低温酶、抗菌活性物质、免疫活性多糖及硝化/反硝化菌株及其应用潜力进行了评估。在极地 DNA 光修复酶用于皮肤防治辐射损伤方面也做了大量研究(表 6-14)。

表 6-14　自然资源部第一海洋研究所在极地生物资源开发利用技术领域研发布局简况

<table>
<tr><td>创新机构</td><td colspan="2">自然资源部第一海洋研究所</td></tr>
<tr><td>网址</td><td colspan="2">http：//www. fio. org. cn</td></tr>
<tr><td rowspan="7">核心专利</td><td colspan="2">共检索到 12 个专利族，均为中国专利</td></tr>
<tr><td>公开号</td><td>专利名称</td></tr>
<tr><td>CN 103320482B</td><td>极地 Pseudoalteromonas elyakovii 胞外多糖及在水产养殖中的应用</td></tr>
<tr><td>CN 107236722B</td><td>一种南极冰藻 6-4 光修复酶、其编码基因和表达载体以及该酶的应用</td></tr>
<tr><td>CN 106148227B</td><td>一种低温硝化假单胞菌及应用</td></tr>
<tr><td>CN 106148223B</td><td>一种北极生活污水低温高效降解菌及其筛选方法和应用</td></tr>
<tr><td>CN 1807641B</td><td>从嗜冷菌分离的低温脂肪酶基因序列及其表达重组菌株</td></tr>
<tr><td>主要技术和产品</td><td colspan="2">极地微生物菌种资源多样性与环境适应性机制、极地微生物生物活性物质研发、南极冰藻光修复酶</td></tr>
</table>

(4) 中国极地研究中心

中国极地研究中心成立于 1989 年，是我国极地科学的研究中心，国家海洋局极地科学重点实验室的依托单位，建有极地生物分析实验室、微生物与分子生物学分析实验室、生化分析实验室、极地微生物菌种保藏库等实验分析设施，在南极长城站、中山站建有国家野外科学观测研究站，是开展南极雪冰和空间环境研究的重要依托平台。中心研究人员长期从事极地特殊环境微生物学及其应用基础研究，先后主持过“极端微生物及其功能利用的基础研究”“极地低温微生物分子克隆与表达技术应用”等项目(表 6-15)。

中心极地生物与生态学研究室从事极地微生物学研究，主要开展了极地细菌群落结构及多样性研究工作。先后主持过国家自然科学基金青年基金项目“极地海洋低温细菌及其蛋白酶的研究”、国家自然科学基金面上项目“产蛋白酶极地海洋浮游细菌的系统发育多样性比较及其生理生态特征分析”、国际极地年(IPY)中国行动计划项目“北极海洋浮游细菌的多样性检测及其对气候变化的响应”、国家自然科学基金面上项目“极地海洋上层生态系统中玫瑰杆菌支系的多样性及生态功能分析”等项目。

表 6-15 中国极地研究中心在极地生物资源开发利用技术领域研发布局简况

<table>
<tr><td>创新机构</td><td colspan="2">中国极地研究中心</td></tr>
<tr><td>网址</td><td colspan="2">http：//www. pric. org. cn</td></tr>
<tr><td rowspan="4">核心专利</td><td colspan="2">共检索到 8 个专利族，均为中国专利</td></tr>
<tr><td>公开号</td><td>专利名称</td></tr>
<tr><td>CN 103274915B</td><td>具有抗肿瘤活性的二萜类化合物 libertellenone G 和 libertellenone H 及其应用</td></tr>
<tr><td>CN 103275093B</td><td>具有抗肿瘤活性的细胞松弛素 Cytochalasin Z24，Cytochalasin Z25 和 Cytochalasin Z26 及其应用</td></tr>
<tr><td>主要技术和产品</td><td colspan="2">极地微生物学研究、极地微生物菌种保藏库</td></tr>
</table>

6.3.5 深远海养殖工程装备

6.3.5.1 国内外主要企业及机构

深远海养殖工程装备国内外主要企业及机构见图 6-6、图 6-7。

6.3.5.2 重点创新机构研发布局

重点分析中国水产科学研究院渔业机械仪器研究所、中国水产科学研究院南海水产研究所、日照市万泽丰渔业有限公司、挪威萨尔玛公司、挪威 Nordlaks 公司的核心专利。

(1) 中国水产科学研究院渔业机械仪器研究所

中国水产科学研究院渔业机械仪器研究所(简称渔机所)是我国在渔业装备与工程应用基础和集成创新方面开展综合研究与科技攻关唯一的研究机构，其研究范围几乎涵盖了渔业装备研究领域的各个方面，所内设置有海洋渔业工程、水产品加工机械、船舶工程等研究方向。建所以来，承担了我国渔业装备领域大量具有全局性、关键性意义的重大科研任务，先后取得了 190 多项重要科研成果，其中包括半导体探鱼仪、中高压液压起网设备、围网渔船、织网机、GPS 导航仪及高海况打捞设备等海洋捕捞装备(表 6-16)。

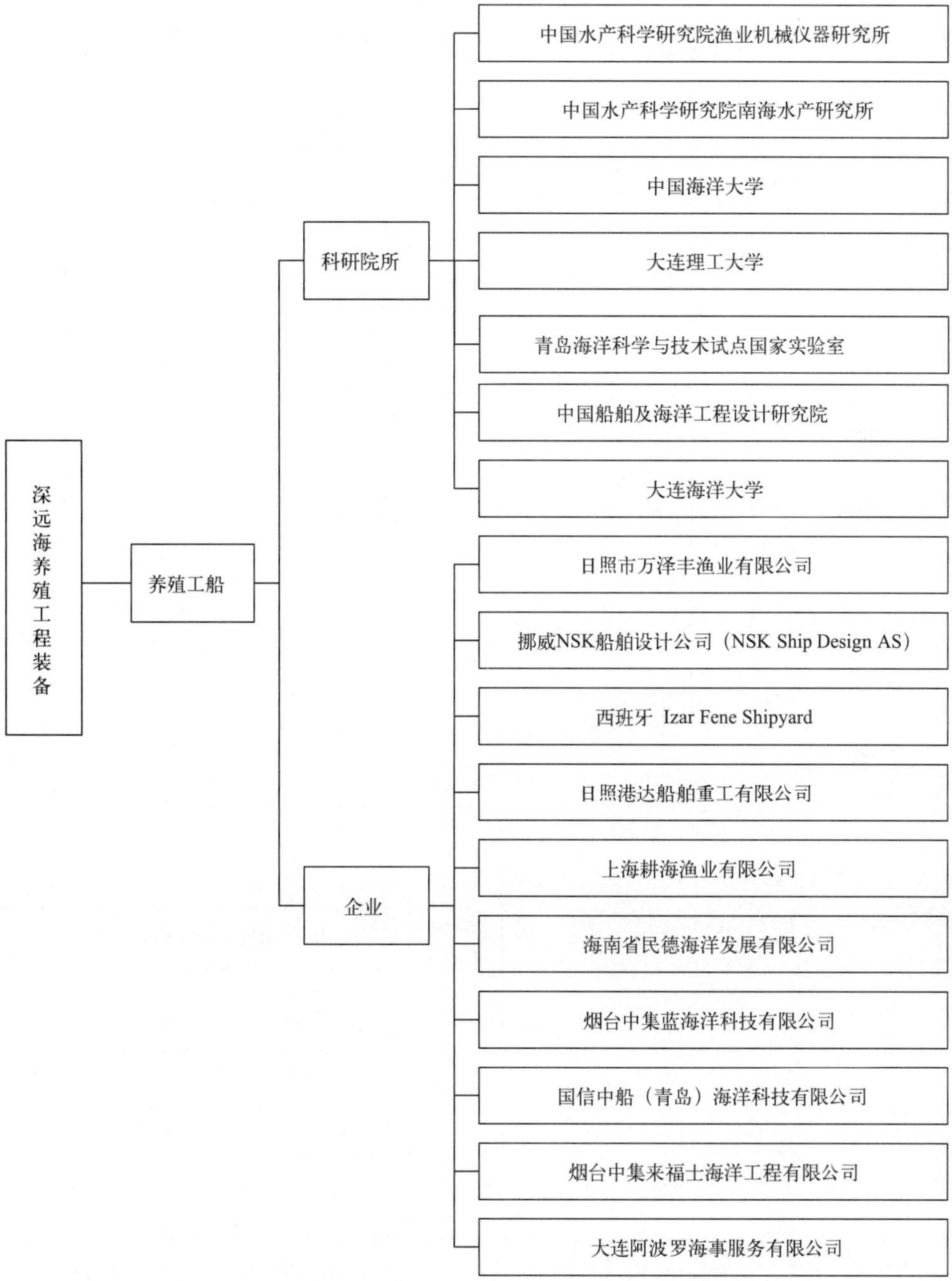

图 6-6　深远海养殖工程装备养殖工船国内外主要企业及机构

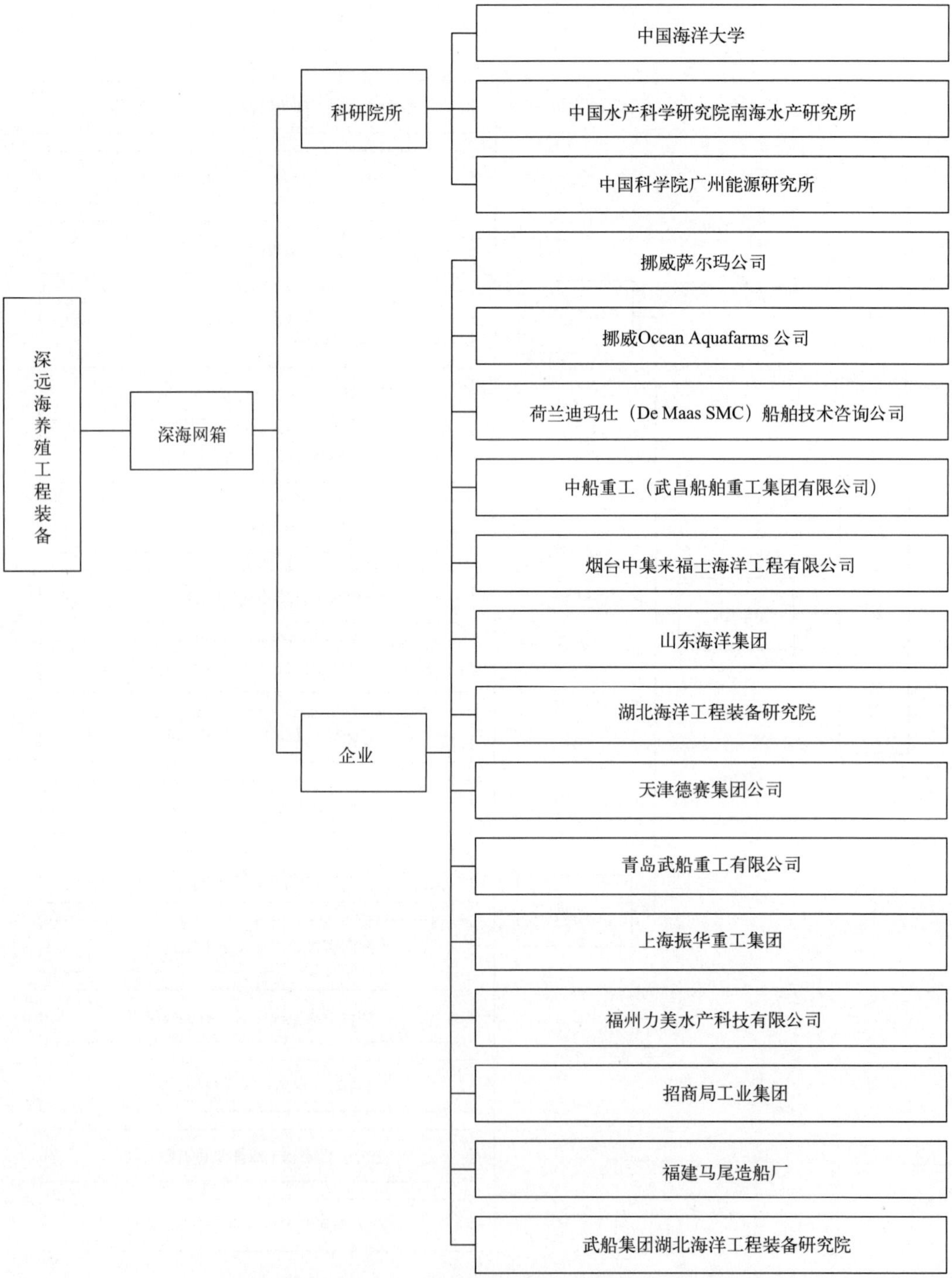

图 6-7　深远海养殖工程装备深海网箱国内外主要企业及机构

表 6-16　中国水产科学研究院渔业机械仪器研究所在深远海养殖工程装备技术领域研发布局简况

<table>
<tr><td>创新机构</td><td colspan="2">中国水产科学研究院渔业机械仪器研究所</td></tr>
<tr><td>网址</td><td colspan="2">https：//www. fmiri. ac. cn</td></tr>
<tr><td rowspan="5">核心专利</td><td colspan="2">共检索到 49 个专利族，均为中国专利</td></tr>
<tr><td>公开号</td><td>专利名称</td></tr>
<tr><td>CN 101869080B</td><td>一种网箱污物收集装置</td></tr>
<tr><td>CN 106879534B</td><td>一种用于移动式养殖工船的养殖水舱</td></tr>
<tr><td>CN 106719260B</td><td>一种移动式船载舱养管理系统</td></tr>
<tr><td>主要技术和产品</td><td colspan="2">网箱及养殖平台、10 万吨级阿芙拉型油船改装养殖工船、“鲁岚渔养 61699”养殖工船</td></tr>
</table>

(2) 中国水产科学研究院南海水产研究所

中国水产科学研究院南海水产研究所渔业工程研究室以设施渔业工程技术、装备与配套养殖技术为重点，开展相关基础、数字养殖装备和应用工程技术研究。近年来承担了国家科技部“十二五”科技支撑计划、国家现代农业产业技术体系建设专项资金项目(CARS-47)、国家自然科学基金资助项目等重大项目及广东省科研项目等。依托中国水产科学研究院南海水产研究所建有广东省网箱工程技术研究中心和中国水产科学研究院网箱工程技术研究中心等。

该所渔业工程研究室研究团队创制了我国第一套外海升降式抗风浪深水网箱，并进行了系统的技术深化和优化，开展了超大规模化深水网箱养殖，取得显著成果，深水网箱养殖技术处于国内领先水平，深水网箱成套装备技术达国际先进水平。可为网箱设计、安装、养殖、规划提供技术咨询、指导与培训(表 6-17)。

表 6-17　中国水产科学研究院南海水产研究所在深远海养殖工程装备技术领域研发布局简况

<table>
<tr><td>创新机构</td><td colspan="2">中国水产科学研究院南海水产研究所</td></tr>
<tr><td>网址</td><td colspan="2">https：//www. southchinafish. ac. cn</td></tr>
<tr><td rowspan="7">核心专利</td><td colspan="2">共检索到 56 个专利族，均为中国专利</td></tr>
<tr><td>公开号</td><td>专利名称</td></tr>
<tr><td>CN 103557974B</td><td>一种深水网箱自动投饵计量装置</td></tr>
<tr><td>CN 105511346B</td><td>一种用于深水网箱养殖的鱼类投饵量控制系统</td></tr>
<tr><td>CN 104186381B</td><td>具有单点锚泊系统的深水网箱</td></tr>
<tr><td>CN 106202774B</td><td>一种波浪作用过程中深水网箱浮架变形的数值模拟方法</td></tr>
<tr><td>CN 104642225A</td><td>一种单管圆形浮式大型深水网箱的主构架</td></tr>
</table>

续表

主要技术和产品	“德海 1 号”智能化渔场、深水网箱、自动投饲系统

(3)日照市万泽丰渔业有限公司

日照市万泽丰渔业有限公司全力打造黄海冷水团冷水鱼类科研养殖、海上休闲渔业旅游度假垂钓平台、现代帆艇产业等现代海洋产业，将海水增养殖、海洋装备制造研发、海上休闲旅游度假有机结合起来，实现第一、第二、第三产业的深度融合，培育海洋经济的全产业链。

公司拥有我国首座深海渔场——“全潜式网箱深蓝 1 号”，该网箱整个养殖水体约5×10^4 m^3，相当于 40 个标准游泳池，网衣面积接近 2 个足球场大小，设计年养鱼产量 1 500 t，可以同时养殖 30 万尾三文鱼。公司还拥有国内首艘养殖工船“鲁岚渔养 61699”，该船设计有 16 个养鱼水舱，可满足冷水团养殖鱼苗培育和养殖场看护要求(表 6-18)。

表 6-18　日照市万泽丰渔业有限公司在深远海养殖工程装备技术领域研发布局简况

创新机构	日照市万泽丰渔业有限公司	
网址	http：//www. wanzefeng. com	
核心专利	共检索到 29 个专利族，均为中国专利	
	公开号	专利名称
	CN 106417128B	一种深远海网箱养殖综合平台
	CN 106804501B	一种“钻石”型耐流抗风浪深水养殖网箱
主要技术和产品	冷水养殖工船及其配套系统、深远海养殖网箱	

(4)挪威萨尔玛(Salmar)公司

萨尔玛公司创立于 1991 年，是全球最大、最高效的三文鱼养殖公司之一，拥有挪威渔业局审批发放的三文鱼养殖执照，同时还拥有冰岛最大的三文鱼养殖公司 Arnarlax 59%的股权，拥有英国第二大三文鱼养殖公司 Norskott Havbruk 50%的股权，养殖销售的三文鱼遍布世界各地。

公司与 Global Maritime AS、Kongsberg Maritime AS、Sintef Fiskeri-og havbruk AS 等公司共同设计了全球首座全自动深海半潜式养殖平台装备“海洋渔场 1 号”，该养殖渔场是集挪威先进养殖技术、现代化环保养殖理念和世界顶端海工设计于一身的深海养殖研发项目，获得了挪威政府的大力支持，开启了人类深远海养殖“新纪元”(表6-19)。

萨尔玛公司与挪威科技大学、Sintef研究院等合作共同开发的另一款深海渔场“智能渔场”(Smart Fish Farm)项目也取得积极进展，预计2021年做出投资决策。该“智能渔场”是继公司推出“海洋渔场1号”后的升级版本，养殖容量是“海洋渔场1号”的2倍。

表6-19　挪威萨尔玛公司在深远海养殖工程装备技术领域研发布局简况

创新机构	挪威萨尔玛公司
网址	https：//www. salmar. no/en/
主要技术和产品	“海洋渔场1号”半潜式海上养殖平台，三文鱼养殖

(5)挪威Nordlaks公司

挪威Nordlaks公司创立于1989年，是一家集育苗、养殖、生产加工、出口三文鱼和虹鳟鱼为一体的集团公司，年生产量为7×10^4 t左右。

Havfarm1深水养殖工船是由Nordlaks公司和NSK Ship Design公司共同开发设计的养殖工船，由烟台中集来福士海洋工程有限公司建造，符合全球最严苛的挪威石油标准化组织(NORSOK)标准，入级挪威船级社，能在挪威恶劣海况下运营，是目前全球最大最先进的深水养殖工船。该工船通过外转塔单点系泊的方式进行固定，同时装备全球最先进的三文鱼自动化养殖系统，可以实现鱼苗自动输送、饲料自动投喂、水下灯监测、水下增氧、死鱼回收、成鱼自动搜捕等功能，自动化、智能化无处不在(表6-20)。

表6-20　挪威Nordlaks公司在深远海养殖工程装备技术领域研发布局简况

创新机构	挪威Nordlaks公司
网址	https：//www. nordlaks. no/
主要技术和产品	Havfarm养殖工船，三文鱼养殖

参考文献

[1] 张璐. 全基因组选择在栉孔扇贝(*Chlamys farreri*)育种中的应用[A]. 博士电子期刊, 2015：32.

[2] 桂建芳. 水产遗传育种与水产种业发展战略研究[J]. 中国工程科学，2016，18(3)：11.

[3] 吴淑勤，王亚军. 我国水产养殖病害控制技术现状与发展趋势[J]. 中国水产，2010(8)：9-10.

[4] 农业农村部渔业渔政管理局，全国水产技术推广总站，中国水产学会 .2019 中国水生动物卫生状况报告[M]. 北京：中国农业出版社，2019.

[5] 王忠良，王蓓，鲁义善，等. 水产疫苗研究开发现状与趋势分析[J]. 生物技术通报，2015，31(6)：55-59.

[6] 吴淑勤. 渔用疫苗发展现状及趋势[J]. 中国渔业质量与标准，2014(1)：7.

[7] 吴淑勤，陶家发，巩华，等 . 渔用疫苗发展现状及趋势[J]. 中国渔业质量与标准，2014，4(1)：1-13.

[8] 农业农村部渔业渔政管理局，全国水产技术推广站. 2020 我国水生动物重要疫病状况分析[M]. 北京：中国农业出版社，2020.

[9] 宋林生. 海水养殖贝类病害预警预报技术及其应用[J]. 大连海洋大学学报，2020，35(1)：1-9.

[10] 林毅 . 苏联捕捞南极磷虾获得成功[J]. 水产科技，1980(32)：10-14.

[11] AKER BIOMARINE. Form recognized deepwater harvester to leading marine ingredients provider [C]. November 2006.

[12] https：//www. ccamlr. org/.

[13] 王万勇 .“深蓝”号南极磷虾捕捞加工船的设计[J]. 船舶工程，2018，40(S1)：1-3，97.

[14] 朱天骄 . 极地药用微生物资源及其代谢产物多样性研究[C]// 中国微生物学会微生物资源专业委员会 . 第四届全国微生物资源学术暨国家微生物资源平台运行服务研讨会论文集 . 中国微生物学会微生物资源专业委员会，2012：41.

[15] 罗玮 . 魅力无穷的极地微生物研究[J]. 世界科学，2013(7)：56-58.

[16] 王以斌，张爱军，刘芳明，等 . 南极冰藻对南极极端环境的适应性研究进展[J]. 生物技术通报，2016，32(10)：128-134.

[17] 何梅琳，迟巧云，王长海 . 极地微藻对极端环境的适应机制研究进展[J]. 南京农业大学学报，2019，42(2)：201-208.

[18] 梁晓芸，魏东，刘龙军，等 . 极地微藻的研究进展[J]. 海洋科学，2007(4)：92-95.

[19] 徐皓，谌志新，蔡计强，等 . 我国深远海养殖工程装备发展研究[J]. 渔业现代化，2016，43(3)：1-6.

[20] 刘晃，徐琰斐，缪苗 . 基于 SWOT 模型的我国深远海养殖业发展[J]. 海洋开发与管理，2019，36(4)：45-49.

[21] 吴子岳，范狄庆 . 关于瑞典牧海型(Farmocean)深水网箱的结构与特点的概述[J]. 现代渔业信息，2003(10)：16-17.

[22] 庚云．西班牙研制巨型海水网箱养殖平台[J]．现代渔业信息，1990，5(11)：34.

[23] 赵卫忠，黄洪亮．海洋球型(Ocean Globe)网箱结构与特点介绍[J]．现代渔业信息，2005(7)：27-29.

[24] 徐晓丽．深远海渔业养殖装备，能否是“冬天里的一把火”[N]．中国船舶报，2017-09-08(008).

[25] 刘莎莎．深远海养殖装备助力水产养殖业绿色发展[N]．中国农机化导报，2019-09-09(007).

[26] 丁永良．海上工业化养鱼[J]．现代渔业信息，2006(3)：4-6.

[27] 李娟，林德芳，黄滨，等．世界金枪鱼网箱养殖技术现状与展望[J]．海洋水产研究，2008，29(6)：142-147.

第 7 章　高端海洋工程与船舶装备产业

7.1　概述

7.1.1　技术概况

海洋工程与船舶装备产业可分为海洋工程装备产业与船舶装备产业两大部分。其中，海洋工程装备是人类在开发、利用海洋所进行的活动中使用的各类装备，主要指海洋资源特别是海洋油气资源的勘探、开采、储运、加工、管理、后勤服务等方面的大型工程装备和辅助装备，是制造、信息、新材料等先进技术的综合体，产业辐射能力强，对国民经济带动作用大[1]。船舶装备产业是为水上交通、海洋开发及国防建设提供技术装备的现代综合性产业，是军民结合的战略性产业，是先进装备制造业的重要组成部分[2]。

海洋工程与船舶装备产业涉及产品的研发、设计、制造、安装、维护、运营等多个环节，它们分别对应总包公司、工程建造公司、油田服务公司、运营公司等多种企业类型，本报告主要聚焦设计制造等高端技术，并对掌握高端技术的大型企业展开分析。根据高端海洋工程装备与船舶装备的用途及功能，将高端海洋工程与船舶装备产业分为海洋油气资源开发装备、大型运输船舶、特殊功能船以及船舶与海工配套设备等，重点产品详见图 7-1。其中，海洋油气资源开发装备可分为勘探与钻井装备、生产储运装备、辅助作业装备三个方向，考虑到相关技术先进程度及产业市场关注度等，其下详细分析了物探船等 11 类产品的市场现状。船舶装备产业则根据大型运输船、特殊功能船、船舶与海工配套设备三个方向分析了 LNG 船等 11 类船舶产品的市场现状。

随着传统海洋工程及船舶装备工业体系逐渐发展成熟，进一步高端化、智能化、绿色化成为该产业转型升级的发展前景和目标。当前海洋工程与船舶装备制造产业竞争激烈，要实现该产业的快速发展，提升产业竞争力，增强可持续发展潜力，最根本的就是要依靠科技力量，提升产品设计和制造环节的科技水平，实现船舶工业的高端化可持续发展。在当下的市场，只有突破高端设计、制造及配套瓶颈，掌握对高端船舶进行“高端”设计制造的能力，才能牢牢把握市场。另外，海工与船舶作为大系统产品，其在设计、制造、营运到报废回收的整个过程都随时随地与环境发生着关系，是全球环保关注的重点。在提倡节能环保的当下，海洋工程与船舶装备产业的绿色化可以在保证性能的同时提高能源使用效率、减少或消除环境污染。近年来，随着世界各国对清洁能源应用的推进以及2020年开始实施的船用燃料排放标准的提升，LNG动力船等绿色船舶的发展势头强劲，其代表的绿色化产品也是下一步发展的大方向。且随着物联网、大数据、云计算等新一代信息技术的不断发展成熟及其在海工及船舶领域的不断深入，海洋工程与船舶的智能化逐渐从概念转化为现实。智能制造、智能航运、智能管理、智能生产、智能维护等是海洋工程及船舶产业降低成本、提升效率的需求引领，可以使得海洋资源开发、船舶航行的过程中更加安全、环保、经济和可靠，是未来发展的大势所趋。

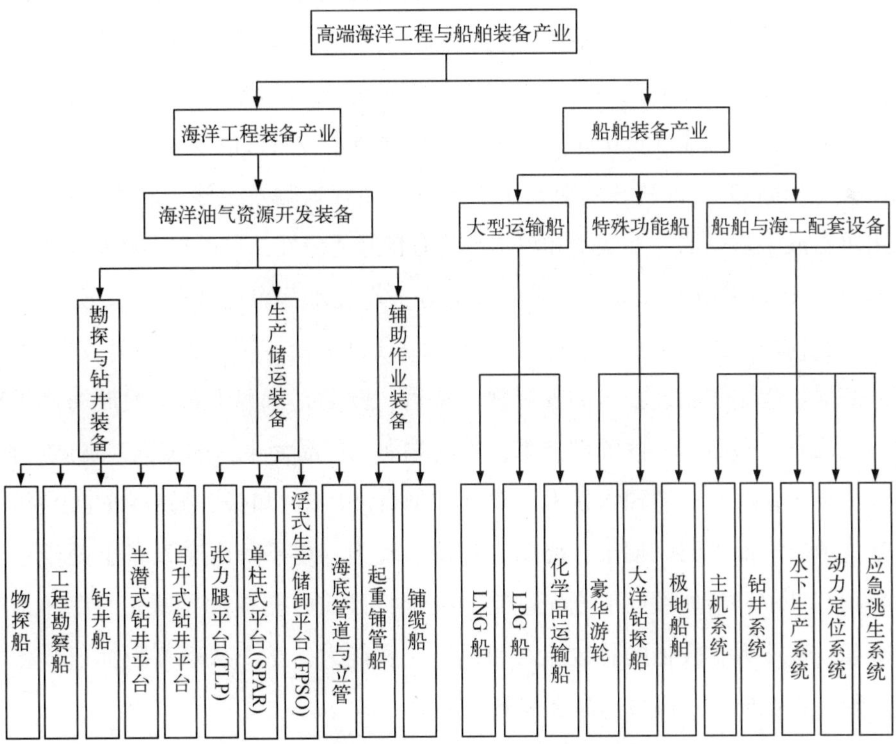

图7-1　高端海洋工程与船舶装备产业重点产品

7.1.2 发展现状

7.1.2.1 海洋工程装备产业

在众多海洋资源中，海洋油气资源的开发技术最为成熟，装备需求大，种类多，是海洋工程装备产业最主要的产品，并随着海洋油气资源的开发而不断发展[3]，因此本章主要讨论海洋油气资源开发设备。海洋油气资源开发装备根据用途及功能可以分为勘探与钻井装备、生产储运装备、辅助作业装备三个方向。其中，根据目前国际上的产业热点及研究前沿，将勘探与钻井装备分为物探船、工程勘察船、钻井船、半潜式钻井平台、自升式钻井平台等产品[4-7]；将生产储运装备分为张力腿平台(TLP)、单柱式平台(SPAR)、浮式生产储卸平台(FPSO)、海底管道与立管等产品[8-12]；将辅助作业装备分为起重铺管船、铺缆船等产品[13-17]。

随着陆地及近海油气资源逐渐减少，为满足能源需求，世界各国将油气资源的开发重点投向了深海，深海油气钻采技术及装备已成为国际海洋工程界的研发热点。半潜式钻井平台目前的主流作业水深为3 000 m，工作环境由常规海况向恶劣海况及极区严寒环境发展；自升式钻井平台也已经有向更大水深方向发展的趋势。钻井船目前已发展到作业水深3 600 m、配备DP3级动力定位系统的第七代钻井船。

浮式生产储卸平台(FPSO)则集生产处理、储存外输及生活、动力供应于一体，多采用单点或多点系泊，在浅水和深水中均有良好适应性，目前正向超深水发展。单柱式平台(SPAR)采用干式采油，活动性能好，作业水深可达3 000 m。张力腿平台(TLP)采用干式采油，运动性能好，作业水深在1 500 m左右，并正在突破这一深度。

从海洋工程装备制造技术的发展现状来看，欧美是世界上最早发展海洋工程装备的一批国家，垄断了一些关键技术，以高端海工产品为主，如美国、挪威、荷兰、瑞典等主要是在深水、超深水技术、单柱式平台(SPAR)和张力腿平台(TLP)等方面处于领先地位，而美国、瑞士、德国在钻采、动力、电子等配套设备上处于领先水平；韩国、日本和新加坡已形成先进制造技术，目前已拥有世界领先的海洋工程装备建造和改装能力，较强的总包能力和设计研发能力，主要从事高附加值装备的建造与总装，正在向深水高技术装备领域发展[18]。

从我国海洋工程装备技术的发展现状来看，我国在船舶及海工建造方面的实力也不容小觑，正从浅水装备和海洋工程辅助船建造向深海装备进军。目前我国在导管架、自升式、半潜式平台和FPSO、平台供应船等的建造方面具备了一定的基础，如自升式钻井平台“海洋石油921”“JU2000E”，半潜式钻井平台“海洋石油981”等。

在FPSO领域，我国具有浅水FPSO船体和上部工艺处理模块的设计、建造能力。在海洋工程船方面，我国建造了铺管船“海洋石油201”，起重船“蓝鲸”号。随着海洋油气开发向深水进军，市场规模还将扩大。

与其他产业不同的是，海洋工程装备产业属于资源支配型产业，全球海洋油气的资源分布对该产业的发展及分布也有一定的影响。在全球四大洋及数十处近海海域中，海洋油气分布极不均衡，其中，波斯湾的石油储量最多，约占全球总储量的一半左右，该区域大部分位于浅海近海，储量大且开采难度小，在沙特阿拉伯、伊拉克、科威特、伊朗、阿拉伯联合酋长国等国家均有分布。此外有位于北美洲东南部的墨西哥湾海域，其资源由美国、古巴、墨西哥所有；位于英国和欧洲大陆之间的北海油田成就了英国及挪威的石油产业；而北极海域聚集了俄罗斯海洋油气资源的80%以上；另外委内瑞拉的马拉开波湖海域、位于欧亚两洲的内陆交界处的里海海域、西非的几内亚湾海域、巴西深水油气、东南亚、南海等海域的油气资源也较为丰富。各大跨国海工企业围绕以上石油产区进行产业集群分布的特征明显。目前，世界范围内的海洋资源争夺战也有愈演愈烈之势，世界对海洋装备的需求也不断高涨，全球海洋装备产业的前景可期。预计未来，海工装备将成为一个产值达千亿美元的新兴产业。

7.1.2.2 船舶装备产业

1)大型运输船与特殊功能船

运输类船舶与其他海洋工程与船舶装备产业相比更为传统，现阶段发展较为成熟，产业创新方面略少，根据当下产业热点，重点关注LNG船、LPG船及化学品运输船等大型运输船舶。特殊功能船舶主要包括豪华游轮、大洋钻探船、极地船舶(极地科考船、极地运输船、破冰船)等。

目前在全世界范围内，很多造船企业选择通过并购重组焕发生机。2019年1月，韩国现代船厂并购韩国大宇船厂，成为世界最大的造船企业。中日韩三国造船市场竞争激烈，韩国超级巨无霸船厂的诞生将会拉大与竞争对手的差距。2019年10月14日，经党中央决策、国务院批准，由原中国船舶工业集团有限公司与原中国船舶重工集团有限公司联合重组成立中国船舶集团有限公司。随着两大集团的合并，新的中国船舶集团拥有科研院所、企业单位和上市公司113家，资产总额超过8 000亿元，南北船合并后，将进一步提升我国船舶工业行业集中度，加大船舶工业国际地位。

从船舶行业来看，截至2020年3月，我国造船厂订单总量为2 023.1万修正总吨，约占全球订单总量的 27.6%(2 023.1 万修正总吨/7 330 万修正总吨)，韩国、日本造船厂订单总量分别为 2 026.8 万修正总吨和 479.6 万修正总吨，各占全球订单量的 26.7%和 6.5%。

在全球手持订单 20 强船厂榜单中，我国船厂共有 7 家上榜，来自日本的船厂 2 家、韩国的船厂 5 家。就订单总量(CGT)而言，三星重工依然位居榜首，手持订单前三的船厂均为韩国船厂(数据来自 Clarksons，统计至 2020 年 3 月)(表 7-1)。

表 7-1　全球各船厂的手持订单量前 20 强

排名	中文名	修正总吨	数量(艘)	所在地
1	三星重工	5 951	102	韩国
2	现代重工(蔚山)	4 565	81	韩国
3	大宇造船	4 212	61	韩国
4	现代三湖重工	3 458	63	韩国
5	大西洋造船	1 948	12	法国
6	芬坎蒂尼(Monfalco)	1 793	14	意大利
7	上海外高桥造船厂	1 747	46	中国
8	江南造船(集团)	1 630	47	中国
9	江苏新时代造船	1 573	55	中国
10	现代尾浦	1 533	73	韩国
11	梅尔造船厂	1 432	11	德国
12	大鸟造船(Saikai)	1 350	76	日本
13	广船国际(南沙)	1 168	42	中国
14	大连船舶重工	1 158	32	中国
15	梅尔造船厂(Turku)	1 135	7	芬兰
16	中国船舶集团黄埔文冲造船	1 064	64	中国
17	今治造船(Mangame)	971	27	日本
18	MV Werften(Wismar)	958	8	德国
19	北海船舶重工	947	25	中国
20	芬坎蒂尼(Marghera)	934	7	意大利

从数据上来看，我国已经成为名副其实的世界第一造船大国，手持订单总量位居榜首。但从竞争力角度来看，日韩在质量、效率等方面仍有较强实力。长远来看，中日韩的造船竞争力各具优势，造船行业短期内很难一国独大，中日韩三国将在未来相当长一段时间内持续呈三足鼎立之势。

目前，我国船舶工业进入结构调整期，逐渐向数字化、信息化、智能化方向发展。根据中国船舶工业行业协会统计数据显示，我国船舶工业规模以上企业数量不断呈下降趋势。2018年，全国规模以上船舶工业企业1 213家，较上年减少197家。根据Clarksons统计数据显示，我国活跃船厂（指手中至少有一张有效订单的船企）数量从2009年初的391家下降到2018年的112家，同比下降71%，但减少的大部分是民营船厂，其他国营活跃船厂数量下降较少。2018年以来，船舶行业产业集中度持续提高，全国前10家企业造船完工量占全国总量的69.8%，比2017年提高11.5个百分点。新接订单向优势企业集中趋势明显，前10家企业新接订单量占全国总量的76.8%，比2017年提高3.4个百分点，骨干船舶企业竞争优势明显[3,19-26]。

2）*船舶与海工配套设备*

船舶与海工配套设备是指除船体及海工主体以外的所有船舶及海工配套的设备及装置，如动力设备、操纵设备、装卸设备和安全设备等，本章主要分为动力定位系统、应急逃生系统、水下生产系统、钻井系统和主机系统等。

船舶与海工配套设备是船舶高附加值的主要载体，因此，世界造船强国无一不重视船舶配套业的发展。欧洲经过长期不懈的努力，在船用设备基础技术研发、新产品研制、售后服务等方面长期占据绝对优势。日本和韩国在其造船业起飞的同时，通过技术引进、自主研发和加强管理等方式，各自用了20年左右的时间使其船舶配套业逐步壮大。伴随着我国国内造船业的崛起，随着东亚全球造船中心地位的巩固，世界船舶配套业的产业布局以及市场竞争格局等也正在发生重大变化，欧洲船舶配套业独霸天下的局面已成过去，如今，欧洲、日本、韩国在船舶配套业领域逐渐形成三足鼎立之势，而我国作为该领域的后起之秀，正在向着船舶配套业做大做强的目标快速前进。

7.2　全球创新资源地图

7.2.1　总体格局

全球高端海洋工程与船舶装备制造产业创新资源按地区或国家分为12个创新高地，集中在以下重点区域：美国的沿海地区，欧洲的挪威、意大利、荷兰、德国，韩国东南沿海的蔚山、首尔，新加坡，日本的东京，中国的环渤海、长江三角洲、珠江三角洲等地区。创新资源格局呈现以下特征（表7-2）。

表 7–2 高端海洋工程与船舶装备产业创新高地概况

创新高地	所在国家或地区	创新高地简介	主要领域及产品
墨西哥湾沿岸(休斯敦等)	美国	美国石油工业和石化工业的中心，海洋石油工业闻名于世，是全球海洋工程及海洋石油开采技术的研发中心	自升式钻井平台、半潜式钻井平台、浮式生产系统的设计建造；钻机钻井设备
东部沿海地区(波士顿、纽约、华盛顿等)		科研院所较多，具备强大的海洋产业科研实力	工程勘探、钻井平台、动力定位系统
挪威(奥斯陆、斯塔万格、特隆赫姆、奥勒松)	欧洲	传统海洋强国，海洋工程船队种类齐全，技术水平高，总体规模居世界前列，主要面向高端市场	自升式钻井平台、半潜式钻井平台、TLP 张力腿平台、钻井船
意大利(的里雅斯特、米兰)		以建造豪华游轮为主，因为技术含量高而垄断游轮市场，新船订单已跻身全球前列	豪华游轮、船舶配套
荷兰(阿姆斯特丹、鹿特丹、斯希丹)		荷兰船舶技术领域，共有超过 100 家船厂和 800 家供应商，拥有欧洲最大港口和炼油中心	自升式钻井平台、半潜式钻井平台、FPSO、钻井船的设计及承包
德国(帕彭堡、不来梅)		强大的机械制造业成就了德国的船舶配套业。船用发动机、机械设备、船舶电子技术产品、导航系统都处于世界领先地位	船舶配套产品、柴油发电机、轴舵系统、变速箱、甲板机械等
首尔、蔚山	韩国	传统的造船强国，在海洋工程产业的高端建造领域占有重要地位	钻井船、FPSO、自升式钻井平台、半潜式钻井平台、LNG 液化天然气船、LPG 船等
新加坡	新加坡	全球最大航运中心，修船改装及海工平台占较大市场份额	自升式钻井平台、半潜式钻井平台的设计、建造、维护，FPSO 改装
东京	日本	在造船业有全球最高水平的造船技术，近几年订单缩减，但在海洋工程产业方面取得了重大突破	FPSO、FSO 等浮式生产系统、LNG 船、集装箱船、散货船等

续表

创新高地	所在国家或地区	创新高地简介	主要领域及产品
环渤海	中国	包括青岛、大连、天津、北京等城市在内，行业热度较次于长江三角洲地区	传统船舶、船舶维修、FPSO 改造、物探船等
长江三角洲		以上海为中心的无锡、泰州、南通、镇江等城市，拥有多个知名海工与船舶装备产业研究机构，大型企业密集	物探船、钻井平台、LNG、LPG、铺缆船等
珠江三角洲		包括广州、深圳等城市，有个别行业相关企业及研究机构，也占有部分国内市场份额	铺管船、LNG、LPG、化学品运输船等

美国经济发达、资源丰富，有较强的海工及船舶产业发展基础，如美国墨西哥沿岸是美国石油工业和石化工业的中心，海洋石油工业闻名于世，而东部沿海地区科研院所较多，具备强大的海洋产业科研实力。通过产业分析，美国地区包括重点企业 12 家，均具有较强的海洋工程与船舶装备的研发与制造实力，而美国麻省理工学院、伍兹霍尔海洋研究所、休斯敦大学等高等学府也为美国的海工与船舶产业发展提供了技术支撑。

欧洲的挪威、意大利、荷兰、德国等国在海洋工程与船舶装备制造方面历史较久，技术水平普遍偏高，有较多大型跨国石油公司在需求的引领下，垄断着海洋工程关键装备的开发、设计、工程总包及关键配套设备供货和高端制造领域。本书根据市场分析，共罗列重点企业 18 家，这些企业虽然市场份额不高，但部分垄断了海工装备的研发、设计、工程总包以及关键技术设备、精密仪器等，该地区有多个高等学府，如挪威科技大学的石油与海洋技术类、电气电子及生产与质量工程类学科拥有很强的技术和学术实力，属世界一流。

除欧美等传统大型石油公司外，韩国、日本和新加坡凭借劳动力、土地等资源优势，在功能模块设计建造、总装设计建造领域快速发展，包括 10 家重点企业，因而在大型船舶建造、FPSO 改装等处于领先地位，占据了较大的市场份额，但在装备设计方面与欧美公司存在较大差距。

我国的高端海洋工程与船舶装备产业主要集中在环渤海、长江三角洲、珠江三角洲等沿海地区。其中，长江三角洲地区拥有多个知名海工与船舶装备产业研究机构，且相关大型企业密集；而环渤海地区的行业热度较次于长江三角洲地区，主要为青岛、大连、天津、北京等城市；珠江三角洲的个别科研机构和企业的实力也不容小觑。近些年来，在新接订单和在手订单上，我国牢牢占据全球第一的宝座，但大多是传统船舶及海洋工程，在技术水平高的高端制造、核心船舶配套产业上国际竞争力较弱。

7.2.2 海外重点区域

7.2.2.1 美国

美国东部沿海地区如波士顿、纽约、华盛顿等城市历来是美国经济发达、人口分布集中的地区，交通发达，资源丰富，是世界上著名大学分布最集中的地区，集中了美国麻省理工学院、伍兹霍尔海洋研究所等高等科研院所以及通用电气、L3 Technologies、Transocean-Ocean Rig 等大型公司，具有较强的海洋工程与船舶装备的研发与制造实力(表 7-3)。

表 7-3 美国高端海洋工程与船舶装备重点企业及科研机构分布概况

所在国家	创新高地	重点企业及产品	重点科研机构
美国	东部沿海地区(波士顿、纽约、华盛顿等)	通用电气公司(General Electric Company)：动力定位系统等 L3 技术(L3 Technologies)：动力定位系统等 越洋海洋装备公司(Transocean-Ocean Rig)：钻井船	美国麻省理工学院 伍兹霍尔海洋研究所
	墨西哥湾沿岸(休斯敦等)	罗文集团(Rowan)：钻井船、钻井平台、FPSO、水下生产系统 TSC 集团控股有限公司(TSC Group Holdings Limited)：钻井平台、FPSO、水下生产系统 弗洛特克(FloaTec)：张力腿平台等 麦克德莫特(McDermott)：钻井平台、SPAR 平台等 弗雷德和戈德曼有限公司(Friede & Goldman United ltd)：钻井平台 前沿钻探公司(Frontier Drilling)：钻井平台 迪玛尔国际海洋工程公司(DMAR Engineering)：水下生产系统、TLP、SPAR 戴蒙德海底钻探公司(Diamond Offshore Drilling)：钻井平台 国民油井华高公司(National Oilwell Varco)：钻井系统	休斯敦大学 得克萨斯大学

墨西哥湾沿岸以休斯敦等城市位于墨西哥湾沿岸的石油产区的中心，是美国石油工业和石化工业的中心，海洋石油工业闻名于世，是全球海洋工程及海洋石油开采技术的研发中心，著名科研机构如休斯敦大学、得克萨斯大学等。休斯敦有多个

大型钻井平台运营商、设计承包商等，掌握高端海洋工程及高端船舶产业领先技术，牢牢占据海工产业高端市场，如 Friede & Goldman United Ltd.（2010 年被中国交建旗下子公司香港振华工程有限公司收购）、McDermott、Rowan、Diamond Offshore Drilling 等公司。

7.2.2.2 欧洲

欧洲的高端海洋工程与船舶装备产业主要集中在挪威、荷兰、意大利、德国等沿海、经济发达、具有一定工业基础的国家，是全球最早发展海洋工程的国家，其中，挪威是传统海洋强国，荷兰拥有欧洲最大港口和炼油中心，意大利以建造高技术的豪华游轮为主，德国依靠其强大的机械制造业。这使得欧洲不仅在设计技术、建造技术和建造软件的发展上保持世界领先，甚至垄断了豪华游船市场。欧洲船厂如 Aker、Fincantieri 和 Meyer Werft 都是游船和大型舰船设计和建造的主导者，而且在小型商船、军舰和特种船方面也一样始终站在世界造船业的船头。SBM、Bluewater、Aker Kvaerner、Bassoe Offshore 等多个大型跨国海工企业，具备超强的研发和设计能力。近些年来，随着海洋工程产业的升级，大部分退出了海工装备制造领域，但仍然垄断了海工装备的研发、设计、工程总包以及关键技术设备、精密仪器等（表 7-4）。

表 7-4 欧洲高端海洋工程与船舶装备产业重点企业及科研机构分布概况

所在国家	重点企业及产品	重点科研机构
荷兰	格斯特公司（GustoMSC）：钻井平台、钻井船 荷兰皇家壳牌公司（Royal Dutch Shell PLC）：海底管道 蓝水（Bluewater Energy）：钻井平台 希雷玛（HeereMa）：钻井船、FPSO SBM 公司：钻井平台、钻井船 IHC 公司：钻井系统	代尔夫特理工大学
挪威	阿克克瓦纳公司（Aker Kvaerner）：张力腿平台、钻井平台、钻井船 乌斯坦船厂（Ulstein）：铺缆船、海洋平台 Skipsteknisk 研究所：物探船等 巴索离岸公司（Bassoe Offshore）：钻井平台 格伦兰集团（Grenland Group）：张力腿平台、钻井平台	挪威科技大学
意大利	芬坎蒂尼集团（FINCANTIERI）：豪华游轮 埃尼集团（ENI）：跨国石油公司 萨伊博姆公司（Saipem）：工程总包、起重铺管船等	热那亚大学

续表

所在国家	重点企业及产品	重点科研机构
德国	迈尔造船厂(Meyer Werft)：豪华游轮 MTU 公司：发动机 曼恩柴油机公司(MAN)：发动机	基尔亥姆霍兹海洋研究中心
法国	德西尼布-富美实(Technip-FMC)集团：工程总包、起重铺管船、水下系统等	

7.2.2.3 东亚

目前，东亚地区拥有全球大部分高实力造船企业，据统计，中国、日本、韩国、新加坡等国家都是船舶订单量的大国，东亚地区的船舶完工量占全球近 90%。其中，韩国是公认的造船大国，造船业是韩国的重要支柱产业，韩国的三大船企三星重工、现代重工、大宇造船实力雄厚，在大型集装船、油船、海工装备等制造方面闻名世界，而其 LNG 船不管是建造数量，还是技术含金量都堪称全球第一，近几年韩国在钻井船市场也占有更大的比重。

日本的重点企业有三井海洋开发公司(MODEC)、三菱重工、川崎重工、今治造船等，与我国相比，日本存在劳动力不足以及能源与环境的问题，但其积极进行结构调整与技术升级，先进的技术有效地提高了施工效率。同时设备配套工业是日本海工和造船业发展的支柱产业，其产品的大部分用于直接出口或间接出口，总体来说日本的海工及船舶装备以质量上乘和工艺创新而享有美誉。与其他国家相同，受船舶及海工业市场低迷的影响，新加坡也存在一定程度的人才流失，但新加坡吉宝集团(Keppel FELS)、胜科海事(SembCorp)等公司，在船体总装设计建造，海洋油气钻采装备的模块建造与总装，大型 LNG 船、超大型集装箱船等高端船型上仍占据领先地位。特别是新加坡的修船工业，如 FPSO 改装所占市场份额很高(表 7-5)。

表 7-5 东亚高端海洋工程与船舶装备产业重点企业及科研机构分布概况

所在国家	重点企业及产品	重点科研机构
韩国 (首尔、蔚山)	大宇造船：钻井船、FPSO、LNG、LPG、柴油发动机 三星重工：钻井船、FPSO、LNG、LPG、逃生系统、动力定位系统 现代重工：勘察船、钻井船、FPSO、LNG、LPG、逃生系统、动力定位系统柴油发动机 现代尾浦：LNG、LPG、化学品运输船	釜山国立大学 首尔国立大学 韩国海洋大学

续表

所在国家	重点企业及产品	重点科研机构
日本（东京）	三井海洋开发公司(MODEC)：FPSO、TLP 三菱重工：LNG、LPG、TLP、柴油发动机 川崎重工：柴油发动机、豪华游轮、LNG、LPG、集装箱船 今治造船：LNG 船、LPG 船、集装箱船、油轮、货船	东京大学
新加坡	吉宝集团(Keppel FELS)：钻井平台、FPSO 改装 胜科海事(Sembcorp Marine)：钻井平台、FPSO 改装	新加坡国立大学 南洋理工大学 海事研究中心(MRC)

7.2.3 我国重点区域

我国高端海洋工程与船舶装备产业的重点区域可分为环渤海地区、长江三角洲地区、珠江三角洲地区(表 7-6)。

表 7-6 我国高端海洋工程与船舶装备产业重点企业及科研机构分布概况

所在国家	创新高地	重点企业及产品	重点科研机构
中国	环渤海地区(北京、青岛、大连、天津)	中国船舶集团有限公司：钻井平台、物探船等 海洋石油工程股份有限公司：固定式海洋平台，FPSO 总包工程 中集来福士：钻井船、半潜式钻井平台 青岛北船重工：FPSO、船舶维修 大连船舶重工集团有限公司：钻井平台、FPSO、LNG 船、物探船等 中远船务工程集团有限公司：钻井平台、FPSO、LNG 船、物探船等	大连理工大学 中国石油大学(华东) 中海油研究总院 天津大学 江苏科技大学 大连海事大学 东北石油大学 中国海洋大学
	长江三角洲地区(上海、无锡、泰州、南通、镇江)	上海船厂船舶有限公司：物探船、钻井船、钻井平台 上海外高桥造船有限公司：钻井平台、FPSO、LNG 船、物探船等 沪东中华造船(集团)有限公司：LNG 江南造船厂：LNG、LPG、化学品运输船 南通明德重工：LNG、LPG、化学品运输船 上海振华重工(集团)股份有限公司：起重铺管船、动力定位系统 泰州口岸船舶有限公司：铺缆船	中国船舶及海洋工程设计研究院 上海交通大学 中国船舶集团第七〇八研究所 中国船舶科学研究中心(七〇二所) 上海海事大学 东南大学 同济大学 中国极地研究所 中国船舶集团上海船舶设计研究院
	珠江三角洲地区(广州、深圳)	招商局(深圳)重工：钻井平台、铺管船 广州广船国际：LNG、LPG、化学品运输船	集美大学 华南理工大学

环渤海地区主要围绕北京、青岛、大连等北方城市，重点科研机构如大连理工大学、中国石油大学(华东)、江苏科技大学、大连海事大学等在船舶及海工领域均有较高水平，大型船厂如中集来福士、大连船舶重工集团有限公司、中远船务工程集团有限公司等也有较雄厚的实力。

长江三角洲地区主要围绕上海、无锡、泰州等城市，该区域的企业较其他两个地区更多，建造实力更强，在海工装备及大型 LNG 船等高技术水平装备的建造上占市场份额更大，如上海外高桥造船有限公司、沪东中华造船(集团)有限公司、江南造船厂、上海振华重工(集团)股份有限公司等，该地区科研机构如上海交通大学、中国船舶集团第七〇八研究所、中国船舶科学研究中心(七〇二所)等在海工与船舶产业也有较高地位。

珠江三角洲地区主要围绕广州、深圳等地，该地区的重点企业及科研机构较少，著名的有招商局(深圳)重工、广州广船国际、集美大学等。

7.3 全球产业(链)创新全景图

7.3.1 分布特征

高端海洋工程和船舶装备产业围绕海洋油气资源开发装备、大型运输船、特殊功能船、船舶与海工配套设备四个方向细分了物探船等 22 项四级技术，梳理了 50 余件产品、60 家企业、30 家科研机构，呈现以下特征(图 7-2)。

船舶装备巨头企业集中在大型运输船、特殊功能船和海洋资源开发等领域，造船业和资源开发平台的发展水平是一个企业(或国家)资源优势、总装能力、配套准备研发的综合体现。在历次造船产业转移过程中，其基本驱动力主要来自于资源和要素的比较优势，在欧洲向亚洲国家的第一次转移过程中，亚洲新兴造船国凭借劳动力、土地等资源优势，成功击败了欧洲，因此从全球造船竞争格局看，仍以中日韩三国为主，造船企业巨头如韩国三星重工、韩国现代重工、韩国大宇造船，日本三井海洋开发公司(MODEC)、三菱重工、今治造船等。我国目前已与韩国、日本一起成为世界公认的三大船舶工业大国。大型跨国石油公司是海洋资源开发领域的巨头企业，在海洋工程总包和关键配套设备供货领域具备垄断性，例如包括美国的弗雷德和戈德曼有限公司(F&G，已被中国交建旗下子公司香港振华工程有限公司收购)、戴蒙德海底钻探公司(Diamond Offshore Drilling)，荷兰格斯特公司(GustoMSC)，挪威阿克克瓦纳公司(Aker Kvaerner)，意大利芬坎蒂尼集团等。

图 7-2　船舶与海工产业全景图

在船舶与海工配套装备领域，“隐形冠军”企业集中，建造一座大船或一座海工平台需要 200 多个配套装备企业的密切合作，某些企业在船舶及海工平台总装领域较为落后，但在船舶与海工配套领域发挥举足轻重作用，成为巨头企业的重要“供货商”。主要“隐形冠军”企业如德国 MAN 公司，其是全球领先的船用柴油涡轮机械供应商，一直重视技术创新、提高能源效率、降低燃料消耗成本和污染物排放。挪威康斯博格海事(Kongsberg Maritime)在全球动力定位系统市场占据最大市场份额，也是国内船东的主要供货商，其混合动力推进系统在多种船舶类型上均提供了公认的效率优势，其关键技术满足国际海事组织减碳战略。美国 NOV 的HR 系列与 PRS 系列排管机研发已经达到相当高的水平，代表型号为 HR Ⅳ 和 PRS-5，该产品已具备全自动化排管能力，控制系统采用完全远程控制，实现钻台完全无人化水平。

近年来，海工及船舶订单呈现向少数大型企业集中的趋势，受市场影响，许多企业进行了并购重组，使得大型企业竞争优势更加明显，在日趋激烈的竞争下，许多中小企业纷纷选择退出海工及船舶领域。预计未来几年中小企业面临的形势会更加严峻，大型海工及船舶企业将充分发挥自身优势，高端海工及船舶市场的集中度会进一步提高。

7.3.2 海洋油气资源开发装备

7.3.2.1 国内外重点企业及主要产品

海洋油气资源开发装备的国内外主要设计商、制造商如弗雷德和戈德曼有限公司(F&G)是世界知名的海洋工程设备设计公司，尤其在半潜式钻井平台设计方面占据世界第一的市场份额，目前全球有超过 100 座海洋钻探生产设施采用了 F&G 公司的设计，并且有 30 座正在建造当中。中国大连船舶重工集团公司为中海油田服务股份有限公司建造的国内第一座 400 ft(1 ft=0. 304 8 m)自升式钻井平台“海洋石油 941”就是由该公司设计的。荷兰格斯特公司(GustoMSC)，在深水海洋钻井平台方面技术领先，设计了 TDS 系列平台，并在此基础之上设计了 OCEAN 系列平台，该系列平台为最新的第六代半潜式钻井平台，其作业水深可达 3 050 m，作业时最大可变载荷可达10 000 t。挪威阿克克瓦纳公司(Aker Kvaerner)是挪威最大的深水钻井平台和设备的承包商，设计了 Aker H3、Aker H4、Aker H6e 等 Aker H 系列钻井平台，并在此基础上设计开发了 Aker H-7000 型半潜式钻井平台。日本三井海洋开发公司(MODEC)是世界知名的海洋工程设计商，也是世界著名的 FPSO、PSO 和 TLP 的主承包商。在全球范围内提供浮式生产系统设计、运营和维护。戴蒙德海底钻探公司(Diamond Offshore Drilling)作为一家美国深水钻井承包商，是深海开采平台技术龙头企业。新加坡吉宝远东(Keppel FELS)和新加坡胜科海事(SembCorp)在海洋工程装备制造、改装方面占据全球领先地位。韩国三星重工(Samsung Heavy Industries)不仅在钻井船建造方面居世界首位，而且在破冰型深海钻探石油船方面堪称世界尖端。中国的大连船舶重工集团有限公司、上海外高桥造船有限公司、中远船务工程集团有限公司、中集来福士海洋工程有限公司已经初步形成功能模块设计建造、总装设计建造和调试能力，在世界海工与船舶制造市场牢牢占据一席之地。

图 7-3 至图 7-7 列出了海洋油气资源开发装备的国内外主要设计商、制造商及其重点产品。

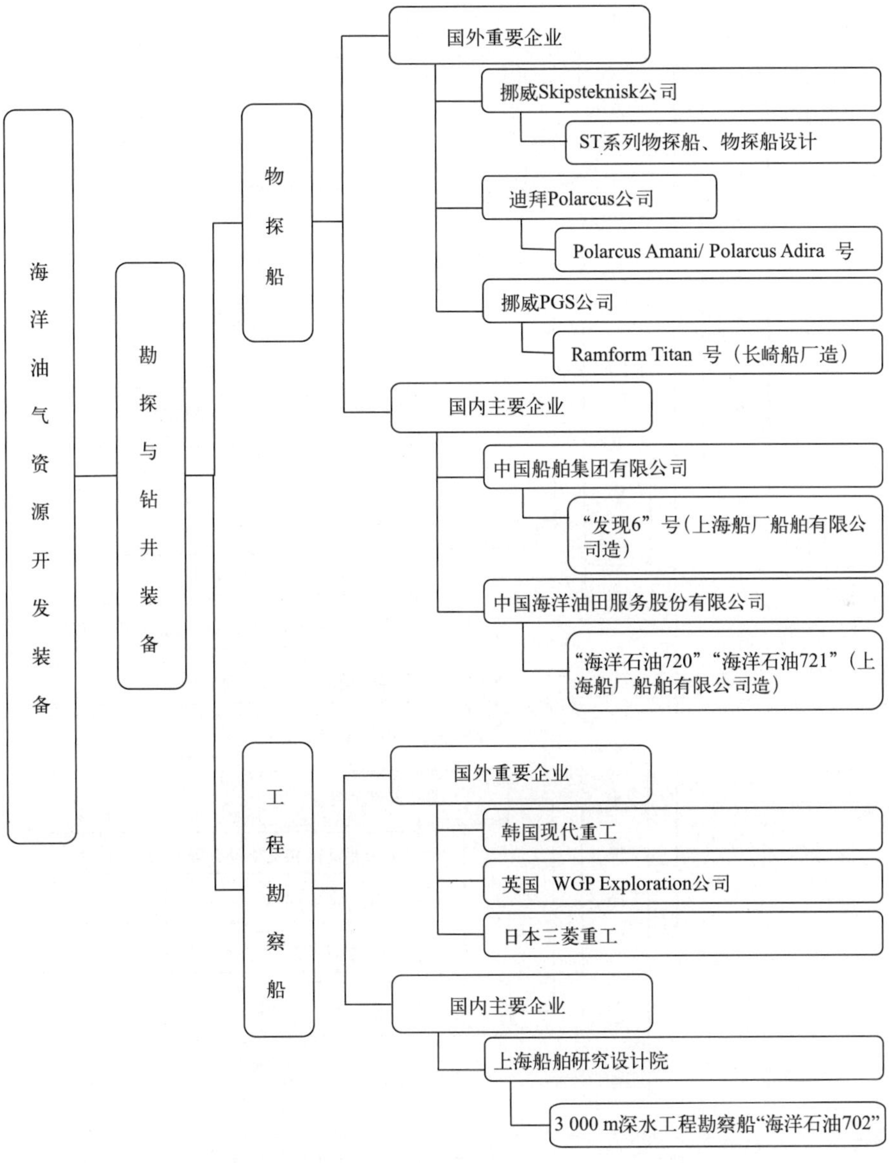

图 7-3 海洋油气资源开发装备国内外主要企业及产品(一)

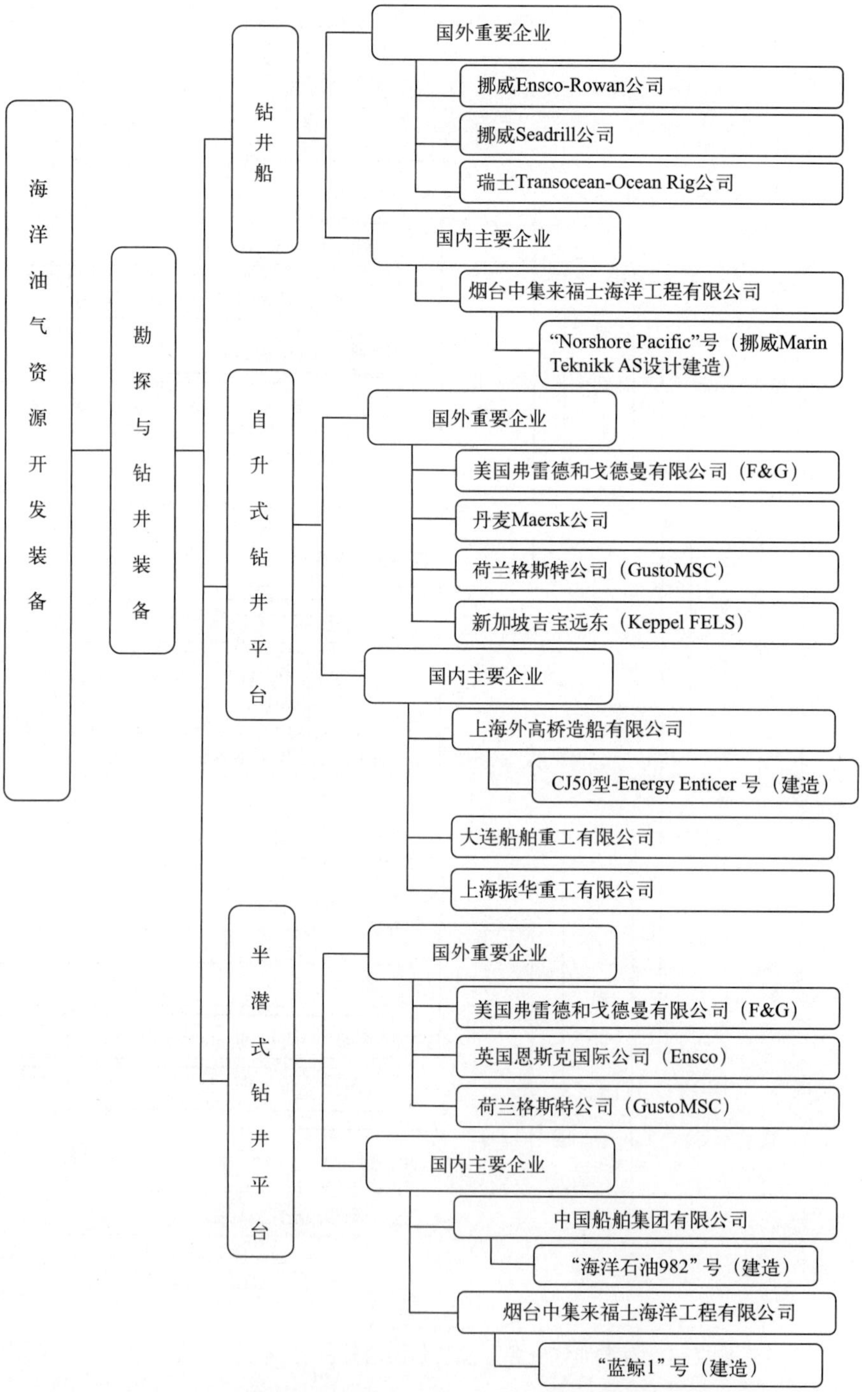

图 7-4　海洋油气资源开发装备国内外主要企业及产品(二)

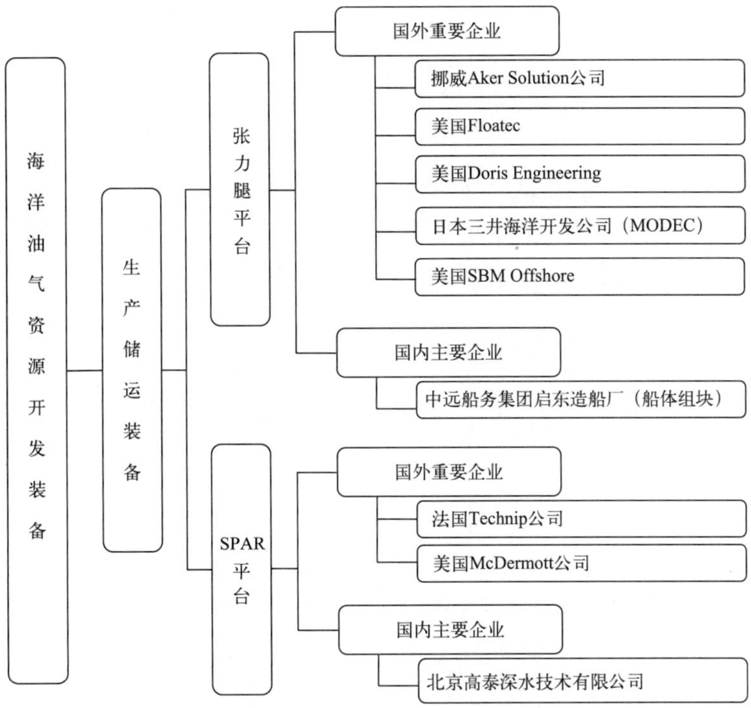

图 7-5　海洋油气资源开发装备国内外主要企业及产品(三)

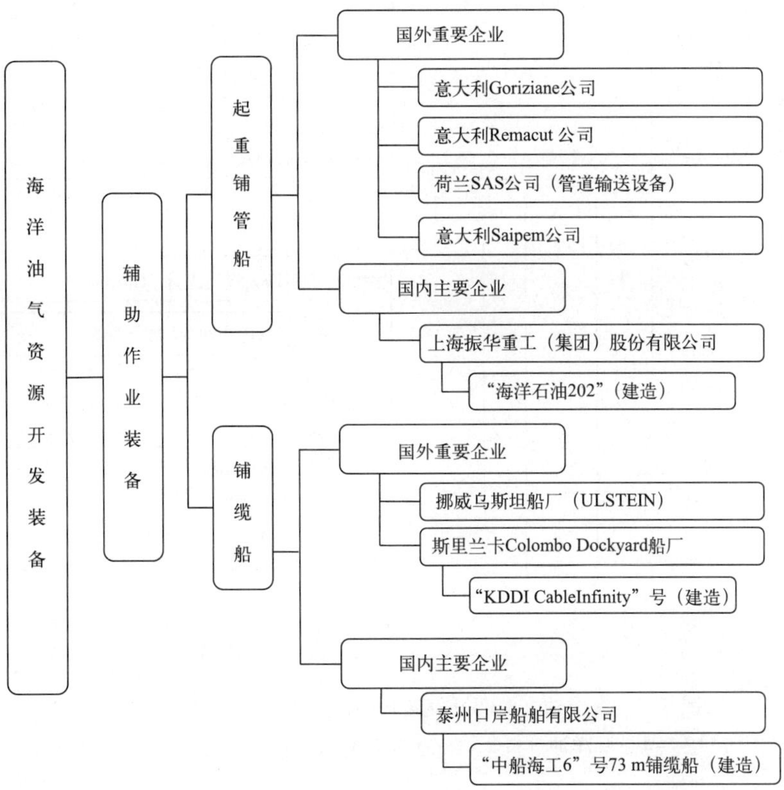

图 7-6　海洋油气资源开发装备国内外主要企业及产品(四)

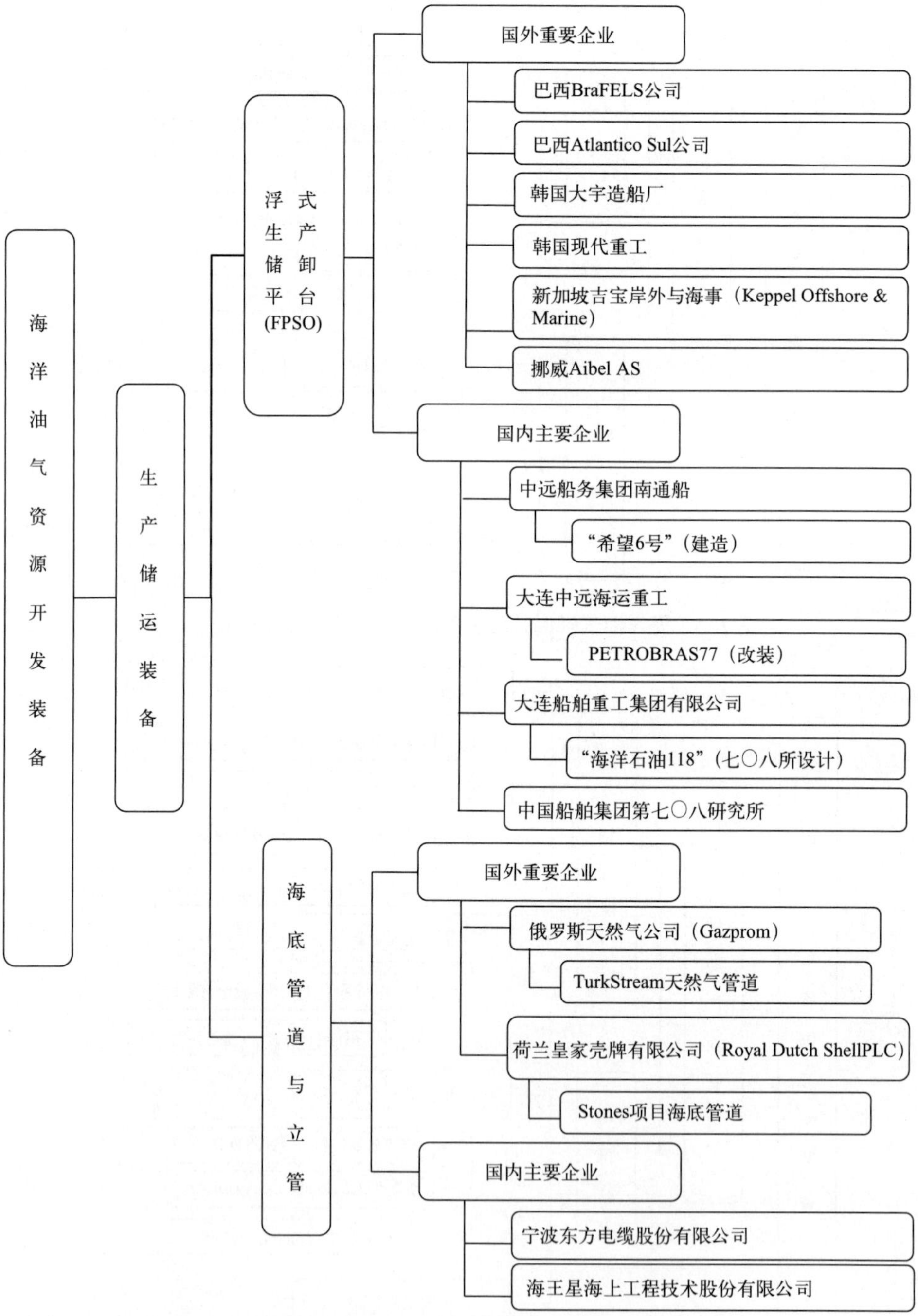

图 7-7　海洋油气资源开发装备国内外主要企业及产品（五）

7.3.2.2 重点创新机构研发布局

重点分析设计商美国弗雷德和戈德曼有限公司(F&G)、荷兰格斯特公司(GustoMSC)、挪威阿克克瓦纳公司(Aker Kvaerner)、日本三井海洋开发公司(MODEC)、美国戴蒙德海底钻探公司(Diamond Offshore Drilling)等；建造商新加坡吉宝岸外与海事(Keppel Offshore & Marine)、新加坡胜科海事(SembCorp)、韩国三星重工(Samsung Heavy Industries)、大连船舶重工集团有限公司、上海外高桥造船有限公司、中远船务工程集团有限公司、中集来福士海洋工程有限公司等的专利布局。

(1)美国弗雷德和戈德曼有限公司(F&G)

2010年8月9日，中国交建控股的上海振华重工(集团)股份有限公司的全资子公司香港振华工程有限公司完成收购F&G公司100%权益。F&G公司位于美国得克萨斯州休斯敦市，在移动海洋钻井平台领域处于世界前沿，是世界知名的海洋工程设备设计公司，尤其在半潜式钻井平台设计方面占据世界第一的市场份额，公司基本情况、核心专利详见表7-7。公司具有60多年的设计经验，员工50人以上，拥有庞大的客户群和大批量的项目，目前全球有超过100座海洋钻探生产设施采用了F&G公司的设计，并且有30座正在建造当中。

表7-7 美国弗雷德和戈德曼有限公司在海洋油气资源开发装备领域研发布局简况

创新机构	弗雷德和戈德曼有限公司(Friede & Goldman United ltd)	
网址	http://www.fng.com/	
核心专利	公开号	专利名称
	US 7802636B2	Simultaneous tubular handling system and method(同时管式装卸系统和方法)
	US 8216108B2	Gear assembly with tapered flex pin(具有锥形柔性销齿轮组件)
	US 8215888B2	Cartridge tubular handling system(弹药筒管式装卸系统)
	US 8186455B2	Simultaneous tubular handling system and method(同时管式装卸系统和方法)
	US 8313412B2	Gear assembly with asymmetric flex pin(具有非对称柔性销齿轮组件)
	US 6701861B2	Semi-submersible floating production facility(半潜浮式生产设备)
	US 8584773B2	Simultaneous tubular handling system and method(同时管式装卸系统和方法)
	US 8696289B2	Cartridge tubular handling system(弹药筒管式装卸系统)
	US 9476265B2	Trolley apparatus(台车装置)
	US 9410385B2	Simultaneous tubular handling system(同时管式装卸系统)
主要技术和产品	自升式钻井平台、半潜式钻井平台、浮式生产系统的设计	

(2)荷兰格斯特公司(GustoMSC)

格斯特公司总部位于荷兰西南部城市斯希丹，是SBM Offshore Group(单点系泊公司)子公司，在深水海洋钻井平台方面技术领先，公司基本情况、核心专利详见表7-8。20世纪50年代，公司开始涉足海洋油气开发领域。1975年，设计并建造了第1艘半潜式钻井平台“Viking Piper”号。其后先后开发了DSS系列、TDS系列和OCEAN系列半潜式钻井平台。

第一艘DSS系列平台于2003年建造完成，命名为“Maersk Explorer”号，在里海海域作业。DSS系列共有3种设计形式，分别为DSS21、DSS38和DSS51。出于简化建造的想法，GustoMSC公司设计了TDS系列平台。该系列平台共有2种设计形式，分别为TDS2000P和TDS2500。在TDS和DSS系列平台获得经验的基础之上，GustoMSC公司设计了OCEAN系列平台。该系列平台为最新的第六代半潜式钻井平台，其作业水深可达3 050 m，作业时最大可变载荷可达10 000 t。

表7-8　荷兰格斯特公司在海洋油气资源开发装备领域研发布局简况

创新机构	荷兰格斯特公司[Marine Structure Consultants (MSC) and IHC Gusto Engineering]	
网址	http://www.gustomsc.com/	
核心专利	公开号	专利名称
	EP 1467944B1	Floating lifting device(浮升降装置)
	US 8425155B2	Jacking system for a leg of a jack-up platform(用于自升式平台腿的顶升系统)
	US 6648555B2	Jack-up platform comprising a deck structure and a single supporting column, and method for installing such jack-up platform(包括甲板结构和单个支撑柱的自升式平台以及安装这种自升式平台的方法)
	US 6761506B2	Pipe lay system with tension compensator(具有张力补偿器的管道铺设系统)
	NL 2002549C	Jacking system for a leg of a jack-up platform.(用于腿部的顶升系统顶起平台)
主要技术和产品	自升式钻井平台、半潜式钻井平台、FPSO、钻井船的设计	

(3)法国德西尼布集团公司(Technip)

法国德西尼布集团公司(Technip)是在纽约和巴黎上市的国际知名公司，该公司业务遍布全球，主要从事石油、天然气、石油化工及其他工业项目的设计、技术和建设服务，尤其擅长深海石油开采，在设计建设大型工业设施领域经验丰富，是知名的国际工程咨询设计商之一。

德西尼布集团公司提供的服务范围广泛，包括可行性研究、浮动与固定式平台的设计与建造、项目管理与实施、铺设海底管道及海底设施维修等。该公司的组织结构主要有三个业务领域：海上作业分部、陆上与场区作业分部以及其他工业分部。其海上作业分部的经营范围包括：海上场地开发、水下生产、水下管道与施工、水下维修、浮动式与固定式平台、停泊服务和钻探服务等。公司基本情况、核心专利详见表 7-9。

表 7-9　德西尼布集团公司在海洋油气资源开发装备领域研发布局简况

创新机构	法国德西尼布集团公司(Technip)	
网址	https：//www. technipfmc. com	
核心专利	公开号	专利名称
	CN 102160126B	控制管缆
	CN 102405390B	从天然气原料流生产过冷液化天然气流的方法和相关的设备
	US 8210264B2	Subsea overload release system and method(海底过载释放系统和方法)
	JP 4975643B2	Heavy residual hydrocarbon feedstock, the method including(含有重残留物的碳氢化合物分解方法)
	US 7770603B2	Flexible tubular pipe with an anti-wear sheath(具有耐磨护套的软管)
	US 9476831B2	Alkylaromatics production using dilute alkene(利用稀烯烃生产烷基芳族化合物)
	US 8561648B2	Flexible pipe having high resistance to axial compression and method of manufacturing such a pipe(具有高轴向压缩阻力柔性管和这种管的制造方法)
	US 8408311B2	Termination assembly for a steel tube umbilical(用于钢管脐带接头组件)
	US 7690135B2	Deep sea mining riser and lift system(深海采矿立管和提升系统)
	US 8806735B2	Method of spooling a bi-metallic pipe(一种缠绕双金属管的方法)
主要技术和产品	钻井平台设计建造、海底管道等	

(4)意大利萨伊博姆公司(Saipem)

萨伊博姆公司(Saipem)于 20 世红 50 年代开始运营，是意大利埃尼集团(Eni)的子公司。萨伊博姆公司主要涉及深水钻井、油田开发、管道铺设等领域，该公司经过一系列收购后成为石油和天然气行业国际化程度较高、规模较大、功能较强的承包商之一，在非洲、中亚、中东和东南亚等都占有较大的市场份额。萨伊博姆(Saipem)共有四个业务部门，包括近海工程承包、路上工程承包、近海钻井服务、路上钻井服务。该公司依托技术优势与项目管理能力，在承接高技术、复杂性项目等方面具有明显优势。公司基本情况、核心专利详见表 7-10。

表 7-10 意大利萨伊博姆公司在海洋油气资源开发装备领域研发布局简况

创新机构	意大利萨伊博姆公司(Saipem)	
网址	https://www.saipem.com/en	
核心专利	公开号	专利名称
	US 7820432B2	Triphasic bioreactor and process for gas effluent treatment(三相生物反应器及气体废水处理方法)
	US 7596952B2	Process and a plant for recycling carbon dioxide emissions from power plants into useful carbonated species(一种用于将发电厂排放的二氧化碳再循环成有用的碳酸物质的方法和设备)
	US 7882794B2	Buoyancy device and method for stabilizing and controlling lowering or raising of a structure between the surface and the sea floor(用于稳定和控制表面和海底之间的结构的下降或上升的浮力装置和方法)
	US 8846377B2	Process for CO_2 capture using micro-particles comprising biocatalysts(使用包含生物催化剂微粒捕获 CO_2 的方法)
	AU 2010332508B2	Pipeline weld repairing method and apparatus(管道焊缝修补方法和装置)
	AU 2008224059B2	Undersea pipe-laying(海底管-铺设)
	CU 23903B1	Process and equipment for the recovery of ammonia from a gas stream(从气流中回收氨的工艺和设备)
	AU 2009259308B2	Pipe-laying vessel and method of laying a pipeline(管-铺设容器和管道铺设的方法)
	CN 103403428B	管敷设船以及敷设管线的方法
	US 8061582B2	Pipe-joining method and apparatus for producing underwater pipelines, and underwater-pipeline-laying vessel comprising such an apparatus(用于生产水下管道的管道连接方法和设备以及包括这种设备的水下管道铺设容器)
主要技术和产品	油田开发、海底管道等	

(5)挪威阿克克瓦纳公司(Aker Kvaerner)

阿克克瓦纳公司(Aker Kvaerner)是由 Aker Maritime 和 Kvaerner 于 2002 年合并组成，母公司阿克克瓦纳集团，总部位于挪威奥斯陆的福尼布(Fornebu)，是挪威最大的深水钻井平台和设备的承包商，公司基本情况、核心专利详见表 7-11。公司在早期设计了 Aker H3、Aker H4、Aker H6e 等 Aker H 系列钻井平台，并在此基础上设计开发了 Aker H-7000 型半潜式钻井平台。

2006 年 3 月，Aker Kvaerner 公司与中国宝鸡石油机械有限责任公司共同出资成立北京宝石 MH 海洋石油工程技术有限责任公司，致力于海洋钻井平台、钻井模块和钻井设备的系统设计，同时也提供钻井设备的零部件、备件及技术服务和技术咨询。2008 年 8 月，中国海洋石油总公司与挪威阿克克瓦纳 MH 公司签订了深水半潜式钻井平台钻井设备合同，该合同金额约为 1.3 亿美元，标志着中国首座超深水半潜式钻井平台进入实质性开发建设阶段。

表 7-11 挪威阿克克瓦纳公司在海洋油气资源开发装备领域研发布局简况

创新机构	挪威阿克克瓦纳公司(Aker Kvaerner)	
网址	http：//www. akerkvaerner. com	
核心专利	公开号	专利名称
	US 7743853B2	Top drive drilling apparatus(顶驱钻具)
	US 8397837B2	Anti-collision system(防撞系统)
	US 7754966B2	Umbilical[脐带管(缆)]
	CA 2504848C	Apparatus and method for osmotic membrane distillation(用于渗透膜蒸馏的设备和方法)
	BRPI 0615106B1	Valve，underwater coupler，and，trigger valve(阀、水下耦合器和启动开关)
	US 9360249B2	Gas conditioning process for the recovery of LPG/NGL (C2+) from LNG[从LNG 中回收 LPG/NGL(C2+)的气体调节工艺]
	US 7861619B2	Power tong(动力钳)
	US 7174841B2	Method and an arrangement for reducing the weight and optimizing the longitudinal strength of a water-craft(用于减轻船舶重量和优化船舶纵向强度的方法和装置)
	US 6675900B2	Crossover tree system(交叉树系统)
	US 6810954B2	Production flow tree cap(一种生产流程树帽)
主要技术和产品	钻井平台、钻井设备零部件等	

(6)日本三井海洋开发公司(MODEC)

三井海洋开发公司成立于 1968 年，公司总部在东京，并在休斯敦、新加坡设有地区分部，是世界知名的海洋工程设计商，也是世界著名的 FPSO、FSO 和 TLP 的主承包商。公司在全球范围内提供浮式生产系统设计、运营和维护，工程项目分布在安哥拉、澳大利亚、巴西、中国、科特迪瓦、加纳、墨西哥、新加坡、美国和越南等，并已在中国大连设有海洋工程服务公司。公司核心专利详见表 7-12。

表 7-12 日本三井海洋开发公司在海洋油气资源开发装备领域研发布局简况

创新机构	日本三井海洋开发公司(Mitsui Ocean Development & Engineering Co., MODEC)	
网址	http://www.modec.com/	
核心专利	公开号	专利名称
	AU 2012293883B2	Gas lift system and gas lift method(气举系统及气举方法)
	JP 5607006B2	Falling film heat exchanger, an absorption type refrigeration system, and ships, offshore structure, underwater structures(降膜换热器，吸收式制冷系统，船舶，海上结构，水下结构物)
	JP 5750537B1	Offshore structure construction method(海上结构的施工方法)
	JP 5685670B1	The mooring system of an offshore structure, and, a group of moored offshore structure and method(一种海上的系泊系统结构和一组系泊海上结构和方法)
	US 6830413B2	Ballast system for tension leg platform(张力腿平台压载系统)
主要技术和产品	FPSO、FSO、TLP 等浮式生产系统设计、运营和维护	

(7) 美国戴蒙德海底钻探公司(Diamond Offshore Drilling)

戴蒙德海底钻探公司(Diamond Offshore Drilling)是一家美国深水钻井承包商，历史可以追溯到美国初期的海上钻井行业。公司前身分别为 ODECO 公司、萨帕塔公司、钻石中号钻井公司。公司于 1953 年 5 月由 Alden J.（Doc）Laborde 作为新奥尔良海洋钻探和勘探公司成立。之后，新奥尔良海洋钻探和勘探公司设计出了第一个潜式钻井平台。公司总部位于得克萨斯州休斯敦，它在澳大利亚、巴西、墨西哥、苏格兰、新加坡和挪威拥有主要办事处，是深海开采平台技术龙头企业。截至 2016 年 12 月 31 日，该公司经营着 24 个海上钻井平台，包括：4 艘动力定位钻井船、8 个超深水、6 个深水、5 个中水半潜式潜水器和 1 个自升式钻井平台，并拥有世界上最大的海上钻井平台(表 7-13)。

表 7-13 美国戴蒙德海底钻探公司在海洋油气资源开发装备领域研发布局简况

创新机构	戴蒙德海底钻探公司(Diamond Offshore Drilling)	
网址	http://www.diamondoffshore.com/	
核心专利	公开号	专利名称
	US 8443896B2	Riser floatation with anti-vibration strakes(隔振条带立管浮选)
	US 9714547B2	Marine drilling riser connector with removable shear elements(具有可拆卸剪切元件的海洋钻井隔水管连接器)

续表

	公开号	专利名称
核心专利	US 8490705B2	Hydraulic control system monitoring apparatus and method(液压控制系统监视装置和方法)
	US 9322221B2	Riser floatation with anti-vibration strakes(隔振条带立管浮选)
	US 7967959B2	Cathodic protection method and apparatus(阴极保护方法和装置)
	US 8083440B2	Riser tensioner restraint device(立管张紧器约束装置)
	US 8408605B2	Hammer union lock and related methods(锤联锁及相关方法)
	US 8843328B2	Hydraulic control system monitoring apparatus and method(液压控制系统监视装置和方法)
主要技术和产品	钻井平台的设计、建造、维护	

(8)新加坡吉宝岸外与海事(Keppel Offshore & Marine)

吉宝岸外与海事(专门从事海洋工程制造的下属企业拥有 17 家船厂，分布在全球主要石油产区，公司基本情况、核心专利详见表 7-14。吉宝远东莱文斯顿是吉宝岸外与海事公司下属最大的海洋工程装备制造厂，可建造一系列的海洋工程装备，最擅长的是自升式平台，其次是半潜式平台和 FPSO。2006 年该厂生产的自升式平台占全球产量的 48%，半潜式平台占全球产量的 39%，FPSO 改装也在全球首屈一指。吉宝岸外与海事公司另一家下属船厂吉宝船厂在 FPSO 和 FSO 改装上也是世界之首。该公司下属吉宝新满利船厂近年来集中力量建造海洋工程辅助船，自 1970 年以来已建造 130 余艘，包括设计建造锚拖三用供应船、多用途辅助船和拖船。在中国，吉宝岸外与海事设有吉宝南通船厂有限公司和吉宝远东海洋工程技术(深圳)有限公司(表 7-14)。

表 7-14 新加坡吉宝岸外与海事在海洋油气资源开发装备领域研发布局简况

创新机构	新加坡吉宝岸外与海事(Keppel Offshore & Marine)	
网址	http://www.keppelom.com/	
核心专利	公开号	专利名称
	US 10668996B2	LNG carrier construction method(LNG 船建造方法)
	AU 2010231093B2	Process for natural gas liquefaction(用于天然气体液化工艺)
	CN 103154378B	双井架抗冰型自升式钻井单元
	US 9463848B2	Semi-submersible integrated port(半潜式综合港口)
	US 9988127B2	Vessel having a retractable cursor frame assembly(具有可伸缩光标框架组件的容器)

续表

	公开号	专利名称
核心专利	US 9272755B2	System for coupling two floating structures(用于耦合两个浮动结构系统)
	US 8888410B2	Modular heavy lift system(模块化重型提升系统)
	CN 108473185B	低运动半潜式井台
	US 8640340B2	Offshore wind turbine installation(海上风力涡轮机安装)
主要技术和产品	自升式钻井平台、半潜式钻井平台的设计、建造、维护，FPSO 和 FSO 改装	

(9)新加坡胜科海事(SembCorp)

胜科海事是新加坡第二大造修船企业，手持订单中的78%为海洋平台订单，近22%为船舶改装订单，船舶建造订单不到1%。作为亚洲最大的海事工程公司之一，胜科海事在美国、中国、巴西等国拥有多家子公司，旗下的船厂分布于新加坡、中国、印度尼西亚、印度、巴西和美国，包括新加坡裕廊船厂、胜宝旺船厂、SMOE、PPL 船厂和裕廊 SML，印度尼西亚的 PT Karimun 胜宝旺船厂、PT SOME 船厂，美国胜科 Sabine 船厂，巴西裕廊阿拉克鲁斯船厂等。公司基本情况、核心专利详见表7-15。在中国，胜科海事拥有合资公司中远船务工程集团(与中远集团合资经营)，蓬莱巨涛海洋工程重工公司和深圳赤湾胜宝旺工程公司等机构。

表 7-15 新加坡胜科海事有限公司在海洋油气资源开发装备领域研发布局简况

创新机构	胜科海事有限公司(Sembcorp Marine Ltd.)	
网址	www. sembcorpmarine. com. sg	
核心专利	公开号	专利名称
	CN 108884647B	浅水基部结构以及用于安装浅水基部结构的方法
	US 6945736B2	Offshore platform for drilling after or production of hydrocarbons(一种用于烃类钻井或生产的海上平台)
	JP 5679810B2	The floating marine structures(浮式海洋结构物)
	JP 5679809B2	Connector device for pontoon assembly(浮筒连接器装置组件)
	US 7207284B2	Tank installation for the storage of liquids(用于储存液体的容器装置)
	US 10590618B2	Seabed supported unit and method to provide a shallow water drilling terminal(提供浅水钻井终端的海底支撑单元和方法)
	CN 104684802B	具有连续生物淤积控制的压载水处理的系统和方法
	US 9340264B2	Marine docking stations(船用对接站)
	US 9079644B2	Production unit having a ballastable rotation symmetric hull and a moonpool(生产单元，具有可压舱旋转对称的船体和船)
	BRPI 1008310B1	Cryogenic spray tank rudder(低温喷雾罐舵)

续表

主要技术和产品	自升式钻井平台、半潜式钻井平台、钻井船的设计、建造和维护，FPSO 和 FSO 改装

(10)韩国三星重工(Samsung Hcavy Industries)

三星重工成立于 1974 年，是全球第二大造船企业，不仅在钻井船建造方面居世界首位，而且在破冰型深海钻探石油船方面堪称世界第一。公司基本情况、专利布局详见表 7-16。2008 年瑞典的史丹纳航运公司(Stena)以高达 9.42 亿美元，向韩国三星重工订造极地破冰型深海钻探石油船，打破了过往传统破冰船约 6 亿美元的市场价格，并创下了韩国造船史上单一企业单一订单金额的历史最高纪录。此外，该公司与日本的 JGC 及美国 KBR 合作，着重发展海洋工程项目的总承包，近年来承接的 FPSO 项目很多都是总承包项目，包括设计、采购、安装和调试等。在中国，三星重工先后在宁波、荣成设立造船基地，在海工装备方面，主要是三星重工业(荣成)有限公司涉及液化气船、钻井船等的分段制造和海上石油钻井平台的制造。

表 7-16　韩国三星重工公司在海洋油气资源开发装备领域研发布局简况

创新机构	韩国三星重工公司(Samsung Heavy Industries)	
网址	http://www.shi.samsung.co.kr/eng/	
核心专利	公开号	专利名称
	JP 5475775B2	Ballast water treating device and method(压载水处理装置及方法)
	JP 5323944B2	The sloshing suppression device(晃动抑制装置)
	CN 103380277B	用于具有涡轮增压器的海上船舶的吸入空气冷却系统
	CN 103534068B	风力涡轮机组装和管理机器人及包含其的风力涡轮机系统
	CN 104411580B	浮式结构物
	CN 103038129B	用于液体货物用货舱的减晃荡冲击装置及减晃荡冲击方法
	US 9016222B2	Cargo hold of a vessel for transporting liquefied gas(液化气运输船的货舱)
	JP 5933713B2	The sloshing suppression device(晃动抑制装置)
	CN 103998334B	辅助二级屏障、包括辅助二级屏障的液化天然气存储容器及制造液化天然气存储容器的方法
	US 10786591B2	Contaminant reducing device(污染物减少装置)
主要技术和产品	FPSO、自升式钻井平台、半潜式钻井平台、LNG 液化天然气船的建造	

(11)大连船舶重工集团有限公司

大连船舶重工集团有限公司(简称大船集团)隶属于中国船舶集团，是国际知名的船舶制造企业，可为用户提供从产品研发、设计、建造，到维修、改装与绿色拆解全寿命周期服务，也是汇聚了军工、民船、海洋工程装备、修/拆船、重工五大业务板块的装备制造企业集团。大船集团拥有大连、葫芦岛和山海关三个生产建造基地，并拥有海洋工程装备建造基地、装备制造基地、渔轮和工程船建造基地等专业化产业基地以及钢材加工、舱口盖制作、舾装件制作、船用吊机、甲板机械、爆炸加工等专业化配套基地。

海洋工程装备领域主要产品包括自升式钻井平台(从浅海区的 50 ft、300 ft、350 ft及 400 ft)、深海半潜式平台(Ocean Rig 的 Bingo 9000 型、F&G 的 9500 型、Bassoe Technology 的 BT3500 型)、海上浮式生产储卸平台(FPSO)、海洋综合检测船、海洋工程辅助船等，提供各类海洋工程装备的建造和改装服务。公司核心专利详见表 7-17。

表 7-17　大连船舶重工集团有限公司在海洋油气资源开发装备领域研发布局简况

创新机构	大连船舶重工集团有限公司(Dalian Shipbuilding Industry Co., Ltd.)	
网址	http://www.dsic.cn/	
核心专利	公开号	专利名称
	CN 100465578C	大型桁架式桩腿分段数据检测方法
	CN 101417693B	一种海洋工程模块整体吊装方法
	CN 100391676C	半潜式平台复杂 K 型节点焊接工艺方法
	CN 100493804C	自升式钻井平台中升降装置箱体的焊接工艺方法
	CN 101537987B	一种海洋平台平地快速拖移的方法和装置
主要技术和产品	自升式钻井平台、半潜式钻井平台、浮式生产设备	

(12)上海外高桥造船有限公司

上海外高桥造船有限公司成立于 1999 年，是中国船舶集团有限公司旗下的上市公司中国船舶工业股份有限公司的控股公司。公司全资拥有上海外高桥造船海洋工程有限公司、控股上海外高桥造船海洋工程设计有限公司、参股中国船舶集团游轮科技发展有限公司。上海外高桥累计承建并交付的好望角型散货船占全球好望角散货船船队比重的 16%，30 万吨级超大型油轮 VLCC 累计交付量占全球 VLCC 船队的 9%，建造并交付了世界上最大的第二代超大型 40 万吨矿砂船，18 000 TEU、20 000

TEU 超大型集装箱船和 8.3 万立方米、8.5 万立方米大型液化气运输船，15.8 万吨苏伊士型油轮和 10.9 万吨冰区加强型阿芙拉型油轮等。

在海工装备领域，上海外高桥承建并交付的产品有海上浮式生产储卸平台(FPSO)、深水半潜式钻井平台、自升式钻井平台(Jack-up)、海工辅助船(PSV)等。截至 2019 年上半年，累计交付的各类船舶、海工产品超过 450 艘(座)。公司核心专利详见表 7-18。

表 7-18 上海外高桥造船有限公司在海洋油气资源开发装备领域研发布局简况

创新机构	上海外高桥造船有限公司	
网址	http：//www. chinasws. com/	
核心专利	公开号	专利名称
	CN 104373047B	用于井架组装的胎架
	CN 107244389B	用于海洋平台甲板组块中的连接组件及甲板组块
	CN 105905256B	浮式储油装置及包含其的浮式储油装置单元
	CN 105059476B	自升式钻井平台的系泊临时带缆桩
	CN 104452716B	钻井平台桩腿接桩用脚手架搭设方法
主要技术和产品	海上浮式生产储卸平台系列(FPSO)、深水半潜式钻井平台、自升式钻井平台、深水钻井船、海工辅助船	

(13)中远船务工程集团有限公司

中远船务工程集团有限公司(简称中远船务)组建于 2001 年 6 月，是中国远洋运输(集团)总公司旗下，以大型船舶和海洋工程建造、改装及修理为主业，集船舶配套为一体的大型企业集团。在大连、舟山、南通、广东、上海、连云港、天津、厦门等地拥有 7 家大型海工/船舶造修企业和 8 家专业化船舶配套企业。目前，公司坞容总量 252×10^4 t，厂区总面积逾 600×10^4 m^2，在职员工 1 万余人。

中远船务已自主设计建造并交付世界首座圆筒型超深水海洋石油钻井平台 SEVANDRILLER、世界首座带有自航动力系统自升式海洋平台 SUPERM2、国内首艘海洋铺缆船改装超深水海洋铺管船"凯撒"轮、35 万桶 FSO 等国际尖端产品和世界首制产品，迅速跻身高端海工市场。在建海工项目包括：世界最大超深水海洋钻井生产储油船(FDPSO)总包工程、圆筒型钻井平台总包工程、系列风车安装船总包工程及 GM4000 半潜式钻井平台、"奥特宝"八角形生产平台等海工产品 9 个。2010 年中远船务新接海工建造业务(含改装)国内市场占有额 58.1%，海工发展规模占国内绝对优势。船舶产品建造方面，在建和交付船型包括：3 万吨重吊多用途船系列，

5 000 车位汽车滚装船系列，5.7 万吨、8 万吨、9.25 万吨散货船系列，5.9 万吨、10.5 万吨穿梭油轮系列等，并自主设计研发抗泥沙船等多种新船型。船舶和海工修理改装方面，年修理船舶 500 艘左右，修理改装能力稳居全国修船企业排行榜首位，尤其在 VLCC 改装 FPSO 方面，被誉为“中国第一大 FPSO 改装厂”(表 7-19)。

表 7-19 中远船务工程集团有限公司在海洋油气资源开发装备领域研发布局简况

创新机构	中远船务工程集团有限公司(COSCO Shipyard Group Co., Ltd.)	
网址	http://www.shipoffshore.com.cn/	
核心专利	公开号	专利名称
	CN 101811560B	自升式海洋平台锁紧系统的锁紧齿条的中位保持装置
	CN 101804849B	用于海上油气开发的半潜式平台的建造方案
	CN 101844605B	一种超深海大型圆筒形钻井平台主船体的制造工艺方法
	CN 101481001B	浮式钻井储油平台总段下水及旋转合拢对接方法
	CN 102747721B	一种自升式海工平台桩腿液压传动控制单元
主要技术和产品	海洋钻井平台、海洋铺管船、FPSO 改装	

(14) 中集来福士海洋科技集团有限公司

中集来福士海洋科技集团有限公司(简称中集来福士)，由中集集团和烟台国丰集团共同出资组建，拥有烟台、上海、挪威、瑞典四个海洋研究院以及烟台、海阳、龙口三个建造基地。主营业务包括钻井平台、生产平台、海洋工程船、海上支持船、海洋牧场平台、海上风电船、豪华游艇和高端游船、海上综合体等各类海洋装备的设计、新建、维修和改造，同时涉及装备的运营、租赁等，为客户提供“交钥匙”总包服务。

目前中集来福士已交付 9 座深水半潜式钻井平台，占中国同期 80%的市场份额。中集海洋工程研究院，联合中集上海海工研究院以及中集控股海外知名设计公司瑞典 Bassoe Technology 公司和挪威 Brevik Engineering 公司，形成中欧互动的研发创新格局，全球研发团队成员约 1 000 人，在深水平台、FPSO 等领域拥有丰富的概念设计、基础设计和详细设计能力。2017 年 2 月，中集来福士交付了全球最先进的超深水双钻塔半潜式钻井平台“蓝鲸 1”号(表 7-20)。

表 7-20 中集来福士海洋科技集团有限公司在海洋油气资源开发装备领域研发布局简况

创新机构	中集来福士海洋工程有限公司(Yantai CIMC Raffles Ocean Technology Group)
网址	http://www.cimc-raffles.com/

续表

	公开号	专利名称
核心专利	CN 100537348C	一种海上平台整体建造吊装方法及其专用吊机
	CN 102190065B	一种海洋平台的建造方法
	CN 102328733B	半潜式起重生活平台
	CN 102358403B	用于半潜平台的反倾覆系统以及半潜平台
	CN 102168417B	自升式钻井平台桁架式桩腿合拢方法
主要技术和产品	海洋钻井平台、海洋铺管船	

7.3.3 大型运输船舶

7.3.3.1 国内外重点企业及主要产品

目前，在全球造船业中，中日韩三国主导着世界新船建造市场，特别是在LNG船、LPG船等“半垄断”船舶行业，全球有建造实绩的船企并不多，其中持有订单并且依然活跃的仅有韩国的大宇造船海洋、现代重工和三星重工；日本的三菱重工、川崎重工、联合造船和今治造船；中国的沪东中华造船(集团)有限公司、江南造船(集团)有限责任公司等。

韩国现代重工涵盖的领域众多，且不只限于造船与海工。其中，在造船领域，现代造船厂位于韩国蔚山的Mipo湾沿岸，绵延4 km，能够建造各种类型的船舶，以满足客户的不同需求，拥有10个大型干船坞和9个巨型起重机。截至2017年底，已向全球51个国家的320名船东交付了2 150多艘船只，产品包括大型散货船、集装箱船、超级油船、LNG船等各种大型船舶以及驱逐舰、护卫舰等军用舰艇和船用发动机等。而在海工装备领域，其是世界领先的EPCIC承包商，提供工程、采购、施工、运输、安装、海上连接和调试以及项目管理等综合服务。现代重工集团的海洋工程部已成功完成了170多个项目，包括已交付的100多个EPCIC项目，被公认为世界上最有经验和最先进的海工船厂之一。海工产品和服务范围涵盖FPSO、FLNG、FPU、半潜式平台、自升式平台、TLP、固定平台、海底管道以及陆基LNG和处理模块等。日本的三菱重工是日本最大的军工生产企业，日本海上自卫队几乎一半的潜艇和1/3的驱逐舰都是三菱重工建造的。日本川崎重工在船舶方面主要从事LNG船、LPG船、潜水艇等高附加值船舶的开发、建造和保养。中国沪东中华造船(集团)有限公司和江南造船(集团)有限责任公司产品以军用舰船、大型LNG船、超大型集装箱船、海洋工程及特种船为主，具有雄厚的大型运输船舶开发、设计和建造实力。

图 7-8 列出了大型运输船舶的国内外主要制造企业。

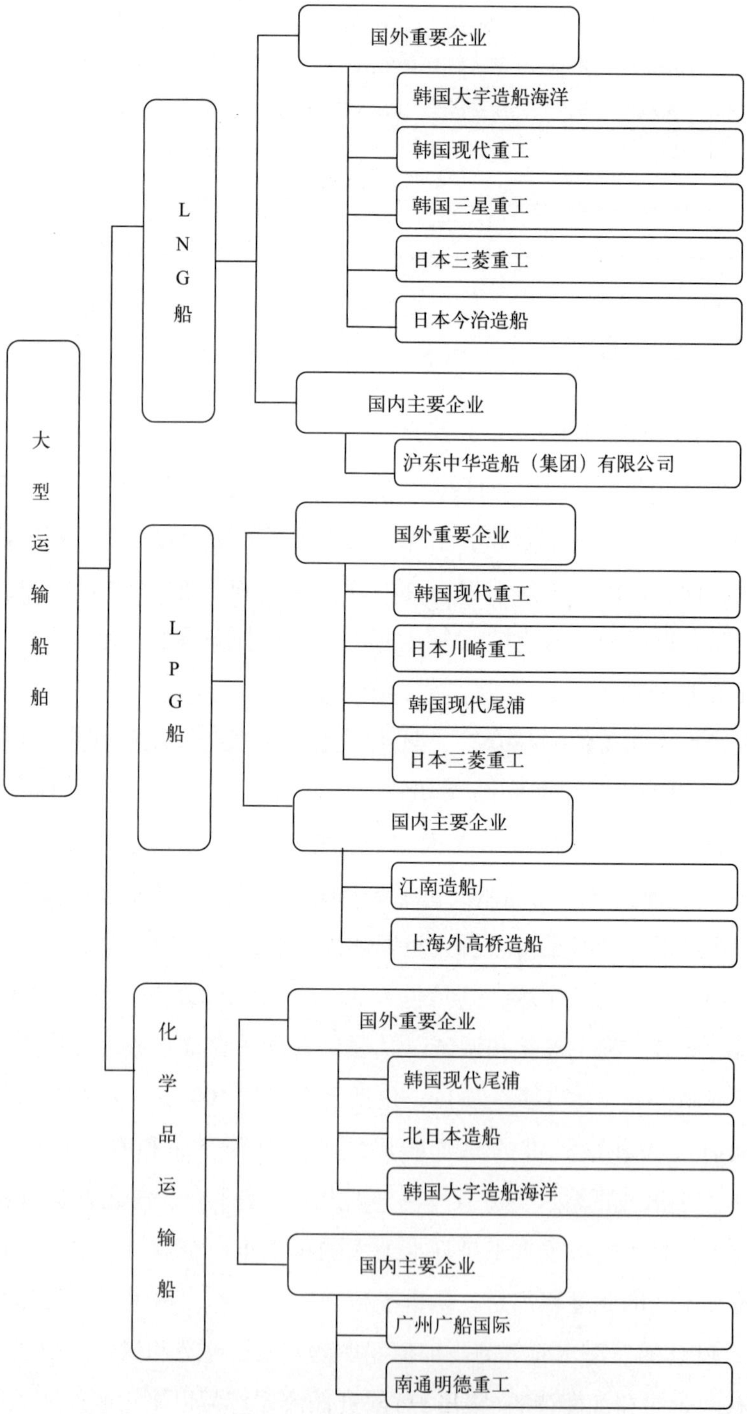

图 7-8 大型运输船舶国内外主要制造企业

7.3.3.2 重点创新机构研发布局

(1)韩国现代重工

现代重工(Hyundai Heavy Industries Co., Ltd.)是韩国现代集团的主要公司，成立于1972年，现已发展成为全球船舶建造量最多、全球最大的造船厂之一。其不仅在韩国本土有多家船厂，在东南亚船厂近年来的接单能力也大幅提升，并正与沙特国家石油公司、沙特国家航运公司合资建造全球最大的船厂。现代重工总公司拥有7个事业部门，分别是造船事业部、海洋工程事业部、发动机事业部、工业成套设备事业部、电气电子系统事业部、工程机械事业部和新能源事业部，都具有全球化的商业网络。旗下还拥有现代尾浦造船、现代综合商社、现代三湖重工业、现代炼油、华宜资产运用有限公司、HI投资证券等子公司(表7-21)。

表7-21 韩国现代重工在大型运输船舶领域研发布局简况

创新机构	韩国现代重工	
网址	https://enylish.hhi.co.kr/	
核心专利	公开号	专利名称
	KR 100754740B1	Transformer tank pressure relief system(变压器罐的压力释放系统)
	US 7171916B2	Ship with liquid tank(一种带储液罐的船)
	DE 102009038318B4	Apparatus for testing the ingress of water in underwater vehicles(用于检测水下航行器渗水的装置)
	KR 101277844B1	A Fuel Gas Supply System of Liquefied Natural Gas and driving method thereof(一种液化的天然气体和燃料气体供应系统及其驱动方法)
	KR 100991263B1	Nickel based Catalyst for reforming of natural gas with mixture of steam and carbon dioxide(镍基催化剂用于重整的天然气与蒸汽和二氧化碳的混合物)
	US 9482362B2	Check valve for injecting gas(注气止回阀)
	JP 5646754B2	2 stage type fuel injection valve(2级式燃油喷射阀)
	CN 104214507B	液化气处理系统
	CN 104220740B	用于处理液化气的系统及方法
	US 8261879B2	Liquid tank building system using movable scaffolding(移动式脚手架液罐施工系统)
主要技术和产品	产品包括大型散货船、集装箱船、超级油船、LNG船等各种大型船舶以及驱逐舰、护卫舰等军用舰艇，船用发动机等	

(2)日本三菱重工业株式会社

三菱重工业株式会社(Mitsubishi Heavy Industries, Ltd.)隶属于三菱财团，创建于1884年，是日本最大的军工生产企业。三菱重工生产的装备，如F-2和F-15J型战斗机以及90式坦克，在航空自卫队和陆上自卫队中都起到了核心作用。日本海上自卫队几乎一半的潜艇和1/3的驱逐舰都是三菱重工建造的，其在日本军工行业的地位可见一斑。三菱重工业务涵盖机械、船舶、航空航天、原子能、电力、交通等领域，以部门销售额占总销售额比例计算，船舶与海洋部门占8%。2018年1月1日三菱重工成立了三菱造船株式会社(Mitsubishi Shipbuilding Co., Ltd.)。目前，该事业部下属的4家造船厂中，有长崎、神户、下关3家建造军用产品(表7-22)。

表7-22　日本三菱重工业株式会社在大型运输船舶领域研发布局简况

创新机构	日本三菱重工业株式会社	
网址	http://www.mhi.co.jp	
核心专利	公开号	专利名称
	JP 5839791B2	The reducing agent supply system for marine SCR(船用SCR还原剂供给系统)
	CN 103201472B	船舶用废气脱硝装置
	US 6901762B2	Device and method for pressure control of cargo tank of liquefied natural gas carrier(一种液化天然气船货舱压力控制装置及方法)
	US 8739569B2	Liquefied gas reliquefier, liquefied-gas storage facility and liquefied-gas transport ship including the same, and liquefied-gas reliquefaction method(液化气再液化器、包括该液化气再液化器液化气储存设施和液化气运输船以及液化气再液化方法)
	US 9205891B2	Transom-stern-type stern shape of vessel(尾板式船尾型)
	CN 107207085B	船舶推进系统、船舶及船舶推进方法
	US 9021970B2	Propulsion device and ship using the same(推进装置及使用该推进装置船舶)
	US 10450039B2	Non-spherical tank and liquefied gas carrier ship equipped with the non-spherical tanks(非球罐及装有该非球罐的液化气运输船)
	US 8381668B2	Device for reducing frictional resistance of ship body(降低船体摩擦阻力装置)
	US 8028636B2	Stern shape of displacement-type marine vessel(置换式船舶的船尾形状)
主要技术和产品	LNG船、LPG船、客船、油船、资源调查船等特种船以及船用机械、推进装置	

(3)日本川崎重工业株式会社

川崎重工业株式会社(Kawasaki Heavy Industries, Ltd.)是日本的重工业公司。川崎重工起家于明治维新时代，并以重工业为主要业务。主要制造航空宇宙、铁路车辆、建设重机、电自行车、船舶、机械设备等。船舶海洋方面，在神户和坂出(香川县)拥有2家造船厂，主要从事LNG船、LPG船、潜水艇等高附加值船舶的开发、建造和保养。位于中国南通市的合资公司南通中远川崎船舶工程有限公司(NACKS)也在进行船舶的建造(表7-23)。

表7-23　日本川崎重工业株式会社在大型运输船舶领域研发布局简况

创新机构	日本川崎重工业株式会社	
网址	https：//www. khi. co. jp/	
核心专利	公开号	专利名称
	CN 103189646B	流动体输送装置、具备该装置的船以及输送装置用流动体
	CN 105308381B	液化气体保持罐以及液化气体搬运船
	CN 103003144B	原动机系统及船舶
	CN 105102316B	船舶用储罐的支持结构以及液化气体运输船
	CN 105264279B	双重壳储罐以及液化气体搬运船
	CN 105102875B	船舶用双壳储罐结构以及液化气体搬运船
	CN 105612323B	船舶用排气净化装置以及船舶发动机系统
	CN 107107996B	液化气搬运船
	CN 106414232B	船舶的混合推进系统及其控制方法
	CN 103930344B	相异材料接头、结构体支持构件和LNG船以及相异材料接头的制造方法
主要技术和产品	LNG船、LPG船、油轮、散货船、集装箱船以及船用锅炉、发动机等	

(4)日本今治造船株式会社

今治造船株式会社(Imabari Shipbuilding)创立于1901年，近年来超越了三井、三菱、石川岛、川崎等传统造船巨头，跃升为日本最大的造船厂。2002年，今治造船株式会社、寺冈株式会社和幸阳船渠株式会社三家共同投资兴建今冈船务工程有限公司，位于我国旅顺经济开发区(表7-24)。

表7-24　日本今治造船株式会社在大型运输船舶领域研发布局简况

创新机构	日本今治造船株式会社	
网址	http：//www. imazo. co. jp	
核心专利	公开号	专利名称
	CN 106170440B	耐碰撞性优异的船体构造及船体构造的设计方法
	CN 104203741B	船舶
	JP 4450740B2	Opening and closing of a hatch cover device(一种舱口盖的打开和关闭装置)
	JP 5546598B2	The floating units，floating unit is assembled by a method of assembling a floating structure and floating structure(浮体单元，由浮体单元组装的浮体结构物及浮体结构物的组装方法)
	JP 4361044B2	The multiple panels one welding method(多面板一次焊接方法)
	JP 4578422B2	The balancing device of the liftable deck(平衡装置甲板)
	CN 108271366B	气体管道系统和包括气体管道系统的船舶
主要技术和产品	LNG船、LPG船、集装箱船、油轮、货船等	

(5)沪东中华造船(集团)有限公司

沪东中华造船(集团)有限公司，是中国船舶集团旗下的骨干核心企业。该公司生产与配套基地近 480×10^4 m，码头岸线 7 300 m，有系泊码头 19 座，30 万吨 VLCC 级干船坞 5 座，8 座 600 吨以上龙门式起重机等。具有雄厚的船舶开发、设计和建造实力，产品以军用舰船、大型 LNG 船、超大型集装箱船、海洋工程及特种船为主。先后为商船三井、东方海外、地中海航运、中远集团、中海集团等国内外船东建造过 LNG 船、LPG 船、大中型集装箱船、化学品船、滚装船、油船、散货船、客货船、特种工作船、军舰和军辅船等各类船舶 3 000 多艘。

该公司建有国内第一艘 LNG 船，并且自主研发设计了 20 500 箱超大型集装箱船，在集装箱船设计建造领域继续保持领先地位。公司建造了国内第一座海洋石油钻井平台，建造了十二缆物探船、中深水钻井船等。该企业拥有国家级企业技术中心、国家能源 LNG 海上储运装备重点实验室、博士后工作站以及 1 100 余名从事科研开发的技术人员。公司核心专利详见表 7-25。

表 7-25　沪东中华造船(集团)有限公司在大型运输船舶领域研发布局简况

创新机构	沪东中华造船(集团)有限公司	
网址	http：//hz-shipgroup. cssc. net. cn/	
核心专利	公开号	专利名称
	CN100443231C	液化天然气船用殷瓦三面体的装焊方法
	CN101525048B	LNG 船上连接燃气阀组和发动机的双壁管道及其安装方法
	CN101898273B	一种对焊工进行模拟培训的 LNG 船非熔化钨极氩弧焊方法
	CN101204796B	用于液化天然气船绝缘箱安装的蜘蛛夹及绝缘箱安装方法
	CN1285452C	切割平台
主要技术和产品	LNG 船、LPG 船、化学品船、集装箱船、油轮、客轮、货船等	

(6)江南造船(集团)有限责任公司

江南造船(集团)有限责任公司，隶属于中国船舶集团有限公司，前身是 1865 年清朝创办的江南机器制造总局，是国家特大型骨干企业和国家重点军工企业。江南造船开发、设计和建造了多型国防高新产品、液化气船、集装箱船、散货船、汽车滚装船、化学品船、火车渡轮、成品油船、自卸船等 12 大类 40 多型船，拥有以江南液化气船、巴拿马型散货船、化学品船等为代表的 20 多型自主知识产权的高附加值船型。

江南造船为首批 40 家企业技术中心之一，同时设有博士后科研工作站。公司拥有新世纪百千万人才工程国家级人选 1 人、享受国务院津贴专家 17 人、工程师及以上职称 1 030 余人、技师及以上高技能人才 460 余人。公司有一支由 4 000 余人组成的专业技术及管理队伍，其中博士 15 人、硕士 160 余人。公司核心专利详见表 7-26。

表 7-26　江南造船(集团)有限责任公司在大型运输船舶领域研发布局简况

创新机构	江南造船(集团)有限责任公司	
网址	jnshipyard. cssc. net. cn	
核心专利	公开号	专利名称
	CN 101332859B	船舶的艏部线型
	CN 103832543B	一种大型液化气船的液罐安装结构及其安装定位方法
	CN 103057661B	船舶上层建筑整体吊装工艺
	CN 101372258B	一种船舶建造中的肋板拉入方法
	CN 102442408B	用于液货舱与船内底间的垂向支撑结构及其安装方法
主要技术和产品	液化气船、化学品船、散货船等	

7. 3. 4　特殊功能船舶

7. 3. 4. 1　国内外重点企业及主要产品

在特殊功能船方面，重点关注豪华游轮、大洋钻探船、极地船舶(极地科考船、极地运输船、破冰船)等产品。其中，意大利芬坎蒂尼集团是目前世界上商船和军船设计建造领域最大的集团之一，主要从事船的建造、修理、机械组件和柴油机的制造等业务。总部位于的里雅斯特，主要设计中心位于的里雅斯特和热那亚。其核心业务为高技术含量船舶的建造，特别是豪华游轮和大型渡船。芬坎蒂尼的业务领域非常广，除了著名的豪华游轮和军船建造外，还主营渡船、船舶系统和组件、船舶修理与改装、巨型游艇等业务，此外还包括近海工程船、滚装船、散货船、集装箱船、油船、液化气船等各类船型。德国 Meyer Werft 船厂是德国最大、最现代化的造船厂之一，也是世界上大型豪华游轮制造商之一，共交付了滚装船、客滚船、液化气船、集装箱船、牲畜运输船、内河游轮、远洋游轮、海洋科考船等 700 多艘各型船舶。亚洲造船工业的崛起抢夺了绝大部分普通商船订单，Meyer 逐渐将业务重心转移至豪华游轮上，从激烈的市场竞争中生存下来，并在这一业界顶尖领域大放光彩。Meyer 船厂拥有在世界上迄今为止最大的室内干船坞，巨大的室内船坞使得施工进度不受天气影响，为豪华游轮的按期交船提供了重要保障。从 1985 年开始，超过 45 艘豪华游轮从这里驶出，航行在地球的各大洋。

图 7-9 列出了特殊功能船舶的国内外主要设计商、制造商及其重点产品。

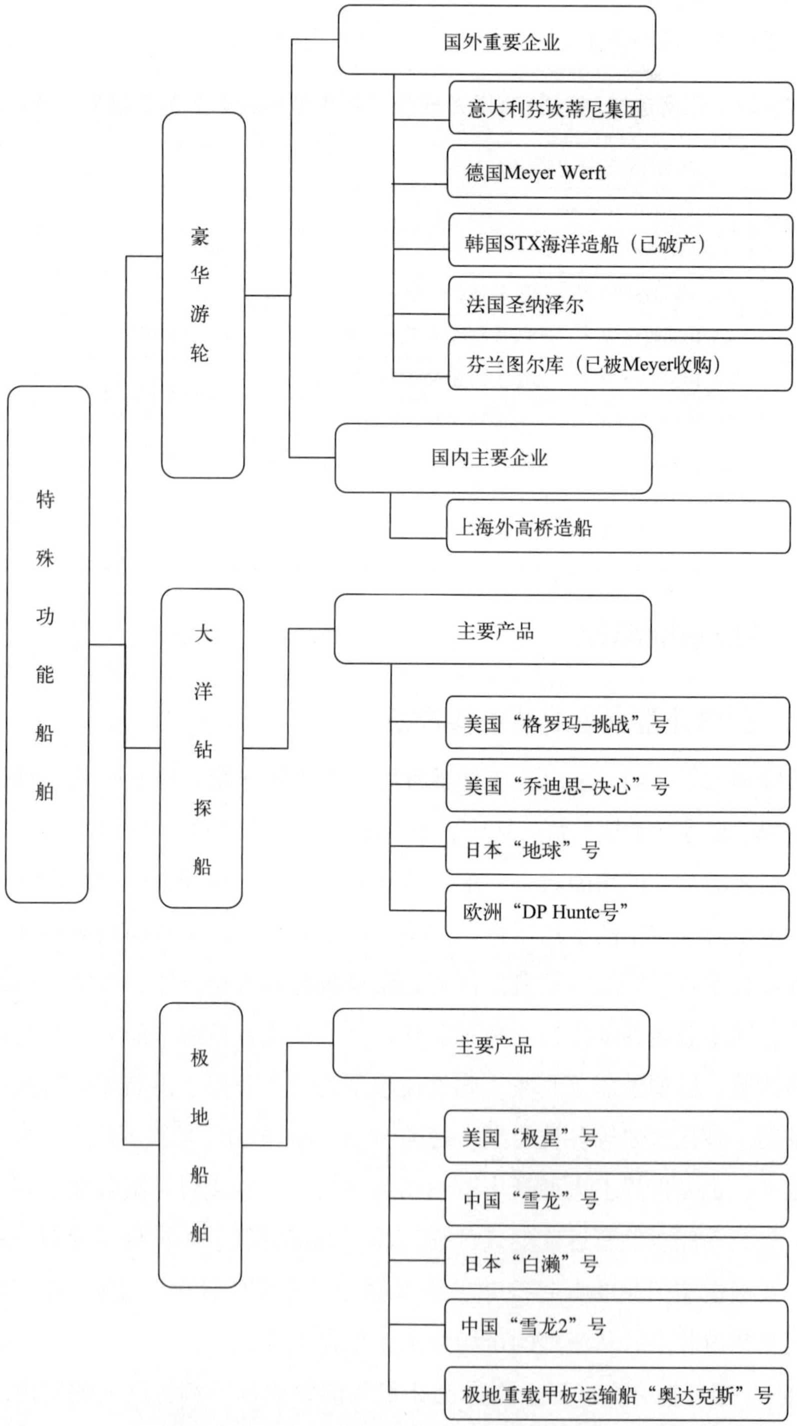

图 7–9　特殊功能船舶国内外重要企业及产品

7.3.4.2 重点创新机构研发布局

(1)意大利芬坎蒂尼(Fincantieri)

意大利芬坎蒂尼(Fincantieri)，一个传承了意大利造船业优良传统的集团，始创于1780年，是一家有悠久历史的高度全球化的造船集团公司。公司在全球拥有21个船坞，分布于意大利、挪威、罗马尼亚、越南、美国和巴西等国。它是全球最大的游轮制造商，能够建造从现代级到奢侈级的所有等级游轮。集团从事领域包括造船、海工和装备系统的服务，其中绝大多数业务目前集中在游轮等奢侈性船舶的建造上，也是目前世界上商船和军船设计建造领域最大的集团之一。在其200多年的造船历史中所建造的各类商船和军船不下7 000艘。军用船舶包括水面舰艇(航母、护卫舰、护卫艇、巡逻艇等)和潜艇等(表7-27)。

表7-27 意大利芬坎蒂尼在特殊功能船舶领域研发布局简况

创新机构	意大利芬坎蒂尼	
网址	http：//www. fincantieri. it	
核心专利	公开号	专利名称
	EP 2130761B1	Marine installation for energy recovery(用于能量回收的装置)
	US 9719313B2	System for handling riser pipe(提升管装卸系统)
	US 9623942B2	Retractable thruster(伸缩式推进器)
	US 9776691B2	Ships for navigating in icy waters having improved propulsion performance(在冰冷水域航行的其推进性能得到改善的船舶)
	US 9919775B2	Ships for navigating in icy waters with improved propulsive performance(改进推进性能的冰冷水域航行船舶)
	US 9725135B2	Method for the maintenance of a retractable thruster(可伸缩推进器的维护方法)
	CN 105052168B	具有船载集成通信网络的船
	US 10661876B2	System and method for controlling information representative of the use by one or more users of one or more habitable locations of a ship(用于控制表示由船舶的一个或多个可居住位置的一个或多个用户使用的信息的系统和方法)
	EP 3261910B1	Separation structure between two cabins with double wall and air gap, in particular between passenger cabins(具有双壁和气隙的两个舱室之间，特别是客舱之间的分隔结构)
主要技术和产品	军用船舶包括水面舰艇(航母、护卫舰、护卫艇、巡逻艇等)和潜艇等，商用船舶主要包括超过70 m长的高附加值的豪华游艇或游轮等	

(2)德国迈尔造船厂(Meyer Werft)

德国迈尔造船厂(Meyer Werft)是德国最大、最现代化的造船厂之一，也是世界上大型豪华游轮制造商之一，总部设在帕彭堡。Meyer 船厂拥有在世界上迄今为止最大的室内干船坞，被称为是全球最现代化的船厂。船厂身处汽车工业强大的德国，早在 20 年前就把激光焊接技术成功地应用在了造船上，拥有欧洲最大的激光焊接中心(Laser Center)，由于有着高速度、高强度、热输入小、变形量小等优点，激光焊接十分适合在有着大量薄板焊接的游轮项目上使用，不仅使建造质量提高，还可以减少大量焊后校正的工作量。该厂一年可以建造 3 艘游轮(表 7-28)。

表 7-28　德国迈尔造船厂在特殊功能船舶领域研发布局简况

<table>
<tr><td>创新机构</td><td colspan="2">德国迈尔造船厂(Meyer Werft)</td></tr>
<tr><td>网址</td><td colspan="2">https：//www. meyerwerft. de/</td></tr>
<tr><td rowspan="8">核心专利</td><td>公开号</td><td>专利名称</td></tr>
<tr><td>US 6750426B2</td><td>Welding arrangement and method(焊接装置和方法)</td></tr>
<tr><td>US 7034249B2</td><td>Method of controlling the welding of a three-dimensional structure(控制三维结构焊接的方法)</td></tr>
<tr><td>US 7174841B2</td><td>Method and an arrangement for reducing the weight and optimizing the longitudinal strength of a water-craft(用于减轻船舶重量和优化船舶纵向强度的方法和装置)</td></tr>
<tr><td>US 7112279B2</td><td>Arrangement and method for collecting oil(收集油的装置和方法)</td></tr>
<tr><td>FI 125786B</td><td>Funnel arrangement for a water craft(用于船只的烟囱装置)</td></tr>
<tr><td>US 10703453B2</td><td>Marine vessel(一种船舶)</td></tr>
<tr><td>DE 50308473D1</td><td>Seagoing vessel, in particular passenger liner(特定乘客的航海容器)</td></tr>
<tr><td>主要技术和产品</td><td colspan="2">游轮、内河游轮、渡轮、豪华游艇等</td></tr>
</table>

7.3.5　船舶与海工配套装备

7.3.5.1　国内外重点企业及主要产品

在船舶与海工配套装备方面，挪威康斯博格海事在动力定位及电气等方面占据市场优势，其可为勘测船的运行提供先进的水下定位技术及系统，对于海上运输、渔业和近海船舶，提供包括甲板机械、推进、导航和自动化等设备的解决方案。主要生产研发海洋领域中的自动监测控制系统产品，包括商船队、海工、海底、海运信息技术、仿真、工序自动化、渔业及渔业研究及石油天然气工业，为客户提供动力定位及航行系统、自动控制、货运管理系统及液位传感器、海事训练仿真及位置参考系统。在主机系统等方面，德国 MAN、瓦锡兰公司、三菱重工船舶机械与发动机有限公司在船用低、中、高速柴油机的设计、研发和维修等领域始终居于世界前列，市场份额占有率极高。

图 7-10、图 7-11 列出动力定位系统、应急逃生系统、水下生产系统、钻井系统和主机系统等配套装备的国内外制造企业。

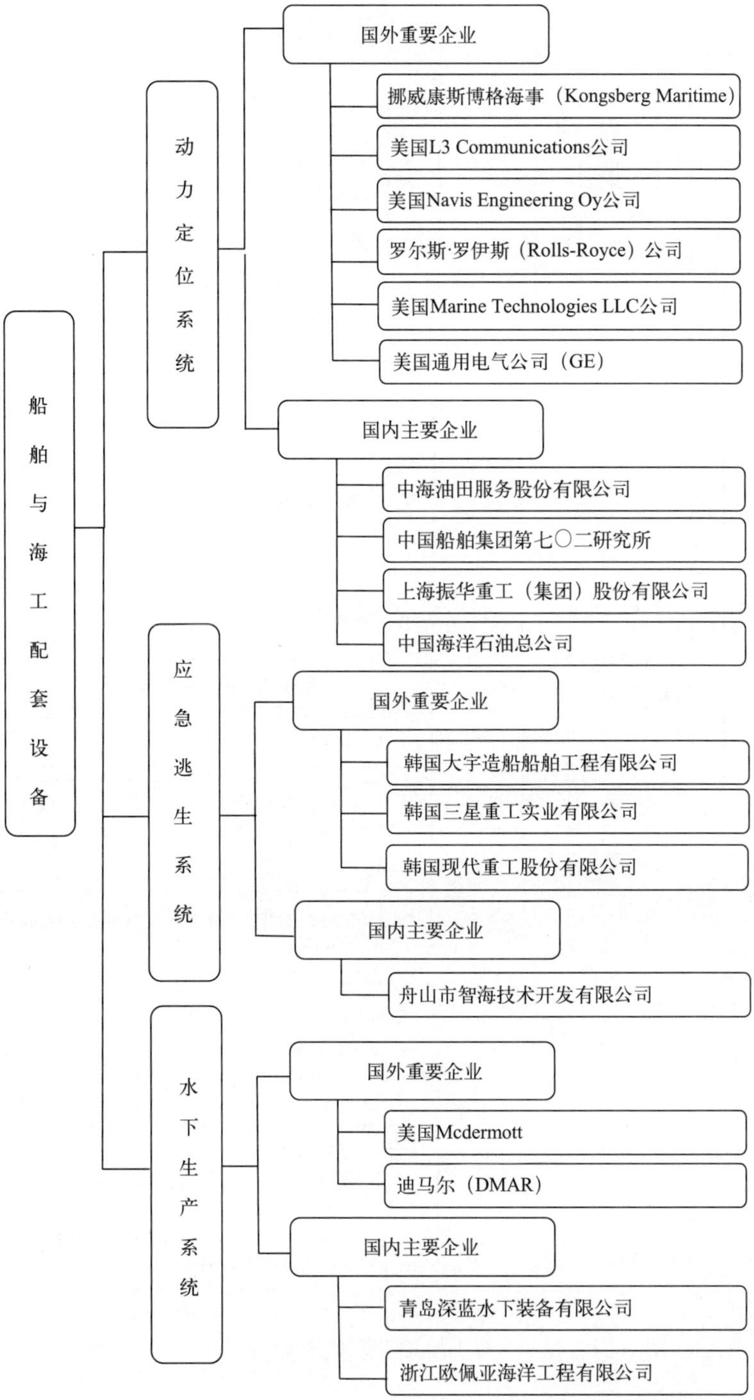

图 7-10 船舶与海工配套装备国内外主要制造企业(一)

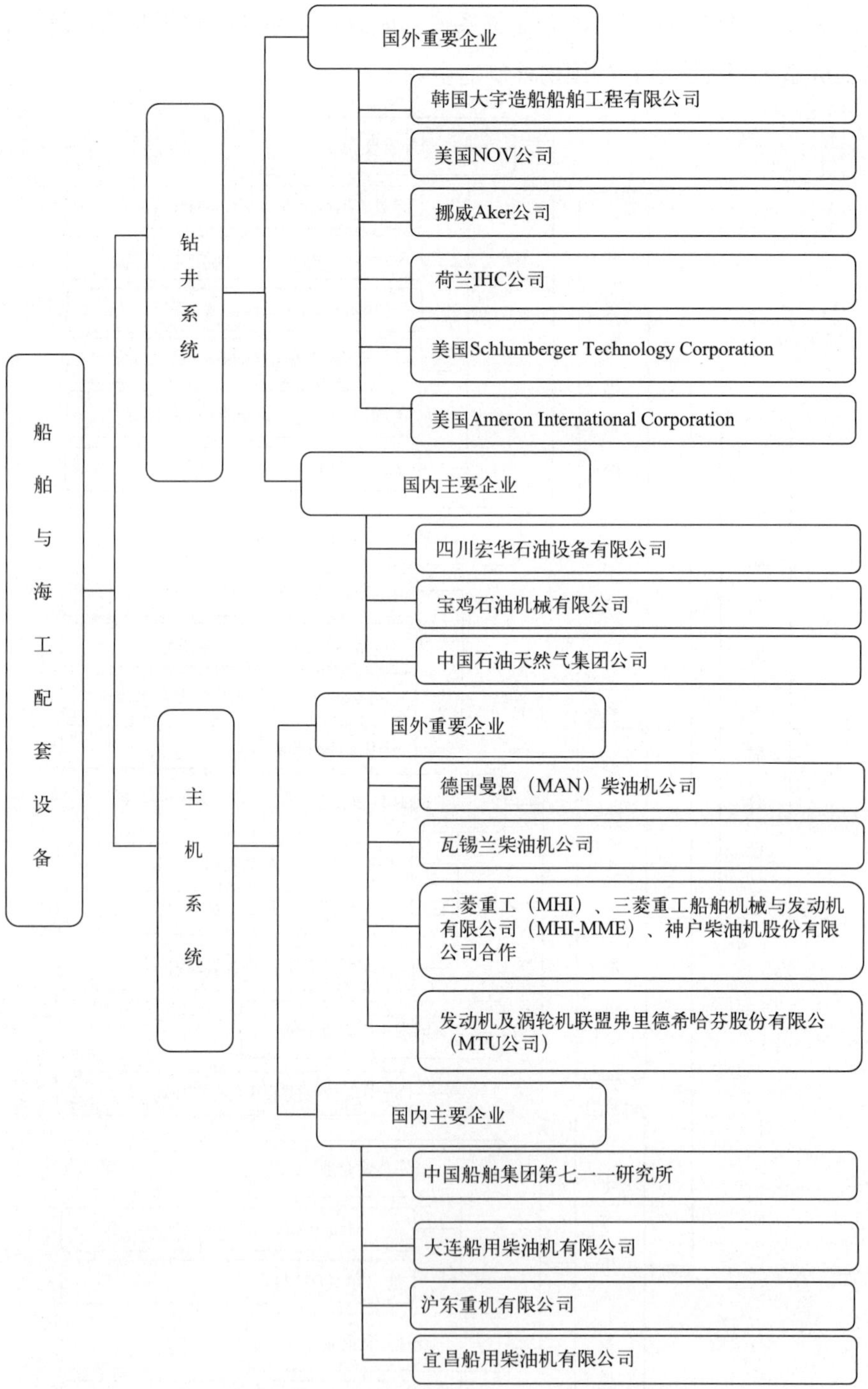

图 7-11　船舶与海工配套装备国内外主要制造企业(二)

7.3.5.2 重点创新机构研发布局

(1)挪威康斯博格海事(Kongsberg Maritime)

挪威康斯博格海事(Kongsberg Maritime)是 Kongsberg 的全资子公司,拥有超过 18 000 艘商船、渔船、游轮、渡轮和超级游艇以及离岸支持和研究船。挪威康斯博格海事(Kongsberg Maritime)总部位于挪威孔斯贝格市,拥有 34 个国家的 117 个办事处,员工达到 7 300 人,主要生产研发海洋领域中的自动监测控制系统产品,包括商船队、海工、海底、海运信息技术、仿真、工序自动化、渔业及渔业研究及石油天然气工业,为客户提供动力定位及航行系统、自动控制、货运管理系统及液位传感器、海事训练仿真及位置参考系统。制造分厂分布在英格兰的阿伯丁、美国的德雷珀、英格兰的大雅茅斯、挪威的霍腾、挪威的孔斯贝格市、美国的 Pocasset、挪威的 Tronheim、加拿大的温哥华以及中国的镇江。Kongsberg Maritime 的混合动力推进系统在多种船舶类型上均提供了公认的效率优势,其关键技术满足国际海事组织减碳战略(表 7-29)。

表 7-29 挪威康斯博格海事在船舶与海工配套装备领域研发布局简况

创新机构	康斯博格海事(Kongsberg Maritime)	
网址	https://www.kongsberg.com/maritime/	
核心专利	公开号	专利名称
	US 6767263B1	Propulsion system for a ship(用于船舶的推进系统)
	US 7661379B2	Propulsion and steering arrangement for a ship(用于船舶的推进和转向装置)
	US 9592897B2	Support of propeller unit for a vessel(船舶螺旋桨装置的支承)
	US 7549903B2	Method and auxiliary device for disassembly/assembly of a tunnel thruster(拆卸/组装隧道推进器的方法和辅助装置)
	US 7677532B2	System to guide a wire, chain or cable onboard a vessel(在船舶上引导电线,链条或电缆的系统)
	EP 3355449B1	Electrical machine for submerged applications(用于水下应用的电机)
	US 8814617B2	Thruster unit and method for installation of a thruster unit(推进器单元和用于安装推进器单元的方法)
	US 7614926B2	Means for bearing a propulsion unit and a propulsion system for a waterbourne vessel(用于支承推进单元的装置和用于 Waterbourne 船的推进系统)
	US 8562382B2	Method for system for a water jet propulsion system for a ship(用于船舶喷水推进系统的方法)
	US 9902478B2	Pod propulsion device and a method for cooling such(吊舱推进装置和冷却该吊舱推进装置的方法)
主要技术和产品	全方位定位系统,运动和航向传感器以及船舶运动监控系统;发动机、机舱和自动化系统	

(2)日本三菱重工船舶机械与发动机有限公司(MHI-MME)

2013年，三菱重工船用机械与柴油机株式会社将船用机械与发动机事业部从三菱重工划分出来，与现有的服务公司——MHI-DSE公司整合，成立了三菱重工船舶机械与发动机株式会社(MHI-MME)。MHI-MME主要开展与船舶机械及发动机相关业务，包括产品开发，设计、许可生产和售后服务。目前三菱重工(MHI)、三菱重工船舶机械与发动机有限公司和神户柴油机股份有限公司(Kobe Diesel)三方达成整合船用柴油机业务的基本协议，长期以来三方处于相互支持的关系，使得许可证授予方的业务(包括开发、设计和售后服务)与许可证受让方业务(包括制造、销售和售后服务)更为合理地结合，形成一个涵盖完整业务管理过程的船用柴油发动机制造商(表7-30)。

表7-30 日本三菱重工船舶机械与发动机有限公司在船舶与海工配套装备领域研发布局简况

创新机构	三菱重工船舶机械与发动机有限公司(MHI-MME)	
网址	https：//www. mhi-mme. com/	
核心专利	公开号	专利名称
	US 7878001B2	Premixed combustion burner of gas turbine technical field(燃气轮机技术领域的预混燃烧器)
	US 6955039B2	Gas turbine control apparatus and gas turbine system using the same(燃气轮机控制装置和使用该装置的燃气轮机系统)
	US 8419373B1	Wind turbine blade, wind turbine generator equipped with wind turbine blade and method of designing wind turbine blade(风车叶片及具备该风车叶片的风力发电装置以及风车叶片的设计方法)
	US 6883327B2	Method and system for recovering carbon dioxide(回收二氧化碳的方法和系统)
	US 10465563B2	Method for controlling cooling system of gas turbine, control device performing the same, and gas turbine plant comprising the control device(用于控制燃气轮机冷却系统的方法，执行该方法的控制装置和包括该控制装置的燃气轮机设备)
	US 7207769B2	Gas turbine(燃气轮机)
	US 8561562B2	Device for reducing frictional resistance of ship body(降低船体摩擦阻力装置)
	US 7610746B2	Combustion control device for gas turbine(燃气轮机燃烧控制装置)
	KR 101037570B1	Ship structure(船舶结构)
	KR 100964753B1	Exhaust turbocharger(排气涡轮增压器)
主要技术和产品	船用锅炉和汽轮机、涡轮、涡轮增压器、船用辅助机械和转向器、螺旋桨、甲板机械、甲板起重机等	

参考文献

[1] 孙大巍，曾艳彬，赵伟，等．多功能钻井船大型功能模块支撑结构设计[J]. 科技创新与应用，2012(26)：32-33.

[2] 毛明来. 中国船舶工业 SWOT 分析及金融支持策略研究[J]. 金融理论与实践，2013(2)：31-36.

[3] 傅小荣，赵婵，田园，等．海洋工程产业发展现状及展望[J]. 国际石油经济，2019，27(9)：61-66.

[4] 肖丽娜．半潜式平台发展趋势研究[J]. 船舶标准化与质量，2018(6)：42-47.

[5] 卢海洋．深水石油钻井技术现状及发现趋势[J]. 化工设计通讯，2019，45(8)：250，259.

[6] 黄立业，李莎，史筱飞．物探船全球专利竞争态势分析[J]. 船海工程，2016，45(1)：41-44，49.

[7] 张鹏飞，于兴军，栾苏，等．自升式钻井平台的技术现状和发展趋势[J]. 石油机械，2015，43(3)：55-59.

[8] 张辉，王慧琴，王宝毅．国外 SPAR 平台现状与发展趋势[J]. 石油工程建设，2011，37(S1)：1-7.

[9] 张帆，杨建民，李润培．Spar 平台的发展趋势及其关键技术[J]. 中国海洋平台，2005(2)：6-11，24.

[10] 孙伟．新型 Spar 平台概念设计及水动力性能研究[D]. 中国石油大学(华东)，2016.

[11] 吴家鸣．不同类型张力腿平台的主要结构特征与技术特点[J]. 海洋科学，2014，38(4)：101-108.

[12] 李豫，钟小侠，曾树兵，等．浅海边际油田可移动式采油平台综述[C]. 2009 年度海洋工程学术会议，2009：5.

[13] 胡知辉，佟光军，郭学龙，等．国内外深水海底管道技术发展现状概述[J]. 石油工程建设，2018，44(5)：6-10.

[14] 王晓波，刘小猛，钟朝廷，等．国内外铺管船管道输送系统技术新进展[J]. 白城师范学院学报，2012，26(3)：50-55.

[15] 杨永升，熊平安，徐寿钦．国内外铺管船简介[J]. 船舶物资与市场，2010(6)：25-31.

[16] 方晟．铺管船现状概况及发展趋势分析[J]. 无线互联科技，2017 (8)：105-107.

[17] 宋儒鑫．深水开发中的海底管道和海洋立管[J]. 船舶工业技术经济信息，2003(6)：31-42.

[18] 王颖，韩光. 舰船科学技术[J]. 深海海洋工程装备技术发展现状及趋势，2010(10)：110-115，126.

[19] 车丽媛．浅谈海洋工程装备产业现状与发展对策探讨[J]. 船舶物资与市场，2019(5)：

62-63.

[20] 王聪. 基于海洋工程的装备及高技术船舶发展分析[J]. 化工管理, 2019(13): 185-186.

[21] 洪术华, 宋雍, 叶景波, 等. 海洋工程发展现状与跨越发展战略[J]. 船舶工程, 2019, 41(S2): 264-268.

[22] 张辉, 袁浩铭, 李夏青. 需求低位改善, 全球海工市场处于恢复期——2019年前三季度全球海工市场简评[J]. 船舶物资与市场, 2019(11): 11-16.

[23] 马勰, 慈艳柯, 马修水, 等. 海洋工程装备产业发展现状及对策研究[J]. 电子世界, 2018(12): 21-22.

[24] 王蕾. 我国海洋工程装备领域专利申请现状分析[J]. 科学技术创新, 2018(25): 59-60.

[25] 武俊杰. 船舶设计建造技术现状及未来展望分析[J]. 科技经济导刊, 2019, 27(28): 38-39.

[26] 伍平平. 船舶设计建造技术现状及未来展望[J]. 船舶物资与市场, 2019(11): 20-21.

第8章 海洋可再生能源产业

8.1 概述

8.1.1 技术概况

海洋可再生能源是一种新型能源，至今大部分的海洋能源还处于开发初期阶段，其潜在的储量高，是一种可再生的绿色清洁能源，其开发利用对于人类发展具有重要意义。随着石油、煤炭等不可再生能源的减少，新型可再生能源的利用对我国能源安全、国防安全、经济发展具有重要作用，其中海洋可再生能源的发展在可再生新能源中占据重要地位。狭义的海洋可再生能源主要包括潮汐能、潮流能、波浪能、温差能、盐差能；更广范围含义的海洋可再生能源还包括海洋风能、海洋太阳能、海洋生物质能等，具体分类及产品详见图8-1。

潮汐能是人类利用最早的海洋可再生能源，潮汐发电与普通水力发电原理类似，通过出水库，在涨潮时将海水储存在水库内，以势能的形式保存，然后，在落潮时放出海水，利用高、低潮位之间的落差，推动水轮机旋转，带动发电机发电。差别在于海水与河水不同，蓄积的海水落差不大，但流量较大，并且呈间歇性，因而潮汐发电的水轮机结构要适合低水头、大流量的特点。传统潮汐能开发利用主要有单库双向、单库单向、双库单向及双库双向等几种方式[1]。

潮流能具有运动规律性强、能量稳定、功率密度大、易于并网发电等特点，与波浪相比，潮流的变化更加平稳且规律。潮流能水轮机发电装置形式多样化，从结构方面看，主要分为水平轴潮流能水轮机和竖直轴潮流能水轮机，技术方面相对比较成熟，分别约占潮流能水轮机项目的43%和33%[2]。潮流能的开发利用自20世纪70年代开始，与其他海洋能相比，起步较晚。1973年，美国首先对潮流能和海流进行研究；我国对潮流能的开发利用相对较早，20世纪80年代哈尔滨工程大学对垂直轴潮流能水轮机率先进行了理论和试验研究。目前，开发和研究潮流能发电的国家主要有英国、法国、加拿大、中国和俄罗斯等。

波浪能是海洋表面海水吸收了风能后产生的波浪所储存的动能和势能的总称，

具有能量密度较高、分布面广等优点。捕获波浪运动的能量带动发电装置发电，将波浪的动能和势能转变为电能是波浪能发电的基本原理。其设计结构及工作原理各有差异，发电装置按能量传递方式可分为振荡浮子式、摆式、筏式等[3]。

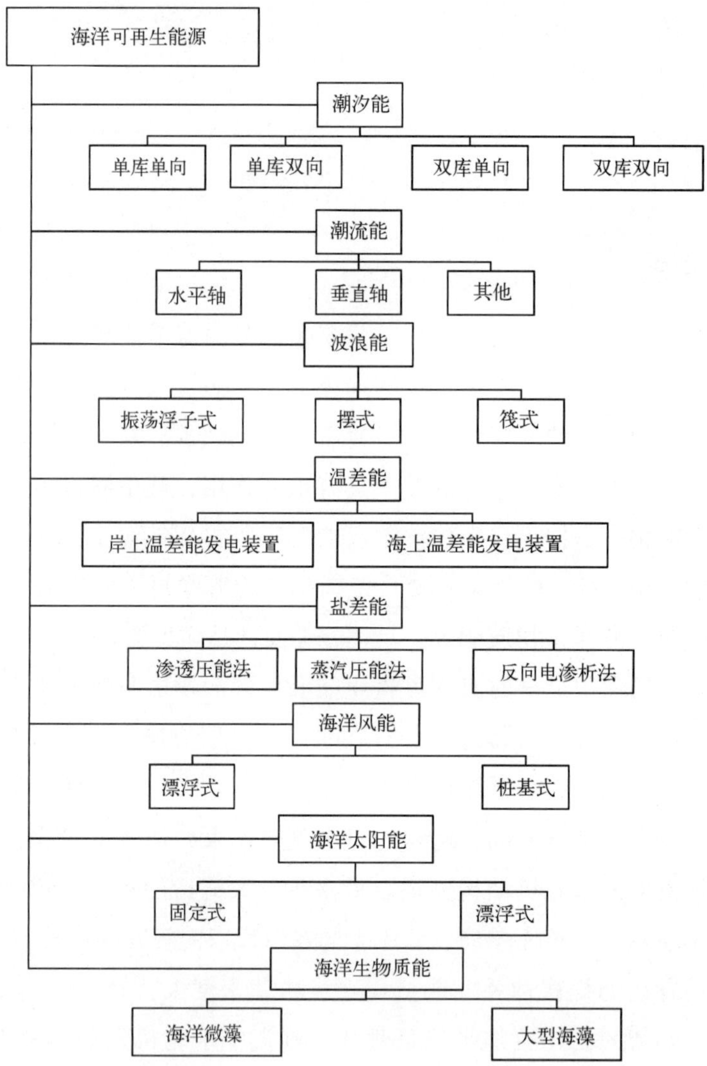

图 8-1　海洋可再生能源产业分类

温差能是指以表层海水和深层海水的温度差的形式所储存的海洋热能，具有储量大且随时间变化相对稳定的特性。海洋温差能转换(OTEC)发电技术的基本原理是利用海洋表面的温海水加热某些低沸点工质并使之汽化，或通过降压使海水汽化以驱动透平发电，同时利用从深层提取的冷海水将做功后的乏汽冷凝，使之重新变为液体，形成系统循环。根据所用工质及流程的不同，热力循环一般可分为开式循环、闭式循环和混合式循环[4]。

盐差能主要发生在淡水河流入海洋的交汇处，由于淡水和海水密度不同，造成相对的盐度差，进而利用其盐差值产生能量。提取盐差能主要通过渗透压能法（PRO）、反电渗析法（RED）和蒸汽压能法[5]。就目前来看，盐差能在国内外还基本处于实验室阶段，离实际应用和产业发展阶段还有很大的距离。国外仅有挪威和荷兰在实际应用阶段微见成效，国内盐差能的发展基本处于停滞阶段。

海洋风力发电是世界范围内发展较为迅速的一种海洋可再生能源发电方式。其主要优势为可靠性高，安装与维护方便，市场需求量大，但风险性也高，现阶段全球各国都在进行相关投资[6]。目前已建有多个风力发电项目，主要分布在欧、美、亚三大洲沿海国家。

海洋太阳能是一种新型的发电方式，主要将陆地上的太阳能发电装置移动到海洋上，有效节省了陆地太阳能发电的空间问题，但海洋环境恶劣，目前将海上太阳能发电装置移动到海洋上，还有很大的困难。现阶段海上太阳能发电装置主要研究技术包括能源装置、浮体装置、固定装置、挡浪排装置等。

海洋生物质能目前正从试验阶段逐步进入工业应用准备阶段，按照开发流程划分，海洋微藻生物质能的技术领域主要包括海洋微藻藻种的筛选、大规模培养、采收以及生物燃料制备工艺等方面[7]。

8.1.2　发展现状

在国际方面，海洋可再生能源的发展主要集中在欧洲和北美。欧美各国现阶段海洋可再生能源的发展一直遥遥领先，得益于其本国资金及政策的投入力度，其中多个跨国公司掌握海洋能发电装备的核心技术，一直处于龙头地位[8-9]。

欧洲是开展海洋可再生能源产业最早的地区，也是现阶段产业化链条发展最完备的区域。欧洲以海洋可再生能源四步走路线为指引，逐步发展海洋可再生能源的落地实施，现已走在世界前列，其发展阶段路线逐步实现海洋能示范阶段、小规模商业化阶段、大规模应用阶段、商业化阶段。除此以外欧洲各国先后建设海洋可再生能源示范区，实施海洋能发电上网政策，发布可再生能源义务政策等，促进海洋可再生能源因地制宜地发展[10]。

欧洲各国体系坚持走合作—发展—共赢的道路，积极整合各国资源，形成合作体系。在欧洲新兴海洋能技术基础设施网计划支持下，来自欧洲10多个国家的近30个海洋能实验室和测试设施形成了共建网，所有加入的海洋能研发机构实现了海洋能基础设施共享与交流，有效促进了海洋能研发能力的共同进步。

在我国，海洋可再生能源在能源战略占比越来越重要，国家对海洋可再生能源的投入比例也越来越大。首先，从政策方向上，以《海洋可再生能源发展“十三五”规划》为主要导向，积极实施海洋可再生能源战略部署，将海洋可再生能源的发展落实到具体政策中；其次，我国从2010年起针对海洋可再生能源在经费方面给予大力支持，针对海洋可再生能源项目设立专项基金，其累计投入约13亿元，支持多个相关项目的研发，加快海洋可再生能源的研究与投入，加速海洋可再生能源的发展。

随着国家相关政策支撑，我国已形成一批以理论基础为导向，以装备技术为发展方向，以运行维护为保障的专业科研体系，有力保障海洋可再生能源的快速发展。科研院所的基础研究与企业公司的产品研发，形成了一系列海洋可再生能源装备，我国现已建设多座海洋可再生能源相关发电站。我国持续支持海洋能新能源的项目落地，制定相关政策与中长远规划，鼓励和支持自主创新，从基础研究做起，在根本上解决海洋可再生能源技术难题。

8.1.2.1 潮汐能

潮汐能是应用最早的海洋可再生能源，传统潮汐能发电近几年基本停滞。

在全球范围内，潮汐能是海洋能中技术最成熟和利用规模最大的一种，国外对潮汐能发电的研究已有100多年的历史。欧洲拥有丰富的潮汐能资源，也是潮汐发电技术的起源地，在开发利用潮汐能方面一直走在世界前列。世界上第一座潮汐发电站始建于德国，1912年德国在胡苏姆兴建了一座小型潮汐电站，开创了潮汐发电的新纪元。其后，潮汐电站事业在世界各地蓬勃发展，英国、美国、法国、加拿大、俄罗斯、韩国等都纷纷加大兴建潮汐电站的人力物力投入[11]。

20世纪70年代末，中国曾兴起一波潮汐电站建设热潮，包括江厦、幸福洋、白沙口、海山等潮汐电站，总装机容量约6 000 kW。但现在真正发电运行的仅剩海山与江厦2座潮汐电站。江厦潮汐试验电站总装机容量4.1 MW，仅次于254 MW的韩国始华湖(Sihwa Lake)电站、240 MW的法国朗斯(La Rance)电站、20 MW的加拿大安纳波利斯(Annapolis)电站，位居世界第四[12-13]。

由于受到环境不友好、工程造价高、发电成本昂贵等因素的影响，传统的潮汐能发电最近几年基本处于停滞状态。新型潮汐能发电技术，主要开展了利用海湾内外潮波相位差发电和动态潮汐能技术研究等。利用海湾内外潮波相位差发电研究，即利用海湾内外潮波相位差进行潮汐能发电[14]。

8.1.2.2 潮流能

潮流能发电技术进展迅速，商业化任重道远。

潮流能的开发利用自20世纪70年代开始，与其他海洋能相比，起步较晚[15]。1973年，美国首先对潮流能和海流进行研究。1976年，美国利用伞式巨型水轮机组的原理设计了“低速海流能转换器”；2003年，英国MCT(Marine Current Turbine)公司研发的Seaflow(300 kW)潮流能发电装置在英国布里斯托尔海峡进行了海试，顺利发电。该公司MeyGen潮流能发电装置完成了6 MW潮流能发电阵列及并网发电的一期任务；2005年，意大利PDA(Ponte diArchimede S. P. A)公司设计了一款装机容量120 kW、叶片展长5 m、叶轮直径6 m的Kobold型漂浮式潮流水轮机发电装置。2011年挪威Hammerfest公司研发了1 MW的HS1000在欧洲海洋能中心(European Marine Energy Centre，EMEC)海试运行。目前，开发和研究潮流能发电的国家主要有英国、法国、加拿大、中国和俄罗斯等。

8.1.2.3 波浪能

波浪能发电技术先进，但受制于发电成本太高，所以商业化程度偏低。

近百年来世界各国科学家发明了各种各样的波浪能发电装置，提出的发明专利申请超过千项，尤其是近年来受能源危机和环境污染的巨大压力，清洁无污染、可再生、环境友好、不消耗现有资源的海洋能技术更是受到各海洋国家政府和企业的普遍重视，西方国家利用其科学和技术优势，纷纷投入巨资对各种装置展开试验，并且取得了一定的成绩。比较著名的包括“点头鸭”(Duck)式波能转换装置，“海蛇”号(Pelamis)波力装置，Aqua Buoy波能装置等。

我国也对国外的波浪技术展开了跟踪研究，从20世纪80年代初开始对固定式和漂浮式振荡水柱波能装置以及摆式波能装置进行研究。1985年，中国科学院广州能源研究所成功开发利用对称翼透平的航标灯用波浪发电装置。

但是由于海洋环境的复杂性和波浪能源的多变性，普遍没有达到预期的效果。主要表现在能源输出的稳定性问题、能源汇集问题、能源利用效率问题、潮汐变化的影响、采用复杂结构产生的成本效益问题、装置结构的安全性问题、装置的抗腐蚀问题、海洋恶劣环境下的建设安装问题以及与现有生产技术、设备的通用、配套等问题。

实质上波浪能是一种随机产生的能源，虽然单个波浪的波高、波长、周期、位置都随时间而不同，但是一定水域内的波浪能量随时间的变化是缓慢的，通过提高波浪能采集的覆盖率和进行能量聚集，就可以得到强大稳定的能量输出。上述难题都已基本解决，相信不久人们就能用上这一清洁环保、无消耗无排放、环境友好的再生电力[16]。

8.1.2.4 温差能

温差能发电装置普遍功率较小，全球发展相对缓慢。

海洋温差能发电主要集中在日本、美国、法国、韩国等国家，其先后建立海洋温差能发电并实现相关测试与运行，取得了较好的成效，初期以百千瓦级试验电站为主，相关电站的运行成功后，法国、美国、韩国等加大温差能发电相关支持，逐步启动了兆瓦级温差能电站建设。

我国在温差能发电方面具有很大的优势，温差能资源丰富是主要优势，但我国研究海洋温差能的基础薄弱，还面临许多技术难题。中国科学院广州能源研究所是海洋可再生能源研究的主要机构之一，其在 20 世纪 90 年代就开式循环过程进行了实验室研究。随后天津大学、自然资源部第一海洋研究所均对海洋温差能关键技术进行相关研究[17-18]。

8.1.2.5 盐差能

海水盐差能仅有挪威和荷兰在实际应用阶段，微见成效。

提取盐差能主要有 3 种方法：渗透压能法(PRO)、反向电渗析法(RED)、蒸汽压能法(VPD)。国内相关研究单位为中国海洋大学与中国科学院理化技术研究所，均还处于基础研究阶段[19]。

8.1.2.6 海洋风能

海洋风能发电发展最快，商业化程度最高。

海上风电技术主要是利用海上风力资源进行发电，通过海风带动风力发电机转动并实现发电。海上风电发展比较成熟，全球多数国家参与海洋风电项目。海上风电的发展是以陆地风电为基础延伸的一种新型发电技术，解决了风电在陆地的占地空间，深远海风电发展是必然趋势。相对陆地风电项目而言，海上风电资源更加丰富，同样具有更大的难题。海上风电的发展，相对成熟的地区主要集中在欧洲。

近 10 年海洋风能发展速度惊人，仅 2019 年全球新增海上风电装机容量 6.1 GW，创历史新高，即便有新冠疫情影响，2020 年全球新增海上装机容量仍有望达到 6.6 GW[据全球风能理事会(Global Wind Energy Council, GWEC)发布的《2020 全球海上风电报告》]，毫无疑问，海上风电将成为世界各国疫情之后经济绿色复苏的重要引擎之一。就全球海洋风能发展格局来看，欧洲依然是海上风电装机最多的地区，但亚太市场正在崛起，中国已经在新增装机量上领先。GWEC 预测到 2030 年全球海上风电将累计新增装机容量 205 GW，漂浮式海上风电在 2030 年之前将全面实现商业化。

8.1.2.7 海洋太阳能

海上太阳能发电是陆上太阳能发电的技术延伸，依然处于初期阶段。

海上太阳能发电主要将光伏电站移动到海平面，使其漂浮在海面。相对于陆地太阳能发电，海上太阳能发电面临的难题更多，例如光伏电站存在海洋上防腐、使用寿命、生态环境等问题。国外海上太阳能发展主要集中在企业，通常企业融资、政府支撑共同促进海上太阳能发电项目实施。海洋光伏发电是由意大利的学者 Manfrida 和 Secchi 在 2014 年提出的，2018 年，韩国计划建设 400×10^4 kW 规模的超大型太阳能-海上风电综合发电项目，并于 2022 年投产。

中国海上光伏发电，起步较晚，但随着光伏材料成本的大幅降低，得以迅速发展。2018 年建设的浙江省宁波市慈溪海上光伏项目，是我国目前为止装机规模最大的海域光伏电站，总装机容量 220 MW[20]。

8.1.2.8 海洋生物质能

微藻能源目前已成为生物能源研究的热点，仍处于实验室阶段。

微藻能源是通过筛选出各类藻类资源，然后通过这些藻类资源产生生物“原油”，通过生物“原油”生产出多种发电新能源，例如乙醇燃料、柴油等。进入 21 世纪后，藻类生物燃料的研究工作出现了新的进展。美国、日本、德国、印度等国政府都已投入大量的资金及启动相关的计划进行海洋微藻生物质能源的研究开发。国际上众多的科研机构、生物燃料公司、投资公司纷纷宣布开发微藻产油技术，在该领域投入大量资金，完成了中试并生产出了符合标准的生物柴油，拥有规模化的商业化生产技术。微藻能源研究正从试验阶段逐步进入工业应用准备阶段[21]。

我国的海洋生物质能研究近年来积累了许多宝贵的经验，主要体现在海藻种质资源方面和低成本生产技术上。中国科学院海洋研究所前期致力于研究海洋生物相关资源，其在海洋微藻的研究基础上分别筛选出多种高产能藻株，其中很多高产能藻株的油脂含量在 30%~40%之间。除此之外，中国海洋大学在海洋藻类研究中一直占据首要地位，其拥有海洋藻类种质资源库，在微藻大规模养殖方面具有丰富的研究基础[22]。

8.2 全球创新资源地图

8.2.1 总体格局

全球海洋可再生能源产业创新资源主要集中在美国、欧洲、亚洲(主要是中国、日本、韩国)、澳大利亚等国家和地区。其中美国和欧洲的技术更为领先，但是近些年亚洲国家和澳大利亚正迎头赶上，尤其是我国在近五年发展迅速，部分海洋能技术领域已与发达国家并跑。海洋可再生能源产业创新高地重点企业、科研机构分布概况见表 8-1[23]。

国际海洋能发展以欧美为主，随着英国、美国等海洋强国对海洋能技术的资金投入和政策支持，大型跨国能源和制造业巨头合并相关企业，依靠其技术基础和经济基础，逐步垄断相关装备核心技术，如风机叶片产品、生物质能技术及优良的测试评台等。

欧洲海洋可再生资源的发展遥遥领先，得益于政策支持及优越的地理位置，先后成立欧洲海洋能源中心、波浪中心试验场等，吸引全球科研机构及公司在中心试验场进行试验。欧洲创新高地共 10 个，企业共 32 家，科研院所 8 家，其中英国、荷兰、瑞典、挪威等为欧洲大力发展海洋可再生资源开发利用的主要代表，主要重点区域为英国环北海沿岸的苏格兰地区，布里斯托尔沿岸的英格兰和威尔士地区；荷兰环北海沿岸瓦森纳、斯涅克、布雷达；丹麦与瑞典卡特加特沿岸的奥胡思、哥本哈根、哥德堡；挪威沿海岸奥斯陆以及芬兰湾赫尔辛基。

美国依托环太平洋东岸及大西洋西岸的优越地理位置，先后大力发展风能、波浪能、生物质能等海洋能资源开发利用，同时美国积极与欧洲各国、澳大利亚、中国合作开发海洋可再生能源。北美创新高地共 4 个，企业共 14 家，科研院所 4 家，主要分布在西部太平洋沿岸的加利福尼亚州、夏威夷州，东南部大西洋沿岸佛罗里达州、佐治亚州，东北部大西洋沿岸城市群新泽西州、纽约州、缅因州、新罕布什尔州。

东亚各国的海洋新能源发展主要集中在日韩及中国，日韩海洋可再生能源发展早于中国，拥有资深的海洋能技术体系。日韩创新高地共 3 个，企业共 4 家，科研院所 6 家，其中韩国始华湖潮汐电站、日本佐贺大学海洋能源研究中心、日本冲绳海洋深水研究院等长期从事海洋能发电及温差能发电的研究，主要分布在日本东京、横须贺、佐贺，韩国首尔、大田地区。中国创新高地共 3 家，企业共 18 家，科研院所 15 家。近年来，海洋可再生能源在能源战略占比越来越重要，国家对海洋可再生能源的投入比例也越来越大。我国海洋可再生能源研发区域主要集中在

表 8-1 海洋可再生能源产业创新高地重点企业、科研机构分布概况

创新高地		所在国家	创新高地简介	主要领域及产品
美国西部太平洋沿岸	加利福尼亚州	美国	硅谷、全球创新集中地，沿海地区科研单位密集，同时海洋能丰富	风电涡轮机整套风电设备；封闭的生物反应器系统；海水温差发电站（OTEC 电站）；Helix 生物反应器技术；基因工程藻类、封闭式的发酵罐生产、集成系统；全球最大的单晶硅电池厂商
	夏威夷州		夏威夷所在地北太平洋深处含有丰富的海洋热能	100 kW 温差能发电机组，成为世界上在运营的最大海洋温差能电厂
美国东南部大西洋沿岸	佛罗里达州		“美国的创新中心”，经济实力世界排名第 15 位	生物燃料集成系统、中试
	佐治亚州		汽车和飞机制造集中于大亚特兰大地区、船舶制造基地	海洋能风机叶片以及机组制造、维护方案等服务
美国东北部大西洋沿岸城市群	新泽西州		世界六大城市群之一；经济、科研实力雄厚；海洋能丰富，其中以风能、生物质能为主	Power Buoy 点吸收波力装置；Power Buoy 波浪发电浮标
	纽约州			TriFrame™安装架、第五代自由流动系统涡轮机、Various 双向潮流水轮机
	缅因州			英国 Wave Hub 试验场波浪能发电装置
	新罕布什尔州			海洋能平台装置及动力泵
	新斯科舍	加拿大		PLAT-I、PLAT-O（海洋能源 PLATform）

续表

创新高地		所在国家	创新高地简介	主要领域及产品
环北海沿岸	苏格兰	英国	政策支持、优越地理位置，欧洲海洋能源中心	Nova M-100 涡轮机组成的潮流能发电阵；潮汐涡轮机发电；潮汐 STREAM 能源设备
布里斯托尔沿岸	英格兰	英国	波浪中心试验场	单桩水平轴潮流涡轮机、风车式水轮机；浮式太阳能电站；海洋温差能发电装置 Flex Efficiency 燃气轮机
布里斯托尔沿岸	威尔士	英国	依托政策及波浪试验场	潮汐涡轮机发电
环北海沿岸	瓦森纳、斯涅克、布雷达	荷兰	优越的地理位置，天生的海洋商业民族，海上马车夫，政策支持及历史底蕴	海上浮动式太阳能；荷兰 Afsluitdijk 盐差能示范电站；Archimedes Wave Swing(AWS)波浪装置；AWS 振荡浮子式波能装置
卡特加特沿岸	奥胡思	丹麦	丹麦第二大城市和主要港口，政策支持、沿海城市	提供风机、叶片、零部件开发、制造、安装和维护的完整解决方案；海上风机
卡特加特沿岸	哥本哈根	丹麦	丹麦最大城市及最大港口，北欧最大的城市，丹麦政治、经济、文化和交通中心	多点吸收式波浪能发电装置；越浪式波浪能发电装置——浪龙(Wave Dragon)、1.5 MW Wave Dragon 演示器
卡特加特沿岸	哥德堡	瑞典	瑞典第二大城市，瑞典西南部海岸著名港口城市，与丹麦北端隔海相望	水下电动风机
挪威沿海岸	奥斯陆	挪威	挪威首都和第一大城市，挪威政治、经济、文化、交通中心和主要港口	“Morild”发电厂是一种浮式、系泊结构盐差能渗透压发电机；潮汐能装置、潮汐能和低水头水力发电带有回转机构转塔变速 Straflo 涡轮
芬兰湾	赫尔辛基	芬兰	芬兰首都及芬兰第一大城市，芬兰第一大港口，是芬兰的经济、政治、文化、旅游、贸易、交通和航运中心，毗邻波罗的海	波浪能发电装置(Penguin Core，WaveRoller)

续表

创新高地		所在国家	创新高地简介	主要领域及产品
东京		日本	国际金融、经济和科技中心，日本三大都市圈之一——东京都市圈的城市	海水温差发电装置，发电机组水力涡轮机，水力发电机，设备平衡(BoP)等；海洋风能发电装置，“巨鲸”号波浪能发电装置
佐贺、冲绳		日本	海洋科学与技术学院、日本佐贺大学海洋能源研究中心、海洋科研中心城市，冲绳海洋能源丰富	海洋温差发电装置 OTEC 和海水淡化研究；固定振荡水柱式波能转换器的研制、带集流器的潮流水力发电机组的研究与开发；冲绳县久米岛 50 kW 海洋温差能发电电站；冲绳县海洋热能转换发电示范项目
首尔、大田		韩国	韩国首都首尔、世界第十大城市，韩国的政治、经济、科技、教育、文化中心	1 MW 海洋温差能发电站；海上风机；WindS500 盐度梯度发电装置
环渤海及东北地区	北京、天津、大连、青岛、哈尔滨	中国	北京：政治、经济、文化、科技中心；天津：重要港口，科研实力突出；青岛：海洋科研力量雄厚	盐差能发电材料；工程微藻(小球藻)异养发酵法生产生物柴油技术；潮流能、风力发电装置装备；8~10 MW 海上风机铸件；波浪能转换装置；10 kW 永磁直驱式潮流能发电装置；温差闭式系统及温差能发电
长江三角洲城市群	上海、南京、杭州、舟山	中国	中国唯一世界级城市群，经济实力雄厚、丰富的海洋能资源	海洋温差能、波浪能、潮流能发电装置；系统设计 5 kW/25 kW/60 kW 固定式水平轴潮流能发电装置；慈溪海上光伏项目；LHD 海洋发电项目第二代 400 kW 机组；第三代 300 kW 机组；LHD 项目 3.4 MW 海上发电总成平台
珠江三角洲城市群	广州、深圳、中山	中国	经济发达，与国际接轨，海洋资源丰富	MySE 5.5~155 MW；海上风电开发项目投资；波浪能发电装置，鸭式、哪吒、鹰式波浪能发电装置(“万山号”“先导一号”)；10 kW 水母式波浪能发电装置研究与试验

环渤海及东北地区的北京、天津、大连、青岛、哈尔滨，长江三角洲城市群的上海、南京、杭州、舟山，珠江三角洲城市群的广州、深圳、中山等地区。

印度、菲律宾温差能技术发展主要依赖欧洲各国技术支持。澳大利亚风能、波浪能、潮汐能等海洋能主要与欧洲及美国合作，澳大利亚海洋能公司在欧洲设立分公司，依赖欧洲海洋能源的技术及试验场。

8.2.2 国外重点区域

8.2.2.1 北美

美国的海洋可再生能源开发和利用走在了世界的前列，在波浪能、潮流能、温差能、海上风能和海洋生物质能等领域，具有一批国际知名的企业和科研院所，北美海洋可再生能源产业创新高地重点企业、科研机构及行业协会分布概况见表 8-2。

表 8-2 北美海洋可再生能源产业创新高地重点企业、科研机构及行业协会分布概况

创新高地	所在国家	重点企业及产品	重点科研机构及技术
美国西部太平洋沿岸(加利福尼亚州、夏威夷州)	美国	美国通用原子公司(封闭的生物反应器系统) 美国索菲尔能源公司[可再生(微藻)绿色原油] 美国洛克希德·马丁公司（OTEC 电站） 美国奥瑞金可利尔公司(Originclear)(Helix 生物反应器技术、量子压裂技术、集成) 美国索拉兹米公司(Solazyme)(基因工程藻类、封闭式的发酵罐生产、集成系统) 美国太阳能公司(SunPower)(全球最大的单晶硅电池厂商) 美国索利克斯生物燃料公司(Solix Biofuels)(集成系统) 美国浮动公司(Float Inc.)(多气室波浪能综合利用平台)	夏威夷自然能源实验室与马凯公司(100 kW 温差能发电机组，成为世界上在运营的最大海洋温差能电厂)
美国东南部大西洋沿岸(佛罗里达州、佐治亚州等)		美国安吉诺生物燃料公司(Algenol Biofuels LTD)(集成系统、中试) 美国通用电气公司(提供风机叶片以及机组制造、维护方案等服务)	美国得克萨斯州立大学(生物质能研发)
美国东北部大西洋沿岸城市群(新泽西州、纽约州、缅因州、新罕布什尔州等)		美国海洋动力技术公司(Ocean Power Technologies)(机械液压式波浪能装置、Power Buoy 点吸收式波浪能装置、Power Buoy 波浪发电浮标) 美国绿色燃料技术公司(Green Fuels)(藻类农场系统) 美国绿浪公司(Gwave LLC)(英国 Wave Hub 试验场波浪能发电装置)	纽约大学(研究方向包括动力气象学，物理海洋学和气候动力学。这些学科是海洋可再生能源的基础性支持研究) 伦斯勒理工学院(风力涡轮叶片性能的提高，能源存储技术，可再生能源的电网一体化，智能电网等)

续表

创新高地	所在国家	重点企业及产品	重点科研机构及技术
新斯科舍省	加拿大	加拿大可持续海洋公司[Sustainable Marine Energy(Canada) Ltd.](PLAT-I、PLAT-O 海洋能源 PLATform) 新斯科舍省电力公司(Nova Scotia Power)(安纳波利斯潮汐电站)	

北美海洋可再生能源主要分布在美国西部太平洋沿岸、美国东南部大西洋沿岸、美国东北部大西洋沿岸城市群，其中包括加拿大新斯科舍省。

美国西部太平洋沿岸主要包括加利福尼亚州及夏威夷州等。加利福尼亚州地处太平洋沿岸，拥有丰富的海洋资源，是全球第六大经济体，经济发达，而且加利福尼亚州著名大学均位于沿海区域。夏威夷州位于中部太平洋，以其独特的地理位置发展海洋能源产业，其中主要机构包括美国通用原子公司、美国索菲尔能源公司、美国洛克希德·马丁公司、美国奥瑞金可利尔公司(Originclear)、美国索拉兹米公司(Solazyme)、美国太阳能公司(SunPower)、美国索利克斯生物燃料公司、美国浮动公司(Float Inc.)等。海洋能资源主要包括风能、生物质能、温差能以及太阳能相关装置及产品。

美国东南部大西洋沿岸主要包括佛罗里达州、佐治亚州和得克萨斯州三个大州。佛罗里达州是“美国的创新中心”，经济实力世界排名第 15 位。佐治亚州汽车和飞机制造集中于大亚特兰大地区，其船舶制造基地，是制造海洋可再生能源核心装置的主要地区之一。得克萨斯州是美国南方最大的州，也是全美第二大州，东南方向毗邻沿海，州内公立大学较多，科研实力强，其中包括美国安吉诺生物燃料公司(Algenol Biofuels Ltd.)、美国通用电气公司、美国得克萨斯州立大学，主要方向为生物质能、海洋能涡轮叶片及风机叶片。

美国东北部大西洋沿岸城市群主要包括美国城市及加拿大新斯科舍。东北部大西洋沿岸城市群是世界六大城市群之一，经济、科研实力雄厚，海洋能丰富，其中以风能、生物质能为主。其主要包括美国海洋动力技术公司(Ocean Power Technologies)、美国绿色燃料技术公司(Green Fuels)、美国绿浪公司(Gwave LLC)、纽约大学、伦斯勒理工学院、加拿大可持续海洋公司[Sustainable Marine Energy(Canada) Ltd.]、新斯科舍省电力公司(Nova Scotia Power)等，重点产品有 Power Buoy 点吸收式波力装置、Power Buoy 波浪发电浮标、PLAT-I、PLAT-O 海洋能源平台等。

8.2.2.2 欧洲

欧洲海洋能源区域分布主要包括英国、法国、瑞典、挪威、丹麦、芬兰等，其中英国的海洋能发电发展目前处于世界领先地位。伦敦、爱丁堡、布里斯托尔拥有全球领先的研发和设备制造机构。创新高地重点企业、科研机构及行业协会分布概况见表 8-3。

表 8-3 欧洲海洋可再生能源产业创新高地重点企业、科研机构及行业协会分布概况

创新高地	所在国家	重点企业及产品	重点科研机构及技术
环北海沿岸（苏格兰地区）	英国	亚特兰蒂斯能源公司（SIMEC Atlantis Energy）（水平轴底座式潮流涡轮机 AR1500 水平轴式机组 MeyGen 潮流电站） 苏格兰 Nova Innovation 公司（Nova M-100 涡轮机组成的潮流能发电阵） 英国月能公司（Lunar energy）（Hoenggan 潮流能发电场） 英国 AWS 海洋能源公司（AWS Ocean Energy）（AWS-III 多单元波浪发电装置、阿基米德波浪摆装置）	爱丁堡大学（海上能源转换设备，海上能源输送和控制系统等） 赫瑞瓦特大学（风能和海洋能源的前沿研究，并且非常注重与企业方进行合作） 欧洲海洋能源中心（最大的波浪能与潮流能原型装置测试场，在波浪能和潮流能发电测试方面经验丰富）
布里斯托尔沿岸（英格兰、威尔士地区）	英国	英国潮汐潟湖电力公司（威尔士塞文河口建造世界上首个潮汐潟湖电站）	普利茅斯大学（海洋研究所进行多种海洋基础性研究，如海洋物理、海洋地质和海洋气候等。并对潮汐能、波浪能和海上风电展开广泛的研究，现与根西岛展开合作，以研究海洋能源的系统化利用） 布里斯托尔大学（布里斯托尔大学动力工程研究所在海上机械的振动、疲劳和稳定性方面有着非常深入的研究）
格拉茨、维也纳	奥地利	Swimsol 有限公司（漂浮式太阳能发电系统） 安德里茨水电有限公司（ANDRITZ HYDRO GMBH）（涡轮机装置）	
巴斯克大区	西班牙	巴斯克能源公司（Ente Vasco de la Energía）（Mutriku 振荡水柱式波浪能电站）	

续表

创新高地	所在国家	重点企业及产品	重点科研机构及技术
巴黎	法国	法国国有船舶制造企业(DCNS)集团(Open Center 涡轮机) 法国电力集团(EDF. fr)(朗斯潮汐电站)	
环北海沿岸(瓦森纳、斯涅克、布雷达)	荷兰	荷兰海洋能源有限公司(海上浮动式太阳能) 雷德斯塔克有限公司(荷兰 Afsluitdijk 盐差能示范电站)	荷兰特文特大学纳米研究所(盐差能试验电)
卡特加特沿岸(奥胡思、哥本哈根、哥德堡)	丹麦	丹麦维斯塔斯公司(提供风机、叶片、零部件开发、制造、安装和维护的完整解决方案) 三菱重工-维斯塔斯公司(海上风机) 丹麦波星能源公司(Wave Star Energy)(多点吸收式波浪能发电装置) 丹麦浪龙公司(Wave Dragon)	
	瑞典	瑞典 Minesto 公司(水下电动风机)	
挪威沿海岸(奥斯陆)	挪威	挪威国家电力公司(盐差能渗透压发电机) 挪威 TIDETEC 公司(潮汐能装置、变速 Straflo 涡轮) 艾奎诺能源公司(Hywind Scotland)	
芬兰湾(赫尔辛基)	芬兰	芬兰 Wello Oy 公司(Wello Oy Organization)(Penguin Core) 芬兰 AW 能源有限公司(AW-Energy Oy)[AW-Energy Oy(WaveRoller)]	
慕尼黑(风力发电机)	德国	德国西门子公司(风力发电系统的各种部件及发电机)	慕尼黑工业大学(海上风电叶片的设计及选材) 斯图加特大学(波浪能和潮汐能的研究项目，并与福伊特西门子公司和 WaveGen 公司展开积极的横向合作)

欧洲海洋能源区域分布主要包括英国环北海沿岸的苏格兰地区，布里斯托尔沿岸的英格兰、威尔士地区；奥地利的格拉茨与维也纳；西班牙的巴斯克大区；法国的巴黎；荷兰环北海沿岸瓦森纳、斯涅克、布雷达；丹麦与瑞典卡特加特沿岸的奥

胡思、哥本哈根、哥德堡；挪威沿海岸奥斯陆；芬兰湾赫尔辛基；德国的慕尼黑。主要城市分布在伦敦、爱丁堡、布里斯托尔、慕尼黑、奥胡思、哥本哈根、埃斯波、万塔等。

英国环北海沿岸的苏格兰地区由于其政策支持和优越的地理位置，依靠欧洲海洋能源中心大力发展海洋可再生能源技术，其中包括亚特兰蒂斯能源公司(SIMEC Atlantis Energy)、苏格兰 Nova Innovation 公司、英国 AWS 海洋能源公司、英国月能公司(Lunar Energy)、爱丁堡大学、赫瑞瓦特大学、欧洲海洋能源中心等。布里斯托尔沿岸具有波浪中心试验场，其英格兰、威尔士地区包括英国潮汐潟湖电力公司、普利茅斯大学、布里斯托尔大学等。

奥地利虽不与海洋接壤，但其拥有全球跨国公司安德里茨水电有限公司(ANDRITZ HYDRO GMBH)，为全球海洋能及水力发电提供相关装置装备，同时 Swimsol 有限公司也进行漂浮式太阳能发电研发。

西班牙位于欧洲西南部的伊比利亚半岛，地处欧洲与非洲的交界处，西邻葡萄牙，北濒比斯开湾，东北部与法国及安道尔接壤，南隔直布罗陀海峡与非洲的摩洛哥相望，海岸线绵长，海洋资源丰富，地理位置优越。其巴斯克大区为海洋能主要发展区域，巴斯克能源公司(Ente Vasco de la Energía)提供良好的条件吸引欧洲其他国家进行相关海洋能源的研发。

法国西部海域为比斯开湾，北部英吉利海峡，与英国隔海相望，海洋能资源丰富。法国境内有世界三大潮汐能电站之一的朗斯潮汐电站，主要研究机构为法国国有船舶制造企业(DCNS)集团、法国电力集团(EDF. fr)等。

荷兰发展海洋可再生能源优势在于其优越的地理位置、政策支持及历史底蕴，17 世纪时成为当时世界上最强大的海上霸主，被誉为“海上马车夫”。荷兰主要研发机构位于环北海沿岸瓦森纳、斯涅克、布雷达，包括荷兰海洋能源有限公司、雷德斯塔克有限公司、荷兰特文特大学纳米研究所等。

丹麦与瑞典位于卡特加特海峡，地理位置具有强大优势，两国主要城市分布在沿海区域，并且在沿海城市分布着国内重要港口。卡特加特沿岸的奥胡思、哥本哈根、哥德堡包括丹麦维斯塔斯公司、三菱重工-维斯塔斯公司、丹麦 Wave Star Energy 公司、丹麦浪龙公司等及瑞典的瑞典 Minesto 公司。挪威沿海岸的奥斯陆包括挪威国家电力公司、挪威 TIDETEC 公司、艾奎诺能源公司(Hywind Scotland)。芬兰的芬兰湾赫尔辛基有芬兰 Wello Oy 公司(Wello Oy Organization)、芬兰 AW 能源有限公司(AW-Energy Oy)。德国有埃纳肯股份有限公司、德国西门子公司、慕尼黑工业大学、斯图加特大学等。

8.2.2.3 日本和韩国

日本和韩国海洋能资源主要集中为温差能、生物质能、潮汐能及波浪能，其主要海洋可再生能源产业创新高地重点企业、科研机构及行业协会分布概况见表8-4。

表8-4 日本和韩国海洋可再生能源产业创新高地重点企业、科研机构及行业协会分布概况

创新高地	所在国家	重点企业及产品	重点科研机构及技术
东京	日本	东芝公司动力系统公司[海水温差发电装置，发电机组水力涡轮机，水力发电机，设备平衡(BoP)] 日本石川岛播磨重工业公司(“巨鲸”号波浪能发电装置)	株式会社日立制作所(海洋风能发电装置) 东京大学(波浪、潮汐能海洋可再生能源实地试验发电场)
佐贺、冲绳	日本	—	日本冲绳海洋深水研究院(冲绳县海洋热能转换发电示范项目) 佐贺大学海洋能源研究中心(海洋温差发电装置、控制器/OTEC和海水淡化研究、固定振荡水柱式波能转换器的研制)
首尔、大田	韩国	韩国水资源公司(K-water)(始华湖潮汐电站) 斗山集团(海上风机，WindS500)	韩国船舶与海洋工程研究院(1 MW海洋温差能发电站) 韩国能源技术研究院(盐度梯度发电装置)

日本在海洋可再生能源领域起步较早，海上风能、潮流能、波浪能、温差能技术均处于世界先进地位。东京和佐贺是两个重要创新区域。韩国主要为大田及首尔两个重要创新区域。

日本东京是国际金融、经济和科技中心，也是日本三大都市圈之一，佐贺、冲绳海洋研究机构较多，是海洋研究的主力军之一，包括东芝公司动力系统公司、日本石川岛播磨重工业公司、株式会社日立制作所、东京大学、日本冲绳海洋深水研究院、佐贺大学海洋能源研究中心；韩国首尔、大田地区主要包括韩国水资源公司(K-water)、斗山集团、韩国船舶与海洋工程研究院、韩国能源技术研究院。日本创

新高地主要倾向于海上风能、潮流能、波浪能、温差能；韩国创新高地主要倾向于风能、潮汐能、温差能及盐差能。

8.2.3 我国重点区域

中国的海洋可再生能源发展速度突飞猛进，尤其是近 10 年以来，在海洋波浪能、海洋风能、潮流能、海洋生物质能等领域的突破最大。北京、上海、青岛、杭州、广州、深圳等城市，占据着我国海洋能开发利用的创新高地，其海洋可再生能源产业创新高地重点企业、科研机构及行业协会分布概况见表 8-5。

表 8-5 中国海洋可再生能源产业创新高地重点企业、科研机构及行业协会分布概况

创新高地	所在国家	重点企业及产品	重点科研机构及技术
环渤海及东北地区（北京、天津、大连、青岛、哈尔滨）	中国	中国石油化工集团公司 新奥集团公司 哈电集团哈尔滨电机厂有限责任公司 国投生物科技投资有限公司 天恩能源有限公司 金风科技	中国科学院理化技术研究所 清华大学 中国科学院生物能源与过程研究所 大连理工大学 中国科学院海洋研究所 中国海洋大学 自然资源部第一海洋研究所 山东大学 国家海洋技术中心 东北师范大学 哈尔滨工程大学
长江三角洲城市群（上海、南京、杭州、舟山）		正泰新能源有限公司 阳光电源 杭州林东新能源科技股份有限公司 浙江富春江水电设备公司 上海电气集团 远景能源	浙江大学 上海交通大学
珠江三角洲城市群（广州、深圳、中山）		湘电风能有限公司 明阳智慧能源集团股份公司 深圳市兆凯生物工程研发中心有限公司 玉环市水务集团有限公司	中国科学院广州能源研究所 集美大学

随着国家相关政策的支撑，我国已形成一批以理论基础为导向，以装备技术为发展方向，以运行维护为保障的专业科研体系，保障了海洋可再生能源的快速发展。科研院所的基础研究与企业公司的产品研发，形成了一系列海洋可再生能源装备，目前我国已建设多座海洋可再生能源相关发电站。我国持续支持海洋新能源的项目落地，制定相关政策与中长远规划，鼓励和支持自主创新，从基础研究做起，从根本上解决海洋可再生能源技术难题。

我国创新高地大体分为环渤海及东北地区、长江三角洲城市群、珠江三角洲城市群。环渤海及东北地区的主要城市为北京、天津、大连、青岛、哈尔滨，研发机构主要包括中国石油化工集团公司、新奥集团公司、哈电集团哈尔滨电机厂有限责任公司、国投生物科技投资有限公司、天恩能源有限公司、金风科技、中国科学院理化技术研究所、清华大学、中国科学院生物能源与过程研究所、大连理工大学、中国科学院海洋研究所、中国海洋大学、自然资源部第一海洋研究所、山东大学、国家海洋技术中心、东北师范大学、哈尔滨工程大学等。

长江三角洲城市群主要指上海、南京、杭州、舟山等地，研发机构主要包括正泰新能源有限公司、阳光电源、杭州林东新能源科技股份有限公司、浙江富春江水电设备公司、上海电气集团、远景能源、浙江大学、上海交通大学等。

珠江三角洲城市群主要指广州、深圳、中山等城市，研发机构主要包括湘电风能有限公司、明阳智慧能源集团股份公司、深圳市兆凯生物工程研发中心有限公司、玉环市水务集团有限公司、中国科学院广州能源研究所、集美大学等。

三大创新高地基本包括海洋可再生能源的各个类别，还有一些风能、太阳能及生物质能研究单位零星分布在我国的西北、西南及华中地区。

8.3 全球产业(链)创新全景图

8.3.1 分布特征

根据海洋能产业链的设置，绘制了海洋可再生能源全球产业创新全景图，如图8-2所示。海洋可再生能源围绕潮汐能、潮流能、波浪能、温差能、盐差能、海洋风能、海洋太阳能、海洋生物质能8个方向，梳理了130件产品、50多家企业、40多家高校院所。其中潮汐能、潮流能、波浪能、海洋风能在海洋可再生能源中占据主导地位，产业发展较为成熟；温差能、盐差能、海洋太阳能、海洋生物质能

图 8-2　海洋新能源产业全景图

在产业化方面还处于初期阶段。

在海洋产业方面，欧洲在全球遥遥领先，占据主导地位。欧洲是开展海洋可再生能源产业最早的地区，也是现阶段产业化链条发展最完备的区域。其中德国西门子公司、斯美克亚特兰蒂斯资源公司、英国潮汐潟湖电力公司等主要研发海洋能涡轮机及风机叶片，同时还存在海洋能技术专业设备公司如丹麦 Wave Star Energy 公司、芬兰 Wello Oy 公司、西班牙的西门子歌美飒、丹麦的维斯塔斯等；美国海洋能源产业发展主要集中在海上风能、海洋生物质能及温差能，其中美国通用电气公司、美国洛克希德·马丁公司是海洋能涡轮机及风机叶片生产商，同时也是最大的供应商之一；日本和韩国海洋能发展主要在海上风能、潮流能、波浪能、温差能等方面比较有优势，其中日本东芝公司动力系统公司主要提供海洋能动力设备，日本佐贺大学海洋能源研究中心、日本冲绳海洋深水研究院、日本海洋科学技术中心、韩国船舶与海洋工程研究院等作为海洋能科研单位，致力于研究热能转换装置、温差能发电装置、水力涡轮机设备等核心装置；中国现阶段海洋能研究以国家项目为支撑。其中海洋能发电方向以中国海洋大学、中国科学院广州能源研究所、哈尔滨工程大学、青岛海洋科学与技术试点国家实验室等高校院所为主。杭州林东新能源科技股份有限公司、国投生物科技投资有限公司、正泰新能源有限公司等企业实现商业化应用。

在潮汐能、潮流能、波浪能、海上风能产业方面，四种海洋能发电均以涡轮机、风机叶片以及波能转换装置为核心技术，核心技术主要掌握在美国通用电气公司、斯美克亚特兰蒂斯资源公司、安德里茨水电有限公司、日本东芝公司动力系统公司、德国西门子公司等公司，在全球占据主导地位，同时各大核心公司合并收购其他海洋能企业，逐渐增强其产业优势。新兴海洋能优势企业逐步兴起，在传统海洋能发电设备基础上设计特色海洋能发电装置，英国AWS海洋能源公司的AWS-Ⅲ多单元波浪发电、美国海洋动力技术公司的PowerBuoy系列产品、芬兰Wello Oy公司的"Penguin"波浪能发电装置、加拿大可持续海洋公司的PLAT发电平台等，这些企业都形成各自独特的产品与技术优势。海洋生物质能尚处于研究阶段，技术还不成熟，国外主要集中在美国，例如美国索拉兹米公司、美国奥瑞金可利尔公司、美国安吉诺生物燃料公司等；我国主要包括国投生物科技投资有限公司、中国科学院生物能源与过程研究所等，均有相关生物燃料制备工艺和生物反应器技术。

在温差能、海水盐差能、海上太阳能产业方面，海洋温差能技术主要掌握在法国、美国、日本和韩国等国家，美国洛克希德·马丁公司、日本佐贺大学、法国国有船舶制造企业(DCNS)、日本冲绳海洋深水研究院、韩国船舶与海洋工程研究院等主要机构掌握着海洋热能转换(OTEC)及热交换器等技术；我国研究海洋温差能技术尚不成熟，以试验性研究为主。海洋盐差能技术主要研究单位为挪威国家电力公司、荷兰特文特大学纳米研究所、雷德斯塔克有限公司，掌握盐差能渗透技术并实现盐差能示范电站；我国以中国科学院理化技术研究所、中国海洋大学为主的机构仅进行相关试验。海洋太阳能主要集中在日本，是目前应用海上太阳能发电技术最多的国家。英国、韩国及美国也均有海上太阳能发电项目，现阶段主要机构有美国太阳能公司、日本西部控股集团、日本瓷株式会社和东京盛世利租赁株式会社、Swimsol有限公司等；国内主要企业正泰新能源有限公司、阳光能源、天恩能源有限公司等均具有海上光伏发电项目。

8.3.2　潮汐能

8.3.2.1　国内外现状及重点研发机构

潮汐能发电在海洋能发电中属于较为成熟的一种技术，也是最先实现商业化运行的海洋能发电技术。现阶段国际大型潮汐能发电站主要有韩国始华湖潮汐电站、法国朗斯潮汐电站、加拿大安纳波利斯潮汐电站三大潮汐电站；国内潮汐电站主要有两座，分别为江厦潮汐试验电站、海山潮汐电站。江厦潮汐试验电站现在隶属于龙源电力集团股份有限公司，海山潮汐电站现隶属于玉环市水务集团有限公司。由于潮汐能发电站的造价较高，受环境影响较大等因素，近年来针对潮汐能发电技术的研究较少，国内外海洋能技术研究工作主要集中在波浪能和潮流能两个方面，但潮汐能新型技术的研究还在继续，例如加拿大可持续海洋公司[Sustainable Marine Energy(Canada)Ltd.]的 PLAT-O、PLAT-I 淹没式潮汐能平台是新型潮汐能发电技术的代表。

国内外潮汐能研究机构与公司重点列举 12 家：自然资源部第二海洋研究所、龙源电力集团股份有限公司、浙江富春江水电设备公司、玉环市水务集团有限公司、新斯科舍省电力公司(Nova Scotia Power)、法国电力集团(EDF. fr)、韩国水资源公司(K-water)、亚特兰蒂斯能源公司(SIMEC Atlantis Energy)、安德里茨水电有限公司(ANDRITZ HYDRO GMBH)、挪威泰德泰克公司(TIDETEC AS)、加拿大可持续海洋公司[Sustainable Marine Energy(Canada)Ltd.]、英国潮汐潟湖电力公司(Tidal Lagoon Power)。国外主要以世界三大潮汐电站为主，国内主要以浙江省温岭市江厦潮汐试验电站与海山潮汐电站为主。

1967 年建设的朗斯潮汐电站是世界上第一座具商用价值的潮汐电站，该电站的建成标志着潮汐能商业化应用的开始，随后各国加大发展潮汐能发电技术，世界第一潮汐能电站被韩国始华湖电站取代。朗斯潮汐电站坐落于圣马洛湾朗斯河口，装机容量 240 MW；始华湖潮汐电站总装机容量达到 254 MW。我国自新中国成立初期一直从事潮汐能相关方向的研究，先后建设几十个发电站或试验电站，有着丰富的研究基础，其中江厦潮汐试验电站是规模较大的发电站之一，也是国内潮汐能发电技术的主要标志之一。江厦潮汐试验电站建成于 1985 年，先后安装发电机组 6 组，可实现 720×10^4 kWh 的年发电量，装机容量 4 100 kW，其机组主要采用双向灯泡贯流式，在我国潮汐发电史中占有重要地位。图 8-3、表 8-6 列举了国内外潮汐能主要研究机构与技术。

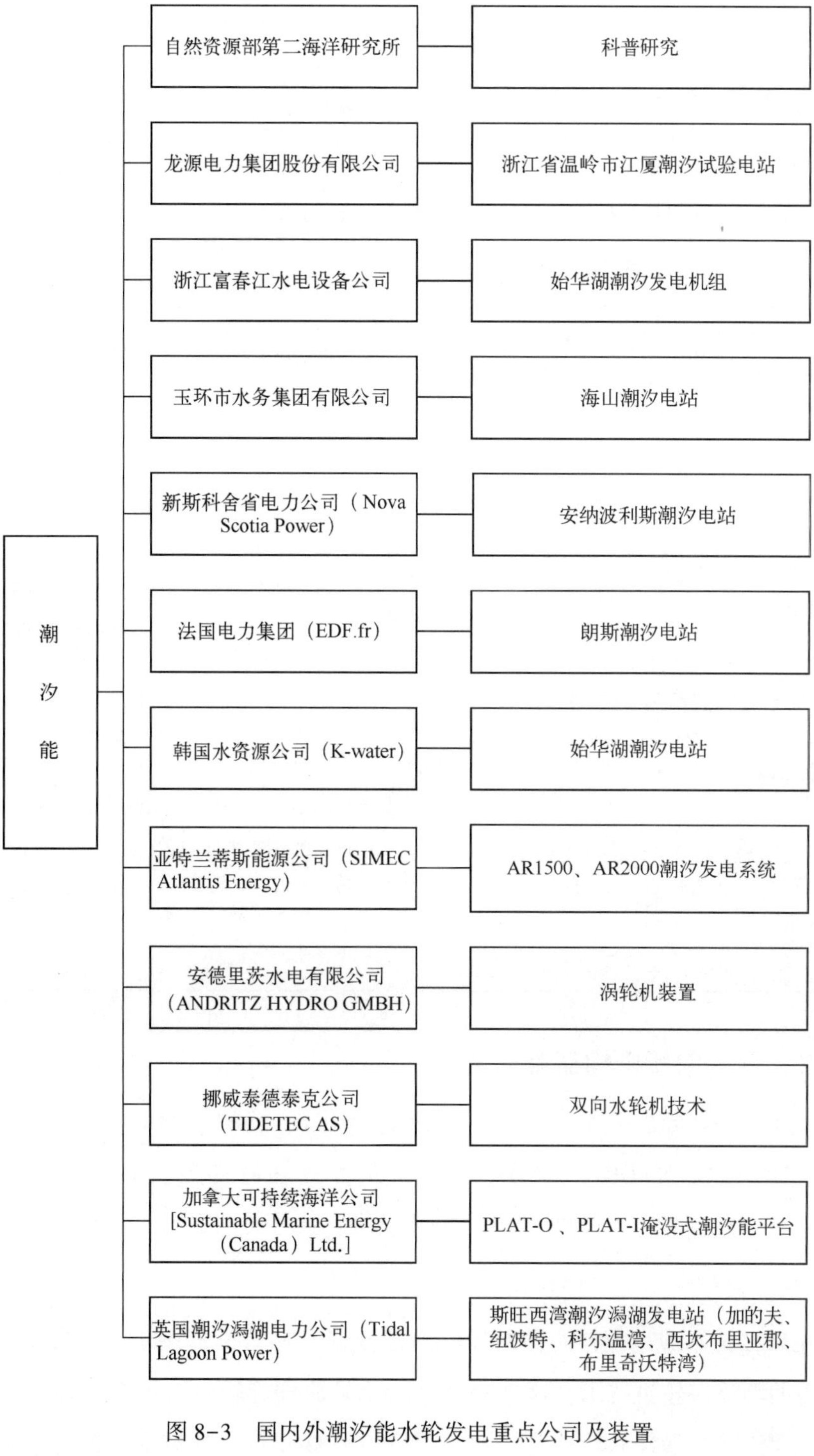

图 8-3　国内外潮汐能水轮发电重点公司及装置

表 8-6　国内外潮汐能产品/技术及参数

序号	公司	国家	城市	主要产品/技术	参数
1	龙源电力集团股份有限公司	中国	温岭	浙江省温岭市江厦潮汐试验电站	总装机容量：4.1 MW
2	浙江富春江水电设备公司	中国	杭州	始华湖潮汐发电机组	总装机容量：254 MW
3	玉环市水务集团有限公司	中国	玉环	海山潮汐电站	装机容量：2×75 kW
4	新斯科舍省电力公司(Nova Scotia Power)	加拿大	哈利法克斯市	安纳波利斯潮汐电站	总装机容量：17.8 MW
5	法国电力集团(EDF.fr)	法国	巴黎	朗斯潮汐电站	总装机容量：240 MW
6	韩国水资源公司(K-water)	韩国	大田	始华湖潮汐电站	总装机容量：254 MW
7	安德里茨水电有限公司(ANDRITZ HYDRO GMBH)	奥地利	格拉茨	涡轮机装置	型号：10×26 MW 等
8	挪威泰德泰克公司(TIDETEC AS)	挪威	奥斯陆地区	双向水轮机技术	涡轮转塔：6 m 变速 Straflo 涡轮：100 装置容纳涡轮
9	加拿大可持续海洋公司[Sustainable Marine Energy (Canada) Ltd.]	加拿大/英国	达特茅斯/爱丁堡	PLAT-O、PLAT-I 淹没式潮汐能平台	总最大功率：280 kW
10	英国潮汐潟湖电力公司(Tidal Lagoon Power)	英国	伦敦	斯旺西湾潮汐(潟湖发电站、加的夫、纽波特、科尔温湾西坎布里亚郡、布里奇沃特湾)	装机容量：100 MW

8.3.2.2　重点创新机构研发布局

在此部分重点分析了挪威泰德泰克公司(TIDETEC AS)、奥地利安德里茨水电有限公司(ANDRITZ HYDRO GMBH)、加拿大可持续海洋公司(Sustainable Marine Energy (Canada) Ltd.)、中国龙源电力集团股份有限公司四家单位的研发布局。

(1)挪威泰德泰克公司(TIDETEC AS)

TIDETEC 技术通过获得两种方式的最佳效率，将效率提高 11%~22%，是最具成本效益的潮汐涡轮机技术，这是通过将涡轮集成到旋转转台中来实现的。该技术可实现双向流动的最佳涡轮功能(发电和泵送)。TIDETEC 的技术包括三个主要技术组件：带旋转机构的转台、涡轮机和沉箱。TIDETEC 的核心竞争力在于这些组件的集成。公司研发布局见表8-7。

表8-7 挪威泰德泰克公司在潮汐能领域研发布局简况

创新机构	挪威泰德泰克公司(TIDETEC AS)	
网址	http://tidetec.com	
核心专利	公开号	专利名称
	CN 100532830C	潮汐发电机
	NO 341670B1	An energy generating arrangement powered by tidal water and a method for providing such an arrangement(潮汐能量产生装置供电和提供这种装置的方法)
	CA 2534555C	Energy generator powered by tidal currents(潮汐能发电机)
主要技术和产品	两路水电潮汐涡轮机、带旋转机构的转台、涡轮机和沉箱	

(2)奥地利安德里茨水电有限公司(ANDRITZ HYDRO GMBH)

奥地利安德里茨水电开发和供应海平面以下的潮流涡轮机——今天被称为安德里茨水电Hammerfest。2014年底，安德里茨水电为在苏格兰Pentland Firth的Inner Sound阵列中提供三台1.5 MW潮流涡轮机。从长远来看，MeyGen计划安装269台涡轮机，总容量为398 MW，以为约175 000户苏格兰家庭提供可预测的、可再生的和可持续的能源。公司研发布局见表8-8。

表8-8 安德里茨水电有限公司在潮汐能领域研发布局简况

创新机构	安德里茨水电有限公司(ANDRITZ HYDRO GMBH)	
网址	http://www.andritz.com/hydro	
核心专利	公开号	专利名称
	AT 519081B1	Method for cooling the rotor of an electrical generator(发电机转子的冷却方法)
	AT 521062B1	Hydroelectric generator with flexible stator fixation(具有柔性定子固定的水力发电机)
	DE 50213908D1	Procedure and plant for regulating the level of a water retaining structure(调节挡水建筑物水位的程序和设备)
	AT 518592B1	Hydroelectric power generator and method of its manufacture and operation(水力发电装置及其制造和操作方法)
	DE 50312159D1	Procedure for the repair of defects at electrically conductive coatings for the potential price increase(潜在价格上涨的导电涂层缺陷修复程序)

续表

	公开号	专利名称
核心专利	AT 517196B1	Apparatus and method for reducing lubricant losses of bearings（用于减小轴承的润滑剂损失的装置和方法）
	RO 201600006U1	Rotor blade of hydraulic turbo machine with anti-cavitation plate and anti-cavitation plate for rotor blade（液压涡轮机的转子叶片抗汽蚀板和转子叶片抗汽蚀板）
主要技术和产品	涡轮机、水电项目机电设备	

(3)加拿大可持续海洋公司(Sustainable Marine Energy. Ltd.)

PLAT-I(用于近海能源的 PLATform)是一种漂浮式潮能发电站。PLAT-I 设计用于河流和近海潮汐站点的运行，通常比在英国的潮汐站点更容易被遮挡。该系统采用转塔结构进行系泊，使其能够随潮汐或河流流动而风化。PLAT-O(海上能源 PLATform)是中小企业的淹没式潮汐能平台。旨在容纳潮汐涡轮机，潮汐涡轮机将利用地球上最丰富、最可靠的可再生能源之一来发电。公司研发布局见表 8-9。

表 8-9　加拿大可持续海洋公司在潮汐能领域研发布局简况

创新机构	加拿大可持续海洋公司(Sustainable Marine Energy Ltd.)	
网址	https：//sustainablemarine. com/	
核心专利	公开号	专利名称
	GB 201317399D0	A flowing-water drivable turbine assembly（可驱动的水流涡轮组件）
	GB 201604380D0	Underwater power generation system（水下发电系统）
	GB 201919097D0	Improved turret mooring system（改进的转塔系泊系统）
	GB 201707523D0	Floating tidal power system and turret mooring system（漂浮式潮流动力系统和转塔系泊系统）
主要技术和产品	PLAT-I(用于近海能源的 PLATform)是一种漂浮式潮能发电站；PLAT-O(海洋能源 PLATform)是 SME 的淹没式潮汐能平台	

(4)龙源电力集团股份有限公司

龙源电力集团股份有限公司成立于 1993 年，现隶属于国家能源集团，是中国最早开发风电的专业化公司，公司于 2009 年在香港主板成功上市，被誉为“中国新能源第一股”。龙源电力温岭江厦潮汐试验电站安装 6 台双向灯泡贯流式水轮发电机组，总装机容量 4.1 MW，为中国第一、世界第四大潮汐电站。公司研发布局见表 8-10。

表 8-10 龙源电力集团股份有限公司在潮汐能领域研发布局简况

创新机构	龙源电力集团股份有限公司	
网址	http：//www. clypg. com. cn/lydlww/index. shtml	
核心专利	公开号	专利名称
	CN 104459349B	风电场雷电监测系统及方法
	CN 103296690B	风电场上网电量控制方法
	CN 104037707B	海上风电导管架基础处海缆敷设保护装置及安装方法
	CN 105604776B	一种六工况三叶片转轮双向潮汐发电水轮机
主要技术和产品	龙源电力温岭江厦潮汐试验电站	

8.3.3 潮流能

8.3.3.1 国内外现状及重点研发机构

潮流能发电装置主要包括水平轴式、竖轴式等，其中水平轴式主要代表机构为英国的 Nova Innovation 潮流能公司、英国亚特兰蒂斯公司、英国月能公司、奥地利安德里茨公司、中国海洋大学、东北师范大学、浙江大学、哈电集团等，其主要技术 Nova M100-D 水轮机、“海远号”、MeyGen、HS1000/HS1500 水平轴式机组、Hoenggan潮流能发电场等；竖轴式主要代表机构哈尔滨工程大学、杭州林东新能源科技股份有限公司等，主要产品技术“海能”号系列、LHD 海洋潮流能垂直轴水轮机等；此外，还有其他形式的潮流能发电装置，比如美国通用电气公司的 Oceade-18 潮流能机组，法国海军集团（NAVAL）的 Open Center 涡轮机核心部件，瑞典 Minesto 公司的 Deep Green“风筝”补能装置，中国海洋大学开展的柔性叶片水轮机潮流能发电装置研发，上海交通大学开展的变几何水轮机发电装置研制。

国内外潮流能研究开发的重点公司及技术或产品见图 8-4，表 8-11。

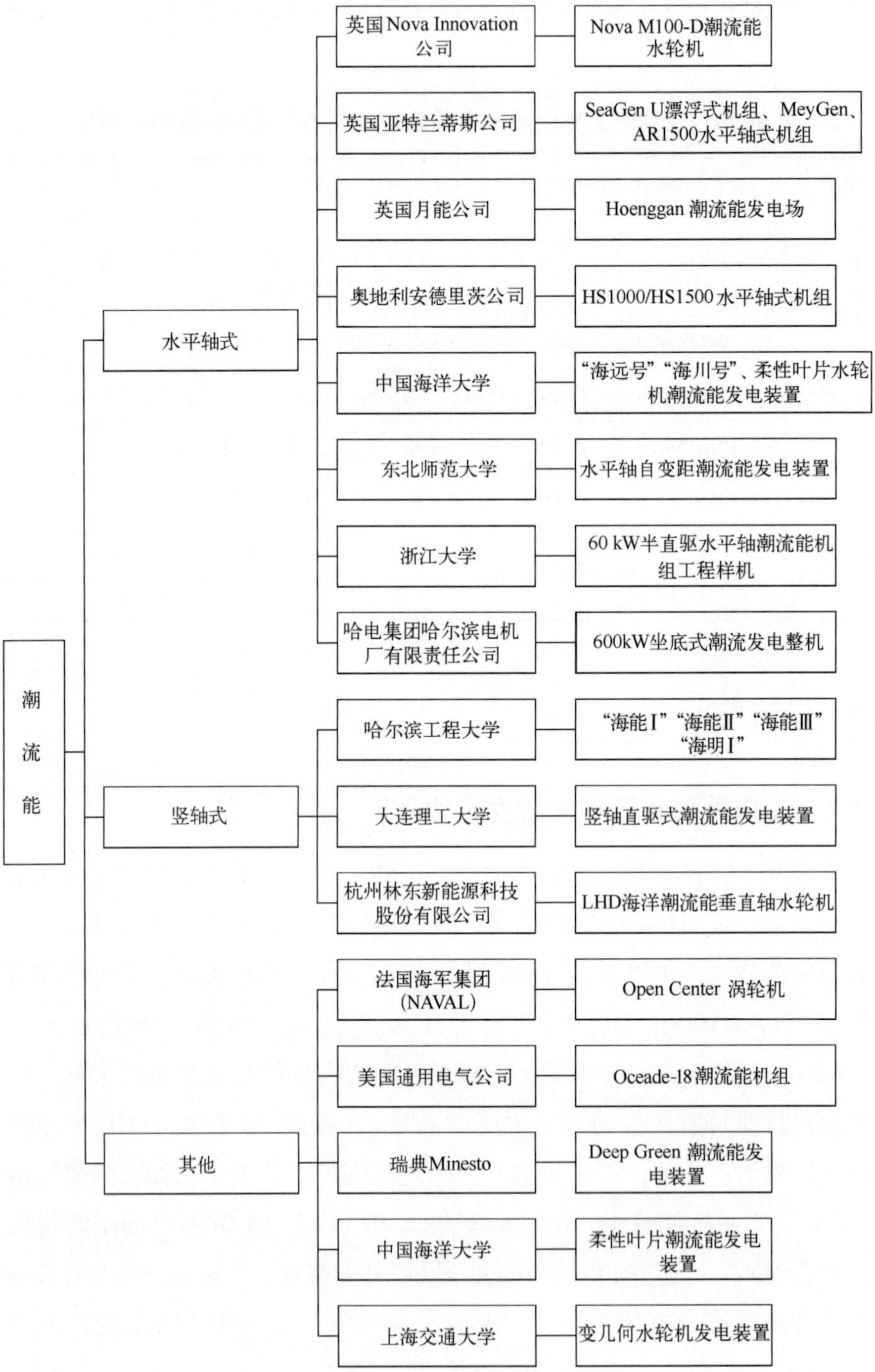

图 8-4　国内外潮流能重点研发机构

表 8-11 国内外潮流能主要产品/技术及参数

序号	公司	国家	城市	主要产品/技术	参数
1	英国 Nova Innovation 公司	英国	苏格兰	Nova M100-D	额定功率：100 kW 设计寿命：20 a 转子直径：8.5 m 转子转速：10~27 rpm 安装：重力海底 起始潮汐速度：0.5 m/s 额定功率的潮汐速度：2.0 m/s
2	亚特兰蒂斯公司	英国	爱丁堡	SeaGen U 漂浮式机组 MeyGen、AR1500 水平轴式机组	装机容量：2~3 MW 装机容量：398 MW 装机容量：6 MW 额定功率：1.5 MW
3	英国月能公司	英国	苏格兰	Hoenggan 潮流能发电场	装机容量：300×1 MW 额定功率：1 MW 水轮机直径：11.5 m
4	奥地利安德里茨公司	奥地利	格拉茨	HS1000/HS1500 水平轴式机组	涡轮叶片容量：1 MW/1.5 MW/6 MW 水深：100 m 最大海流速度：5 m/s
5	中国海洋大学	中国	青岛	“海远号”百千瓦级潮流能发电机组 “海川号”轴流式潮流能发电装置 柔性叶片水轮机潮流能发电装置 5 kW	“海远号” 装机容量：2×50 kW 尺寸(直径×高度)：10 m×16 m 额定流速：1.5 m/s 机组效率：36.1% 装机功率：20 kW “海川号” 机组效率：35.2% 启动流速：0.5 m/s
6	东北师范大学	中国	长春	水平轴自变距潮流能发电装置	装机功率：20 kW 额定流速：1.5 m/s 启动流速：0.7 m/s 转换效率：26% 叶片直径：5 m
7	浙江大学	中国	杭州	水平轴半直驱潮流能发电装置	装机容量：5kW/25kW 30kW/60kW 120kW/300kW/650 kW 最大发电功率：637 kW

续表

序号	公司	国家	城市	主要产品/技术	参数
8	哈电集团哈尔滨电机厂有限责任公司	中国	哈尔滨	600 kW 坐底式潮流发电整机制造	装机容量：600 kW 转换效率：37% 起动流速：0.51 m/s
9	哈尔滨工程大学	中国	哈尔滨	“海能Ⅰ”；“海能Ⅱ”；“海能Ⅲ”；“海明Ⅰ”	装机容量：300 kW 装机容量：200 kW 装机容量：2×300 kW 机组 额定发电功率：10 kW
10	大连理工大学	中国	大连	竖轴直驱式潮流能发电装置	装机容量：15 kW 最大输出功率：8 kW 转换效率：25%
11	杭州林东新能源科技股份有限公司	中国	杭州	LHD 海洋潮流能垂直轴水轮机	尺寸：28 m 高 发电容量：3.4 MW 机组效率：40%
12	法国海军集团(NAVAL)	法国	巴黎诺曼底	Open Center 涡轮机	最大功率：1.2 MW/250 kW
13	美国通用电气公司	美国	波士顿	Oceade-18 潮流能机组	装机容量：1.4 MW 转子直径：23 m 输出电压：33 kV/(4~16 台)
14	瑞典 Minesto 公司	瑞典	哥德堡	Deep Green 技术	装机容量：600 GW 速度：1.2~2.4 m/s 深度：60~120 m
15	中国海洋大学	中国	青岛	柔性叶片潮流能发电装置	5 kW 柔性水轮机
16	上海交通大学	中国	上海	变几何水轮机发电装置	—

8.3.3.2 重点创新机构研发布局

重点分析了英国 Nova Innovation 公司、美国通用电气公司、英国斯美克亚特兰蒂斯资源公司、法国海军集团(NAVAL)、英国轨道航海动力有限公司、杭州林东新能源科技有限公司、中国海洋大学、哈尔滨工程大学的专利布局、核心技术。

(1)英国 Nova Innovation 公司

Nova Innovation 是世界领先的潮流能发电公司，公司的宗旨是将海洋的动力转化为清洁、可持续的能源。公司的主营业务包括设计、建造和运营潮流能涡轮发电机组，将潮汐的起伏和流动转化为电能。

2016 年，公司安装了世界上第一个海上潮流能发电机组——三台涡轮机组安装在苏格兰的设得兰群岛。截至 2020 年，这三台潮流能涡轮发电机一直在稳定地生产清洁电能，并输送到了电网。

在 2018 年，公司与 Tesla 合作开发了潮流能发电储能装置，成为世界上第一个并网并且能够为用户稳定供电的潮流能发电装置。公司研发布局见表 8-12。

表 8-12 英国 Nova Innovation 公司在潮流能领域研发布局简况

创新机构	英国 Nova Innovation 公司	
网址	https：//www. novainnovation. com/	
核心专利	公开号	专利名称
	GB 201106988D0	Water turbine assembly(水轮机集成装置)
	GB 201915807D0	Tidal turbine blades(潮汐涡轮机叶片)
	GB 201916944D0	A tidal turbine with a progressively couplable structural interface between a nacelle and a seabed support structure and a method related thereto(一种在机舱和海底支撑结构之间具有逐渐可耦合的结构界面的潮汐涡轮机及其相关方法)
	GB 201916946D0	A tidal turbine with a seabed support structure(具有海床支撑结构的潮汐涡轮机)
主要技术和产品	Nova M100-D 系列水轮机	

(2)美国通用电气公司(General Electric Company)

美国通用电气公司(GE)作为全球领先的海上风力发电公司之一，拥有 6~14 MW 的海上风力涡轮机产品。公司研发的 Haliade-X 是全球功能最强大的海上风力发电机。GE 公司的研发布局见表 8-13。

表 8-13 美国通用电气公司在潮流能领域研发布局简况

创新机构	美国通用电气公司(General Electric Company)	
网址	https：//www. ge. com/	
核心专利	公开号	专利名称
	US 6814538B2	Turbine stage one shroud configuration and method for service enhancement(涡轮一级导流罩结构和服务增强方法)
	AU 2004295321B2	Method and apparatus for producing tractive effort(用于产生牵引力的方法和装置)

续表

	公开号	专利名称
核心专利	US 8375714B2	System and method for operating a turbocharged engine(操作涡轮增压发动机的系统和方法)
	US 9610758B2	Method of making demountable interconnect structure(可拆卸互连结构的制作方法)
	US 9239039B2	Active circulation control of aerodynamic structures(气动结构的主动循环控制)
	US 9938931B2	Combined surface cooler and acoustic absorber for turbomachines(涡轮机械用表面冷却器和吸声器的组合)
	US 9650909B2	Multi-stage compressor fault detection and protection(多级压缩机故障检测与保护)
主要技术和产品	水平轴底座式风力发电机	

(3)英国斯美克亚特兰蒂斯资源公司(SIMEC Atlantis Energy)

英国斯美克亚特兰蒂斯能源公司的使命是成为全球最大的可持续能源独立发电商之一。通过跨可持续能源领域的一系列战略收购和合作伙伴关系，SIMEC 在能源市场从碳氢化合物向可再生能源的过渡中扮演着关键角色。SIMEC 遵循的核心原则：安全、生态、坚持、创新、尊重。作为可再生和可持续能源项目的全球开发商，该公司在不同的开发阶段拥有超过 1 000 MW 的电力项目，其中包括世界上最大的旗舰潮流能发电项目 MeyGen。公司研发布局见表 8-14。

表 8-14　斯美克亚特兰蒂斯资源公司在潮流能领域研发布局简况

创新机构	斯美克亚特兰蒂斯资源公司(SIMEC Atlantis Energy)	
网址	http：//saerenewables. com/	
核心专利	公开号	专利名称
	CN 103517867B	布置装置以及布置水下发电机的方法
	AP 200603561D0	A system of underwater power generation(水下发电系统)
主要技术和产品	水平轴底座式风力发电机	

(4)法国海军集团(NAVAL)

法国海军集团(NAVAL)的子公司海军能源公司是提供交钥匙发电系统的海洋可再生能源(MRE)的全球领导者。在整个产品生命周期中，法国海军集团(NAVAL)

始终控制整个价值链，从设计阶段到生产、安装和连接再到维护，均与海洋环境保持一致。该公司是专门生产用于海洋和沿海环境的复杂系统的专家，它的专业知识基于法国海军集团(NAVAL)的历史积累。如今，开发围绕两种海洋可再生能源技术进行结构化：海上浮动风力涡轮机和海洋热能转换。法国海军集团(NAVAL)先后与日本及印度尼西亚合作，为日本供应核心装置涡轮机，并开始2 MW机组制造，同时与印度尼西亚合作开发多个潮流能发电场。公司研发布局见表8-15。

表8-15 法国海军集团(NAVAL)在潮流能领域研发布局简况

创新机构	法国海军集团(NAVAL)	
网址	http：//www. naval-group. com	
核心专利	公开号	专利名称
	IL 215459D0	Anchoring harpoon intended in particular for an aircraft and anchoring system including one such harpoon(特别用于飞机的锚定鱼叉和包括一个这样的鱼叉的锚定系统)
	AU 2009305224B2	System for guiding a drone during the approach phase to a platform, in particular a naval platform, with a view to landing same(在进近阶段引导无人机进入平台，特别是海军平台着陆的系统)
	DE 602006011478D1	Hull with at least one float(至少有一个浮子的船体)
	AU 2009305297B2	Method and system for controlling the automatic landing/take-off of a drone on or from a circular landing grid of a platform, in particular a naval platform(用于控制无人机在平台，特别是海军平台的圆形着陆网格上或从其上自动着陆/起飞的方法和系统)
	AU 2008281689B2	Power unit for a ship(船舶动力装置)
	DE 602006009672D1	Warship with camouflage cap surface(伪装帽水面战舰)
	US 9396820B2	Submerged electricity production module(水下发电模块)
主要技术和产品	半潜式、漂浮式涡轮机	

(5)英国轨道航海动力有限公司(Orbital Marine Power)基础

轨道航海动力有限公司通过合并以下内容，实现了成本最低的潮流能生产形式：对所有主要组件和系统的现场可及性，可在确保高发电机正常运行时间的同时，降低维护成本。涡轮设计经过优化、简化和模块化，可通过现有供应链进行低成本和大批量制造。无须在安全、受控的陆上设施、造船厂和码头内制造轨道涡轮机，即可进行繁重或精确的现场施工活动。海上施工活动是使用非专业的低成本船舶安装系泊设备和电缆的熟悉操作。整个涡轮机仅使用低成本容器即可轻松拖曳并现场安装。可以将多个涡轮机内置到阵列中，以单根电缆输出功率，而无须使用新的水下集线器技术。公司研发布局见表 8-16。

表 8-16　英国轨道航海动力有限公司(Orbital Marine Power)在潮流能领域研发布局简况

创新机构	轨道航海动力有限公司(Orbital Marine Power)	
网址	https://www.orbitalmarine.com/	
核心专利	公开号	专利名称
	GB 202000956D0	Conduit anchor(导管锚)
	GB 201917368D0	Mooring line connector apparatus and method(系泊缆连接器装置和方法)
	GB 202001866D0	Mooring system and method(系泊系统和方法)
	GB 202018290D0	Improved power generating apparatus(改进的发电装置)
	GB 202018292D0	Safe power generating apparatus(安全发电装置)
主要技术和产品	水平轴底座式发电机	

(6)杭州林东新能源科技股份有限公司

杭州林东新能源科技股份有限公司是国内最早从事海洋潮流能研发工作的高新技术企业。多年来，该公司以林东为总工程师的海归科研团队始终坚持创新发展、绿色发展，自 2009 年开始，历时 10 年，成功实现海洋潮流能开发技术世界级突破，有望在国际上率先实现海洋能规模化、产业化、商业化。主要装置为“3.4 MW LHD 模块化大型海洋潮流能发电机组”系统群，LHD 海洋发电项目首批 1 MW 机组、LHD 海洋发电项目第二代、第三代机组相继顺利下海发电。目前，LHD 项目总投运装机达到 1 700 kW，装机规模和科技水平领先世界。公司研发布局见表 8-17。

表 8-17　杭州林东新能源科技股份有限公司在潮流能领域研发布局简况

创新机构	杭州林东新能源科技股份有限公司	
网址	www.lhd-tech.com	
核心专利	公开号	专利名称
	CN 104763580B	可调节负荷的潮流能发电装置
	CN 105484935B	模块化双向潮流能发电装置将潮流能发电装置固定于水底的施工方法和潮流发电装置
	CN 105986951B	滑动轴承及具有滑动轴承的潮流发电装置
主要技术和产品	兆瓦级潮流能发电机组	

(7) 中国海洋大学

中国海洋大学于2008年研制成功5 kW柔性叶片潮流发电试验电站、20 kW轴流式潮流能发电装置及100 kW潮流能发电装置，先后完成海试。2013年完成国内首台100 kW潮流能发电装置成功运行，标志着我国在百千瓦级海洋能海岛独立供电系统示范工程方面取得重大突破。学校研发布局见表8-18。

表8-18 中国海洋大学在潮流能领域研发布局简况

创新机构	中国海洋大学	
网址	http：//www. ouc. edu. cn	
核心专利	公开号	专利名称
	CN108678895B	动态可调刚度涡激振动潮流能转换装置及其控制方法
	CN103701084B	海缆的密封及固定装置
	CN105201728B	一种水平轴潮流能水轮机组合翼型叶片的设计方法
	CN103061951B	复合式潮流能垂直轴水轮机
	CN105221332B	浮潜式潮流能发电装置
主要技术和产品	双向导流罩及潮流发电装置	

(8)哈尔滨工程大学

哈尔滨工程大学海洋潮流能研究逐步形成了一支由船舶与海洋工程、流体力学、电控和机械等专业人员组成的学术队伍。先后完成"万向Ⅰ"70 kW漂浮式潮流实验电站、"万向Ⅱ"40 kW坐底式潮流电站。2011年研制了10 kW水平轴潮流能发电装置"海明Ⅰ"号，已在仙洲桥下小门头水道运行。2014年哈尔滨工程大学世界最大发电容量的漂浮垂直轴潮流能电站"海能-Ⅲ"号日前在浙江省岱山县龟山水道成功运行，这表明中国潮流能发电技术已处于世界先进水平。学校研发布局见表8-19。

表8-19 哈尔滨工程大学在潮流能领域研发布局简况

创新机构	哈尔滨工程大学	
网址	http：//www. hrbeu. edu. cn	
核心专利	公开号	专利名称
	CN 105240220B	一种综合利用可再生能源的发电船
	CN 102628418B	一种半潜式潮流发电装置

续表

	公开号	专利名称
核心专利	CN 104481785B	摆动式水翼潮流能发电装置
	CN 103925161B	轨道控制攻角的振动翼风能、潮流能转换装置
	CN 103935478B	六边形半潜式潮流能风能发电平台
主要技术和产品	垂直轴潮流发电装置	

8.3.4 波浪能

8.3.4.1 国内外现状及重点研发机构

我国波浪能研发主要集中在小功率波浪能发电装置上，现阶段已初步实现一些海岛的日常供电，同时还进行了波浪能网箱养殖、导航浮标供电等研究。国内波浪能相关研究主要集中在高校及科研院所，以振荡浮子式为主。国外近年来波浪能发展较为迅速，主要集中在英国、丹麦等欧洲国家，还有美国、澳大利亚等国家发展也较为迅速。国外相关研究机构主要集中在公司企业，相关波浪能发电装置多种多样，并且还包括一些特殊用途的波浪能发电装置。振荡水柱式发电装置主要代表企业为澳大利亚依维柯公司(IVEC Pty Ltd.)、芬兰 AW 能源有限公司(AW-Energy Oy)、美国海洋动力技术公司(Ocean Power Technologies)等，主要产品技术为 IVEC 多气室振荡水柱式装置、Wave Roller 振荡水柱波浪能、多气室波浪能综合利用平台等；振荡浮子式主要代表机构为中国科学院广州能源研究所、集美大学、英国 AWS 海洋能源公司(AWS Ocean Energy)等，主要产品技术为“万山号”、鸭式系列、哪吒系列、集大系列、AWS-Ⅲ多单元波浪发电装置等；点吸收式主要代表企业美国海洋动力技术公司(Ocean Power Technologies)、丹麦波星能源公司(Wave Star Energy)、澳大利亚卡内基清洁能源公司(Carnegie Wave Energy)等，主要产品技术为 PowerBuoy 波浪能技术、Wavestar 多点吸收式技术、CETO 6 完全浸入式点吸收器式波能技术等；此外还有一些特殊装置，例如美国绿浪公司(Gwave LLC)的 PGV 发电船、以色列生态波浪发电公司(Eco Wave Power)的 EWP 波浪能装置等。我国波浪能发电装置已经实现相关产品研究，但是在大规模应用方向还未形成规模化，例如“澎湖号”是我国首台半潜式平台，该平台结构将发电、养殖、旅游集成一体化，可实现多种功能的运用。国内波浪能研究开发的重点公司及技术或产品见图 8-5，表 8-20。

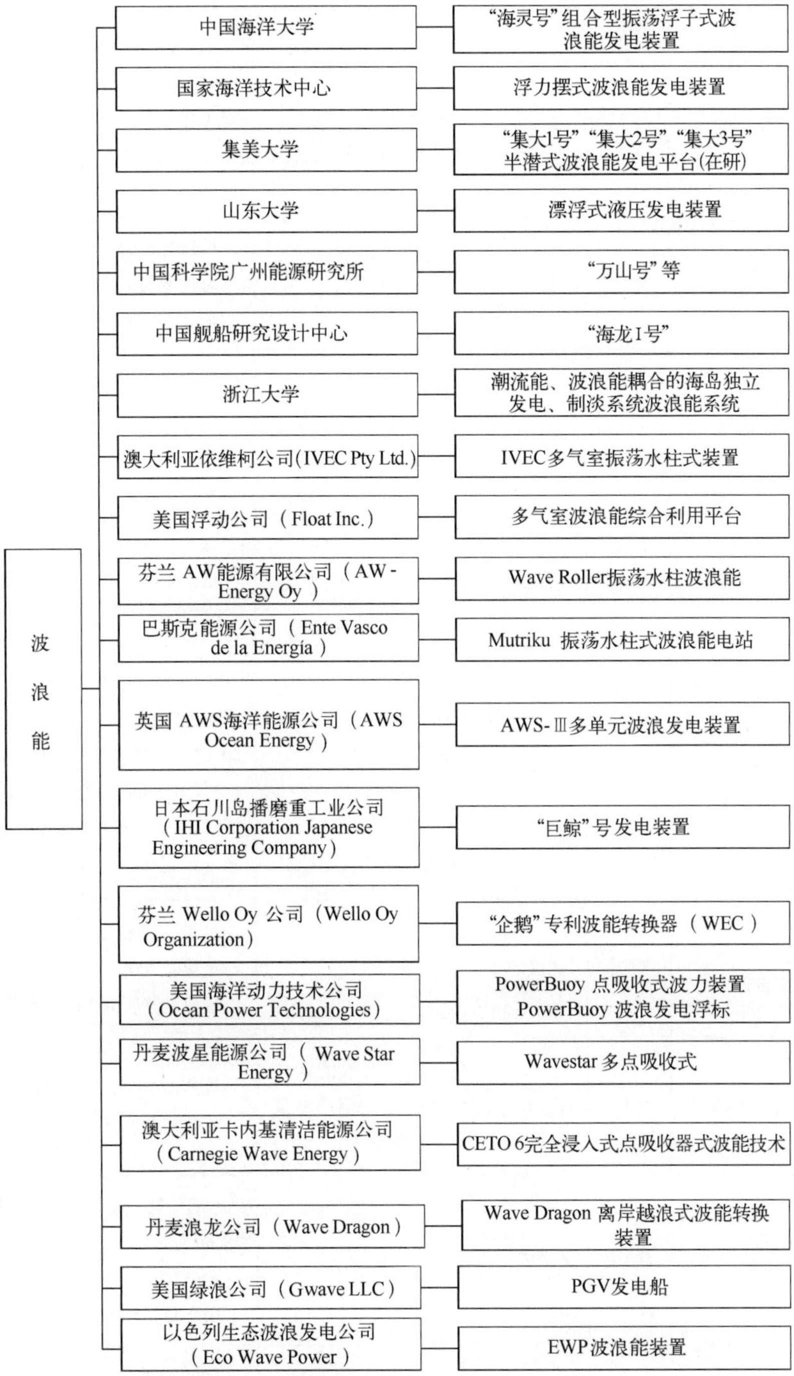

图 8-5　国内外波浪能公司及装置

表 8-20　波浪能主要产品/技术及参数

序号	公司	国家	城市	主要产品/技术	参数
1	中国海洋大学	中国	青岛	“海灵号”组合型振荡浮子式波浪能发电装置	装机功率：10 kW 工作水深：40 m 海试运行：1 a 特征：4 圆锥形浮子
2	国家海洋技术中心	中国	天津	浮力摆式波浪能发电装置	模块化设计 装机容量：100 kW 最大输出功率：2 kW
3	集美大学	中国	厦门	“集大 1 号” “集大 3 号”半潜式波浪能发电平台(在研)	装机容量：10 kW 最大发电功率：3.6 kW 转换效率：15% 运行时间：5000 h
4	山东大学	中国	济南	漂浮式液压发电装置	高度：30.77 m 重量：93 t 装机容量：120 kW
5	中国科学院广州能源研究所	中国	广州	“万山号” “鸭式一号” “哪吒一号” “哪吒二号” “鹰式一号” “鸭式三号”	装机容量：“鹰式一号”10 kW、“哪吒二号”11.47 kW、“哪吒一号”20 kW、“鸭式一号”100 kW、“鸭式三号”100 kW、“万山号”120 kW 万山号：4 个鹰式吸波浮体，长 36 m，宽 24 m，高 16 m
6	中国舰船研究设计中心	中国	武汉	“海龙Ⅰ号”	总长：43 m 重量：200 t 装机功率：100 kW
7	浙江大学	中国	杭州	潮流能、波浪能耦合的海岛独立发电、制淡系统波浪能系统	日产电量：25 kW/d 支撑户数：30 户
8	美国绿浪公司(Gwave LLC)	美国	汉诺威	PGV	尺寸(长×高×宽)：72 m×22 m×18 m 发电量：9 kWh 用户量：5000 户
9	英国 AWS 海洋能源公司(AWS Ocean Energy)	英国	因弗内斯	AWS-Ⅲ多单元波浪发电装置	单元尺寸：(宽×深 16 m×8 m)×9 m 发电量：2.4 MWh 工作深度：100 m

续表

序号	公司	国家	城市	主要产品/技术	参数
10	美国海洋动力技术公司（Ocean Power Technologies）	美国	新泽西州	PowerBuoy 点吸收式波力装置 PowerBuoy 波浪发电浮标	浮标尺寸：(1.5 m×1.5 m)+(9 m) 发电量：200~350 kWh
11	日本石川岛播磨重工业公司（IHI Corporation Japanese Engineering Company）	日本	兵库县、神奈川县	“巨鲸”号	尺寸(宽×长)：30 m×50 m 机组容量：5×10 kW
12	澳大利亚依维柯公司（IVEC Pty Ltd.）	澳大利亚	布里斯班	IVEC 多气室振荡水柱式装置	转化效率：42% 尺寸(长×宽)：150 m× 50 m 水面以上高度：2.5 m 装机容量：200 kW
13	芬兰 AW 能源有限公司（AW-Energy Oy）	芬兰	万塔	Wave Roller	装机容量：350~1 000 kW 尺寸(长×宽×高)：43 m×18 m×12 m 深度：8~20 m
14	丹麦波星能源公司(Wave Star Energy)	丹麦	哥本哈根	Wavestar	装机容量：20×500 kW 用户量：4 000 户/台 供电量：6 MW/台
15	丹麦浪龙公司（Wave Dragon）	丹麦	哥本哈根	Wave Dragon	宽度：170 m 装机容量：1.5 MW
16	美国浮动公司（Float Inc.）	美国	加利福尼亚州	多气室波浪能综合利用平台	创新的波能转换器(WEC)+阻抗匹配振荡水柱(IM-OWC)系统
17	巴斯克能源公司(Ente Vasco de la Energía)	西班牙	毕尔巴鄂	Mutriku 振荡水柱式波浪能电站	特征：16 个气室装机 装机容量：296 kW 年均发电：400 MWh
18	以色列生态波浪发电公司（Eco Wave Power）	以色列		EWP 波浪能装置	装机容量：10 kW/100 kW/1 MW 用户量：1 000 户/ MW 峰值：600 户 平均：1 200 户
19	澳大利亚卡内基清洁能源公司（Carnegie Wave Energy）	澳大利亚	弗里曼特尔	CETO 6	装机容量：1 MW/15 MW 用户量：400 户/6 000 户 深度：25~50 m
20	芬兰 Wello Oy 公司(Wello Oy Organization)	芬兰	埃斯波	振荡浮子式	装机容量：10 MW 浪高：18 m

8.3.4.2 重点创新机构研发布局

本节共调研国内外20所研究机构及企业，选取其中7所机构重点分析，主要分析了美国海洋动力技术公司(Ocean Power Technologies)、丹麦波星能源公司(Wave Star Energy)、美国浮动公司(Float Inc.)、澳大利亚卡内基清洁能源公司(Carnegie Wave Energy)、中国科学院广州能源研究所、浙江大学、中国海洋大学的专利布局、核心技术。

(1)美国海洋动力技术公司(Ocean Power Technologies)

美国海洋动力技术公司(Ocean Power Technologies)专注于先进的自主(非并网)、经济、环保的海浪发电和管理技术。其主要技术为PowerBuoy©系统，通过该系统提取海浪中的自然能。PowerBuoy©可以转换此类能量，从而为船舶应用提供持久而可靠的发电。该系统可将波浪能转化为可用于离岸应用的可靠、清洁且对环境有益的电力。波浪能在世界所有地区都很丰富，其利用提供了可靠的清洁可再生且具有成本效益的能源。公司研发布局见表8-21。

表8-21 美国海洋动力技术公司(Ocean Power Technologies)在波浪能领域研发布局简况

创新机构	美国海洋动力技术公司(Ocean Power Technologies)	
网址	http：//www.oceanpowertechnologies.com/	
核心专利	公开号	专利名称
	US 6731019B2	Apparatus and method for optimizing the power transfer produced by a wave energy converter (WEC)[优化由波能转换器(WEC)产生的功率传输的装置和方法]
	AU 2005222962B2	Wave energy converter (WEC) with magnetic braking(磁制动波能变换器)
	AU 2007248733B2	Heave plate with vertical structures(垂直结构垂荡板)
	US 6768217B2	Wave energy converter system of improved efficiency and survivability (提高效率和生存能力的波能转换系统)
	US 6522048B1	Sensors for power conversion systems (功率转换系统用传感器)
	AU 2006320515B2	Wave energy converter utilizing internal reaction mass and spring (利用内反作用质量和弹簧的波能转换器)
	AU 2009355611B2	Wave energy converter and power take off system (波浪能量转换器和动力输出系统)
	AU 2011363590B2	Autonomously operated buoys with power generation and power usage control (具有发电和用电控制的自主操作浮标)
主要技术和产品	PowerBuoy能量浮标，属机械液压式波浪能装置	

(2)丹麦波星能源公司(Wave Star Energy)

Wavestar 机器从波浪能中吸收能量，其漂浮物随着波浪的上下运动而上升和下降。浮子通过手臂固定在平台上，平台固定在海底的腿上。浮子的运动通过液压传递到发电机的旋转中，从而产生电力。波浪沿着机器的长度延伸，依次轮流浮起 20 个浮子。通过这种方式为电动机和发电机供电可实现连续的能量生产和平稳的输出。这是一个根本性的新标准，也是波能的独特概念。这是将波动的波浪能转换为发电所需的高速旋转的几种方法之一。其研发布局见表 8-22。

表 8-22　丹麦波星能源公司(Wave Star Energy)在波浪能领域研发布局简况

创新机构	丹麦波星能源公司(Wave Star Energy)	
网址	http：//www. wavestarenergy. com/	
核心专利	公开号	专利名称
	CA 2604273C	An installation comprising a wave power apparatus and a support structure therefor(一种包括波功率装置及其支撑结构的装置)
	ES 2395525T3	Wave energy machine(波浪能机)
	EP 1682776131	A wave power apparatus comprising a plurality of arms arranged to pivot with a mutual phase shift (一种波功率装置，包括被布置成具有相互相移的支点的多个臂)
主要技术和产品	多点吸收式波浪能发电装置、Wavestar	

(3)美国浮动公司(Float Inc.)

美国浮动公司(Float Inc.)主要产品是气动稳定平台(PSP)，实用且经济高效的浮动运动稳定基础，可满足多种应用；Rho-Cee 是一种深水波能量转换器(WEC)，它有望带来前所未有的“波动”。其效率高、维护成本低，使用寿命长。最近申请的专利近海海洋能源系统，将 Rho-Cee 与 Float 的气动稳定平台(PSP)集成在一起，以利用可控的稳定性、负载能力及其所提供的甲板面积。其主要核心技术包括气动稳定平台(PSP)、创新的波能转换器(WEC)，Rho-Cee、潜在能量存储(PES)系统。公司研发布局见表 8-23。

表 8-23　美国浮动公司(Float Inc.)在波浪能领域研发布局简况

创新机构	美国浮动公司(Float Inc.)	
网址	http：//floatinc. com/Default. aspx	
核心专利	公开号	专利名称
	US 6470818B1	Automatic inflating watercraft floatation device(自动充气浮船装置)
	KR 101140488B1	Floating platform method and apparatus(浮动平台方法和装置)

续表

主要技术和产品	Rho-Cee 波能转换器、气动式海上平台(Pneumatic Sea Platform，PSP)

(4)澳大利亚卡内基清洁能源公司(Carnegie Wave Energy)

澳大利亚卡内基清洁能源公司(Carnegie Wave Energy)通过多个世界领先项目展示了 CETO 的核心技术和组织能力，其中包括 CETO 5 项目。CETO 利用了海洋波浪中巨大的未开发能量，并将其转换为可用于电网的电能。CETO 是一种独特的完全浸入式点吸收器式波能技术。潜水浮标位于海面以下几米处，并随着海浪而移动。该轨道运动驱动了取力器(PTO)系统，该系统将该运动转化为电能。卡内基清洁能源公司在波浪能减弱的“苗圃”现场进行海中原型和中试工厂测试，从而可以快速进行测试和恢复。卡内基可能是世界上唯一拥有这种波浪能研究设施的公司。公司研发布局见表 8-24。

表 8-24　澳大利亚卡内基清洁能源公司(Carnegie Wave Energy)在波浪能领域研发布局简况

创新机构	澳大利亚卡内基清洁能源公司(Carnegie Wave Energy)	
网址	https：//www. carnegiece. com/technology/	
核心专利	公开号	专利名称
	AP 201005315D0	Buoyant actuator(浮力致动器)
主要技术和产品	CETO 完全浸入式点吸收器式波能技术	

(5)中国科学院广州能源研究所

中国科学院广州能源研究所的波浪能研究项目主要有 10 kW 漂浮式鸭式波浪能装置，50kW 岸式振荡浮子波浪能系统，100kW 岸式振荡水柱波浪能电站等，多项技术位于全球前列。研究所研发布局见表 8-25。

表 8-25　中国科学院广州能源研究所在波浪能领域研发布局简况

创新机构	中国科学院广州能源研究所	
网址	http：//www. giec. ac. cn/	
核心专利	公开号	专利名称
	CN 102661231B	一种具有半潜船特征的漂浮鹰式波浪能发电装置
	CN 106035143B	集波浪能和太阳能发电于一体的半潜式深海养殖网箱
	CN 102174802B	漂浮式波浪能利用防波堤

续表

	公开号	专利名称
核心专利	CN 104261498B	一种波浪能驱动的海水温差能海水淡化装置及方法
	CN 103523183B	可移动半潜浮式多功能海上能源供应平台
主要技术和产品	振荡水柱式、振荡浮子式波力电站、鹰式/鸭式波浪能发电装置	

(6)浙江大学

浙江大学海洋能发电装备及技术研究团队针对海流能、波浪能、海上风能利用技术，持续开展系列化可再生能源核心装备、海上发电站系统及实海况试验(基地)系统研究，形成并发展我国岛屿岛礁、海洋科学仪器、海域国防民用设施“海能海用”的特色方案。主要技术为高效水平轴海流发电系列装备与“海能海用”系统和水平轴海流发电机组。学校研发布局见表 8-26。

表 8-26　浙江大学在波浪能领域研发布局简况

创新机构	浙江大学	
网址	http://www.zju.edu.cn/	
核心专利	公开号	专利名称
	CN 102381464B	波浪能和太阳能驱动海洋环境无人监测船
	CN 101865071B	用于发电系统的波浪能液压传动系统
	CN 102384021B	一种波浪能发电装置电气控制系统
	CN 103114967B	风浪互补液压传动发电装置及其控制方法
	CN 104806428B	一种漂浮摆波浪能发电装置
主要技术和产品	波浪发电装置、液压传动系统	

(7)中国海洋大学

中国海洋大学至今完成了 10kW 级组合型振荡浮子波能发电装置、四浮子波浪发电装置、波浪能发电半潜平台、100kW 潮流能发电装置等，共有 13 项波浪能方面的专利，包括波浪能发电装置、发电装置的锚固系统及波能发电浮标。学校研发布局见表 8-27。

表 8-27　中国海洋大学在波浪能领域研发布局简况

创新机构	中国海洋大学
网址	http://www.ouc.edu.cn/index.htm

续表

	公开号	专利名称
核心专利	CN 105863940B	组合型振荡浮子波浪能发电装置及其测控系统与测控方法
	CN 110410263B	垂荡浮子式发电增氧装置及方法
	CN 104329213B	振荡浮子波浪能发电装置的潮位自适应装置
	CN 103939271B	组合型振荡浮子波浪能发电装置
	CN 104832362B	振荡浮子波浪能发电装置机械式潮位自适应系统
主要技术和产品	波浪能发电装置、发电装置的锚固系统及波能发电浮标	

8.3.5 温差能

8.3.5.1 国内外现状及重点研发机构

海洋温差能技术现阶段发展缓慢，采用高效的热力循环方式是海洋温差能发电的必要条件，Uehara 等对采用 Kalina 循环的 OTEC 系统进行实验并提出一种新式循环，该循环采用氨水混合溶液作为工质以及抽汽过程来提高循环效率。Yamada 等通过对朗肯循环增加太阳能加热器来提高热海水的温度，并在久米岛实际环境温度条件下对太阳能-海洋温差能联合发电系统进行建模分析，结果表明平均热效率可提高 1.5 倍左右。国外研究机构还建立了一些示范电站项目，包括美国洛克希德·马丁公司海洋系统事业部的夏威夷 OTEC 项目，日本东芝公司动力系统公司的秘鲁海水温差发电站，日本佐贺大学海洋能源研究中心的 OTEC 温差装置，法国海军集团(NAVAL)的法属留尼汪岛 10 MW OTEC，印度海洋技术研究院的安达曼-尼科巴群岛 OTEC 发电基地，夏威夷自然能源实验室(马凯公司)的 OTEC 电站，韩国船舶与海洋工程研究院的基里巴斯共和国南塔瓦海岸海洋温差能发电。

我国温差能资源丰富，但研究海洋温差能的基础薄弱，还面临许多技术难题。在相关科技支撑项目的支持下国内一些高校及研究机构，如中国科学院广州能源研究所、国家海洋技术中心、上海交通大学、中国海洋大学、自然资源部第一海洋研究所等先后进行温差能相关技术研究，且研发出一些样机，如自然资源部第一海洋研究所开展了 15 kW 温差能发电装置研制工作，并开展了电厂温排水温差能发电试验。

总体来看，国内外海洋能发电技术仍处于核心技术突破阶段，在冷水管技术、平台水管技术、热力循环技术、整体集成技术等方面仍存在瓶颈问题。图 8-6、表 8-28 列出了国内外主要公司及研究机构。

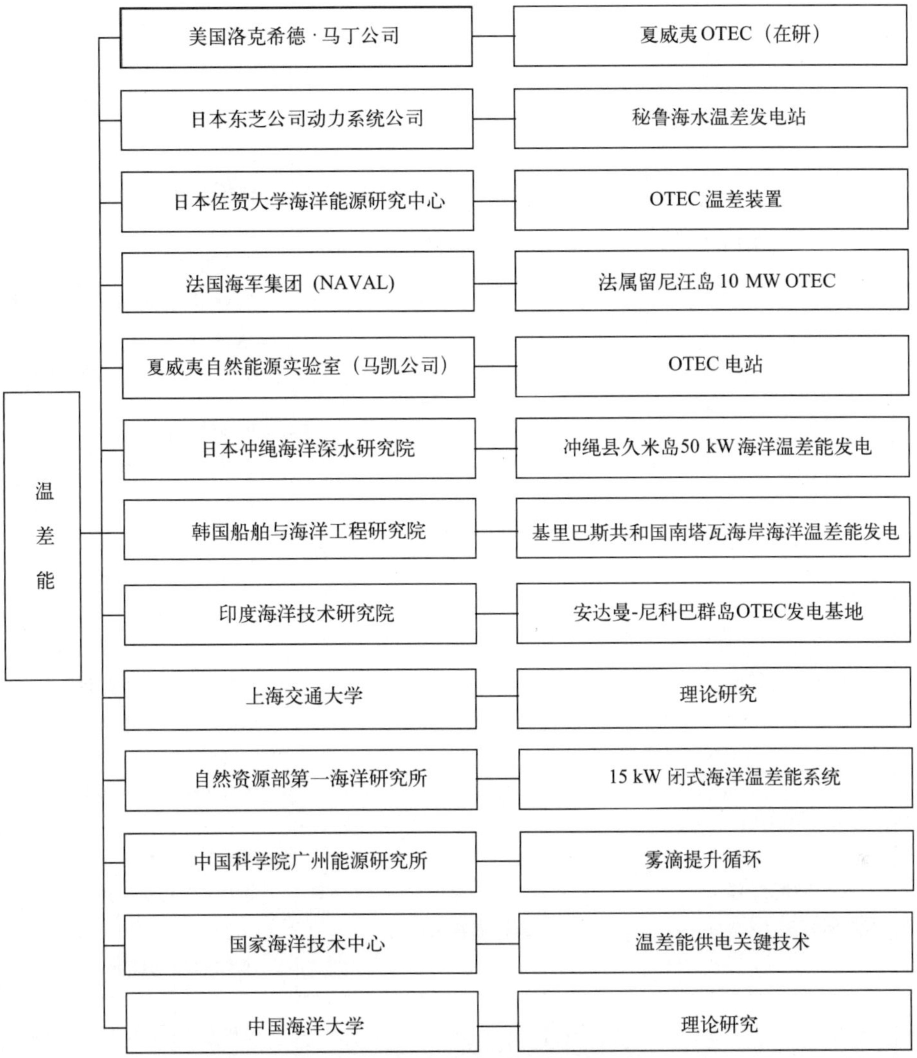

图 8-6　国内外温差能重点研发机构

表 8-28　温差能主要产品/技术及参数

序号	公司	国家	城市	主要产品/技术	参数
1	美国洛克希德 · 马丁公司	美国	加利福尼亚州森尼韦尔	夏威夷项目(在研)	装机容量：10 MW 抽水深度：1 000 m 水管尺寸：直径 10 m 抽水重量：2 300 t 预期：120 户/105 kW OTEC
2	日本佐贺大学海洋能源研究中心	日本	佐贺	OTEC 温差装置	装机容量：15 kW、30 kW 发电系统：2×7. 5 kW

续表

序号	公司	国家	城市	主要产品/技术	参数
3	上海交通大学	中国	上海	理论研究	—
4	法国海军集团(NAVAL)	法国	巴黎诺曼底	法属留尼汪岛 10 MW OTEC	装机容量：10 MW 样机发电功率：15 kW/(1/200 原型) 海水温差：5~28℃ 热交换器尺寸(长×直径)：12 m×4 m OTEC 发出功率：20. 1 kW/台
5	自然资源部第一海洋研究所	中国	青岛	15 kW 闭式海洋温差能系统	转换效率：3%~3. 8% 运行时间：1 000 h 海水温差：5~25℃
6	印度海洋技术研究院	印度	金奈	安达曼-尼科巴群岛 OTEC 发电基地	装机容量：20 MW
7	夏威夷自然能源实验室(马凯公司)	美国	夏威夷州	OTEC 电站	发电功率：100 kW、10 MW 热机负荷：2 MW/台 抽水深度：620 m(40 inch 管)、914 m(55 inch 管) 发电系统高度：40 inch
8	日本冲绳海洋深水研究院	日本	冲绳	冲绳县久米岛 50 kW 海洋温差能发电	闭式朗肯循环 最大发电功率：50 kW 海水温差：8. 8~27℃ 抽水深度：612 m
9	韩国船舶与海洋工程研究院	韩国	大田	基里巴斯共和国南塔瓦海岸海洋温差能发电	装机容量：1 MW(100 MW) 安装尺寸：宽 35 m 八边形、锚固深度 1 300 m、离岸 6 km、重 6 700 t 冷水管尺寸(长×直径)：1 000 m×1. 2 m

8. 3. 5. 2 重点创新机构研发布局

重点分析美国洛克希德·马丁公司海洋系统部专利布局。

(1) 美国洛克希德·马丁公司(Lockheed Martin)

以美国洛克希德·马丁公司和马凯公司为突出代表的公司多年来一直致力于海洋温差能开发利用技术的研发，完成了大量的实验和测试，拥有多年的研究基础和经验。

美国的海军设施工程司令部投入 1 250 万美元推进海洋热能转换系统关键组件与设计海洋热能转换试验工厂。2010—2015 年，先后建成 OTEC 热交换测试系统并完成 100 kW OTEC 示范电站，最终实现海洋温差能发电，并与电网联网。据报道，该电站耗资 500 万美元建成，是目前世界上最大的利用可再生清洁能源的发电站，是全球第一个真正的闭式温差能电站并成功并入美国国家电网。公司研发布局见表 8-29。

表 8-29 美国洛克希德·马丁公司在温差能领域研发布局简况

创新机构	美国洛克希德·马丁公司	
网址	http：//www. lockheedmartin. com	
核心专利	公开号	专利名称
	US 9476411B2	Cold water pipe assembly for ocean thermal energy conversion(用于海洋热能转换的冷水管组件)
	US 8117843B2	Ocean thermal energy conversion system(海洋热能转换系统)
	US 7900452B2	Clathrate ice thermal transport for ocean thermal energy conversion(一种用于海洋热能转换的包合物冰热传输)
	US 8081478B1	Fluid cooled electronics module cover(液冷式电子模块盖)
	US 9951997B2	Staged graphite foam heat exchangers(分级石墨泡沫换热器)
	US 8353162B2	Recoverable heat exchanger(可回收热交换器)
	JP 6731922B2	Ocean thermal energy conversion and for the cold water pipe assembly(用于海洋热能转换的冷水管组件)
	US 8408281B2	System，method，and apparatus for pulsed-jet-enhanced heat exchanger(用于脉冲喷射增强型热交换器系统、方法和设备)
	US 9464847B2	Shell-and-tube heat exchangers with foam heat transfer units(具有泡沫传热单元管壳式换热器)
	US 9403600B2	Integrated thermal protection and leakage reduction in a supersonic air intake system(集成热保护和减少泄漏的超音速进气系统)
主要技术和产品	海水温差发电站(OTEC 电站)、热交换器	

8. 3. 6 盐差能

8. 3. 6. 1 国内外现状及重点研发机构

盐差能作为海洋可再生能源中的一种绿色能源，对环境没有危害，属于清洁型可再生能源，经常被称作“蓝色能源”。目前盐差能还处于缓慢发展阶段，国内外在盐差能方面的研究工作只集中在少数机构，主要研究机构及技术包括挪威国家电力公司的盐差能渗透压发电机、雷德斯塔克有限公司的荷兰 Afsluitdijk 盐差能示范电站、荷兰特文特大学纳米研究所的盐差能试验电站、中国科学院理化技术研究所的盐差能三维多孔膜、中国海洋大学的发电样机等。国外现阶段存在一些盐差能示范电站，国内尚处于研究试验阶段。

2009 年全球首个盐差能发电站在挪威建成，积累了大量的经验，标志着盐差能发电得以实现，随后荷兰也建成一座盐差能示范电站。我国技术相对落后，盐差能利用一直没有较大的进展，中国海洋大学启动了盐差能发电技术研究与试验项目，通过一系列的研究与试验，在关键技术上取得相应进展。目前我国海洋盐差能技术还处于基础研究和原理试验阶段。国内外盐差能主要公司及研究机构见图 8-7、表 8-30。

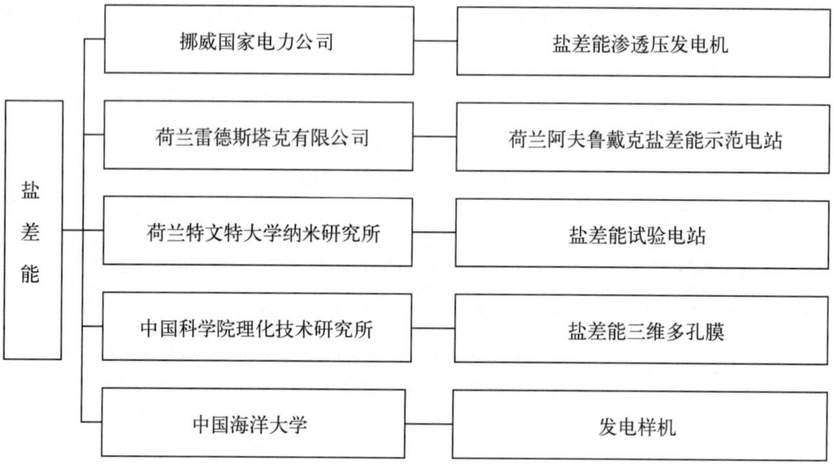

图 8-7 国内外盐差能重点研发机构

表 8-30 盐差能主要产品/技术及参数

序号	研究单位	类别	产品/技术	参数
1	挪威国家电力公司	渗透压能法	盐差能渗透发电机，奥斯陆市电站	电站功率 10 kW，渗透膜发电功率 3 W/m^2
2	荷兰特文特大学纳米研究所	渗透压能法	半渗透膜压能发电，阿夫鲁戴克大坝电站	每平方米半渗透膜发电功率 1.3 W
3	荷兰雷德斯塔克有限公司	反向电渗析法	阿夫鲁戴克拦海大坝示范电站	电站功率 50 kW
4	中国科学院理化技术研究所	渗透压能法	盐差能三维多孔膜	模拟条件下离子交换膜实现 2.86 W/m^2 能量输出
5	中国海洋大学	渗透压能法	正渗透膜	装机容量不低于 100 W 的发电样机

8.3.6.2 重点创新机构研发布局

重点分析挪威国家电力公司(Statkraft)、荷兰雷德斯塔克有限公司、中国科学院理化技术研究所专利布局。

(1)挪威国家电力公司(Statkraft)

Statkraft 是一家由挪威国有的水电公司。Statkraft 是可再生能源的生产商，也是挪威最大和北欧地区第三大的能源生产商。Statkraft 开发和生产水力发电、风力发电、天然气发电、区域供热和太阳能，同时也是国际能源市场的参与者。Statkraft 在 16 个国家/地区拥有 4 000 名员工，其总部位于挪威奥斯陆。公司研发布局见表 8-31。

表 8-31 挪威国家电力公司(Statkraft)在温差能领域研发布局简况

创新机构	挪威国家电力公司(Statkraft)	
网址	https://www.statkraft.com	
核心专利	公开号	专利名称
	JP 5422809B2	The semi-permeable membrane, a method and device for supplying electric power (用于渗透的半透膜以及通过渗透提供高压以产生电力的方法和设备)
	US 7802960B2	Device and method for suction pipe (吸管装置及使用方法)
主要技术和产品	透析半透膜供电法及装置、10 kW 盐差能示范装置	

(2)荷兰雷德斯塔克有限公司(RED Stack BV)

RED Stack 的目标是开发和商业化反向电渗析(RED)技术。RED 是一种可持续的能源生产形式，其中的燃料是淡水和盐水。由于两种补给水的自然丰富性，空旷的河流入海是最适合使用 RED 的地方。淡水的一部分与海水混合在膜堆或 RED 堆中，该公司也因此而得名：RED Stack。盐和淡水以受控的方式混合，从而可以发电。然后将产生的微咸水混合物返回海中，并通过电网分配发电。公司研发布局见表 8-32。

表 8-32 雷德斯塔克有限公司在温差能领域研发布局简况

创新机构	雷德斯塔克有限公司(RED Stack BV)	
网址	https://www.redstack.nl/en/	
核心专利	公开号	专利名称
	CN 101978545B	用于(反)电渗析的膜、电池、装置和方法
	DE 602007002552D1	Mechanism and procedure for the execution of a reverse electrodialysis process(反向电渗析的执行机制和程序)

续表

主要技术和产品	反向电渗析(RED)、堆栈、堆叠结构

(3) 中国科学院理化技术研究所

中国科学院理化技术研究所组建于1999年，是以物理、化学和工程技术为学科背景，以高科技创新和成果转移转化研究为职责使命的研究机构。主要研究领域为光化学转换与功能材料、低温科学与工程、功能晶体与激光技术、仿生智能界面材料、特种功能材料与生物医用技术。研究所研发布局见表8-33。

表8-33　中国科学院理化技术研究所在温差能领域研发布局简况

创新机构	中国科学院理化技术研究所	
网址	http://www.ipc.cas.cn	
核心专利	公开号	专利名称
	CN 106622160A	一种基于非对称离子交换膜的封闭式反向电渗析发电方法及其装置
主要技术和产品	盐差能三维多孔膜，盐差能发电材料	

8.3.7　海洋风能

8.3.7.1　国内外重点企业及重点研发机构

海上风能在海洋能发电系统中发展最为迅速，得益于陆上风电项目的发展，国内外海上风能发电都具有相关技术与经验。但海上风力发电相对于陆地风力发电来说有很大的挑战性，技术上尚未完全成熟，有很多技术难题。现阶段发展海上风能的主要机构与产品技术有维斯塔斯的EnVentus™、4 MW、2 MW三个系列的涡轮风机，三菱重工-维斯塔斯的V164-9.5 MWW、V117-4.2 MWW等系列涡轮机，西门子歌美飒的SWT-6.0-154、SG10.0-193 DD，美国通用电气的Haliade-X 12 MW，艾奎诺能源公司的Hywind Tampen，斗山集团的5 MW风力发电系统，上海电气风电集团D8风电机组、D6/D7风电机组、4 MW风电机组、永磁直驱风力发电机组等，远景能源的4.X MW海上智能风机，金风科技的GW 6S/8S系列产品，明阳智能MySE 6.0 MW风力发电机组平台，中国海装的5 MW风力发电机组等(图8-8、表8-34)。

图 8-8　国内外海洋风能重点公司

表 8-34　海上风能主要产品/技术及参数

序号	公司/科研机构	类别	主要产品(项目)	参数
1	美国通用电气	桩基式风力发电装置	Haliade-X 12 MW、Haliade 150-6 MW	详见官网－风能－海洋风能(www.ge.com/renewableenergy/wind-energy/offshore-wind) Haliade-X 12 MW：输出功率 12 MW，转子直径 220 m，风机总高度 260 m，频率 50 Hz
2	西门子歌美飒	桩基式风力发电装置	SG8.0-167 DD、SWT-7.0-154、SWT-6.0-154、SG10.0-193 DD	详见官网－产品页(Products and services) SG10.0-193 DD：功率 10.0 MW，转子直径 193 m
3	维斯塔斯	桩基式风力发电装置	EnVentus™、4 MW、2 MW 三个系列的涡轮风机	详见官网－产品页(Products)
4	三菱重工－维斯塔斯	桩基式风力发电装置	V174-9.5 MW、V164-10.0 MW、V164-9.5 MWW、V117-4.2 MWW 等系列涡轮机	详见官网－产品(Products)；V164-10.0 MW：功率 10.0 MW，转子直径 164 m，频率 50 Hz/60 Hz

续表

序号	公司/科研机构	类别	主要产品(项目)	参数
5	艾奎诺能源公司	漂浮式风力发电装置	Hywind Scotland, Hywind Tampen	详见官网-产品页 (www. equinor. com/en/what-we-do/floating-wind. html) Hywind Scotland, 世界上第一个漂浮式风力发电厂, 由 5 台 6 MW 的风机组成, 叶片直径是 154 m, 总体高度 253 m, 工作水深 95~129 m
6	斗山集团	桩基式风力发电装置	5 MW 风机, 正在着手研发 8 MW 级别风机	通过开发韩国最大的海上风力发电站, 为扩大新再生能源做贡献。详见官网: https: //www. doosan. com/
7	上海电气风电集团	桩基式风力发电装置	D8 风电机组、D6/D7 风电机组、4 MW 风电机组、永磁直驱风力发电机组等	详见产品页, https: //www. shanghai-electric. com/listed/windpower_ cpyfw/2. 1mw2/
8	远景能源	桩基式风力发电装置	4. X MW 海上智能风机	4. X MW 平台海上风电机组, 该产品基于业界成熟可靠的模块化传动链设计, 高速齿轮箱+鼠笼异步发电机+全功率变频的技术路线
9	金风科技	桩基式风力发电装置	智慧海上风场解决方案, GW2S 系列产品, GW3S/4S 系列产品, GW6S/8S 系列产品	详见官网-产品页 GW175-8. 0MW: 额定功率 8 MW, 叶轮直径 175 m, 轮毂高度 110 m, 使用寿命 25 年
10	明阳智慧能源	桩基式风力发电装置	MySE 6. 0 MW 风力发电机组平台	MySE 6. 0 MW 产品线, 额定功率从 5 500 kW 到 8 300 kW。详见官网产品页: http: //www. myse. com. cn/cplb/info. aspx? itemid = 161
11	中国海装	桩基式风力发电装置	5 MW 风力发电机组	全球唯一 5 MW 海上风电成功范例, 海上风电总装基地为依托, 完全具有"一站式"服务及风电工程系统技术解决方案能力

8. 3. 7. 2　重点创新机构研发布局

重点分析了美国通用电气公司、丹麦维斯塔斯公司、德国西门子公司和西门子歌美飒可再生能源公司、上海电气集团、远景能源有限公司、金风科技公司等的专利布局、核心技术。

(1)美国通用电气公司(General Electric Company)

美国通用电气公司是世界上最大的提供技术和服务业务的跨国公司，GE 可再生能源利用了地球上最丰富的资源——风能、太阳能和海洋能，提供绿色能源来为世界上最大的经济体和最偏远的社区供电。公司研发布局见表 8-35。

表 8-35　美国通用电气公司(General Electric Company)在海洋风能领域研发布局简况

创新机构	美国通用电气公司(General Electric Company)	
网址	https://www.ge.com/renewableenergy	
核心专利	公开号	专利名称
	US 6921985B2	Low voltage ride through for wind turbine generators(风力涡轮机发电机的低电压穿越)
	US 8649911B2	System and method for operating a wind farm under high wind speed conditions(用于在高风速条件下操作风电场的系统和方法)
	US 6924565B2	Continuous reactive power support for wind turbine generators(用于风力发电机组的无功补偿装置)
	EP1512869B2	Voltage control for wind park(用于风力发电机组的电压控制)
	EP 2025929B2	System and method for loads reduction in a horizontal-axis wind turbine using upwind information(使用逆风信息在水平轴风力涡轮机中减少负载的系统和方法)
	EP 1928080B1	Excitation voltage supply for synchronous generator used in a wind turbine, and method of starting a wind turbine having such excitation voltage supply(风力涡轮机和风力涡轮机的启动方法)
	EP 1643122B1	Vibration damping system and method for variable speed wind turbines(用于可变速度的风力涡轮机的振动阻尼系统和方法)
	EP 2096301B1	Method for operating a wind turbine plant during high wind conditions(风力涡轮机站强风降级控制方法)
	EP 1959130B1	Method for optimizing the operation of a wind turbine(用于优化风力涡轮机操作的方法)
	EP 1674724B1	Methods and apparatus for wind turbine fatigue load measurement and assessment(风力涡轮机疲劳荷载测量和评估的方法及装置)
主要技术和产品	能提供先进的海上风机 Haliade-X 12 MW，Haliade 150-6 MW	

(2)丹麦维斯塔斯公司(Vestas)和三菱重工-维斯塔斯海洋风能公司

丹麦维斯塔斯风力系统有限公司是能源行业可持续能源解决方案的全球合作伙伴，是全球海上风电市场上第一大公司，在全球范围内设计、制造、安装和维修风力涡轮机，在 80 个国家/地区拥有超过 108 GW 的风力涡轮机，安装的风力发电量超过任何其他国家。该公司是双馈型风机技术的代表，经过不断发展完善，使其成为公认的主流成熟技术。

2020 年 10 月，维斯塔斯公司(Vestas)宣布，已与日本三菱重工(MHI)签署协议，收购日本三菱重工(MHI)在海上风机合资企业三菱重工-维斯塔斯(MHI Vestas)中拥有 50%的股份。公司研发布局见表 8-36。

表 8-36　维斯塔斯公司和三菱重工-维斯塔斯海洋风能公司在海洋风能领域研发布局简况

创新机构	维斯塔斯公司和三菱重工-维斯塔斯海洋风能公司	
网址	http：//www. vestas. com/&http：//www. mhivestasoffshore. com	
核心专利	公开号	专利名称
	EP 2136017B1	A wind turbine tower elevator and a method for assembling a wind turbine tower(风轮和塔架、风轮机、风轮机塔架升降机和组装风轮机塔架的方法)
	US 7102247B2	Circuit arrangement and methods for use in a wind energy installation(在风能设备中使用的电路装置和方法)
	US 9728969B2	Systems and methods for generating an inertial response to a change in the voltage of an electricial grid(用于产生对电网电压变化的惯性响应的系统和方法)
	US 10193481B2	Wind turbine providing grid support(提供网格支撑的风力涡轮机)
	US 7207777B2	Methods of handling wind turbine blades and mounting said blades on a wind turbine, system and gripping unit for handling a wind turbine blade(处理风力涡轮机叶片并将所述叶片安装在风力涡轮机上的方法，用于处理风力涡轮机叶片的系统和夹持单元)
	US 7281902B2	Methods of mounting a wind turbine, a wind turbine foundation and a wind turbine assembly(安装风力涡轮机的方法，风力涡轮机基础和风力涡轮机组件)
	CN 103168171B	风轮机功率传输系统
	US 6983844B2	Method for transporting a set of large longitudinal items, a package system to be used by the method and use of such a package system(用于运输一组大型纵向物品的方法，由该方法使用的包装系统和这种包装系统的用途)
	US 9140239B2	Wind power plant controller for avoiding common cause shutdown(避免常见原因停机的风力发电厂控制器)
	US 8938931B2	Wind turbine tower suspension means(风力发电机组塔架悬挂装置)
主要技术和产品	提供风机、叶片、零部件开发、制造、安装和维护的完整解决方案	

(3)德国西门子公司(SIEMENS AG)和西门子歌美飒(Siemens Gamesa)

德国西门子公司是一家专注于电气化、自动化和数字化领域的全球巨头。2016年西门子官方宣布与西班牙公司歌美飒(Gamesa)签订了约束性协议，合并双方的风电业务。西门子歌美飒是全球风能解决方案的领先供应商，作为可再生能源领域的重要参与者和创新先驱，西门子已在 90 多个国家/地区安装了产品和技术，总容量超过 99GW。公司研发布局见表 8-37。

表 8-37 西门子公司(SIEMENS AG)和西门子歌美飒(Siemens Gamesa)在海洋风能领域研发布局简况

<table>
<tr><td>创新机构</td><td colspan="2">西门子公司(SIEMENS AG)和西门子歌美飒(Siemens Gamesa)</td></tr>
<tr><td>网址</td><td colspan="2">http：//www. energy. siemens. com/, https：//www. siemensgamesa. com</td></tr>
<tr><td rowspan="11">核心专利</td><td>公开号</td><td>专利名称</td></tr>
<tr><td>US 9475677B2</td><td>Method of handling wind turbine blades and device for mounting wind turbine blades, in particular mounting blades on a wind turbine(处理风力涡轮机叶片的方法和用于安装风力涡轮机叶片、特别是安装在风力涡轮机上的叶片装置)</td></tr>
<tr><td>US 9030036B2</td><td>Arrangement for a direct drive generator for a wind turbine and method for the assembly of the generator(用于风力涡轮机直接驱动发电机的装置和发电机的组装方法)</td></tr>
<tr><td>EP 1880459B1</td><td>Wind farm power control system(风力发电场功率控制系统)</td></tr>
<tr><td>EP 2309122B1</td><td>Method for controlling a wind turbine at high thermal loads(用于控制风力涡轮机部件温度的方法及设备)</td></tr>
<tr><td>US 9906099B2</td><td>Brake system, generator and wind turbine(制动系统、发电机和风力涡轮机)</td></tr>
<tr><td>EP 2110552B2</td><td>Wind turbine blade with an integrated lightning conductor and method for manufacturing the same(具有集成避雷针风力涡轮机叶片及其制造方法)</td></tr>
<tr><td>EP 1925583B2</td><td>Method of handling wind turbine blades and device for mounting wind turbine blades, in particular mounting blades on a wind turbine(风力涡轮机叶片的处理方法和用于安装风力涡轮机叶片的装置，特别是在风力涡轮机上安装叶片)</td></tr>
<tr><td>US 9803694B2</td><td>Direct drive wind turbine with a cooling system(具有冷却系统直接驱动的风力涡轮机)</td></tr>
<tr><td>EP 2003333B2</td><td>Method for mounting of at least two components of a wind turbine and use of a handling device(安装风力涡轮机的至少两个部件的方法和操纵装置的使用)</td></tr>
<tr><td>US 9790921B2</td><td>Method and system for adjusting a power parameter of a wind turbine(用于调节风力涡轮机功率参数的方法和系统)</td></tr>
<tr><td>主要技术和产品</td><td colspan="2">可一站式提供风力发电系统的各种部件：塔架、变速箱、发电机、变电输电转换调节器、断路器、监控系统、雷电保护装置，产品组合能力很强</td></tr>
</table>

(4)上海电气风电集团有限公司

上海电气风电集团有限公司(简称上海电气风电集团)是一家大型综合性高端装备制造企业，主导产业聚焦能源装备、工业装备、集成服务三大领域，致力于为全球客户提供绿色、环保、智能、互联于一体的技术集成和系统解决方案。产品包括火力发电机组(煤电、气电)、核电机组、风力发电设备、输配电设备、环保设备、自动化设备、电梯、轨道交通、医疗设备、油气海工和工业互联网等。

2020 年 8 月，全球风能理事会、中国风能协会等多家组织联合发布《海上风电回顾与展望 2020》，报告指出在海上风电方面，上海电气风电集团新增装机容量 647 MW，排名第一。从海上风电累计装机容量来看，上海电气风电集团占据中国海上风电整机商榜首，继续领跑中国海上风电行业。这是上海电气风电集团连续 5 年占据海上风电国内第一、全球前三位。集团研发布局见表 8-38。

表 8-38　上海电气风电集团在海洋风能领域研发布局简况

创新机构	上海电气风电集团股份有限公司	
网址	https：//www. shanghai-electric. com/group/c/2019-01-28/551983. shtml	
核心专利	公开号	专利名称
	CN 101335482B	风力发电机变频器的冷却系统及工作方式
	CN 101259896B	风力发电机叶片输送用工装及其使用方法
	CN 101235805B	一种改进的风机塔筒平台结构
	CN 101245604B	风机塔筒基础密封工艺
	CN 101451506B	一种风电冷却系统的防冻结构
主要技术和产品	D8 风电机组、D6/D7 风电机组、4 MW 风电机组、永磁直驱风力发电机组等	

(5)远景能源有限公司(ENVISION)

远景能源有限公司(简称远景公司)以“为人类的可持续未来解决挑战”为使命，积极整合全球创新资源，通过智能控制技术、先进的通信和信息技术建设能源互联网，推动传统能源领域的智慧变革。远景公司目前是中国前三大风机供应商，2014 年中国最大的海上风机供应商。远景公司的格林威治™云平台、智慧风场 Wind OS™ 平台、阿波罗光伏云™平台目前管理着包括北美、欧洲、中国等在内的超过 2 000×10^4 kW 的全球新能源资产，目前是全球最大的智慧能源资产管理服务公司。公司研发布局见表 8-39。

表 8-39　远景能源有限公司(ENVISION)在海洋风能领域研发布局简况

创新机构	远景能源有限公司(ENVISION)	
网址	https://www.envision-group.com/cn/	
核心专利	公开号	专利名称
	CN 102297089B	挠性轴风力涡轮机
	CN 103375350B	具有主发电机和次发电机的风力涡轮机及其操作方法
	CN 101252334B	变速恒频风力发电机动态最优能量捕获方法
	CN 102758722B	一种风力涡轮机和风力涡轮机叶片
	CN 103151874B	具有密封的定子室的风力涡轮机
主要技术和产品	智能风机、智慧风场	

(6)金风科技公司(Gold Wind)

作为国内风电龙头企业，金风科技公司在国内风电市场占有率连续 8 年排名第一，市场占有率超过 30%。在 2018 年全球风电市场排名第二，在行业内多年保持领先地位。公司研发布局见表 8-40。

表 8-40　金风科技公司(Gold Wind)在海洋风能领域研发布局简况

创新机构	金风科技公司(Gold Wind)	
网址	http://www.goldwind.com.cn/about/	
核心专利	公开号	专利名称
	CN 102490876B	浮动式海上风机运动抑制装置及用于海上风机的浮动基础
	CN 103818523B	外飘式张力腿浮动风机基础、海上风力发电机及施工方法
	CN 103708004B	减摇装置、浮动基础和海上风力发电机
	CN 102433890B	海上漂浮式风机基础及其定位系统
	CN 108412708B	海上风力发电机组及其环境控制方法
主要技术和产品	能提供先进的海上风机 GW2S 系列、GW3S/4S 系列、GW6S/8S 系列产品，并能够为客户提供智慧风电海上解决方案	

8.3.8 海洋太阳能

8.3.8.1 国内外现状及重点研发机构

海洋太阳能发电技术源于陆地太阳能发电，从技术上来说，国内外都有相关经验，但海洋太阳能发电技术投入高、难度大，还有一些技术难题未能解决，国内外利用海洋太阳能发电的机构尚未形成规模。现阶段主要的海洋太阳能研究机构包括美国太阳能公司(SunPower)、日本西部控股集团、日本瓷株式会社和东京盛世利租赁株式会社、Swimsol 有限公司、荷兰海洋能源有限公司(Oceans of Energy)、阿拉伯联合酋长国 Enerwhere 公司、我国正泰新能源有限公司、阳光电源等，这些研究机构都有相应的海洋太阳能示范电站(图 8-9、表 8-41)。

图 8-9 国内外海洋太阳能重点公司

日本是全球水上太阳能电站项目最多的国家，例如“桶川水上太阳能”项目。相比于日本，其他国家也建设有海洋太阳能电站，如印度最大的水上漂浮式光伏电站装机容量 50 MW；韩国的 100 MW 的浮动式光伏发电系统；英国漂浮式太阳能电站总装机容量为 200 kW；美国 400 kW 的浮动式太阳能阵列项目。除此以外，巴西及澳大利亚也进行了相关太阳能电站建设。

我国海洋太阳能发电技术相较国外还有很大的一段距离，我国第一个水上太阳能发电示范基地位于湖北省枣阳市熊河水库，总装机容量 1 200 kW。正泰新能源有限公司在浙江省宁波市慈溪的海洋光伏项目，是我国到目前为止装机规模最大的海域光伏电站，总装机容量达到 340 MW。

表 8-41 海洋太阳能主要项目及装机容量

序号	研制单位	国别	项目所在地	装机容量
1	美国太阳能公司(SunPower)	美国	内盖夫	10 MW
2	日本西部控股集团	日本	桶川市	1.18 MW
3	日本瓷株式会社和东京盛世利租赁株式会社	日本	兵库县	2.9 MW
4	Swimsol 有限公司	奥地利	马尔代夫南马累环礁	227 kW
5	荷兰海洋能源有限公司(Oceans of Energy)	荷兰	荷兰北海	17 kW
6	阿拉伯联合酋长国 Enerwhere 公司	阿拉伯联合酋长国	Nurai 小岛	50 kW
7	正泰新能源有限公司	中国	浙江慈溪	340 MW
8	阳光电源	中国	安徽淮南	150 MW
			湖南益阳	100 MW
			马来西亚	13 MW
9	天恩能源有限公司	中国	山东昌邑	100 MW

8.3.8.2 重点创新机构研发布局

重点分析美国太阳能公司(SunPower)、荷兰海洋能源有限公司、正泰新能源有限公司专利布局。

(1)美国太阳能公司(SunPower Corporation)

SunPower Corporation 是一家美国能源公司，位于加利福尼亚州圣何塞，其设计和制造基于斯坦福大学发明的全背接触式晶体硅光伏电池和太阳能电池板。自 1985 年以来，SunPower 一直领导全球太阳能技术创新，具有最高效率的太阳能电池板。SunPower 公司不仅提供太阳能电池板，同时也考虑太阳能电池板的美观，打破了传统太阳能电池板格线布局模式。SunPower 太阳能电池不但广泛用于工业，而且也广泛应用于屋顶太阳能发电系统中。SunPower 公司的© Maxeon 电池，是世界上效率最高的太阳能电池板。SunPower 拥有超过 1 000 项太阳能技术专利，研发布局见表 8-42。

表 8-42　美国太阳能公司(SunPower)在海洋太阳能领域研发布局简况

创新机构	美国太阳能公司(SunPower)	
网址	http：//www. sunpower. com	
核心专利	公开号	专利名称
	US 8008575B2	Solar cell with reduced base diffusion area(具有减小基极扩散面积的太阳能电池)
	AU 2018279035B2	Shingled solar cell module(一种瓦片太阳能电池组件)
	US 9243818B2	Stackable tracking solar collector assembly(可堆叠跟踪太阳能收集器组件)
	US 9941435B2	Photovoltaic module and laminate(光伏模块和层压板)
	US 13660292	Bifacial solar cell module with backside reflector(具有背面反射器双面太阳能电池组件)
	US 9070804B2	Back contact sliver cells(背面接触银电池)
	US 9812592B2	Metal-foil-assisted fabrication of thin-silicon solar cell(金属箔辅助制备薄硅太阳电池)
	US 10014425B2	Spacer formation in a solar cell using oxygen ion implantation(使用氧离子注入法形成太阳能电池中的间隔物)
	CN104396024B	具有含宽带隙半导体材料的发射极区域的太阳能电池
主要技术和产品	全球最大的单晶硅电池厂商	

(2)荷兰海洋能源有限公司(Oceans of Energy)

荷兰海洋能源有限公司开发了独特的海上浮动太阳能系统，这种独特的浮动太阳能系统取决于光伏模块化和系泊系统，能够承受恶劣的海况(高达 13 m 的海浪)，且能够在海水中最低限度的安全维护下运行 25 年。系泊系统使海洋太阳能农场保持在原位，从而可以把太阳能板安装在沿海地区和岛屿上。荷兰海洋能源公司具有系泊系统的内部设计能力。公司研发布局见表 8-43。

表 8-43　荷兰海洋能源有限公司(Oceans of Energy)在海洋太阳能领域研发布局简况

创新机构	荷兰海洋能源有限公司(Oceans of Energy)
网址	http：//www. oceansofenergy. blue

续表

<table>
<tr><td rowspan="2">核心专利</td><td>公开号</td><td>专利名称</td></tr>
<tr><td>NL 2019956B1</td><td>Array of pontoons for solar panel and connection modules therefor(太阳能电池板的浮筒阵列及其连接模块)</td></tr>
<tr><td>主要技术和产品</td><td colspan="2">太阳能电池板的浮筒阵列及其连接模块、北海一号、北海二号</td></tr>
</table>

(3) 中国正泰新能源有限公司

正泰新能源有限公司致力于光伏组件的生产和销售，包括光伏电站、储能、配网售电、微电网、多能互补等综合能源的投资建设。凭借正泰集团在电力能效管理领域超过 30 年的深耕积累以及电气全产业链，正泰新能源有限公司是业内同时具备系统集成和技术集成优势的综合能源解决方案提供商。公司研发布局见表 8-44。

表 8-44 正泰新能源有限公司在海洋太阳能领域研发布局简况

<table>
<tr><td>创新机构</td><td colspan="2">正泰新能源有限公司</td></tr>
<tr><td>网址</td><td colspan="2">http: //energy. chint. com/</td></tr>
<tr><td rowspan="6">核心专利</td><td>公开号</td><td>专利名称</td></tr>
<tr><td>CN 102299186B</td><td>一种太阳能电池板安装固定装置及安装固定方法</td></tr>
<tr><td>CN 102253278B</td><td>一种适用于带 DC/DC 的光伏逆变器的开机条件检测方法</td></tr>
<tr><td>CN 101881801B</td><td>一种光伏逆变器漏电流检测方法</td></tr>
<tr><td>CN 103683978B</td><td>一种光伏逆变器供电系统及方法</td></tr>
<tr><td>CN 104242351B</td><td>一种采用虚拟接地技术的光伏发电系统</td></tr>
<tr><td>主要技术和产品</td><td colspan="2">晶硅组件、慈溪海上光伏项目</td></tr>
</table>

8.3.9 海洋生物质能

8.3.9.1 海洋微藻生物质能源概述

海洋生物质能源是海洋植物利用光合作用将太阳能以化学能的形式储存的能量，此类海洋生物质主要来源于海洋藻类，包括海洋微藻和大型海藻等。进入 21 世纪后，藻类生物能源得到快速发展。本节主要针对以海洋微藻为原料的生物质能源产业关键问题进行相关分析。

海洋微藻生物质能源的开发流程主要包括海洋微藻藻种的筛选、大规模培养、采收以及生物燃料制备工艺等方面。详细分类见图 8-10。

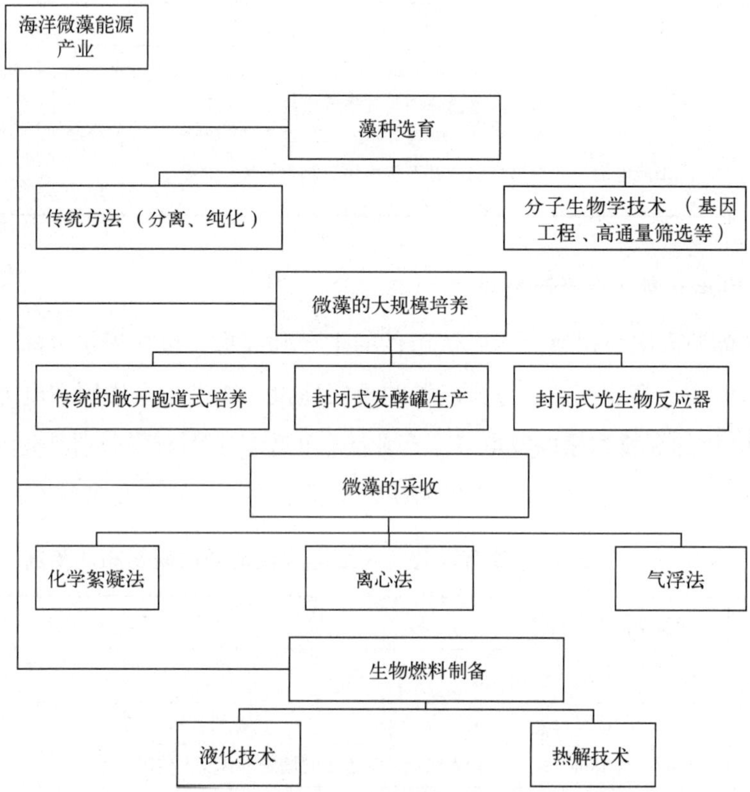

图 8-10　海洋微藻能源产业分类

8.3.9.2　海洋微藻生物质能源产业研发机构及技术

海洋微藻生物质能源产业相对于其他海洋新型能源来说较为特殊，主要利用藻类资源解决能源问题，属于一种较为新型的领域。该领域的机构大多同时涉及藻种选育、培养、采集、燃料制备等产业环节的技术研发，设计采用集成系统，可完成微藻培养、采集、燃料制备等生产环节。主要研究机构包括美国索拉兹米公司（Solazyme）、美国奥利珍奥公司（Originclear）、美国安吉诺生物燃料公司（Algenol Biofuels Ltd.）、美国绿色燃料技术公司、美国索利克斯生物燃料公司、美国通用原子公司、美国得克萨斯州立大学、我国新奥集团、国投生物科技投资有限公司、云南爱尔发生物技术有限公司、清华大学、中国科学院生物能源与过程研究所、中国科学院大连化学物理研究所、中国科学院海洋研究所、中国海洋大学等。国内外均有相关研究机构，尚处于研究阶段，技术还不成熟。国内外研发机构见图 8-11、表 8-45。

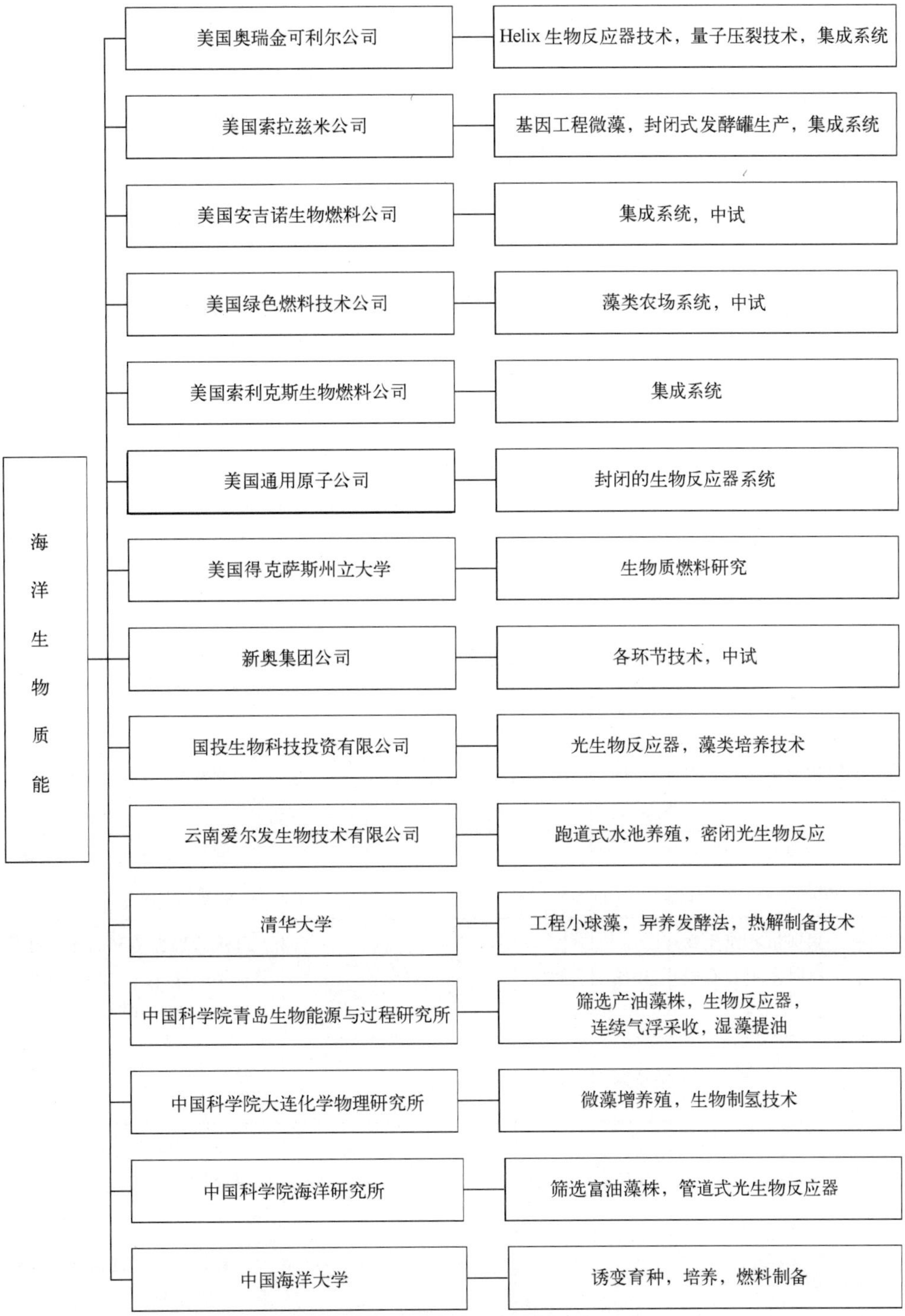

图 8-11 海洋微藻能源国内外研发机构及技术

表 8-45 海洋生物质能主要项目及技术特点

序号	研究单位	国别	城市	项目	技术特点
1	美国奥瑞金可利尔公司(Originclear)	美国	加利福尼亚州洛杉矶	新墨西哥州 Las Cruces 藻类生产基地	Helix 生物反应器技术(Helix Bioreactor)和量子压裂技术(Quantum Fracturing)
2	美国索拉兹米公司(Solazyme)	美国	加利福尼亚州圣弗朗西斯科(旧金山)	巴西奥林迪乌瓦石油盒子工厂	封闭式发酵罐生产，微藻将植物糖转换为可再生的油
3	美国安吉诺生物燃料公司(Algenol Biofuels Ltd.)	美国	佛罗里达州迈尔斯堡	拥有最大的海藻养殖库	利用混合微藻，在密闭、透明塑料光生物反应器中，从 CO_2 和海水中直接生产低成本乙醇，实现 6 000 加仑/英亩×年速率生产乙醇
4	新奥集团	中国	廊坊	内蒙古鄂尔多斯达拉特旗微藻固碳生物能源产业化项目	利用煤化工的二氧化碳、含盐浓排水、余热以及周边的沙漠地养殖微藻
5	中国科学院青岛生物能源与过程研究所	中国	青岛	平度百亩中试基地 2 000 m^2 微藻培养基地	高固碳能力工业产油微藻
6	中国科学院海洋研究所	中国	青岛	—	获得多株系油脂含量在 30%～40%的高产能藻株
7	深圳市兆凯生物工程研发中心有限公司	中国	深圳	400 m^2 的实验室和 20 000 m^2 的中试基地	开放式硅藻养殖技术，硅藻养殖年产量可达 120 t，可产生物油脂达 3.6×10^4 L
8	中国石油化工集团公司	中国	北京	—	开发 SRCA 法生物柴油生产技术
9	清华大学	中国	北京	—	微藻异养发酵生物柴油技术，油脂含量提高 3～4 倍，油脂含量达 60%
10	中国海洋大学	中国	青岛	—	拥有相当规模的海水、淡水藻种质资源库
11	国投生物科技投资有限公司	中国	北京	160×10^4 t 生物燃料乙醇生产能力	燃料乙醇等生物能源业务为主攻方向

8.3.9.3 重点创新机构研发布局

重点分析美国奥瑞金可利尔公司(Originclear)、索拉兹米公司(Solazyme)以及中国的新奥集团公司、中国科学院青岛生物能源与过程研究所、清华大学、中国海洋大学、国投生物科技投资有限公司等的专利布局。

(1)美国奥瑞金可利尔公司(Originclear)

美国奥瑞金可利尔公司(Originclear)的 Helix 生物反应器技术(Helix Bioreactor)和量子压裂技术(Quantum Fracturing)是该公司的藻油生产核心技术。Originclear 系统解决了领域中的两大关键问题：藻类的生长和藻油的提取。Electro Water Separation™(EWS)技术是一种智能且连续的流量系统，可有效地对微藻进行脱水和浓缩。公司研发布局见表 8-46。

表 8-46 美国奥瑞金可利尔公司(Originclear)在海洋生物质能领域研发布局简况

创新机构	美国奥瑞金可利尔公司(Originclear)	
网址	https：//www. originclear. com	
核心专利	公开号	专利名称
	MX 2011011035A	Systems, apparatus and methods for obtaining intracellular products and cellular mass and debris from algae and derivative products and process of use thereof(用于从藻类及其衍生产品中获得细胞内产品、细胞质量和碎片的系统、设备和方法及其使用过程)
	MX 2014012607A	Harvesting and dewatering algae using a two-stage process(使用两阶段工艺采收与脱水藻类)
	US 20130288329A1	Producing Algae Biomass Having Reduced Concentration Of Contaminants(产生具有降低污染物浓度的藻类生物质)
主要技术和产品	生物反应器技术(Helix Bioreactor)、量子压裂技术(Quantum Fracturing)、可再生藻油集成系统(Origin Oil's Planned Biocrude System)、海藻水分分离	

(2)美国索拉兹米公司(Solazyme)

美国索拉兹米公司(Solazyme)主要从事藻类开发研究。成立之初是为生产油而种植藻类，开发了从藻类提炼燃料的专利技术后，该公司发展成为一家涉及燃料炼制的公司。公司开发出一种新型异养藻工艺，通过改变微藻基因，利用多糖、蔗糖或葡萄糖等固定碳资源，使微藻在黑暗的环境下生长。这种在黑暗环境中生长的异养藻，其生长密度可大于光合自养藻的 1 000 倍。公司研发布局见表 8-47。

表 8-47　美国索拉兹米公司（Solazyme）在海洋生物质能领域研发布局简况

创新机构	美国索拉兹米公司（Solazyme）	
网址	http：//www. solazyme. com	
核心专利	公开号	专利名称
	CN 102271525B	微藻生物质的食品组合物
	CN 102946738B	新颖的微藻食物组合物
	CN 102057048B	微生物生物质和微生物油的直接化学修饰
	CN 102712858B	在重组异养型微生物中制备特制油
	CN 101765661B	在微生物中生产油
	MX 339639B	Tailored oils produced from recombinant heterotrophic microorganisms（由重组异养微生物生产的特制油）
主要技术和产品	新型异养（发酵）藻类炼油工艺	

（3）新奥集团

新奥集团起步于 1989 年，以“创建现代能源体系、提高人民生活品质，成为受人尊敬的创新型智慧企业”为使命愿景，形成了贯通下游分销、中游贸易储运、上游生产的清洁能源产业链和涵盖健康、文化、旅游、置业的生命健康产品链。面向数字时代，新奥集团积极推动数字化转型，着力打造泛能网、来康网两大平台，构建清洁能源生态圈、生命健康生态圈。集团研发布局见表 8-48。

表 8-48　新奥集团在海洋生物质能领域研发布局简况

创新机构	新奥集团	
网址	http：//www. enn. cn	
核心专利	公开号	专利名称
	CN 101555455B	一种微藻的培养/收获方法和系统
	CN 101735948B	一种微藻培养方法及装置
	CN 101597564B	一种微藻收获方法、系统及微藻收获机
	CN 101580857B	微藻一步法制备生物能源
	CN 101696389B	一种微藻培养方法及其光生物反应器系统
主要技术和产品	微藻培养、光生物反应器系统	

(4) 中国科学院青岛生物能源与过程研究所

该所建立了较为完整的微藻生物能源关键技术研发体系，筛选了产油微藻藻株 10 余株，其中 2 株具有良好的产业化前景；开发了高效、低成本、可规模化的微藻高密度培养工艺，微藻产率和培养密度较传统培养工艺系统分别提高 1.5 倍和 2.5 倍；开发了微藻细胞经济高效连续气浮采收和湿藻直接提取油脂技术。相关专利主要涉及能源微藻的培养、浓缩和收集环节的技术及装置(生物反应器)。研究所研发布局见表 8-49。

表 8-49　中国科学院青岛生物能源与过程研究所在海洋生物质能领域研发布局简况

创新机构	中国科学院青岛生物能源与过程研究所	
网址	http：//www.qibebt.cas.cn/	
核心专利	公开号	专利名称
	CN 102250773B	一株栅藻及其培养方法和应用
	CN 102146345B	一种乙酸耐性乙醇生产酿酒酵母菌株及菌株筛选方法
	CN 102952818B	用于在蓝细菌中提高脂肪醇产量的构建体和方法
	CN 101429467B	一种从微藻中同时提取油脂和蛋白质的方法
	CN 102229889B	一株小球藻及其培养方法和应用
主要技术和产品	藻种选育与生理特性、微藻培养方法与工艺、光生物反应器及其放大、藻细胞采收与提油技术、微藻生物能源转化技术、生化过程清洁工艺	

(5) 清华大学

清华大学自 20 世纪 90 年中期起开展利用微藻生产生物柴油的研究，发明了工程微藻(小球藻)异养发酵法生产生物柴油的技术，并与北京化工大学合作，完成以固定化脂肪酶催化异养小球藻油脂合成生物柴油的试验。通过异养转化细胞工程技术获得的异养小球藻细胞，油脂类化合物大量增加，蛋白质含量下降，其脂含量高达细胞干重的 55%(质量分数)，是自养藻细胞的 4 倍。专利内容涉及能源微藻的选种、培养、采收、燃料制备各环节的技术及设备。学校研发布局见表 8-50。

表 8-50　清华大学在海洋生物质能领域研发布局简况

创新机构	清华大学	
网址	http：//www.tsinghua.edu.cn	
核心专利	公开号	专利名称
	CN 101767893B	利用微藻深度处理污水耦合生产生物油的装置及方法

续表

	公开号	专利名称
核心专利	CN 101921813B	利用2-甲基乙酰乙酸乙酯促进微藻合成三酰甘油酯的方法
	CN 108359580B	一种用于经济微藻培养的微泡光生物反应器
	CN 105176826B	一种弱碱性絮凝-泡沫分离采收微藻的方法及分离装置
主要技术和产品	工程微藻(小球藻)异养发酵法生产生物柴油技术	

(6)中国海洋大学

中国海洋大学微藻研究室始建于1982年。该实验室拥有国内著名的海洋藻类种质资源库。中国海洋大学在海洋藻类研究中一直占据首要地位，在微藻大规模养殖方面具有丰富的研究基础。主要研究方向为微藻分离培养、生理生化、微藻育种及微藻生物活性物质的开发利用。学校研发布局见表8-51。

表8-51　中国海洋大学在海洋生物质能领域研发布局简况

创新机构	中国海洋大学	
网址	http：//www.ouc.edu.cn	
核心专利	公开号	专利名称
	CN 102061261B	一种利用燃煤电厂烟气养殖微藻的方法
	CN 102031280B	利用海洋微藻快速评价钻井液急性毒性的方法
	CN 103769205B	一种用于含油微藻水热液化的复合催化剂的制备方法
	CN 104531532B	一株拟端泥生藻及其应用和培养方法
	CN 105483862B	一种海藻生物纤维及其制备方法和应用
主要技术和产品	微藻培养、养殖等	

(7)国投生物科技投资有限公司

国投生物科技投资有限公司成立于2017年2月28日，作为集团发展生物燃料乙醇等前瞻性战略业务的责任主体和市场主体，主要负责统筹生物能源等生物科技业务的科研、投资和经营管理。技术负责人、首席科学家胡强2013年被国家开发投资公司(国投)引进回国，组建了国投微藻生物科技中心。研究内容涉及藻类光合作用、生理生化、细胞分子生物学、光生物反应器系统设计、大规模微藻培养、微藻生物能源及高附加值生物化学品研发、利用微藻处理废水和含高二氧化碳的工业废气以及生物活性物质制备等。公司研发布局见表8-52。

表 8-52 国投生物科技投资有限公司在海洋生物质能领域研发布局简况

创新机构	国投生物科技投资有限公司	
网址	https：//biotech. sdic. com. cn	
核心专利	公开号	专利名称
	CN 106916747B	索罗金小球藻藻株及其培养方法和用途
	CN 104328048B	表面生长式光合微生物培养板及其系统
	CN 106467888B	栅板式光生物反应器
	CN 107778337B	超临界二氧化碳萃取螺旋藻中糖脂的方法
	CN 106916749B	一种葛仙米的培养方法及培养装置
主要技术和产品	光生物反应器、藻类培养技术等	

参考文献

[1] 张宪平. 海洋潮汐能发电技术[J]. 电气时代, 2011(10)：3.

[2] 王世明, 李淼淼, 李泽宇, 等. 国际潮流能利用技术发展综述[J]. 船舶工程, 2020(S01)：7.

[3] 张亚群, 盛松伟, 游亚戈, 等. 波浪能发电技术应用发展现状及方向[J]. 新能源进展, 2019, 7(4)：5.

[4] 苏佳纯, 曾恒一, 肖钢, 等. 海洋温差能发电技术研究现状及在我国的发展前景[J]. 中国海上油气, 2012, 24(4)：15.

[5] 王燕, 刘邦凡, 段晓宏. 盐差能的研究技术、产业实践与展望[J]. 中国科技论坛, 2018(5)：8.

[6] 姜丽, 杜琼伟, 公衍芬. 我国海洋风能开发现状及前景分析[J]. 海洋信息, 2013(4)：3.

[7] 任小波, 吴园涛, 向文洲, 等. 海洋生物质能研究进展及其发展战略思考[J]. 地球科学进展, 2009, 24(4)：8.

[8] 杨志成, 谭思明. 世界海洋能专利技术分析报告[M]. 青岛：中国海洋大学出版社, 2011.

[9] 麻常雷, 夏登文, 王萌, 等. 国际海洋能技术进展综述[J]. 海洋技术学报, 2017, 36(4)：6.

[10] 河北省自然资源厅(海洋局). 国际海洋能技术进展综述[EB]. [2018-08-08]. http：//zrzy. hebei. gov. cn/heb/gongk/gkml/kjxx/gjjl/201533622724064. html.

[11] 张永良, 林斌良. 2014 海洋能技术研究进展[M]. 北京：清华大学出版社, 2014.

[12] 史宏达, 王传崑. 我国海洋能技术的进展与展望[J]. 太阳能, 2017(3)：8.

[13] 周海波, 李家坤. 新能源发电技术的现状及应用前景分析[J]. 企业技术开发, 2011, 03(下半月).

[14] 李慧, 郝嘉凌, 陶爱峰, 等. 中国潮汐能利用现状研究[C] // 第十六届中国海洋(岸)工程学

术讨论会. 2013.

[15] 我国 LHD 海洋潮流能发电并网运行时间破纪录[J]. 新能源经贸观察, 2018.

[16] 张丽珍, 羊晓晟, 王世明, 等. 海洋波浪能发电装置的研究现状与发展前景[J]. 湖北农业科学, 2011, 50(1): 4.

[17] 今日头条. 科学前沿: 海洋清洁能源——温差能[EB/OL]. [2017-11-30]. https://www.toutiao.com/article/6494072499095994894/.

[18] 王涛. 实现海洋温差能发电由原理向实际的转换——“十一五”国家科技支撑计划“15 千瓦温差能发电装置研究及试验”[J]. 科技成果管理与研究, 2012(11): 1.

[19] 新华社. 中国研究人员开发出利用盐差能发电的膜材料[EB/OL]. [2018-10-29]. https://baijiahao.baidu.com/s?id=1615652601022113016&wfr=spider&for=pc.

[20] 搜狐网. 海上光伏+潜力巨大 未来可装机 78GW[EB/OL]. [2019-03-26]. https://m.sohu.com/a/303848774_100070607.

[21] 朱延雄, 王春莉, 王静. 国内外海洋能源微藻技术及产业分析[J]. 资源节约与环保, 2016(2): 2.

[22] 赵中华, 石磊, 刘珊珊. 生物质能源发展及海洋生物质能源展望[J]. 科学与管理, 2008(4X): 3.

[23] 张亦弛, 刘冠伟, 张绚. 我国可再生能源发电产业扶持政策研究[J]. 中外能源, 2017, 22(11): 7.

第 9 章　海洋环保与生态灾害处置产业

9.1　概述

9.1.1　技术概况

党的十八大之后，我国将海洋生态文明建设纳入海洋开发总布局，从顶层设计、制度保障到保护修复等各个方面，坚持开发和保护并重、污染防治和生态修复并举，科学合理开发利用海洋资源，维护海洋自然再生产能力[1]。《国家海洋局海洋生态文明建设实施方案(2015—2020 年)》《全国海洋生态环境保护规划(2017—2020 年)》等政策规划，为海洋生态环境保护划定路线图，制定时间表。海洋环保与生态灾害处置技术的发展是我国生态文明建设不可或缺的组成部分，在海洋生态文明建设的进程中，促进海洋环保与生态灾害处置相关产业的发展，提高海洋污染防治技术水平，改善海洋生态环境，探索沿海地区工业化、城镇化过程中符合生态文明理念的新的发展模式，是不可或缺的内容[2]。

本章根据《海洋及相关产业分类》(GB/T 20794—2006)、《海洋高技术产业分类》(HY/T 130—2010)及专家意见，将海洋环保与生态灾害处置产业分为海洋自然环境保护、海洋环境治理和海洋生态修复三大类。第一类海洋自然环境保护主要包括海洋和海岸生态系统保护、海洋生物物种保护、海洋自然遗址和非生物资源保护、海洋特别保护区管理以及海洋野生动植物保护；第二类海洋环境治理主要包括海洋陆源排污治理、海水污染治理、海洋危险废物治理和海洋倾废治理；第三类海洋生态修复包括海洋污染生态修复和海洋灾害生态修复等(图 9-1)[3]。

9.1.2　发展现状

目前，全球环保与生态灾害处置产业研发型产业主要集中在美国、欧洲等国家和地区，例如欧美的国家公园建设、海洋污染治理、海洋危险废物处置等产业始终处于领先地位[4]。相比之下，我国从 1972 年开始注重环保。党的十八大生态文明建设总布局提出后，环保产业有了快速发展，中国企业总体研发能力相对较弱，但是以国家政府为主导的海洋环境监测、海洋油气勘探开发环境保护、海洋倾废管理、海洋保护区建设等业务体系逐步建立完善。

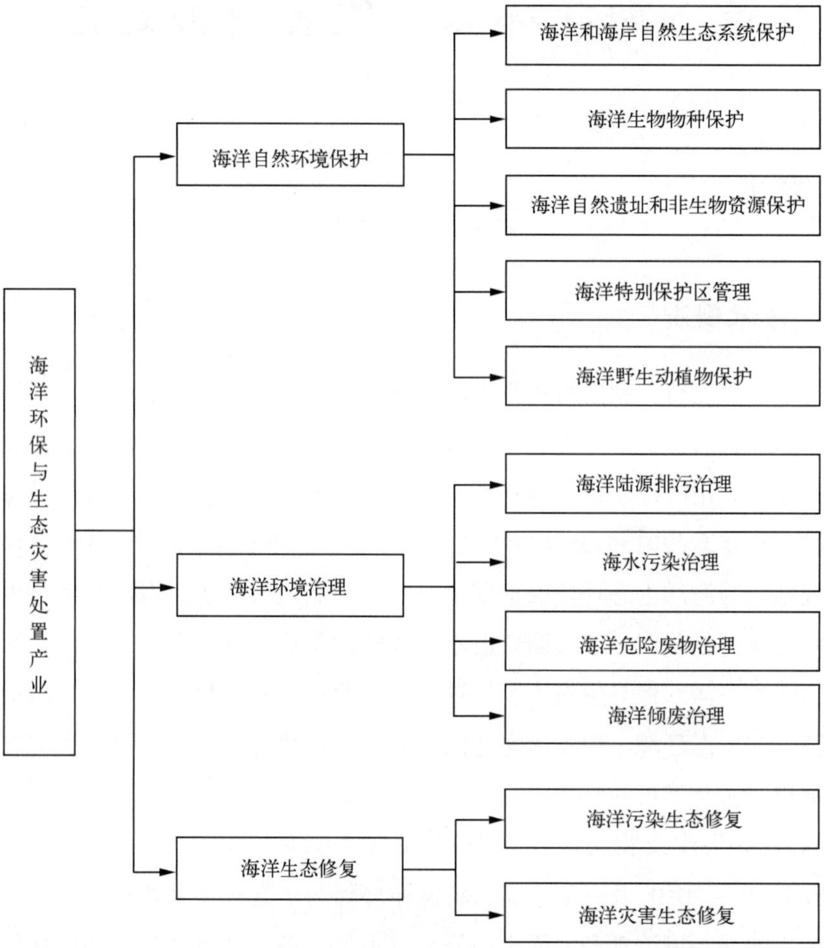

图 9-1 海洋环保与生态灾害处置产业

9.1.2.1 海洋自然环境保护

海洋自然环境保护主要以建设自然保护区进行环境与生物的就地保护。目前世界上各类海洋保护区数量超过 1 万个，总面积超过 8 300×10^4 km^2，占全球海洋总面积的 2.3%。我国自然保护区建设起步较晚，但发展迅速，自 1990 年起至 2019 年底，我国已建立 271 个海洋保护区，大多分布在近海，总面积约 12.4×10^4 km^2，占管辖海域面积的 4.1%。

9.1.2.2 海洋环境治理

海洋环境治理相关产业主要集中于海洋溢油与污染物控制相关领域。

石油污染监测是近年来各国逐渐重视的新热点，从源头防止漏油始终是各国时刻关注的问题，2017 年，美国国家科学院(NAS)对海上油气运营风险加大投资力度，尤其是分布式立管气体检测压力传感器检测技术、综合利用先进新材料修复渗漏降低油气释放到海底的风险、被动声学技术用于检测、定位和表征海底碳氢化合物泄漏等方面。同年，加拿大政府投资 8 000 万美元用于海洋建模、石油泄漏监测、生物效应、围堵和清洁技术方面的研究，确保加拿大具备能力提供最好的科学建议和工具来预防和应对石油泄漏[5]。

国外对于海洋溢油的处置具有丰富经验，尤其是美国、加拿大、德国、法国、挪威、日本等国家。我国对于海洋溢油处置技术极为重视，于 2018 年 3 月 8 日通过《国家重大海上溢油应急处置预案》，完善了我国海洋溢油处置相关法律法规，加强了该领域的治理监管。

针对海洋微塑料污染，目前没有明确有效的措施和方法，当前检测手段呈现多样化，控制方面主要通过多边协议和软法进行国际约束，国内主要通过建立相关的禁塑令和相关的法律法规从源头减少塑料的产生。2018 年 1 月 16 日，欧盟委员会(European Commission)发布《欧洲循环经济中的塑料战略》(*A European Strategy for Plastics in a Circular Economy*)，作为向循环经济过渡的一部分。2018 年 5 月 28 日，欧盟委员会发布《欧洲议会和理事会关于减少特定塑料产品对环境产生影响的指令的提案》，以控制欧洲海滩和海上 10 种最常见的一次性塑料制品以及丢弃的渔具。我国于 2015 年 12 月 4 日，由工业和信息化部发布《废塑料综合利用行业规范条件》及《废塑料综合利用行业规范条件公告管理暂行办法》，2017 年 7 月 18 日，国务院办公厅印发《禁止洋垃圾入境推进固体废物进口管理制度改革实施方案》，进一步加强塑料的管控，从源头减少垃圾的产生[6]。

9.1.2.3 海洋生态修复

海洋生态修复相关产业主要集中于海洋牧场的建设与有害藻华的生物修复相关领域。

目前，全世界范围内，已有超过 115 个品种的海洋牧场遍布于 20 多个国家。从 20 世纪 70 年代末到 21 世纪初，中国开展了人工鱼礁和海洋生物增殖放流的传统海洋牧场的建设探索。截至 2015 年底，全国投入海洋牧场建设资金 49.8 亿元，通过人工鱼礁建设、底播增殖和增殖放流等途径，建设海洋牧场 233 个、海域面积 852.6 km^2，建成人工鱼礁区面积 619.8 km^2，投放人工鱼礁 6 094×10^4 m^3。据联合国粮农组织(FAO)统计显示，在 1984—1997 年间，共有 80 个国家针对 184 个物种进行过增殖放流，但令人遗憾的是绝大多数海洋生物资源增殖放流并没有达到预期的效果。回顾海洋生物资源增殖放流的历史发现，成功的增殖放流案例相对较少。仅日本对大麻哈鱼，中国对海蜇（*Rhopilema esculentum*）、中国对虾（*Penaeus chinensis*）等少数种类进行的人工放流取得了显著效果，而放流规模较大的细鳞大麻哈鱼（*Oncorhynchus gorbuscha*）（美国）、大鳞大麻哈鱼（*O. tschawytscha*）、银大麻哈鱼（*O. kisutch*）（美国、加拿大）、欧洲龙虾（*Homarus gammarus*）（英国、法国）、鳕（挪威）等的增殖放流均收效甚微，并且还引发了诸多负面效应，诸如：种群遗传多样性丧失、病害多发、生态系统失衡等。中国主要放流海水鱼种为牙鲆（*Paralichthys olivaceus*）、许氏平鲉（*Sebastes schlegeli*）、真鲷（*Pagrus major*）、大黄鱼（*Larimichthys crocea*）、黑鲷（*Acanthopagrus schlegeli*）等[7]。

海洋灾害生态修复产业主要集中在美国、欧洲、日本等国家，相比之下，中国企业总体研发能力相对较弱，随着近年来我国综合实力的提升，我国在历经了起步、发展和追赶的不同发展阶段之后，已经有部分技术赶超国际水平之势，尤其是在赤潮监测体系的建设、大规模赤潮的现场调查与预测防治研究、赤潮治理等方面进展明显，整体上处于国际先进水平[8-9]。

海洋生态灾害处置产业起源较早，最早的赤潮海洋生态灾害记录始于1831年，达尔文在“贝格尔”号航行日记中对于在巴西、智利海面上的由微小蓝藻引起的赤潮现象的描述。全世界在海洋赤潮方面研究较多，尤其是美国、欧洲和日本。日本提出了使用天然黏土治理赤潮的方法，但该方法一直存在效率低、用量大、淤积重等问题。在赤潮治理方面，中国的改性黏土材料，大大提高了赤潮治理效率，并且实现了赤潮治理作业的自动化，成为目前赤潮应急处置的有效“灭火器”[10-12]。

海洋绿潮这一概念起源于国外。绿潮是在特定的环境条件下，海水中某些大型绿藻（如浒苔）暴发性增殖或高度聚集而引起水体变色的一种有害生态现象，也被视作和赤潮一样的海洋灾害。目前主要采取了一些基于生态学原理的方法治理绿潮。海洋绿潮灾害处置技术主要优势国家集中在欧洲、大洋洲和亚洲，如法国、澳大利亚、日本和中国。大部分国家通过政策管控，通过严格管控春末和夏初季节含氮物质的入海，在近岸湿地广泛恢复植被生物以及通过植被的涵水能力和营养盐吸收能力，进一步减少春季水位的上升和净化近岸水质等方式抑制绿潮的产生[13]。我国在行动中积极发挥政府与社会的多元化作用的同时，特别注重对打捞上岸浒苔的回收利用，谋求浒苔治理可持续发展。尤其是以青岛为代表的沿海城市，大力发展绿潮生态灾害治理技术，通过海上打捞和陆上清运以及饲料、饵料加工等方式，提升了我国海洋绿潮生态灾害治理的整体能力。

褐潮处置的研究起步较晚，主要是北美和欧洲地区研究较多。我国主要进行了改良黏土对褐潮的去除研究。实验发现，虽然改性黏土是消除有害藻华快速有效的办法，但是对抑食金球藻的去除效率普遍很低。

9.2 全球创新资源地图

9.2.1 总体格局

从当前海洋环保与生态灾害处置产业格局来看，美国、欧盟、日本占据着市场的主导地位，掌握关键设计技术，尤其是以海洋环境监测、涉海工程、涉海军事为主的关键环保技术以及海洋监测技术，包括大型溢油现场中用于溢油处置的吸油机、港口污染处置中的一体化设备、国际航运压舱水处置设备等关键技术。近年来我国在海洋环保与生态灾害处置的技术水平和制造能力上有了较大的提升，特别是生态灾害处置技术。具体见表 9-1。

表 9-1 海洋环保与生态灾害处置产业创新高地概况

创新高地	所在国家	创新高地简介	主要领域及产品
克罗斯韦尔	美国	美国伊利诺伊州下属的一座城市。面积约为 21.68 km^2，这里有美国最大的溢油应急设备的制造商伊莱斯特(Elastec)公司	海洋溢油处置：围油栏系列、收油机系列、溢油报警监测系统、浮油回收船、消油剂等
米德兰		陶氏化学和杜邦美国宣布合并新公司将成为全球仅次于巴斯夫的第二大化工企业，总部在米德兰	船舶及港口污染控制技术：压舱水消杀技术
休斯敦		休斯敦地区是全球海洋工程及海洋石油开采技术的研发中心，美国 70 多家海洋研究机构有一半在这里设立总部	海洋溢油处置、船舶及港口污染控制技术、海洋污染监测技术
圣迭戈		圣迭戈，是美国加利福尼亚州的一个太平洋沿岸城市，世界顶级大学加利福尼亚大学坐落于此，美军在圣迭戈市设有多处军事基地，以美国海军、美国海军陆战队和美国海岸警卫队为主	海洋污染监测技术，船舶及港口污染控制技术

续表

<table>
<tr><th>创新高地</th><th>所在国家</th><th>创新高地简介</th><th>主要领域及产品</th></tr>
<tr><td>巴黎</td><td>法国</td><td>法国国家科研中心（CNRS）总部坐落于此</td><td>海洋污染监测技术，海洋垃圾处置技术，海洋微塑料研究</td></tr>
<tr><td>青岛</td><td rowspan="3">中国</td><td>中国海洋领域专家、高校聚集地</td><td>海洋污染监测技术；海洋养殖污染控制技术：循环水养殖系统；船舶及港口污染控制技术：压舱水生物消杀；海洋溢油处置：围油栏系列、收油机系列、溢油报警监测系统、浮油回收船、消油剂；海洋赤潮处置技术：改良黏土；海洋绿潮处置技术：浒苔加工技术</td></tr>
<tr><td>温州</td><td>中国民营经济发展的先发地区与改革开放的前沿阵地</td><td>海洋溢油处置技术：围油栏、溢油回收设备（收油机）、溢油储存设备（轻便储油罐）等环保设备</td></tr>
<tr><td>北京</td><td>中国政治中心、文化中心、国际交往中心、科技创新中心</td><td>海洋垃圾处置技术：海上保洁船</td></tr>
<tr><td>东京</td><td>日本</td><td>拥有日本唯一特化海洋研究与教育的国立大学东京海洋大学以及多所著名高校</td><td>海洋养殖技术：循环水养殖；海洋溢油处置技术：围油栏系列、收油机系列、溢油报警监测系统、浮油回收船、消油剂</td></tr>
<tr><td>温哥华</td><td>加拿大</td><td>加拿大的主要港口城市和重要经济中心，也是加拿大西部的政治、文化、旅游和交通中心</td><td>污染物入海通量评估技术、陆源污染入海控制技术、海洋养殖污染控制技术、海洋垃圾处置技术</td></tr>
</table>

美国创新高地主要集中在加利福尼亚州圣迭戈-圣克鲁斯、马萨诸塞州波士顿、得克萨斯州休斯敦、西雅图、华盛顿等区域，汇集了陶氏化学、伊莱斯特等企业，同时拥有加利福尼亚大学、华盛顿大学等世界公认的顶尖海洋研究机构。

欧洲一直处于海洋环保与生态灾害处置领域研究领先状态，法国的国家科学研究中心以及德国的亥姆霍兹联合会集聚大量欧洲海洋环境领域的专家，重点开展海洋新能源开发、污染物控制技术与海洋生态灾害处置产业研究。

加拿大、日本在污染物处置技术方面处于优势地位，加拿大和日本都是渔业大国，坐拥纽芬兰渔场和北海道渔场，而渔业的生态捕捞与环境密不可分，海洋污染物控制与生态灾害处置对于渔业的发展更是至关重要。

我国在海洋环境保护方面基础观测设施与技术方面处于领先地位，当前已构建海洋环境监测体系、渔业生态环境监测体系、全国近岸海域环境监测网三个监测体系。赤潮处置技术及浒苔处置技术具有较强的市场竞争力，褐潮处置技术仍需进一步发展提升[14-16]。

9. 2. 2 海外重点区域

9. 2. 2. 1 北美

北美重点区域克罗斯韦尔，位于美国中西部，北接威斯康星州，东北濒密歇根湖，东界印第安纳州，东南邻肯塔基州，西隔密西西比河与密苏里州和艾奥瓦州相望，石油产量居全美第 8 位。1990 年，企业家 Donnie Wilson 和 Jeff Cantrell 在伊利诺伊州盆地的油田工作，发明了第一个高效的鼓油分离器，之后就有了伊莱斯特公司。伊莱斯特公司在世界海洋溢油产品方面具有较大规模和先进技术，形成较强竞争力。其研发的收油机收油速度达到 1 060 m^3/h(89. 5%的效率时)(2011 年)。

美国的圣迭戈及加拿大的温哥华集中了从事海洋污染物控制和海洋生态灾害处置技术研发的主要科研院所。圣迭戈是美国加利福尼亚州第二大城市，圣迭戈港口是美国重要的军事和民用港口之一，还是美国通用动力国家钢铁造船公司总部的所在地。圣迭戈共拥有 8 所大学，包括位列世界顶尖研究型大学加利福尼亚大学圣迭戈分校以及美国百强名校圣地亚哥大学。温哥华位于加拿大不列颠哥伦比亚省西南部太平洋沿岸，是加拿大的主要港口城市，也是加拿大西部的政治、文化、旅游和交通中心。拥有不列颠哥伦比亚大学、西蒙弗雷泽大学、菲尔莱狄更斯大学等高等名校(表 9-2)。

表 9-2 北美海洋环保与生态灾害处置产业创新高地重点企业、科研机构及行业协会分布概况

所在国家	创新高地	重点企业及产品	重点科研机构及技术
美国	克罗斯韦尔	伊莱斯特(Elastec)公司(围油栏、收油机)，溢油储存设备(轻便储油罐)等环保设备	
	圣迭戈		美国海军、加利福尼亚大学、美国海军陆战队(船舶及港口污染处置技术)
加拿大	温哥华		海洋与渔业部(船舶及港口污染处置技术)

9. 2. 2. 2 欧洲

欧洲重点区域挪威的奥斯陆和芬兰的波尔沃，在海洋溢油产品的研究方面具有较大规模和先进技术，形成较强竞争力。奥斯陆作为挪威首都和第一大城市，是挪威政治、经济、文化、交通中心和最大的港口，还是一个世界闻名的不冻港，全国一半以上的进口商品都要经过奥斯陆转运。奥斯陆船舶与港口发展迅速，海洋溢油处置的领先者挪威海洋清污协会坐落于此。

波尔沃是芬兰建筑艺术的明珠，也是芬兰第二大古老的城市，位于赫尔辛基以东 50 km，面积 654 km^2，家族企业劳模公司坐落于此。劳模公司 1982 年在芬兰成立，专门从事航运业。对公司未来在溢油应急领域的成功产生最大影响和突破的是劳模公司发明的简单的海上集油技术，即电刷收集器。目前劳模公司致力于全球范围的漏油预防、收集和提炼作业，已发展成为一个拥有世界上最先进的技术和设备专利、掌握丰富溢油应急经验的国际品牌公司。

科研院所主要分布在法国的巴黎和德国的基尔，法国国家科学研究中心以及德国亥姆霍兹联合会在海洋基础科学领域的研究领先于世界水平，在海洋研究中占据着学术的前沿位置，尤其是海洋垃圾的处置以及污染物入海监测和海洋微塑料的监测研究基础雄厚。

欧洲产业创新高地重点企业、科研机构及行业协会分布概况见表 9-3。

表 9-3　欧洲海洋环保与生态灾害处置产业创新高地重点企业、科研机构及行业协会分布概况

创新高地	所在国家	重点企业及产品	重点科研机构及技术
巴黎	法国		法国国家科学研究中心(CNRS)(污染物入海监测、海洋微塑料研究、海洋生态灾害研究)
基尔	德国		德国亥姆霍兹联合会(污染物入海监测、海洋微塑料研究、海洋生态灾害预测及处置)
奥斯陆	挪威	挪威海洋清污协会(NOFO)海洋溢油处置技术：收油机、围油栏	奥斯陆大学(海洋溢油、海洋生态灾害研究)
波尔沃	芬兰	劳模公司溢油应急处置装置(围油栏、吸油机)	

9.2.2.3　东亚

东亚重点区域东京作为日本首都，综合实力评价为亚洲城市第一位，在船舶及港口污染处置方面具有较大规模和先进的技术，具有较强竞争力。

9.2.3　我国重点区域

山东青岛在海洋溢油产品及浒苔加工方面已形成较大规模，技术也比较先进，有较强的竞争力。企业产品中，青岛华海环保的围油栏及中国海洋大学生物公司的浒苔饵料具有一定的行业影响力，温州市海洋环保设备厂的围油栏和吸油机目前正逐步占领国内市场。

高校及科研院所主要分布在大连、青岛、厦门，集中了大连海洋大学、大连海事大学、大连理工大学、中国海洋大学、中国科学院海洋研究所、厦门大学、自然资源部属研究所等多所科研单位，中国科学院海洋研究所在海洋赤潮治理方面研究领先于世界水平，其他单位在污染物入海监测、船舶及港口污染控制技术、循环水养殖技术、海洋微塑料研究等多个领域具有较强的基础学科研究成果(表 9-4)。

表 9-4　我国海洋环保与生态灾害处置产业创新高地重点企业、科研机构及行业协会分布概况

所在国家	创新高地	重点企业及产品	重点科研机构及技术
中国	青岛	华海环保有限公司(污染物入海通量评估技术) 青岛水清木华环境工程有限公司(海洋溢油处置技术：围油栏、吸油机) 中国海洋大学生物公司(赤潮灾害处置技术；绿潮灾害处置技术：浒苔饲料、浒苔肥料)	中国科学院海洋研究所(污染物入海通量评估技术、海洋赤潮研究及处置) 中国海洋大学(污染物入海通量评估技术、海洋微塑料研究、循环水养殖系统) 自然资源部第一海洋研究所(污染物入海通量评估技术、海洋微塑料研究、循环水养殖系统)
	温州	温州市海洋环保设备厂(海洋溢油处置技术：研发主要方向为围油栏、吸油机)	
	大连	大连海洋岛丰盈水产有限公司(循环水养殖技术)	大连理工大学、大连海洋大学、大连海事大学(污染物入海监测、船舶及港口污染控制技术、循环水养殖技术)
	厦门	厦门海洋实业(集团)股份有限公司(海洋牧场技术)	厦门大学、自然资源部第三海洋研究所(污染物入海监测、船舶及港口污染控制技术、循环水养殖技术)

中国在赤潮处置和浒苔加工技术方面整体处于世界领先水平，并且在浒苔加工技术方向拥有较多相关企业，这与生态灾害暴发地理位置具有较大关系，青岛海洋科学与技术试点国家实验室在海洋浒苔加工处理及产品转化方面有着重要贡献。

9.3　全球产业(链)创新全景图

全球产业(链)创新全景图如图 9-2 所示。

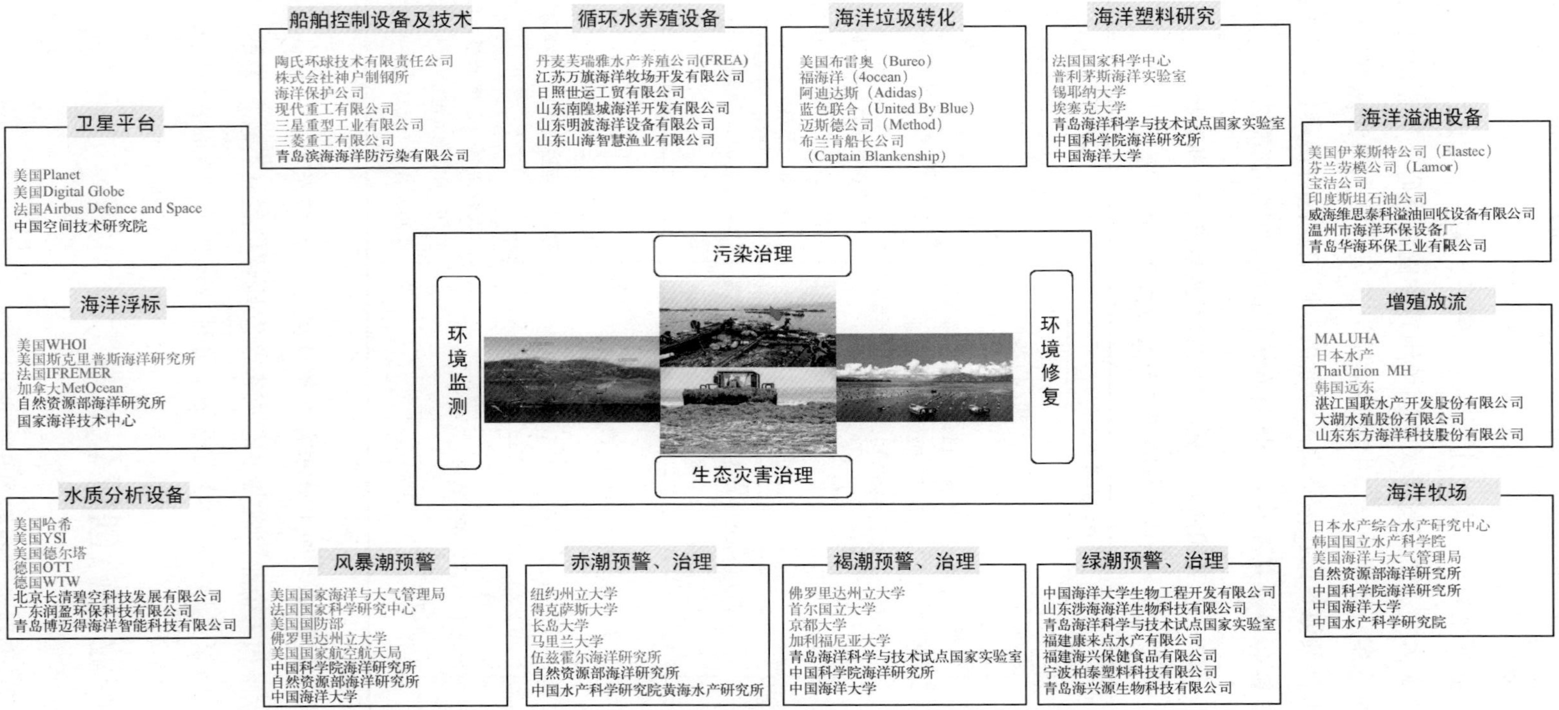

图9–2　海洋环保与生态灾害处置产业全景图

9.3.1 分布特征

海洋环保与生态灾害处置产业主要分为海洋环境保护、海洋环境治理和海洋生态修复三部分。装备技术研发主要集中在海洋环境治理和海洋生态修复两部分，在这两部分装备技术中，国外占据了明显的技术优势，我国在该领域起步较晚，但随着国家对海洋发展的重视，我国在相关领域的企业数量呈现递增，技术累积不断丰富，关键技术有所突破。我国海洋环保与生态灾害处置企业主要集中在北方的黄渤海区域，南方主要集中在东海和南海区域。2010 年以前，我国海洋环境保护企业数量不足百家，随着海洋环保逐渐被重视，国家出台了一系列支持海洋环保产业发展的相关政策，2019 年海洋环保领域注册的企业已达 20 741 家，注册资金超过 1 000 万元的企业达 9 642 家，但大部分企业尚不具备国际竞争优势。图 9-3 为我国 1986—2019 年海洋环保相关企业成立数量变化。

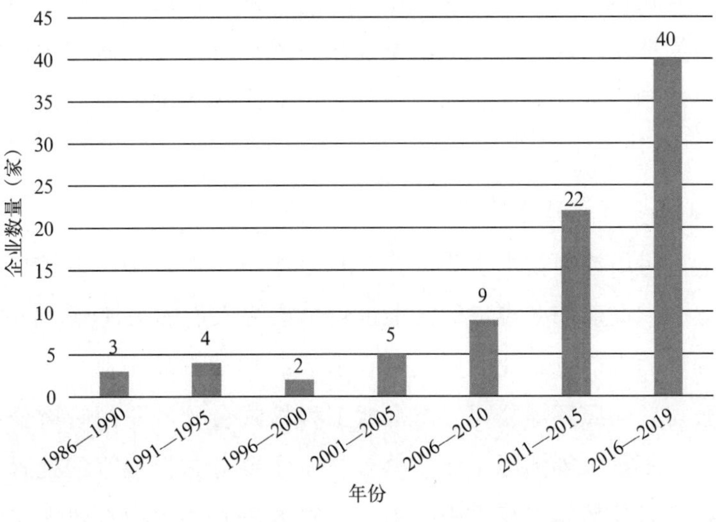

图 9-3 我国海洋环境保护相关企业(注册资金大于 1 亿元)成立数量随时间的变化

在海洋自然环境保护方面，海洋环境保护领域主要以建立保护区为主的就地保护，主要由国家政府主导建立，因此相关领域企业较少，主要以配套设施建设为主。

在海洋环境治理方面，尤其是海洋溢油处置、船舶及港口污染处置等产业，由于前期需要大规模的资本投入，进入门槛较高，其发展往往依托于财力雄厚的大型公司，因此主要集中在美国伊莱斯特(Elastec)公司、芬兰的劳模公司、挪威的挪威海洋清污协会等头部企业，其拥有的吸油机技术处于世界领先地位。船舶及港口污染处置代表企业有日本的杰富意工程株式会社、三菱重工等。

在海洋生态修复方面，由于海洋生态修复主要涉及海洋环境监测、海洋垃圾处置、海洋赤潮处置、海洋绿潮处置技术等，相关机构大多数为科研院所或环保公益性企业，公益性质较强，盈利较小，甚至亏损，需要募资或者政府出资治理。如海洋赤潮处置多数是由政府相关部门出资，大部分企业对该领域重视度不足，能够盈利的企业占比很小。

9.3.2 重点创新机构研发布局

9.3.2.1 海洋环境治理产业

海洋环境治理产业中产业主要集中在海洋陆源排污治理和海水污染治理两部分，陆源污染控制技术是指通过控制污染源和污染途径来控制污染排放入海。当前陆地源污染控制技术产业主要包括陆源污染物工业废水回收技术产业、生活污水就地处理回收技术产业、畜禽养殖生态养殖产业、餐厨垃圾陆源回收综合利用产业、垃圾渗滤液及医疗废水和实验室废水特殊处理产业，海水污染治理中以船舶及港口污染控制产业和海洋石油污染处置产业为代表的产业已经形成了产业特征明显的企业[17-18]。

1)船舶及港口污染控制产业

船舶及港口污染控制技术主要研究机构及企业相对较多，造船企业的研发具有较长的历史，因此船舶及港口的污染也较早成为人们的关注点。图 9-4 可以看出，该技术领域的大部分企业主要集中在造船和化学制品企业，技术研发较多的为泛亚有限公司、陶氏环球公司、杰富意工程株式会社、罗门哈斯公司、荷兰联合利华公司、三菱重工等国际企业。处置技术主要分为压舱水的处置技术、生活污水的处置技术以及船体本身污染防治。处置方法主要集中在建立船舶的水循环系统、压舱水的物理、化学、生物消杀方法。

(1)韩国泛亚有限公司(Panasia)

韩国泛亚有限公司(Panasia)自 1989 年成立以来，作为环保、能源设备专门企业，通过核心能力技术开发和产品扩张，经营着海洋及大气环境保护和新再生能源供应的事业，正在跃升为全球市场上的领先企业。Panasia 独立开发的船舶平衡水处理装置 GloEn-Patrol™提供客户定制服务，确保在多种环境下都能达到优异性能。此外，Panasia 在船舶领域和大气净化领域都拥有较多的产品。见表 9-5。

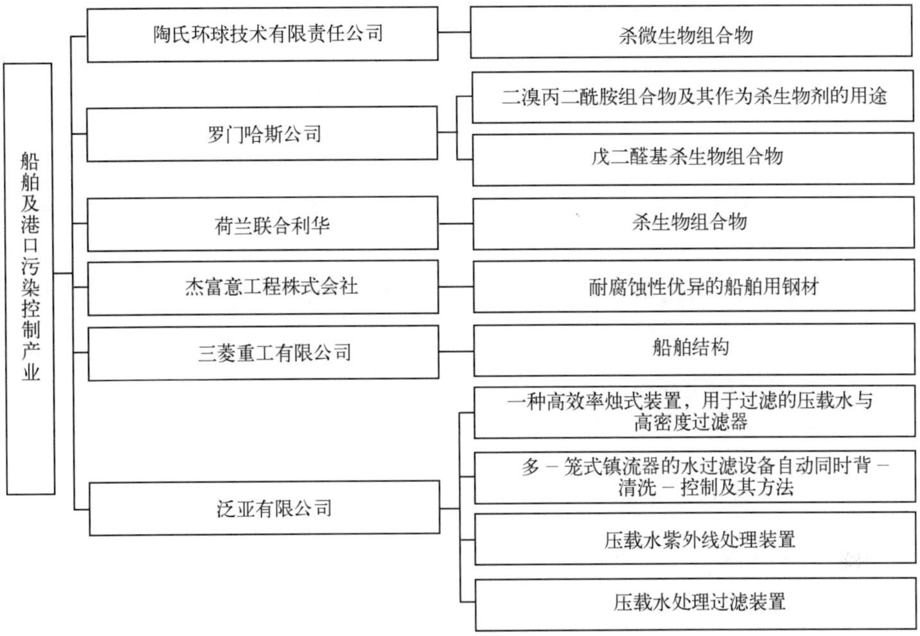

图 9-4 船舶及港口污染控制技术主要研究机构及企业

表 9-5 韩国泛亚有限公司(Panasia)在船舶及港口污染控制技术领域研发布局简况

创新机构	泛亚有限公司(Panasia)	
网址	http://www.worldpanasia.com/	
核心专利	公开号	专利名称
	KR 101659777B1	A candle type apparatus for filtering ballast water which filter part is easily positiond and engaged(一种压舱水过滤装置)
	CN 104661909B	Apparatus for treating ballast water with ultraviolet rays, having square cross-section(紫外线处理压舱水的装置)
	KR 101525137B1	A ballast water treatment system for preventing discharge of untreated water and a ballast water treatment method using it(一种用于防止未经处理的压载水排放的处理系统和使用方法)
	KR 101584049B1	A filter with function of preventing deformation used in ballast water filtering apparutus and a ballast water treatment system using it(一种用于压载水过滤装置的具有防止变形功能的过滤器及其压载水处理系统)
	KR 101619800B1	A ballast water filtering apparutus having improved switching means and a ballast water treatment system using it(一种改进开关式压载水过滤装置及使用方法)
	KR 101432982B1	A ballast water uv-rays processing device having multi-cleaning unit(一种具有多清洁单元的压载水紫外线处理装置)

续表

	公开号	专利名称
核心专利	KR 101415207B1	Smart ballast water treatment system using electrolysis opitmumly supplying counteractive and method for controlling the same(智能电解镇流器水处理系统)
	KR 101394224B1	Ballast water treatment system using improved sidestream pipe(采用改进的侧流管的压载水处理系统)
	KR 101287101B1	A candle type apparatus for filtering ballast water improving sealing of the shaft(多笼式镇流器水过滤设备)
主要技术和产品	压舱水装置及处理方法	

(2)陶氏环球技术有限责任公司

美国陶氏是一家全球领先多元化的化学公司，公司将可持续原则贯穿于化学与创新，致力于解决当今世界的诸多挑战，如满足清洁水的需求，提高能源效率，实现可再生能源的生产，提高农作物产量等。陶氏以其领先的特种化学、高新材料、农业科学和塑料等业务，为全球160个国家和地区的客户提供种类繁多的产品及服务，应用于水处理、能源、电子产品、涂料和农业等高速发展的市场。2009年，陶氏年销售额为450亿美元，在全球拥有52 000名员工，在37个国家运营着214个生产基地，产品达5 000多种。主要研究领域为水处理、电子产品、能源、涂料和农业等。中国是陶氏的第二大市场，在压舱水消杀剂方面，陶氏在中国布局了9个专利族(表9-6)。

表9-6 陶氏环球技术有限责任公司在船舶及港口污染控制技术领域研发布局简况

创新机构	陶氏环球技术有限责任公司	
网址	http：//cn. dow. com/zh-cn. html	
核心专利	公开号	专利名称
	CN 102802411B	Brominated nitroalkanol compositions and their use as biocides(溴化硝基链烷醇组合物和它们作为杀生物剂的应用)
	CN 102665423B	Biocidal compositions and methods of use(杀生物组合物以及使用方法)
	CN 1860159B	Aqueous polymer dispersions and products from those dispersions(含水聚合物分散体和从那些分散体得到的产物)
	CN 101460237B	Modified membrane(改性膜)
	CN 101238190B	Aqueous dispersions(水分散体)
主要技术和产品	压舱水处理	

(3) 杰富意工程株式会社

杰富意工程株式会社由日本著名的两大钢铁集团 NKK(日本钢管)和川崎制铁于 2002 年 9 月合并而成，按照其发展需求及研发方向下设 4 家公司，分别是 JFE 钢铁株式会社——钢铁制造、JFE 工程技术株式会社——工程环保节能、JFE 商事株式会社——环球贸易、日联海洋株式会社——造船。杰富意工程株式会社拥有雄厚的工业制造技术实力，并在亚洲海洋环保工程领域占据重要地位。其子公司众多，在船舶与环保领域，其主要从事环境治理设备、能源生产及供应相关设备的研发，其核心专利布局情况见表 9-7。

表 9-7 杰富意工程株式会社在船舶及港口污染控制技术领域研发布局简况

创新机构	杰富意工程株式会社	
网址	https://www.jfe-steel.co.jp	
核心专利	公开号	专利名称
	CN 104411390B	Powder/liquid mixing and dissolving device and ballast water treatment apparatus using same(粉体和液体的混合溶解装置以及使用该混合溶解装置的压舱水处理装置)
	CN 104284712B	Static fluid mixer and ballast water treatment device using same(静止型流体混合装置以及使用该装置的压舱水处理装置)
	CN 102781538B	Filtration apparatus and ballast water treatment apparatus(过滤装置及压舱水处理装置)
主要技术和产品	压舱水处置	

2) 海洋石油污染处置产业

海洋溢油研究国内外主要研究机构以企业为主，也是海洋环境及生态灾害处置产业中企业最集中的领域。该领域国际企业较多，如美国的 Elastec 公司、芬兰 Lamor 公司、印度斯坦石油公司、挪威的挪威海洋清污协会等。中国的相关企业有青岛的华海环保、温州的海洋环保设备厂、北京的博朗德科技有限公司等(图 9-5)。该领域跨国公司的技术研发能力相对较强，如 Elastec 的吸油机；我国的整体研发能力相对较弱，主要研发集中在围油栏以及撇油器上[19]。

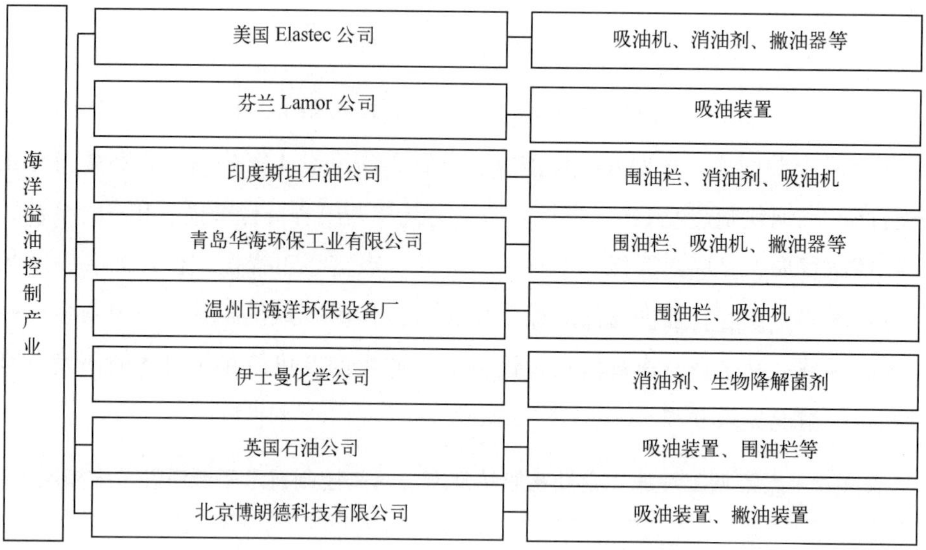

图 9-5　国内外主要海洋溢油研究机构及产品

(1) 青岛华海环保工业有限公司

青岛华海环保工业有限公司始建于 1975 年，占地面积 93 000 m^2，现有职工 400 多人，其中高级工程技术人员有 80 多人，现拥有资产 1 亿多元，是国内最大、技术领先的橡胶围油栏系列产品和橡胶水坝产品的生产企业。龙头产品——“青兰牌”橡胶坝于 2001 年 3 月被青岛市科学技术委员会认定为“高新技术产品”。公司生产的溢油防治设备拥有围油栏、收油机、浮油回收船、溢油监测系统、溢油应急辅助设备等 6 大系列 30 多个品种。围油栏产品是该公司的主导产品之一。1989 年承担交通部“七・五”科技攻关项目进入水上溢油回收环保行业；成为国内同行业中参与研究最早、规模最大、产品种类齐全的溢油回收设备研究、生产企业。是目前国内唯一一家集设计、生产、安装、服务、调试于一身的专业生产围油栏、各种收油机和溢油回收辅助设备的厂家，是国内重要的环保企业之一。核心专利布局情况见表 9-8。

表 9-8　青岛华海环保工业有限公司在海洋石油污染控制技术领域研发布局简况

创新机构	青岛华海环保工业有限公司	
网址	http：//www. huahai-online. com	
核心专利	公开号	专利名称
	CN 104440919B	一种可自动抓握围油栏浮筒的机械手及其工作方法
	CN 104294807B	一种用于海面溢油回收围油栏浮筒的充排气接口
	CN 103350932B	重型围油栏快速收放装置
	CN 101135142B	岸滩围油栏

续表

主要技术和产品	围油栏系列、收油机系列、溢油报警监测系统、浮油回收船、消油剂等

(2) 美国伊莱斯特公司

美国伊莱斯特(Elastec)公司是世界上最大的耐火围油栏制造商，同时也是美国最大的溢油应急设备的制造商。产品涵盖溢油应急所需的全线产品，公司拥有众多产品技术及专利，如轮鼓式收油机、槽式轮鼓收油机、防火型围油栏、油分分散剂喷洒系统 Neat Sweep 等。伊莱斯特收油机以 89.5% /h 的效率、1 060 m^3/h 的收油速度，稳居世界溢油处置收油机产品前列。核心专利布局情况见表 9-9。

表 9-9　美国伊莱斯特公司在海洋石油污染控制技术领域研发布局简况

创新机构	美国伊莱斯特公司	
网址	http：//www. elastec. com/	
核心专利	公开号	专利名称
	BRPI 1013908B1	Method and device for applying a dispersant or other substances to a surface of water(将分散剂或其他物质涂覆到水面上的方法和装置)
主要技术和产品	溢油污染治理等现代水处理技术、新材料及相应水处理技术装备	

(3) 芬兰劳模公司

劳模公司(Lamor Corporation Ab)亦称芬兰劳模有限公司，于 1982 年成立，是世界上最先进的溢油应急技术和设备企业之一，拥有丰富溢油应急经验。劳模公司拥有溢油回收一体化服务，包括设备的设计、研发、制造和技术。劳模公司在高黏度稠油的输油难题上具有顶尖的技术实力，在污染预控和环境保护技术方面也位于世界前列。劳模公司目前已经占据全球 35% 的海洋溢油处置市场份额，行业排名第一。美国、英国、芬兰、瑞典、丹麦、印度、欧洲等国家的海事局和警卫队都是劳模公司的用户及合作伙伴。劳模公司的解决方案包括全套的收油机、围油栏、泵、动力机组、登陆艇、工作船、储存及辅助设备。劳模公司收油机产品线包括用于从北极冰区到亚马孙丛林的所有现场条件和气候条件的收油机。尺寸/收油能力从小于 30 m^3/h (132 g/min) 至船载系统的 560 m^3/h (2 465 g/min)，内陆、湖泊、港口用收油机，收油能力小于 30 m^3/h (132 g/min)。所有劳模公司的收油机均通过了 Bureau Veritas 的测试认证，核心专利布局情况见表 9-10。

表 9-10　芬兰劳模公司在海洋石油污染控制技术领域研发布局简况

<table>
<tr><td>创新机构</td><td colspan="2">芬兰劳模公司</td></tr>
<tr><td>网址</td><td colspan="2">https：//www. lamor. com/fi/</td></tr>
<tr><td rowspan="5">核心专利</td><td>公开号</td><td>专利名称</td></tr>
<tr><td>US 9957682B2</td><td>Amethod and a system for removal of oil under ice(用于除去冰下的油的方法和系统)</td></tr>
<tr><td>FI 125052B</td><td>Bristle structure(一种刷毛结构)</td></tr>
<tr><td>EP 2961891B1</td><td>Device for collecting oil(一种集油装置)</td></tr>
<tr><td>CN 105408549B</td><td>Used in the de-icing of the oil apparatus(用于去除冰下的油的设备)</td></tr>
<tr><td>主要技术和产品</td><td colspan="2">溢油污染治理</td></tr>
</table>

9.3.2.2　海洋生态修复

海洋污染生态修复企业主要集中在美国、欧洲、日本等国家，相比之下，中国企业总体研发能力相对较弱，随着近年来我国综合实力的提升，在历经了起步、发展和追赶的不同发展阶段之后，我国已经呈现出部分技术赶超国际水平之势，尤其在海洋污染生态修复和海洋灾害治理方面，通过人工设计，正在建立完善的海洋牧场生态体系与海洋灾害管控体系。

1)海洋污染生态修复

海洋牧场是指在一定海域内，采用规模化渔业设施和系统化管理体制，利用自然的海洋生态环境，将人工放流的经济海洋生物聚集起来，对鱼、虾、贝、藻等海洋资源进行有计划和有目的的海上放养[20-21]。海洋牧场的建设过程主要包括生境建设、目标生物培育驯化、监测能力、管理能力、配套技术建设。经过几十年的发展，在辽宁、山东、浙江、广东等沿海省份，海洋牧场已经实现规模化产出。但是，我国海洋牧场建设总体上仍处在人工鱼礁建设和增殖放流的初级阶段[22-24]。

獐子岛集团股份有限公司

獐子岛集团股份有限公司，成立于 1958 年，曾先后被誉为“黄海深处的一面红旗”“海上大寨”“黄海明珠”“海底银行”“海上蓝筹”。历经半个世纪的发展，现已成为在海洋生物技术支撑下，以海珍品种业、海水增养殖、海洋食品为主业，集冷链物流、海洋休闲、渔业装备等相关多元产业为一体的综合型海洋企业。獐子岛集团股份有限公司拥有亚洲最大的现代海洋牧场，秉承“耕海万顷，养海万年”的生态理念，在黄海北部建成了规模化、标准化、世界级现代海洋牧场，覆盖海域面积达

1 600 km²，其生态价值与实践成果赢得了世界的关注和认可。在大连、山东、福建以及韩国、日本、北美等地设立了海珍品增养殖基地，为全国现代种业示范场、国家虾夷扇贝良种场、国内一流的育养基地。孕育出产虾夷扇贝、刺参、鲍鱼、海螺、海胆等绿色健康的高品质海珍品，被认定为“国家地理标志保护产品”，核心专利布局情况见表 9-11。

表 9-11 獐子岛集团股份有限公司在海洋牧场产业领域研发布局简况

创新机构	獐子岛集团股份有限公司	
网址	https：//www. zhangzidao. cn/	
核心专利	公开号	专利名称
	CN 104026050B	变水层台筏贝类养殖方法
	CN 103752495B	贝类苗种自动分选计数装置
	CN 103749374B	捕捞鲜活贝类的海上转运系统及方法
	CN 103598117B	贝苗海上底播系统及其作业方法
	CN 103907553B	开阔性海域人工鱼礁精准投放方法
主要技术和产品	海洋牧场、生态修复	

2) 海洋灾害生态修复

赤潮处置产业：我国赤潮处置技术主要为高校及科研院所研究较多，如中国科学院海洋研究所、中国海洋大学、中国水产科学研究院黄海水产研究所等。大部分企业属于水环境处理企业及配套设备企业，不具备赤潮处置的核心技术。从事赤潮处置的企业有烟台哈勃藻华防治与生态修复科技有限公司、青岛乾能生物科技有限公司、陕西西津水处理工程技术有限公司、安徽维埃英博环保科技有限公司、苏州盖依亚生物医药有限公司、广东容祺智能科技有限公司等。

中国科学院海洋研究所

中国科学院海洋研究所创新性地提出了改性黏土治理赤潮的理论与方法，成功解决了天然黏土治理赤潮效率低、难以大规模应用的国际难题，研发出高效赤潮治理材料、制备出赤潮治理自动化设施设备、建立了规范化的现场实施模式，取得了赤潮治理领域的重大突破。该方法被列入我国赤潮治理国家标准，成功应用于我国沿海从南到北的 20 多个水域，保障了滨海核电冷源水域、重大活动涉海水域、养殖旅游水域等的水环境安全。2017 年以来，该技术走出国门，在美国、智利、秘鲁等国家示范应用，被誉为“中国的赤潮灭火器”“国际赤潮治理领域的引领者”，在国内外产生重要影响。在有害藻华治理方面，中国科学院海洋研究所做出了突出贡献。具体核心专利布局情况见表9-12。

表9-12　中国科学院海洋研究所在赤潮处置产业领域研发布局简况

创新机构	中国科学院海洋研究所	
网址	http：//www.qdio.cas.cn/	
核心专利	公开号	专利名称
	CN 108128867B	一种提高黏土治理有害藻华效率的超声改性方法
	CN 110328072B	一种有害藻华消除药剂的喷洒装置
	CN 107986412B	一种用于养殖水体有害藻华治理的改性黏土体系
	CN 106709603B	一种优化利用改性黏土法消除赤潮的实施方法
	CN 106745381B	一种利用改性黏土治理赤潮的装置及其方法
主要技术和产品	赤潮治理、改性黏土、有害藻华治理	

浒苔加工产业：海洋绿潮（浒苔）处置技术在我国发展较快，这与绿潮的暴发地具有较大关系，国际上海洋绿潮研究的机构主要集中在韩国、日本，少数集中在美国。中国是目前绿潮处置体量最大的国家，处置机构以青岛海大生物集团有限公司为代表，大多数为浒苔加工企业，通过加工利用形成饵料和食品。

青岛海大生物集团有限公司

青岛海大生物集团有限公司于2000年8月18日成立，依托中国海洋大学雄厚的海洋科技优势，注册资本7 200万元，出资单位6家，主要致力于海洋生物资源的开发、工程化利用及销售，目前总资产超过1.3亿元。自创建以来，专注于海洋生物产业领域，已形成新型海洋生物肥料、功能型海洋生物制品、海洋环境保护服务、海洋健康食品供应链四大业务板块。2006年在青岛胶州经济技术开发区建设了海藻生物肥料和海洋生物制品生产基地，并于2009年在胶州生产基地内建设了国内的绿藻资源高值化利用基地，建造了2艘总排水量1×10^4 t的海上环保服务平台，2014年在威海乳山滨海新区建设了牡蛎全资源化利用和鱼蛋白生产加工基地，2017年在荣成俚岛建设了以海带为主要原料的海洋健康食品供应链加工基地，2020年在青岛高新区开工建设了“海洋工具酶、双藻源生物刺激素、海洋生物杀菌剂、无抗饲料添加剂、海洋蛋白肽”等功能型海洋生物制品产业基地。布局在胶东半岛经济圈的产业基地总占地面积 52×10^4 m^2，为企业的产业升级和新旧动能转换提供了强有力的支撑和保障。在浒苔治理与利用方面，公司开展了大量的研究，申请了相关专利25余项，在海藻复合肥及浒苔打捞方面具有独特的企业竞争优势，核心专利布局情况见表9-13。

表9-13 青岛海大生物集团有限公司在浒苔加工产业领域研发布局简况

创新机构	青岛海大生物集团有限公司	
网址	http：//www. coub. cn	
核心专利	公开号	专利名称
	CN 106496347B	一种海藻多糖铜络合物的制备方法
	CN 106478837B	一种可用于动植物补铁的绿藻多糖铁复合物及其制备方法
	CN 106305721B	一种绿藻寡糖植物疫苗及其制备方法
	CN 106282266B	一种利用柚苷酶制备浒苔寡糖的方法
	CN 106242816B	一种海藻有机硅肥的制备方法
主要技术和产品	浒苔加工再利用	

参考文献

[1] 欧洲环境署．欧洲海域污染物报告：迈向清洁、无毒的海洋环境．2019.

[2] 海洋及相关产业分类 GB/T 20794—2006.

[3] FAO. The state of world fisheries and aquaculture[C]. Rome：FAO，2006：323-339.

[4] 林森，陶卉卉，姜万钧，等．海洋环保产业的现在及发展对策[J]. 中国科技纵横，2015(5)：13-13，16.

[5] 费晓蕾．海洋环保如何创新[J]. 华东科技，2019，398(4)：62-63.

[6] 姜秉国，韩立民．海洋战略性新兴产业的概念内涵与发展趋势分析[J]. 太平洋学报，2011，19(5)：76-76.

[7] 全球海洋新兴产业创新地图研究[J]. 企业研究报告，2013(6)：1-16.

[8] 赵霞，秦洪花，张卓群，等．海洋高端产业全球创新资源分布路线图研究[J]. 中国科技成果，2013(16)：15-18，21.

[9] 郝艳萍．我国海洋环保产业的现状及发展对策[J]. 中国人口·资源与环境，2002(5)：137-139.

[10] 孙加韬．中国海洋战略性新兴产业发展对策探讨[J]. 商业经济研究，2010(33)：115-116.

[11] 仲雯雯，郭佩芳，于宜法．中国战略性海洋新兴产业的发展对策探讨[J]. 中国人口资源与环境，2011.

[12] 于婧，陈东景．海洋新兴产业研究进展综述[J]. 价格月刊，2012(4)：85-90.

[13] 刘明，汪迪．战略性海洋新兴产业发展现状及2030年展望[J]. 当代经济管理，2012.

[14] 黄任望．全球海洋治理问题初探[J]. 海洋开发与管理，2014，31(3)：48-56.

[15] 于仁成，刘东艳．我国近海藻华灾害现状、演变趋势与应对策略[J]. 中国科学院院刊，2016，31(10)：167-1174.

[16] 刘玉机．鸭绿江口主要污染物入海通量的研究[J]. 海洋环境科学，1988(2)：13-16.

[17] 王金坑．入海污染物总量控制技术与方法[M]. 北京：海洋出版社，2013.

[18] 何连生，蒋进元，孟睿，等．水产养殖废水治理技术[M]. 北京：中国环境科学出版社，2010(12).

[19] 蔡树群，张文静，王盛安．海洋环境观测技术研究进展[J]. 热带海洋学报，2007(3)：76-81.

[20] 王菊英．国际海洋环境监测与评价最新进展[M]. 北京：海洋出版社，2010.

[21] 王西西，曲长凤，王文宇，等．中国海洋微塑料污染的研究现状与展望[J]. 海洋科学，2018，42(3)：131-141.

[22] 刘璐，林琳，李纯厚，等．海洋渔业生物增殖放流效果评估研究进展[J]. 广东农业科学，2014，41(2)：133-137.

[23] 张硕，何羽丰，张俊波．海洋渔业资源增殖放流发展现状及策略研究[J]. 中国海洋经济，2018(1)：117-133.

[24] 唐学玺，王斌，高翔．海洋生态灾害学[M]. 北京：海洋出版社，2019.